의식, 뇌의 마지막 신비

Consciousness, The last mystery of the brain

By Kim Jae Ik

Published by Hangilsa Publishing Co. Ltd., Korea, 2020

김재익 지음

의식은 뇌의 산물인가 신이 부여한 것인가

의식, 뇌의 마지막 신비

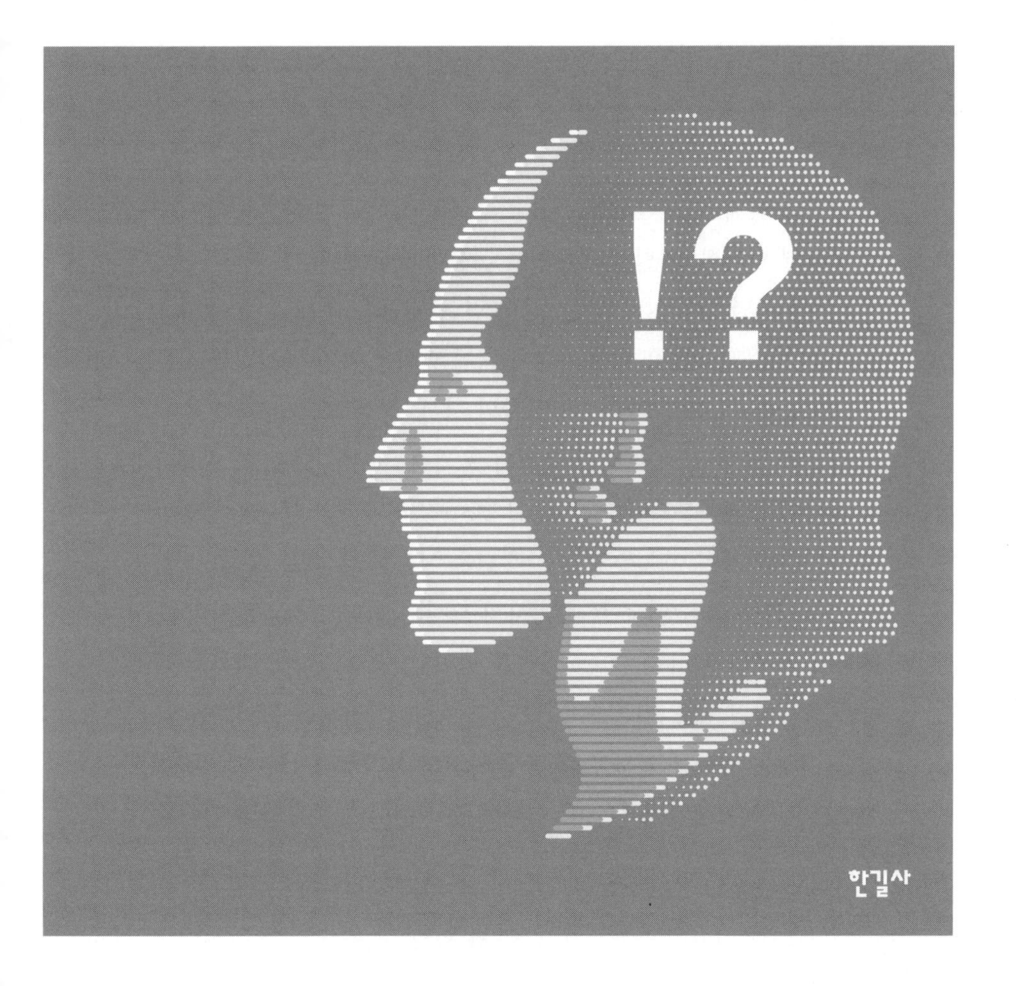

뇌의 마지막 신비를 탐구하다

• 책을 내면서

서울 공대 교양학부에서 물리학을 수강하면서 상상을 초월하는 광대한 우주에 대한 지식을 접하고 수수께끼 같은 우주의 생성과 소멸에 강한 호기심을 가지게 되었다. 그 이래로 평생을 천문학이나 소립자 같은 분야에 많은 관심을 가지고 독서도 주로 그런 쪽으로 즐기다 보니 자연 합리적 · 과학적 이론만을 신봉하게 되었다.

육체를 떠난 영혼이나 귀신, 성령 같은 것들은 존재할 수 없다고 철석같이 믿고 있던 필자가 의식에 대해 관심을 가지기 시작한 것은 우연히 접한 무디Raymond Moody 박사의 저서 『잠깐 보고 온 사후의 세계』*Life After Life*를 읽고 어쩌면 육체와 분리된 의식이 있을 수 있겠다는 생각이 들면서부터였다. 또한 천 년 이전 티베트의 성자들이 명상을 통해서 인간이 이승을 떠나는 장면을 서술한 『티베트 사자의 서』*Bardo Thödol*라는 책을 읽고 무디 박사의 묘사와 티베트 사자들의 저술 내용이 너무나 유사한 데 큰 감명을 받았다. 초심리학에 대한 서적들을 탐독하던 중 스티븐슨Ian Stevenson 박사의 『전생을 기억하는 아이들』이라는 저서를 접하고 그 많은 사람이 사기행각으로 수십 년에 이르는 장구한 세월에 걸쳐서 힘들게 고생했다고는 도저히 믿어지지 않았다.

스티븐슨 박사가 "당신은 전생이 존재한다고 믿는가?"라는 기자들 질문에 "학자의 양심을 걸고 전생의 존재를 믿는다"고 대답했다는 답변을 접하고 육체를 떠난 영혼의 존재에 지대한 관심을 두게 되었다. 그것은 어쩌면 필자 자신의 지난 인생에 대한 후회와 미련으로, 만약 육체를 떠난 영혼이나 윤회전생이 있다면 다음 생에는 좀 더 나은 환경에서 태어나 현생보다 훨씬 더 멋진 인생을 살아보았으면 하는 무의식적인 기대가 있었기 때문이 아닐까 생각하게 된다. 그러나 그러한 주장들이 신빙성이 있어 보이고 흥미롭기는 하지만 어떤 과학적 이론의 근거가 없는 신비한 경험을 한 사람들의 단순한 일화적 서술들에 근거한다는 데 생각이 미치자, 이들을 정통과학인 심리학이나 신경과학에서는 어떻게 생각하며 이러한 현상을 연구하는 과학자들이 있는지도 몹시 궁금해졌다.

나는 다시 의식을 주제로 다루는 과학인 심리학, 신경과학, 뇌과학 관련 서적들을 편력하기 시작했다. 당장 뇌과학을 제대로 이해하기 위해서는 생리학, 유전공학, 분자생물학 등의 기초가 없이는 불가능하다는 것을 알고 회갑이 다 된 나이에 생소한 원서들을 읽기 시작했다. 그러다 좀더 체계적인 연구가 필요하다는 것을 뼈저리게 느끼던 차에 모교인 서울대학교 자연과학대학에 뇌과학 협동과정 석박사 과정이 개설되었다는 정보를 접하고 담당교수님들을 차례로 방문하여 정식으로 학부성적, 영어시험, 면접 등을 통과한 뒤 육십이 다 된 늦은 나이에 자연과학대학 대학원에서 뇌과학을 공부할 수 있게 되었다.

그런데 막상 학업을 시작하고 보니 심리학이나 뇌과학에서는 의식이라는 주제를 거의 취급하지 않았고, 간혹 다른 주제들과 함께 편집된 논문집이나 유명한 석학들이 말년에 심혈을 기울인 몇몇 저서가 인터넷 검색에 올라올 뿐이었다. 그것은 의식이 속성상 다른 과학처럼 객관적 자료를 대상으로 3인칭 관점에서 연구될 수 있는 성격의 주제가 아니고 제3자가 확인할 수 없는 내적·주관적 현상이기 때문이었던 것 같다. 그래서 칸트를 비롯한 많은 학자가 의식은 과학의 대상이 될 수 없다고 주장한 것이다.

실제로 20세기 중반 행동주의가 대세를 이룬 시기에는 의식이 심리학 연구에서 상당 기간 철저히 배제되기도 했다. 그러한 경향은 최근까지도 계속되어 의식은 심리학이나 뇌과학에서 꺼리는 주제가 되었고 다른 영역에 비해 연구하는 학자들이 매우 드물다. 또 당시 의식의 연구가 부진했던 이유는 이러한 배경 때문에 관심이 부족했던 까닭도 있었지만 뇌과학이나 심리학에서 당장 많은 사람이 고통당하는 치매나 조현병 등 임상과 관련이 많은 문제에 대부분 인력과 연구비가 지원되는 바람에 의식과 같은 당장 임상과 큰 연관이 없는 주제를 위한 인력이나 예산의 여유가 없었기 때문이다.

그러다 보니 에델만Gerald Edelman이나 크릭Francis Crick처럼 노벨상을 수상한 인사나 높은 명망과 사회적 지위 때문에 인력과 예산을 비교적 쉽게 조달할 수 있는 원로인사들이 먼저 흥미로운 주제인 의식에 관심을 갖고 연구를 시작하면서 후학들도 차츰 의식에 대한 관심이 높아지고 연구논문이나 저술들이 급속히 증가하고 있다. 게다가 최근 미국을 비롯한 선진국들에서 뇌에 대한 높은 관심과 지원은 물론 뇌를 모델로 한 인공지능 분야의 급격한 발전에 힘입은 뇌과학의 진흥과 함께 의식이 관심 주제로 떠오르게 되었다.

의식을 연구하면서 깊이 들어갈수록 필자가 의식에 대해 너무 무지했다는 것과 의식이 참으로 흥미로운 주제이면서 동시에 매우 어려운 주제라는 사실을 새삼 깨달았다. 그 이유 중 하나는 의식이라는 주제가 내용이 매우 광범위한 데다 역사가 오래되고, 의식의 속성상 의식과 관련된 사회적·학문적 영역이 다양하기 때문이다. 종교, 철학, 문학, 심리학, 신경과학, 생물학, 동물학, 동물행동학, 유전공학, 인지신경과학 등 많은 영역이 의식과 직간접으로 연관되어 있다. 특히 종교와 철학은 심리학이나 신경과학과 의식에 관해 많은 논쟁을 벌이는 영역이다. 그들의 다양한 주장은 엉뚱한 면도 있지만 학문적으로 연구할 만한 흥밋거리도 제공한다. 그러한 논쟁 중 의식이 육체와는 별개의 실체나 속성인지 육체의 산물인지의 논쟁은 아직도 계속되고 있다.

물론 대부분 현대인은 의식이 뇌의 작용에 따른 산물이라고 믿는다. 그러나 아직도 종교계나 철학계의 많은 사람은 의식이 물리적 특질이나 속성과는 전혀 다른 특질이나 속성을 띠고 있다고 생각한다. 최첨단을 걷는 현대과학도 이들에 대한 완전한 반론은 내지 못하고 있다. 또한 의식이 인간에게만 국한된 것인지 동물의 왕국에도 광범하게 존재하는 현상인지, 동물의 왕국에 존재한다면 어떤 동물에서 최초로 의식이 나타났는지도 아직 논란이 끊이지 않고 있다. 지상의 동물에 처음 나타난 의식이 어떤 종류인지, 즉 목마름을 느끼는 것인지 사물을 보는 것인지도 아직 불확실하고 어떤 동물이 의식을 갖기 위한 전제조건은 무엇인지 등도 대부분 미해결로 남아 있다.

이러한 논쟁은 어떤 동물들이 유정적有情的 존재, 즉 고통과 기쁨을 느끼는 존재인지 아닌지에 대한 상반된 주장 때문에 더욱 가열되고 있다. 동물이 조금이라도 고통을 느낀다고 가정되면, 그들도 우리와 같은 영혼을 지닌 존재로 존중되어야 하며 우리는 그들의 고통을 최소화하기 위해 노력해야 한다는 주장이 종교계를 비롯한 많은 곳에서 쏟아져 나오고 있다. 또 유정적이 아닌 동물은 의식이 있을 수 없는가? 이러한 질문에도 아직은 아무도 시원하게 답을 주지 못하고 있다. 어떤 곤충들은 고통은 느끼지 못하는 것 같으나 눈으로 보거나 냄새를 맡는 등 현상의식이 있는 것으로 판명되었다. 이렇게 의식은 많은 미해결 문제를 내포하기 때문에 앞으로 연구할 과제가 많고 수많은 도전을 기다리고 있다.

이 책의 목적은 많은 사람이 우리 존재의 궁극적 실체인 의식에 대해 많은 관심을 갖고 후학들도 많이 연구하여 아직도 미해결의 수수께끼를 품고 있는 의식을 완전히 이해하기 위해 노력하도록 자극하자는 것이다. 의식의 연구는 연이어 개발되고 있는 최신 영상기기를 비롯한 비침습적 장비와 이들을 이용한 첨단이론을 바탕으로 빠른 속도로 발전할 것이다. 이러한 발전은 앞으로 임상, 인공지능, 로봇, 컴퓨터, 가상현실 등 많은 분야의 연구에 영감과 도움을 줄 것이다. 나는 이 책을 계기로 젊은 연구자들이 의식에 관해 많은 흥미를 갖게 되어 깊이 있는 연구로 의식과학 분야에서 세계적으로 두각을 나타내기를 진심으로 기원한다.

이 책은 의식이 왜 그렇게 논란이 많은 주제이며 의식의 문제를 먼저 거론했던 철학자들은 의식을 어떻게 생각했는지, 과학자들은 그들의 의견을 어떻게 생각하는지를 먼저 다룬다. 다시 의식의 과학적 접근과 의식의 기원과 동물들의 의식에 대해 다루고, 마지막으로 의식을 가진 동물의 정점에 있는 인간의 의식이 다른 동물들과 어떻게 다르기에 인간만이 위대한 문명을 이루게 되었는지를 다룬다. 이와 더불어 의식의 미래는 어떻게 될 것인가에 대한 필자 나름의 생각을 덧붙였다.

의식이라는 주제가 상식적인 것에서부터 첨단의 과학적 지식을 요하는 이론까지 다양한 면을 포함하다 보니 이 책의 내용도 불가피하게 상식적인 것에서부터 첨단의식과학까지 다양한 내용을 담고 있어 어떤 부분은 난해하고 지루할 수도 있을 것 같다. 그래서 이해하기 쉽도록 의식과 관련된 인간의 뇌 부위와 신경구조에 대해 간단히 설명한 부록을 첨부했으니 신경과학에 기초가 없는 독자들은 부록을 먼저 읽고 난 후 본문을 읽도록 권한다. 또 본문을 읽다가 어려운 용어들이 나올 경우 뒤에 첨부한 용어해설을 참고하면 도움이 될 것이다. 독자들이 흥미로운 부분만 골라 읽어도 되며, 앞으로 의식연구에 흥미가 있는 독자들은 더 깊은 연구를 위해 첨부한 참고문헌을 활용하기 바란다.

의식을 주제로 다루다 보니 관련 영역이 너무 광범하여 전공인 뇌과학의 지식만으로는 설명에 한계가 있어 전공이 아닌 많은 저술과 논문을 두루 참조했다. 이 책에서 거론한 많은 주제가 모두 쉽게 결론이 날 수 있는 성격의 것이 아니어서 인용된 많은 이론과 주장이 아직은 대부분 가설 수준에 머문다고 해도 지나친 말이 아니다. 따라서 인용된 이론이든 필자의 주장이든 더 좋은 이론으로 새로이 대체될 수 있다는 것을 항상 염두에 두고 독자들 나름의 가설이나 이론을 세워가면서 읽어나간다면 더 뜻깊은 경험이 되리라 생각한다.

마지막으로 앞에서도 말했듯이 의식에 대해 아직 많은 것이 불확실한 지금, 이 책에서 서술한 많은 주장이 아직은 완전한 것이 못 된다. 앞으로 이들을 더 깊게 연구할 후학들이 많이 나와 우리나라 의식과학의 수준을 한층 더 높여주기를 기원한다.

2020년 1월
김재익

차례

제6부 의식의 기원과 동물의 의식

제7부 인간의 의식은 무엇이 특별한가

제1부

의식이란 무엇인가, 의식의 개념

1. 의식은 왜 그렇게 논란이 많은 주제인가

의식에 대해서 우리는 누구나 잘 알고 있다고 생각한다. 깊은 잠에 들면 의식이 없다가 깨어나면 의식이 돌아온다는 것은 모든 사람이 알고 있다. 전신마취에 들면 의식이 사라지고 마취에서 깨어나면 의식이 돌아온다는 것도 전신마취 수술을 해본 사람이라면 다 알고 있다. 꼬집으면 아픔을 느끼고 장미가 붉다든가 커피향이 향긋한 것 등을 느끼는 것도 모두 의식현상이라는 사실을 알고 있다. 또 지나간 추억을 회상하거나 아름다운 미래를 그리는 것도 의식에 따른 것이라는 사실도 알고 있다.

그러나 역설적이게도 의식연구의 최고 권위자조차 의식이란 무엇인가라는 질문을 받으면 쉽게 간단명료한 답을 내놓기는커녕 곤혹스러운 표정을 짓거나 많은 시간을 들인 후 깨어 있음wakefulness, 유정sentience, 감각질qualia, 주관성subjectivity, 인식awareness, 주관적 경험subjective experience, 자아감을 가지는 것having a sense of selfhood 등의 용어를 사용한 긴 사설을 곁들인 답을 내놓는다. 그것은 의식의 신경과학적 분류의 장에서 자세히 나오듯이 의식이라는 현상이 너무나 다양한 상태와 내용과 수준을 포함해서 그만큼 그 질문에 답한다는 것이 어렵고 어떤 말로 간단히 의식의 정의를 내리기가 어렵기 때문이다.

의식은 간단히 말하면 살아 있는 자의 영혼이다. 어떤 생명체가 의식을 소유했다면 그 생명체는 영혼이 있는 귀중한 존재로 다루어져야 한다. 따라서 의식을 연구한다는 것은 우리 자신을 포함해 생명과 영혼이 있는 생명체에 대한 깊은 미스터리를 연구하는 것이다. 생명의 근본적 성질, 주관적 경험을 보유한 생명체의 내면을 탐구하는 것이기 때문에 철학, 종교, 과학 등 많은 분야의 문제와 상관하지 않을 수 없다. 그러다 보니 많은 분야의 사람들이 저마다 의식에 대해 자기 나름의 주장을 한다. 그래서 의식은 많은 사람의 논란이 많은 주제가 되고 있다.

의식이라는 단어에 내포된 의미 또한 매우 다양하다. 예를 들면 다음 세 문장에 있는 의식이라는 단어는 전혀 다른 의미를 내포하고 있다.

그의 의식이 방금 돌아왔다.

그는 지금 누구를 의식하는가?

그는 윤리의식이 전혀 없는 사람이다.

에스키모가 눈을 가리키는, 조금씩은 다른 뉘앙스를 풍기는 단어가 60가지 이상이나 되는 것처럼 영어로 어떤 종류의 의식을 가리키는 단어나 구절이 70종 이상이나 된다고 한다[DeFusco, 2005]. 이것은 에스키모에게 상황에 따라 눈이 조금씩 다른 의미를 내포하는 것처럼 의식이라는 용어도 상황에 따라 70여 가지나 되는 조금씩 다른 의미를 내포한다는 것을 의미한다. 즉, 의식이라는 용어는 사람에 따라, 상황에 따라 조금씩 다른 의미로 사용되고 있다.

의식 연구에서는 물리학이나 화학 등 전통과학이 삼인칭적·객관적 자료를 이용한다. 하지만 의식의 성격은 인간이건 동물이건 개체 내부에서 발생해 제3자가 관찰할 수 없는 내적·주관적 현상이므로 일인칭적·주관적 자료를 이용하지 않으면 안 된다. 따라서 의식이 과연 과학적 연구의 대상이 되느냐에 대해 많은 논란을 불러일으킨 적도 있다. 20세기 초반 행동주의자들의 득세와 더불어 의식 연구가 심리학 연구에서 꽤 오랫동안 배제된 것은 의식의 이러한 방법론적 어려움을 직접적으로 보여준다.

감각의식은 우리 인간의 거의 모든 감각수용기의 입력과 연관된다. 몸 전체가 의식의 배경이 된다. 그러나 꿈이나 순수사고 같은 의식은 신체, 구체적으로 말하면 감각수용기로부터 어떤 입력 없이 순전히 뇌의 작용으로만 발현되는 의식이다. 이러한 순수 뇌의 작용으로만 발현되는 의식은 의식의 과학적 연구를 더욱 어렵게 만드는 한 요인이다.

감각의식은 제3자의 관찰에 따라 어느 정도 조사가 가능하나 순전히 뇌에 의해서만 발현되는 의식은 최신 영상기기 등 첨단장비가 출현하기 전에는 일인칭적 자백 외에는 연구할 방법이 거의 없었다. 그래서 행동주의자들은 특히 그러한 의식이 과학적 연구 대상이 될 수 없다고 단정했다. 또한 뇌과학이 엄청나게 발전한 현대까지도 뇌와 의식의 인과관계는 산뜻하게 설명되지 못하고 있다. 현재 여러 가지 의식의 발현과 뇌의 어떤 부위에서 어떤 활동이 일어나는지 상관관계는 꽤 많이 밝혀졌으나 그러한 활동이 어떻게 의식으로 바뀌는지 그 인과관계는 명확하게 설명되지 못하고 있다.

이에 대해 학자들끼리도 이견이 분분하다. 의식이 분명 물질로 이루어진 뇌의 산물인 것은 확실한데 다른 모든 물리적 현상이 물리적 이론으로 설명 가능한 것과 달리 의식의 속성은 이런 물리적 설명을 매우 어렵게 한다. 의식이 발현될 때 뇌에서 일어나는 모든 과정은 분명 전기적·화학적 활동에 따른 것인데 그 과정의 최종 산물인 의식은 보통의 물리적 현상과는 전혀 다른 속성을 띤다. 그러한 속성

중에는 시각, 청각, 후각, 촉각, 통각 같은 다양한 감각은 말할 것도 없고 행복감, 심미감, 희망, 동정심, 질투 같은 물리적으로 환원하거나 설명하기가 거의 불가능한 것들이 많다. 상황이 이렇다 보니 어떤 학자강한 창발론자들은 인간이 뇌와 의식의 인과관계를 이해하는 것은 침팬지가 양자역학을 이해하는 것만큼 어려울 것이라고 주장하기도 한다. 다시 말하면 인간은 뇌와 의식의 관계를 이해하기에는 지능이 너무 낮아 이해는 영원히 불가능하다는 것이다. 이와 같은 독특한 주장들은 의식을 더욱 논란 많은 주제로 만들고 있다.

이러한 정의의 어려움, 의식을 측정하고 모델링하는 어려움, 의식 연구 결과를 과학적으로 설명하고 입증하는 어려움 등은 논쟁을 즐기는 철학자들에게 좋은 시빗거리를 제공한다. 그 결과 그들은 의식에 대한 많은 논쟁적 이슈를 양산하게 되었다. 의식에 대한 가장 큰 논쟁은 의식의 실체가 물질로 이루어졌느냐, 물질적인 것과는 별개의 실체로 되었느냐, 즉 의식은 육체의 산물이냐 육체와 독립된 별개의 실체냐 하는 것이었다. 이 논쟁은 지금은 거의 승패가 난 것처럼 보이나 아직도 종교인 및 일부 철학자들과 과학자들 사이에 계속되고 있다.

또 한 가지 중요한 논쟁거리는 의식이 인간에게 고유한 것이냐, 다양한 동물도 소유한 것이냐 하는 것이었다. 세속적 용어로 바꾸어 말하면 동물도 영혼이 있느냐 하는 것이었다. 이 논쟁은 지금은 아주 다양한 의견으로 나뉘어 진행되고 있으며 참으로 많은 연구 과제를 제공한다. 심지어 철학자들 사이에 의식이라는 것이 과연 존재하느냐에 관련된 논쟁까지 있었다. 설John Searle, 1932-과 데닛Daniel Dennett, 1942-의 논쟁이 대표적인 예다. 설은 의식을 누구나 잘 알며 너무나도 당연한 것이라고 주장한 반면 데닛은 의식은 환상이며 실체가 없는 것이라고 주장했다Searle, 1997. 철학자들의 의식에 관한 논쟁이 양산한 많은 이슈 중 가장 대표적인 것은 감각질qualia, 좀비zombie, 어려운 문제hard problem, 설명적 갭explanatory gap, 자유의지free will 등이다. 이들 이슈에 대한 자기주장의 정당성을 입증하기 위한 다양한 사고실험도 동원되었다.

이러한 철학자들의 논쟁에 대해 코흐Christof Koch, 1956- 같은 신경과학자는 무익한 논쟁들이며 결국 신경과학이 모든 진실을 밝히게 되는 날이 올 것이라고 예언했다. 현재 의식에 대한 철학적 정의를 아주 간단히 표현하면 의식은 "인식awareness의 상태나 질 혹은 외부대상이나 유기체 자기 내부의 어떤 것을 인식하는 것이다." 그러나 코흐는 의식consciousness과 인식awareness을 구분하는 것은 의식 연구를 더욱 혼란스럽게 한다고 보아 두 용어를 동일하게 취급한다.

앞에서 말한 논쟁적 이슈들은 의식과학문헌에서 그리고 이 책의 다음 장들에서 자주 나타나는 것들이므로 여기서 간단히 그 의미와 논쟁점이 무엇인지 살펴본다.

감각질

감각질은 'of what sort' 혹은 'of what kind'의 뜻을 지닌 라틴어 형용사 Quális에서 유래했다. Qualia는 복수형이고 단수형은 Quale이나 의식용어로는 대부분 복수형이 사용된다. 감각질은 주관적 현상경험의 더 이상 쪼갤 수 없는 가장 간단한 성분을 의미한다. 우리의 현상적 경험은 많은 현상적 성질감각질을 포함한다. 다른 말로 하면 우리는 깨어 있는 한 붉은색, 노란색, 가려움, 아픔, 소금의 짠맛, 커피의 향긋한 냄새 등 헤아릴 수 없이 많은 감각질의 홍수 속에서 살아가고 있다.

감각질이 논쟁의 주제가 된 이유는 모든 우주현상이 물리적 묘사나 설명이 가능하나 감각질만큼은 어떤 물리적 묘사로도 설명이 가능하지 않기 때문이다. 다시 말하면 우주의 다른 모든 현상이 궁극적으로 물리적 이론으로 환원하여 설명이 가능한 데 비해 감각질만큼은 그러한 물리적 이론으로 환원하기가 불가능해 보인다는 것이다. 예를 들면 장미가 붉다는 느낌이나 꼬집으면 느끼는 아픔은 과학자들이 원자나 아원자 수준까지 파고들어가 온갖 물리화학적 이론을 동원하더라도 왜 그러한 느낌을 갖게 되는지 설명이 불가능하다는 것이다.

감각질을 물리적으로 설명하려는 시도 때문에 나타난 것이 '어려운 문제'와 '설명적 갭' 논쟁이다. 또 어떤 사람이 경험하는 감각질은 삼인칭적·객관적 관찰이 불가능하여 전통적인 과학적 방법으로는 감각질을 연구하는 것이 불가능하다는 것도 논쟁의 주제가 되는 데 일조했다. 어떤 대상에 대해 내가 경험하는 감각질이 같은 대상을 다른 사람이 경험하는 감각질과 동일한지 알 길이 없다는 데에 감각질을 설명하는 어려움이 있다. 제거적 유물론자 중에는 데닛처럼 감각질의 존재 자체를 부정하는 학자도 있다.

좀비

좀비는 서부아프리카의 애니미즘적인 토속종교에서 진화되어 아프리카에서 노예로 붙잡혀 서인도제도로 강제 이주된 사람들이 가톨릭의 요소들을 채택하여 발전시킨 종교인 부두교Voodoo에서 유래했다. 본래는 부두교의 사제 보커bokor에게 영혼을 빼앗긴 인간을 의미했는데 후에 부활한 시체를 의미하게도 되었다. 그리하여 현재 좀비는 보통 '움직이되 영혼이 없는 인간'을 의미하는 용어가 되었다.

철학자들이 사고실험에서 만들어낸 좀비는 외관상 보통 인간과 전혀 구분이 안 되고 행동하는 양식이 모두 인간과 똑같지만 주관적 경험, 감각질, 정서 등이 결여된 꼭두각시 같은 존재다. 나비와 같은 동물의 대상에 대한 반응이 주관적 의식에 근거해 조금이라도 자유의지를 가지고 행하는 행동인지, 로봇의 어떤 대상에 대한 반응이 로봇 설계자가 미리 로봇에 내장한 컴퓨터에 프로그램한 대로 하는 행동이듯이 유전자에 프로그램된 대로 본능적인 행동인지 아직 정확히 알지 못하는데, 좀비는 이처럼 순전히 유전자에 프로그램된 대로 모든 행동을 본능적으로 행하면서 느낌이나 의식이 전혀 없는 인간이 가능하다는 전제하에 철학자들이 만들어낸 가상의 존재다.

좀비는 맛있는 주스를 마시면서 겉으로는 보통 사람처럼 "아, 주스 맛이 참 좋다"라고 말하나 실제 주스맛을 느끼지는 못한다. 일부 철학자들이 좀비의 존재 가능성을 주장하는 것은 실제로 우리 일상행동이 대부분 의식 없이 행해지므로 굳이 의식이 없더라도 생존이 가능할 것이라고 생각하기 때문일 것이다. 우리의 생존에 가장 중요한 호흡, 혈액순환, 소화, 보행 등 많은 행동이 무의식적으로 행해진다. 우리 언어도 대부분 무의식에서 처리되며 의식적으로 행해지는 것은 극히 일부다. 심지어 자동차 운전이나 자전거타기 등도 대부분 무의식적으로 행해진다.

많은 철학자는 대부분 하등동물이 의식 없이 생존한다고 생각한다. 따라서 그들 중 일부는 진화가 다소 다른 방향으로 진행되었더라면 의식 없는 인간도 가능했으리라고 본다. 또 몽유병자가 거의 의식이 없는 상태에서 겉으로 보기엔 정상인과 같은 여러 가지 행동을 하는 것을 보고 좀비의 가능성을 거론하는 철학자들도 있다. 그러나 현실에서 좀비가 있을 수 있다고 믿는 철학자는 거의 없다. 철학적 좀비 개념은 유물론자나 행동주의나 기능주의 같은 여러 형태의 물리주의의 주장을 논박하려고 의도된 사고실험에서 사용되었다.

물리주의는 의식을 포함한 인간성의 모든 면을 신경과학이나 신경생리학의 지식과 같은 물리적 수단으로 설명할 수 있다는 견해를 취한다. 그러나 철학적 좀비가 가능하다면 이러한 주장은 입지가 좁아진다. 예를 들면 현재와 같은 속도로 로봇기술이 급속도로 발전한다면 언젠가는 겉모습과 행동으로는 인간과 구분할 수 없는 로봇, 즉 좀비가 등장할 수 있다. 그럴 경우 인간과 로봇이 같은 물리적 수단으로 설명이 가능할까. 로봇의 회로가 고도로 복잡해져 기능의 다중발현원리에 따라 로봇도 의식을 갖게 될지 모르지만 가능성은 아주 희박하다.

이와 같이 외견상으로는 인간과 구분되지 않는 로봇이 바로 좀비인데 여전히 의식을 갖지 못할 경우 동일한 물리적 설명은 불가능하다. 따라서 인간을 설명하려면 로봇에는 없으며 일부 철학자들이 비물리적이라고 주장하는 특성현상적 경험, 감각질을 도입하지 않으면 안 될 것이다. 이에 관해서는 철학적 좀비의 논리적 존재 가능성을 최초로 거론한 차머스David Chalmers, 1966-와 그러한 좀비의 논리적 가능성을 부인한 데닛의 논쟁이 유명하다.

어려운 문제와 설명적 갭

어려운 문제라는 말은 차머스가 처음 소개한 용어로 미국의 철학자 레빈Joseph Levine, 1952-이 조어한 설명적 갭과도 같은 것을 다른 식으로 표현한 것에 지나지 않는다. 차머스는 의식의 쉬운 문제는 뇌로 판별하고 정보를 통합하고 정신상태를 보고하고 주의를 집중하는 능력을 설명하는 문제이고, 의식의 어려운 문제는 어떤 물리적인 것이 도대체 어떻게 뇌에서 주관적 경험을 만들어낼 수 있는가 하는 문제라고 주장했다. 설명적 갭은 레빈이 "고통은 C섬유의 발화로 발생하는데 그것이 생리학적 의미에서는 타당하나 고통이 어떻게 느껴지느냐를 우리가 이해하는 데는 도움이 되지 않는다"는 주장을 하면서 제기되었다.

신경과학적으로 얘기하면 뇌의 여러 영역의 전기적 활동과 어떤 의식내용 간의 상관관계는 확실한데, 예를 들면 시각피질과 하측두엽의 동시적 신경발화가 사람 얼굴의 의식과 상관관계가 아주 높은 것은 확실한데, 분명한 물리적 사건인 신경발화가 왜 갑자기 전혀 물리적 사건과는 닮지 않은 사람 얼굴에 대한 의식으로 바뀔까? 아직 이것을 확실하게 설명할 방법이 없기 때문에 설명적 갭이 생긴다. 결국 어려운 문제를 설명할 방법이 없다는 것이 설명적 갭이다. 이러한 갭은 결코 메워질 수 없다고 주장하는 철학자들이 많다.

그러나 제거적 유물론을 신봉하는 철학자나 신경과학자들은 쉬운 문제부터 하나하나 풀어나가면 결국 어려운 문제는 저절로 해결될 것이라고 한다. 철저히 증거에 입각하는 현대 과학이 나타나기 전에는 활역설혹은 생기론vitalism이 과학계에 만연했다. 그것은 살아 있는 유기체는 비물리적 요소elan vital를 포함하고 그것을 결여한 생명이 없는 실체와는 다른 원리로 지배된다는 가설이었다. 그러나 유전자와 DNA에 의한 생명의 비밀이 풀리고 난 후 활역설은 저절로 소멸되었다. 이처럼 의식의 어려운 문제도 쉬운 문제들을 하나씩 해결하다 보면 자연히 소멸될 거라는 것이 제거적 유물론자나 신경과학자들의 주장이다.

자유의지

의식을 가진 주체가 여러 가지 대안으로부터 스스로 어떤 행동을 선택하는 능력을 철학적 용어로 자유의지라고 한다. 그것은 선택할 때 선행된 책임감, 죄의식, 의무감 등과 밀접한 관계가 있다. 그것은 또한 충고, 설득, 심사숙고, 금제 등과도 밀접한 관계가 있다. 인간은 보통 자유의지로 행한 행위에 대해서만 칭찬을 받거나 비난을 받는다. 의식의 진화 목적이 유전자를 보존하기 위한 환경에 대한 대처에 있다면 의식이 있는 동물은 그 의식의 수준만큼 자유의지가 있다고 보아야 한다. 의식수준이 가장 높은 인간은 자유의지를 제일 많이 갖고 행동한다고 볼 수 있다.

의식수준이 얕은 하등동물은 자유의지보다는 유전자에 프로그램된 대로 본능에 따라 반사적으로 행동하는 비율이 높다. 그러나 아무리 하등동물이라도 의식이 있는 한 최소한의 자유의지는 가지고 환경에 대처한다고 보아야 한다. 인간이 장래를 위하여 어떤 직업을 선택하는 것과 개구리가 포식자를 만나 물속으로 달아날지, 풀속으로 숨을지 결정하는 것은 차원이 다르다고 해도 둘 다 자유의지라고 보아야 한다. 자유의지가 논란의 이슈가 되는 가장 큰 원인은, 유물론자들의 주장대로라면, 모든 의식적 작용이 알려진 물리적 법칙에 따라 결정되어야 하는데 우리가 어떤 행동을 선택하는 것도 완전히 물리적 법칙에 따라 결정되는가, 어떤 행동을 선택하는 데 우리가 의식의 주도하에 자율적 독립성을 갖는가 하는 것에 아직 아무도 명쾌한 답을 제시하지 못했다는 사실에 있다.

만약 자유의지라는 것이 허구라면이런 주장을 하는 철학자들도 있다 인간은 자기가 행한 모든 행동에 대해 죄가 없다는 황당하고 놀라운 결론에 도달하게 된다. 리벳Benjamin Libet, 1916-2007이 이 문제를 최초로 실험적으로 연구했다Libet, 1983. 그는 피험자에게 운동피질의 겉에 해당하는 두개골에 사건전위를 체크하기 위한 전극을 붙이고 손에는 활성화되는 근육의 근전도electromyography를 실시간으로 체크할 수 있는 근전도계를 달았다. 그리고 피험자의 주먹을 일부러 움직이거나 주먹이 자연발생적으로 움직일 때 일부러 움직이려고 결심한 시간과 자연발생적으로 움직여진 시간을 신호하게 하여 두개골에 붙은 전극의 전위와 손의 근전도를 시간의 함수로 체크했다. 그 결과 1초가량 후 주먹을 움직일 것을 결심했을 때나 자연발생적으로 주먹이 움

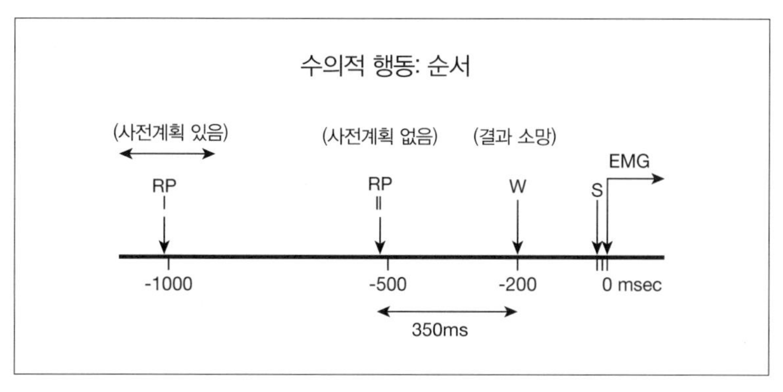

그림 1-1 수의적 움직임에 앞서는 대뇌적 · 주관적 사건들의 순서. EMG: 근전도계의 근육운동 탐지, W: 움직이려는 의지 발생(혹은 움직임 지각), RPI: 준비전위 I(사전결심에 앞서는 두개골 전위), RPII: 준비전위 II(자연발생적 움직임에 앞서는 두개골 전위), S: 자극에 대한 주관적 느낌의 시각

직이거나 간에 주먹의 움직임이나 결심에 0.35-0.85초 앞서 두개골의 전위가 발생하는 것을 발견했다. 즉 자유의지나 주먹의 움직임에 대한 의식보다 뇌 활동RP, 준비전위이 앞섰다. 결심에서는 근육 움직임보다 1.050초 앞서고RPI 자연발생적인 움직임의 의식에서는 근육 움직임보다 0.55초 앞섰다RPII. 또 피험자 몰래 무작위로 전달된 역치에 가까운 자극에 대한 주관적 느낌은 실제 자극전달 시점보다 0.05초 앞섰다. 이것은 피험자들의 보고 오차를 의미하며 사실상 이 실험에서 피험자가 행한 다른 보고도 이 정도 실험오차가 발생했다는 것을 의미한다그림 1-1.

이 실험은 철학계는 물론이고 과학계에도 엄청난 파문을 일으켰다. 해석 여하에 따라 인간의 자유의지는 없고 물리적인 뇌가 무의식적으로 먼저 결정이나 선택을 한다는 결론에 이르기 때문이다. 실험의 방법론과 결과 해석의 오류가능성 등에 관한 논란이 많았으며 뒤따른 유사한 실험들의 결과도 완전히 일치하지는 않고 상호 모순되는 경우가 많아 아직도 논란은 계속되고 있다. 최근에는 뇌의 수많은 뉴런이 끊임없이 활동한 결과 형성된 자연발생적인 시냅스 상태가 인간으로 하여금 특정한 행동방향을 선호하도록 무의식적으로 영향을 미치기 때문에 인간의 행동이 전적으로 자유의지에 따른 것은 아니라는 주장도 나오고 있다.

의식은 종교인, 철학자, 일반인 모두가 오랜 옛날부터 생각하고 논의해온 주제라서 논쟁의 역사도 매우 오래되었으나 대부분 역사 동안 의식은 물리적 육체와는 별개의 실체로 간주되었다. 의식이 육체의 산물이라는 생각은 긴 인류 역사에 견주어볼 때 극히 최근의 일이다. 다윈Charles Darwin, 1809-82이 1859년 저술한 『종의 기원』*The Origin of Species*으로 촉발된 진화론의 등장으로 비로소 의식도 육체의 일부로 진화의 산물이라는 생각을 일부 과학자들이 공공연히 거론할 수 있게 되었다.

2. 의식의 철학적 근거

철학에서는 오랫동안 몸과 마음의 관계 혹은 내적·정신적 세계와 외적·물리적 세계 사이의 관계가 논쟁의 주제가 되었다. 물론 근대에 이르러 제대로 진로를 잡은 자연과학의 정립과 다윈의 『종의 기원』 발표 이전에는 의식이 육체의 산물이라는 것을 공공연하게 이야기하는 철학자들은 거의 없었다. 의식은 신에게 부여받았거나 우주에 영겁의 세월 동안 존재해온 육체와는 다른 차원의 실체로 인식되고 있었다.

그러나 일부 용감한 철학자들 사이에 의식마음 혹은 영혼은 무엇이며 육체와 어떤 관계가 있는가, 의식과 육체는 전혀 다른 실체인가, 의식은 육체*의 산물인가 등을 놓고 수많은 가설과 이론이 제시되었고 그들에 관해 철학자들은 찬반양론으로 갈려 격렬한 논쟁을 계속해왔다. 그러한 논쟁은 아직도 계속되고 있다. 수천 년 동안 제시된 가설과 이론의 종류나 그들에 대한 논쟁을 모두 설명하는 것은 지면이 허락하

* 그리스시대에는 의식의 소재지로 뇌, 심장, 혈액 등 다양한 장소가 주장되기도 했다.

지 않으므로 현대신경과학의 맥락에서 중요한 요지만 살펴본다.

현대 생물학과 신경과학이 나타나기 훨씬 이전에는 육체와 영혼의 관계가 신경과학이 발달한 현대에는 뇌와 의식의 관계로 개념이 바뀌기는 했어도 결국 이것은 내적·주관적 현상이 뇌의 산물이냐 뇌를 매개로 하되 물리적 현상과는 전혀 별개의 현상이냐에 대한 논쟁이다. 이러한 논쟁의 근간이 된 주장을 크게 분류해보면 정신과 물질이 같은 것인가, 전혀 다른 별개인가에 따라 크게 일원론과 이원론으로 나눌 수 있다. 일원론은 다시 관념론적 일원론, 유물론적 일원론, 중립적 일원론으로 나뉜다. 플라톤과 데카르트로 대변되는 이원론은 육체와 영혼은 완전히 다른 실체로 형성된다는 심신실체이원론, 스피노자가 주장하고 다소 내용이 다르긴 하지만 현대 심리철학의 대세인 의식과 뇌는 같은 실체로 이루어져 있지만 다른 속성을 가진다는 속성이원론으로 크게 나뉜다.

1) 일원론

일원론은 전 우주가 단일한 근본적 실체로 이루어져 있다는 이론이다. 이것은 다시 모든 우주현상이 정신의식적 실체로 이루어져 있고 물리적 사건은 모두 환상이라는 관념론적 일원론, 우주의 모든 현상이 물질로 이루어져 있으며 의식적 현상은 물리적 현상의 특별한 면이라는 유물론적 일원론, 우주는 물리적 실체나 의식적 실체만으로 이루어진 것은 아니며 어떤 원시적 형태로 둘 다를 포함하는 훨씬 더 근본적인 실체로 이루어져 있다는 중립적 일원론으로 나뉜다. 우주의 근본은 하나이며 모든 것은 거기에서 전개되므로 결국 대립과 다양多樣이 통일로 환원된다고 보는 신新플라톤학파Neo-platonic school

나 헤겔Hegel, 1770-1831파가 주장하는 우선사항 일원론priority monism이 중립적 일원론의 범주에 속한다고 볼 수 있다『한국가톨릭 대사전』, 1985.

관념론적 일원론

관념론적 일원론은 의식적·정신적인 실체만이 우주의 기본 실체이고 물리적 사건은 단순한 환상이라고 본다. 우리 주위의 모든 것이 겉으로는 단단하고 구체적으로 보이지만 꿈세계 같은 것이며 결국 파헤쳐 들어가면 우리 의식 속의 복잡한 이미지에 불과하다는 것이다. 관념론적 일원론 중 가장 극적인 것은 모든 것은 신의 의지의 표현일 따름이라는 종교적인 것이다. 관념론적 일원론을 내세우는 사람들의 주장은 한없이 다양하지만 대부분 주장이 담고 있는 요지는, 이 세상의 모든 현상은 우리의 감각으로 경험되며 우리가 직접 경험하는 것은 아니라는 것이다. 우리의 감각적 경험 뒤에 진정한 실체가 있다고 가정할 뿐이다. 그러므로 확실한 것은 우리의 의식적 지각뿐이다. 즉 의식적인 것만이 진정한 실체라는 것이다. 이러한 주장은 종교적 일원론과 마찬가지로 현대의식과학자의 견지에서는 허황된 주장일 뿐이다.

유물론적 일원론

유물론은 세계에 대한 현대 자연과학적 견해에 튼튼한 기반을 두기 때문에 현대 과학자들과 과학적 배경을 지닌 철학자들 대부분이 신봉하는 이론이다. 유물론은 물리, 화학, 생물학, 신경과학의 검증된 여러 이론을 당연한 것으로 간주하고 우주의 어떤 현상에도 적용되는 것으로 확신한다. 따라서 의식을 설명할 때도 실증적 과학의 범주를 벗어난 영혼이나 신성한 것의 개입에 호소하지 않는다. 그러나 유물론의 큰 약점은 현대생물학이나 신경과학의 관점에서 의식이 뇌와 밀접하게 연관되어 있는 것이 확실함을 알면서도 뇌와의 인과관계를 깔끔하게 설명할 수 없다는 것이다.

따라서 유물론의 큰 과제는 어떻게 해서 물리적·전기적 현상이 의식적·주관적 현상으로 변하는지 깔끔하게 설명하는 것이다. 이러한 문제를 해결하기 위한 현대철학자나 과학자들의 생각을 정리해보면 대체로 제거적 유물론, 환원적 유물론, 창발적 유물론으로 나눌 수 있다. 제거적 유물론은 우리가 의식에 대해 잘못 알고 있으며 의식은 존재하지도 않고 단지 일상적 언어나 사고가 만들어낸 환상이라는 주장이다. 환원적 유물론은 의식은 정말로 존재하고 뇌에서 실시간으로 진행되는 신경생리학적·물리적 현상이라는 주장이다. 창발적 유물론은 의식은 정말로 존재하고 물리적이나 일반적인 낮은 수준의 신경생리학과는 구분되는 특별한 유형의 뇌 활동이거나 아주 수준 높은 뇌 활동이며 그러한 수준 높은 신경생리학적 의식은 낮은 수준의 신경생리학에 기반을 둔다는 주장이다.

제거적 유물론

제거적 유물론은 아예 의식에 해당하는 정신현상은 없다는 주장을 해서 언뜻 직관이나 상식에 어긋나 보인다. 제거적 유물론자들은 의식적 정신현상이 한때 사람들이 믿었으나 과학의 발달로 사라진 화성 운하나 네스호 괴물과 같은 것이라고 생각한다. 그들은 의식이 과학사에서 한때 신봉되었다가 제거된 에테르나 플로지스톤열소처럼 뇌의 작용에 대한 진실이 밝혀지면 자연스럽게 과학에서 제거될 거라고 주장한다.

그들은 유명한 마이켈슨-몰리실험이 뉴턴·토머스 영·맥스웰 등 뛰어난 사람들의 주장으로 모든 과학자가 믿었던 에테르가 존재할 수 없다는 것을 증명하면서 에테르가 과학사에서 제거되었고, 한때 물질이 연소할 때 연소되는 물질 속에서 뿜어져 나와 연소를 돕는다고 생각되었던 플로지스톤이 초기 화학자들의 주의 깊은 연소 연구 결과 연소는 연소되는 물질이 주위의 산소를 끌어들여 산화하면서 일어나는 현상이라는 것을 밝힌 이후 플로지스톤이 과학사에서 제거되었듯이, 의식도 뇌의 작동 기제mechanism가 확실히 밝혀지면 과학사에서 제거될 거라고 주장한다. 이들을 대표하는 철학자로는 처칠랜드Patricia Churchland, 1943-와 데닛이 있다.

환원적 유물론

환원적 유물론은 제거적 유물론과 달리 적어도 의식이 존재한다는 것은 인정한다. 의식의 존재는 인정하지만 의식과 뇌가 완전히 다른 실체라는 것은 인정하지 않는다. 그들은 이것이 하나로 같은 것이라고 생각한다. 의식은 다만 뇌 속에서 존재하거나 진행된다는 것 외에 다른 물리적 실체나 과정과 마찬가지로 물리적 실체나 과정이며, 사람들이 잘못 생각하는 것은 의식의 존재가 아니라 의식의 기본적 성질이라는 것이다. 따라서 뇌 속에서 진행되는 사고나 지각 같은 것은 실재하는 주관적·심리학적 실체이며 뇌라는 객관적·물리적 실체로 환원될 수 있을 뿐 우리가 일상적으로 다르다고 느끼는 것은 환상이라고 주장한다.

환원적 유물론을 처음 공식화한 사람은 철학자 플래이스Ullin Thomas Place, 1924-2000와 스마트John Jamieson Carswell Smart, 1920-2012다. 그들은 1950년대 당시 과학철학에서 인기 있던 환원주의 이론과 연결했다. 최근 미국의 저명 철학자 김재권1934-이 생물학이나 신경과학의 설명과 잘 부합하는 물리주의적 마음-몸 환원에 대한 생각을 재정립했다Kim, 1998, 2005. 그러나 그도 최종적으로는 기억 같은 다른 정신적 영역은 산뜻하게 물리화하거나 뇌로 환원되나 의식만은 이를 피해간다는 견해를 피력했다. 그밖에 나겔Ernest Nagel, 1901-85과 함펠Carl Hempel, 1905-97 등도 환원적 유물론을 주장했다.

환원적 유물론의 극단적 유형은 미소물리주의 혹은 궁극적 환원주의라고 불리는 이론이다. 이것은 자연계의 여러 면을 묘사하는 여러 과학, 즉 물리학, 화학, 생물학, 신경과학이 언젠가는 환원적으로 서로 연결될 것이라는 이론이다. 신경과학은 생물학으로, 생물학은 화학으로, 화학은 물리학으로, 물리학은 근본적인 물리적 법칙과 물리적 우주의 기본 구성물질인 소립자, 근본적인 물리력중력, 전자기력, 약력, 강력, 양자이론 등으로 환원될 것이라고 한다. 이 이론은 의식도 미소물리적 용어로 설명할 수 있다고 주장한다. 그러나 의식을 소립자나 양자이론으로 설명하는 것이 과연 가능할까? 의식을 양자이론으로 설명하려는 시도를 몇몇 과학자가 했지만 아직 과학계에서 광범한 지지를 얻지 못하고 있다. 대표적인 것이 하메로프Stuart Hameroff, 1947-와 펜로즈Roger Penrose, 1931-가 뉴런 속 미세소관microtubule의 양자역학적 작용으로 의식을 설명하려던 시도였다Hameroff & Penrose, 1996, 2014.

창발적 유물론

창발emergence은 어떤 실체가 복잡하게 조직되고 서로 복잡한 인과적 상호작용을 하며 복잡한 구조적·기능적 전체를 이루게 될 때 전체를 구성하는 부분이 갖지 못한 전혀 새로운 타입의 현상이나 성질이 그 전체에 나타나는 것을 말한다. 이 새로운 현상이나 성질은 전체를 구성하는 부분의 성질로 환원될 수 없다는 면에서 환원적 유물론과는 구분된다. 간단한 예를 들면, 산소 분자와 수소 분자가 복잡하게 결합되면 산소나 수소가 갖지 못한 전혀 새로운 성질을 지닌 물이라는 물체가 창발한다. 물은 산소나 수소의 성질과는 전혀 새로운 성질을 띤다. 플라스틱 조각, 반도체, 액정, 유리 등이 복잡하게 조립되어 계산기라는 전혀 새로운 성질이 창발한다.

우리 뇌는 다면적인 인과적 상호작용을 하는 낮은 수준의 물리, 화학, 신경생물학적 실체들로 이루어진 아주 복잡한 생물학적 체계를 갖추고 있다. 두개골 속에 천억의 뉴런과 뉴런 수의 열 배가 넘는 교세포, 상상을 초월하는 엄청난 수의 시냅스뉴런들 사이에 정보를 전달하기 위한 접촉부 등으로 이루어진 우주에서 가장 복잡한 구조가 바로 인간의 뇌다. 여기에서 의식이라는 전혀 새로운 현상이 창발하는 것은 어찌 보면 당연한 일인지도 모른다. 대표적 창발이론가는 캘리포니아대학 버클리분교 교수 설이다. 그는 『의식의 신비』*The Mystery of Consciousness*, 1997라는 책에서 "우리의 모든 의식적 경험은 신경세포들의 행동에 의해 설명되며 그것은 신경세포 시스템의 창발적 성질이다"라고 주장했다. 창발적 유물론은 다시 환원 가능성의 강약에 따라 약한 창발적 유물론과 강한 창발적 유물론으로 구분된다.

약한 창발적 유물론

약한 창발적 유물론은 비록 물이 수소나 산소와 전혀 다른 성질을 띠지만 물을 이루는 수소와 산소의 외곽전자가 결합해서 생기는 극성 등을 미소 수준의 물리학으로 설명하면 새롭게 나타난 성질을 설명할 수 있다는 것이다. 유전자가 규명되지 않은 수백 년 전 대부분 과학자는 생명이 있는 유기체는 생명이 없는 유기체와는 근본적으로 다른 원리에 따라 지배되거나 어떤 비물질적 요소, 즉 생명력élan vital을 내포한다고 믿었다. 이를 활역설*이라고 하는데, 이것은 물리

* 활역설(vitalism): 달리 생기론이라고도 한다. 생명현상은 물질의 기능 이상의 생명원리에 따른다는 설(용어해설 참조).

적 세계를 설명하는 일종의 이원론이다.

오늘날 모든 과학자는 생명은 단지 복잡한 물리적 요소들의 상호작용에서 창발하는 현상으로, 어렵기는 하지만 미세과정을 이해하면 물리적으로 설명이 가능하며 생명을 설명하기 위해 생명력 같은 비물리적 요소를 동원할 필요가 없다는 것을 잘 알고 있다. 약한 창발적 유물론자들은 이러한 사실을 근거로 의식이 복잡한 뇌 구조에서 창발했지만 언젠가는 신경과학적으로 설명이 가능하리라고 믿는다. 그러나 현시점에서 약한 창발적 유물론자들은 의식이 어떻게 환원 혹은 제거될 수 있는지에 대해 마땅한 설명을 제시하지 못하고 있다. 이렇게 볼 때 약한 창발적 유물론은 환원적 유물론과 상당히 유사하다.

강한 창발적 유물론

약한 창발적 유물론이 신경과학이 언젠가는 의식을 충분히 묘사하고 설명할 수 있으리라고 낙관적으로 보는 데 반해 강한 창발적 유물론은 신경과학이 결코 의식이 뇌에서 창발했다는 것을 설명할 수 없다고 주장한다. 신경과학이 아직 초기 단계여서 그런 게 아니라 의식과 뇌의 관계가 원칙적으로 설명 불가능하기 때문이라는 것이다. 두 영역 사이를 매개하는 인과관계를 결코 발견할 수 없을 것이며 낮은 수준에서의 신경활동이 어떻게 높은 수준의 주관적 경험[의식]으로 변하는지는 영원히 설명할 수 없다는 것이다.

강한 창발적 유물론자들은 주관적·심리학적 실체[의식]는 객관적·물리적 실체[뇌]와 근본적으로 다르다고 주장한다. 주관적·심리학적 실체는 일인칭적 관점으로만 존재하고 무엇처럼 느껴지는 질적 경험을 포함하나 객관적·물리적 실체는 객관적 삼인칭 관점으로 존재하고 주관적·질적인 어떤 것도 포함하지 않는다고 한다. 그리하여 주관적 존재로서 우리 존재는 과학에 영원한 신비로 남을 것이라고 한다. 강한 창발적 유물론은 다시 의식의 신비의 기원이 무엇인가에 따라 두 갈래로 나뉜다.

그중 하나는 우리 인간은 뇌와 의식 사이의 관계를 알기에는 '인지적으로 멍청'하며 그것이 우리가 그 둘의 관계를 이해하는 것을 방해하는 장벽이라는 것이다. 침팬지가 결코 양자이론을 이해할 수 없는 것과 같은 장벽이 인간의 능력과 뇌와 의식의 관계의 이해 사이를 가로막고 있다는 것이다. 다시 말하면 우리는 의식과 뇌 사이의 관계를 설명할 수 있는 이론에 영원히 도달할 수 없다는 것이다.

다른 하나는 우주 자체가 신비로운 것으로 신비로운 우주이론은 표준적 물리학으로 묘사될 수 없는 물리적 우주의 숨겨진 차원이 있으며 우리 의식은 물리적 공간의 그러한 신비로운 영역과 직접 접촉할 수 없다고 주장한다. 강한 창발적 유물론은 의식이 뇌에서 창발했다는 것을 제외하면 신비주의적 이원론에 가깝다.

중립적 일원론

관념론적 일원론이나 유물론적 일원론은 둘 다 어떤 한계가 있다. 관념론적 일원론은 물리적 실제에 대한 여지가 없고 유물론적 일원론은 의식에 대한 여지가 없다. 이에 따르면 세계가 완전히 정신으로만 되어 있든가 완전히 물질로만 되어 있다는 기본적 생각이 잘못되었는지도 모른다. 중립적 일원론은 아마도 진실은 양극단의 중간이나 이들을 초월한 더 근본적인 실체가 있어 이 근본적 실체의 동전의 양면과 같은 것이 정신과 물질이라고 생각한다. 이러한 정신과 물질의 양면이론은 자주 양자역학의 입자-파동 이중성에 비유된다.

양자적 수준에서는 양자적 실체는 입자도 파동도 아니다. 그러나 전자나 양자 같은 양자적 실체들이 과학적 도구로 측정될 때 파동이거나 입자 어느 하나로 스스로를 나타낸다. 절대로 동시에 두 가지 성질을 나타내지 않는다. 아무도 보거나 관찰하지 않을 때 그들은 입자도 파동도 아닌 중립적 내지 중간적 형태를 취한다. 아마도 이때 두 가지 성질을 동시에 띤다고 할 수 있을 것이다. 최근 의식에 대한 양면이론을 발전시킨 사람은 영국 심리학자 벨만Max Velmans, 1942- 이다. 그에 따르면 의식과 뇌의 경우 관찰자가 자신의 의식을 관찰할 때 현상적 의식의 형태를 보여주지만 똑같은 경우 외부 관찰자가 보면 신경구조나 전기활동만 보인다. 의식에 관한 일인칭 관점과 삼인칭 관점은 동시에 취해질 수 없으며 상호 보완적이지만 환원은 불가능하기 때문에 의식의 설명은 일인칭 관점과 삼인칭 관점 둘 다를 요구한다.

지금까지 거론된 일원론 이외에도 딱히 일원론으로 분류되지는 않지만 일원론에 가까운 이론으로 범심론과 기능주의가 있다.

범심론

범심론은 보통 범신론으로도 불리는데 엄격히 구분하면 범심론은 우주의 모든 것에 마음의식이 있다는 것이고 범신론은 우주의 모든 것에 신이 내재한다는 주장이다. 신도 넓은 의미의 의식이라고 보면 범신론은 범심론의 일부를 말하는 것이라고 볼 수 있다. 범심론은 우주의 모든 것이 심지어 분자, 원자, 소립자까지도 의식이나 정신적 요소를 포함한다고 주장한다. 정신과 물질은 한쪽이 없으면 다른 쪽도 없는 동전의 양면과 같다는 주장에서는 중립적 유물론과 같으나 중립적 유물론은 정신적 요소와 물리적 요소가 동시에 나타날 수 없고 뇌만 예외라는 입장인 반면 범신론은 정신적 요소와 물리적 요소가 모든 물리적 실체에 동시에 공존한다고 주장한다.

범심론은 그 역사적 뿌리가 깊고 다양하다. 인도의 우파니샤드 사상이나 스피노자 사상에서는 신을 형체가 있는 모든 것의 전체로 보거나 세계를 신의 변형으로 보았다. 근대에 범심론을 강하게 주장한 사람은 초기 의식의 과학적 연구에 지대한 공헌을 한 정신물리학Psychophysics의 대가 페히너Gustav Fechner, 1801-87였다. 그의 주장에 따르면 세계는 정신 혹은 영혼의 일련의 계층으로 이루어져 있다. 식물, 동물, 위성, 은하 등은 각기 다른 정도의 의식을 소유하고 있다. 전 우주는 수많은 의식적 정신으로 충만해 있고 내적·주관적 생명은 우리 주위 모든 곳에서 넘쳐난다. 그리하여 인간은 거대한 무의식적 우주에서 외롭고 희미하게 빛나는 현상적 불꽃이 아니다. 개별 인간의식 위에는 전 인류의 집단의식이 있고 그 위에는 지구위성의 의식이 있고 그 위에는 태양계의 의식이 있고 그 위에는 은하의식이 있고 마침내 전 우주의식이 있다.

현대에 와서 범심론을 주장한 사람은 호주 철학자 차머스다. 그는 원초범심론Proto-Panpsychism이라는 이론을 소개했다. 이 이론에 따르면 모든 물리적 실체는 완전한 의식을 가지는 것이 아니라 극히 간단하고 기본적인 원초의식proto-consciousness만을 갖는다. 보통 물리적 입자나 대상에서는 의식적 요소가 너무 미세하여 우리가 그것을 의식적 실체로 인식할 수 없다. 그러나 인간의 뇌에서는 의식적 요소가 확장되고 복잡한 의식적 정신상태 시스템으로 구조화된다Chalmers, 1996. 범심론은 어떤 과학적·실증적 근거가 있는 이론이라기보다는 주창자들의 가설에 불과하다.

기능주의

기능주의는 의식을 물리적 실체나 정신적 실체와 동일하지 않고 어떤 주어진 실체들 사이의 복잡한 인과관계의 관념적 영역에 속한다고 주장하므로 일원론으로 분류할 수 있다. 기능주의에서는 정신적 상태가 어떤 관계들을 이루는 실체들의 물질적 혹은 비물질적 성질보다는 그 일련의 관계들에 의해 정의된다. 관계를 이루는 물리적 성분의 성질은 중요하지 않다. 따라서 동일한 기능관계가 신경구조나 정신적 구조에서 실현될 수 있다. 그러나 기능주의자들은 보통 유물론자들이라 기능적 관계는 생물학적 구조나 컴퓨터가 만들어지는 물리적 구조 안에서 실현된다고 믿는다.

기능주의에서 정신적 상태는 정보처리 시스템의 함수다. 어떤 함수는 그 시스템의 입출력 사이의 관계로 정의된다. 정신으로의 감각 입력은 행동 출력으로 변형된다. 정신입출력 변형은 뇌가 어떤 주어진 입력에 어떤 출력을 할지 결정하기 위해 사용하는 계산이나 알고리즘으로 정확히 묘사될 수 있다. 이것은 정확히 디지털 컴퓨터가 행하는 방식이다. 그리하여 기능주의자들은 뇌의 작동을 컴퓨터의 작동에 곧잘 비유한다. 컴퓨터의 소프트웨어와 하드웨어의 관계는 정신과 뇌의 관계와 곧잘 비유된다. 그러나 컴퓨터가 고도로 발전되어 언젠가 의식을 갖게 되기 전에는 기능주의는 뇌의 인지적 기능을 설명하기에는 적합하나 정서적 기능을 설명하기에는 적합한 이론이라고 할 수 없다.

2) 이원론

이원론은 정신과 물체는 전혀 다른 실체로 이루어져 있다는 실체이원론과 인간이라는 한 실체 안에 두 속성, 즉 육체적 속성과 정신적 속성 두 가지 속성이 존재한다는 속성이원론이 있다. 이때 실체를 물리적인 것으로 보면 속성이원론은 중립적 일원론과 같아진다. 실체를 정신적인 것으로 보는 것은 너무나 비과학적인 것 같다. 중립적 일원론과 중복되는 속성이원론보다 실체이원론을 중점적으로 살펴보자.

실체이원론

실체이원론은 역사적 뿌리가 깊다. 각종 종교의 교리, 고대 플라톤·아리스토텔레스, 근대 데카르트에 이르는 긴 역사가 있고 아직 많은 이론에 무의식적으로 영향을 미치고 있다. 실체이원론에 따르면 물리적 실체와 주관적 의식은 둘 다 실제적 현상이며 자주적으로 존재하는 완전히 다른 소재로 이루어져 있다. 물리적 실체는 주관적 의식에 그 존재를 의존하지 않고 주관적 의식은 물리적 실체에 그 존재를 의존하지 않는다. 실체이원론의 약점은 비물리적 의식이 정확히 무슨 재료로 구성되었으며 물리적 실체에 대해 어디에 위치하는지 정확한 답을 주지 못한다는 것이다. 기껏 주관적 의식은 물리적인 것이 아니라 비물리적인 것이라는 설명밖에는 하지 못한다. 또 그들이 물리적 세계에 어떻게 관계하는지, 특히 우리 몸과 뇌에 어떻게 관계하는지 완전한 해답을 주지 못한다. 실체이원론은 이러한 의문에 어떻게 답하느냐에 따라 상호작용론interactionism, 부수현상론epiphenomenalism, 평행론parallelism으로 나뉜다.

상호작용론

상호작용론의 원조는 데카르트René Descartes, 1596-1650의 이원론이다. 데카르트에 따르면 몸과 마음은 다 함께 융합된 것처럼 밀접히 연결되어 있다. 마음 혹은 영혼은 몸의 어느 특정 부위에 위치할 수 없다. 그러나 영혼과 몸 두 영역 사이의 인과적 연결은 뇌를 매개로 하는데 특히 뇌 속의 송과체라는 작은 선을 통하여 이루어진다고 말했다. 이러한 주장은 오늘날에 와서는 터무니없지만 뇌의 세밀한 구조에 대한 신경과학적 토대가 전무했던 당시 배경을 생각하면 마음과 뇌의 연결에 대한 진실을 찾아 뇌 구조를 면밀히 조사하여 모든 것이 좌우 쌍을 이루는 뇌에서 송과체만이 뇌의 중앙에 홀로 있는 것을 보고 내린 선구자적 사고의 결과로 존중되어야 한다.

상호작용론의 논지는 이름이 말해주듯 외부의 물리적 실체와 주관적·심리학적 실체, 즉 의식 사이에는 쌍방향 인과적 상호작용이 있다는 것이다. 예를 들면 외부자극색상이나 소리이 먼저 감각기관망막이나 고막에 닿으면 그것은 신경활동전위 파동으로 변하여 뇌시각피질이나 청각피질로 가고 거기서 신비에 가려진 어떤 단계에서 물리적 뇌 활동이 비물질적인 마음과 접촉하게 되어 우리에게 색상을 보거나 소리를 듣는 주관적 경험을 하게 해준다. 이것은 물리적 입력에서 의식적 출력을 만드는 상향식 인과로다. 그 반대는 하향식 인과로로 반대방향, 즉 의식입력에서 물리적 출력으로 진행된다. 예를 들면 우리가 목이 말라 물을 마시려는 강한 충동을 느낄 때 이것은 주관적 경험이 되며, 이것이 뇌의 운동피질에서 우리 눈과 손을 움직이게 함으로써 주위에 물을 보고 손으로 컵에 물을 따라 컵을 입에 대고 물을 마시게 되는데 이것은 물리적 출력에 해당한다.

상호작용론의 문제점은 어떤 것이 물리적 실체뇌와 인과적으로 상호작용하려면 적어도 그것이 물리적 성질을 가져야 한다는 것이다. 따라서 영혼도 뇌에 영향을 미치려면 여하튼 물리적 성질을 가져야 한다. 그러나 이원론자가 주장하는 의식은 비물질적인 것이다. 어떻게 질량, 에너지, 운동, 위치 등을 갖지 않는 순전히 비물질적인 것이 뇌와 같은 물리적 대상에 무슨 일이 일어나게 할 수 있는가? 영혼이 그것의 자유의지를 발현하기 위해 물리적 영향력을 행사할 수 있는가? 이 미스터리를 해결하려면 영혼과 뇌 사이의 상호작용을 확실히 밝히는 과학적 증거를 제시해야 한다. 그렇지 못할 경우 이원론적 상호작용론은 철학적 유희는 될지언정 실증적 과학에 어떤 기여도 하지 못할 것이다.

부수현상론

부수현상론은 상호작용론의 가장 큰 난제인 어떻게 비물리적 영혼이 물리적 뇌 활동에 영향을 미쳐 우리 행동이 마음에 따라 인도되느냐 하는 문제에 대한 일종의 해결책을 제시한다. 부수현상론은 일단 의식이 객관적·물리적 세계에 영향력이 있다는 의식의 인과적 영향력을 부인한다. 그 대신 물리적 영역에서 정신적 영역으로 미치는 영향력은 인정하여 인과관계를 에둘러 해결한다. 감각계나 뇌에서의 물리적 변화가 우리의 주관적 영역에 의식적 사건을 초래한다. 외부세계로부터 뇌를 통해 의식으로 가는 일방통행적 인과관계 덕분에 우리는 주위의 세계를 감지한다. 물리적 뇌 활동은 뇌에서의 더 많은 물리적 활동을 초래하고, 궁극적으로 우리의 관찰 가능한 행동을 초래한다. 그것은 또한 의식에서의 여러 가지 사건, 예를 들면 감각, 지각, 사고, 지향, 행동계획 등도 야기한다. 그러나 의식의 비물리적 사건은 어떤 인과적 영향력이 없으며 뇌에 아무런 변화도 야기할 수 없을 뿐 아니라 마음속에 더 이상 의식적인 사건도 일으키지 못한다. 그것은 뇌 활동의 부수현상, 즉 뇌 활동의 이차적 효과이거나 부수적 효과일 뿐이다.

부수현상론은 순수물리적 인과관계로 모든 인간 행동을 설명할 수 있다는 장점은 있으나 그것에 따르면 우리의 정신적 활동은 이 세상에서 전혀 적극적 역할을 하지 못하며 의식은 단순히 뇌에 따라다니는 그림자에 불과한 것이 된다. 따라서 의식적 존재인 우리는 세상의 모든 사상에 대해 어떤 변화나 차이도 만들지 못하는 수동적 방관자에 불과하다는 결론이 나온다. 이것은 우리의 자유의지가 행할 수 있는 수많은 일을 생각해볼 때 터무니없는 주장이다. 부수현상론에서 주장하는 비물리적 실체는 근본적으로 비물리적 실체로 이루어지거나 물리적 실체의 비물리적 속성을 나타낸다고 생각될 수 있다. 전자라면 실체이원론과 같아지고 후자라면 속성이원론과 같아진다.

평행론

부수현상론은 뇌의 신경활동이 어떻게 비물리적 의식에 인과적 접촉을 할 수 있느냐 하는, 물리적 영역에서 정신적 영역으로 통하는 인과적 접점의 문제를 해결하지 못한다. 평행론은 물리적 영역과 정신적 영역 사이에 인과관계가 있다는 것을 부정하는 것이 불가피하다고 생각하면서 단호히 부정한다. 평행론은 외적·물리적 실체와 내적·정신적 실체가 완전한 조화를 이루는데 이런 조화는 둘 사이의 인과관계 때문이 아니라 두 영역 사이의 완전한 상관이 있기 때문이라고 주장한다. 우리는 상관과 인과를 곧잘 혼동한다. 예를 들면 영화 속 인물들의 대사는 그들의 입놀림과 시간적으로 동시에 이루어지기 때문에 완전히 조화된다. 그러나 영화 속 입놀림은 소리를 초래하지 않는다. 소리는 입놀림과 완전한 상관을 이룰 뿐이다. 이런 완전한 상관은 입놀림이 소리를 초래한다는 환상을 일으킨다. 실제로 소리를 초래하는 것은 이미지와 완전한 상관과 조화를 이루도록 작동되는 사운드 트랙이다. 만약 상관이 사라지면 환상은 깨지고 제멋대로인 소리와 입놀림만 보인다.

물리적인 면과 정신적인 면 사이의 인과관계는 완전한 상관으로 초래된 환상일 수도 있다고 간주될 수 있다. 그런데 완전한 상관이 인과관계로 설명되지 않는다면 그것은 어떻게 설명될 수 있는가? 유명한 철학자이자 미적분을 창시한 수학자이기도 한 라이프니츠 Gottfried Leibniz, 1646-1716는 물리적 사건과 정신적 사건 사이의 실제적

인과관계 없이 그러한 사건들을 동시에 발생시키는 미리 설정된 조화를 신봉했다. 즉, 물리적 세계와 정신적 세계가 충분히 결정적일 경우 그들 속에서 일어나는 모든 것은 미리 결정되어 있기 때문에 두 세계를 완전히 상관하도록 작동시키려면, 두 세계를 가동시키는 작동버튼을 동시에 누르기만 하면 그들의 조화는 영화처럼 영원히 보존된다. 그러면 그 작동버튼은 맨 처음 누가 누르는가? 그는 신이 그 작동버튼을 누른다고 믿었다. 이러한 평행론의 세계관은 신학적·종교적 믿음에 기반하므로 현대과학적 견지에서 볼 때 평행론은 의식의 문제를 해결하기보다 더 많은 문제를 제기하는 이론이다.

요약

지금까지 우리는 역사상 많은 철학자가 제시한 의식의 본질에 관한 혹은 의식의 문제를 해결하기 위한 놀라울 만큼 다양한 이론을 살펴보았다. 그러나 불행히도 아직 그 어떠한 이론도 의식의 본질에 관해 완전한 설명을 하지 못하며 의식의 제 문제에 대한 완전한 해결책을 제시하지 못하고 있다. 현대 철학자들은 왜 의식의 문제가 그렇게 어려운지 핵심이 되는 이유를 규명하려 애쓰고 있다. 오늘날 철학자들은 의식 문제의 핵심을 레빈Joseph Levine, 1905-87이 처음 조어한 설명적 갭과 차머스가 조어한 어려운 문제라는 제하에서 토의하고 있다.

두 용어는 결국 같은 문제를 다른 관점에서 본 것을 나타낼 뿐이다. 앞에서도 설명했듯이 어려운 문제라는 것은 물리적 시스템이 어떻게 주관적·질적 경험을 야기하느냐, 달리 말하면 뉴런이나 뇌에서 진행되는 물리적 활동이 무슨 묘기를 부려 의식을 만들어내느냐에 대한 해답을 구하는 문제다. 설명적 갭은 어려운 문제의 설명이 보통의 물리적 사건의 설명과 달리 막힘없이 매끄럽게 설명되지 못하고 논리적 연결과 설명이 불가능한 간극이 존재함을 의미한다.

현재 철학이나 신경과학에 남아 있는 무척 어려운 두 가지 구체적인 예는 주관적 현상의 설명과 나겔의 질문, 즉 "박쥐가 된다는 것은 어떤 것일까?"이다. 이 두 가지는 사실 같은 어려움에 대한 질문이다. 즉 객관적 관찰에 따른 해결의 어려움에 대한 질문이다. 나겔이 인간이 아닌 박쥐를 예로 들어 주관성에 대한 질문을 던진 것뿐이다. 상식적으로 잘 설명되고 묘사될 수 있는 현상은 공개적 · 객관적으로 관찰될 수 있는 현상이다. 주관적 현상과 나겔의 질문에 대한 설명과 묘사의 어려움에서 본질은 공개적 · 객관적 관찰이 거의 불가능하다는 데 있다. 신경세포의 활동은 많은 다른 수단, 즉 현미경, PET, MRI, EEG 등 현대적 실험장비로, 또 많은 다른 장소에서 과학자들이 실시간으로 관찰할 수 있다. 신경세포의 활동은 우리가 그것들을 관찰하든 하지 않든 상관없이 객관적 · 독립적으로 존재한다.

그러나 현상적 · 주관적 의식은 다르다. 내가 고통을 느끼고 연민을 느끼고 꿈을 꾸는 것은 나 이외의 어떤 사람도 그것을 경험하거나 관찰할 수 없다. 또 다른 누구도 그것이 존재하는 것을 확인할 수도 없고 내가 느끼는 경험 내용을 알지도 못한다. 물론 요즈음 기능성 자기공명장치Functional magnetic resonance imaging, fMRI를 이용해 사람들이 어떤 생각을 하거나 고통을 느끼는지에 대한 방대한 자료를 수집한 자료은행data bank을 활용하여 어떤 사람의 뇌를 촬영하면 그 사람이 어떤 생각을 하는지, 어떤 고통을 겪고 있는지 알 수 있다고 주장하는 학자들이 나오기는 했다. 하지만 그들이 보고할 수 있다는 생각이나 고통의 진실성을 검정할 방법도 없지만 비록 사실과 부합한다 하더라도 피험자들의 실제 생각이나 고통, 느낌의 빙산의 일각만 추측하고 보고할 수 있을 뿐 엄청나게 다양하고 가변적인 주관적 경험을 모두 파악한다는 것은 불가능하다. 주관적 경험은 오로지 나에게만,

나의 일인칭 관점에서만, 나의 주관적·심리학적 현실에서만 존재한다.

이처럼 주관적·심리학적 측면에서의 현상적 경험은 객관적·생물학적 측면에서의 물리적·신경적 성질과는 완전히 다르다. 어려운 문제의 완전한 해결과 설명적 갭의 채움은 주관적 경험과 객관적 뇌 활동 사이의 연결에 대한 설명이 전자와 양전자가 만나면 왜 한 쌍의 감마선이 만들어지는지에 대해서나 산소와 수소 분자가 만나면 왜 상온에서 액체인 물이 되는지에 대한 물리학적 설명과 같은 명료한 설명을 제시할 수 있을 때만 가능하다. 이러한 문제의 해결은 철학자들의 몫이라기보다는 신경과학자들의 몫이다. 여기에 철학자들이 의식에 접근하는 데 한계가 있다.

나겔과 같은 철학자들은 과학이 인간이건 동물이건 타자의 주관적 경험을 과학이 영원히 밝혀낼 수 없을 것이라고 비관하는 반면 일부 철학자들과 신경과학자들은 유전자 발견이나 상대성이론 등의 획기적인 과학적 발견이 있기 전 철학자나 과학자들이 불가능하다고 생각했던 많은 문제가 해결된 것을 예로 들면서, 상상을 불허할 만큼 급진적인 현대과학의 진보에 의해 언젠가는 과학이 의식의 문제를 해결할 수 있으리라고 본다.

제2부

육체 밖의 의식에 대한 논란

1. 육체 밖의 의식?

가톨릭의 교리문답 중 영혼에 대한 가톨릭을 비롯한 종교계나 일반의 믿음을 보여주는 다음과 같은 문구가 있다.

문: 영혼이 무엇이냐?

답: 영혼은 육체 없이 살아 있는 존재이며 추론과 자유의지를 가진다.

쉽게 말하면 영혼은 뇌나 눈, 코, 귀 같은 감각기관이 없으면서도 보고, 듣고, 냄새 맡고 생각할 수 있는 의식적 존재를 의미한다. 이러한 육체[뇌] 이외의 장소에서 발현한다고 일반인들이 믿거나 종교나 철학에서 주장하는 의식(?)은 이 책의 주 논의 대상에서 제외한다. 과학자의 입장에서 볼 때 의식은 살아 있는 동물의 뇌의 산물이다. 즉 살아 있는 자의 영혼이지 결코 죽은 자의 영혼이 아니다. 인류 역사가 시작된 이래 무수히 많은 죽은 자의 영혼 이야기나 육체 밖에서 독립적으로 존재하는 의식에 대한 증거라고 주장된 현상이 많다. 여기서 이런 주장들과 그것이 진실이 아님을 보여주는 증거들을 살펴보자.

전 세계에 교리가 다양한 종교가 무수히 많고 세계 인구의 반 이상이 이런저런 종교를 믿는다. 종교의 존재는 대부분 영혼의 존재, 그것도 죽은 자의 영혼의 존재를 전제로 한다. 종교가 최악의 불행을 맞아 더는 의지할 곳 없는 인간들의 마지막 안식처라는 순기능 때문에 사실 많은 학자, 특히 자연과학자들이 내심으로는 종교의 교리에 찬성하지 않지만 내색을 하지 않는다. 영혼의 존재가 부정되더라도 종교가 존재할 수 있을까? 비록 이 세상은 힘들고 불행하지만 참고 견디면서 착하게 살면 내세*에는 행복한 삶을 살 수 있다는 것은 거의 모든 종교의 공통된 교리다.

종교를 믿지 않는 사람들도 만약 영혼이 있다면 내세에서건 현세에서건 언젠가는 교통사고로 유언도 한마디 남기지 못하고 비명에 간 부모님이나 사랑하는 사람을 볼 테고, 지진이나 대형재난이 닥쳐 미처 소식도 전하지 못한 채 죽은 친척들도 조우할 것이다. 또는 미처 생명의 꽃을 피우지도 못하고 불쌍하게 병마로 죽어간 어린 자식들을 언젠가는 만날 거라는 희망을 가질 수 있기 때문에 영혼이 존재했으면 하고 내심 바랄 것이다. 그뿐만 아니라 영혼의 존재는 어쩌면 불교에서 말하는 윤회를 통한 영생을 의미할 수도 있으므로 한세상 행복하게 산 사람은 짧은 인생을 끝낸 후 다시 행복한 다음 생을 기대할 수 있고, 일생을 불행하게 보낸 사람은 행복한 다음 생을 기대할 수 있기 때문에 영혼의 존재를 간절히 원할 수도 있다.

우리는 마음속으로 자꾸만 과거에 어떤 일이 일어났으면 하고 오랫동안 희망하다 보면 정말로 그러한 일이 일어난 것처럼 거짓 기억을 형성하게 되는 경우가 많다. 또 어떤 명제를 강하게 희망하게 되면 그 명제가 진실인 걸로 믿게 되는 경향이 있다. 실제로 미국 국민

---

* 내세는 이승(우리가 살고 있는 이 세상)이 될 수도 있고 저승(사람들이 죽으면 간다고 생각하는 세상)이 될 수도 있다.

들의 반 이상이 영혼의 존재를 믿는다는 설문조사도 있었다. 그것은 미국인들이 그만큼 사후 영혼의 존재를 원한다는 것을 의미한다. 내세의 영혼의 존재가 확실히 부정된다면 영혼의 존재를 믿거나 믿고 싶은 많은 이에게 아주 슬픈 일이 될 것이다.

그런데 현대의 의식과학자들은 우리가 이른바 영혼이니 마음이니 정신이니 하는 많은 심적 현상은 우리* 뇌가 만들어내는 주관적 현상이며 속칭 영혼이라는, 육체와는 독립된 심적 실체는 존재하지 않는다고 굳게 믿는다. 또 아직 누구도 육체로부터 독립된 심적 실체의 존재를 확실히 증명하지 못했으며, 어떤 과학자도 그것이 존재하지 않는 것에 대해 논리적 근거를 제시하긴 했어도 아직 뇌가 어떻게 의식을 발현하는지에 대해서는 명쾌한 답변을 내놓지 못하고 있다. 영혼의 존재를 긍정하는 현상이라고 주장하는 몇 가지 현상에 대해 아직 누구도 그 인과관계를 명쾌히 설명하지 못하기 때문에 영혼을 믿는 사람들을 완전히 설득하지 못하고 있다. 게다가 영혼에 대한 논의 자체는 물론 영혼의 존재나 부재를 증명하려는 노력 자체를 과학계에서는 금기시해왔고 아직도 그런 경향이 강하다. 그러한 와중에도 몇몇 과학자는 육체와 유리된 심적 존재의 탐구를 시도했으며 이러한 시도는 아직도 세계 여러 곳에서 계속되고 있다.

불과 200년 전만 해도 빛은 파동이며 파동의 전파에는 매질이 필요하다고 생각했으며 그 전파매질을 에테르라고 불렀다. 매질 속을 통과하며 지구와 다른 방향으로 나아가는 빛은 지구와 같은 방향으로 나아가는 빛과 다른 속도로 진행될 것이라고 생각했다. 그러나 아인슈타인이 플랑크의 양자가설을 기초로 광전효과와 광양자설을 발표해 빛의 입자성을 확실히 증명함으로써 빛은 파동이며 동시에 입

---

* 많은 동물도 심적인 현상을 경험한다.

자라는 것이 밝혀졌다.

빛이 입자인 이상 나아가는 데 매질이 필요 없으므로 파동인 빛의 전파를 매개하는 매질로 가정되었던 에테르의 존재가 빛의 전파를 위해 불필요하게 되었다. 그 후 마이켈슨-몰리의 실험결과가 모든 방향의 빛은 같은 속도로 진행한다는 것을 밝힌 후 에테르의 존재에 대한 믿음이 한순간 사라졌다. 그러면 과학이 아인슈타인의 실험이나 마이켈슨-몰리의 실험을 통해 그때까지 모든 과학자가 그 존재를 믿었던 에테르가 없다는 것을 확실히 증명한 것처럼 영혼이 없다는 것도 확실히 증명할 수 있을까?

과학은 관찰-가설-이론-실험-재현을 통해 어떤 현상이 진실인지를 밝혀낸다. 그 현상에 대한 가설과 이론을 세우고 여러 사람의 관찰과 실험결과가 그 가설 및 이론과 일관될 때 그 현상은 진실이 되고 그 가설이나 이론은 진리라고 간주된다. 이러한 과학적 절차를 밟아서 영혼의 존재나 부재를 증명할 수 있을까? 종교에서 말하는 가장 고차원의 영혼은 신이다. 우리는 신이 존재하지 않는다는 것을 과학적으로 완전히 증명할 수 있을까? 이를 증명할 수 없다면 해거티Barbara Hagerty의 주장대로 신의 존재를 완전히 부정할 수도 없다. 의식이 물리적 실체라는 것을 과학적으로 증명하지 못한다면 의식이 물리적인 것과 다른 실체라는 주장도 부정할 수 없다.

물리학계에서도 아직 많은 것이 규명되지 못하고 있다. 종교인들이 신의 존재를 입증하지 못한다고 해서 신이 부정된다면 마찬가지로 아직도 규명되지 못하는 많은 현상을 입증하지 못한다면 현재 과학이 진실이라고 믿는 많은 것도 부정될 수 있다. 암흑물질이 어떤 것인지, 우주가 무한의 시간 동안 존재해왔는지 아니면 빅뱅에 의해 최초로 탄생했는지, 우주가 현재처럼 팽창을 계속할지 아니면 팽창을 멈추고 수축으로 돌아설지, 빅뱅 이전에 무슨 사건들이 있었는지 등에 대해서는 가설만 요란할 뿐 어느 것 하나 제대로 규명된 것이 없다. 이들 의문에 대한 정답은 의심할 여지없이 존재한다.

그러나 그러한 의문은 신의 존재 여부에 대한 의문만큼 진실을 밝히기가 쉽지 않다. 종교인들도 끝까지 신의 존재를 고집한다면 신의 존재를 입증하지 못하더라도 신의 정체성과 신이 천지창조 이전에 무엇을 했는지, 그들이 빅뱅을 인정한다면 빅뱅 이전에 신은 무엇을 했는지에 대해 적어도 논리적인 설명이라도 내놓아야 한다. 의식의 과학도 의식이 종교인들이 주장하는 영혼처럼 신이 부여한 것이 아니라고 한다면 아무리 보아도 물리적인 것과는 달라 보이는 의식이 물리적인 뇌에서 어떻게 생성될 수 있는지 논리적·과학적으로 입증할 수 있어야 한다. 이러한 것들이 해결되기까지는 모든 의식이 뇌의 산물이라는 결론이 절대 진리라는 주장을 당분간 보류하는 것이 좋을 듯하다.

우선 현대신경과학자들은 의식이 크든 작든 다수의 신경이 여러 단계로 연결되면서 형성된 신경망으로 된 동물의 뇌의 산물이고 뇌는 물질로 되어 있으므로 결국 의식은 물질의 산물이라고 한다. 따라서 물질에 근거하지 않는 의식은 존재할 수 없다고 주장한다. 의식은 물질로 환원될 수 있다는 것이다. 그러면 물질적 기반이 없는, 말하자면 뇌 바깥에서의 의식은 불가능하다.

그런데 앞 장의 범심론 해설에서 언급했듯이, 과학자나 철학자들 중에는 모든 물체에는 정도 차이는 있으나 의식이 존재한다고 주장하는 이들이 있다. 이러한 주장은 크게 두 가지로 나뉘는데 하나는 범신론이고 다른 하나는 범심론이다. 사람들은 대개 둘을 혼동해서 모두 범신론으로 부르는데 범신론은 신을 긍정하는 일부 철학자나 신학자들이 주장하는 사상으로, 모든 것이 내재하는 신의 일부라고 주장한다. 범심론은 일부 과학자나 철학자들이 신의 존재를 긍정하느냐 부정하느냐에 상관없이 주장하는 사상으로, 우주에 존재하는 모든 물체, 심지어 원자나 분자나 별이나 태양계나 은하에도 의식의 성분이 있다고 주장한다. 이들이 주장하는 범신론이나 범심론의 내용은 너무나 다양하다. 먼 과거의 종교인들에서 시작해 현대적인 이론으로 무장한 과학자들까지 다양한 사람이 각기 나름대로 논리를 가지고 독특한 범신론이나 범심론을 피력했다.

그들의 주장이 저마다 너무 다르기 때문에 일일이 거론하는 것은 부질없는 일이다. 여기서 범신론은 신이라는 물체를 초월한 절대적 의식을 인정하므로 영혼의 존재를 긍정한다. 일부 과학자들이 주장하는 범심론에서는 모든 물체에는 의식이 있다고 하지만 물체를 떠난 의식은 긍정하지 않는다. 그런데 이들 과학자들의 주장과 달리 종교인들이나 일부 철학자들은 의식이 물질과는 완전히 다른 성질이나 차원의 것이므로 물질적 근거가 없어도 존재할 수 있다고 주장한다. 심지어 가장 고차원의 의식을 지닌 신은 물리적 세계 이전부터 존재했으며 이 세계를 창조했다고 주장한다.

이러한 주장의 진실 여부를 따지는 것은 현재 과학 수준으로는 해결 가망이 전혀 없는 일이다. 현재 이러한 것은 과학자들의 일이 아니라 사색을 좋아하는 일부 철학자나 신학자들의 일이다. 그러나 물리적 기반이 없는 의식, 즉 뇌의 바깥에서 발현되는 의식이라고 생각되는 여러 가지 현상에 대한 일화가 너무 많고 또 그냥 지나치기에는 미심쩍은 일화도 많다. 이들이 과학적 견지에서 진실일 수 있는지 하나씩 살펴본다.

신탁, 성령, 귀신 이야기는 영혼*의 존재를 암시하는 것들이다. 신

* 신도 이 세상의 육체를 지닌 존재가 아니면서 의식을 가지고 있다고 일반적으로 믿으므로 영혼으로 간주되어야 한다.

탁이란 인간이 주로 미래 예측이나 이상한 현상의 원인 등 스스로 해답을 찾을 수 없는 질문을 신에게 던지고, 그 답을 신에게서 얻는 것을 말한다. 신탁은 옛날 왕이나 큰 부족장 주위에 이를 전문으로 매개하는 매개자가 있어 그를 통해 신과 의사소통하는 것이었다. 신탁은 매개자가 별의 위치나 움직임, 새가 날아가는 모양이나 방향, 거북의 등딱지를 불에 태워 갈라지는 틈 모양 같은 것을 이용하거나 성경의 모세처럼 조용한 산에 올라가 직접 신의 목소리를 듣는 다양한 수단을 사용한다. 가장 유명한 것은 그리스·로마신화에 나오는 델포이 신탁이다. 이 모두는 매개자 외에는 알 수도 볼 수도 없는, 인간의 능력을 초월한 전능한 영혼신의 존재를 전제로 한다.

제인스Julian Jaynes, 1920-97는 그의 저서 『의식의 기원』*The Origin of Consciousness in the Broken of the Bicameral Mind*, 1977에서 신탁은 인류의 진정한 의식이 발달하기 전 비논리적이고 감성적인 우뇌에서 논리적이고 실천적인 좌뇌에 보내는 일종의 메시지환청 형태였다고 주장한다. 그리고 환청에 의한 신탁이 국가의 모든 중대사를 결정하던 신정정치시대가 끝나고 비로소 진정한 의식이 나타났다고 주장한다. 하지만 그는 의식과 합리적 이성을 혼동하는 것 같다. 그의 엉뚱한 주장은 많은 비평을 받았지만 여하튼 그는 의식이 뇌의 산물이라는 것을 시인한다는 면에서 영혼의 존재는 부정한다고 볼 수 있다.

신탁은 매개자 외에 그것을 객관적으로 증명해줄 수 있는 사람이 없으므로 매개자가 사기를 치거나 거짓말을 한다는 의심에서 자유로울 수 없으니 영혼의 존재를 증명한다고 볼 수 없다. 해거티는 기독교에서 말하는 기도나 꿈 등에서 나타나는 성령체험이나 불교 수행자의 깊은 명상을 통한 우주와의 일체감, 가톨릭 수녀들의 향심기도를 통한 초월적 경험 등에 대한 현대과학 장비를 이용한 많은 실험에 관해 자신의 저서 『신의 흔적을 찾아서』*Fingerprints of God*에서 비교적 객관적인 입장에서 서술했다[Hagerty, 2009].

그녀는 미국공영라디오방송 기자로 비교적 유리한 위치에서 초월적 의식에 관련된 사고를 다룬 많은 전문가를 집요하게 밀착 취재하여 그들의 주장을 자세히 듣고 가감 없이 전하고 있다. 착실한 기독교 신자인 그녀가 가능하면 신의 흔적을 발견해보려고 노력한 흔적이 저서 곳곳에 보인다. 그러나 그녀가 든 여러 실험 사례를 종합해보면 영적인 경험을 하는 사람은 심장발작을 일으키거나 교통사고 등 치명적 사고를 당하거나 승려·수녀들처럼 장기간 영적 수련을 하거나 간질 등 의식의 병을 앓거나 유전적으로 다소 특이한 뇌를 가지거나 하여 보통 사람의 뇌와 다소 다르다는 것을 보여준다.

뇌는 가소성*을 갖고 있다. 예를 들면 교육을 많이 받은 사람의 뇌는 교육을 적게 받은 사람의 뇌와 미세기능구조에서 상당히 다르다. 교육을 많이 받은 사람은 휴지상태에서 기억과 관련이 많은 해마를 포함한 뇌의 아래쪽에 상대적으로 높은 대사율을 보이고, 교육을 적게 받은 사람은 육체적 운동과 연관이 많은 뇌의 정수리 부분의 휴지상태 대사율이 상대적으로 높았다. 이는 그 부분의 뉴런이 잦은 사용에 따른 가소성의 원리에 따라 더 많은 축색과 수상돌기와 시냅스를 발달시켰다는 것을 의미한다[Kim, 2015]. 사고로 단기간에 뇌 구조가 바뀔 수도 있고 꾸준한 영적 수련으로 뇌 구조가 변할 수도 있고 간질 등의 질병을 장기간 앓음으로써 뇌 구조가 변할 수도 있다.

영적 경험을 하는 사람들은 이러한 여러 가지 원인으로 뇌 구조가 보통 사람과 약간 다르다. 그리하여 보통 사람보다 쉽게 비정상적·정신적 현상인 이른바 영적 체험을 하게 된다. 여러 분야의 많은 영적 지도자의 영적 체험에 대한 보고가 일관되는 면도 많다. 그러나

---

* 경험에 따라 변화되는 성질.

어느 것이나 일화적 보고에 지나지 않으며 객관적으로 신이나 영혼의 존재를 입증해주는 사례는 없다. 그녀는 과학이 신의 존재를 증명할 수도 없지만 신이 없다는 것을 증명할 수도 없으므로 부존재를 증명할 수 없는 한 신의 존재를 믿는 편이 인간에게는 좀더 이롭지 않겠느냐고 주장한다. 착실한 기독교 신자인 그녀가 지금도 깊은 신앙심으로 힘든 환경 속에서도 희망을 갖고 사는 수많은 종교인에게 상처를 주고 싶지 않다는 생각이 무의식적으로 작용하여 그러한 주장을 하는 듯하다. 그러나 그녀가 예를 든 많은 사례는 신의 역사보다는 뇌 소유자의 개인적 이력에 따른 특이한 경우라는 사실을 시사한다.

달리 성신이라고도 하는 성령은 기독교의 삼위일체 교리에서 하나님을 이루는 세 위격 중 하나를 가리키는 말이다. 성령의 성격에 대해서는 여러 가지 주장이 있지만 보통 하나님이 사용하는 강력한 영, 즉 활동력으로 받아들여진다. 성령을 경험했다는 사례는 기독교 문화에서 거의 일상화된 화젯거리다. 가장 유명한 것은 사도 바울의 사례다. 바울이 다메섹으로 가다가 갑자기 강한 빛을 보고 예수의 성령을 경험한 후 사흘 동안 앞을 보지 못한 사건은 그가 예수를 몹시 핍박하다가 절대적으로 옹호하게 된 결정적 사건으로, 기독교 문화에서 예수의 성령을 보여주는 대표적 사례로 본다[사도행전 9장 3-9].

바울과 동행한 사람들이 아무것도 보지 못하고 당황하기만 했다는 사실은 바울이 경험한 기적이 주위에 있던 누구도 눈치조차 챌 수 없었던 극히 개인적 체험이었음을 의미한다. 바울이 한동안 앞을 보지 못하고 먹지도 않았으며 마실 수조차 없었다는 것은 후두엽과 측두엽, 두정엽이 만나는 지점에 발작 진원지가 있는 간질환자들이 발작 후 일시적으로 느끼는 섬망상태와 흡사하다. 또한 노벨평화상을 수상한 존경받는 의사이자 신학자였던 슈바이츠 같은 사람도 바울이 육체의 가시를 거론한 고린도후서12장 7-9를 근거로 간질을 앓았을 것이라고 생각했다. 따라서 무신론자 입장에서 보면 바울이 예수의 성령을 체험한 사건은 간질증상에 따른 것이라고 자연스럽게 해석할 수 있다. 그러나 터키를 여행한 사람들은 누구나 로마의 탄압, 반대파들의 방해, 다양한 언어를 사용하는 이민족 전도라는 참으로 어려운 환경 속에서 이룩한 수만 리에 걸친 바울의 전도 행적에 경의를 표한다.

바울이 간질병을 앓았다는 사실 때문에 그의 위대한 행적이 폄하되지는 않는다. 오히려 신체적 장애에도 불구하고 경이로운 업적을 이루어냈다는 것은 참으로 존경받아 마땅할 것이다. 그밖에도 성령을 경험하거나 보았다는 사람들의 사례보고는 너무나 다양하고 제각각인 데 비해 육체를 초월한 의식을 입증할 만한 어떤 증거도 내놓지 못하고 단순히 일화적 서술들만 있을 뿐이다. 그러한 서술들이 대부분 신앙심 깊은 신자들의 경험담이므로 거짓을 말하는 것은 아닐 것이다. 그러나 사실이라 하더라도 환영이나 꿈과 구별하기가 어렵다.

귀신ghost은 보통 음습하고 어두운 곳에 출현하며 외관상으로는 보통 사람 형태를 했으나 다소 희미하고 일시적으로 나타났다가 사라지는 시각적 이미지를 의미한다. 귀신은 보통 죽은 친척이나 과거의 유명인사인 경우가 많다. 때로는 이미지와 함께 소리를 내는 귀신도 있고 형태는 없이 소리만 내는 귀신을 보았다는 사람들도 있다. 귀신 이야기는 전 세계 모든 곳에서 민간에 전승되는데 사실이라면 육체 없이 공간에 떠다니는 귀신은 사후영혼의 존재를 가장 확실하게 보여주는 현상이지만 모두 일관성이 없고 체험자 개인의 일화적 경험에 따른 진술에 의존하는 것들이어서 과학적으로 접근하기에는 부적합한 주제다. 또한 과학이 진전된 현대 문명사회에서 귀신에 대한 사례가 거의 사라진 것을 보아도 귀신 이야기는 신빙성이 없다. 귀신은 정신의학에서 말하는 환영과 여러 가지 면에서 유사하다.

이들 신탁, 성령, 귀신 현상들에 공통되는 것은 경험자 간의 반복성과 일관성이 없고 지극히 일화적이라는 것이다. 반복성, 일관성이 없는 일화적 사례는 화젯거리는 될 수 있어도 과학적 연구의 대상이 될 수는 없다.

전생기억 또한 사실이라면 육체는 소멸되어도 영혼은 소멸되지 않고 윤회전생하는 증거가 될 수 있다. 전생기억에서 가장 논란이 많은 사건은 티베트의 달라이라마 선출이다. 당대의 달라이라마가 죽으면 그의 환생인 어린이를 찾아 차기 달라이라마로 선정하는 것이 티베트의 오랜 전통이다. 상당한 기간 이런 전통이 이어져왔다는 사실로 미루어볼 때 티베트인들의 윤회전생에 대한 믿음은 아주 강한 것 같다. 그들이 긴 역사 동안 이러한 믿음을 지속해올 수 있었던 것은 그들이 달라이라마의 환생이라고 찾아낸 어린이를 진정으로 달라이라마의 영혼을 지닌 사람이라고 믿을 만한 단서를 찾아냈다는 것을 의미할 수도 있다.

전생기억을 가장 많이 연구하고 탐문한 사람은 미국 버지니아대 의과대학 정신과 의사 스티븐슨Ian Stevenson, 1918-2007 박사다. 캐나다 출신인 그는 성실하고 진리를 탐구하려는 집념이 아주 강한 학자였다. 그는 수십 년에 걸친 끈질긴 추적·탐문조사 끝에 2000년 『의학가설』*Medical Hypotheses*이라는 의학저널에 「전생을 기억한다는 현상: 해석과 중요성」The phenomenon of claimed memories of previous lives: possible interpretations and importance이라는 논문을 한 편 실었다Stevenson, 2000. 그는 전생이라는 개념이 주류과학에서 다루어지는 것이 아니며 아주 엉뚱한 주제에 속해서 조심스럽게 다루어야 하는 것임을 잘 알았다. 그는 논문에서 용어를 사용할 때나 견해를 피력할 때 매우 조심스러워했다. 또 그는 2,500여 개에 달하는 광범한 사례를 가능한 한 직접 탐문하여 확인했다. 전생을 기억한다는 아이들과 전생이었다고 말해지는 곳의 친족을 면담하는 절차는 많은 시간과 끈질긴 인내를 요하는 일이었지만 대부분 의미 있는 사례를 팀원들과 함께 확인했다. 그들이 확인한 아이들이 전생을 기억한다는 856개 사례 중에서 아이가 주장한 전생의 인물을 찾아 확인한 결과 67%가 아이가 말한 내용과 일치하는 부분이 있음을 확인했다.

그들이 진술자들의 속임수나 거짓 증언이나 거짓 기억을 배제하려고 노력한 흔적이 논문 곳곳에서 보인다. 논문에서 조사된 것으로 언급된 몇 가지 특기할 만한 것을 요약하면, 전생의 기억은 윤회사상을 믿는 문화권에서도 아주 희귀한 현상으로 유일하게 체계적인 조사가 이루어진 북인도 지역에서 아이 500명 중 한 명 정도가 기억하는 것으로 밝혀졌다. 이전 생을 기억한다고 주장하는 아이들의 경우 진술하는 사실 이외에 특이한 사실도 나타났다. 거의 대부분에서 아이들은 이전 생에서 배웠거나 기인한 것으로 보이는, 현생의 가정에서는 낯설게 보이는 다양한 행동양식을 보인다. 또 많은 아이가 이전 생으로 기억하는 사람의 신체적 특성이나 상처와 일치하는 드문 신체적 특징을 보였다. 예를 들면 전생에 가슴에 칼을 맞아 죽었다고 주장하는 전생을 기억하는 아이의 경우 가슴 부분에 칼자국 형태의 흉터를 가지고 태어나는 경우 등이다.

이러한 것들이 사실이라면 윤회전생과 영혼이 존재한다는 강력한 증거가 될 것이다. 스티븐슨 박사는 나중에 정말로 전생이 있다고 믿느냐는 기자들의 질문에 자신의 조사탐구에 근거해 학자적 양심을 걸고 전생의 존재를 믿는다고 진술했다. 이들의 연구사례가 중요한 것은 많은 인원으로 이루어진 학자 집단이 수십 년에 걸쳐 행한 연구라는 사실이며, 연구에 참가한 면면들이 신뢰할 만한 사람들이고 발표된 학술지도 권위 있는 저널이라는 것이다. 또한 그 많은 관계자가 단순히 흥밋거리를 만들기 위해 그렇게 장시간 사기적 행각을 벌였으리라고는 결코 생각할 수 없다.

그러나 아쉽게도 이들 연구가 주로 윤회사상을 믿는 불교나 힌두교 문화권에서 이루어졌으며 서구 문화권의 사례는 거의 없다. 게다가 조사연구의 성격상 엄청난 시간과 노력을 요하고 주류과학계에서 다루기 꺼리는 주제이기 때문에 연구 사례가 매우 희귀하다. 이따금 신문 가십난에 교통사고를 당한 두 친구 중 한 명은 죽고 한 명은 살아났는데 살아난 사람이 자기는 죽은 친구라고 우기는 사례나 사고로 의식을 잃었다가 회복하고 난 후 배운 적도 없는 외국어로 말하는 사례 등이 등장한다. 여러 가지 정황으로 보아 거짓말을 하는 것 같지는 않은 이런 사례들을 볼 때, 이를 완전히 무시하는 것도 사건 당사자들을 모욕하는 것 같은 생각이 들 때가 있다.

하지만 아이들이 공부 등으로 바쁜 일정을 보낼 뿐 아니라 텔레비전, 게임, 만화영화 등 아이들에게 관심거리가 다양한 현대 문명사회에서 전생을 기억하는 위와 같은 사례는 전 세계적으로 몇 년에 한 건 정도밖에 나타나지 않는다. 따라서 전생기억 같은 사례는 점점 세인들이나 학계의 관심에서 멀어지고 있다. 또한 현대의식과학의 측면에서 볼 때 전생기억의 가능성은 매우 희박하다. 인간의 인격이나 정체성은 그 사람의 장기기억 중 일화기억에 따라 좌우된다. 일화기억은 태어나자마자 그 사람 주변에서 일어나는 개인적 기억들이 하나하나 단기기억을 거쳐 해마를 통해 대뇌에 저장되어 있는 기억이다. 내가 어디서 태어났으며 누구 아들이고 누구 남편인지, 언제 어디서 결혼했고 초등학교는 어디를 다녔으며 직장은 어디인지, 나의 신체적 특징과 성격은 어떠하고 내 자식들은 누구며 그들과 내 관계는 어떠한지 등의 일화기억은 그 사람의 정체성을 결정한다.

그런데 그러한 일화기억은 해마에 의해 대뇌피질의 여러 곳에 뉴런 간 시냅스 형태로 저장되어 있다. 이승에서 수명이 다하고 생을 마감하면 육체는 화장되거나 썩어 사라진다. 따라서 뇌도, 대뇌피질도 사라지고 시냅스도 사라진다. 그러면 그 사람의 정체성도 동시에 사라진다. 만약 다음 생에서 전생과 같은 인격을 지니려면 전생과 같은 일화기억을 가져야 하며 전생과 같은 대뇌의 시냅스 배열을 가져야 한다. 인간의 대뇌가 발생과정에서 수백억의 뉴런을 생산하여 천문학적인 숫자의 시냅스를 형성하고 그 후 인생을 경험하면서 환경조건에 따라 시냅스가 가소성에 의해 끊임없이 변한다는 것을 생각하면, 전생의 뇌와 현생의 뇌가 같은 시냅스 배열을 이룰 가능성은 이론상 전무하다.

따라서 전생과 현생이 같은 일화기억, 같은 인격, 같은 정체성을 가진다는 것은 불가능하다. 만약 전생기억이 진실로 가능하다면 뇌의 뉴런생성과 일화기억 저장이 현재의 의식과학에서 알고 있는 메커니즘과는 전혀 다른 방식으로 이루어져야 할 것이다. 즉 제3의 존재*의 개입으로 전생에서와 똑같은 뉴런생성과 일화기억이 만들어져야 가능할 것이다. 그러나 스티븐슨 박사가 수십 년에 걸친 노력 끝에 한 고백은 가슴에 와닿는 무엇이 있으며 절대로 무시해서는 안 될 것 같다. 이러한 전생기억의 연구 결과는 죽은 자의 영혼의 존재에 대한 강력한 증거일지도 모른다.

유체이탈out of body과 임사체험near-death은 꽤 많은 사람이 경험하고 사례가 어느 정도 일관성이 있어 몇몇 학자가 과학적으로 연구한 현상들이다. 해커티의 저서에도 여러 사례가 제시되어 있다. 이들 경험이 중요한 이유는 이 현상이 진리라면 영혼이 육체와 분리된 실체라

---

* 예를 들면 신.

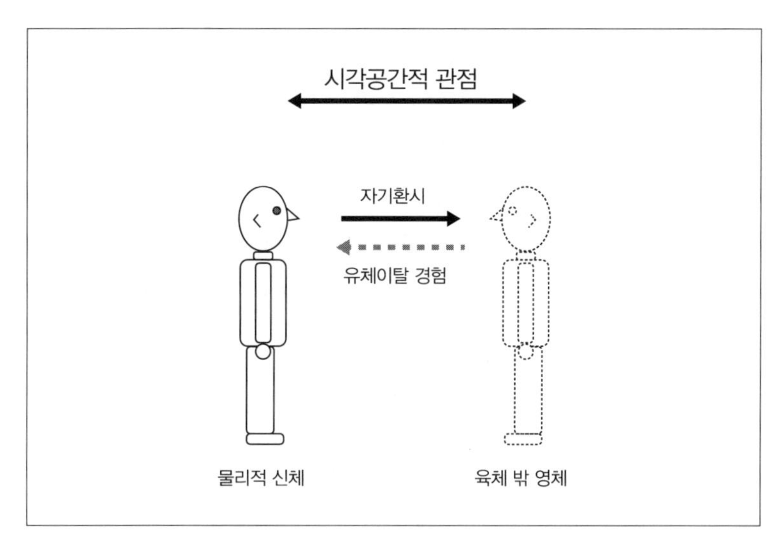

그림 2-1 유체이탈과 자기환시

는 플라톤이나 데카르트의 주장이 진리가 되고, 따라서 영혼의 존재도 진리가 되며 현대 과학자들 대부분이 믿는 심신일원론*은 거짓이 되기 때문이다.

이 방면에서 많은 연구를 한 블랑케Olaf Blanke의 유체이탈과 자기상像 환시autoscopy 연구사례와 결과에 대한 논평에 따르면, 유체이탈 경험자는 보통 의식적으로 깨어 있고 자신의 육체 바깥에 위치한 어느 공간 지점에서 자신의 몸과 세상을 본다고 주장한다. 이와 반대로 자기상 환시를 경험하는 사람은 의식적으로 깨어 있으면서 자기 육체의 바깥 공간에 있는 자기 몸을 바라본다고 주장한다그림 2-1. 자기상 환시는 의식이 발생하는 곳이 자기 육체 안이므로 육체와 별개인 영혼과는 무관하다. 따라서 단순한 환상과 크게 다를 바 없다. 그러나 유체이탈 경험자들의 보고가 사실이라면 의식이 육체 내에 존재하

* 의식은 오로지 육체(뇌)의 작용의 산물이라는 주장.

는 것이 아니라 육체 바깥에 존재하게 됨으로써 육체와 별개의 존재가 되어 육체가 사라져도 사라지지 않는 이른바 영혼의 존재가 가능하게 된다.

블랑케가 연구 조사한 유체이탈이나 자기상 환시를 경험하는 사람들은 모두 간질, 두통, 뇌종양과 같은 신경학적 환자이거나 정신분열, 우울증, 불안장애, 해리성 장애* 같은 정신과적 환자들이었다. 또 직접 연구한 환자 6명 중 5명이 측두엽과 두정엽의 접합부the temporo-parietal junction, TPJ에 손상을 입었거나 기능에 이상이 있는 환자들이었다. 뇌의 이 부위는 각회angular gyrus라는 영역을 포함한 부근으로 시각, 청각, 전정감각**을 통합하는 부위다.

블랑케는 직접 연구나 사례연구 결과를 종합하여 유체이탈과 자기상 환시에서 나타나는 자기 자신의 신체에 대한 환상은 측두엽과 두정엽 접합부의 기능이상이나 시각, 청각, 전정기관의 고장으로 이들로부터 들어오는 여러 감각의 조화가 붕괴되어 초래된 개인적 공간의 붕괴, 개인적 공간과 체외 공간의 조화 붕괴에 따른 것으로 일종의 병리적 현상이라고 결론짓고 있다. 비슷한 연구를 한 많은 다른 학자도 측두엽이 더 연관이 많다든가 두정엽이 더 연관이 많다든가 하는 차이는 있어도 측두엽과 두정엽 이상이 유체이탈이나 자기상 환시의 주원인이라는 주장을 한다. 또 흔히 유체이탈을 경험했다는 사람들은 경험 당시 전신을 보았다고 주장하기도 하지만 직접 연구한 환자들의 경우 하체나 사지만 보거나 팔다리가 줄어드는 것을 보았다고 보고했다.

이와 대조적으로 미국의 심리학자이자 초심리학자인 타트

* 다중인격을 보이는 정신적 장애.
** 몸의 균형에 대한 감각.

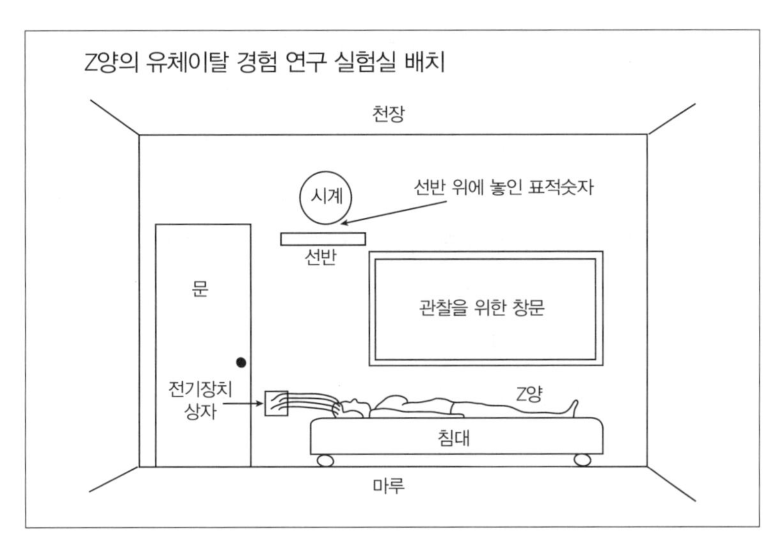

그림 2-2 타트의 유체이탈 실험설계

Charles T. Tart, 1937-는 미혼으로 정상적인 대학생활을 하던 대학 2학년인 여자 친구 Z가 일주일에 2-4번씩 자연발생적 유체이탈을 경험한다는 이야기를 듣고 〈그림 2-2〉와 같이 선반이 벽에 붙은 수면실험실에 선반 위에 숫자가 쓰인 카드를 놓고 유체이탈 중 그 숫자를 알아맞힐 수 있는지 실험한 뒤 1968년 연구논문을 발표했다. 머리에 뇌파측정장치EEG를 부착하고 연 4일을 계속해 유체이탈현상이 일어나는지를 관찰했는데 1일째부터 3일째까지는 유체이탈을 경험하지 못하거나 유체이탈을 경험해도 선반 높이까지 다다르지 못해 숫자 읽기에 실패했으나 4일째 선반 위의 숫자 25132를 순서도 틀리지 않고 본 것을 정확히 보고했다. Z가 유체이탈을 체험했다는 시간대에는 깨어 있음을 의미하는 알파파를 보였으며 꿈을 꿀 때 나타나는 급속한 눈동자 움직임rapid eye movement, REM 현상과 피부저항 활동은 없었다Tart, 1968.

타트의 연구보고는 매우 충격적이긴 하나 유사한 과학적 사례보고가 거의 없어 엄격한 비평가들이 제시한, 실험당사자 속임수 사용 가능성에 대해 의심할 여지를 많이 남기는 아쉬움이 있다. 그러나 학자나 학술저널의 권위로 보아 결코 무시할 수 없는 보고다.

또 하나 영혼의 존재를 지지하는 현상은 임사체험이다. 이것은 급성 심장마비나 교통사고 같은 극심한 외상이나 마취 같은 임상적 사건에 동반해서 일어나는 현상으로, 사고 후 심장박동이나 뇌파 등의 진단에 따른 의학적 소견으로는 사망에 준하는 판정을 받고 얼마 뒤 소생한 다음 그간 겪었던 일들을 이야기하면서 자기가 사후세계를 보고 왔다고 주위 사람들에게 주장하는 것이 일반적 사례다. 그간 겪은 일 중에는 ① 유체이탈을 하고 ② 어둡고 긴 터널을 통과하고 ③ 한 줄기 빛을 향해 이동하고 ④ 빛에 가까이 다가갔을 때 지복심오한 사랑과 환희을 느끼고 ⑤ 그간의 인생이 주마등처럼 스쳐가고 ⑥ 이미 사망한 친척을 만나 돌아가라는 소리를 들었다는 등을 보고하고 있다. 사람에 따라 경험 내용이 약간씩 다른데다 소생한 사람의 20% 미만만 임사체험을 경험했다고 보고했으며, 경험 내용에 대한 객관적 조사가 어렵고, 여러 가지 임상체험자들의 구두보고에만 의존할 수밖에 없어 과학적 접근에는 한계점이 있다.

그러나 중요한 것은 보고 내용들이 사례들 사이에 상당히 일관성이 있고 임상에서 함께 현장에 있었던 의사나 간호사들의 보고도 이를 지지해주는 경우가 많아 결코 가볍게 넘길 수 없는 현상이다. 그뿐만 아니라 약 1,200년 전 티베트 성자들이 고행 중 경험했던 것을 경전형식으로 남긴 유명한 『티베트 사자의 서』*Bardo Thödol*가 묘사한, 죽은 후 49일간 겪는 사후세계 경험과도 매우 유사하여 많은 사람의 관심을 끌었다Padmasambhava, 2006.

임사체험을 신비적으로 해석하는 것을 반대하는 이들은 그것이 단순한 생리적 반응일 뿐이라고 반박한다. 즉, 심장이 정지되거나 다량의 출혈로 뇌 혈류가 저하되면 뇌에 산소가 부족해진다. 이에 따라 뇌의 정상적 기능이 마비되고 병리적 이상현상*이 나타나 경험하게 되는 환각현상이 바로 임사체험이라고 주장한다.

블랑케는 그의 논문에 실제로 그러한 뇌 부위에 전기자극을 가하면 임사체험 시 경험하는 현상과 비슷한 현상이 일어난 사례들을 보고하고 있다. 또 제트전투기 비행사들을 훈련하기 위해 원심분리기를 이용하는데 이 경우 눈의 망막으로 들어가는 혈액이 줄어들면서 임사체험 시 일어나는 터널현상을 경험한다는 사례보고도 있다 Nelson, 2010. 또 임사체험을 하는 사람은 의식을 확실히 잃지 않아 수술실의 전구나 주위의 밝은 빛을 강하게 의식하거나 렘수면을 촉발하는 피지오파PGO waves**가 시각피질을 자극하는 것과 유사한 작용에 의해 밝은 빛을 보게 된다는 주장도 있다Nelson, 2010. 이러한 주장은 티베트 성자들이 수도 중 최소한의 양식으로 극도의 극기훈련을 하면서 극심한 영양실조를 겪게 되고 그로써 뇌 영양이나 산소결핍 상태에서 보게 되는 환각현상이 『티베트 사자의 서』에서 묘사한 사후세계라고 해석할 때 임사체험과 이 책 내용 사이의 유사성을 합리화할 수도 있다.

근래 임사체험을 대규모로 연구한 대표적인 사람은 뉴욕주립대학 정신의학자 파니아Sam Parnia 박사다. 그는 2008년 7월부터 2012년 12월까지 4년 동안 미국, 영국, 호주 등에 있는 15개 대형 병원과 공동으로 대규모 실험을 벌였다. 임사체험이 환각이 아닌 실제적 의식 작용임을 입증하기 위해서다. 파니아 박사가 주목한 것은 임사체험에서 나타나는 현상 중 유체이탈이었다. 신과의 조우, 사후세계 방문

* 예를 들면 측두엽이나 각회 대뇌 변연계 등에 발작이 일어나든지 비상시 고통을 덜어주기 위해 아편성 물질 등이 분비되는 것.

** 피지오파(Ponto-geniculo-occipital waves) → 용어해설.

등 다른 임사체험이 경험자의 보고 외에 다른 과학적 접근이 불가능한 것과 달리 유체이탈은 객관적 실험장치를 통한 연구가 가능했기 때문이다. 특히 그는 의식이 육체에서 분리되는 유체이탈이 가능하다면 육체와 분리 가능한 영혼의 존재 가능성에 대한 실마리를 찾을 수 있을 것이라고 여겼다.

파니아 박사는 15개 병원의 협조를 얻어 생명이 위독한 환자가 실려오는 수술실 선반 곳곳에 앞의 타트 교수가 유체이탈을 검증하기 위해 했던 실험과 유사한 방법으로 100여 개 사진을 놓아두었는데 이 사진들은 환자가 유체이탈로 허공에 떠서 수술실을 바라보았을 때만 볼 수 있게끔 장치를 했다. 파니아 박사는 이후 병원의 수술실로 실려온 심장마비 환자 2,060명을 추적 조사했다. 심장마비의 경우 호흡과 맥박이 정지되고 외부의 시각과 청각 등을 감지하는 뇌 전기 신호도 사라지는 등 완벽한 죽음상태와 가깝기 때문이다. 조사 결과 아주 흥미로운 사실을 도출했다. 2,060명 중 330명이 심장마비를 겪고도 살아났는데 이들에 대한 심층 인터뷰를 실시한 결과 9명이 사후세계를 경험하거나 유체이탈을 한 임사체험을 했다고 증언한 것이다. 특히 이 중 57세 남성의 유체이탈 경험담은 상당한 신빙성이 있음이 드러났다. 수술 과정이 표시된 의학 차트를 분석한 결과 그가 심장마비를 경험한 시간은 단 3분이었는데, 그 시간 동안 수술실에서 벌어졌던 상황, 즉 간호사와 의사들이 주고받는 이야기, 그들이 외부형 자동 심장충격기automatic external defibrillator, AED를 사용한 사실과 그가 유체이탈을 한 동안 목격한 장면에 대한 진술이 일치했던 것이다. 또한 그는 허공에 떠서만 볼 수 있는 수술실 사람들의 머리모습 등을 비교적 정확하게 세세한 부분까지 설명했다. 그러나 그가 응급처치를 받았던 장소가 선반이 설치된 응급실이 아니어서 선반 위의 그림을 볼 기회는 없었다Parnia, 2007.

임사체험에 대한 주목할 만한 또 하나의 사례는 앞에 나온 해거티가 예로 든 팸 레이놀스라는 여성의 임사체험 이야기다. 이 사례가 중요한 것은 체험자가 수술을 받을 때 의학적으로 의식이 있을 가능성이 제로인 상태에서 주변에서 일어난 일과 유체이탈과 그때 경험한 일들을 비교적 객관적이고 상세하게 기술했기 때문이다. 25세경 편두통을 심하게 앓던 그녀는 생명유지에 결정적인 뇌 아래쪽에 있는 뇌간 한가운데 혈관에 피가 고이는 동맥류가 있다는 진단을 받았다. 이미 동맥류에서 피가 뇌로 흘러나가기 시작한 상태로 그야말로 시한폭탄을 안고 있는 것과 같았다. 진단한 의사는 가족들과 신변정리를 하라고 권할 정도였다.

그런데 그 당시에 획기적인 수술법을 개발한 다른 병원에서 수술하면 살 수 있다는 연락을 해와 급히 그곳으로 가서 수술을 받게 되었는데 몸 주위에 얼음을 채워 체온을 서서히 낮추면서 몸에서 피를 완전히 제거한 다음 동맥류를 제거하고 다시 체온을 올리면서 피를 채우는 수술이었다. 담당의사도 그런 상황에서는 환자의 뇌가 작동하여 의식이 있을 가능성은 의학적으로 불가능하다는 견해를 해거티에게 피력했다. 그녀는 수술하는 동안 자기에게 일어난 일들을 아주 상세하게 이야기했다. 자기가 정수리에서 빠져나와 천장에서 수술 장면을 내려다본 것과 의사들의 수, 의사들이 한 이야기들을 기억했으며 빛을 보고 친척들을 만나 되돌아오게 되었다는 것을 비교적 상세히 진술했다.

이 사례는 이 방면을 전문적으로 연구하던 미국 애틀랜타 세인트조지프병원의 심장전문의 마이클 사봄 박사가 전후관계를 수술 당시 의료진과 진료기록들을 대상으로 철저히 조사하여 그녀 이야기와 사실이 일치한다는 것을 확인했다. 이 사례는 사전에 기획된 것이 아니기 때문에 객관적 조사를 위한 준비가 되지 않아 관련자들의 기억에 많이 의존했으나 진료기록 같은 객관적 자료가 있고 관련자들의 진술이 비교적 진지했기 때문에 상당히 중요한 의미가 있다.

이밖에도 유체이탈이나 임사체험에 대한 사례가 많이 보고되고 있으나 대부분 파니아 박사나 타트 교수와 같은 과학적 실험방법이라기보다 일화적 보고형식을 취해서 신빙성이 약하다. 또 파니아 박사나 타트 교수 둘 다 나름대로 엄격하게 사례연구를 하려고 노력한 듯하나 사례 수도 부족하고 연구의 성격상 동시 관찰자를 다수 확보하지 못하여 과학계 전반으로부터 지지를 얻기에는 미흡한 듯하다. 앞으로 더 큰 표본을 사용한 유사한 연구가 이어져야만 의식의 체외존재의 가부에 대한 확실한 답이 나올 듯하다.

이상에서 육체 밖의 의식에 대한 여러 주장과 사례들을 살펴보았다. 대부분 주장이나 사례가 육체 밖의 의식에 대한 결정적 증거를 제시하지는 못하고 있다. 그러나 몇 가지 주장이나 사례들은 연구자들과 증인들의 인격이나 권위들을 고려하여 객관적으로 판단해볼 때 터무니없다고 단언하기 어려워 보인다. 특히 스티븐슨 박사의 전생 연구, 타트 박사의 유체이탈 연구, 레이놀스의 임사체험 등은 우리 인간의 능력 범위를 초월한 의식과 영혼이라는 수수께끼에 대한 어떤 비밀을 조금 엿볼 수 있는 열쇠구멍일지도 모른다.

우리는 현재 우주의 크기가 전파망원경을 비롯한 현대 문명의 이기로 추정할 수 있는 최대치가 빅뱅그것도 아직 불확실하지만 이후 팽창해나간 137억 광년이라고 추정한다. 우리는 137억 광년 밖에 또 다른 우주가 있는지 전혀 모른다. 또 이 우주가 무에서 생겨났는지, 시작도 없이 수축과 팽창을 되풀이하면서 영겁의 세월 동안 존재해왔는지에 대해서도 전혀 알지 못한다. 광대무변한 우주의 한쪽 귀퉁이에 잘 보이지도 않는 작은 위성인 지구 안에서 137억 광년을 초월하는 대우주에서 우리 지능으로는 상상이 미치지 못하는 존재말하자면 신 같은 존재가 의식적 현상을 지배하는지 아니면 우리가 아직 알지 못하는 우주의 다른 원리에 따라 의식이 발현되는지 현재 우리의 지식수준으로는 알 길이 없다.

불과 100여 년 전 아인슈타인이 나타나기 전까지만 하더라도 중력에 의해 공간이 휘고 시간이 느리게 간다는 것은 상상도 하지 못했다. 또 에너지와 질량이 호환된다는 것을 상상도 못했다. 앞으로 과학지식이 계속 축적된다면 아인슈타인과 같은 천재가 다시 나타나 의식에 대해서도 이러한 파격적인 이론을 제시해 의식의 수수께끼가 우리가 전혀 예상치 못한 방향으로 풀릴지 모른다. 따라서 현재로서는 육체를 초월한 의식이나 신의 존재를 함부로 부정해서는 안 된다는 생각이 든다.

2. 육체 밖 의식의 존재를 부정하는 연구들

지금까지 영혼의 존재를 긍정하는 현상들과 그들에 대한 연구들을 열거하고 진실 여부를 검토해왔는데 지금부터는 반대로 의식작용이 뇌의 전기적 작용에 따른 것을 보이면서 영혼의 존재를 부정하는 사례와 연구들을 살펴본다.

의식이 뇌의 전기적 작용에 따른 것이라는 사실을 맨 처음 발견한 이는 펜필드Wilder Penfield, 1891-1976다. 그는 1941년 뇌 일부를 절단하지 않고는 치료가 불가능해 보였던 간질환자를 대상으로 간질발작의 근원이 되는 병소를 찾기 위해 국소마취 아래 의식이 있는 인간의 뇌에 직접 전기자극을 가하여 효과를 조사한 최초의 의사였다. 그는 환자 측두엽의 어떤 부분을 미세전기로 자극하면 생생한 기억을 회상한다는 사실을 발견하고 인간의 의식이 뇌의 전기작용에 의한다는 것을 최초로 발견했다Penfield and Erickson, 1941; Penfield, 1952. 이것은 의식영혼은 육체와 분리된 실체라는 종래 믿음에 결정적 반증을 제기하는 계기가 되었다.

그는 1955년 여성의 향수냄새를 맡으면 간질발작을 일으키는 V라는 남성을 치료하기 위하여 뇌를 열고 측두엽과 두정엽이 만나는 접합부 근처에 2.5cm 정도 깊이로 가는 전극을 꽂아 미세전류로 자극을 하자 한곳에서는 자기가 몸에서 이탈하는 것과 공포를 느끼고, 그보다 약간 떨어진 곳을 똑같이 자극하자 이번에는 누워 있으면서도 서 있는 느낌과 어지러움을 느낀다는 것과 둘 다 간질이 일어났을 때 겪었던 느낌과 같다는 대답을 환자에게서 들었다는 사례를 발표했다. 이러한 그의 뇌에 대한 직접적인 전기자극에 따른 비슷한 현상들의 발견은 유체이탈이라는 현상이 측두엽과 두정엽 경계아마도 각회를 포함하는 인접부분의 생리적 이상 때문에 발생한다는 것을 최초로 밝힌 것으로 간주되고 있다Nelson, 2010.

1961년 미국 신경생물학자 스페리Roger Sperry, 1913-94는 고양이의 좌우 뇌를 연결하는 뇌량을 절단하여 오른쪽 눈을 가린 채 삼각형과 사각형을 구분하는 학습을 시킨 후 이번에는 왼쪽 눈을 가린 채 고양이의 판별능력을 조사했다. 그러나 좌뇌가 방금 학습한 것을 우뇌가 모르는 것을 확인하고 좌우 뇌가 별도로 의식적으로 기능하는 것을 발견했다Sperry, 1961.

그 후 르두Joseph LeDoux, 1949-와 동료들이 뇌량을 절단한 환자를 대상으로 좌우 뇌에 각각 같은 단어들을 제시하고 각 단어들에 대한 좌·우뇌 각각의 기호 정도를 측정했다. 그 결과 좌·우뇌가 각기 매우 다른 정서와 인격을 보이는 것을 발견했다LeDoux et al., 1977.

스페리와 르두의 연구결과는 한 인간이나 동물에 한 영혼이라는 전통적 믿음에 쐐기를 박았을 뿐만 아니라 의식이 육체와 분리된 영혼의 형태가 아닌 육체뇌의 산물이라서 육체의 소멸과 함께 의식도 소멸할 것이라는 점을 결정적으로 시사했다.

최근 미국 밴드빌트대학 통Frank Tong 교수는 「유체이탈 경험: 펜필드에서 현재까지」Out-of-body experiences: from Penfield to present라는 논문에서 블랑케와 동료들Blanke et al., 2002이 간질을 앓던 43세 여성의 두

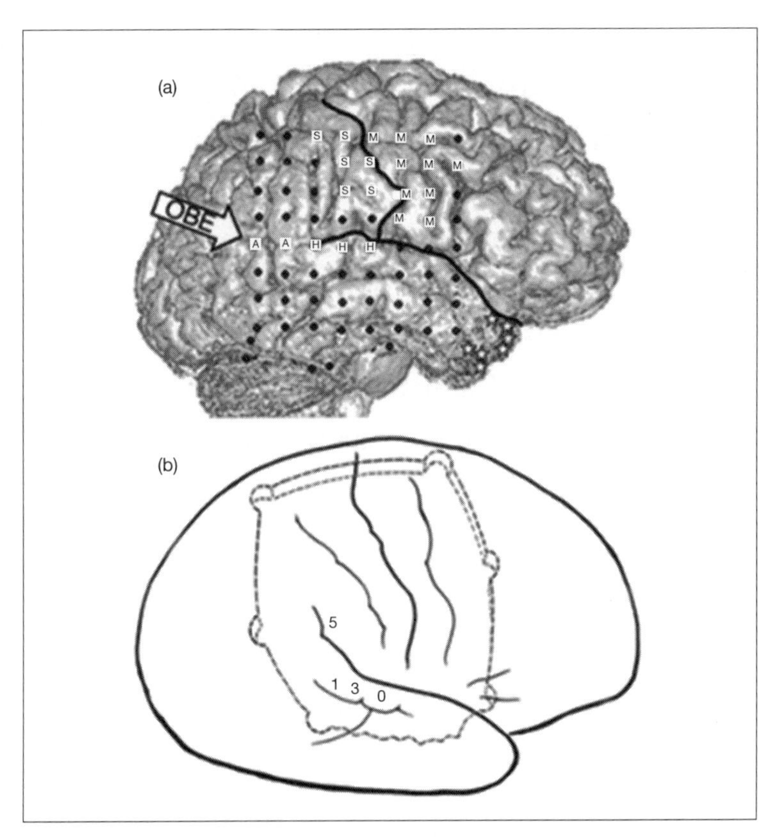

그림 2-3 (a) 각회 여러 곳의 전기자극. 각회(A로 표시된 곳)의 전기자극은 전정환각, 신체 위치에 대한 왜곡된 감각 그리고 분명한 유체이탈 경험(OBE)을 초래했다. 다른 곳의 자극은 다른 행동반응을 초래했다. M: 운동반응, S: 체감각반응, H: 청각반응, 오른쪽 아래 별표들은 내측두엽의 간질발생원을 나타낸다. (b) G.A. 환자에서 유체이탈 경험을 이끌어낸 곳들(점 0, 1, 3, 5)을 나타낸다.*

정엽과 측두엽 경계선에 있는 각회Angular gyrus라는 부위그림 2-3 위쪽 화살표가 가리키는 A표시들를 전극으로 자극하자 체외이탈 경험을 한다는 사례와 펜필드와 에릭슨Penfield and Erickson, 1941이 G.A.라는 환자 뇌의 특정부분그림 2-3 아래쪽 0, 1, 3, 5을 전기로 자극하여 체외이탈 경험을 초

* Tong, 2003.

래한 사례를 구체적으로 알기 쉽게 설명하고 있다. 이것은 체외 이탈 경험이 육체와 분리된 심적 실체에 따른 것이 아니고 뇌 질환을 앓고 있는 환자 뇌의 특정부분의 비정상적 활동에 의한 것이라는 사실을 단적으로 보여준다[Tong, 2003].

1970년대 두개골을 열지 않고 뇌 속을 입체적으로 들여다보면서 뇌의 여러 부분의 대사활동을 조사할 수 있는 양성자단층촬영장치[PET*]의 출현으로 의식이 에너지를 소비하는 뇌의 활동이라는 사실이 밝혀졌다. PET을 이용해 다양한 의식상태의 사람을 촬영한 결과 정상인은 전뇌의 활발한 에너지 대사를 보여주고 의식이 없는 사람은 뇌의 에너지 대사가 약하며 뇌사를 일으킨 식물인간은 뇌 에너지 대사가 거의 없는 것을 보여주었다. 이것은 의식이 육체와 무관한 비물리적 영혼의 작용이 아니라 뇌의 에너지를 소모해서 발생하는 물리적 현상이라는 것을 단적으로 증명한 것이다. 비물리적인 것이 대표적인 물리적 요소라 할 수 있는 에너지를 소모할 수는 없기 때문이다.

그러면 펜필드, 스페리, 르두, 통 같은 과학자들의 연구결과 보고와 PET 연구결과가 영혼의 존재를 주장하는 실체이원론을 내세우는 사람들**을 완전히 설득했는가? 아직도 그들의 주장은 여전하며 활동도 여전하다. 그들의 주장은 아마도 다음과 같이 마지막으로 남은 어려운 문제를 걸고넘어질 수 있다.

"단순물리적 현상인 뇌의 전기적 활동이 어떻게 갑자기 아무리 보아도 비물리적인 것처럼 보이는 아름다운 풍경이라든지 향긋한 냄새 같은 주관적 경험으로 바뀌는가? 그것은 영혼이 살아 있는 뇌에

---

* 양성자단층촬영장치(positron emission topography, PET) →용어해설.

** 종교인, 신비주의자들을 포함하여.

기능하기 때문이다. 뇌는 단순히 영혼이 기능하기 위한 필수적 장치일 뿐이다. 비물리적인 영혼이 기능하려면 살아 있는 뇌작용의 매개가 필요하다. 뇌는 물리적인 것이기 때문에 작용하려면 당연히 에너지가 필요하다. 그러므로 PET영상의 결과는 당연한 것이다. 또한 컴퓨터 고장은 파일 내용의 정확한 표현을 불가능하게 하나 파일 내용이 없어지는 것은 아닌 것과 같이 뇌가 고장 나면 정확한 영혼의 표현은 불가능하게 되지만 영혼이 없어지는 것은 아니다. 생전에는 영혼의 거처로 뇌가 필요하지만 뇌가 사라지면 영혼은 자유로워져 육체의 도움 없이 활동하는 것이다."

마지막 어려운 문제인 "단순물리적 현상인 뇌의 전기적 활동이 어떻게 갑자기 아름다운 풍경이라든지 기분 좋은 냄새 같은 주관적 경험으로 바뀌는가?" 같은 질문*을 포함하는 반론에 대해 아직도 신경과학자들이 확실한 해답을 주지 못하고 있다.** 어쩌면 이에 대한 대답은 다음 장에 나오는 강한 창발론자들의 주장처럼 인간이 이해하기에는 너무 어려운 문제일지 모른다. 그러나 뒷장에서 나오는 현대 신경과학과 앞 장에서 설명한 약한 창발론에 따르면 다음과 같은 반론이 가능하겠지만 과연 완고한 종교인들과 신비주의자들을 설득할 수 있을지는 의문이다.

컴퓨터가 파일 내용을 표현하기 위해 필수적이며 컴퓨터 회로의 전기적 흐름이 모니터에 나타나는 파일 내용과 상관관계는 있을지라도 전기적 흐름은 모니터에 나타나는 파일 내용과는 전혀 별개의 것이다. 이와 같이 인간의 뇌도 의식의 발현에 필수적이며 뇌 신경망 속의 전기적 흐름이 의식내용과 상관관계는 있을지라도 의식내용

* 어려운 문제(hard problem).
** 설명적 갭(explanatory gap).

자체는 아니다. 의식내용은 뇌 신경망의 전기적 흐름에 부수하는 창발적 현상이다. 그것은 음전하와 양전하가 만나면 섬광을 창발하는 것과 같이 어떤 자극에 따라 뇌의 여러 부위의 신경들이 어떤 시간적 연관성을 갖고* 동시에 발화할 때 그 자극을 마지막으로 처리하는 통합영역에 의식적 내용이 창발하여** 뇌 소유자가 그 내용을 반사적으로 느끼게 되는 것이다. 이것은 텔레비전의 여러 전기회로 내 전기흐름의 조화에 따라 음극선이 어떤 시공간적 질서를 가지고 마지막 종착지인 전광판에 충돌할 때 의미 있는 이미지가 자동으로 창발하고 우리는 그것을 반사적으로 느끼는 것과 비유될 수 있다.

이상으로 영혼의 존재에 대한 긍정적·부정적 현상과 연구들을 살펴본 결과 과학자 입장에서는 의식이 뇌의 산물이라는 데 99% 확신이 가지만 아직은 1%의 다른 가능성 때문에 결론을 유보하는 이들이 많다. 그러나 가능성이 적은 육체 밖의 의식이나 죽은 자의 영혼을 대상으로 과학적 논의를 한다는 것은 부적절하므로 다음 장부터는 살아 있는 자의 영혼, 즉 의식에 대해 본격적으로 살펴본다.

---

* 전문용어로는 Phase-locked.

** 이 의식의 창발은 아마도 통합영역의 개별 뇌세포 수준까지 동원되어 이루어질 것이다.

제3부

의식의 신경과학적 분류

• 신경과학의 기초가 없는 분들은
부록을 먼저 읽고 난 후 제3부부터 읽기를 권한다.

앞에서 거론된 역사적 배경과 살아 있는 자의 영혼으로서 의식에 근거한 신경과학적 견지에서 의식의 정의는 다음과 같이 간단히 요약할 수 있다. 의식은 살아 있는, 신경으로 된, 그리고 그 신경으로 복잡한 수직적·수평적 연결을 이루고 있는 뇌의 창발하는 성질이다. 이러한 정의도 완전한 것은 아니다. 그렇게 뇌에 의해서 창발되는 것이 의식만이 아니기 때문이다. 의식과는 무관하게 행해지는 호흡이나 호르몬 조절 등도 뇌에 의해서 창발되는 성질이라고 할 수 있다.

의식은 단순한 한두 마디 말로 정의가 불가능한 많은 다른 상태와 내용과 수준을 포함하고 있다. 유일하게 의식의 공통점이라고 할 수 있는 것은 그것이 다른 개체사람이건 동물이건와 공유할 수 없는 주관적·사적인 것이라는 사실이다. 즉 내 의식은 다른 누구와도 공유할 수 없는 나만의 경험이다. 여기서는 의식을 철학적·현학적으로 정의하는 것을 배제하고 현실적이고 신경과학적인 연구의 기준이 될 수 있도록 의식의 분류와 정의를 제시하고자 한다.

의식은 크게 상태로서의 의식, 내용으로서의 의식, 수준으로의 의식으로 나눌 수 있다. 의식상태로서의 구분은 의식을 가진 개체의 신체조건이나 상태에 따른 의식의 선명성, 현실성에서의 차이에 의한 구분이다. 의식내용으로서 구분은 의식내용의 다양성에 따른 구분이다. 의식수준으로의 구분은 의식내용의 깊이에 따른 구분이다. 의식내용의 깊이는 의식이 있다고 생각되는 모든 하등동물도 가질 수 있는 단순한 원시정서적 의식이나 감각적 현상의식에서 인간만이 가질 수 있는 고도의 현학적 사고까지 폭넓은 스펙트럼에 걸쳐 있다. 이를 구별하기 위하여 사용하는 용어들이 학자들에 따라 차이가 있기도 하다. 이들 주장의 타당성 여부에 대한 비평은 너무 복잡하고 현학적인 면이 있으므로 그들의 주장만 간단히 소개한다. 이러한 상태, 내용, 수준이라는 구분 안에 또 다른 구분이 많고 그 또 다른 구분 안에 더 세부적인 구분이 있다.

1. 의식의 상태

1) 깨어 있는 상태

동물이나 인간이 꿈을 꾸거나 잠을 자거나 의식불명의 상태가 아닌 깨어 있는 상태에도 다른 상태가 많다.

• 맑은 정신상태: 이것은 건강한 동물이나 인간이 보통 잠자지 않고 있을 때의 정신상태다. 외부자극들에 정상적으로 반응하고 내부적으로는 끊임없이 변하는 연상이나 상상으로 공상의 날개를 펴는 의식상태다. 백일몽이라는 현상도 맑은 정신상태일 때 일어나나 일시적으로 뇌의 상태가 옅은, 꿈꾸는 상태와 비슷한 조건이 되면서 일어난다.

• 몽롱한 의식상태: 졸려서 꾸벅꾸벅 졸 때, 잠들기 직전이나 잠에서 깬 직후의 비몽사몽을 포함하여 수술환자의 통증을 줄여주기 위한 가벼운 마취상태나 아직 제대로 뇌가 성숙하지 못한 아기들의 의식상태 등 많은 경우가 있다.

• 변화된 의식상태(이상정신상태): 이에는 정말 대단히 많은 경우가 포함된다. 어떤 학자들은 잠, 백일몽, 꿈을 변화된 의식상태로 분류하

기도 하지만 이들을 무의식상태이거나 맑은 정신에서 혹은 잠자는 동안 자연스레 발생하는 의식상태로 변화된 의식상태로 보는 것은 무리다. 꿈에 대해서는 따로 논한다. 변화된 의식상태로 대표적인 것으로는 정신분열증, 공황장애, 가벼운 간질, 편집증, 치매, 섬망 등 다양한 정신질환에 의한 이상심리상태, 기독교의 간절한 기도나 불교의 명상에 따른 종교적 신비체험, LSD · 메스칼린대마 등 다양한 마약에 의한 환각상태, 최면유도에 의한 최면상태, 뇌손상에 의한 혼수 직전 상태* 등이 있다.

이밖에도 변화된 의식상태를 초래하는 특별한 요인들이 있다. 극단적 · 물리적 · 생리적 조건, 예를 들면 강한 압력이나 높은 온도에 장기간 노출되는 경우, 심한 굶주림, 성적 오르가슴의 경우, 질식상태 등에서 의식이 변할 수 있다. 또 심리학적으로 유도될 수도 있는데 감각박탈소음방지가 된 깜깜한 방 안에 가두기, 단조로운 환경에 오래 두기예를 들면 노란 벽지로만 된 방에 며칠이나 가두어진 경우, 지나치게 강렬한 자극속아주 높은 소음이나 지나치게 현란한 환경에 오래 두기, 계속되는 비슷한 리듬드럼이나 춤에 의한 트랜스상태, 심한 이완상태, 생체 자기제어치료biofeedback therapy** 시 등에서도 변화된 의식이 나타날 수 있다.

극심한 공포 속에서도 환영이나 환각귀신 등 등의 변화된 의식이 나타날 수 있다. 임사체험이나 유체이탈 경험 등도 변화된 의식상태의 일종으로 볼 수 있다. 이들 의식상태의 내용은 정상의식에 가까운 것부터 환각hallucination, 환상illusion, 망상delusion, 심상imagery 등 다양하다.

---

* 혼수상태나 식물인간 상태는 의식이 없으므로 의식상태가 아니다.

** 생체 자기제어치료(biofeedback therapy): 피치료자가 계측기, 빛, 소리, 생리과정과 조건의 측정기를 직접 관찰함으로써 치료자 의도대로 진행되는 생리적 과정이나 기능에 대한 정보를 제공받아 피치료자 자신의 감정상태를 통제할 수 있도록 하는 치료방법.

정신병의 경우 가장 흔한 것이 망상이고 그다음으로 환상이 많으며 심해지면 환각이 나타난다. 마약의 경우는 환각이나 환상이 흔하다.

• **고정증후군** locked-in syndrome*: 겉으로는 의식이 없는 것처럼 보이나 잠들지 않는 이상 의식이 깨어 있어 주위 상황을 인식할 수 있는 상태다. 교뇌나 중뇌의 앞부분이 손상되었을 때 나타나는 증상으로 눈 근육만 간신히 움직여 최소한의 의사소통을 할 수 있는 경우와 그나마도 불가능한 경우로 나뉜다.

2) 꿈꾸는 상태

꿈은 많은 면에서 신비에 가깝다. 필자도 깊이 잠들지 못하고 자주 깨는데 대부분 수면 깊이가 낮고 주로 꿈을 꾸는 렘수면 상태에서 깨어난다. 그래서 보통 사람보다 꿈을 훨씬 많이 꾸는 편이다. 그러나 꿈의 내용이 선명히 기억되는 경우는 다섯 번에 한 번 정도이고 나머지는 대부분 꿈에서 깬 직후 희미하게 의식되다가 바로 기억하지 못하게 된다. 그래도 꿈과 현실의 상관관계를 이해해보려고 노력을 많이 해보았으나 전혀 상관의 실마리가 풀리지 않았다. 단 하나 선명히 기억나는 상관이 있었던 사례가 있다. 초등학교 때 형님이 선물로 준 접는 일본제 칼을 잃어버려 며칠을 아쉬워했는데 꿈에 그 칼이 화단의 돌 틈에 있는 것이 보였다. 깨어나서 그곳에 가보니 정말로 그 칼이 거기에 있어 무척 기분이 좋았던 경우다. 아마도 계속 칼 생각을 하다 보니 꿈에서 희미하게 저장되어 있던, 실제 경험하고 잊어버렸

---

* 고정증후군(locked-in syndrome): 장금증후군이나 락트인신드롬으로도 불린다. 교뇌나 중뇌의 앞부분이 손상되어 말도 못하고 목 아래는 전신마비 상태이지만 의식이 있고 정신활동도 정상인 희귀질환.

던 장면을 복구한 것 같다. 그밖에는 실생활과 직접 연관된 꿈을 꾼 적이 없는 듯하다.

꿈에 대한 이론은 수없이 많다. 인간이나 동물이 왜 꿈을 꾸는지 생리적 원인에서부터 꿈이 왜 진화했는가 하는 진화 원인에 이르기까지 다양한 이론이 제시되었다. 하지만 그중 어느 것도 제대로 된 증거를 제시하지 못하고 있다.

꿈은 눈동자를 급히 움직이면서 꾸는 렘수면 시에만 일어난다고 알려져 있었으나 최근의 실험결과 비렘수면 시에도 꿈을 꾼다는 사실이 밝혀졌다. 여러 피험자를 대상으로 EEG로 뇌파를 조사한 결과 렘수면에서 꾸는 꿈이나 비렘수면에서 꾸는 꿈이나 뒤피질 영역에서 진동수가 낮은 활동의 국소적 감소가 특징이었고, 이 영역에서 높은 진동수는 꿈의 특정한 내용과 상관이 있음이 밝혀졌다. 그런데 렘수면 시나 비렘수면 시 모두 꿈이 길어질수록 깨어 있는 상태와 EEG형이 더 유사했다[Siclari et al., 2017]. 또 최근 꿈은 렘수면 시 약 80%, 비렘수면 시 약 20% 비율로 꾸는 것으로 밝혀졌다.

비렘수면 시에 꾸는 꿈은 잠의 시초에 시각장면이 되풀이되는 내용이 흔하며 그 후에도 꾸는 경우가 많으나 눈동자가 움직이지 않았다. 보통 짧게 꿈을 꾼 직후 깨웠을 때는 반 이상이 꿈 내용을 기억하나 계속 자게 하는 경우에는 잘 기억하지 못했다. 렘수면 시에 눈동자를 열심히 굴리는 것은 실제 꿈속에서 열심히 여러 장면을 보면서 눈동자를 굴리게 되기 때문이다. 렘수면 중 꿈을 꾸면서 꿈에서 전개되는 운동을 하게 되면* 위험한데, 바로 척수가 마비된다. 그렇기 때문에 척수를 통한 운동은 불가능하나 척수를 통하지 않는, 두개신경[뇌신경]으로 제어되는 눈동자의 움직임은 가능하다.

* 몽유병 환자처럼.

렘수면이 일어나는 발단은 최근에야 렘수면 시 기능적 영상기기주로 fMRI로 촬영한 결과를 보고 알아냈다. 먼저 뇌교pons에서 강한 전기적 발화가 시작되고 그것이 슬상체geniculate를 거쳐 후두엽occipital cortex에 도달한다. 이를 영문 첫 철자만 취해서 PGO파동이라고 하는데 이 파동이 시각을 담당하는 뇌 부위를 활성화해 화려한 렘수면 장면이 시작되게 한다. 렘수면이 대개 시각 위주의 파노라마를 펼치는 것은 이런 PGO파동에 의해 시각영역이 주로 활성화되기 때문이다.

꿈의 생리적 원인을 규명하려면 꿈을 전혀 꾸지 않는 사람과 보통 사람의 생리적 차이를 연구해야 하는데 이것이 매우 어렵다. 꿈을 꾸지 않는다고 주장하는 사람이 있다 해도 그가 정말로 꿈을 전혀 꾸지 않는지 아니면 꿈은 꾸되 깨어나서 기억을 못하는지 알지 못하기 때문이다. 렘수면 시 꿈을 꾼다 해도 100%로 꾸는지 명확히 증명된 적이 없기 때문에 잘 때 렘수면을 암시하는 눈 움직임이 있다 해도 그 때 꿈을 꾸는지 정확히 알 길이 없다. 그렇지 않으면 꿈을 꾸지 않는다고 주장하는 사람이 꿈을 꾸는지 알기 위해 몇 년 동안 그 사람을 따라다니며 렘수면 시마다 깨워 꿈을 꾸었는지 확인해야 하는데 이는 사실상 어려운 일이다.

1984년 스위스 취리히대학 보블리Alexander Borbély, 1939-의 연구에 따르면 스위스인 1,000명을 대상으로 "당신은 얼마나 자주 꿈꾸는가?"라는 질문을 한 결과 37%는 거의 매일 밤이라 할 정도로 자주 꾸고 33%는 이따금, 24%는 아주 드물게, 6%는 전혀 꿈을 꾸지 않는다고 대답했다. 그러나 전혀 꿈을 꾸지 않는다고 답한 6% 중에서 5%는 렘수면 중 깨우면 꿈을 기억했다Borbély, 1984. 1%는 눈알을 굴리는 렘수면 중 깨워도 꿈을 꾸지 않았다고 주장했다. 그 사람이 전혀 꿈을 꾸지 않았는지 꿈을 꾸고도 기억하지 못했는지는 알 길이 없다. 그래서 렘수면에서는 반드시 꿈을 꾸는지 아닌지도 확실히 알 수 없다.

지금까지의 꿈에 대한 연구결과들은 렘수면일 때도 꿈을 꾸지 않는 경우가 있고 비렘수면 시에도 꿈을 꾸는 경우가 있다고 한다Vogel, 2002. 따라서 렘수면에서 깨어나 보고하는 사람 중 94%는 꿈을 꾸면서 기억하고 5%는 꿈을 꾸면서도 기억하지 못하고 1%는 꿈을 전혀 꾸지 않는다는 결론이 나온다. 그 1%에 대해 다른 사람과 생리적 · 정신적으로 어떤 면에서 다른지 연구된 바가 없어 꿈의 기능이나 원인, 필요성 등은 알 수 없다. 동물들도 꿈을 꾼다. 그것은 동물들이 잠을 자다가 외부자극이 없는데도 놀라거나 잠을 자면서 렘수면을 암시하는 눈동자 굴리기를 하기 때문이다.

꿈에도 여러 종류가 있다. 우선 상태에 따른 분류를 하고 그 분류 속에서 내용을 살펴보자. 상태에 따른 분류는 단편적인 꿈, 자각몽, 거짓 각성, 보통 꿈 등으로 분류할 수 있다. 단편적인 꿈이나 자각몽은 보통 옅은 잠에서 나타나고 거짓 각성은 다소 깊은 잠에서 나타난다.

- **단편적인 꿈**sleep mentation: 보통 잠든 직후 꾸는 꿈으로 하나의 감각 이미지나 되풀이되는 같은 생각. 정지해 있거나 같은 형태로 반복하며, 정지한 이미지는 주로 시각이고 똑같이 되풀이되는 것은 청각 이미지가 많다.
- **자각몽**Lucid Dreams: 자기가 꿈을 꾼다는 것을 알면서도 깨어나지 않고 꾸는 꿈. 보통 꿈의 내용이 극적이지 않다.
- **거짓 각성 꿈**False Awakening Dreams: 꿈속에서 자기가 꿈을 꾸다가 깨어났다고 생각하지만 실제로는 계속 꾸고 있는 꿈. 꿈의 내용이 극적이지 않다.
- **보통 꿈***: 보통 개꿈이라고 해서 우리가 흔히 꾸는 꿈. 자다가 눈

* 보통 렘(rapid eye movement): 수면 시에 꾸나 예외적으로 렘수면이 아닌 경우에도 꾸는 수가 있다.

알을 빠르게 움직이는 렘수면 시 일어난다. 보통 사람들은 하루 4-5회 렘수면을 경험하므로 4-5회 꿈을 꾼다. 또 1회 렘수면 시 4-5장면이 바뀌므로 보통 사람이 하룻밤 꿈 장면을 20-25개 경험한다. 그러나 대부분 꿈은 잊히고 꿈을 꾸다가 깨어날 경우만 잠시 기억되다가 곧 잊힌다. 내용이 아주 극적이거나 자기에게 의미 있다고 생각되는 꿈은 오래 기억되는 경우가 있으나 그러한 것도 그리 오래가지 못하는데, 이것은 유기체의 생존에 매우 중요한 의미가 있다. 만약 모든 꿈의 내용이 각성 시의 일과 마찬가지로 일화기억에 저장된다면 그 유기체는 기억의 혼란으로 정상적인 생활을 할 수 없을 것이기 때문이다.

이러한 보통 꿈은 대부분 내용이 천차만별이고 비논리적이며 상식과는 동떨어진 시공간적 사건들이 전개된다. 꿈속에서 만나는 상대방의 정체성이 꿈을 꾸는 동안 수시로 바뀌기도 하고 일상에서의 신분과는 전혀 다른 신분을 갖기도 한다. 꿈속에서 만나는 장면도 시간에 따라 수시로 바뀌며 일상에서 전혀 본 적이 없는 집이 자기 집이나 자기 학교, 혹은 할머니 집 등으로 인식되기도 한다.

필자가 꾼 꿈을 예로 들면, 필자는 평생 오토바이를 타본 적도 소유한 적도 없다. 그런데 최근 한 꿈에 어떤 오토바이에 짐이 실려 있었는데 그 오토바이와 짐이 필자의 것이며 그 짐을 잃어버리지 않기 위해 오토바이 곁을 떠날 수 없다고 생각하는 꿈을 꾼 적이 있다. 또 오래전 돌아가신 어머님이 필자에게 존칭을 쓰며 전혀 다른 인격으로 나타나 필자도 그녀가 필자가 잘 아는 사람이라 생각하고 응대하는 꿈을 꾼 적이 있다. 이처럼 꿈의 내용은 일상과 상식을 초월하는 경우가 많다. 이것은 꿈속에서는 기억체계가 대혼란을 일으켜 정상적 기능이 마비되기 때문인 것 같다.

꿈도 의식의 일종인데 보통 감각의식은 외부의 감각수용기로부터 감각정보가 대뇌로 올라와 대뇌에서 의식이 발생하는데, 꿈에서는 척수에 의해 작동되는 모든 근육이 활동이 정지되고 근육이나 피부의 감각수용기를 통한 감각정보도 꿈에서 깨어날 정도로 강한 자극이 없으면 대뇌로 전달되지 못한다. 가장 중요한 감각인 시각은 눈이 감겨 있어서 완전히 차단된다. 대부분 다른 감각도 침실에서는 강도가 미약하여 꿈에 영향을 미치지 못한다. 극심한 소음이나 강한 촉각, 심한 악취 등이 꿈의 내용에 영향을 줄 수도 있지만 대부분 그러한 경우에는 꿈에서 깨어난다. 따라서 보통 꿈에서 경험하는 여러 가지 감각은 외부에서 온 것이 아니라 대뇌의 감각을 처리하는 기관의 신경세포들이 스스로 발화되면서 생기는 감각들이다.

시각, 청각, 체감각, 전정감각 등 여러 감각이 통합되는 영역은 BA 39영역[각회]과 BA 40영역[모서리회]이다. 이들 영역이 파괴되면 영구적으로 꿈을 꾸지 못하게 된다. 여러 감각영역에서 무작위로 자연 발화된 신경세포들의 정보가 이들 영역에서 종합되어 정서의 억제와 자기중심적 가상현실 모의실험을 주관하는 복내 측 전전두 영역에 비논리적인 새로운 줄거리로 제공되어 통제력을 잃어버린 복내 측 전전두 영역이 그러한 무작위적 줄거리를 토대로 환각적 영상을 만들어내는 데 기여한다고 추정된다[Bechara and Damasio, 2005].

이들은 각성상태에서는 전전두엽의 통제를 받아 억제되지만 꿈을 꿀 때는 전전두엽의 통제가 허물어지면서 마찬가지로 전전두엽과 해마의 협력적 통제를 받지 못하는 기억과 어우러져 비논리적·비현실적인 내용을 만들어내는 것 같다. 그러나 꿈에는 일상에서 전혀 있을 수 없는 푸른 소라든지 노란색 하늘 같은 것은 거의 나타나지 않는다. 그것은 비록 꿈에서 기억이 통제력을 잃어 해방되더라도 기억 속에 전혀 저장된 적이 없는 감각은 나타날 수 없기 때문일 것이다.

동서양을 막론하고 전 세계에서 실시된 꿈 내용에 대한 설문에 따르면, 가장 흔한 꿈은 추적을 당하거나 무언가에 쫓기는 것이다. 물론 전 세계 모든 사람이 항상 이런 꿈을 꾼다는 것이 아니며, 거의 모든 사람이 이런 꿈을 이따금 꾼다는 것이다. 동서양을 막론하고 전 세계에서 꿈꾸는 사람들의 거의 80%가 이런 꿈을 이따금 꾸는 것으로 알려졌다. 또 쫓기거나 공격을 당하는 꿈은 어린이들이 맨 처음 꾼 꿈으로 기억되며, 어른이고 어린이고 몇 달이나 몇 년에 걸쳐 반복해서 꾸는 꿈이라고 한다. 놀라서 바싹 얼거나 신체적으로 공격을 받거나 높은 곳에서 떨어지거나 떨어지기 직전에 있거나 어디에 갇히거나 간혀서 빠져나오려고 발버둥치거나 길을 잃거나 물건을 잃어버리거나 물에 빠지거나 물건을 깜빡해서 가지고 오지 않은 꿈 등이 가장 흔한 꿈 내용이다. 필자도 근래에 이와 유사한 꿈을 자주 꾸는데, 해외에서 호텔 예약을 하지 않았다거나 비행기 시간에 쫓겨 긴장하는 꿈이다.

이상은 대부분 부적이고 혐오스러운 꿈이지만 때로는 맨몸으로 공중을 나는 꿈이나 돈이나 귀중한 것을 획득하는 꿈처럼 기분 좋은 꿈을 꾸기도 한다. 그러나 부적이고 혐오스러운 꿈의 비중이 절대적으로 높다.

꿈이 우리 인생에서 차지하는 비중은 크다. 우리 일생 중 많은 시간을 차지할 뿐만 아니라 그 내용이 우리 정서와 정신활동에 적지 않은 영향을 미치기 때문이다. 그러므로 그 내용과 역할과 원인을 좀더 자세히 살펴볼 필요가 있다. 꿈속에서 우리는 모든 감각을 경험한다. 그중에서도 시각은 모든 꿈에서 경험되는 감각이다.

시카고대학 레흐트샤펜Allan Rechtschaffen과 부치나니Cheryl Buchignani의 연구는 인간이 꾸는 꿈속의 시각장면이 일상의 시각장면과 채도, 명도, 포화도 면에서 동일하다는 것을 보여주었다. 이것은 꿈이 뇌에 의해 만들어진 현실의 시뮬레이션이라는 것을 의미한다. 꿈을 흑백으로 꾼다는 보고를 하는 사람도 간혹 있으나 대부분 천연색으로 꾼다. 어릴 적에 흑백텔레비전을 보고 자란 사람들이 흑백으로 꿈을 꾸는 경우가 있다[Murzyn, 2008]. 청각, 후각, 촉각 등도 꿈에서 경험하나 시각보다는 비중이 아주 낮고 특히 후각이나 촉각을 경험하는 꿈은 매우 드물다.

청각경험도 시각경험 다음으로 꿈에 나타난다. 대부분 꿈꾸는 자가 말을 듣는 형태로 나타난다. 가끔 소음이나 음악도 나타난다. 찬송가를 즐겨 부르는 사람은 찬송가가 자주 들리고 음악을 전공한 사람은 자기 전공에 관계된 악기소리나 노랫소리를 자주 경험한다. 물론 평소 경험하지 못했던 소음이나 음악도 드물게 경험하는 수가 있다. 촉각도 이따금 보고되나 후각이나 미각은 1% 미만의 꿈에 나타날 정도로 드물다. 꿈에 통증을 경험하는 경우는 더 드물지만 꿈속 사건*에서 초래된 강하고 실제적인 고통을 보고하는 경우도 있다. 청각이나 후각, 촉각 등은 잠이 들어도 자극이 감각수용기에 닿을 수 있다.

시각은 잠들면 눈이 감겨 있기 때문에 감각수용기에 닿을 수 없다. 꿈이 대부분 시각적 장면으로 이루어진 것을 생각하면 꿈은 바깥세상을 반영한 것이 아니라 뇌가 스스로 만들어낸 영상이라는 사실을 알 수 있다. 그것이 어떻게 가능할까? 그것은 감각처리에 관여하는 뇌의 신경회로 안의 신경세포들이 자연발생적으로 발화**한다는 것을 의미한다. 물론 자연 발화하는 신경세포가 감각처리 세포만은 아니다. 운동과 사고에 관여하는 신경세포들도 자연 발화한다. 그러나 합리적 이성과 기억의 복구에 관여하는 제어장치[전전두엽]가 제대로

---

* 예를 들면 난로에 데든가 칼에 베이는 것 같은.

** 전기 펄스의 생성.

작동하지 않기 때문에 뇌의 활동이 제멋대로가 되어 꿈의 내용도 합리성이 부족해 현실세계에서는 일어날 수 없는 기묘한 장면들이 꿈에 나타나는 것이다.

사람 등이 왜 꿈을 꾸는지 심리학적·생리학적 원인에 대한 이론이 많다. 그중 아주 특이한 이론은 꿈은 수면 중 꾸는 것이 아니라 깨어날 때 조작된 것이라는 주장이다. 프로이트[Sigmund Freud, 1856-1939]의 『꿈의 해석』[*The Interpretation of the Dreams*]에 나오는 모리[Maury]라는 사람의 사례[Freud, 1900]로, 그는 1891년 프랑스혁명에 대한 길고 혼란스러운 꿈을 꾼 후 마지막으로 단두대에서 자기 목에 칼날이 떨어지는 꿈을 꾸다가 깨었는데 그때 침대 머리장식판의 모서리가 꿈에서 칼날이 내려온 그의 목 부분을 때리고 있었다. 이로써 그는 꿈은 실제로 잠잘 때 꾸는 것이 아니라 깨어날 때 지어내는 것이라고 주장했다.

이런 꿈은 보통 사람도 이따금 꾼다. 필자도 언덕에서 떨어지는 꿈을 꾸다가 침대에서 떨어진 경험이 있다. 필자의 경험으로는 자면서 몸부림을 치다가 몸이 침대에 아슬아슬하게 걸려 있는 순간 뇌가 몸이 곧 침대에서 떨어질 위험을 무의식적으로 감지하고 그 위험한 상황을 언덕 언저리에 있는 것으로 꿈에서 보여주다가 몸이 침대에서 떨어질 때 언덕에서 떨어지는 것으로 꿈속의 내가 의식한 것이 아닌가 생각한다.

이와 비슷한 이론을 주장한 사람은 의식에 관한 여러 괴팍한 이론으로 유명한 데닛의 꿈의 카세트 이론[The Cassette Theory of Dreams]이다[Dennett, 1976]. 이 이론에 따르면 뇌에는 앞으로 사용하기 위해 기록되고 준비된 잠재적인 꿈 창고가 있는데 렘수면에서 깨어나자마자 현실에서 일어나는 사건*에 맞는 하나의 카세트가 꿈 창고에서 선택되

* 예를 들면 자명종소리.

고 우리는 카세트 내용과 동일한 꿈을 꾸고 있었던 것처럼 생각한다는 것이다.

그러나 이러한 이론은 1950년대에 시카고대학 데먼트William Dement와 클레이트먼Nathaniel Kleitman의 수면실험실에서 렘수면이 길면 길수록 꿈도 길다는 것이 증명되어 잘못된 이론으로 판명 났다. 즉, 실험실에서 렘수면 후 5분과 15분 두 시간대로 깨워본 결과 깨어난 사람들의 꿈 길이에 대한 대답은 실제 렘수면 시간에 유의하게 비례했다. 그것은 우리가 긴 시간에 걸쳐 실제 꿈을 꾼다는 것을 의미한다Dement and Kleitman, 1957.

그밖에 인기 있는 이론들로는 1) 꿈은 어떤 기능도 없는 순전히 생리학적 이유로 꿈꾸는 뇌에서 일어나는 신경활동의 쓸모없는 부작용이라고 주장하는 이론무작위 활성화 이론random activation theory, 2) 꿈이 문제를 해결해준다는 이론문제해결이론problem solving theory, 3) 꿈이 심리요법처럼 실생활의 부적 감정에 대해 더 좋게 느끼도록 노력하는 것이라는 이론정신건강이론mental health theory, 4) 꿈은 현실생활에서 실습하기에는 너무 위협적이거나 위험부담이 커서 안전한 곳에서 어떤 것을 실습하게 하는 현실생활의 모의실험이라는 이론위협 모의실험이론threat simulation theory 등이 있다. 이 중에서 가장 주목받는 모의실험이론은 핀란드 인지신경과학자 레본수오Antti Revonsuo가 주장한 것이다. 그에 따르면 꿈을 꾸는 동안 우리는 위협지각과 위협회피를 사전 모의연습하며 이 기제는 조상들의 거주지와 같은 위협적인 환경에서 생식 성공확률을 높이기 때문에 진화했다는 것이다Revonsuo, 2006. 이러한 이론들은 모두 실증적으로 증명하기가 매우 어렵기 때문에 그들에 대한 이론적 논쟁이 많지만 아직도 어느 이론이 옳은지는 판명되지 않았다.

2. 의식의 내용

전신마취, 꿈 없는 깊은 잠, 완전혼수 등과 같은 무의식상태가 아닌 상태에서 사람이나 동물이 하는 주관적 경험은 참으로 다양하다. 이는 크게 두 가지로 나눌 수 있는데 하나는 감각수용기의 자극을 통해서 발생하는 의식*과 감각수용기를 통하지 않는 정서의식이다. 감각수용기를 통해서 발생하는 의식은 다양한 감각질Qualia에 대한 지각이다. 이는 또다시 크게 외수용기적 의식과 내수용기적 의식으로 나눌 수 있다.

감각수용기에 의한 의식은 감각질의 이미지를 형성하나 정서의식은 이미지 형성이 불가능하지는 않지만 어렵다. 외수용기적 의식은 보통 선명한 이미지를 동반한다. 시각은 선명한 영상적 이미지를 형성한다. 촉각이나 통증 등도 그 나름대로 이미지가 있다. 예를 들면 솜을 만질 때의 촉감과 쇠뭉치를 만질 때의 촉감은 뇌에서 다른 이미지를 생성하고 마찬가지로 뜨거운 난로에 의한 통증과 가시에 찔리는 통증은 다른 이미지를 생성한다. 그러나 내수용기적 의식은 막연

* 꿈의 의식도 감각수용기를 통해서 발생하는 경우도 있지만 아주 희귀하다.

한 이미지를 동반한다. 두 이미지의 차이는 장미를 보는 것과 메스꺼움을 느끼는 것의 차이와 같다. 정서의식은 불쾌감이나 즐거움도 상황에 따라 다른 정도나 경우를 보게 된다. 그러한 것도 이미지라고 한다면 이미지를 형성한다고 할 수 있다.

1) 외수용기적 의식

동물이나 인간의 외부 환경으로부터 들어오는 자극을 수용하는 감각수용기는 시각을 위한 눈, 청각을 위한 귀, 후각을 위한 코, 미각을 위한 혀, 촉각·통각·온도감각을 위한 피부가 있다. 동물에 따라 촉각을 위한 강모도 있으나 피부의 변형으로 볼 수 있다. 이러한 외수용기적 의식을 처리하는 뇌의 회로는 분명한 동일배치구조*로 된 신경세포의 위계질서적** 단계를 갖추고 있다. 동물이나 인간은 어떤 수용기를 통해 들어오는 자극에 대하여 감각질의 이미지를 형성할 수 있어야 그 자극을 의식할 수 있다.

이러한 이미지는 대뇌피질 내의 각 감각을 처리하는 전문 신경회로에서 만들어진다. 가장 대표적 이미지는 시각 이미지다. 우리가 눈으로 사과를 보면 망막에 영상이 맺히고 망막에 있는 시신경과 시상의 외측슬상핵을 통해 시각피질로 정보가 전달되면 대뇌피질 내 여러 시각처리 영역에서 사과의 이미지를 형성할 수 있다. 물론 우리가 형성하는 것과 같은 정적이고 선명한 이미지만 있는 것이 아니다. 개구리는 윤곽이 뚜렷한 정적인 이미지보다 윤곽은 희미하지만 동적

* 동일배치구조(isomorphic topography): 위 단계로 가더라도 상대적 위치가 변하지 않는 구조.

** 위계질서적(hierarchical): 위 단계로 갈수록 복잡한 처리를 하는.

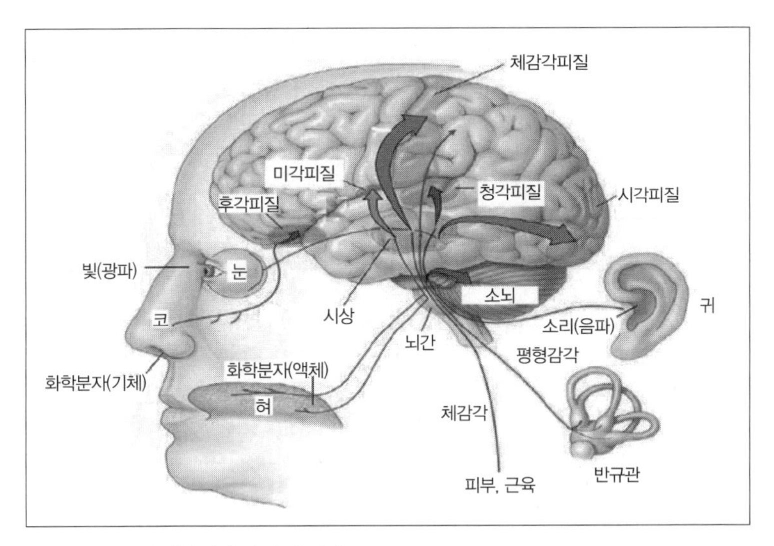

그림 3-1 외수용기적 감각 관련 뇌 영역

인 이미지를 선호한다. 청각도 내이 속의 청각수용기달팽이관를 통해 대뇌로 정보가 전달되면서 대뇌에서 이미지를 형성할 수 있어야 여러 가지 소리를 구별해서 의식할 수 있고 후각, 촉각, 통각 등도 마찬가지다.

후각은 코 속의 후각수용기를 통해서, 촉각과 통각 등은 피부 속의 신경종말에 붙은 자극수용기를 통해서 대뇌로 정보를 보내면 대뇌의 해당 영역에서 이미지를 형성한다. 각 감각 정보가 흐르는 경로는 특이하며 촉각, 통각과 같은 체감각정보는 보통 척수 뒤쪽으로 축색다발을 형성하면서 중간의 뇌간연수, 교뇌, 중뇌과 시상을 거쳐 대뇌 체감각피질로 향한다. 앞서 예로 든 시각과 후각, 청각, 미각 등의 정보는 각기 독특한 경로를 거쳐 대내 해당 영역으로 전달되고 거기에서 각각 독특한 이미지를 형성한다.

평형감각은 반규관의 이석과 뇌간 전정핵VIII두개신경을 통해 감지되는 감각으로 외적 신체를 지각하는 외수용기적 의식으로 볼 수도 있고 내수용기적 의식으로 볼 수도 있다. 그러나 반규관에 의해 발현되는 현기증 같은 것은 내수용기적·정서적 감각이라고 보아야 한다. 심한 불균형은 균형감각에서 의식되어 대뇌 감각-운동피질에서 처리되나 가벼운 불균형은 거의 의식되지 않고 소뇌 수준에서 처리된다. 〈그림 3-1〉에 외수용기적 감각 경로와 관련 뇌 영역들이 나타나 있다.

2) 내수용기적 의식

내수용기적 의식은 외수용기적 의식과 정서의식의 중간 형태로 양면성이 있다. 그것은 몸 전체에 널리 퍼져 있는 내수용을 위한 신경종말을 통하여 감지되는 몸의 생리학적·기계학적 변화에 대한 의식이다. 즉 내적 고통, 전정감각,* 고유수용기 감각몸의 위치나 방향에 대한 감각. 주로 관절, 근육, 힘줄 등에서 입력, 폐나 소화기관위, 장 등, 심장·혈관·방광 등 내부기관에 대한 감각, 피부 깊숙한 부분의 통증이나 가려움, 체온감각, 현기증, 목마름, 메스꺼움, 화학적 상태 등에 대한 의식**이다. 이러한 내수용기적 감각의 입력은 신체의 내부 환경을 최적의 상태가 되도록 조정하여 신체가 항상성Homeostasis을 유지하도록 하는 과정을 촉발한다.

내수용기는 보통 신체가 항상성을 유지할 때는 의식을 유발하지 않는다. 항상성이 깨질 때 내수용기적 의식이 나타난다. 예를 들면 물

---

* 자세가 달라짐으로써 느끼는 몸의 균형감각은 외수용기적 감각이라고도 볼 수 있다. 현기증은 내수용기적 감각이나 정서적 감각이기도 하다. 전정기관은 내이의 반규관 내에 있다.

** 마지막 두 가지 의식은 정서의식으로도 볼 수 있다.

이나 영양이 부족할 때 이를 해결하기를 촉진하려고 갈증과 공복의식이 나타난다. 그것은 동물이나 인간의 정서와 동기의 기반이며 원인이 된다. 심지어 이러한 내수용기적 의식은 중요한 의사결정*을 하는 데도 큰 영향을 미치는 것으로 알려졌다[Dunn, 2006]. 내수용기적 감각에 대해서도 대뇌에서 이미지를 형성하기는 하나 외수용기적 의식만큼 선명하지 못하다. 우리는 사과에 대한 선명한 이미지는 형성할 수 있으나 현기증에 대한 선명한 이미지는 잘 형성하지 못한다.

내수용기적 의식을 처리하는 뇌의 회로는 외수용기적 의식만큼 분명하지 못한 동일배치구조로 된 신경세포 단계를 갖추고 있다. 이런 내수용기적 이미지의 형성에는 대뇌피질 내의 섬엽[insula]이 중요한 역할을 한다. 아직 연구된 바는 없지만 대뇌피질도, 섬엽도 갖추지 못한 환형동물이나 편형동물 같은 저급동물들도 시각, 청각, 후각 등 고등한 외수용기의식은 없으나 촉각이나 통각 같은 외수용기의식은 그들이 그러한 감각을 위해 필요한 유해자극수용기는 갖추고 있기 때문에 고등생물 수준에는 미치지 못하나 아주 미세하게 구비하고 있을지 모른다. 또 이들의 신경세포도 꽤 많은 단계로 되어 있으므로 의식의 필요조건인 다단계 신경세포의 동시적 발화는 가능하다. 따라서 이들이 전혀 의식을 가지고 있지 않다고 단언하는 것은 과학자의 자세가 아니라고 생각된다.

3) 정서의식

정서의식은 직접적으로 감각수용기를 통한 환경에서 자극을 받아

* CEO의 결정이든, 도박사의 결정이든.

발생하는 의식이 아니다. 그러나 감각수용기적 의식의 영향을 많이 받는다. 주로 전체로서 자신*에게 향한 느낌이다. 따라서 정서의식은 막연한 이미지는 동반하지만 뚜렷한 이미지는 형성되지 않는다. 기쁨, 슬픔, 질투, 증오, 외로움, 혐오감 등 우리가 느끼는 모든 정서가 정서의식이다. 내수용기에서 감지하는 감각에서 유래하는 각종 생리적 느낌도 정서의식으로 볼 수 있다. 따라서 내수용기적 의식과 정서의식은 경계가 모호할 때가 많다.

정서의식을 처리하는 뇌의 회로는 불분명한 동일배치구조로 된 신경세포 단계를 갖추고 있다. 이러한 정서의식 형성에는 대뇌피질의 전전두엽과 피질하 변연계가 중요한 역할을 한다. 이 변연계는 해마체, 편도체, 망상체, 대상회 앞부분, 섬엽 등 기억, 공포, 정서, 가치판단, 내수용기적 감각 등을 관장하는 많은 뇌 영역이 참여하는 복잡한 회로로 구성되어 있다.**

통각혹은 통증sense of pain과 고통pain은 구분할 필요가 있다. 통각은 협의의 고통이다. 통각은 내수용기적 의식으로 온도나 압력, 찔림이나 베임 등에 의해 통각수용기를 통해 정보가 시상을 거쳐 대뇌의 감각피질로 올라감으로써 느끼는 감각이다. 하지만 넓은 의미의 고통은 통각을 포함하여 목마름, 배고픔, 숨 막힘, 눈부심, 시끄러움 등 다양한 원인으로 초래되는 부적 감각으로 특정감각에 한정되지 않는다. 이러한 의미에서 고통은 광의의 정서의식에 포함되어야 한다. 특히 어떤 학자들은 하등동물들의 고통을 원시 정서의식으로 언급한다.

외수용기적 의식, 내수용기적 의식, 정서의식이 선명함 정도에서 큰 차이가 있기는 하지만 모두 이미지를 동반한다. 그런데 어떤 동물

---

* 신체와 정체성.

** 변연계에 포함되는 영역에 대해서는 학자들에 따라 견해 차이가 많다.

의 감각기관이 이미지를 형성할 수 있다고 해서 반드시 의식이 있다고 할 수 있을까? 카메라와 모니터가 달린 로봇도 시각수용기카메라를 통한 자극을 내장된 컴퓨터에서 정보처리하여 이미지*를 만들 수 있다. 그렇다고 그 로봇에 의식이 있다고 말할 수 있을까? 이러한 질문은 동물의식에 관하여 매우 중요한 의미가 있다. 같은 질문, 즉 우리와 어떤 방법으로도 의사소통이 불가능한 대부분 동물이 이미지를 형성할 수 있는 감각수용기와 그것을 통한 자극에 대한 이미지를 만들 수 있다고 해서 그 동물이 반드시 의식이 있다고 할 수 있는가 하는 질문이 가능하기 때문이다.

캄브리아기 절지동물은 잘 발달된 눈과 뇌를 가지고 있었다. 그것은 시각자극에 대한 이미지를 형성할 수 있는 기관과 능력을 갖추었다는 것을 의미한다. 만약 앞서의 로봇이 의식이 없다면 캄브리아기의 절지동물이나 현생의 개구리도 의식이 없다고 할 수 있지 않은가? 이러한 질문에 대한 명확한 답을 얻지 못한다면 동물의식의 기원을 추적하는 일은 불가능할지도 모른다. 여기서 유정의 유기체는 로봇과 다른 무엇**이 있음이 틀림없다는 과학자들이나 철학자들의 주장을 증명하기도 마찬가지로 어렵다. 이에 대한 논의는 다른 장에서 더 자세히 하겠다.

비수용기감각적 의식에는 정서의식 외에도 사고, 환각, 꿈 등 다양한 의식이 있다. 꿈에 대해서는 앞에서 논의했으므로 사고, 기억, 환각에 대해 살펴보자.

---

* 모니터상의 영상.

** 말하자면 내적 느낌 같은 것.

4) 사고

사고는 깨어서 행하는 정신행위 대부분을 차지한다. 사고는 영어로 thought, thinking, idea 등으로 다양하게 번역된다. 이것은 사고라는 개념에는 행위, 행위 과정, 행위 결과 등 여러 가지 의미가 내포되어 있다는 것을 뜻한다. 연상은 저장된 외현기억이 다른 자극이나 사고에 의해 자연 발생적으로 떠오르는 현상으로 자연발생적인 기억의 복구이지만 사고의 일종이라 할 수 있다. 따라서 사고도 의식처럼 명확히 정의하기는 어렵다. 사고는 사물이 의식되게 하고 의사결정을 하고 이미지를 형성하고 상징을 조작한다.

사고는 보통 영상을 동반하나 영상을 동반하지 않는imageless 사고도 많다. 사고는 항상 합리적이지도 않다. 허황된 망상이나 백일몽처럼 비합리적이고 비논리적일 수 있다. 사고는 모든 다른 의식과 공존할 수 있다. 또한 사고 없는 다른 의식도 있고 다른 의식 없는 순수사고도 있다. 예를 들면 아무 생각 없이 먼 산을 멍하니 바라본다든가 어떤 음악을 듣는 경우는 전자에 해당하고, 조용한 곳에서 눈을 감고 명상에 사로잡히는 경우는 후자에 속한다. 그러나 보통 일상에서는 거의 대부분 시간을 보고, 듣고, 냄새 맡고, 맛을 보면서 동시에 생각한다. 또한 어떤 것을 계획하거나 무엇을 연상하거나 기억해내면서도 동시에 보고, 듣고, 냄새 맡고, 맛을 보기도 한다. 순수사고는 정신수양이나 종교적 명상 등 특수한 경우에 행해진다.

5) 기억

기억은 정보가 부호화되고, 저장되고, 복구되는 전 과정을 뜻한다.

실제로 의식이라고 할 수 있는 것은 의식의 복구과정이다. 부호화와 저장은 기억하려는 노력이 동반되지 않으면 보통 무의식적으로 행해지는 과정이다. 그리고 기억도 종류가 다양한데 크게는 감각기억, 단기기억, 장기기억으로 분류되고 장기기억은 다시 선언기억과 절차기억으로 분류된다그림 3-2 참조. 감각기억은 우리가 감각적 자극에 순간적으로 노출된 후 그 자극이 사라졌을 때 지속되는 그 자극에 대한 기억인데 지속시간이 보통 1초 미만이다. 단기기억은 작업기억이라고도 하는데 우리가 전화번호부에서 전화번호를 보고 전화번호부를 덮은 후 예행연습 없이 전화번호를 잊지 않는 기억으로 보통 1분 미만이다. 감각기억이나 단기기억은 반복적으로 같은 자극에 노출되지 않으면 곧 소멸된다.

장기기억은 감각기억이나 단기기억으로 처음 부호화되고 저장된 자극정보에 반복해서 노출됨으로써 공고화되어 반영구화된 기억으로 학습의 반복 횟수와 강도에 따라 몇 시간, 며칠, 몇 달, 몇 년 혹은 영구히 지속되는 기억이다. 그러나 감각기억이나 단기기억 중에서 강렬한 자극이나 놀라운 뉴스* 등에는 단 한 번의 노출로 기억이 영구화되는데 이를 섬광flash기억이라 한다. 감각기억, 단기기억, 장기기억 중 외현기억은 의식과 관련이 있으나 장기기억 중 내현기억은 의식과 관련 없이 무의식적으로 처리되는 기억이다. 외현기억은 다시 일화기억과 의미기억으로 나뉜다.

일화기억은 사건기억이라고도 할 수 있는 기억으로 일상생활에서 일어나는 사건들에 대한 기억이다. 오늘 누구와 점심식사를 했고 무슨 차를 타고 퇴근했는가 하는 것들이다. 특별한 노력이 없어도 쉽게 장기기억에 저장되어 복구될 수 있는 기억이나 시간이 경과하면 구

---

* 예를 들면 대통령 암살 장면.

체적인 내용은 거의 기억하지 못하고 요지만 기억하게 된다. 섬광기억도 엄격한 의미에서 일화기억의 일종이다. 일화기억은 치매에 걸리면 잘 잊게 되는 기억이다.

일화기억은 자아 자체라고 해도 좋은 자아를 형성하는 기억이다. 일화기억과 의미기억은 서로 무관한 전혀 별개의 기억이 아니다. 유사한 일화기억사건기억이 반복되면 범주화가 일어나고 범주화된 기억은 의미기억으로 된다. 의미기억은 보통 외국어 단어의 뜻이나 수학 공식을 외우는 것 같은 상당한 노력을 기울여 반복해야 장기기억에 저장되어 쉽게 복구되는 기억이다. 보통 언어형태로 범주화되어 장기기억에 저장되지만 이미지 형태로 범주화되기도 한다. 특히 언어가 없는 동물에서는 이미지 형태로 범주화가 이루어진다.

우리가 고양이를 범주화할 때는 고양이라는 이름 아래 흰 고양이, 검은 고양이, 누런 고양이 등의 이미지를 기억에 저장하나 쥐는 흰색을 띠거나 검은색을 띠는 포식자 이미지로 범주화할 것이다. 의미기억은 또 유사한 범주의 대상을 추가로 접하면 새롭게 수정되는 기억이다. 내현기억은 절차기억이라고도 하는데 어떤 기술이나 과제수행에 대한 기억으로 자전거 타기나 컴퓨터 자판기를 두드리는 것 같은 기술이나 컴퓨터게임과 퍼즐 맞추기와 같은 어떤 과제를 수행할 때의 숙련도에 관계된 기억으로 무의식적으로 부호화되고 저장된다. 일화기억, 의미기억, 절차기억은 모두 뇌의 다른 영역에서 처리된다. 간단히 말하면 일화기억은 해마에서, 의미기억은 신피질에서, 절차기억은 기저뇌와 소뇌에서 주로 처리된다.

그러나 의식에서 가장 중요한 것은 기억에 대한 복구다. 기억의 부호화와 저장은 현상의식을 매개로 한 복구를 위한 준비과정으로 보통* 무의식적으로 행해진다. 현상의식과 기억의 복구가 결합될 때 고차의식 혹은 접촉의식이 된다. 예를 들면 앞에 보이는 둥글고 붉은

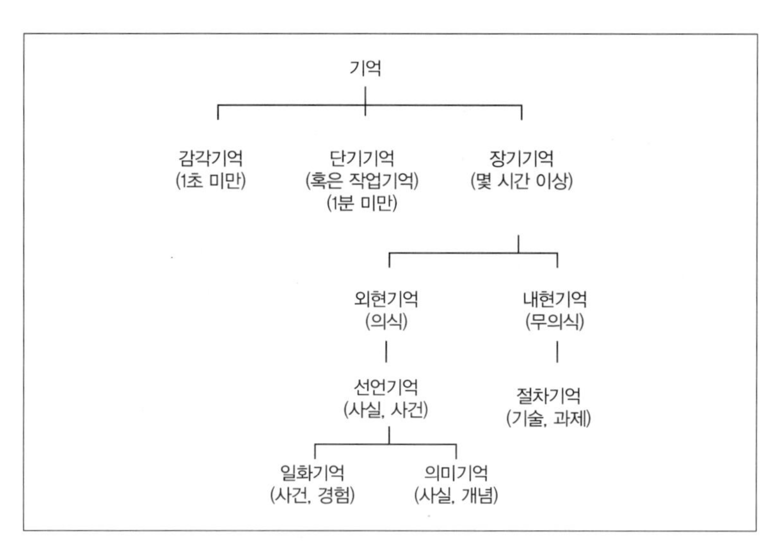

그림 3-2 기억의 분류

것일차의식이 과거 기억에 따르면 먹을 수 있고 먹어보면 시큼한 맛이 나는 사과라는 과일이라는 생각고차의식이 떠오른다. 에델만Gerald M. Edelman, 1929-의 용어를 사용하면 현재에 갇혀 있던 일차의식현상의식이 기억의 복구 덕분에 과거와 연결되고 미래예측이 가능한 고차의식으로 변한다. 이는 기억기능을 가진 동물은 고차의식을 가질 수 있고 기억기능이 없는 동물은 고차의식을 가질 수 없다는 자연스러운 추론으로 이끈다. 이것은 어떤 동물이 기억기능을 위한 뇌 기관을 가지고 있는지 없는지 조사해보면 그 동물이 고차의식을 가질 수 있는지 없는지 알 수 있다는 것을 의미한다.

만약 기억기능이 병이나 절제로 완전히 파괴된다면 동물이고 인간이고 언제나 현재에 사로잡혀 현상의식만 경험하게 되고 고차의식은 경험할 수 없게 된다. 실제로 1953년 15년 동안 정상생활이 불

* 오랫동안 기억하기 위해 반복 암기하는 것 같은 수의적인 것을 제외하면.

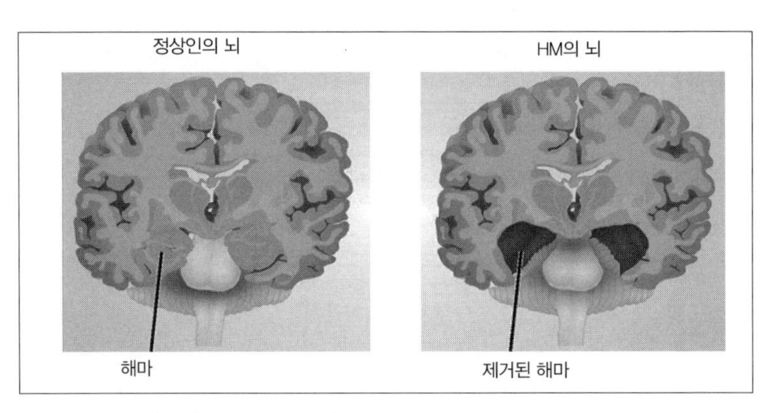

그림 3-3 정상인의 뇌와 환자 HM의 뇌

가능할 정도로 격심한 간질을 앓아오던 27세의 몰레이슨Henry Gustav Molaison HM, 1926-2008이라는 남성환자*는 미국 뉴잉글랜드주에 있는 하트퍼드 병원Hartford Hospital에 입원한 후 다른 방법으로는 치료가 불가능하여 간질발작 부위인 기억에서 가장 중요한 역할을 하는 해마를 좌우 모두 절단했는데그림 3-3, 외현기억 중 일화기억의 형성이 전혀 되지 않아 의사나 간호사를 새로 만날 때마다 누구라고 설명해주어야만 했던 경우가 있었다Dittrich, 2016. 그러나 이 환자는 기억기능을 모두 잃어버린 것이 아니어서 먼 과거의 일은 기억하고 절차기억과 외현기억 중 의미기억은 거의 손상을 입지 않았다.

이러한 사실은 외현기억과 절차기억의 장기저장소가 해마가 아니라 대뇌피질과 뇌간이나 소뇌에 있음을 시사한다. 다만 외현기억에 관련된 뇌 부위가 전혀 없는 동물은 현상의식은 있어도 모든 행동이 자유의지에 따른 것이 아니고 현상의식에 따라 유전자에 프로그램된 대로 본능적으로 행동하는 것인지, 현상의식조차 없어 감각수용

* 생전에 그의 사생활을 보호하기 위해 환자 HM으로 불렸다.

기에서 들어오는 정보를 근거로 컴퓨터에 프로그램된 대로 행동하는 로봇처럼 유전자에 프로그램된 대로 행동하는지를 알기 위해서는 면밀한 분석적 연구가 필요하다.

6) 환각

환각hallucination은 지각의 근원이 되는 실제의 외부자극이나 내부자극이 없는 상태에서의 지각이다. 실제로 외부 공간에 아무것도 없는 데도 실재하는 것처럼 생생하게 지각되는 감각이다. 또 신체 내부에서 아무런 실재의 물리적 · 생리적 변화가 없는데도 그러한 변화가 실제로 일어난 것처럼 느끼는 감각이다. 그것은 꿈처럼 잠자는 상태가 아닌 깨어 있는 상태에서 지각되는 감각으로 환영illusion, 망상delusion, 심상imagery과도 다르다. 환영은 실제 현상에 대한 뒤틀리고 왜곡된 지각이고 망상은 정확하게 지각되고 해석된 현실에 대한 추가 의미를 부여하는 왜곡된 믿음이다. 심상은 실제 현상에 대한 지각이 아니라 상상 속에서 임의로 만들어낸 영상이다. 환각은 모든 종류의 감각에서 나타날 수 있다. 즉, 시각, 청각, 촉각, 후각, 미각, 통각, 평형감각, 고유수용기감각,* 온도감각, 시간감각 등 모든 감각이 다 환각이 될 수 있다.

가장 흔한 환각은 시각, 청각, 촉각, 후각에 대한 환각이다. 환각은 보통 정신질환 환자에서 나타나는 경우가 많다. 특히 정신분열증조현병 환자는 자기를 헐뜯거나 저주하는 목소리의 환각을 경험하는 경

* 고유수용기감각(proprioception sense): 신체 내부의 감각으로 사지의 위치, 방향, 운동을 감지하는 감각.

우가 많고 때로는 그 환각을 일으킨다고 생각되는 사람의 모습도 환자 주위에 특히 뒤에 있는 경우도 있다. 아마도 종교에서 신탁, 민간전승의 귀신 일화, 무당의 신 내림 현상은 대부분 시각과 청각의 환각이었을 것이다. 환각의 원인은 다양하다. 앞서의 정신분열증 외에도 다양한 정신병, 최면, 약물남용,* 수면박탈, 알코올중독 진전震顫, 섬망증 delirium tremens, 끊임없이 반복되는 강렬한 시각적·청각적 자극 등 다양하다. 이러한 환각현상은 보통 어떤 생리적 결함**이 있는 정신질환자의 상상에 따라 내부에서 발생한 이미지를 자기 신체나 외부에서 발생한 이미지로 왜곡되게 해석하는 현상이다 Kunzendorf, 2015.

---

* 예를 들면 섬망발생제(deliriants).

** 예를 들면 교세포의 기능에 이상이 있는 조현병 환자처럼.

3. 의식의 수준

1) 현상의식과 접촉의식

뉴욕대학 철학교수 블록Ned Joel Block, 1942- 이 「의식기능의 혼동에 관하여」On a confusion about a function of consciousness, Block, 1995라는 논문에서 의식의 종류를 구분한 것이다. 그는 현상의식phenomenal consciousness이 주관적 경험이며 있는 그대로의 상태에 대한 경험으로 주로 시각, 청각, 후각, 미각, 통각 등 감각을 통하여 초래된다고 주장하고 그것을 다시 감각, 느낌, 지각, 생각, 소망, 정서 등으로 세분했다.

그러나 인지나 지향성* 혹은 컴퓨터 프로그램에서 정의할 수 있는 성질을 지닌 모든 것은 현상의식에서 배제했다. 또 접촉의식access consciousness은 추론, 담화, 수준 높은 행동제어 목적으로 인지 시스템에서 널리 이용할 수 있는 정보로 이루어진다고 주장했다. 블록은 접촉의식의 보고 가능성을 특히 중시하고 접촉의식은 표상적이어야 하는데, 표상적 내용만이 추론과 연관될 수 있기 때문이라고 주장했

---

* 지향성(intentionalitat à)→용어해설.

다. 그는 접촉의식의 예로 사고, 믿음, 소망 등을 들었다.

그는 인간에게 현상의식과 접촉의식은 보통 상호작용하나 항상 일치하지 않으며 독립적으로 존재할 수 있다고 주장했다. 즉 접촉의식이 없는 현상의식이 가능하고 반대로 현상의식이 없는 접촉의식도 가능하다는 것이다. 기능주의자인 그는 좀비가 가능하며 현상의식이 없으면서 사람과 외현적으로 동일한 로봇이 가능하고 접촉의식이 없으면서 현상의식만 있는 동물도 있을 수 있다고 생각했다. 하지만 블록의 구분은 현대의식과학적 견지에서 볼 때 너무 단순하다. 의식은 이렇게 단순히 이원화하기에는 너무 복잡한 현상이다.

2) 일차의식과 고차의식

에델만이 주장한 구분이다. 일차의식은 동물이나 인간이 모두 경험하는 의식으로 주위 세계에 대한 현재와 직전 과거의 인식을 만들기 위해 관찰된 사건들과 기억을 통합하는 능력이며 감각의식이라고도 한다. 그에 따르면 일차의식은 감각, 지각, 정신적 영상에 대한 여러 주관적 감각 내용의 존재를 말한다. 다른 말로 하면 일차의식은 여러 가지 감각질에 대한 개인적 경험이다. 또 일차의식은 과거나 미래에 대한 감각이 없이 현재에 속박되어 현재 세상을 인식하는 것이다.

고차의식은 기억의 도움으로 대상의 범주화를 즉시 할 수 있고 과거와 현재를 구분할 수 있으며 의식한다는 것을 의식하는 것이다. 그것은 반성적 사고, 과거와 미래에 대한 개념과 추리 등을 포함한다. 에델만은 일차의식을 다시 주의의 초점을 향하는 초점의식과 초점 주변의 흐릿하게 인식되는 부분으로 향하는 주변의식으로 구분했다

Edelman, 2004.

3) 기본의식과 메타의식의 구분

캘리포니아대학 뇌과학 교수 스쿨러Jonathan Schooler, 1959-가 주장한 구분법이다. 그는 본래 정신과정을 무의식적 과정, 기본의식적 과정, 메타의식적 과정 3단계로 나누었다그림 3-4. 이것은 의식을 기본의식과 메타의식으로 양분하는 것을 의미하는데 기본의식은 깨어 있는 동안 계속 경험하는 지각, 느낌, 비반성적 인지를 말하고 메타의식은 의식내용을 간간이 분명하게 재표상하는 의식이다. 쉽게 말하면 메타의식은 자기가 의식한다는 사실을 간간이 재인하는 의식이다.

전에 의식의 내용에 대해 메타의식이 없던 사람이 그러한 내용을 향해 메타의식을 지향할 때 시간적 분리가 일어난다. 메타의식의 예는 우리가 독서할 때 보통 내용에 심취되어 독서한다는 사실을 잊고 있다가 페이지가 끝난다든가 할 때 비로소 독서하고 있다는 것을 의식하는 것이다. 이러한 의식이 메타의식이다Schooler, 2002. 메타의식은 에델만의 고차의식과 다소 비슷하다.

스쿨러는 자기 의식에 대한 생각을 〈그림 3-4〉와 같이 모델링했다. 이러한 스쿨러에 의한 기본의식과 메타의식의 구분은 인간의 의식을 대상으로 하여 설정된 구분이라는 느낌이 든다. 그러나 최근 돌고래를 대상으로 한 실험에서 음파의 주파수를 기준으로 좌측 단추나 우측 단추를 누르도록 하는 훈련 도중 자기가 문제를 해결할 수 있다는 것을 알기도 하고 문제를 이해하지 못했다는 것을 알기도 한다는 실험결과도 있어 메타의식은 인간의 전유물이 아니라는 사실이 밝혀지기도 했다Smith et al., 1995.

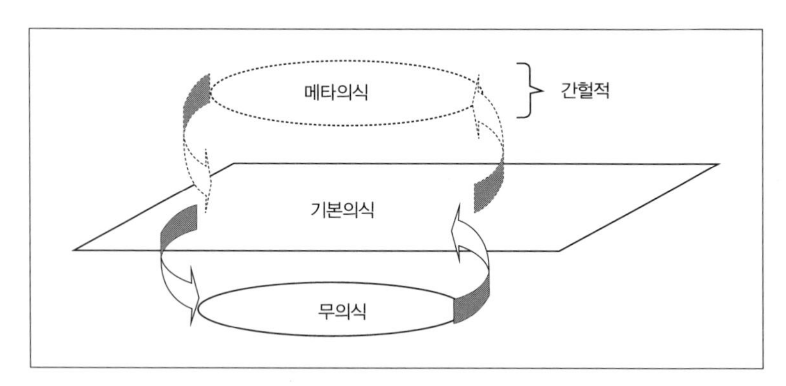

그림 3-4 의식의 여러 수준의 관계(Schooler, 2002).

4) 대상에 대한 인식과 자의식

둘 다 수준이 높은 의식이므로 깊이에 따른 의식 구분이라기보다 차라리 대상에 대한 구분이라고 하는 것이 옳을 듯하다. 현상의식이나 일차의식과 구분되는 또 하나의 개념으로 대상에 대한 인식, 즉 반성적 의식*이 있다. 대상을 인식함 없이 있는 그대로 의식하는 현상의식이나 일차의식과 달리 대상에 대한 인식은 대상을 보고 그것의 범주나 그것에 대한 기억을 동시에 의식하는 것이다. 메타의식은 물론이고 대상에 대한 인식과 대조되는 자의식도 넓은 의미의 반성적 의식의 일종이라고 할 수 있다. 자의식**은 의식의 대상이 자신인 의식이고 메타의식은 자신의 정신상태에 대한 의식이라고 할 수 있다. 또 자의식은 의식의 내용과는 별개로 자신의 여러 가지 면, 즉 자존이나 수치, 모욕 등도 포함한다.

현재 의식의 과학에서는 학자에 따라, 자기 기호와 필요에 따라 수

---

* 반사의식이라고도 한다.

** 성찰적 의식이라고도 한다.

준 낮은 의식을 현상의식이나 일차의식으로 부르고 이들과 구분되는 더 차원 높은 의식을 표현하기 위해서 고차의식, 자의식, 반성적 의식, 메타의식 중에서 하나를 골라 쓰고 있다. 이들 용어의 의미가 비슷하고 중복되는 부분이 많기 때문이다.

제4부

의식과학의 역사

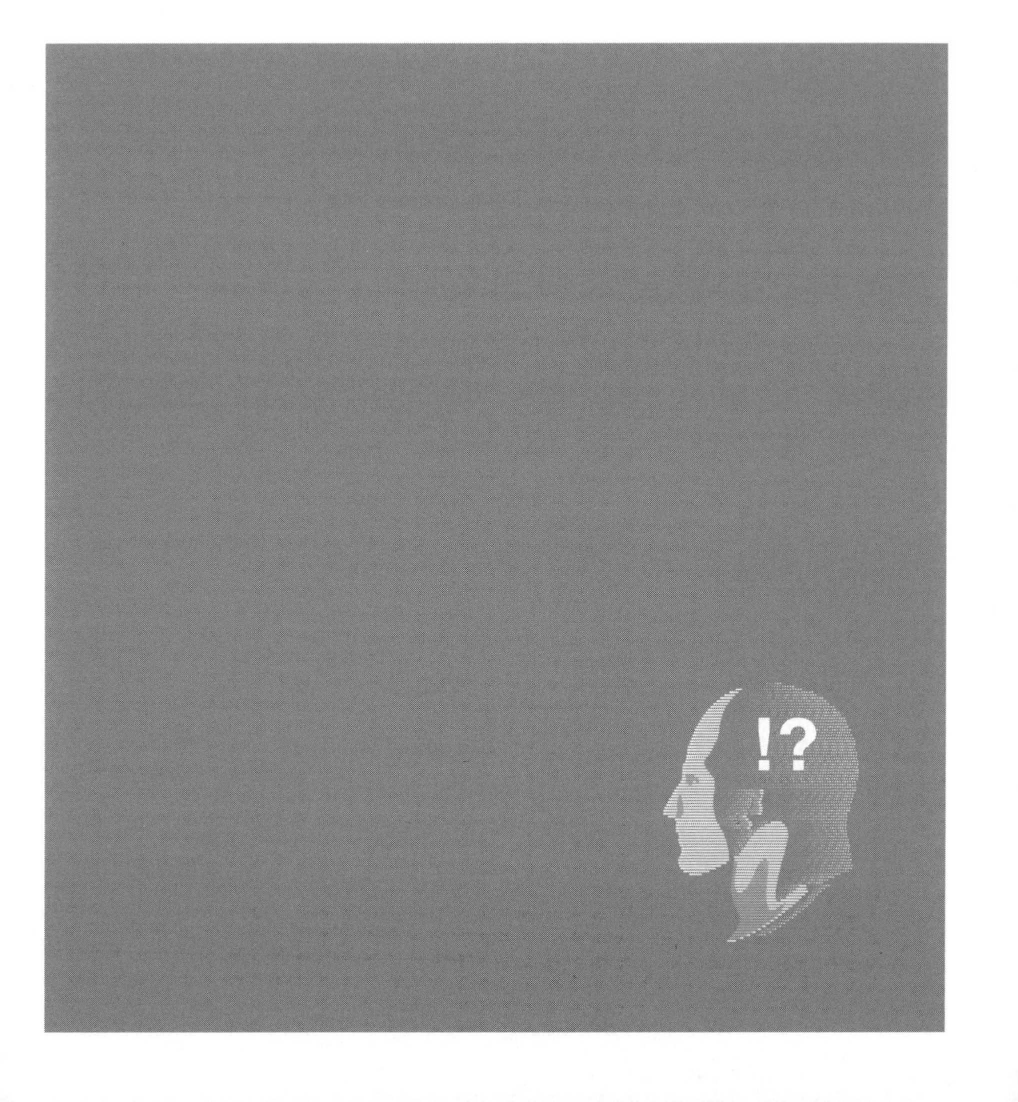

1. 첫 의식의 과학, 심리학의 탄생

의식이 철학자들에 의해 주로 이론적·형이상학적으로 논의되어 왔지만 한편으로 다양한 분야의 의학자와 의사들의 단편적·우연적인 의식에 대한 과학적 연구도 꽤 오래전부터 진행되고 있었다. 마음의 과학인 의식과학은 1990년대에 들어 PET, fMRI 같은 새로운 영상기기의 발달로 갑자기 활발하게 연구되기 시작했으나 그 뿌리는 상당히 깊다. 1800년대 말부터 이미 의식의 과학은 일부 과학자들 사이에서 활발히 논의되었다.

19세기 이전에는 의식을 데카르트가 생각했던 육체와 분리될 수 있는 영혼으로 간주했다. 의식은 나뉠 수 없으며 물질적인 것이 아니어서 물리적 공간을 차지하지 않아 과학적 관찰이나 측정이 불가능한 것으로 간주되었다. 당시 철학계의 거두인 칸트도 정신이 직접 관찰하거나 측정하거나 조작할 수 있는 실체적인 것이 아니기 때문에 과학의 대상이 될 수 없고, 더구나 끊임없이 흘러가면서 변하는 정신 내용은 과학에서 필수불가결한 객관성을 지닐 수 없다고 단정했다. 이러한 환경 아래 의식을 과학적으로 다루는 것은 생각지도 못했다. 따라서 의식의 과학 같은 것은 존재할 수 없었다. 그러나 19세기 초

프랑스에서 어릴 적부터 사람의 두개골을 관찰하기를 좋아한 갈Franz Joseph Gall, 1758-1828이라는 의사가 사람의 두개골 위치와 그 사람의 성격이나 재능을 상관시키는 나름대로의 이론을 갖고 대중을 상대로 강의를 했다.

이 이론에 한때 그의 조수였던 슈푸르츠하임Johann Spurzheim, 1776-1832이 나중에 골상학Phrenology이라는 명칭을 부여했다. 갈의 이론이 지금은 황당한 사이비이론으로 취급받지만 갈은 당시 그의 연구 분야에서 개척자적인 연구가였다. 그는 신경과학에 대한 토대가 전혀 없던 그 시대의 과학 수준에서 관찰의 중요성을 강조하고 종교적·철학적 이원론이 절대적으로 사상을 지배하던 시대에 과감히 영혼이 뇌의 산물이라는 생각을 과학계에 인식시켜 인간 과학으로서 심리학의 출현에 기여했다고 볼 수 있다.

어떻든 갈의 골상학은 지금은 신경과학에서 상식이 된 뇌기능국소화 이론*의 원조라고 할 수 있다. 두개골의 어떤 부위가 특히 돌출하면, 즉 어떤 뇌 영역이 다른 뇌 영역에 비해 정상보다 크다면 어떤 능력이 탁월하다는 식의 이론은 현대신경과학에서 밝혀낸 어떤 기능을 계속 사용하면 그 기능을 담당하는 뇌 부위의 피질 두께가 두꺼워진다는 사실과 일맥상통한다. 그러나 갈의 골상학에서 예견한 뇌기능 지도와 현대신경과학에서 브로드만과 클라이스트Karl Kleist, 1879-1960가 밝힌 뇌기능 지도는 완전히 다르다그림 4-1.

의식에 최초로 과학적으로 접근한 사람은 독일의 물리학자이자 철학자인 페히너였다. 그는 스승인 베버Ernst Heinrich Weber, 1795-1878가 시작한, 정신현상을 물리적으로 환원해보고자 물리적 자극과 감각경

* 뇌기능국소화 이론(Localization theory): 언어나 운동 등의 기능은 뇌의 특정부위의 작용에 의한다는 이론.

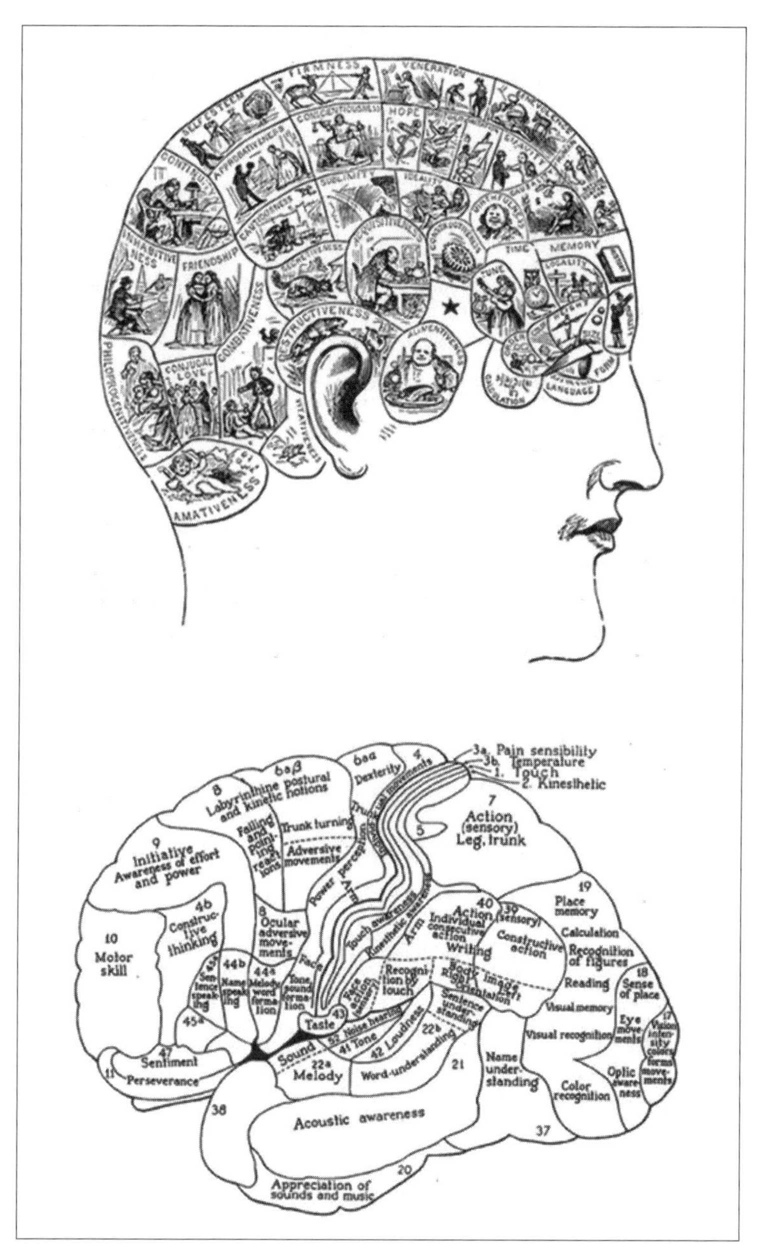

그림 4-1 갈의 골상학에 따른 국소 뇌기능 지도(위), 클라이스트의 현대적 뇌기능 지도(아래)

험의 관계를 밝히려는 연구를 계승하여 이를 정신물리학Psychophysics이라 칭하고는 여러 가지 실험을 행했다. 체계적이지 못했지만 페히너에 앞서 정신현상을 물리적인 방법으로 연구한 선구자들의 노력도 있었다. 독일의 물리학자 헬름홀츠Hermann von Helmholtz, 1821-94는 동물과 인간을 대상으로 신경자극에 대한 반응을 조사하여 그때까지 신경자극이 빛이나 전기처럼 빨리 전달된다는 이론을 뒤집고 신경자극은 전기처럼 빠르지 못하고 신체부위에서 멀어질수록 시간이 더 걸린다는 것을 입증했다.

프랑스 생리학자 플루랑Jean Pierre Flourens, 1794-1867은 조류나 파충류의 뇌를 손상시키면 운동기능의 부조화를 일으킨다는 사실을 발견했다. 프랑스 외과의사 브로카Paul Broca, 1824-80는 플루랑보다 한 걸음 더 나아가 인간의 왼쪽 뇌 앞부분이 손상되면 언어능력을 상실한다는 것을 발견했다. 그러나 물리적 자극과 정신현상을 연관시키는 체계적 연구는 페히너가 본격적으로 시작했다고 볼 수 있다. 그는 특수한 주관적 경험의 내용이 관찰자에게 특수한 물리적 자극을 제시함으로써 만들어질 수 있다는 것을 깨달았다. 또 실험자가 자극의 물리적 특성을 조심스럽게 제어하면 관찰자의 의식내용을 간접적으로 제어·조작할 수 있다는 것을 발견했다.

그는 특히 자극의 강도와 관찰자가 느끼는 주관적 감각 사이의 관계에 흥미를 느꼈다. 어떤 소리는 다른 소리보다 더 크게 느껴지고 어떤 물건은 다른 것보다 더 무겁게 느껴진다. 이들을 구별하기 위해 소리 크기나 무게가 어느 정도 차이가 나야 하는지 등을 체계적으로 연구했다. 그는 몇 가지 놀라운 과학적 관찰을 했는데, 매우 낮은 물리적 자극강도는 어떤 주관적 경험을 야기하지 못한다는 것이다. 즉 자극강도를 주관적으로 느끼는 역치가 존재한다는 것을 발견했다. 그는 또 두 자극의 크기가 어느 정도 이상 차이가 나야 관찰자가 그

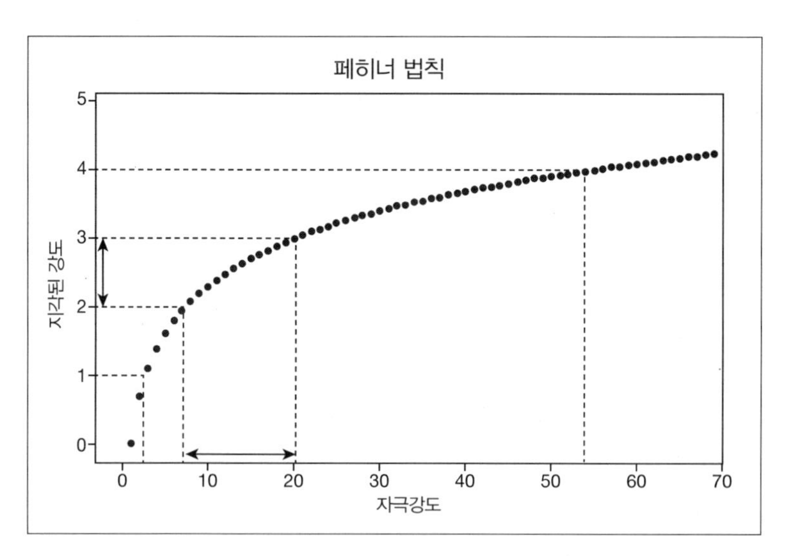

그림 4-2 페히너 법칙의 작동원리. 두 빛의 밝기 차를 간신히 구별할 수 있다고 가정하자. 지각된 강도에서 간신히 지각할 수 있는 차를 Y축에서의 1단위 변화로 정의하자(예를 들면 2부터 3까지의 변화). 페히너의 법칙에 따르면 우리가 실제로 1단위 차를 지각하려면 빛의 밝기의 물리적 강도에서 12단위의 변화가 필요하다. 자극강도가 높아질수록 1단위의 자극 차를 지각하려면 지수적으로 증가하는 더 큰 물리적 강도 차이가 필요하다.

차이를 느낄 수 있다는 것도 발견하고 인식 가능한 자극 차*라고 명명했다.

〈그림 4-2〉는 인식 가능한 자극 차는 자극의 강도가 커질수록 커지는 경향이 있다는 페히너의 법칙을 묘사한 것인데 그가 말한 인식 가능한 차를 나타내고 있다. 그의 이론에 따르면 우리는 10g과 11g의 차이는 인식해도 100g과 101g의 차는 인식하지 못한다고 한다. 그런데 뒤에 여러 학자가 조사해보니 그러한 법칙은 어떤 범위 내에서의 물리적 자극 강도**에만 성립된다는 것이 밝혀졌다. 여하튼 그는 물리적 자극과 주관적 경험 사이의 관계를 체계적으로 관찰해 수학적으

---

* 차이역치 혹은 변별역치라고도 한다.

** 예를 들면 빛의 세기나 소리의 강도.

로 공식화함으로써 최초로 정신을 과학의 대상으로 삼았다. 그러나 진정한 정신의 과학은 또 다른 독일의 심리학자 겸 철학자, 생리학자인 분트Wilhelm Wundt, 1832-1920에 의해 탄생했다.

분트는 독일 바덴에서 태어났으며, 하이델베르크대학, 튀빙겐대학, 베를린대학에서 철학과 생리학을 배운 뒤 생리학적 심리학 연구에 몰두했다. 분트는 1879년 라이프치히에서 처음으로 실험심리학 연구실을 개설한 덕분에 실험심리학의 아버지로 여겨진다. 그 실험실에서 그와 제자들이 페히너가 고안한 실험적 방법론을 단순한 감각 외의 다양한 의식적 정신현상에 적용하여 실험심리학의 기초를 마련했다. 심리학은 주로 객관적 관찰이 어려운 의식 혹은 주관적 경험을 다루어야 하기 때문에 다른 일반적 과학에는 없는 내성법이라는 특별한 방법이 필요하다. 분트의 내성법은 사람의 마음내용을 관찰하기 위한 영감이나 내적 지각이나 추상적 사고 같은 것과는 무관했다. 어떤 외적 자극이나 지시사항을 경험하고 그 경험에 주의하며 다른 잡념은 일절 허용치 않고 그것을 후에 말로 보고하는 식a post-mortem examination이었다.

분트의 내성적 실험은 조심스럽게 계획되고 제어되었다. 특히 주로 연구생들인 실험 참가자들은 그들의 의식적 경험을 자세하고 틀림없이 보고할 수 있도록 고도의 훈련을 거쳤다. 분트는 구조주의로 유명한 후계자 티치너Edward Bradford Titchener, 1867-1927가 의식을 수동적이며 분리 가능한 원자적 특질을 지닌 경험적 요소로 생각한 데 반해 의식을 경험적 요소의 통일된 장으로 생각했다. 그는 의식의 요소들은 마음에 의해 활발히 복잡한 의식내용이나 생각으로 통합되는 진행형 과정이나 사건이라고 생각했다. 경험적 사건들이 일어나는 의식의 장은 주의의 집중에 따라 중심과 변두리로 나뉘며 중심에서는 더 큰 통일체로 합성되고 분명히 지각*되나 변두리에서 진행되는 경험적 사건들은 이해되거나 모호하게 지각된다고 생각했다. 이러한 그의 생각은 현대 인지과학의 이론들과 놀랍도록 일치하며, 그의 시대에 앞선 놀라운 선견지명을 보여준다.

* 그는 이것을 통각(apperception)이라고 했다.

2. 구조주의의 등장

티치너는 분트의 제자로 라이프치히에서 박사학위를 받은 뒤 미국으로 이주해 코넬대학에서 여생을 마칠 때까지 연구했다. 티치너의 마음의 작용에 대한 생각은 분트의 주의주의,* 연합**과 통각***에 대한 이론에 많은 영향을 받았다. 티치너는 마음이 우리가 주관적으로 경험하는, 우리가 태어나서 죽을 때까지 흐르는 정신과정이라고 생각했다. 또 마음은 개인이 일생 동안 경험하는 정신과정의 총합이고 의식은 지금 이 순간 내 경험을 구성하는 정신과정의 총합이라고 생각했다. 의식은 마음의 단면이며 바로 현재 마음을 구성한다고 보았다. 그는 독자적으로 구조주의structuralism라고 알려진 가장 극단적인 내성주의를 발전시켰다.

그의 구조주의는 당시 독일 심리학연구의 중요한 흐름이었던 원자적 의식관과 로크John Locke, 흄David Hume, 밀John Stuart Mill 등으로 대표

* 주의주의(voluntarism): 의지를 인간의 마음의 근본기능이라고 보는 생각.
** 연합(association): 의식요소의 수동적 연합.
*** 통각(apperception): 의식요소의 적극적 연합.

되는 영국의 연합주의*에 기반을 두고 이들을 결합한 이론이었다. 구조주의라는 명칭은 그의 정신과학의 배경이 된 근본적 가정, 즉 의식은 간단한 요소들로 이루어진 원자적 구조를 하고 있다는 것에서 유래한다. 그는 화학자가 화합물을 그것의 성분으로 쪼개는 것과 같이, 예를 들면 소금을 나트륨과 염소로 쪼개듯이, 마음의 조성을 여러 감각이나 간단한 정신적 요소로 구분할 수 있다고 생각했다.

그래서 마음과 의식의 과학인 심리학의 주요 과제는 정신적 경험을 가장 간단한 성분으로 분석하고, 이 요소들이 더 복잡한 정신적 내용이 되기 위해 어떻게 결합하는지 발견하여 요소가 결합하는 법칙을 이해하고, 정신경험과 신체적 · 생리학적 과정 사이의 연관을 묘사하는 것이라고 생각했다. 그리하여 심리학이 먼저 해야 할 일은 정신적 요소의 성질과 개수를 확인하는 것이라고 주장하고 정신경험을 하나하나 분해하다 보면 더 나눌 수 없게 되는데 그때 마지막으로 나타난 요소가 의식의 기본 요소라고 주장했다. 이러한 생각은 당시 물리화학의 성공적 성취에 영감을 받았던 것 같다. 그는 화학을 의식의 과학의 모델로 생각하고, 생각이나 감각 같은 복잡한 정신적 과정은 화합물이고 의식의 기본요소는 원소에 해당한다고 생각했다.

이것은 철학에서 오랫동안 논란이 된 감각질과 유사한 것 같은데 티치너의 주장을 잘 살펴보면 감각질과는 다소 다르다. 그는 감각은 네 가지 구분되는 성질, 즉 강도, 질, 지속, 범위를 가진다고 생각했는데 감각질은 네 가지 중 하나에 불과하다. 그는 사람이 어느 정도의 색상이나 빛의 강도를 차별적으로 구분할 수 있느냐를 알아보기 위해 엄청난 시간과 피험자들의 노력이 필요한, 현대광학이론으로 볼

* 연합주의(associationism): 의식을 우선 단순한 요소로서의 관념으로 분해한 후 이러한 요소들의 여러 가지 연결 방식에 의해 복잡한 정신활동의 발생을 설명하고자 하는 철학적 이론.

때 매우 무리한 실험들을 행하여 인간이 구분할 수 있는 시각 감각질은 3만 850개로 나눌 수 있다는, 지금 보면 매우 황당한 결론을 내렸다. 그의 설명에 따르면 700개는 구분 가능한 무채색의 흑과 백의 혼합비율이고, 150개는 구분할 수 있는 다른 스펙트럼의 색상이며, 3만 개는 구분할 수 있는 색상과 빛의 다른 조합이라고 결론지었다.

티치너가 이런 무리한 주장을 하게 된 배경에는 "심리학실험은 본질적으로 물리학이나 생리학 등 다른 자연과학의 실험과 다르지 않다"Titchener, 1986는 그의 생각이 있다. 그는 심리학과 다른 과학의 차는 사소해서 다른 과학실험들처럼 심리학실험도 다른 관찰자들이 반복 가능하며, 모든 사람은 독자적으로 결과를 검토할 수 있고, 결과는 공개적으로 입증될 수는 없어도 상호주관적으로 입증될 수 있다고 생각했다. 그리하여 정신의 기본적 성분이 정의되고 결정될 수 있다면 정신과정이나 더 차원 높은 사고의 구조도 결정되리라고 보았다. 마음의 각 요소들은 무엇이며 그러한 요소들이 어떻게 상호작용하고 그들이 왜 그런 식으로 상호작용하는지가 티치너가 마음의 구조를 밝히기 위해 사용한 추론의 근거였다.

그러나 구조주의는 티치너의 실험실과 동시대의 또 다른 구조주의자 퀼페Oswald Külpe, 1862-1915의 실험실에서 나온 결과가 일치하지 않아 그들이 사용한 분석적 내성법에 어떤 근본적 문제점이 있음을 시사했다. 문제가 된 것은 의식의 요소 수에 대한 것이었다. 티치너 실험실의 결과는 4만 2,415개 이상의 요소가 있는 것으로 보고했고 퀼페 실험실의 결과는 그보다 훨씬 적은 1만 1,000개 정도가 있는 것으로 보고했다.

과학계에서 같은 실험에 대한 결과가 다르게 나오는 것은 흔한 일이나 대부분 자세히 재검토해보면 그 원인이 밝혀지고 어느 결과가 진실에 더 가까운지 쉽게 판결이 난다. 그러나 티치너 실험과 퀼페 실험의 결과는 누구의 결과가 더 진실에 가까운지, 아니 누구의 내성법이 올바르고 누구의 내성법이 잘못인지를 밝힐 방법이 전혀 없었다. 이것은 각 실험실에서 독자적으로 피험자를 독특한 방식으로 훈련한 후 같은 자극을 다른 방식으로 지각하고 분석하고 경험하고 보고했다는 것을 의미했다.

두 실험실 사이에 또 하나 불일치가 있었는데 퀼페 실험실 피험자들이 문제풀이를 요구하는 과제에서 사고과정을 일어나는 그대로 관찰해 보고하도록 되어 있었는데, 그들은 구체적 이미지가 없는 생각 같은 어떤 경험을 한 것을 계속해서 보고했다. 이것은 티치너와 분트의 사고는 반드시 이미지를 포함한다는 이론에 반하는 것이었다. 티치너의 피험자들은 같은 실험을 해도 그러한 이미지가 없는 생각 같은 경험을 하지 못했다고 보고했다. 이 논쟁도 마찬가지로 더 많은 실험으로 해결할 수 없었다. 퀼페가 발견한 이미지가 없는 생각 같은 어떤 경험은 현대 인지과학에서 무의식적 인지과정이라고 하는 현상이다. 따라서 마음과 의식을 같은 것으로 생각하면서 의식의 영역 바깥의 어떤 생각이나 정신과정을 이해하지 못하고 모든 정신과정이 요소들로 이루어졌다고 여겼던 티치너나 분트가 주장한 이론과 일치하지 않는 것은 어쩔 수 없었다.

이러한 내적 갈등은 이들 진영 바깥에서 심리학의 새로운 흐름의 공격과 더불어 내성주의가 몰락하는 가장 중요한 원인이 되었다. 그런 새로운 흐름은 심리학을 의식의 과학으로 인정은 하되 구조주의의 핵심인 정신이 원자적 구성을 가졌다는 생각을 용인하지 않는 이론이 출현하고 의식을 심리학에서 완전히 배제하는, 그 후 꽤 오랫동안 지속된 극단적 심리학 이론이 출현한 것이었다.

3. 윌리엄 제임스의 출현과 미국 심리학의 태동

페히너, 분트, 티치너, 퀼페로 대표되는 독일 심리학자들이 주도하던 서구 심리학이 분트와 티치너가 미국으로 이주하고 제임스Willian James, 1842-1910가 출현하면서 미국에서도 심리학이 본격적으로 연구되기 시작했다. 특히 제임스는 현대심리학의 아버지 혹은 현대의식 연구의 아버지라 불릴 정도로 인간의 의식연구에 큰 족적을 남겼다. 그의 저서 『심리학의 원리』*Principles of Psychology*는 지금까지 가장 널리 읽힌 심리학 서적으로 심리학과 철학에 큰 영향을 미쳤다. 제임스의 정신과학으로서 심리학에 대한 견해는 분트나 티치너의 견해와 달랐다. 제임스는 분트-티치너의 많은 시간과 엄청난 끈기를 요하는 매우 소모적인 실험실 실험에 의존하는 연구방식에 비판적이었고, 원자적 의식관에 동의하지 않았다. 통합적 이론의 중요성을 강조한 그는 실험실 안에서 얻은 소소한 실험결과를 대단치 않게 여겼다.

그는 구조주의에서 가장 간단한 정신적 사실로 생각하는 감각들로 심리학을 시작하는 것을 반대했다. 또 사람들이 그러한 간단한 감각만을 따로 가진다는 것을 부인했다. 그에 따르면 의식은 총체적이고 역동적이며 끊임없이 변하는 경험의 흐름이다. 연쇄chain나 연결된 무리crain와 같은 단어는 의식을 수식하는 적절한 언어가 아니다. 차라리 강이나 흐름과 같은 단어가 비유로 더 적합하다. 그래서 그는 사고의 흐름, 의식의 흐름, 주관적 생활의 흐름 따위의 용어를 즐겨 썼다. 또 의식은 대상과 관계로 충만한 복합적 현상이며 우리가 간단한 감각이라고 하는 것은 아주 힘들게 행한 판별적 주의의 결과라고 주장했다.

그의 주관적 생활의 흐름이라는 용어는 어떤 내적 구조, 말하자면 마음속에 연속적으로 나타나는 분명한 이미지를 의미한다. 그 구조는 티치너의 여러 요소로 이루어진 고정된 복합물의 구조가 아니라 그것의 선명한 이미지가 주의의 중심에 나타나고 과거 경험이나 기억, 현재 경험, 미래에 대한 기대로부터 울리는 수많은 메아리로 그 흐름을 오염시키는 희미한 배경으로 둘러싸인 채 역동적으로 흐르는 구조다.

제임스는 마음은 우리가 주관적으로 경험하는, 우리가 태어나서 죽을 때까지 흐르는 정신과정이라고 생각했다. 마음은 개인이 일생 동안 경험하는 정신과정의 총합이고 의식은 지금 이 순간 내 경험을 구성하는 정신과정의 총합이라고 보았으며, 의식은 마음의 단면으로 바로 현재 마음을 구성한다고 생각했다James, 1890. 의식을 무시한 뒤 나타난 행동주의자들과 달리 제임스에게 의식상태의 존재는 심리학에서 가장 근본적이며 의심할 수 없는 사실이었다. 그러한 의식상태를 조사하는 방법은 분트나 티치너 등과 마찬가지로 내성적 관찰이었다. 제임스는 심리학 역사상 내성주의 시대의 대표적 심리학자였다. 그러나 그의 의식과 정신에 대한 배경이 되는 가설은 구조주의자들과 달랐으며 구조주의의 원자관을 비판했다는 점에서는 분트와 티치너 뒤에 독일에서 나타난 게슈탈트학파의 이론과 가까웠다.

4. 내성주의의 몰락과 현대의식과학의 출현

분트와 티치너의 구조주의에 반대한 학파는 제임스를 제외하고도 세 학파가 더 있었다. 그들은 게슈탈트학파, 미국 행동주의학파, 프로이트 정신분석학파다. 이들은 모두 원자적 의식관을 반대했고 제임스와 달리 내성법도 반대했다. 결국 이들의 등장과 득세는 구조주의와 내성법이 몰락의 길로 접어드는 계기가 되었다.

1) 게슈탈트 심리학의 출현

게슈탈트 심리학은 독일의 베르트하이머Max Wertheimer, 코프카Kurt Koffka, 쾰러Wolfgang Köhler, 1887-1967에 의해 시작되었다. 게슈탈트 심리학은 1910-20년대 독일에서 중요한 위치를 차지할 만큼 성장했으나 정치적 문제들이 독일의 다른 과학과 마찬가지로 심리학의 발달을 방해했다. 1933년 독일 대학에서 연구하던 모든 유대인이 국외로 추방되고 남게 된 학자들은 모두 나치식 인사로 그들의 강의를 시작하지 않으면 안 되었다. 1935년 게슈탈트 심리학을 주도하던 학자들이 나치독일에서 미국으로 망명했으나 미국에서는 독일학계에서처럼 주도적 위치를 획득하지 못했다. 미국에서 게슈탈트 심리학은 세 창설자 중 마지막으로 남아 있던 쾰러가 1967년 죽을 때까지 행동주의의 그늘 아래 명맥을 이어가고 있었다.

게슈탈트 심리학은 분트와 티치너의 원자적 의식관과 반대로 전체론적 관점을 주장했다. 행동주의자들과 달리 게슈탈트 심리학자들에게 의식은 심리학이 탐구해야 하는 주요한 실체였다. 그러나 이 실체는 모자이크처럼 간단한 감각의 사소한 국지적 조각으로 이루어진 것은 아니었다. 국지적 감각들이 실제 경험되는 방식은 주변 전체의 맥락에 의존한다. 전체가 독립적인 여러 원자로 구성되기보다 적은 부분이 전체에 의존한다. 이는 쾰러의 "주어진 장소에서의 감각경험은 그 위치에 해당하는 자극에 의존할 뿐만 아니라 주변 환경에서의 자극조건에도 의존한다. 이것이 게슈탈트 심리학의 입장이다"라는 주장에 잘 나타나 있다[Köhler, 1947].

게슈탈트 심리학은 분석적 내성법, 즉 내성주의자 방법론을 실생활과 동떨어진 실험실에서만 일어나는 일을 연구하는 어색하고 인위적인 방법이라고 반대하면서 심리학이 연구해야 하는 진정한 대상은 보통 사람들이 실생활에서 겪는 사건들이라고 주장했다. 내성적 연구방법은 현대 동물생태계를 연구하는 심리학자들이 말하는 생태학적 타당성[ecological validity]이 부족하다는 것이다. 모든 다른 물리적 대상과 마찬가지로 우리 몸체도 현상적 대상이며 현상적 대상이 지각되는 몸체의 앞, 몸체 바깥의 같은 현상적 공간 안에 있다. 우리 신체를 포함해 경험의 모든 내용은 의식 속에서의 현상적 대상이다. 그것은 이외의 어떤 환경 속에서도 자연과학, 해부학, 심리학에 의해 조사되는, 우리가 보통 생각하는 실제 물리적 대상으로서 유기체와 동일할 수 없다.[Köhler, 1971].

게슈탈트 심리학자들은 또 현대신경과학에서 잘 알려진 정신물리 동일구조 원리principle of psychophysical isomorphism를 주장했다. 이 원리는 의식적·지각적 경험의 구조는 뇌 속의 어떤 생리학적 과정에 그대로 같은 순서로 반영된다는 원리로, 현대 인지과학·신경과학에 대한 게슈탈트 심리학의 선구적 업적의 하나다. 게슈탈트 심리학은 분트와 티치너의 구조주의의 원자적 의식관은 반대했지만 의식적 마음이 따르는 원리와 법칙을 밝히고 그것을 생리학적 실체, 즉 뇌에 연결시키는 것이 심리학의 주요 과제라고 밝힌 점에서 구조주의와는 물론 의식적 마음을 심리과학에서 완전히 배제한 행동주의와도 크게 다르다.

2) 미국 행동주의의 출현

1913년 왓슨John B. Watson, 1878-1958은 의식은 과학적 심리학의 연구 대상이 될 수 없다며 내성주의를 공격했다. 왓슨 이론의 기반이며 철학적 이념인 실증주의positivism와 경험주의empiricism에 따르면 과학은 직접적으로 또 공개적으로 관찰할 수 있는 실체에 기반해야 하며 관찰할 수 없는 실체를 언급하는 것은 과학에서 용납될 수 없다는 것이었다. 마찬가지로 어떠한 형이상학적 사색도 과학에서는 용납될 수 없다. 의식이나 주관적 경험 같은 것은 공개적으로 관찰될 수도, 물리적 용어로 설명될 수도 없으므로 과학의 대상이 될 수 없다. 심리학 과학에서 의식이나 주관적 경험 같은 용어는 철학에서 영혼이라는 용어처럼 단순 형이상학적 사색에서만 존재해야 하며 금기시해야 할 용어다.

왓슨은 더 나아가 심리학이 다른 과학들처럼 객관적이 되려면 정서, 지각, 의지, 욕망, 사색 등 주관적 뉘앙스를 풍기는 모든 심리학적 개념은 배제해야 한다고 주장했다. 왓슨은 내성주의적 방법론에는 근본적 취약점이 있는데, 동물이나 유아처럼 그들의 의식의 내용을 말로 전달할 수 없는 대상을 연구하는 것이 불가능하기 때문이라고 했다. 따라서 심리학은 유기체 내부에서 진행되는 것은 연구하지 않으며 동물이든 인간이든 객관적으로 관찰할 수 있는 행동을 연구하고 관찰 가능한 물리적 자극과 관찰 가능한 물리적 반응 사이의 연관성을 연구해야 한다고 주장했다.

유기체 내부에서 진행되는 것을 연구하는 데는 두 가지 방법이 있다. 하나는 두개골을 열어 뇌 해부학이나 생리학적 관찰을 하는 것인데 그런 연구는 순전히 생물학이나 생리학의 과제이지 심리학의 과제는 아니다. 다른 하나는 유기체의 내적·주관적 경험을 조사하는 것인데 이를 위해서는 내성법이 필요하지만 내성법은 신뢰할 수 없으며, 주관적 경험이 이루어지는 의식상태라는 것은 객관적으로 관찰할 수 없으므로 이 또한 과학적 심리학의 대상이 아니다. 주관적 경험은 형이상학적인 모호한 개념으로 결코 실증적 과학의 대상이 될 수 없다.

행동주의는 또한 그 당시 정신의학에서 절대적 권위를 누리던 프로이트의 무의식을 의식보다 중시한 정신분석이론도 배격했다. 내성법에 의해 조금이라도 관찰 가능한 의식도 객관적으로 관찰이 불가능하다며 배척한 행동주의자들이 내성법으로도 관찰 불가능한 무의식을 대상으로 제멋대로 해석하는 듯한 프로이트의 정신분석이론을 비판하고 배격한 것은 너무나 당연한 일이었다. 행동주의 심리학에서 많은 업적을 남기고 지금도 교육과 아동심리학에서 큰 영향을 미치고 있는 스키너Burrhus Frederic Skinner, 1904-90는 정신분석학에서 가장 중시하는 인간의 동기나 욕구를 과학적으로 파악하는 것은 순환

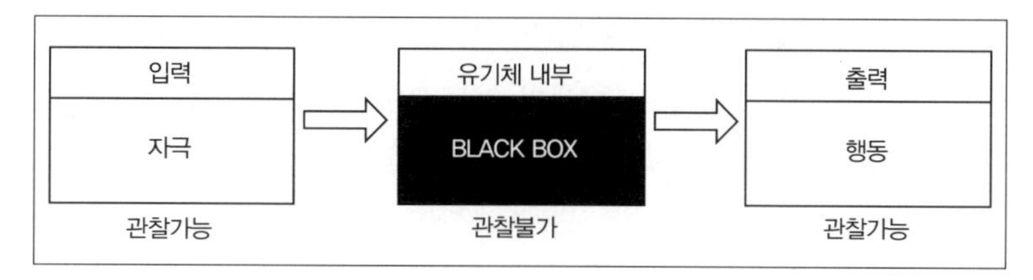

그림 4-3 의식(주관적 경험)에 대한 행동주의의 사고방식. 입력(자극)과 출력(행동)은 관찰 가능하나 유기체 내부는 블랙박스와 같아 안에서 진행되는 것을 관찰한다는 것은 불가능하며 관찰하려고 해서도 안 된다.

논리의 오류에 빠져 불가능하다고 주장했다.

이러한 극단주의적 사고를 배경으로 한 행동주의는 1920년대부터 1950년대까지 장기간에 걸쳐 정치적 이유로 독일을 대신하여 심리학의 주무대가 된 미국에서 주도적 이념이 되었다. 비록 의식이나 인간의 내적인 면에 대해 극단적인 주장을 하기도 했지만 행동주의는 심리학을 진정한 과학으로 확립하는 데 지대한 공헌을 했다고 할 수 있다. 행동주의자들 가운데 많은 업적을 남긴 위대한 학자들이 특히 많다. 그중에서도 파블로프Ivan Pavlov, 1849-1936의 고전적 조건화classical conditioning, 스키너의 조작적 조건화operant conditioning, 반두라Albert Bandura, 1925-의 관찰학습observational learning, 손다이크Edward Thorndike, 1874-1949의 연결주의connectionism는 아직도 심리학에서 중요하게 다뤄지고 있다. 특히 분트나 티치너의 심리학이 내성법을 이용할 수 있는 인간만을 대상으로 한 반면 손다이크는 비록 말로 표현한 적은 없지만 동물도 인간과 같이 여러 가지 판단을 할 수 있는 의식이 있다는 것을 전제로 심리학 실험에 동물을 이용한 선구자이기도 했다. 동물의 행동과 학습과정에 대한 그의 연구는 연결주의 이론의 발전을 이끌었고, 현대 심리학의 과학적 토대를 세웠다.

행동주의가 독일이 아닌 미국에서 발달한 이유는 물론 제2차 세계대전에 의한 정치사회적 영향도 있었지만 독일이 철학의 역사가 장구하듯 철학적 풍토가 강했던 반면, 신흥국이며 실리를 추구하는 미국에서 이론적이기만 하고 실체가 없는 것보다는 관찰 가능하고 실체를 대상으로 하는 행동주의가 만개한 것은 어찌 보면 당연한 일이었다Koffka, 1935.

의식을 중시하던 심리학이 득세하던 독일이 전쟁의 소용돌이에 휘말리지 않았다면 심리학의 역사도 지금과는 완전히 다르게 전개되었을 것이다. 심리학에 미친 큰 공로에도 불구하고 이러한 행동주의의 득세는 인간심리의 중심인 의식을 포함하는 진정한 심리학의 발전이 늦어지게 한 하나의 원인이 되었다.

3) 프로이트 정신분석학의 출현

프로이트는 심리학자가 아니라 오스트리아 빈대학에서 의학을 전공하고 당시 빈대학에서 그의 주임교수였던 독일의 생리학자 브뤼케Ernst Wilhelm von Brücke, 1819-92의 영향을 받아 정신분석학을 창시한 정신의학자였다. 처음에 프로이트는 지형학적 모델로 무의식의 구조를 설명했다. 우리가 보통 인식하고 사고하는, 땅 위의 표면과도 같은 것에 의식이 존재하고, 그 밑에는 지금 당장 인식하지는 않지만 언제든 다시 생각을 꺼내올 수 있는 전의식preconsciousness—지표 밑의 부분—이 존재한다. 전의식에서 더 깊은 부분으로 들어가면 의식에서 억압된 무의식이 존재한다는 것이 지형학적 모델이다. 전의식은 광의의 무의식에 포함되는 개념이라고 할 수 있다.

프로이트는 이러한 지형학적 모델을 기반으로 역동적 정신구조론을 완성했는데 이것이 널리 알려진 자아ego, 초자아super ego, 이드id로 이루어진 3원적 구조론이다. 프로이트는 분트나 티치너에게 특별한 관심이 없었다. 그러나 그는 인간의 정신을 대하는 자세에서 분트나 티치너와는 다른 길을 택했다. 분트나 티치너가 내성법을 이용하여 의식영역의 요소들과 행동방식을 연구하는데 많은 노력을 들인 데 반해 프로이트의 정신분석학은 의식에 들어와 있지 않은 혹은 억압된 감정과 욕망, 생각 등이 무의식적으로 인간 행동과 사고에 큰 영향을 미친다고 간주하여 이러한 무의식*을 주요 연구대상으로 삼았다. 티치너가 중시한 연합주의는 조건화 이론처럼 인위적으로 조장한 한 정신상태와 연이은 다음 정신상태 사이의 연관을 중시한 데 반하여 프로이트가 중시한 자유연상연구는 피험자가 한쪽 끝이 높은 등받이가 없는 긴의자**에서 긴장이 이완된 상태에서 무의식 속에 억눌려 있던 여러 가지 욕구가 자유연상형태로 떠오르게 하여 이를 주로 연구대상으로 삼았다.

프로이트는 인간의 행동 원인, 특히 상식으로 잘 설명되지 않는 행동의 원인으로 이러한 억압된 무의식을 강조했다. 특히 어릴 적 수치심이나 죄의식 때문에 억압되었던 배변 욕구 충족이나 성적 욕구 충족 같은 것들이 행동에 미치는 영향을 중시했다. 그는 구조주의가 중시하던 기본적·감각지각적 과정보다 임상의학자로서 환자들의 억압된 무의식적 욕구의 왜곡된 표현이라고 믿은 꿈, 최면, 신경증 같은 변화된 정신상태에 관심이 더 많았다. 그에 따르면 구조주의가 즐겨 쓰는 내성법은 심연에 있는 무의식적 마음을 탐구할 수 없다. 그것은 환자 자신은 무의식으로 이루어진 자신의 마음을 관찰할 방법이 없기 때문이다. 무의식으로 이루어진 마음은 자유연상이나 꿈, 신

---

* 현대 신경심리학에서 의식이 없는 상태를 의미하는 것과 같은 용어를 쓰지만 둘은 전혀 다른 의미를 내포한다.

** 긴의자(Couch): 높은 벤치처럼 생긴 누울 수 있는 의자. 정신분석자들이 피험자들의 긴장을 완화하고 대화하기 위해 즐겨 사용했다.

경증 발작 등 간접적인 방법으로 외부관찰자인 정신과 의사가 그것의 존재나 특성을 파악할 수 있을 따름이다. 의식에 미친 효과로부터 무의식적 정신과정을 추론하는 것은 정신과 의사의 역할이자 권한이다. 이러한 태도는 정신세계를 탐구하는 그가 의식과학에 기여해야 하는데도 오히려 행동과학과 더불어 의식과학의 포기를 재촉하는 결과를 초래했다.

프로이트 사상은 여태까지 사상과 달리 독특하고 독창적이긴 했지만 과학으로 인정받기에는 결함이 많았다. 우선 여러 가지 가설이 분트나 티치너의 구조주의 이론보다 더 객관적으로 증명 불가능하다는 치명적 결함이 있었다. 특히 그가 무척 강조한 성적 욕구불만에 의한 비상식적 행동 같은 것들에 대한 과학적 증명은 애초에 불가능한 것이었다. 이와 같은 여러 가지 결함 때문에 프로이트의 정신분석학은 차세대 과학자들에게서 혹독한 비판을 받았다. 예를 들면 영국의 과학철학자 포퍼Sir Karl Raimund Popper, 1902-94는 프로이트의 정신분석학은 반증이 사실상 불가능하기 때문에 과학이 될 수 없다고 주장했다. 또 독일의 심리분석 비평가 그륀바움Adolf Grünbaum, 1923- 같은 사람은 정신분석학은 반증 가능하며, 사실상 맞지 않는 것이 증명되었다고 주장했다.

정신분석학은 현대 심리학자들, 신경과학자들, 인지심리학자들에 의해 의사과학, 심지어 어떤 사람들로부터는 사이비과학으로 취급되고 있다. 하지만 그의 후계자들의 노력과 현대신경과학의 영향으로 현재 임상실정에 맞게 본래 이론에서 다소 변형되어 지금까지도 심리분석이나 정신의학 분야에서는 여전히 주류를 이루며 명맥을 이어가고 있다. 정신분석학이 비록 심리학 분야에서는 많은 비판을 받아오긴 했으나 사회, 교육, 문화 분야에서 미친 영향은 지대하며 아직도 많은 영향력을 행사하고 있다.

4) 의식과학의 정체기 도래

현대인지과학이나 신경과학의 수준에서 볼 때 분트와 티치너의 내성주의는 이론적인 면이나 방법론 모두 단순하고 미흡하지만 의식이 과학의 대상이 될 수 있다는 믿음이 있었고 나름대로 업적도 있었다. 그러나 1910-20년대 독일에서 새로 출현한 게슈탈트 심리학에 의해서 이론, 방법론 모두 도전을 받기 시작했다. 게슈탈트 심리학은 그래도 의식을 심리학의 중요한 요소로 인정했다. 하지만 1920년대에 동시에 득세하기 시작한 심리학의 새로운 거대한 두 흐름, 즉 무의식을 의식보다 중시한 프로이트 정신분석학과 심리학에서 의식연구를 금기시한 행동주의의 출현으로 의식 연구는 상당히 어려운 시기를 맞았다.

분트와 티치너의 내성주의는 티치너가 독일에서 미국으로 건너가 정착한 코넬대학에서 1927년 뇌종양으로 사망하자 후계자가 없어 명맥이 끊어졌다. 행동주의의 그늘 아래 간신히 명맥을 이어가던 게슈탈트 심리학은 창시자의 한 사람인 쾰러가 1960년 죽자 역시 제대로 된 후계자가 없어 명맥이 끊겼다. 그리하여 1920년대 말부터 1990년대 현대의식과학이 출현할 때까지 의식과학은 주로 행동주의의 영향으로 정체기를 맞게 되었다.

5) 인지과학의 출현

인지과학은 행동주의의 한계를 지적하면서 1950년대에 새로이 출현한 심리학의 이론 체계이자 패러다임인 인지주의를 바탕으로 한 과학이다. 인지과학은 나이서Ulric Gustav Neisser, 1928-2012가 처음으로 인지심리학cognitive psychology이라는 용어를 사용하고, 1962년 이 이름을 붙인 교과서 '인지심리학'을 처음으로 출판하면서 본격적으로 시작되었다. 이들은 행동주의가 직접적으로 관찰할 수 없는 인간의 마음이나 의식보다는 직접 관찰 가능한 자극과 자극으로부터 오는 행동, 즉 반응 간의 연관을 통해 인간의 마음을 간접적으로 이해할 수 있다고 주장했다. 그러나 인간과 동물을 대상으로 각종 연구가 진행되고 과학의 급격한 발달로 컴퓨터가 발명되었을 뿐 아니라 의식이 일어나는 뇌를 관찰할 수 있는 뇌파측정장치EEG나 영상기기PET, MRI가 등장함에 따라 이러한 관점에 근본적인 의문을 제기하지 않을 수 없는 여러 상황이 생겼다.

행동주의가 즐겨 이용한 동물 연구가 오히려 행동주의 이론의 한계를 발견하는 계기를 제공하기도 했다. 행동주의의 이론대로라면 생물체는 동일한 자극이 주어졌을 때 동일한 반응을 해야 하는데도 실제로는 다른 반응을 보이는 경우가 흔히 나타났다. 미국 심리학자 톨먼Edward Tolman, 1886-1959은 인간이나 동물은 행동주의가 주장하는 것처럼 단순히 자극에 수동으로 반응하는 존재가 아니라 자극이나 환경에 대한 인지 지도cognitive map를 형성하면서 적극적으로 정보를 처리한다고 주장했다. 그는 이 이론을 증명하기 위해 1930년Tolman and Honzik, 1930 동료와 함께 쥐의 잠재 학습을 조사하기 위한 미로를 만들었다. 미로그림 4-4는 쥐들이 음식을 발견하려면 복잡한 코스를 완전히 통과해야 하도록 만들어졌다.

실험쥐들을 세 그룹으로 나눠 한 그룹보상그룹은 17일 동안 언제나 미로 끝에 가면 음식을 먹을 수 있게 했다. 둘째 그룹지연보상그룹은 10일 동안은 아무런 음식을 받지 못하다가 11일째부터 17일째까지는 미로 끝에 가기만 하면 음식을 먹을 수 있게 했다. 셋째 그룹은 17일 동안 미로 끝에서 아무런 음식을 제공받지 못하도록 했다. 실험결과

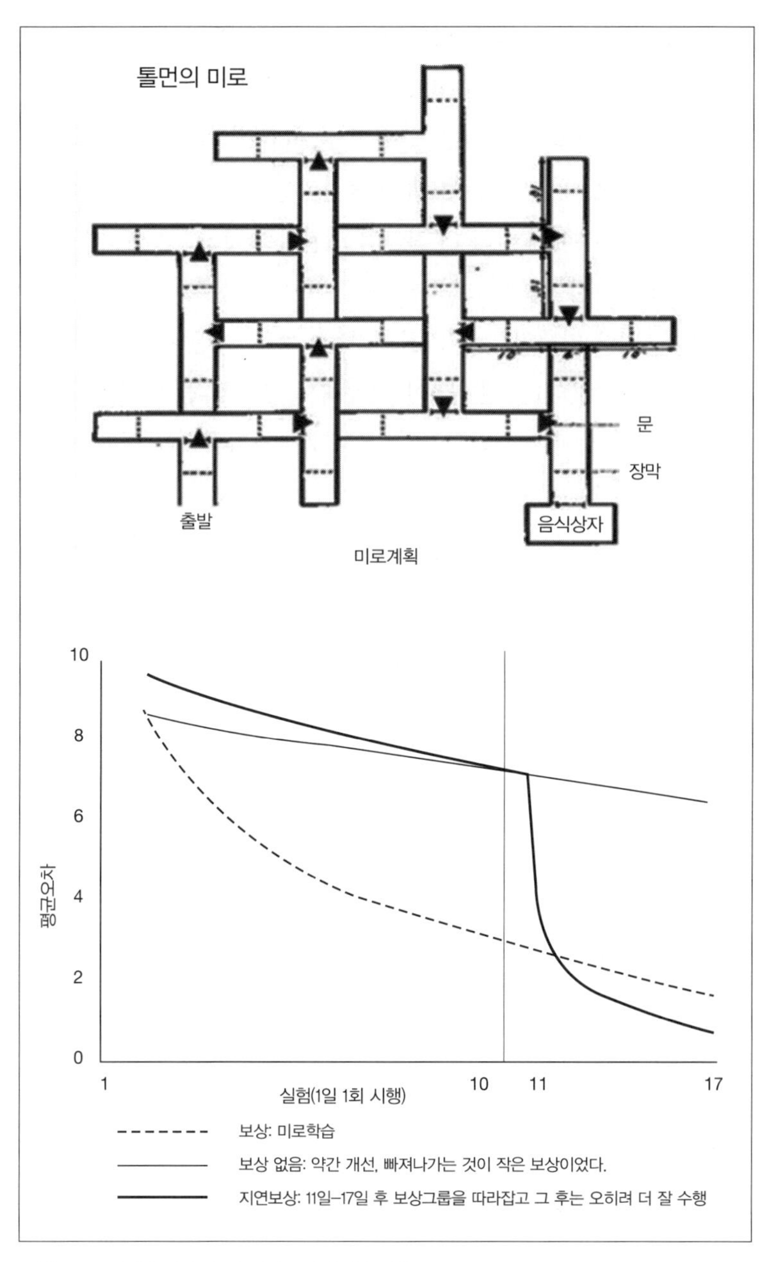

그림 4-4 톨먼이 사용한 미로(위), 톨먼과 혼직(Tolman and Honzik)이 1930년 쥐를 대상으로 한 실험결과(아래).

지연보상그룹 쥐들은 처음 10일 동안은 미로를 완전히 탐색한 후에는 더 이상 미로 끝에 도달하려고 애쓰지 않았다. 그러나 11일째부터는 보상그룹보다 더 빨리 미로 끝에 도달했다 그림 4-4. 이 결과는 쥐가 탐색 중 미로에 대한 인지지도를 형성한다는 것과 행동은 단순한 강화보다는 동기부여에 따라 더 적극적이 된다는 것을 증명했다.

또 쾰러의 통찰학습 insight learning 연구 Köhler, 1925는 침팬지들의 손이 닿지 않는 곳에 바나나를 두고 침팬지들이 이를 어떻게 손에 넣어 먹는지를 살펴보았다. 침팬지들이 계속해서 이전에 침팬지들이 겪어본 적이 없는 상황에 처하도록 실험장치를 조작했으나 침팬지들은 예전에 배운 적이 없는 해법을 어느 순간 찾아내 바나나를 먹을 수 있었다.

톨먼과 쾰러의 실험은 당시 행동주의 이론과는 다른 결과를 보여주었다. 이들 결과는 이 동물들이 인지지도를 사용하여 뇌 속에서 적극적으로 정보를 처리하는 중간과정이 자극과 행동 사이에 일어나는 것을 보여주었다. 이러한 결과들은 동물이나 인간의 행태를 자극과 반응 사이의 관계만으로 설명할 수 있다는 행동주의자들의 믿음을 근본적으로 뒤집고 동물이나 인간의 의식작용의 중요성을 다시 일깨웠다. 또 의식이 동물이나 인간 내부에서 자극과 행동 사이에 정보처리라는 중간 단계를 행한다는 사실을 입증함으로써 당시 본격적으로 발달하기 시작한 컴퓨터에서 실마리를 얻어 의식을 일종의 정보처리체계 즉, 컴퓨터로 보고 의식이 정보를 처리하는 것을 심적 과정 mental process으로 다루는 인지과학이 탄생하게 했다.

인지과학은 심리학이 물리적 자극이나 행동 중 누구나 볼 수 있고 직접 관찰할 수 있는 현상을 언급하는 용어들만 사용해야 한다는 행동주의자들의 주장을 반박하고 행동하는 유기체 안에서 진행되는 일을 언급하는 용어, 즉 의식이나 마음이라는 용어를 다시 사용하기 시작했다. 따라서 인지과학이 행동주의와 달리 마음의 과학이나 정신과정의 과학이라고 할 수는 있지만 이것이 곧 의식의 과학이나 우리의 주관적 정신생활에 대한 과학은 아니다. 그것은 마음을 컴퓨터에 비유하는 데서 시작되었다. 즉 인지과학의 마음에 대한 근본적 인식은 마음은 컴퓨터 프로그램과 같고 마음의 뇌에 대한 관계는 컴퓨터 프로그램의 하드웨어에 대한 관계와 같다는 것이었다. 따라서 컴퓨터와 마찬가지로 마음은 외부에서 오는 자극을 입력으로 받아 자극 내의 여러 정보를 처리해 저장하거나 행동으로 출력한다는 것이다.

이렇게 인지과학에서 마음은 그것의 내적 작업이 컴퓨터 프로그램의 작동과 마찬가지로 묘사되고 설명 가능한 정보처리 시스템일 뿐이다. 컴퓨터 내에서 어떤 입력된 정보가 출력으로 나타나기 전 여러 처리단계를 거치는데 각 단계에서는 함수들이 처리하며, 이 함수들은 다시 여러 하부함수로 이루어진다. 이렇게 수많은 계층화나 내장된 함수단계의 맨 마지막은 '1' 혹은 '0'의 양자택일의 선택으로 귀결된다. 이것은 하드웨어 측면으로 볼 때 회로 내에서 전류가 흐르느냐 흐르지 않느냐는 선택의 문제다. 마찬가지로 마음도 입력된 자극정보를 뇌 속의 여러 가지 기능단계를 거치면서 처리하는데, 처리단계를 자꾸만 세분해가다 보면 맨 마지막에는 뇌 정보처리의 가장 기본적 구성단위인 뉴런신경세포의 시냅스의 전류 총합이 어떤 역치를 넘어서 축색으로 전류가 흐르느냐 흐르지 않느냐로 귀결된다. 이러한 견해를 철학에서는 기능주의functionalism 혹은 계산주의computationalism라 한다.

컴퓨터 은유에 기반한 인지과학으로 볼 때 인간은 뇌 속에 내장된 프로그램이 작동하기 때문에 지적으로 행동할 수 있는 기계적 로봇에 불과하다. 이 로봇 내에는 어떤 주관적 사고의 흐름 같은 것은 없다. 이렇게 유기체를 정보를 처리하는 단순한 좀비로 보는 인지과학은 의식을 설명하고 묘사하는 데 행동주의보다 조금 나을 뿐 크게 다르지 않다. 인지과학에서 말하는 마음은 주관적 · 의식적 마음이 아니다. 인지과학은 무슨 정보처리가 의식이 되고 왜 그런지에 대한 설명을 해주지 않는다. 따라서 인지과학은 엄격한 의미에서 의식의 과학은 아니다.

초기 인지과학에서는 신경과학을 마음의 연구와는 무관한 것으로 간주했다. 그들 사상의 기반이 되는 기능주의에서는 마음의 정보처리 프로그램은 뇌를 언급하지 않고도 컴퓨터 수준에서 상징적으로 완전히 설명할 수 있다고 주장했다. 또 같은 프로그램이 여러 다른 기계에서 운영될 수 있으며 그 기계의 특별한 물리적 특성과는 무관하다고 했다. 따라서 마음을 설명하고 묘사하려면 마음 정보처리 프로그램의 컴퓨터적 구조를 연구해야지 뇌를 연구해서는 마음에 대한 중요한 것을 얻을 수 없다고 주장했다. 인지과학의 주관적 의식 및 뇌와 신경과학에 대한 이러한 태도는 인지과학이 많은 철학자나 과학자의 비판을 받게 했고, 그 결과 진정한 의식과학이 출현하게 되었다.

1980년 버클리의 유명한 심리철학자 설Searle이 자신의 저서 『마음, 뇌 그리고 프로그램』*Minds, Brains, and Programs*에서 '중국어 방'이라는 비유를 사용해 인지주의를 비판한 것이 인지주의에 대한 대표적 비판이었다. 그는 중국어 방 논증에서 어떤 시스템이 정해진 절차에 따라 움직이고 순조롭게 작동한다고 해서 반드시 그 시스템이 자신에게 주어지는 정보를 실제로 이해했다고는 할 수 없다고 했다. 그는 인지과학이 주장하듯 컴퓨터 프로그램이 마음과 같을 수는 절대 없으며 마음을 발생시키는 뇌의 기능이 작동하는 방식은 컴퓨터 프로그램을 작동시키는 방식에 의한 것만은 아니라서 그 이상의 인과력을 가진 무엇인가가 있다고 주장했다. 이것은 어떤 컴퓨터도 결코 의식을 가질 수 없다는 의미가 되어 기능주의도 반박하는 것이 되었다.

설 이외에도 많은 철학자가 인지과학은 결코 감각질을 설명할 수 없으며 따라서 의식을 설명할 수도 없다고 주장했다. 동시에 의료기기도 놀랍게 발전해 뇌가 작동하는 중에도 뇌의 상태를 관찰할 수 있는 PET, MRI 등의 영상기기가 발명되어 신경과학자뿐만 아니라 심리학자들도 정신현상과 뇌생리학을 연관하기 위해 이들을 이용하여 연구하게 되었다. 그리고 심리학자들과 신경과학자들 사이에 협력이 늘어나면서 뇌에 대해 알지 못하면서 마음을 이해할 수 있다는 초기 인지과학의 이론은 자연히 힘을 잃고 정신적 실체와 생리학적 실체를 연관시키기 위해, 다시 말하면 의식의 신경상관과 신경실질을 밝히기 위해 다양한 학문, 그중에서도 특히 신경과학, 심리학, 컴퓨터과학이 융합된 진정한 의미에서의 의식과학으로서 현대의식과학이 출현하게 되었다.

돌이켜보면 인지과학은 의식을 정보처리 시스템이라는 다소 기계적인 뉘앙스를 풍기는 존재로 폄하한 면도 있다. 하지만 어떻든 행동주의자들이 금기시했던 의식을 부활시키고 지위를 복권시켜 과학에서 다루게 만들어 현대의식과학의 출현을 도왔다고 볼 수 있다.

6) 현대의식과학의 출현

의식의 과학은 행동주의가 지배하던 1920년대부터 1960년대 인지과학이 탄생하기까지 철저히 소외되었다. 그러다가 인지과학의 출현으로 소생하기 시작하여 1980년대에 여러 가지 영상기기의 발달과 함께 인지신경과학이 태동하면서 화려하게 부활했고, 현재 어떤 학문보다도 많은 주목을 받으며 많은 연구가 활발히 이루어지고 있다. 물론 현대의 의식과학이 출현하기 전 행동주의 심리학, 게슈탈트 심리학, 인지과학 등 탁월한 선구자들의 다양한 업적이 현대의 의식과학, 특히 인지신경과학 탄생의 밑거름이 된 것은 의심할 여지가 없다.

현대의 의식과학은 다양한 영역에 걸쳐 연구를 진행하고 있으며 이전의 인지과학이 무시했던 의식뿐만 아니라 아예 거론도 하지 않았던 정서도 진지하게 다루기 시작했다. 따라서 현대의 의식과학은 특별히 통일된 명칭으로 불리지 않는다. 현재 신경과학, 신경심리학, 심리학, 인지신경과학 등 다양한 학문 분야에서 현대적인 설비와 뇌에 관한 해박한 이론으로 무장하여 제각기 현대의식과학을 연구하기 때문이다. 그렇기에 그들의 연구는 겹치는 부분이 많고 같은 주제를 서로 다른 학문 분야에서 연구하기도 한다.

현대의식과학의 가장 큰 관심사는 의식의 신경상관을 밝히는 것이다. 앞서도 거론했듯이 의식이라는 용어가 의식의 상태, 의식의 내용, 의식의 수준, 변화된 의식, 꿈, 환각 등 너무나 다양한 의미를 내포하기 때문에 의식과학에 관련이 있는 각 학문 분야는 이들 중 자기들이 가장 관심을 갖는 의식을 상대로 의식의 신경상관을 밝히려고 노력하고 있다.

현대의식과학의 발달에 결정적으로 기여한 논문 중 하나는 철학자 나겔Thomas Nagel, 1937-의 「박쥐가 된다는 게 어떤 것일까?」What Is it Like to Be a Bat?, Nagel, 1974이다. 이 논문은 제목이 시사하듯이 동물 내부에서 일어나는 주관적 현상을 우리가 알 수 있는가 하는 질문이다. 이것은 당시 철학, 심리학, 인지과학이 모두 의식의 문제, 마음과 신체의 관계에 대한 문제 해결에 실패했으며 의식의 주관성 문제는 더 이상 무시할 수 없는 주제임을 많은 학자가 깨닫게 해주었다. 기능주의나 환원주의가 언젠가 마음이나 의식을 완전히 설명할 수 있으리라고 확고히 믿었던 철학자들은 나겔이 던진 질문으로 야기된 논쟁에 크게 당혹했다. 물론 기능주의를 옹호하는 반론도 있었다. 그러한 반론은 기능주의에 의해 충분히 설명되고 묘사될 수 있는 컴퓨터 시스템을 취하여 그것을 아주 복잡하고 정교하게 설계한다면 실제 인간과 동일한 정보처리를 할 수 있다는 주장이었다.

그러나 앞에 나온 설과 같은 생각을 하는 사람들은 컴퓨터가 아무리 정교하고 인간과 비슷하게 기능하게 만들더라도 그들은 의식이 없는 단순 좀비나 로봇에 지나지 않는다고 주장했다. 즉 동물이나 인간처럼 유정with sentience의 유기체가 아니고 벌레나 기계처럼 무정without sentience의 존재일 뿐이라는 주장이다. 이러한 의식, 즉 주관적 경험이나 유정은 기능주의에 대한 심각한 문제를 제시했고 기능주의가 마음의 작용에 대한 완전한 답을 제공할 수 없다는 것을 보여주었다.

1970-80년대에는 의식의 문제가 더는 무시할 수 없는 주제라는 것을 환기시키면서 활발히 심리학적·과학적·철학적 주제로 떠오르게 만든 여러 가지 놀라운 연구결과가 여러 분야에서 나타났다. 대표적인 것이 양반구가 절단된 뇌 작동split-brain operation에 대한 연구, 맹시Blindsight*에 대한 연구, 자유의지에 대한 연구였다. 간질환자의 경우 더 이상 비외과적 치료가 불가능하고 개선의 가망이 없거나 그대로 두면 생명이 위험한 환자의 경우 발작의 범위를 좁히기 위해 좌우 대뇌반구의 연결을 절단하는 외과수술을 해서 간질발작을 완화한다. 그런데 스페리Sperry, 1961와 르두와 동료들의 실험에 따르면LeDoux, 1977 좌우 반구가 절단된 후 각 반구는 그 자체의 의식을 가진 것처럼

* 보이지 않으면서 무의식적으로 대상을 인지하거나 자극을 처리하는 현상.

보였다. 이들 실험결과는 철학, 종교, 과학 모든 분야에 엄청난 파장을 불러일으켰다. 이들 결과는 전통적인 자기라는 개념에서부터 의식에 대한 기존의 관념을 깨뜨리는 계기가 되었다. 또한 인간의 영혼은 한 인간에 하나이며 죽은 후에도 불멸한다고 부지불식간에 믿은 대부분 종교인의 신념을 뒤집는 계기가 되었다.

맹시는 영국 심리학자 바이스크란츠[Lawrence Weiskrantz, 1926-2018]와 동료들이 1970년대 초 런던국립병원에서 양성종양을 치료하기 위하여 오른쪽 후두엽을 절제한 환자 DB를 상대로 행한 실험에서 처음으로 밝혀졌다[Weiskrantz et al., 1974; Weiskrantz, 1986]. DB는 왼쪽 시야가 완전히 보이지 않는다면서 그곳에 자극이 나타났을 때 추측해보라고 지시받았을 때 우연에 의한 확률보다 훨씬 높은 확률로 추측을 했다. 이것은 의식하지 못하는 감각자극에 따라 행동한다는 것을 의미했다. 이것은 자극을 인지하고 거기에 따라 행동이 일어난다고 믿었던 행동과학이나 인지과학의 믿음을 뒤흔들어놓았다.

자유의지에 대한 연구는 리벳이 1983년 최초로 행했다. 이 실험에서 피험자가 그의 손가락을 굽히는 결심을 하기 550ms 전 이미 뇌가 작동한다는 것을 보여주는 뇌 전위의 변화[준비전위]가 나타났다[Libet, 1983]. 이것은 결정론자와 양립불가론자들이 인간의 자유의지가 없다는 것을 보여주기 위해 제멋대로 이용하기도 했다. 이러한 실험결과들은 종교적·윤리적 논쟁까지 불러일으키며 학계에 의식에 대한 관심을 끌어올리는 데 크게 기여했다. 그리하여 의식의 문제는 의식에 조금이라도 연관 있는 학문 분야에서는 주관심 대상이 되었고 그러한 분야에 종사하는 사람들의 상호토론의 장에서 주제가 되었다.

이런 분위기에 맞춰 1980년대에 철학자, 인지과학자, 심리학자, 신경과학자들의 의식의 문제에 관한 탁월한 이론을 소개한 중요한 책들과 저널들이 나타났다. 1987년 미국의 언어학자이자 철학자인 재킨도프Ray Jackendoff, 1945-가 인지과학의 마음의 컴퓨터적 이론에서 의식이 들어갈 여지를 탐색한 유명한 책 『의식과 컴퓨터적 마음』*Consciousness and the Computational Mind*을 출판했다. 1988년에는 의식의 과학에서 획기적 전기를 마련한 인간의 인지구조와 의식에 관한 유명한 이론인 광역 작업공간이론global workspace theory을 소개한 미국 심리학자 바스Bernard J. Baars, 1946-의 『의식의 인지이론』*A cognitive theory of consciousness*과 영국 심리학자 마르셀Anthony Marcel과 비시아크Eduardo Bisiach가 공동 편집한, 기능주의와 인지과학이 의식의 문제를 해결하기에 적절한가에 대한 의심들을 다룬 논문들이 실린 『현대과학에서의 의식』*Consciousness in contemporary science*이 출판되었다.

1970-80년대에는 뇌와 신경세포의 활동을 직접 확인할 수 있는 획기적인 최첨단 의료장비와 기술이 몇 가지 나타났다. 대표적 장비는 일정시간 내의 정지상태에서 뇌 상태를 볼 수 있는 양전자단층촬영장치positron emission topography, PET와 자기공명영상장치magnetic resonance imaging, MRI, 시간의 경과에 따른 뇌 상태의 변화를 볼 수 있는 기능성 자기공명영상장치functional magnetic resonance imaging, fMRI이다. 대표적 기술은 개별 신경세포의 전기적 활동을 탐지할 수 있는 패치고정법patch clamp technique이 있다.

이들 장비와 기술의 발달로 뇌와 신경의 활동에 대한 연구가 획기적 전기를 마련했고 이들을 이용한 신경과학 논문들이 봇물이 터지듯 쏟아져 나왔다. 이러한 배경에서 철학자들의 다소 이론적이고 현학적인 의식에 관한 주장과는 방향이 다른 진정한 의미에서 신경과학의 원조가 된 「의식의 신경생리학적 이론을 향하여」Towards a Neurobiological Theory of Consciousness라는 논문을 1990년 왓슨James Watson과 함께 DNA 구조를 발견하여 노벨상을 수상한 크릭Francis Crick, 1916-2004과 그의 젊은 파트너 코흐Christof Koch, 1956-가 발표했다.

이 글에서 그들은 의식이 뇌의 신경생리학적 작용에 따른 것이며, 특히 뇌의 여러 관련 부위가 서로 40-70Hz의 일정한 진동수로 공명하는 것이 의식과 상관하는 듯하다는 실험결과와 함께 좌우가 분리된 뇌, 맹시, 신경발화의 연구들을 거론하면서 이제는 신경과학이 의식을 다룰 때가 되었다고 주장했다. 그들은 철학자들이나 일부 과학자들이 의식은 영원한 수수께끼로 결코 과학으로 풀 수 없다고 주장하는 것과는 반대로 과학의 진보로 언젠가는 의식의 신비의 많은 부분이 사라질 것이라고 주장했다Francis Crick and Christof Coch, 1990.

이 논문은 크릭의 권위와 의식의 작동원리에 대한 실증적 자료, 당시 여러 가지 중요한 의식에 관련된 연구들을 종합적으로 다룬 내용 등으로 많은 사람의 주목을 끌었고 현대의 의식과학이 태동하는 하나의 큰 계기가 되었다. 뒤따라 철학자들도 크릭과 코흐가 다룬 여러 가지 의식에 대한 연구결과들을 토대로 의식에 대한 저술들에서 다양한 주장을 하면서 서로 활발한 논쟁을 벌였다. 대표적 저술은 하버드대학 철학교수 데닛의 『설명된 의식』*Consciousness Explained,* 1991, 캘리포니아대학 버클리의 심리철학 교수 설의 『마음의 재발견』*The Rediscovery of the Mind*, 1992, 프린스턴대학 객원교수 맥긴Colin McGinn, 1950-의 『의식의 문제』*The Problem of Consciousness*, 1991, 듀크대학 철학교수 플래너건Owen Flanagan, 1949-의 『재고된 의식』*Consciousness Reconsidered* 등이다.

이들의 의식에 대한 접근법은 매우 달랐으나 모두 실증적 과학의 결과들을 숙지하고 그들에 대한 철학적 해석을 시도하며 과학적 세계관으로 의식을 다룰 여지가 있는지 찾아보려고 했다. 이들의 다른 접근법으로 후에 그들 사이에 격려한 논쟁이 벌어지기도 했다. 대표적인 것이 데닛과 설의 의식에 대한 논쟁이다Dennett and Searle, 1995.

1990년대 들어 단편적·개별적으로 당시 여러 저널에 산발적으로 실리던 의식에 대한 연구논문들이 본격적으로 실리는 저널들도 등장하고 다양한 방면의 학자들이 교류할 수 있는 대화의 장이 열리면서 19세기와 20세기의 전환점에 들어 현대의식과학이 본격적인 기틀을 잡게 되었다. 대표적인 저널은 1992년에 시작된 『의식과 인지』*Consciousness and Cognition*와 1994년 시작된 『의식연구에 대한 저널』*Journal of Consciousness Studies*이다. 의식을 중심테마로 한 국제회합은 미국 애리조나 투손에서 1994년 첫 회합을 하고 2년마다 회합하기로 한 크릭과 코흐의 논문제목과 같은 '의식의 과학을 향하여'Toward a Science of Consciousness와 1997년 미국 캘리포니아 클레어몬트에서 첫 회합을 하고 해마다 회합하기로 한 '의식과학연구협회'The association for the Scientific Study of Consciousness, ASSC가 있다.

현대의식의 과학을 가장 대표하는 학문은 인지신경과학이다. 인지신경과학은 고전적 인지과학과 기능주의가 해결할 수 없었던 심리학적·인지적 실체의식를 생물학적 실체뇌와의 연관을 이해하기 위해 인지과학에 신경과학의 기술과 정보를 활용하는 새로운 학문 분야라고 할 수 있다. 현대의식의 과학은 기능주의나 인지과학이 설명할 수 없었던 주관적 경험을 진지하게 다루는 것이 특징이다. 인지신경과학은 기능주의나 고전적 인지과학이 마음이 어떻게 작동하는지 밝히는 데 별로 중요하지 않다고 무시했던 의식의 신경적·생리학적·생물학적 근거를 밝히는 것을 진지하게 다룬다. 이러한 여러 현대의식과학의 등장으로 1990년대쯤에는 기능주의와 컴퓨터 비유에 근거한 고전적 인지과학은 점차 쇠퇴하고 의식과 의식의 신경, 뇌, 신체 상관의 문제가 의식과학에서 본격적으로 다루어지기 시작했다.

세기의 전환기에 현대의식과학의 주된 과제는 마지막 신비로 남아 있는 가장 중요한 문제, 즉 의식과 뇌의 관계를 밝히는 것이었다. 그 중에는 뇌 속의 영혼의 거처가 되는 곳이 있는지, 있다면 그것이 뇌의 어느 부위인지 찾는 일도 포함되었다. 이것은 인류의 정신과 의식에 관련된 가장 큰 도전이었으며 그 도전은 현재 진행 중이다. 그러나 의식과 뇌의 관계 문제는 그리 호락호락하지 않았다. 많은 과학적 노력에도 의식과 뇌의 관계 문제는 아직도 많은 부분이 이해되지 않은 채 남아 있다. 의식이 뇌의 어느 수준에서 발현되느냐에 대해서도 학자들 간에 큰 차이를 보인다. 크릭은 유명한 저서 『놀라운 가설: 영혼에 관한 과학적 탐구』*The Astonishing Hypothesis: The Scientific Search for the Soul*에서 "당신, 당신의 즐거움, 당신의 비애, 당신의 기억, 당신의 야망, 당신의 정체성에 대한 느낌 그리고 자유의지 이 모든 것이 사실 신경세포와 그들의 관련 분자들의 거대한 조합의 행동 이상이 아니다"라는 말로 의식의 발현수준이 뉴런단계임을 주장했다[Crick, 1995]. 그러나 펜로즈는 뉴런은 이미 너무 크다며 의식을 양자역학적 현상으로 설명하려 했고 에델만은 뉴런이 대부분의 기능을 위해서는 너무 작고 신경집단이 의식을 위한 기능요소라고 주장했다.

다음 장에서 보게 되겠지만 현재 밝혀진 여러 증거로 볼 때 의식발현은 뇌의 여러 부분의 큰 신경집단들의 동시적 발화에 의한 것이 확실하므로 에델만의 주장이 가장 진실에 가까운 듯하다. 양자역학적·신경세포적 단계의 기능은 신경집단 단계의 의식발현을 위한 필수적 배경으로 보는 것이 합리적일 것 같다. 그러나 단일 영혼의 거처는 없고 의식의 상태나 종류에 따라 다양한 영역에 속한 신경집단들의 동시적 발화가 의식 발현에 필수적인 것으로 보인다. 왜 감각수용기로부터 뇌의 최종 부위까지 오는데 정보가 전기적 흐름의 형태를 띠다가 맨 마지막에 의식이라는 형태로 변하는지 하는 문제, 즉 어려운 문제이자 설명적 갭[간극]은 여전히 미해결 문제로 남아 있다.

이 문제에 관한 철학자, 과학자들의 의견은 백가쟁명식이다. 심지어 맥긴, 오웬, 플래너건 같은 신신비주의 철학자들은 의식과학이 이 문제를 영원히 풀 수 없을 것이라고 주장했다[McGinn, 1991; Flanagan, 1991].

이러한 철학자, 과학자들의 다양한 이론에 대해 오스트리아 철학자이자 인지과학자인 샤머스David John Chalmers가 「의식과 자연에서의 그것의 위치」Consciousness and Its Place in Nature라는 유명한 논문에서 아주 잘 분류했는데 이를 정리하여 소개하면 다음과 같다Chalmers, 2002; Wikipedia, 2016. 11. 13. 이는 『의식의 철학적 근거』를 요약한 것이라고 볼 수 있다. 앞의 의식의 철학적 근거의 장에서 소개한 이론의 분류와 유사하나 최근에 주로 논의된 이론이 좀더 집약적으로 분류되었으며, 분류된 이론에 속한 근래 철학자들을 소개한 것이 특징이다.

그는 심신문제에 대한 지난 75년간의 논의를 크게 여섯 가지의 타입타입 A-타입 F으로 분류했다. 이 중 세 타입타입 A-타입 C은 환원주의적 견해를 취하고 있고 나머지 세 타입타입 D-타입 F은 비환원주의적 입장을 취하고 있다.

• 타입 A 유물론: 인식론적 간극epistemic gap이 존재함을 부정하거나 존재한다 하더라도 쉽게 메워질 수 있다고 주장한다. 존재론적 간극ontological gap 또한 부정한다. 이 관점에 따르면 의식의 쉬운 문제들easy problem이 다 해결되면 어려운 문제hard problem도 없어진다. 타입 A는 의식이란 존재하지 않는다는 제거주의eliminativism적 관점을 취하기도 하고 의식이란 존재하지만 오직 기능적 · 행동적으로만 설명될 수 있다는 기능주의functionalism적 · 행동주의behavioralism적 관점을 취하기도 한다.

대표적 철학자로는 데닛, 드레츠키Dretske, 하만Harman, 루이스Lewis, 레이Rey, 라일Ryle 등이 있다.

• 타입 B 유물론: 인식론적 간극은 긍정하지만 존재론적 간극은 부정한다. 마치 H_2O의 개념과 물water의 개념은 다르지만 두 개념이 가리키는 것이 결국 같은 것인 것처럼, 현상적 특징과 물리적 · 기능적 특징은 그 개념이 서로 달라 이로부터 인식론적 간극이 발생할 수밖

에 없지만 그 둘이 가리키는 대상은 결국 같다는 것이다. 따라서 현상적 특징과 물리적·기능적 특징 사이에 존재론적 간극은 없다. 이에 따르면 메리의 방에서 메리가 나왔을 때 메리가 새로이 얻는 것은 없다. 원래 알고 있던 것을 새로운 방식으로 알게 된 것뿐이다.

대표적 철학자로는 블록Block, 힐Hill, 레빈Levine, 로어Loar, 리칸Lycan, 파피Papineau, 페리Perry, 타이Tye 등이 있다.

• **타입 C 유물론**: 인식론적 간극을 긍정하지만 이는 인간이 가진 능력의 한계 때문이라고 한다. 인식론적 간극은 궁극적으로 끝에 가서는 해결된다는 견해다. 예로 나겔 같은 경우는 우리가 의식이 어떻게 물리적일 수 있는지 지금은 설명해낼 수 없지만 개념적 혁명conceptual revolution이 발생하면 가능해질 것이라고 하고, 맥긴은 더 극단적으로 나아가 이 간극의 문제는 인간의 인식능력의 한계 때문에 인간이 해결할 수 없을 뿐 원칙상으로는 해결책이 있는 문제라고 한다. 차머스는 타입 C가 결국 밀고 나갔을 때 다른 타입들에 융합되어 버릴 거라고 한다. 예를 들어 차머스는 맥긴의 주장은 타입 F로 빠져나갈 수 있고, 나겔의 주장은 타입 B나 타입 F가 될 수 있다고 한다.

대표적 철학자로는 나겔Nagel, 처칠랜드Churchland, 맥긴McGinn, 플래너건Flanagan 등이 있다.

이상의 유물론 타입 A, B, C가 현상적인 것을 물리적인 것으로 환원해서 생각해내려고 한 것과 달리 타입 D, E, F는 물리적인 것으로 환원될 수 없는 현상적인 것 또는 현상적인 것을 이루는 더 근원적 'X'*의 존재를 긍정한다.

• **타입 D 이원론**: 타입 D의 D는 데카르트Descartes의 D에서 따왔다. 즉 데카르트의 심신이원론substance dualism이 이에 속한다. 여기서 현

* 물리적인 것에서 비롯되지 않는.

상적 특징들은 물리적 세계에 영향을 줄 수 있으며 상호작용interaction 한다.

대표적 철학자로는 포스터Foster, 파퍼Popper, 셀라스Sellars 등이 있다.

• 타입 E 이원론: 타입 E의 E는 부수현상설epiphenomenalism의 E이다. 현상적인 것들은 물리적인 것에 영향을 주며 인과적으로 작용할 수는 없다. 따라서 현상적 특징들은 부수적인 것에 불과하다는 주장이다.

대표적 철학자로는 캠프벨Campbell, 헉슬리Huxley, 잭슨Jackson, 로빈슨Robinson 등이 있다.

• 타입 F 일원론: 타입 F에는 차머스 본인이 속해 있다. 현상적인 특징을 물리적 현실세계의 더 이상 환원될 수 없는 근본적이고 내재적인 구성요소property로 생각한다.

대표적 철학자로는 러셀Russell, 맥스웰Maxwell, 락우드Lockwood, 차머스Chalmers 등이 있다.

주로 철학자들인 이들과 달리 크릭이나 코흐 같은 실증적 신경과학자들은 의식에 대한 현학적이고 형이상학적인 철학적 담론을 배척하고 의식과 뇌의 관계를 과학자들다운 직설적·실용주의적 방법으로 추구하기 시작했다. 바로 의식의 신경상관을 밝히는 것을 그들의 주과제로 선정하고 이들을 밝히다 보면 언젠가는 의식의 신비는 풀릴 것이라고 믿는다. 이들은 예전에는 신비로 생각되었던 많은 현상이 뇌의 작용에 따른 것임을 밝혀냈다. 그러나 아직 실증적 과학이 밝혀야 할 문제는 수없이 많다. 그러나 실증적 과학에 종사하는 많은 과학자는 이런 문제에 적극적으로 그리고 즐겁게 도전한다. 그리하여 앞으로도 실증적 신경과학은 장족의 발전을 계속할 것이며 아마도 철학자들은 이들이 이루어낸 업적을 놓고 논쟁을 지속할 것이다.

제5부

의식의 과학적 접근

이 책 앞부분에서 의식의 여러 가지 궁금증과 의식과학의 종교·철학적 배경, 역사적 배경, 이론적 배경을 살펴보았다. 지금부터는 의식과학의 주요 연구대상은 무엇이며 의식현상을 규명하기 위하여 현대의식과학은 어떤 이론과 가정하에 의식의 어떤 면을 어떤 방법론을 사용하여 연구하는지 살펴본다. 현대의식과학이 다루고자 하는 주대상은 의식의 여러 가지 과학적 이론, 의식의 신경상관, 변화된 의식상태 등을 연구하는 것이다.

이 중에서 근래 가장 비중 있게 다루어지는 것은 의식의 신경상관이다. 이것은 정신과 육체에 대한 이원론이 아닌 정신[의식]은 육체[뇌]의 산물이라는 일원론적 전제에서 출발한다. 즉 어떤 의식은 뇌의 어떤 구조의 활동에 따라 만들어진다는 것을 전제로 한다. 예를 들면 상태로서 의식에 대해서는 깨어 있는 상태와 꿈꾸지 않고 잠자는 상태의 뇌의 활동은 서로 어떻게 다른지 관찰하여 잠잘 때는 활성을 보이지 않다가 깨어 있을 때는 활성을 보이는 뇌 부위를 확인함으로써 각성이 어느 뇌 부위의 활동으로 초래되는지를 밝힌다.

내용으로서 의식에 대해서는 배경이 똑같은 조건에서 서로 다른

대상예: 얼굴과 집을 보여주었을 때 두 조건 간 활성화되는 뇌 부위가 어떻게 다른지 관찰함으로써 각 대상을 인식하는 뇌 부위가 어느 부위인지 확인한다. 또 짧은 시간 노출된 자극은 보통 의식되지 못하고 어느 정도 시간 이상 노출된 자극만 의식되는데, 자극이 의식되는 경우 활성을 보이는 뇌 영역과 자극이 의식되지 않는 경우 활성을 보이는 뇌 영역을 비교하여 자극에 의해 의식이 발현되려면 어떤 뇌 부위의 활성이 필수적인지 조사한다. 이러한 연구결과는 의식에 대한 실증적 연구의 기초가 된다. 이를 위해서 신경활동을 직간접적으로 볼 수 있는 다양한 현대 장비가 이용된다. 그것은 의식의 상태나 내용이 뇌 속 여러 부위의 신경활동과 어떤 상관관계가 있는지 보고 궁극적으로 의식의 어떤 면이 뇌의 어느 부분의 어떤 세포들의 무슨 활동으로 만들어지는지 밝히는 것이다.

물론 의식의 어떤 면과 뇌의 어떤 부위의 상관관계가 확실히 밝혀진다 해도 그 뇌 부위가 그 의식을 만들어내는 곳이라고 완전히 설명해주지는 못한다. 의식은 어느 특정 부위의 활동만으로 발현되지 않고 많은 부위의 활동이 의식의 발현에 관여하기 때문이다. 또 그 모든 부위의 활동이 의식과 다소 상관관계가 있고 그러한 활동은 대부분 전기적 발화다. 예를 들면 눈앞에 있는 사과를 의식하는 것은 사과에서 나온 광선이 눈의 여러 단계의 신경세포를 거쳐 시신경을 통하여 시상 바깥쪽 무릎 모양의 신경핵을 거쳐 뇌 뒤쪽 시각피질을 지나 마지막으로 측두엽의 여러 부분과 전두엽 등으로 가서 사과라는 것을 의식하게 된다.

눈에서 뇌의 마지막 부위까지 가는 것은 대체로 활동전위라는 물리적 전기신호의 형태로 진행되는데, 마지막 부위에서 물리적 전기신호와 전혀 다른 맛있는 사과라는 의식이 발현된다. 왜 물리적 전기신호가 갑자기 전혀 다른 속성의 의식으로 변하는지는 아직 누구도

속 시원히 대답을 못하고 있다. 또 나겔이 말한 "박쥐가 된다는 것은 어떤 것일까?" 하는 질문에 대한 설명은 엄두도 못 내고 있다. 그것은 아마도 영원히 풀지 못할 수수께끼일지도 모른다. 그러나 이런 노력을 계속하다 보면 그러한 의문의 실마리가 풀리기 시작할 것이다. 물론 철학자들이나 일부 과학자들은 이에 대해 회의하기도 하지만 현대의식과학을 연구하는 많은 과학자는 이러한 기대를 가지고 오늘도 열심히 탐구하고 있다.

1. 의식에 관한 현대의식과학의 이론들

의식이 자연의 일부인 동물의 뇌에서 발현되는 이상 의식은 자연현상이라고 봐야 한다. 모든 자연현상은 과학적 법칙을 따른다. 그렇다면 의식을 설명할 수 있는 정확한 과학적 이론이 있어야 한다. 여러 의식과학 분야 연구에서 보고되는 다양한 실험결과는 그러한 의식의 진실을 설명해주는 이론, 즉 의식이 진실로 어떻게 발현되는가 하는 이론으로 설명되어야 한다.

현재 의식과학은 의식의 발현에 관한 통일된 이론이 없다. 예를 들면 물리학의 중력이론, 생물학의 자연선택이론, 지리학의 판이론 같은 관련 학문에 종사하는 많은 사람이 공감하는 통일된 이론이 없다. 또 의식이 물질의 어느 수준에서 발현되는지에 대해서도 통일된 의견이 없다. 보통은 뉴런 수준에서 발현된다고 생각하나 크릭 같은 사람은 시냅스 수준에서 발현된다고 생각하고, 에델만 같은 사람은 신경그룹에서 발현된다고 생각하며, 펜로즈 같은 사람은 마이크로 튜불 같은 분자 수준에서 발현된다고 생각한다. 이처럼 현재 의식이론은 참으로 다양하나 어떤 이론도 의식과학에서 확보된 모든 자료를 다 설명해주지는 못한다. 우선 대표적인 몇 가지 의식이론과 사례를 살펴보고 그러한 의식이론이 사례에서 나타난 결과를 어느 정도 잘 설명할 수 있는지 살펴본다. 그다음 의식의 신경상관과 변화된 의식을 살펴본다.

의식과학은 의식이 뇌를 통하여 어떻게 발현하는지를 다루는 학문이다. 의식과학의 역사 장에서도 보았듯이 현대의식과학이 출현하기까지 우여곡절이 많았다. 다양한 의식과학이론이 나타났지만 아직도 의식발현 메커니즘을 간단명료하게 설명해줄 수 있는 이론은 없다. 그것은 의식과학이 매우 복잡한 현상을 다루는 어려운 학문이라는 것을 간접적으로 시사하는 것이다. 현대의식과학이론은 몇몇 저명한 과학자의 저술에서 출발하여 다양하게 전개되고 있다. 대표적인 것을 몇 가지만 소개한다.

1) 광역작업공간 이론

광역작업공간 이론global workspace theory, GWT은 현대의식과학의 이정표가 되었던 『의식의 과학적 연구를 위한 연합』*The Association for the Scientific Study of Consciousness*과 『의식과 인지』*Consciousness & Cognition*라는 과학저널을 창설하는 데 주도적 역할을 한 뉴욕주립대학 인지심리학 교수 바스가 『의식의 인지이론』Baars, 1988에서 처음 주장하여 많은 학자의 공감을 얻은 대표적 현대의식 이론이다. 그 후 많은 저명한 학자가 이 이론을 그들의 연구와 이론의 지침으로 삼았다. 대표적 학자는 데헤네Stanislas Dehaene, 1965- 프랑스어 원래 발음은 드한에 가까우나 작가의 저서를 번역한 책도 한국에서 널리 쓰이는 데헤네라는 영어식으로 표현해 그에 따르기로 함이다Dahaene et al., 1998; Dahaene et al., 2003.

인지과학이론은 우리 마음을 두 종류의 처리구조로 나뉠 수 있는 정보 시스템으로 본다. 즉 감각입력을 분석하는 많은 분리된 인지모듈module과 더 고급인지를 담당하는 통합된 중앙시스템으로 이루어져 있다고 본다그림 5-1. 보통 모듈은 한 종류의 정보를 위해 전문화된 기본적 정보처리 단위다. 모듈은 자기전문 정보가 나타날 때 자동으로 다른 모듈과의 협조나 의식적 연루 없이 그 정보를 처리해 의식에 이용될 수 있는 정보를 출력한다. 전통적 인지이론이 이러한 마음의 모듈구조를 주로 다루는 데 비해 광역작업공간 이론은 정보가 처음 어떻게 모듈에 의해 처리되어 중앙인지 통합시스템으로 들어가느냐를 다룬다. 광역작업공간 이론에 따르면 광범위 작업공간은 모듈의 출력을 받는 구조다. 광역작업공간으로 들어서기 전까지는 무의식적 과정이다. 모든 노출된 정보는 이 과정을 거쳐 광범위 작업공간으로 보내진다.

이 광역작업공간은 흔히 마음의 극장무대로 비유된다. 모듈에서 올라온 모든 정보는 이 무대로 올라와 무대를 비추는 주의의 스포트라이트를 받기 위하여 경쟁한다. 이 경쟁에서 승리한 정보는 뇌 전체로 광범위하게 전파되고 그 정보내용은 순간적인 의식내용이 된다. 그런데 이 정보가 의식의 내용이 되려면 상당히 멀고 광범위하게 펴져 있는 뇌 속의 작업공간영역에 도달해야 하기 때문에 전파에 시간보통 50-250ms이 걸린다. 따라서 여기에 소요되는 시간보다 짧은 시간 안에 시들거나 중단되어버리는 정보는 의식의 내용이 될 수 없다.

어떤 정보가 주의의 스포트라이트를 받아 승리하려면 돌발성과 관심을 끄는 등의 경쟁력이 있어야 한다. 그래야만 쉽게 시들지 않고 역치 이상의 시간 동안 지속될 수 있다. 진부하거나 주의를 끌기에 너무 미약한 정보는 쉽게 소멸되어버린다. 경쟁에서 승리하는 정보는 주의의 스포트라이트를 받아 광역작업공간 내 여러 영역 간의 공명*을 일으켜 의식의 내용이 된다. 즉 선택적 주의가 의식으로 가는

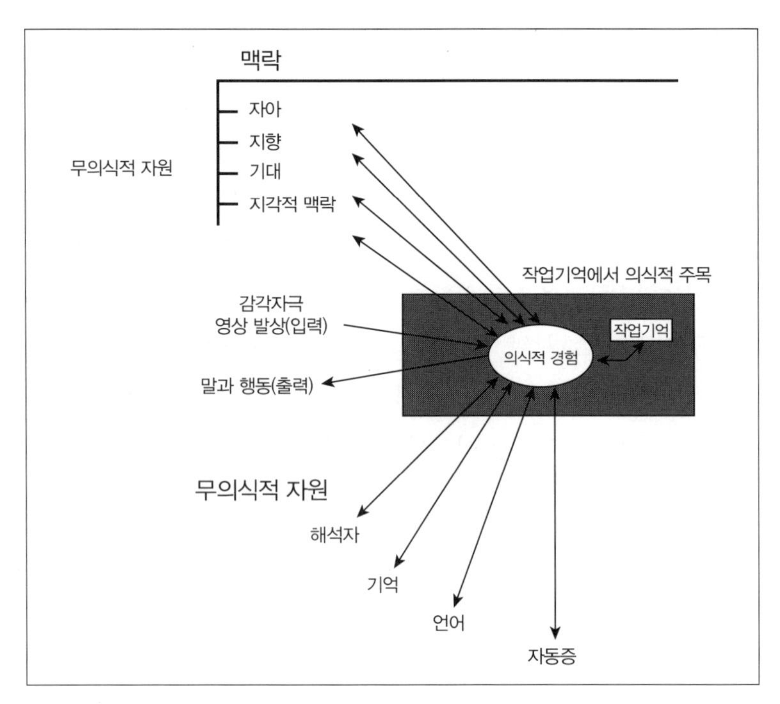

그림 5-1 마음의 극장으로 은유적으로 본 광역작업공간 이론의 도식적 표현.
의식내용은 작업기억 무대 위의 밝은 점에 해당한다. 일단 의식되면 그들은 해석자, 기억, 언어능력, 자동행동(interpreters, memories, language capacities, and automatisms) 등을 포함하는 뇌의 많은 무의식적 영역을 활성화한다. 뇌 쪽에서는 의식적 경험을 직접 지지한다고 믿어지지 않는 어떤 피질영역, 해마, 기저핵이 이에 연루된다. 그러나 의식적 인지 자체는 항상 무의식적 맥락에 의해 만들어진다. 집행기능(자아)은 그러한 맥락 중 하나라고 생각된다(Baars, 1997).

관문 역할을 한다. 광역작업공간은 계획을 세운다거나 의사결정을 하는 집행기구는 아니며 어떤 정보와도 잠재적으로 관련이 있고 어떤 정보도 언젠가는 주의의 스포트라이트를 받을 수 있는 개방된 기구다.

* 신경펄스의 상의 일치에 의한 진동크기의 확대: 극장 관객의 일치된 주목과 호응에 해당.

바스의 최초 광역작업공간 이론에서는 의식의 신경실체에 대해 자세히 논하지 않았다. 그는 의식을 발현하기 위해서는 단지 몇 가지 성분, 즉 자극이 피질 활성화 패턴으로 나타나는 감각피질과 피질 아래 여러 구조를 상호연결하기 위해 필요할 뿐만 아니라 광범한 피질들도 연결해주는 시상의 활동과 각성을 위한 뇌간 망상체의 활동이 필요하다고 주장했다[Baars, 1988]. 바스의 이론을 확대 발전시킨 데헤네와 그 동료들은 바스의 기본적 개념은 존중하되 그것에 신경해부학적 근거를 정의함으로써 다소 진전된 이론을 피력했다.

그들은 광역신경작업공간global neuronal workspace, GNW이라는 용어를 도입하면서 피질 속에서 멀리 광범하게 연결된 피질작업공간 뉴런들을 중시한다. 그러한 뉴런들은 피질을 이루는 여섯 층 중에서 2-3층에 있는 피라미드 뉴런들이다. 2-3층의 피라미드 뉴런들은 1층으로 수상돌기를 보내 다른 영역으로부터 정보를 받고 축색을 아래 백질로 뻗어 뇌의 멀고 가까운 영역과 연결되어 그들에게 정보를 보내는 상호양방향 정보교환에 이상적인 뉴런들이다.

그들은 이 뉴런들이 의식과 관련이 있다고 생각한다. 이 뉴런들은 많은 뇌 영역에 존재하지만 특히 전전두엽prefrontal lobe에 가장 밀집해 있는데, 이는 전전두엽이 의식에서 가장 중요한 위치를 차지한다는 것을 시사한다. 이들 광역신경작업공간은 해부학적으로 경계가 명확한 장소를 갖고 있지 않다. 그것은 때와 경우에 따라 다른 신경집단이 동원되기 때문이다. 〈그림 5-2〉는 이 이론의 요점을 잘 표현해주는 모델을 나타냈다.

광역신경작업공간은 특히 전전두엽에 밀집한 장거리 피질-피질 축색을 보내는 큰 피라미드세포를 가진 두꺼운 2-3층에 의해 가능하게 된 거대한 연결로 특징지어진다[Dehaene et al., 1998]. 이 모델은 연합적 지각, 운동, 주의, 기억, 가치에 관계된 영역들이 정보가 광범위하

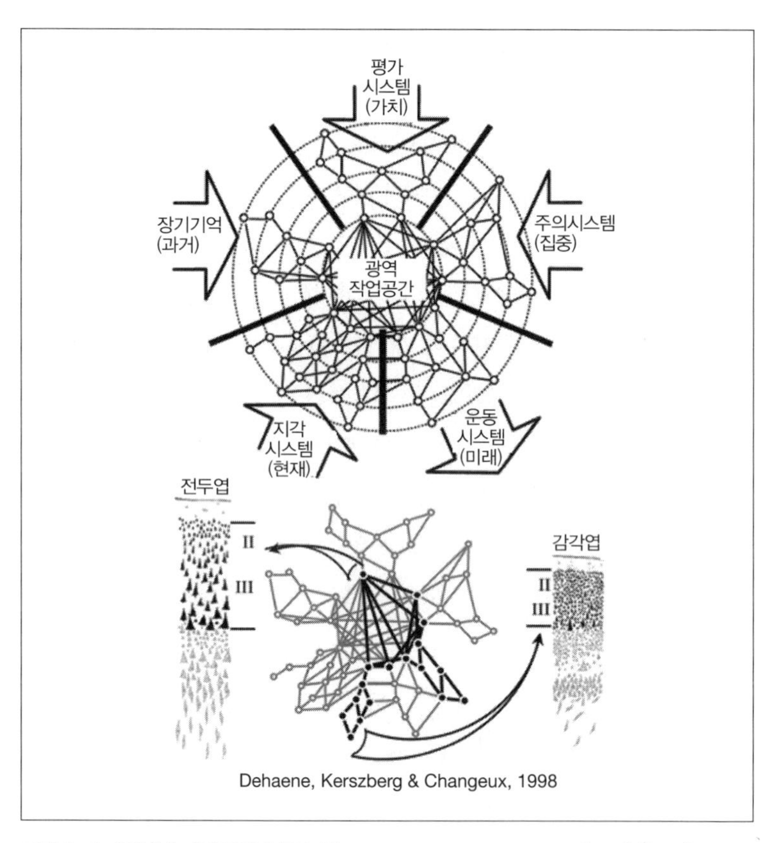

그림 5-2 데헤네의 광역신경작업공간(global neural workspace, GNW) 모델의 도식

게 공유되고 낮은 수준 처리 영역으로 다시 피드백되는 차원 높은 통일된 공간을 형성하기 위하여 긴 연결로를 통해 상호연결되어 있다는 것을 보여준다. 또 감각지각이나 다른 역할을 맡은 낮은 수준 처리 영역의 정보가 2-3층 피라미드세포의 축색에 의해 전전두엽으로 전달되는 것을 보여준다.

이러한 정보의 양방향 흐름을 위한 활동은 정보내용을 의식의 흐름으로 전달하는, 스스로 증폭하고 지속하는 신경활동고리를 형성한다. 데헤네들의 수정된 모델은 시상의 역할도 중시했던 바스의 원모델과 달리 피질의 역할을 강조하고 의식을 하향적 주의와 작업기억에 연관시켜 그들과 거의 동일시한다는 것이 특징이다.

광역작업공간 이론도 기껏해야 의식의 인지기능을 설명할 뿐 더 근본 문제, 즉 어려운 문제hard problem에는 접근하지 못한다는 일부의 비평도 있으나 그런 비평은 현재의 모든 의식 이론에도 해당한다. 광역작업공간 이론은 현재로서는 인간이나 고급 포유동물의 의식의 신경상관에 관한 가장 합리적 이론이라 생각된다. 그러나 광역작업공간 이론은 시상과 피질을 위주로 의식을 논해서 그러한 구조를 완비하지 못한 원시적 동물의 현상의식이나 정서의식을 설명하려는 의도도, 시도도 없어 보인다. 여러 가지 증거로 볼 때 신경구조가 극히 간단한 동물들을 제외하면 원시적 동물도 대부분 미약하나마 의식을 가지고 있다는 것이 확실해 보이므로 광역작업공간 이론은 현재로서는 이들을 설명할 수 없을 것 같다.

2) 신경생리학 이론

신경생리학 이론neurobiological theory은 1990년 크릭과 코흐의 「의식의 신경생리학적 이론을 향하여」Towards a Neurobiological Theory of Consciousness라는 논문에서 처음 제안되어 크릭이 2004년 사망할 때까지 공동으로 저술된 여러 논문에서 설명된 이론이다. 왓슨과 함께 생명의 비밀이라고 할 만한 DNA 이중나선구조를 발견한 공로로 1962년 노벨상을 수상한, 당시 가장 존경받는 과학자였던 크릭은 1980년대에 인지과학에 전념하게 되고, 렘수면의 신경기제와 주의에 대한 시상의 역할을 규명하는 논문들을 발표하다가 1980년대 말 젊고 유능한 신경과학자 코흐와 공동연구를 하게 되었다.

바스가 순수 인지적 측면에서 의식에 접근한 것과 달리 크릭과 코흐는 신경과학적 측면에서 의식에 접근했다. 1990년대는 의식이 신경과학에서 진지하게 다루어지기 시작한 시기였다. 이러한 적절한 타이밍과 논문의 공동저자인 두 저명한 신경과학자의 명성이 시너지효과를 일으키면서 의식은 신경과학의 중요한 주제로 빠르게 자리 잡게 되었다. 철저한 실용주의자이자 유물론자였던 그들은 철학자들이 즐기는 의식의 세세한 이론보다는 광범한 연구계획에 따른 포괄적 접근을 시도했다. 그들은 의식의 철학적 접근과 모호한 개념 사용을 피하고 가능하면 단순화된 개념을 사용하고자 노력했다. 예를 들면 그들은 awareness와 consciousness를 동일한 것으로 간주하고 작업기억과 단기기억을 동일시하여 가능한 한 언어에 따른 혼란을 피하려고 했다.

그들은 아직도 의식연구의 시작 단계에 불과한 시점에서 무리하게 의식을 정확히 정의하려고 노력하기보다 의식의 신경상관을 규명하는 데 연구를 집중하는 게 좋다고 주장했다. 또한 그들은 의식의 신경상관물을 어떤 특정 현상적 상태를 위해 충분한 뇌 기제나 사건의 최소한의 조합이라고 정의하고 과학자들은 우선 이것을 규명하는 데 연구 노력을 집중해야 한다고 주장했다. 그러다 보면 의식의 어려운 문제도 차츰 해결될 것이라고 했다. 그들은 또 만약 의식이 조금이라도 설명된다면 신경과학의 용어로 설명될 것이라고 주장할 정도로 의식의 이원론적 결론의 가능성을 철저히 배제했다.

크릭과 코흐는 의식 연구를 모든 감각 중에서 가장 비중이 높은 시각을 주 대상으로 선정했다. 그들에 따르면 시각의식은 영상적 기억iconic memory에 연계된 매우 빠른 것과 시각적 주의와 단기기억을 포함하는 다소 느린 것의 두 형태를 띠는데 그들은 다루기 힘든 전자 대신 후자를 주 연구대상으로 삼았다. 그들은 주의기구가 시상에 집중되어 있다고 주장하고 특히 시상의 망상복합체와 시상베개가 주의 기구가 작동하는 자리이며 이들과 신피질의 연결과 상호작용이 의식의 발현에 중요하다고 생각했다. 느린 형태의식의 주의기구는 그 활동이 단일 시각적 대상의 여러 특징에 관계있는 모든 뉴런을 일시적으로 함께 묶는다. 이러한 결합은 관련된 모든 뉴런이 거의 동시적인 40-70Hz에서의 진동뉴런의 발화으로 달성된다고 추론했다. 이러한 진동은 일시적인 단기기억을 활성화한다고 했다Crick and Koch, 1990.

그러나 코흐는 2004년 이러한 동시적 발화에 의한 의식의 발생 이론을 포기했다. 그것은 아마도 그 후 여러 실험에서 의식의 발현이 없는 다양한 뉴런 집단의 동시적 발화 사례가 많이 발견되었기 때문이었을 것이다. 지금은 의식에는 반드시 신경사건이 따르나 신경사건에는 항상 의식이 발현되지는 않는 의식의 신경상관의 일방통행적 성격을 모든 의식과학자가 인정한다.

신경생리학 이론은 영국 런던대학 신경과학자 제키Semir Zeki, 1940-가 만든 중요절essential node이란 용어를 이용하여 의식의 이론을 설명한다. 뇌의 특정 신경물질 뭉치가 손상되면 환자는 전반적인 의식 손상은 없어도 세계의 어떤 특정 면을 경험하지 못하게 된다. 이러한 의식적 속성과 관계있는 신경물질 뭉치를 제키는 뇌의 중요절이라고 명명했다. 예를 들면 방추회fusiform gyrus 앞 부위는 얼굴을 인식하기 위한 중요절로 이 부분이 손상되면 그 환자는 지인의 얼굴조차 인식하지 못하게 된다. 말하자면 이 중요절은 감각질을 인식하기 위한 신경적 근거가 된다.

그러나 이 중요절이 아무리 극렬히 발화한다 해도 그 자체만으로는 감각질을 인식하지 못한다. 감각질을 인식하려면 광범위에 걸쳐 많은 중요절을 포함하는 더 광범한 신경망에 연결하는 것이 필수적이다. 이러한 신경망이 포함된 전 뉴런의 발화를 동시화함으로써 전체로서 활성화될 때 지각된 표상이 의식의 내용이 될 가능성을 갖게 된다. 그러나 그런 표상이 완전히 의식되려면 뇌의 뒤쪽 감각영역으로부터 앞쪽 주의영역으로 투사에 의한 정보전달이 이루어지고 이번에는 다시 그곳으로부터 감각영역으로 피드백이 필요하다. 이러한 앞부분에서 뒷부분으로 가는 하향적 주의피드백top-down attention feedback만이 신경망의 활동수준을 역치 이상으로 올릴 수 있다.

그러므로 하향적 주의피드백은 경쟁을 왜곡해 어떤 신경망이 내부적으로 스스로 동시 발화하도록 도와 의식에 접촉하는 경쟁에서 승리하도록 돕는다. 의식은 경쟁에서 승리한 신경망만이 실제 의식내용을 표현하도록 승자독식 방식으로 작용한다. 이 피드포워드-피드백 고리기제에 대한 이론은 광역신경작업공간 이론과 매우 유사하다. 사실 바스의 이론과 크릭과 코흐의 이론은 실질적으로 크게 다르지 않고 상호 모순되지도 않는다. 단지 기본적인 접근방법에서 인지적이냐 신경과학적이냐는 차이가 있을 뿐이다.

3) 역동적 코어 이론

역동적 코어 이론the dynamic core theory은 노벨상 수상자 에델만과 위스콘신 메디슨대학 신경과학자 토노니Giulio Tononi가 공동으로 뇌 구조와 뇌의 여러 이론을 개괄하면서 의식의 신경실질*을 밝히기 위해 저술한 『의식의 우주』*A Universe of Consciousness*에서 제시한 이론이다. 역동적 코어 이론은 한 집단의 신경활동이 만약 그것이 수백 밀리초에 걸쳐 어떤 신경집단 집합 사이의 강한 상호작용을 특징으로 하는 기능

---

* 의식을 만들어내는 신경구조.

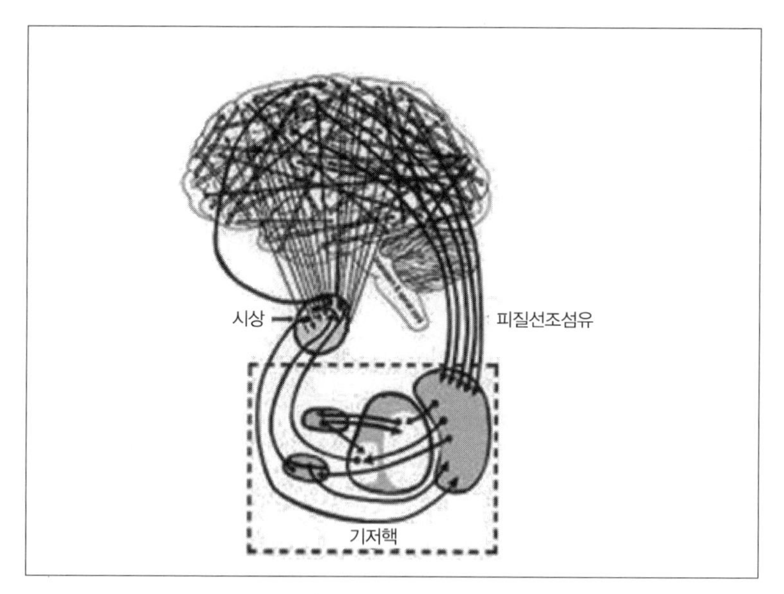

그림 5-3 에델만이 주장한 다이내믹 코어를 야기하는 시상피질영역.
그에 따르면 이것은 하나의 과정이므로 시상은 단번에 전 피질과 접촉하는 것이 아니라 재유입로를 통하여 여러 부분과 믿을 수 없이 빠르게 피질의 여러 영역과 정보를 교환한다는 사실을 이해하는 것이 중요하다.

결합체의 일부라면 의식적 경험에 직접 기여할 수 있다고 말한다. 의식적 경험을 지속하려면 이 기능결합체가 높은 복잡성을 띠는 것과 같이 크게 차별화되는 것이 필수적이다. 그런 연합체는 그 조성이 끊임없이 변하나 계속 통합을 유지하기 때문에 우리는 그것을 역동적 코어라고 부른다.

역동적 코어는 서로 강하게 상호작용하는 신경그룹들로 이루어진, 배타적은 아닐지라도 대체로 시상피질계 내에서 형성되는 총체적이고 기능적인 신경활동 집단이다그림 5-3. 역동적 코어 이론은 의식적 경험의 신경 근거에 관한 독특한 예상을 한다. 단순히 의식적 경험과 이런저런 신경구조나 신경집단 사이의 상관을 환기시키는 이론과 달리 역동적 코어 이론은 의식적 경험의 일반적 성질을 그들을 야기하는 특별한 신경과정과 연계함으로써 그 성질을 설명한다Edelman and Tononi, 2000.

에델만은 역동적 코어 이론을 신경다윈론neural darwinism과 함께 논했다. 신경다윈론은 보통 뇌의 형성과정에서 여러 뉴런은 각자 역할을 수행할 신경회로를 형성하는데 신경회로는 회로 내 뉴런들의 상호작용이 많을수록 굵고 튼튼해지는 속성이 있기 때문에 초기에 여러 곳의 뉴런들이 부분적으로 경험과 행동의 영향 아래 서로 많은 정보를 빠르게 주고받으면서 일단 회로를 형성한 것은 살아남고 그렇지 못한 것은 도태되는 적자생존의 원리를 따르는데, 의식은 이들 회로 내에서 발생하므로 의식도 적자생존의 다윈원리에 의해 발생하는 것이 된다고 주장했다.

에델만은 척추동물에서 정서와 본능에 관계된 오래된 영역인 변연계와 뇌간이 나중에 나타난 시상피질 시스템과 연결되면서 일차의식이 최초로 출현했을 것으로 추정한다. 특히 의식은 준안정상태metastable state의 시상피질 내에 널리 분포된 뉴런집단들에 의해 형성된 재유입회로re-entry circuit를 통한 시공간적으로 조화된 상호작용에 따라 주로 발생한다고 주장했다. 이러한 시공간적 활동의 조화는 여러 지각요소를 통일된 대상과 장면으로 결합해 의식통합의 결합문제를 설명할 수 있다. 이러한 주장은 광역작업공간 이론이나 신경생리학 이론의 피질과 피질 사이 피질과 피질하 사이의 피드-포워드 피드백 작용이 의식발생의 배경이라는 주장과 비슷하다. 에델만은 여러 저서에서 의식은 장면을 만드는 능력으로 최초로 나타났다고 주장하면서 시각과 같은 외수용기에 의한 의식, 즉 그가 말하는 일차의식이 원시지구의 무의식세계의 적막강산에서 첫 의식으로 나타났다고 주장했다.

역동적 코어 이론에 대한 비평으로는 에델만이 이해하기 어려운 전문용어를 사용해 도대체 최종결론이 무엇인지 알기 힘들게 만들었다는 비난이 있었다. 그러나 이 이론에 대한 토노니의 자세하고 정확한 설명이 이런 비판을 다소 완화했다. 또 다른 비평은 역동적 시스템 이론을 정적인 추계적 시스템에 관한 이론과 뒤섞어 이해를 어렵게 했다는 것이다Dolan, 2000.

4) 통합된 정보이론

통합된 정보이론integrated information theory은 토노니가 2009년 그의 저서 『의식의 통합된 정보이론』*An Integrated Information Theory of Consciousness*에서 발표한 이론으로, 의식이 무엇이며 그것이 왜 물리적 시스템과 연관되느냐를 설명하려는 이론이다. 그 이론에 따르면, 그러한 물리적 시스템이 주어지면 그 시스템이 의식적인지, 어느 정도 의식적인지, 무슨 특별한 경험을 하는지 예측할 수 있고, 또 어떤 시스템의 의식은 그것의 원인이 되는 특성에 따라 결정되므로 어떤 물리적 시스템의 고유하고 근본적인 성질이다Tononi, 2016. 특히 이 이론은 어떤 신체 시스템이 정보통합 능력이 있다면 그 신체 시스템은 의식이 있다고 주장한다. 이것은 어떤 시스템에서 의식이 발현되려면 그 시스템이 이용할 수 있는 정보가 풍부해야 하고 그 시스템은 그런 정보들을 통합할 능력이 있어야 의식을 발현할 수 있다는 것을 시사한다Massimini and Tononi, 2013.

차머스에 따르면 순수 물리적 용어나 법칙을 이용해 의식을 설명하는 것은 결국 어려운 문제hard problem에 봉착하게 된다. 토노니의 통합정보이론은 반대로 의식을 의심할 수 없는 확실한 것으로 받아들이면서 의식으로 출발해 그 의식을 발현한다고 가정된 물리적 실질이 의식을 설명하기 위하여 가져야 할 성질이 무엇인지 추론한다. 이러한 의식적 현상론에서 물리적 기제로의 역추론은 의식적 경험이 배경이 되는 물리적 시스템으로 충분히 설명할 수 있다면 물리적 시스템의 성질은 의식적 경험의 성질에 제약을 받게 된다는 통합된 정보이론의 가정에 근거한다.

토노니가 설명하는 통합된 정보이론은 수학적 표현을 사용하여 다소 난해하다. 그의 주장에 따르면 통합된 정보이론은 의식이 질과 양의 두 가지 중요 문제를 제기한다고 가정한다. 시스템이 이용할 수 있는 의식의 양은 요소의 복잡성을 나타내는 Φ값으로 측정될 수 있다. 보통 정보의 양은 bit, 정보전달속도는 bit/sec로 나타내는 것같이 Φ도 값을 수량화할 때는 그 시스템이 통합할 수 있는 정보량에 해당하는 bit로 표현한다. 이 그리스 문자의 세로선은 정보를 나타내고 동그라미는 통합을 의미한다. Φ는 한 요소의 부분집합에서 정보적으로 가장 약한 고리를 통해 통합될 수 있는 인과적으로 효과적인 정보의 양이다. 어떤 복잡함은 더 큰 Φ의 부분집합의 일부가 아닌 양+의 값을 지닌 요소의 부분집합이다.

의식의 질은 어떤 복잡한 요소들 사이의 정보관계로 결정된다. 그 정보관계는 그들 사이에 교환되는 효과적인 정보의 가치로 결정된다. 마지막으로 각 특수한 의식적 경험은 그때의 복잡한 요소들 사이의 정보 상호작용을 매개하는 변수의 값으로 결정된다. 좀더 쉽게 말하면 어떤 물리적 시스템은 그것이 정보를 통합할 정도만큼 주관적·현상적 경험을 지닌다. 의식의 발현을 설명하는 것은 얼마나 많은 통합된 정보가 그 시스템으로 만들어지느냐지 광범위작업공간 이론이 주장하는 것처럼 정보가 그 시스템 속에서 얼마나 넓게 분포되어 있느냐가 아니다. 그 시스템에 의해 만들어지는 의식수준이나 의식의 양은 그 시스템에서 정보통합의 정도에 정비례하고 의식의 질은 그 시스템 내의 내부정보관계로 결정된다. 어떤 물리적 시스템도 어느 정도 현상적 의식을 가진다. 그것이 뉴런이나 생물학적 성분으로 이루어지지 않아도 마찬가지다Tononi, 2004.

뇌의 복잡함이 증가함에 따라 동물의 정보통합능력도 증가할 것이다. 그러므로 뇌가 상대적으로 크고 복잡한 동물의 의식수준이 높을 것이라는 데는 현대의식과학자들이 대부분 동의한다. 그러나 생물학적 성분이 아닌 물리적 시스템도 정보통합능력에 따라 그에 상당하는 의식을 갖게 된다는 이 이론의 주장은 매우 파격적이다. 기능주의 성격을 띤 현대판 범신론이라고 할 만하다. 이 주장이 맞는다면 이 이론은 엔지니어들이 그것의 성분이 정보를 생산하고 통합하는 한 무기질로 이루어진 의식을 가진 기계를 만들어낼 가능성을 열어준다. 이 이론의 위험성은 의식이 이론적 추측만으로 정보통합과 동일시되고 따라서 어떤 시스템의 이러한 객관적 특징정보통합이 원이론의 가정에 대한 어떠한 의문도 제기되지 않은 채 저절로 의식으로 간주된다는 점이다.

5) 시상피질결합 이론

시상피질결합 이론thalamocortical binding theory은 이 시대의 위대한 신경과학자 중 한 사람인 라이나스Rodolfo R. Llinás, 1934-가 그의 논문 「시간적 시상피질결합에서 내용과 맥락」Content and Context in Temporal Thalamocortical Binding, Llinás et al., 1994과 저서 『소용돌이 속의 나』*I of the Vortex*, Llinás, 2001에서 주장한 이론으로 이름이 시상피질을 포함하는 것에서 시사하듯 역동적 코어 이론과 유사하다.

라이나스는 뇌는 유기체가 조화롭게 이리저리 움직이기 위해 진화했으며 의식도 운동뉴런의 진화에서 비롯했다고 주장하고 유기체 내의 감각과 운동에 관계된 여러 구조 안 뉴런들의 활동진동, 공명, 리듬, 통일의 끊임없는 소용돌이가 의식의 근원이라고 굳게 믿고 유기체 외에 의식의 존재를 철저히 배격했다. 또 외부세계를 다루는 우리 뇌는 감각정보에 의해 깨어나는 졸고 있는 기계가 아니라 끊임없이 윙윙거리는 시스템이라고 주장했다. 그는 의식이 시상피질회로의 분산되어 있는 여러 영역의 통합된 활동으로 발현된다고 했다. 이 이론에서도 정보통합과 결합은 통합된 정보이론과 마찬가지로 중요한 역할을 하고 의식과 결합의 신경기구도 시상피질 시스템이지만 앞의 이론들보다 의식을 만들고 그것을 다 함께 결합하는 데 결정적인 시상피질 시스템의 신경해부학적·신경생리학적 특징을 더 상세히 다룬다는 점에서 앞의 이론들과 차이가 있다.

시상피질연결이 이론적으로 중요한 특징 중 하나는 그것의 양방향성이다. 시상핵은 그들이 투사하는 피질영역 바로 거기에서부터 그들이 보내는 축색보다 훨씬 더 많은 축색에 의한 피드백을 받는다. 이들 시상피질연결은 시상과 피질 사이의 양방향 연결고리를 만든다. 그리하여 여기저기 분산해서 동시에 지각되는 특징이나 사건들을 표현하는 신경활동들이 시상피질계 내에서 서로 관련되면서 여러 감각양태로부터 입력되는 것을 단일 지각으로 결합할 수 있다. 따라서 시상피질계야말로 여러 곳에 퍼진 신경 표현들을 통일된 지각세계로 결합 혹은 통합하는 데 중요한 역할을 할 가장 타당한 후보다. 이 이론은 이러한 시상피질계의 양방향성에 의한 시상과 피질 사이 대규모 반향활동을 가능하게 하는 풍부한 상호적 시상피질연결이 있다는 것과 어떤 시상뉴런과 피질뉴런들은 스스로 고유한 40HZ 진동을 할 수 있다는 사실에 근거하여 전개된다. 이것은 시상피질계가 감각입력이 없더라도 스스로 광범한 진동상태를 만들 수 있다는

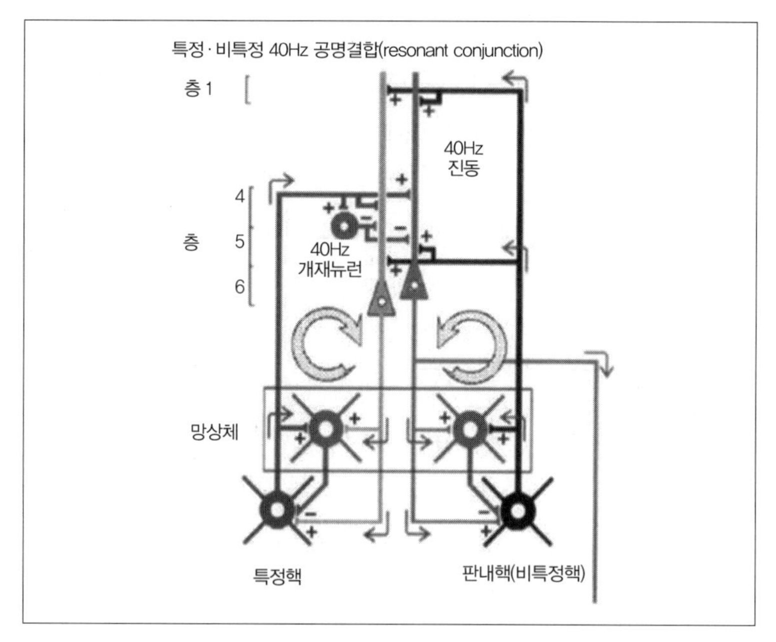

그림 5-4 시간결합(temporal binding)을 돕는다고 알려진 시상피질회로. 왼쪽: 특정 감각 혹은 운동핵이 직접 활성화와 40Hz 억제성 개재뉴런을 통한 피드포워드 억제에 의해 피질진동을 만들어내면서 피질의 층4에 투사한다.
이들 투사의 측쇄들은 망상핵을 통해 시상 피드백 억제를 만든다. 귀환경로(오른쪽 둥근 화살)는 층6의 피라미드세포를 통해 특정 그리고 망상시상핵으로 이 진동을 되돌린다.
오른쪽: 둘째 고리는 피질의 가장 피상층에 투사하는 망상체에 측쇄를 보내는 비특정 판내핵을 보여준다. 층5 피라미드세포는 두 번째 공명고리를 만들면서 망상과 비특정 시상핵으로 진동을 되돌린다. 특정 · 비특정 고리의 결합은 시간결합을 만든다고 생각된다.*

것을 의미한다.

예를 들면 우리가 외부자극을 지각할 때 시상피질 신경망의 고유한 활동은 감각입력에 의해 조절됨으로써 뇌의 기능상태로 병합되나 우리가 환각을 보거나 꿈을 꾸는 경우는 이 고유 활동이 외부자극에 의한 조절을 받지 않게 되어 제멋대로 자유롭게 전개되면서 실생활과는 동떨어진 비합리적 · 비상식적 의식이 나타나는 경우다. 의식

* Llinas and Ribary, 1993.

은 여러 뉴런활동의 타이밍의 산물이며 이 40Hz 진동에 따른 공명은 이런 타이밍을 위한 매개수단으로 큰 뉴런집단 조합에 걸친 리듬활동의 시간적 결합을 만들어내는 메커니즘이다. 만약 40Hz로 통일된 파동이 의식에 관계된다면 의식은 시상피질계 내 활동의 동시성에 의해 결정되는 비연속적 사건일 것이다[Llinás and Pare, 1991].

라이나스는 멀리 떨어진 시상과 피질영역들의 이러한 40Hz 진동의 동시화에는 두 시상피질고리, 즉 특정시상피질고리, 비특정시상피질고리와 이웃하는 시상 망상체와의 수상돌기-수상돌기 시냅스에 의한 연결 및 핵 내 축색 곁가지들에 의한 연결이 주도적 역할을 한다고 제안했다[그림 5-4].

시상망상체는 이 두 고리와 상호작용해 둘의 활동을 동시화할 수 있다. 가까운 영역들과는 시상망상체와 특정 시상피질뉴런*의 수상돌기 간 시냅스에 의한 영역 내 통합이 이루어지고, 먼 영역과는 시상망상체와 비특정 시상피질뉴런**과의 장거리 축색 곁가지에 의한 영역 간 통합이 40Hz 진동으로 이루어진다. 그리하여 특정 시스템은 외부세계에 관한 내용을 제공하고 비특정 시스템은 단일 인지경험을 만드는 시간적 통합을 야기한다. 특정시상핵의 손상은 양태[감각 특징]의 특정 의식내용을 폐지하고 비특정시상핵의 손상은 전반적인 의식을 폐지하면서 혼수상태로 이끈다는 임상적 결과들이 이 모델을 지지한다. 이러한 사실은 40Hz 근방의 동시적 신경활동***을 통한 이 두 시상피질고리의 상호작용이 지각적 내용을 단일하게 통일된 경험으로 결합을 떠맡고 있다는 사실을 시사한다[Llinás et al., 1994].

---

* 외측슬상핵이나 내측슬상핵처럼 동일배치구조를 가지고 피질의 특수한 영역에 투사하는 시상핵의 뉴런.

** 지형학적 구조 없이 다양한 피질영역에 투사하는 시상핵의 뉴런.

*** 시상망상체의 주도에 의한.

시상피질결합 이론은 역동적 코어 이론과 신경생리학 이론과 많이 중첩된다. 두 이론의 중요한 핵심적 부분을 인용해 발전시킨 이론으로 보인다.

6) 미소의식 이론

미소의식 이론microconsciousness theory은 런던대학 제키Semir Zeki, 1940-가 동료인 바텔Andreas Bartels과 함께 1999년 발표한 논문「시각의식 이론을 향하여」Towards a Theory of Visual Consciousness, Zeki and Bartels, 1999와 2003년에 발표한 논문「의식의 비단일성」The Disunity of Consciousness, Zeki, 2003에서 주장한 이론으로 앞의 여러 이론과 상반된 견해를 보이는 독특한 이론이다. 그의 이론을 요약하면 다음과 같다. "단일한 의식상관물로 알려진 것을 찾아내려는 시도는 의식이 단일의 통일된 실체라는 것을 주장하는데 이것은 '의식의 단일성'이라는 용어에서 표현된 믿음이다. 여기서 나는 의식의 신경상관물에 대한 탐구는 의식이 단일한 실체가 아니며 시공간에 산재된 의식이 많다는 것을 시인할 때까지 결코 이룰 수 없을 것이라고 주장한다."

그는 의식에는 여러 단계로 이루어진 다양한 종류가 있으며, 그 정점에는 칸트가 말한 지각하는 사람으로서 자신을 뜻하는 종합적·초월적인 단일화된 의식이 있고 요소지각* 단계에서 먼저 의식적 처리가 이루어진 후 위 단계 의식처리로 진행된다고 주장했다. 그러면서 가장 많은 것이 알려진 시각을 주로 사용해 주장을 증명하려고 했다. 그는 시각의식 중에는 색상에 대한 의식과 움직임에 대한 의식이 있

* 말하자면 감각질.

는데 이 두 속성이 시간적으로 다른 때 의식되고 시공간적으로 다른 메커니즘이라는 것을 증명하면 단일의 통일된 의식은 진리가 될 수 없다면서 2003년 논문에서 그것을 증명했다.

뇌영상실험이나 신경생리학적 환자들에 대한 사례에서 잘 알려져 있듯이 색상과 움직임은 V4 및 V5[MT]라는 다른 뇌 영역에서 처리된다. 각 속성은 해당 뇌 영역이 손상되면 의식에서 사라진다. 제키는 이것이 두 기본적인 현상적 경험*은 단일화된 색상을 띤, 움직이는 대상으로 결합되기 전 고립해서 그들의 국지적인 해부학적 영역에서 만들어지지 않으면 안 된다는 사실을 증명하는 것이라고 단정했다. 그리하여 특별한 타입의 질적 경험을 만드는 데 전문화된 피질영역들은 그 자체로 의식, 즉 미소의식을 만든다. 이런 미소의식을 만들기 위해 전문화된 영역들은 피질이 활성화되는 역치를 넘어서는 높은 활동수준에 도달해야만 한다. 이 영역들이 활성화되지 못하면 정보는 의식에 도달하지 못하고 무의식적으로 처리된다. 다시 말하면 미소의식 이론은 의식은 본래 단일화되어 있지 않으며 의식의 신경상관물들은 피질 여러 곳에 산재한다고 주장한다.

어디에도 단일한 통일된 의식을 위한 신경기구는 없다. 그런 기구를 찾는다는 것은 의식의 성질에 대한 잘못된 가정에 근거한 것이다. 우리가 색상이 화려한 새가 나는 것을 볼 때 그 새의 색상, 위치, 모양, 움직임에 해당하는 미소의식은 분리된 피질영역에서 독립적으로 나타난다. 어떤 현상적 특징은 먼저 나타나고 다른 것은 뒤에 나타난다. 그것은 각 미소의식을 처리하는 뇌 속의 신경회로의 길이나 복잡성에서 차이가 나기 때문이다. 실제 위치의식이 제일 먼저 나타나고 모양, 색상, 움직임 순으로 의식이 나타난다. 이 시간적 불일치

* 감각질의 경험.

간격이 아주 짧기 때문에 우리가 그 차를 의식하지 못할 따름이다. 더 긴 시간규모에서는 대상의 속성들이 화려한 색상을 띤 움직이는 새라는 거시의식macroconsciousness으로 다 함께 묶인다. 거시의식 위에 제3의 의식, 이른바 통일된 의식이 있다. 그 의식은 전체적으로 통일된 지각적 세계와 전체적으로 통일된 표상 내에 지각하는 실체로서 자기를 포함한다.

제키 이론에서 거시의식이 어디서 어떻게 일어나는지에 대한 설명은 없다. 그는 통일된 의식이라는 단어가 정확히 무엇을 의미하는지 명확한 설명을 하지 않았다. 그것이 모든 현상적 내용이 등록되어 있는 한 통일된 지각표상인지 더 높은 반성의식이나 자의식을 의미하는지는 불분명하다. 우리는 동물이나 유아들이 자의식은 없지만 광범한 통일된 지각적 표상을 갖는다는 것을 쉽게 알 수 있다. 제키는 지각하는 사람으로서 자신에 대한 의식은 의식하는 것을 의미한다고 보았다. 그런데 그것은 의사소통과 언어를 요구한다. 따라서 제키의 통일된 의식이라는 것은 단순한 지각적 통일이 아니라 성인 인간에게만 가능한 수준 높은 인지적 업적 달성을 의미하는 것 같다 Revonsuo, 2010.

이러한 제키의 주장은 인간과 같은 복잡하고 다양한 의식 관련 구조모듈를 갖춘 동물은 자연의 다양한 현상을 대부분 의식할 수 있지만 아주 수준이 낮은 하등동물은 이러한 구조가 적기 때문에 세상의 작은 부분만 의식할 수 있다는 것을 시사하므로 동물의 의식을 설명하기 위해서는 다른 이론보다 유리한 면이 있다고 볼 수 있다. 예를 들면 우리 인간은 눈의 추상체에 있는 다른 파장의 광원을 구분할 수 있는 세포 덕분에 삼원색으로 조합된 색상을 대부분 구분할 수 있으나 어떤 동물은 이원색 조합이나 무채색 조합밖에 구분하지 못한다.

7) 정서우선론

정서우선론emotion-priority theory은 남캘리포니아대학 신경과학자인 포르투갈 출신 다마지오Antonio Damasio, 1944-의 『사건에 대한 느낌』*The Feeling of What Happens*, Damasio, 1999과 동물의식을 연구한 호주 과학자 덴턴Derek Denton, 1924-의 『원초적 정서』*Primordial Emotions*, Denton, 2005에서 피력된 이론으로 우리 몸이 느끼는 정서가 의식에서 가장 중요한 역할을 한다는 이론이다. 정서신경과학affective neuroscience이라는 용어를 만들 만큼 정서, 특히 포유류의 정서에 관심이 많은 판크세프Jaak Panksepp, 1942-2017도 의식에서 정서의 중요성을 강조했다. 그도 정서가 항상성의 교란감지의 진화적 연장이라는 주장을 한다는 면에서 덴턴과 유사하다.

덴턴은 에델만 등 외수용기적 의식 우선론과 반대로 신체의 생존에 관계되는 기능을 제어하는 본능적 충동의 주관적인 면*인 '원초적 정서'Primordal consciousness가 내수용기에 의해 추동되어 최초로 나타난 의식이라고 주장하면서 의식에서 정서의 중요성을 강조했다. 덴턴은 위의 저서에서 '원초적 정서'를 "신체의 자율신경계의 제어를 돕는 본능적 행동의 주관적 요소"로 정의하고 이것이 의식의 시작이었다고 했다Denton, 2005.

다마지오는 의식의 생성에서 몸과 정서의 역할을 대단히 중시했다. 그에 따르면 의식은 자아와 불가분의 관계가 있고, 자아는 몸과 몸의 내수용기 자극에 의해 발현하는 정서로 생기며 자아 수준에 따라 의식수준도 정해진다. 가장 기본적인 자아인 원초적 자아proto-self

* 예를 들면 생존을 위해 가장 먼저 해결해야 하는 목마름, 배고픔, 숨 막힘, 소금 같은 미네랄에 대한 욕망, 성적 욕망.

는 유기체의 상태를 순간순간 뇌의 여러 수준에서 나타내는 상호 연결되고 일시적으로 통일된 신경패턴집합이며 의식되지 않는 자아다. 이 자아는 아주 원시적인 동물들을 제외한 대부분 동물이 공유하는 자아다. 이를 뒷받침하는 영역은 시상하부, 섬엽, 2차 체감각피질 secondary somatosensory cortex, S2, 뇌간의 일부 핵*처럼 가장 원시적인 생존을 지지하는 뇌 영역들이다.

핵심 자아core self도 인간뿐만 아니라 원시적인 하등동물을 제외한 대부분 동물들도 소유하는 자아로 정도 차이는 있지만 감각수용기를 통해 들어오며 끊임없이 변화하는 외부 환경의 자극을 의식하는 자아다. 핵심자아는 대상에 의해 촉발된다. 핵심자아를 생산하는 메커니즘은 일생 거의 변하지 않는다. 핵심자아는 의식된다Carruthers, 2007. 핵심의식core consciousness은 핵심자아와 그 핵심자아를 위하여 지금 존재하는 대상 이미지 사이의 지금 여기의 온라인 관계를 나타낸다. 이 자아를 뒷받침하는 뇌 구조는 크든 작든 대뇌피질**과 뇌간으로 이들의 상호작용이 핵심의식의 발현에 필수적이다.

가장 고등한 자아는 자서전적 자아autobiographical self로 연장된 의식 extended consciousness을 가능하게 하는 자아로 크고 복잡한 대뇌피질, 특히 전두엽이 발달된 동물에 국한되는 자아다. 핵심의식과는 대조적으로 연장된 의식은 자서전적 역사를 통해 작동하고 시간적으로 연속적인 자서전적 자아와 그것의 과거와 미래의 대상과 관계를 나타낸다. 자서전적 자아와 연장된 의식은 인간 외에도 영장류, 고래, 잘 훈련된 개 등 극히 고등한 동물에도 있으나 인간 이외의 동물들은 그 수준이 매우 낮다. 자서전적 자아는 과거의 기억과 우리가 만든

---

* 고전적 망상체와 모노아민핵과 아세틸콜린핵.

** 혹은 필적하는 원시피질.

계획의 기억을 기반으로 만들어진다. 이것은 살아온 과거와 기대하는 미래를 의식하고 확장된 기억, 추론, 상상, 창의, 언어를 촉진했다. 그리고 이로부터 인간은 문화의 도구인 종교, 정의, 직업, 예술, 과학과 기술 등을 만들고 발전시켜왔다.

다마지오에 따르면 의식의 문제는 자아의 배경이 되는 신경패턴들이 어떻게 분명한 정신패턴 혹은 이미지로 변화하는지 알아내는 것이며 이미지의 기본 성질은 감각질이다. 의식의 첫 번째 문제는 감각질과 신경생물학의 관계를 밝히는 것이고 감각질은 언젠가는 신경생물학적으로 설명될 것이라고 했다. 그런데 그는 감각질은 의식적일 수도, 비의식적일 수도 있다는 주장을 한다. 감각질이 비의식적일 수 있다는 다마지오의 생각은 의식이 더 낮은 상태에 대한 더 높은 사고와 같은 낮은 상태와 높은 상태 사이의 관계에서 발생한다는 의식의 고차이론[higher order theories, HOT]과 유사하다[Carruthers, 2007]. 그에 따르면 의식은 대상과 자아를 다 함께 가져오는 단일화된 정신패턴이다.

그는 그러한 역동적 이미지의 질적·정신적 패턴이나 순서를 뇌 속의 영화에 비유한다. 그것은 아직 의식이 아니다. 의식을 위해서는 영화 내 영화를 위한 주인이나 관찰자[즉 자아] 같은 것이 있어야 한다. 영화 내 자아의 존재는 마찬가지로 이미지에 근거하나 지각적 이미지가 아니라 어떤 느낌이다. 정확히 말하면 유기체의 존재 속에서 일어나는 어떤 것에 대한 느낌이다. 뇌 속에서 환경과 유기체의 상호작용은 대상 이미지의 존재를 느끼고 그들과 끊임없이 상호작용하는 자아이미지를 현상적 영화 속으로 삽입함으로써 현상적 영화에 의해 포착된다. 의식[즉 현상적 영화]은 끊임없이 변화하는 이러한 느낌[자아]과 대상의 상호작용으로 발생한다.

다마지오의 이론은 느낌이 자아의 근거이고 이러한 자아가 있어야만 의식이 가능하다는 논리인데 그는 이 느낌이 어느 수준 이상의 동물에 존재하는지 언급하지 않았다. 또 감각질이 의식되지 않는 것은 주의의 선택을 받지 못해서인지, 자아의 부재에 의해서인지도 언급하지 않았다. 전자라면 감각질이 의식적일 수도, 의식적이 아닐 수도 있다는 그의 주장은 고등동물에게도 해당된다.

그러나 후자라면 고등동물은 감각질을 의식하고 자아 형성능력이 없는 하등동물은 감각질의 영상은 만들되 의식은 할 수 없다는 주장이 된다. 즉 자아가 없는 동물은 시각영상이나 청각영상을 만드는 장치를 갖춘 로봇처럼 영상은 만들 수 있으나 의식은 없다는 말이 된다. 그의 감각질이 의식적일 수도, 의식적이 아닐 수도 있다는 주장은 아마도 후자를 의미하는 것 같다. 물론 그럴 경우 뇌기능에 이상이 있어 자아를 만들 수 없는 환자도 하등동물과 마찬가지로 영상 이미지는 만들 수 있되 의식은 만들 수 없다는 주장을 내포하게 된다. 여기서 하등동물이 영상을 만들고 그것을 느끼느냐 아니면 로봇처럼 느끼지 못하느냐를 어떻게 판별할 것인가 하는 어려운 문제가 다시 등장한다.

현대의식 이론은 몇몇 철학이론과 달리 감각질이나 의식이 뇌 활동의 산물이고 뇌 안에 있으며 우리가 보는 대상은 우리 뇌가 만든 가상현실이라고 주장한다. 그러나 감각운동 이론sensorimotor theory이나 표상주의자representationalist 이론 같은 철학적 이론들은 의식이 뇌 활동으로 나타나는 것이 아니며 따라서 의식의 내용은 뇌 속에 위치할 수 없다고 한다. 그들은 의식의 신경상관에 대한 탐구는 잘못된 길을 가고 있으며 의식의 내용은 머리나 뇌 속이 아니라 우리가 눈을 뜨면 보는 거기 바깥세상에 존재한다고 주장한다.

의식과학 이론 사이의 큰 차이는 현상의식의 근본적 형태에 관한 것이다. 제키의 미소의식 이론은 구조주의 전통을 따라 의식이 간단한 감각질의 집합으로 이루어져 있다고 주장한다. 근본적으로 의식은 가장 간단한 원소인 감각질로 쪼개질 수 있으며 나중에 통합된 지각으로 합쳐진다는 견해를 취한다. 그러나 광역작업공간 이론, 역동적 코어 이론, 정보통합 이론 등은 의식은 근본적으로 통합된 전체적 현상이며 현상적으로 주관적인 어떤 것도 통합된 장 밖에서 독자적으로 의식될 수 없다고 주장한다. 현재는 후자가 더 광범한 지지를 받고 있다. 그러나 뇌의 부분적 이상에서 나타나는 이상적 지각현상은 전자를 더 지지하는 것 같다.

8) 기타 현대의식 이론

이상에서 의식과학에서 주류를 이루는 몇몇 이론을 살펴보았다. 이들 전통적인 의식과학자들의 이론 외에 한 가지 독특한 의식이론이 있다. 영국의 수리물리학자 겸 철학자인 펜로즈가 『황제의 새 마음』*The Emperor's New Mind*, Penrose, 1989에서 고전적 물리법칙만으로는 의식을 설명하기에 부적절하며, 의식은 고전적 물리학과 양자역학의 이론적 연결이 필요하므로 의식을 설명하기 위해 양자역학quantum mechanics 이론을 도입해 의식을 신경세포 속 미세소관microtubule의 양자역학적 진동에 의한 것이라고 주장한 이론이다. 그에 따르면 신경세포는 너무 커서 신경세포 수준에서는 의식문제에 답을 할 수 없고 신경세포를 이루는 세포골격 속 미세소관의 양자적 진동이 시냅스 기능에 결정적 역할을 할 것이라고 주장했다.

그러나 양자역학은 의식 못지않게 난해한 이론으로 이러한 주장을 실증하기는 거의 불가능하다. 도리어 그것은 또 하나의 설명적 갭으로 보인다. 따라서 이는 실험적 뒷받침이 없는 순수 가정에 근거한 것으로 현재까지 의식과학자들의 큰 지지를 얻지 못하고 있다. 그밖에도 철학자들의 다양한 이론이 있는데 대표적인 것은 뉴욕시립대학 로젠탈David Rosenthal, 1939- 이 최초로 주창한, 대상에 대한 의식적 처리와 무의식적 처리를 구분하면서 의식은 일차처리에 대한 차원 높은 관찰이라는 고차사고 이론higher-order-thought(HOT) theory, Rosenthal, 2005이 있다. 고차사고 이론은 신경과학적 견지에서는 초기 감각영역에서의 무의식적 처리와 고차연합영역인 전두엽이나 두정엽에 의한 의식적 처리를 구분해주는 이론으로 볼 수 있다. 이 이론은 현상의식도 무의식의 일차처리를 거친 고차의식으로 간주한다. 이와 비슷한 철학자들의 다양한 이론이 많으나 주로 현학적이고 실증적 실험으로 뒷받침되지 못하는 사변적 이론들이라 배제했다.

몇몇 학자의 독특한 주장을 제외하면 위의 이론들 사이에는 그다지 큰 차이가 없다. 다마지오, 제키, 토노니의 이론이 다소 특이한 면을 내포하나 대체로 의식은 뇌의 산물이며 대뇌와 시상의 상호작용이 중요하다는 면을 모두 강조하고 있다. 그것은 위의 대부분 의식이론이 대뇌피질과 시상을 구비한 인간을 비롯한 포유동물 이상의 연구로 탄생했다는 것을 의미한다.

마지막으로 앞에서 설명한 모든 이론이 아직은 주로 실험결과에서 나타나는 상관을 중심으로 뇌의 어떤 영역들의 어떠한 상호작용으로 의식이 발현한다는 것을 주장할 뿐 철학자들이 해명하려고 노력하는 "박쥐가 된다는 것이 어떤 것일까?" 혹은 "왜 물리적 현상인 전기적 뇌 활동이 물리적으로 환원해서 설명하기가 거의 불가능한 감각질이나 미움, 즐거움, 희망 같은 주관적 현상을 일으키는가?" 같은 질문에는 어떤 대답도 주지 못하고 있다. 아니 접근조차 못하고 있다는 말이 더 적절한 것 같다.

2. 의식의 발현조건

이상의 여러 이론은 주로 시상과 피질을 갖춘 포유동물과 인간의 의식발현에 관한 메커니즘을 서술하고 있다. 다만 미소의식 이론과 정서우선론은 포유동물 외에 동물의 의식에 관해서도 적용할 수 있는 이론이라고 할 수 있다. 여기서 좀더 다른 각도에서 의식에 관해 살펴보자. 동물이 점점 복잡한 행동을 하게 됨에 따라 그 행동을 제어하는 뇌도 복잡해지고 뇌 속의 신경들도 복잡해진다. 뇌 속뿐만이 아니라 뇌 바깥의 신경도 행동에 간여한다. 감각신경과 운동신경이 그 예다. 히드라의 신경계와 같은 망상신경계는 감각신경과 운동신경으로 분화되지 못한 신경계다. 자포동물인 해파리나 극피동물인 불가사리는 감각신경과 운동신경으로 분화된 동물들로, 방사신경계와 이들을 연결해주는 한 쌍의 고리로 이루어진 신경계로 행동을 제어하나 신경절이나 뇌 같은 것은 없다.

고리신경계의 신경세포는 감각신경과 운동신경을 단순히 연결해주는 역할만 하지만 엄격히 말하면 두 종류의 세포 사이에 중개노릇을 하므로 중개세포, 즉 개재뉴런interneuron이라고 할 수 있다. 이들보다 더 복잡한 구조를 가진 하등동물들은 모두 사이 신경세포, 즉 개

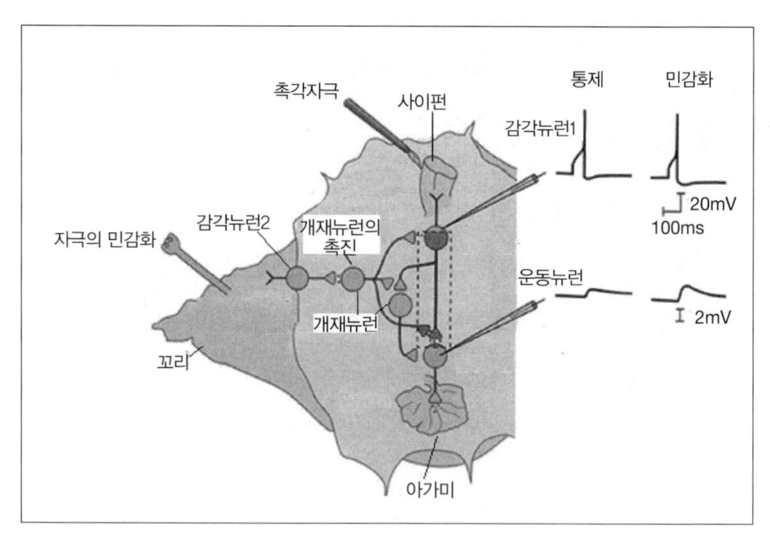

그림 5-5 민달팽이의 신경구조와 반사행동. 개재뉴런의 영향으로 자극을 불규칙적으로 강화하거나 계속하면 민감화나 촉진이 일어나고 똑같은 자극을 일정한 간격으로 가하면 습관화가 일어난다.

재뉴런을 가진다. 또 척추동물의 행동의 극히 일부에 해당하지만 척추동물 척수에서 만나는 감각신경과 운동신경이 그 둘만으로 반사회로를 만들기도 한다.

그러나 많은 하등동물은 비록 감각신경과 운동신경 외에 개재뉴런을 가지고 있으나 그들의 많은 행동은 이러한 감각신경과 운동신경만으로 이루어진 반사회로에 의해 이루어진다. 민달팽이의 사이펀을 자극하면 아가미가 수축하는 것도 반사행동의 한 예다[그림 5-5]. 이러한 반사행동은 극히 판에 박힌 정형화된 행동들일 뿐 동물의 의식이나 자유의지와는 전혀 무관한 행동이다. 물론 고등동물의 경우 반사회로에도 대부분 개재뉴런이 존재한다. 척수반사와 같은 극히 간단한 반사행동만 감각뉴런과 운동뉴런으로 이루어진다.

예를 들면 민달팽이의 초기 단순반사 때는 감각뉴런과 운동뉴런만 작동하나 습관화habituation, 민감화sensitisation, 촉진facilitation 같은 원시

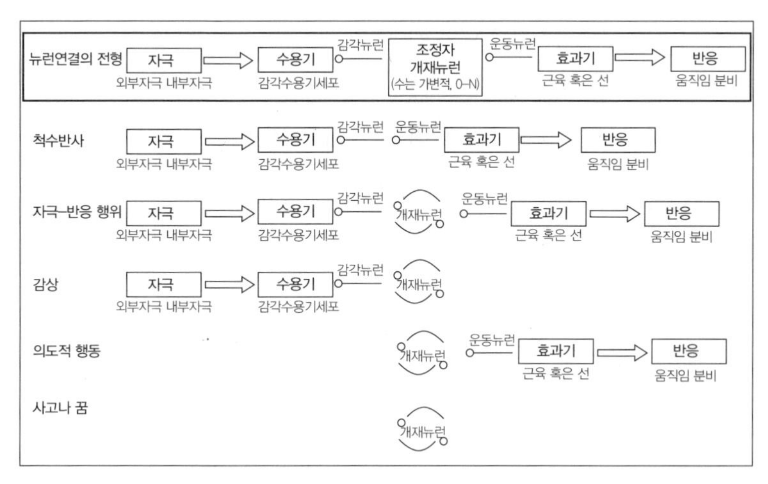

그림 5-6 동물의 행동이나 의식에 따른 뉴런의 연결과 개재뉴런의 개입

적 절차기억의 발현으로 보이는 더 복잡한 행동에는 개재뉴런이 작동한다. 일반적인 자극-반응 행위에는 행동의 복잡성에 따라 개재뉴런의 수가 변한다. 동물의 행동이나 의식내용이 복잡해지거나 정교해질수록 개재뉴런의 수가 점점 많아진다. 그리고 외부자극을 감상만 하는 경우는 운동뉴런과 효과기는 작동하지 않고 의도적계획적 행동은 감각수용기와 감각뉴런이 작동하지 않는다. 순수사고나 꿈은 개재뉴런의 작동으로만 이루어진다그림 5-6. 가장 극적으로 많아진 사례는 인간의 시각회로다. 감각수용기에 5종류 뉴런이 있고 개재뉴런의 수는 일곱 가지도 넘는다그림 5-7, 그림 6-26.

여기서 다마지오가 말하는 자아를 위한 느낌이 나타나기 위한 조건은 무엇일까? 즉 로봇과 동물을 구별해주는 가장 원초적 의식이 나타나기 위한 조건은 무엇일까? 위의 민달팽이는 단순반사 외에 민감화와 습관화라는 두 가지 추가 행동을 보이는 것이 연구결과 밝혀졌다. 그렇다면 민달팽이는 의식을 발현할 능력을 갖추었다고 할 수 있을까? 민감화와 습관화는 일종의 절차기억에 따른 결과다. 우리가 자전거 타는 기술을 익히는 것과 같은 기억의 결과다. 우리가 자전거를 타는 데 익숙해지면 자전거를 탈 때 그 기억은 의식되지 않는다. 사과의 영상을 만들거나 사과라는 단어를 기억하는 것은 의식이다. 감각신경과 개재뉴런들이 동시에 작동[발화]하면 왜 어떤 경우는 의식이 발현하고 어떤 경우는 의식이 발현하지 않는가? 다시 다마지오의 주장을 돌아보자.

감각질이나 영상이 의식적일 수도 의식적이 아닐 수도 있다는 그의 주장은 다시 말하면 자아의 느낌이 없는 감각질이나 영상은 의식이 아니고 자아의 느낌을 동반한 감각질이나 영상은 의식이라는 것은 다른 학자들이 말하는 순수현상의식은 의식이 아니라는 말이 된다. 우리가 자전거를 타는 것이나 민달팽이가 민감화나 습관화하는 것은 어떤 영상을 만들지도 않고, 어떤 느낌도 일으키지 못하므로 의식적이 아니라는 것은 다마지오의 이론에 따르든 다른 학자의 이론에 의하든 확실한 것 같다. 그러나 영상이나 감각질을 생성하는 데도 의식이 없다는 주장은 현상의식을 부정하는 말로 의식의 신경상관을 연구할 때 이것을 받아들일지 말지를 확실히 해두지 않으면 의식의 신경상관물을 구하는 연구결과에 대한 해석이 달라질 수 있다. 영상이나 감각질만에 해당하는 신경상관물과 이들에 자아의 느낌을 부가한 것에 대한 신경상관물은 아주 달라질 수 있기 때문이다.

우선 현대의식과학에서 의식은 어떤 신경생리학적 조건에서 발현하는가 하는 것에 관한 연구결과들을 살펴보자. 앞에서도 잠깐 언급했지만 한때 크릭과 코흐는 시각의식을 연구하면서 대뇌피질, 시상, 시신경을 포함하는 시각신경계의 40Hz 공명이 시각의식발현에 기여한다고 했다가 나중에 의식이 없는 생리적 현상에서도 40Hz 공명이 발생하는 것을 알고 그 이론을 철회한 적이 있다.

인간의 시각의식 발현은 아주 복잡한 것 같다. 안구와 시상, 1·2차

시각피질의 동시적 활성화발화만으론 의식이 발현되지 않는다. 추가로 측두엽, 두정엽, 전두엽의 동시적 활성화가 있어야 시각의식이 발현된다. 여기에서 한 가지 의문이 생긴다. 인간의 시각처럼 의식이 발현되기 위해서는 시각회로 속 많은 신경집단의 동시적 발화가 필요하다면 인간처럼 복잡한 단계의 시각회로를 갖지 못한 동물은 어떻게 시각의식을 발현할 수 있을까?

메뚜기는 몸체에 비해 눈이 엄청나게 크다. 아무도 메뚜기 눈이 시각적 의식을 갖는 데 불필요하며 단순히 장식으로 달려 있다고는 생각하지 않을 것이다. 아직 논란이 많지만 현재 많은 학자는 같은 곤충강에 속하는 메뚜기와 꿀벌이 시각과 후각에 대한 현상의식을 갖추었다고 본다. 그러면 메뚜기의 시각회로가 우리의 눈과 시상 및 1·2차 시각피질까지 이르는 회로보다 오히려 간단한데도 그들은 어떻게 시각의식을 발현할 수 있을까? 그 의문에 대한 답은 다음과 같이 여러 가지로 생각해볼 수 있다.

① 인간의 시각의식은 색상, 움직임, 깊이, 대상의 범주얼굴이나 집 등 많은 것을 구분하는 복잡하고 정교한 의식이다. 그것을 발현하려면 그만큼 많은 신경집단과 복잡한 회로의 동시적 발화가 필요하다. 그러나 메뚜기의 시각의식은 자기의 생태환경에서 유전자를 보존하고 생존을 이어가는 데 필요한 정도의 기본적 시각의식현상의식 또는 일차의식만 갖추었기 때문에 그것의 발현에는 인간보다 신경집단의 수가 훨씬 적고 간단한 회로의 동시발화만 필요하다.

② 메뚜기의 의식은 기본적으로 인간의 의식과 모든 면에서 근본적으로 같다. 외수용기적 의식, 내수용기적 의식, 정서의식 등 모두를 갖추고 있고 느낌도 가능하다. 따라서 메뚜기의 시각의식도 단순한 일차의식이나 현상의식으로만 이루어진 것이 아니라 다양한 것을 판별하는 능력을 보유하고 있다. 인간의 시각의식과 차이는 뇌의

수용력에 따르는 정도의 차이일 뿐이다.

③ 메뚜기의 눈은 로봇의 눈처럼 시각정보를 수집하는 단순한 장치에 불과하고 메뚜기는 로봇처럼 느낌이나 의식이 없다.

사실 이러한 대답 중 어느 것이 옳다고 단정하는 것은 현재 축적된 자료와 기술로도 매우 어렵다. 그러나 필자가 다른 장에서 주장했듯이 적어도 머리 신경절을 지닌 모든 동물은 가장 원시적인 느낌원시정서의식을 가졌을 가능성이 있다고 보는 것이 옳다. 즉 편형동물, 환형동물들처럼 좌우대칭이며 산만 신경계가 아닌 머리 신경절을 지닌 모든 동물은 원시적 정서의식을 가졌을 가능성을 배제할 수 없다. 그 원시적 느낌이라는 것이 인간의 정서적 느낌과 다르다고 해도.

메뚜기가 어떤 식으로든 시각의식을 발현할 수 있다면 그러한 시각의식은 반드시 인간처럼 많은 신경그룹으로 이루어진 복잡한 신경회로의 공명을 필요로 하지 않는다고 볼 수 있다. 메뚜기의 시각의식을 위해서도 메뚜기 신경회로의 공명은 필요할 것이다. 물론 이때 필요한 메뚜기의 신경그룹 수는 인간보다 훨씬 적고 회로는 총 4-5단계로 이루어졌을 것이다. 그러면 시각의식을 발현하려면 최소한 몇 단계 신경으로 이루어진 회로의 공명이 필요할까? 또 청각이나 통각 등 다른 의식을 발현하려면 몇 단계 이상 신경회로의 공명이 필요할까? 인간 시각의식의 경우 적어도 10단계 이상이다. 그것도 중간에 더 작은 회로로 갈라지는 가지를 가진 10단계 이상의 회로다.

〈그림 5-7〉에서 볼 수 있듯이 인간의 시각의식에는 단순히 10단계 이상이 아니라 엄청나게 복잡한 신경회로의 거의 동시적 발화가 필요하다. 움직임 시각정보는 광수용기세포-양극세포-망막신경절세포-외측슬상핵-V1-V2-V3-V5MT-외측내두정엽-전두안운동야-전전두엽 순으로 흐르고, 대상인식 시각정보는 광수용기세포-수평세포-양극세포-아마크라인세포-망막신경절세포-외측슬상핵-V1-

V2-V3-V4-하측두엽-(전두안운동야)-전전두엽 순으로 흐른다. 두 경로 모두 10단계 이상을 거친다. 움직이는 대상인식에는 두 경로 모두 거의 동시적 발화와 공명이 필요하다. 또 엔젤[Engel]과 동료들의 고양이 시각피질 영역 17의 양반구에 전극을 꽂는 실험은 광선바의 자극에 의한 양반구 같은 영역의 발화와 동시성과 같은 위상을 보여준다. 그것은 좌우의 다른 반구에서처럼 아주 먼 영역 사이에서도 결합 문제를 해결하기 위한 동시적 발화와 위상의 통일이 이루어지고 있다는 것을 보여준다[Engel et al., 1991].

그러나 〈그림 5-7〉에서 보이듯이 각 영역 사이를 정보가 이동하는데 시간이 다소 걸리므로 감각수용기[눈]에 가까운 영역과 시각의식을 최종 발현하는 영역 사이에 완전한 동시적 발화와 공명은 어렵다. 다음 장의 〈그림 6-27〉이 보여주듯이, 눈에서 시각처리 경로상 가까운 영역들의 발화보다 최종연합영역에 가까운 영역의 발화와 의식적 지각의 상관이 높은 것으로 보아 시각처리 경로상 눈에서 가까운 영역과 최종연합영역 사이에는 발화에 다소 시차가 있는 것이 확실해보인다. 하지만 눈과 가까운 영역도 어느 정도 상관이 있으므로 큰 시차는 없는 듯하다. 이것은 눈 가까운 영역들의 발화가 최종 영역의 발화 때까지 일부 지속된다는 것을 의미한다. 그러나 〈그림 6-27〉에서 유추할 수 있듯이 시각의식을 발현하려면 최종연합영역에 가까운 영역들의 동시적 발화와 공명은 필수적인 것 같다.

이러한 복잡한 회로는 메뚜기 정도의 뇌 크기에서는 불가능하다. 그러므로 메뚜기의 시각의식이 인간과 같을 수는 없다. 인간의 시각의식의 여러 기능 중 몇 가지가 빠지든지 아니면 인간과 같은 시각의식의 모든 기능을 갖추었으나 정교함과 선명도가 많이 떨어지든지 둘 중 하나일 것이다. 아마도 전자의 경우가 진리일 가능성이 크다. 즉 메뚜기의 시각의식에 관한 의문에 대한 위의 해답 중 1번이 가장

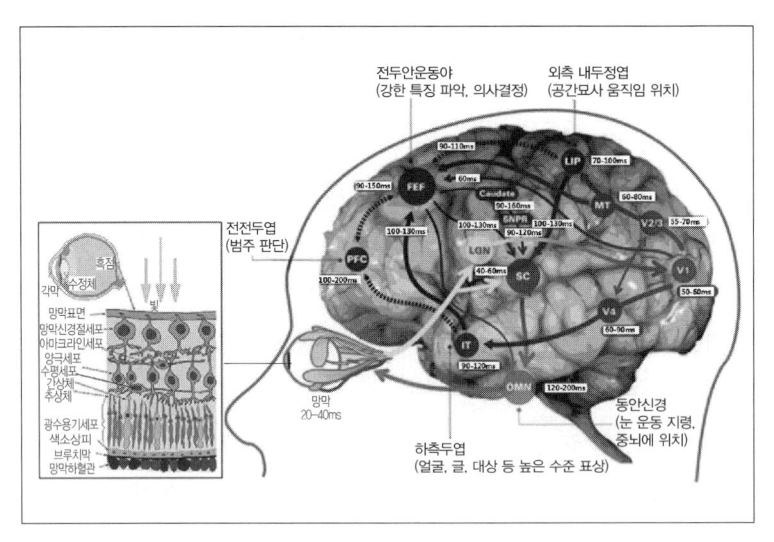

그림 5-7 시각에 관여하는 뇌 영역. 왼쪽: 망막신경(사각형), 오른쪽: 시각의식의 발현에 필수적인 뇌 영역들. SC: 상소구(superior colliculus), SNPR: 흑질망상부(substantia nigra pars reticulate), MT: V5중앙측두엽(middle temporal), LNG: 외측슬상체(lateral geniculate nucleus), OMN: 동안신경(oculomotor nerve), FEF: 전두안운동야(frontal eye field), LIP: 외측내두정엽(lateral intraparietal), PFC: 전전두엽(prefrontal cortex), caudate: 미상핵, V1-V4: 1-4차 시각피질

진리에 가까울 것이다.

시각의식은 그렇다 하더라도 다른 의식은 어떨까? 메뚜기나 플라나리아가 인간과 같은 수준의 의식을 가졌다고 생각하는 것은 터무니없을 것이다. 그러나 앞에서도 말했듯이 몸 전체에 걸친 신경망을 가지고 머리 신경절이 있는 이들이 의식을 지녔을 가능성은 여전하다. 아직 그러한 실험이 행해진 적이 없지만 이들의 신경회로 여러 곳*에 단세포용 전극을 꽂고 여러 가지 자극을 주며 신경발화가 공명을 이루는지 살펴보면 여러 조합에서 공명을 이루는 것을 관찰할 수 있을 것이다. 그들은 다음에 의식의 신경상관을 다룰 때 나오는 인간

* 가능하면 어떤 기능을 위한 신경회로.

이나 고등 유인원처럼 의식 여하를 표현할 능력이 없으므로 의식의 표지는 확인할 수 없다. 그렇기 때문에 그런 공명이 의식의 존재의 충분조건은 되지 못한다. 그러나 의식의 존재의 필요조건은 될 것이다. 다시 말해 그들의 의식 가능성을 완전히 배제할 수는 없다는 것이다. 즉 그들이 어떤 형태로든 또 아무리 희미하더라도 뜨거운 열이나 전기쇼크 같은 생존에 필수적인 자극을 감지할 가능성은 완전히 배제할 수 없다.

앞으로 많은 연구가 진척되어 그들의 여러 가지 감각이나 정서의식에 대한 회로가 추정된다면, 그러한 회로에 속한 신경들에 전극을 꽂아 어떤 자극이나 동기를 부여해서 그들이 융통성 있는 행위를 보여주고 그러한 전극들에서 신경발화가 공명하는 것을 확인한다면, 우리는 그들이 그러한 감각이나 의식을 갖고 있다고 어느 정도 확신할 수 있을 것이다.

3. 의식의 신경상관

의식이 신경의 활동에 의한 것인 이상 의식의 상태나 내용은 어떤 식으로든 신경의 어떤 부분의 활동과 상관이 있을 것이다. 의식의 신경상관neural correlates of consciousness, NCC에 대한 연구는 생리학, 신경과학, 인지신경과학, 신경심리학, 영상의학 등 많은 분야의 협동으로 이루어진다. 의식의 신경상관에 대한 연구는 크게 두 가지로 나눌 수 있다. 하나는 의식의 상태와 그때 뇌의 상태를 비교하는 것인데 이때는 대체로 뇌 전체를 대상으로 정상적으로 깨어 있는 의식상태와 무의식상태*의 대사수준이나 활동수준을 비교하고 다른 하나는 의식의 내용과 그 내용을 의식할 때와 의식하지 못할 때 뇌의 여러 영역의 활동을 비교·조사하는 것이다.

의식의 신경상관을 밝히는 데 주로 이용되는 것은 의식의 어떤 면에 영향을 미치는 뇌 부위가 손상된 환자에 대한 신경심리학적 연구와, 정상인을 대상으로 어떤 특별한 감각적 자극을 노출시간에 차이를 둔다거나 자극을 가한 후 차폐를 가하여 피험자가 그 자극을 의

* 깊은 잠을 잘 때나 마취나 식물인간 상태 등.

식하거나 의식하지 못하도록 한 뒤 영상기기로 뇌 활동을 관찰해 두 경우 뇌 영역들의 활동을 비교함으로써 그 자극을 의식하기 위해 어떠한 뇌 영역의 활동이 필요한가, 즉 의식의 신경상관물혹은 의식의 지표을 찾는 것이다. 동물을 상대로 해서는 어떤 뇌 영역을 일시적으로 마비시킨다든가 절제하여 정상일 때와 인지능력이나 행동을 비교하는 것이다.

경계가 확실한 어떤 뇌 부위가 손상된 환자의 경우 정상일 때와 비교해보면 어떤 의식적인 면이 왜곡되거나 사라진다. 건강한 정상인에게 같은 부위를 인위적으로 자극*하면 같은 의식적인 면이 왜곡되거나 사라질 것이다. 정상인에게 그러한 의식을 하게 하고 뇌를 영상기기로 살펴보면 같은 부위가 활성을 띨 것이다.

의식의 신경상관에 관한 연구는 캐나다의 위대한 신경외과 의사 펜필드가 간질환자를 상대로 뇌의 여러 부위를 전기자극하면서 환자가 어떤 반응을 보이고 무엇을 의식하는지를 조사한 것이 최초라고 할 수 있다. 그가 환자 측두엽의 어느 부분을 자극했을 때 환자는 생생하게 기억을 회상했다. 물론 의식의 신경과학이 발달한 현재 수준에서 볼 때는 의식기억을 일으키는 부위를 한곳만 가리키는 단순한 발견이지만 의식이 신경활동에 의한 것이라는 사실을 처음 실증적으로 보여주었다는 점에서 의의가 크다[Milner, 1977].

현대 의식의 신경상관연구에서 선구자인 코흐는 크릭과 함께 의식의 신경상관에 대해 최초로 체계적인 논문을 발표했다[Crick and Koch, 1990]. 그 논문에서 의식은 시각을 비롯한 여러 감각에 연루된 신경회로의 여러 부위 간의 일정 범위40Hz 근방의 동시적 · 전기적 발화에 의한 것이라고 추정했다. 그 후 그는 의식이 동반되지 않는 많은 뇌 부

---

* 예를 들면 일시적으로 강한 자장을 가해.

위의 동일위상적·동시적 발화가 흔하다는 사실이 밝혀지자 이 이론이 완전하지 못하다고 포기했으나 그의 논문은 의식을 연구하는 많은 학자에게 큰 영향을 미쳐 그 후 폭발적인 의식연구의 기폭제가 되었다. 어떻든 의식의 발현이 그 의식과 관련된 뇌회로에 있는 뉴런과 뉴런집단들의 발화신경펄스의 시간적 변화와 여러 영역 간의 발화 위상의 통일 내지는 동시성에 좌우되는 것은 확실한 것 같으나 아직도 그 정확한 메커니즘은 명확히 밝혀지지 않았다. 이를 해결하려면 앞으로 신경과학을 비롯한 많은 분야의 참으로 다양한 연구와 노력이 필요할 것이다.

인지신경과학, 신경생리학, 전기생리학을 비롯한 현대의식과학의 중심과제는 정신현상이 뇌의 산물이라고 보고 정신현상과 신경활동의 상관과 그 신경활동의 생리학적 배경을 밝히는 것이다. 이러한 목적을 이루기 위해 현대의식과학은 뇌 활동의 여러 가지 면을 측정했다. 그러한 측정을 하려고 심리측정도구와 함께 현대공학이 개발한 다양한 장비를 이용했다. 대표적인 장비는 fMRI, PET, 뇌전도, 뇌자기도MEG, 경두개자기자극TMS, 단일전극기록 장치single-unit recording, 패치고정장치patch clamp 등이다. 의식의 신경상관에 대한 연구는 현재 의식과학에서 가장 많은 학자가 활발히 추구하는 영역이 되었다.

우리의 모든 정신활동에는 그에 상응하는 뇌 신경세포 활동이 있다. 화를 내거나 고통을 느끼거나 경치를 감상하거나 모두 뇌의 특수한 영역들의 활동을 동반한다. 다시 말하면 정신활동과 뇌세포의 활동 간에는 상관관계가 있다. 이러한 상관이 바로 의식의 신경상관이다. 의식과 신경활동이 상관관계가 있다고 해서 신경활동이 의식을 발현한다고 단언해서는 안 된다. 모든 상관관계는 참고는 될지언정 결정적 증거는 아니다. 상관관계가 결정적 증거가 되려면 상관계수가 1이 되어야 하는데 그러한 사례는 자연계에서 찾기 힘들다. 철학자들은 이러한 의식적인 사건과 뇌 사건이 연결되는 것을 수반관계 supervenience relation라고 한다. 이것은 의식과 뇌가 함께 변한다는 공변원리다.

그러나 이 공변원리는 한 방향으로만 작용한다. 즉, 모든 의식은 뇌 활동을 동반하지만 모든 뇌 활동은 의식을 동반하지 않는다는 것이다. 뇌는 무의식중에도 끊임없이 많은 활동을 한다. 예를 들면 호흡, 심장박동 등을 제어하는 생명 유지에 필수적인 뇌 활동은 의식이 없는 깊은 수면 중에도 작동한다. 또한 우리가 의식적으로 행하는 행동의 많은 부분이 무의식적으로 작동하는 뇌의 여러 영역의 도움을 받는다.

예를 들면 격렬히 논쟁하는 두 사람을 상상해보라. 그들이 논쟁하는 주된 주장은 의식적이라도 격렬하게 토해내는 대부분 말들은 무의식적으로 발화된다. 사실 의식적으로 하나하나 곱씹으며 말한다면 논쟁이 되지 않고 이성적인 담화가 될 것이다. 테니스를 치거나 탁구를 할 때 날아오는 공을 일일이 의식하면서 플레이한다면 아마 경기를 망칠 것이다. 1초에도 열 번 가까이 피아노 건반을 두드리는 피아니스트를 상상해보라. 일일이 건반을 의식한다면 연주회를 망칠 것이다. 즉 우리가 의식적으로 행한다고 생각하는 많은 행동도 대부분 무의식적으로 행해지며 이러한 무의식적 활동도 뇌의 여러 영역의 활동과 공명이 필요하다.

이러한 일방통행적 공변원리는 의식의 신경상관을 밝히는 연구를 어렵게 하는 하나의 원인이다. 일방통행적 공변원리는 또한 의식은 뇌 활동이 없이는 존재할 수 없고 뇌 활동으로부터 자유로울 수 없다는 것을 의미한다. 이것은 의식이 뇌에 존재론적으로 의존하며 뇌 없이는 의식이 없다는 것을 뜻한다. 그러나 뇌는 존재론적으로 의식에 의존하지 않으며 의식이 없는 뇌도 존재할 수 있다는 것을 의미하기도 한다. 이것은 의식이 없는 하등동물이나 철학자들이 말하는 좀비가 존재할 가능성을 열어준다. 이러한 일방통행적 공변원리는 뇌가 없는 의식을 전제하는 데카르트적 실체이원론을 근본적으로 부정한다. 앞 장에서 보았듯이 우리는 아직 뇌가 없이 자유로이 떠다니는 의식적 존재에 대한 어떤 의심할 여지없는 확실한 증거를 확보하지 못했다. 따라서 우리는 일방통행적 공변원리를 진리라고 가정하지 않을 수 없다.

일방통행적 공변원리에 근거한 의식의 과학은 마음속의 모든 개별적인 주관적 현상은 뇌의 객관적·물리적 신경현상과 불가피하게 상관한다는 것을 당연하게 받아들여 어떤 의식과 어떤 뇌 활동 사이에 일치가 일어나는지를 철저하게 조사해 그 의식이 뇌의 어떤 부위들의 활동으로 발현하는지를 밝히려고 노력한다.

그러나 앞에서 지적했듯이 일방통행적 공변원리는 이러한 연구에 많은 어려움을 주고 있다. 그 의식과 발현에 필수적이지 않은 많은 뇌 부위도 그 의식의 발현과 함께 활동하는 경우가 많기 때문이다. 이것을 해결하려면 어떤 의식이 발현하면 함께 활동하고 그 의식이 변하면 함께 활동이 변하고 그 의식이 사라지면 함께 활동이 사라지는 뇌 부위를 확인해야 한다. 물론 이러한 활동에 대한 조사는 활동의 시간적 변화와 관련 영역 간 활동발화의 동시성과 위상의 차이 등 미세한 부분의 조사를 포함해야 한다. 다른 모든 것이 동일하더라도 이러한 세세한 부분의 차가 의식내용의 차를 초래할 수 있기 때문이다.

이러한 절차에 따라 얻어진 의식과 뇌 활동 사이의 상관관계는 의식의 신경상관에 대한 실증적 증거로서 자격을 갖추었다고 할 수 있으며 그 의식을 발현시키는 진정한 뇌 부위*를 확인해줄 것이다. 또

---

* 이른바 의식의 신경실질.

그러한 확인 절차는 의식과학의 주요 연구수단이 될 수 있다. 코흐는 의식의 신경상관 연구는 어떤 특별한 의식적 경험과 반드시 함께 발생하는 최소한으로 충분한 신경조직이나 신경활동을 밝히는 것이라고 주장했다[Koch, 2004].

의식의 신경상관을 효율적으로 연구하려면 의식의 상태와 내용에 대한 명확한 정의가 우선하고 특정 의식상태나 내용이 다른 의식상태나 내용과는 분리되어 측정할 수 있는 방법을 고안해야 한다. 인지신경과학을 비롯한 현대의식과학은 이러한 방법들을 고안하여 착실히 실적을 쌓아가고 있다. 그것을 좀더 자세히 살펴본다.

4. 의식의 신경상관을 연구하기 위한 실험방법과 설계

의식의 신경상관을 밝히기 위한 실험설계의 원리는 일반 심리학 실험과 다를 바 없다. 의식의 어떤 상태나 내용의 신경상관을 밝히려면 조건이 다른 두 실험을 설계해야 한다. 보통의 심리학 실험처럼 한 조건을 통제조건으로 해서 실험조건과 대조용으로 사용한다. 보통 통제조건으로는 가장 기본적인 상태나 내용을 취하고 실험조건은 이들과는 분명히 다른 의식상태나 내용을 취해 두 조건에서의 신경활동을 비교한다. 흔히 사용되는 방법은 실험조건에서의 신경활동 강도에서 통제조건에서의 신경활동강도를 빼서 실험조건에서만 작동하는 부위나 실험조건에서 특별히 더 강한 활동보통 통계학에서 말하는 유의한 차를 보이는을 보여주는 뇌 부위를 확인하는 것이다.

그러나 이 방법에는 한 가지 문제가 있다. 이러한 한 조건에서의 활동을 다른 조건에서의 활동에서 빼면 두 조건 모두에 공통으로 작동하는 부위가 배제된다. 그러나 그러한 부위는 대부분 의식의 발현에 꼭 필요하다. 이러한 사실을 항상 염두에 두고 결과를 해석해야 한다. 이런 실험을 하기 위해서 첨단 의료장비를 이용한 기능적 뇌 영상촬영fMRI, PET과 전자기적 뇌 활동측정EEG, MEG 등의 기법이 사용된다. 두 기법은 실험 목적이나 종류에 따라 적절히 선택되어 사용된다.

1) 기능적 뇌 영상촬영법

구조적 뇌 영상촬영법은 뇌의 여러 부위의 방사선 투과도 차이[X선, CT]나 수소 분자의 밀도 차이[MRI]를 이용해 두뇌의 평면적[X선 촬영]·입체적[CT, MRI] 영상을 사실적으로 촬영하는 기법이다. 기능적 뇌 영상촬영법은 시간에 따른 뇌 활동의 변화를 입체적으로 촬영하는 것이다. 기능적 뇌 영상촬영에는 fMRI와 PET라는 최첨단 의료장비를 사용한다. 보통의 구조적 MRI는 뇌의 여러 부위의 수소농도와 수소 배열 모양이 다른 것을 이용해 뇌의 구조에 대한 영상을 촬영하여 컴퓨터로 입체적으로 처리한다. 강한 자장을 뇌에 투사하면 그때까지는 무작위적인 방향으로 있던 뇌 속의 수소원자가 자장의 영향으로 방향이 일정하게 배열된다. 그 후 자장을 철회하면 수소가 원래 위치로 되돌아가면서 수소의 방향을 바꾸기 위해 쓰인 자장에 의한 에너지만큼을 전자파 형태로 도로 방출한다. 보통 뇌의 피질*과 백질**은 수소농도와 배열에서 차이가 난다. 따라서 피질과 백질에서 나오는 수소에 의한 전자파 강도에서 차이가 난다. 이것을 두뇌 바깥의 감지장치에서 감지하여 그 전자파의 강도 차이를 컴퓨터로 처리해 입체적 영상으로 만들어 저장한다.

MRI 획득의 전반적 과정은 매우 복잡해서 간단하게 도식화하기

* 세포체가 주로 모여 있는 영역.

** 세포 간 정보교환을 하기 위한 연결 파이프인 축색이 다발을 이루는 영역.

어렵다.* 기능적 영상을 위한 fMRI functional magnetic resonance imaging는 우리 두뇌의 묘한 부조화를 이용한 것이다. 이 기법은 혈중 산소농도 의존 신호 Blood Oxygenation Level Dependent Signal, BOLD signal를 이용하는 것인데 뇌의 한 부위의 활동이 활발해지면 그쪽으로 혈류가 일시적으로 증가한다. 이때 혈류만 증가하는 게 아니라 혈당도 증가하고, 산소공급도 증가한다. 뇌세포에 산소가 혈류를 통해서 공급되려면 헤모글로빈이 작용하게 된다. 즉 활발한 부위를 지나는 혈관 속에 산소와 결합된 헤모글로빈이 많아지는 것이다. 이때 산소와 결합된 헤모글로빈은 철분 이온과 결합되어 있는데 산소를 넘겨주고 이산화탄소를 받은 헤모글로빈과는 철분 이온과의 결합상태가 달라 자기장에 미치는 영향도 다르다.

철은 자성이 있으므로 당연히 자기장에 큰 영향을 준다. 즉 fMRI는 자기장의 속성을 고도의 방법으로 잘 이용해서 찍는 기법이다. 산소와 결합한 헤모글로빈이 이산화탄소와 결합한 헤모글로빈과 농도 차이가 생기면, MRI에 반영되는 신호의 강도에 차이가 생긴다. 활동이 활발한 뇌조직 주변을 지나는 모세혈관에 결국 일시적으로 산소가 과잉 공급되는 순간을 포착하면 뇌의 어느 부위가 지금 활동이 활발한지 알 수 있다. 그러한 시간적 경과에 따른 뇌 활동을 컴퓨터가 처리하여 입체영상으로 보여주는 기법이 기능적 뇌 영상촬영 fMRI 기법이다.

여기서 주의할 것은 뇌의 활동이 활발해지는 시기와 산소가 공급되는 시기에 다소 차이가 있다는 것이다. 어떤 의식이 발현하자마자 그 의식의 발현에 필요한 부위에 산소가 즉각 공급되는 것은 아니며

* 더 깊이 이해하고자 하는 독자들은 영상기기에 대한 전문서적을 참고하기 바란다.

기존의 산소가 즉각 소진된 조금 후 산소가 공급된다. 이러한 시차를 잘 해석하는 것이 기능적 영상자료를 정확하게 이해하는 데 아주 중요하다. fMRI는 시간적 해상도가 좋은 대신 이러한 해석상 어려움이 있다. 또 하나의 기능적 뇌 영상촬영기법인 PETpositron emission tomography는 양전자방출 단층촬영 혹은 양전자 단층촬영이라고도 한다그림 5-8. 이는 붕괴 시 양전자를 방출하는 이른바 반베타붕괴를 하는 방사선동위원소를 이용해 체내의 물질대사를 추적한다. 반베타붕괴를 하는 방사선동위원소들은 대체로 반감기가 짧기 때문에O-15: 2분, N-13: 10분, C-11: 20분, F-18: 110분 투여 직전에 사이클로트론 등을 이용하여 제조한다.

이러한 동위원소들을 만들기 위한 장비들이 고가이고 전문기술자들이 필요하기 때문에 비용이 많이 드는 것과 시간적·공간적 해상도가 낮다는 문제 때문에 요즈음은 fMRI보다 선호도가 낮다. 그러나 뇌의 대사활동을 보기 위해서는 이상적인 방법이며 의식의 상태와 신경활동 간의 신경상관을 연구하는 데 널리 쓰인다. 원리는 방사선동위원소들이 붕궤할 때 양전자를 방출하는데 이 양전자는 방출되자마자 근방의 흔한 전자와 결합해 쌍소멸pair annihilation하면서 두 개의 감마선으로 변하여 소멸한 위치에서 감마선을 양쪽으로 하나씩 일직선상에서 방출한다. 이것을 두뇌 바깥에 설치된 감마선 감지기로 감지해 컴퓨터로 감마선의 농도를 입체처리한다.

보통 방사선동위원소가 붕궤하는 속도가 시간에 따라 변하므로 거의 일정하게 붕궤하는 시간에 맞춰 촬영한다. 대개 5-10분에 걸친 자료를 이용한다그림 5-8. 그런데 양전자가 방출된 후 이웃에 있는 전자와 만나기 위해 진행하는 거리가 일정치 않다. 어떤 때는 즉시 만나 거리가 거의 0mm이나 어떤 경우에는 2mm나 비행한 후 전자를 만난다. 이러한 연유로 PET의 공간해상도는 2mm 정도로 매우 낮다.

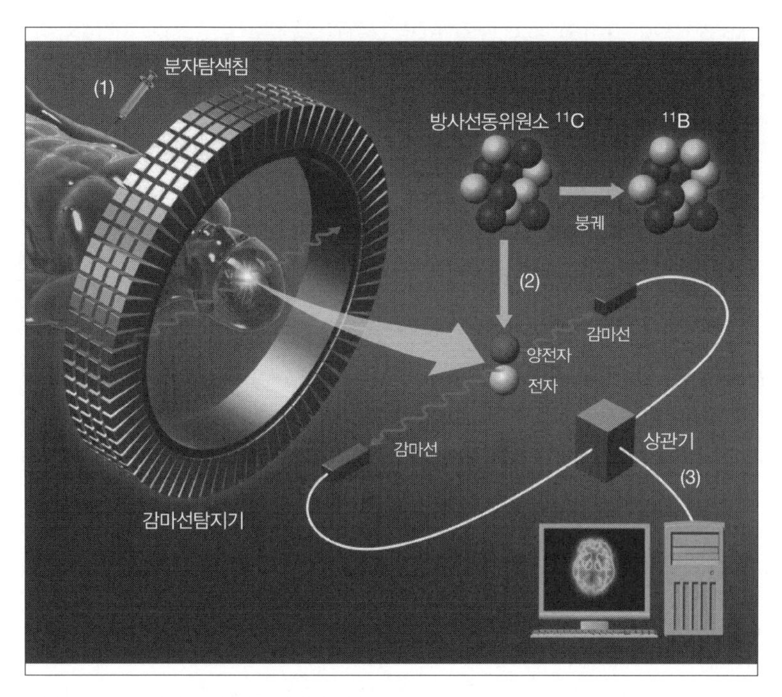

그림 5-8 양전자 단층촬영(PET)의 원리*

이처럼 fMRI와 PET는 각기 장단점이 있다. 그리하여 이들의 단점을 보완한 PET-MRI, CT-PET 같은 최신 장비들도 개발되어 사용되고 있다.

2) 전자기적 뇌 활동 측정

fMRI나 PET가 뇌의 활동을 보여주는 영상을 만들어내는 방법인데 반해 전자기적 뇌 활동 측정EEG, MEG, single-unit recording patch clamp,

* Stonjek, 2010, September 6th, 2010 in Medicine & Health/Neuroscience.

TMS은 뇌의 전기적 활동으로 만들어지는 신호를 파악하는 방법이다. 이는 피험자에게 어떤 의식활동을 하게 하고 그에 따른 전자기 신호를 두개골 바깥에서 포착EEG, MEG하거나 뉴런에 직접 전극이나 전해질이 들어 있는 미세유리관을 삽입하여 단일세포의 전기적 활동을 조사single-unit recording, patch clamp하는 방법이다. 이는 상당히 오래전부터 의학계에서 간질이나 뇌출혈 같은 뇌 질환을 진단하기 위하여 사용되던 것을 의식 연구에 응용하게 된 것이다. 뇌 속의 신경세포는 외부자극에 따라 혹은 자연발생적으로 수지상 돌기에서 세포몸체로 또 세포 몸체에서 축색돌기로 전류가 흐른다. 이것은 두개골 바깥에서 포착할 수 없다.

그런데 전기는 흐름이 있으면 반드시 회로가 생기고 이 회로는 두극, 즉 양극과 음극을 만든다. 개별 신경세포가 만들어내는 수천만 개, 수억 개 전류가 합쳐지면 완전한 평형을 이루지 못하고 미량의 전류가 저항이 약한 쪽으로 흐르면서 자연스럽게 두 극을 만들게 되며, 이에 따라 주변에 회로가 생기게 된다. 그런 회로는 피질 바깥에 무수히 생기게 되고 피질 위치에 따라 전기 흐름의 방향이 아주 다양하게 된다. 이것을 두개골 바깥에서 포착해 정보로 활용하는 것이 뇌전도electro encephalography, EEG다. 두개골 바깥에 이들 전류를 뇌파로서 포착 가능한 곳에 전극을 붙여 그 뇌파를 분석해 여러 가지 정보를 얻는다.

뇌자기도magneto-encephalogram, MEG는 EEG와 같은 전기장에서 생긴 자장을 이용하는 것이다. MEG는 EEG와 매우 다르게 나타나고 측정하기가 다소 어렵지만 자장은 전류의 원점에서 직접 퍼지는 성질 때문에 전류의 원점 파악에 유리하다. 그러나 피질에서 만들어지는 자장이 너무 작아 두개골 바깥에서 잘 파악되지 않는 단점도 있다. 의식의 과학에서는 필요에 따라 이들을 적절히 조합해서 사용한

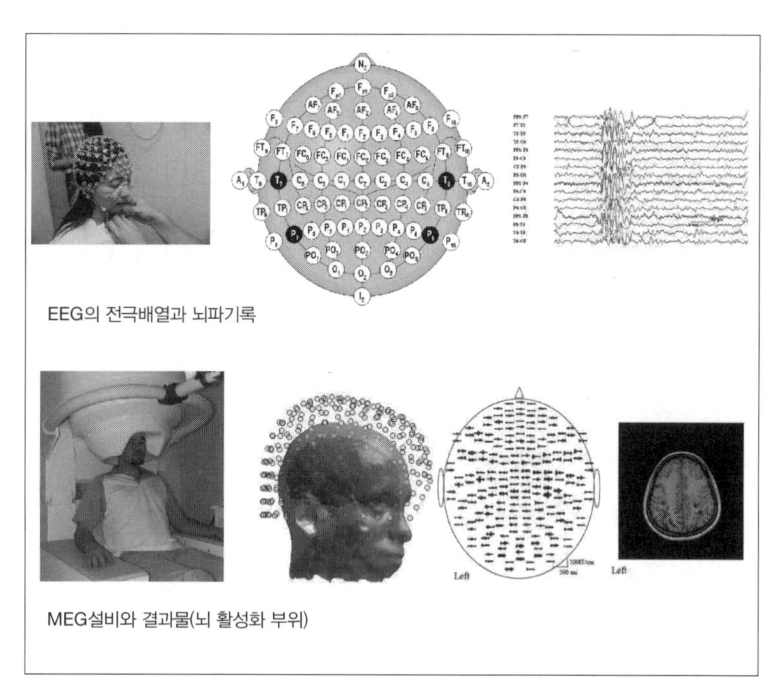

EEG의 전극배열과 뇌파기록
MEG설비와 결과물(뇌 활성화 부위)
Left
Left

그림 5-9 뇌전도(EEG)와 뇌자기도(MEG)의 원리

다. 이러한 전자기적 뇌 활동 측정 방법들은 공간해상도가 낮은 대신 시간해상도가 높은 장점이 있다[그림 5-9].

이들 외에도 경두개자기자극transcranial magnetic stimulation, TMS 기법은 두개골 바깥에서 강한 자장을 일시적으로 가해 바로 밑의 피질 기능을 일시적으로 마비시켜 그 효과를 조사할 수 있게 한다. 또 단일 신경세포에 미세한 전극을 꽂아 단일 신경세포의 전기적 활동을 조사하는 단일전극기록장치single-unit recording, 뉴런 일부에 아주 가는 유리대롱을 꽂아 여러 가지 방법으로 단일 이온채널 분자의 전류를 기록해 활동전위 및 신경활동과 같은 기본적 세포 과정에 대한 이온채널의 관련성을 밝히는 패치고정기법patch clamp technique과 전압고정기법voltage clamp technique 등 전기생리학을 응용한 기법들이 현대의식과학

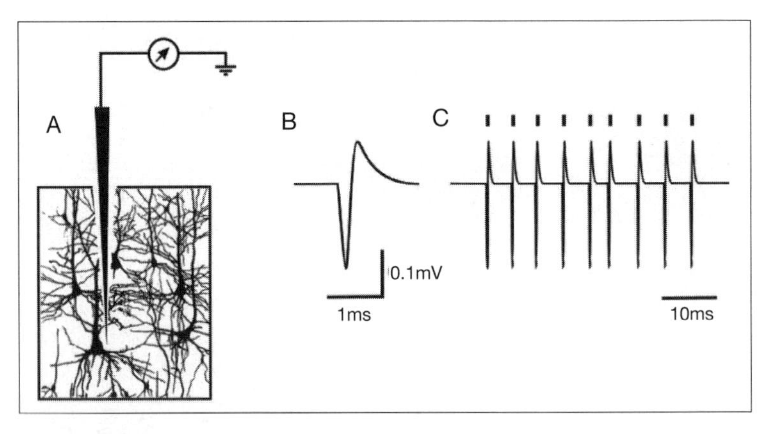

그림 5-10 단일전극기록장치의 원리

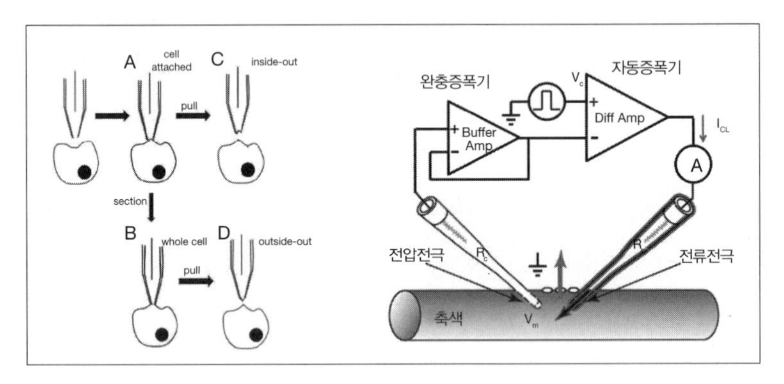

그림 5-11 패치고정기법(왼쪽)과 전압고정기법(오른쪽)의 원리

에서 활용되고 있다. 이러한 전자기적 뇌 활동 측정 방법들은 공간해상도가 낮은 대신 시간해상도가 높은 장점이 있다그림 5-10, 그림 5-11, 그림 5-12.

이제부터 이러한 방법과 기기들을 사용하여 의식의 신경상관을 어떻게 밝혀내는지 알아보자.

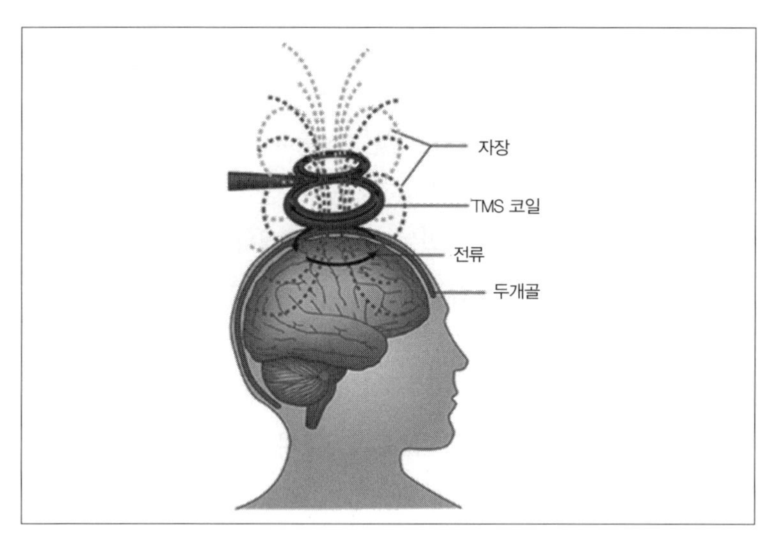

그림 5-12 경두개자기자극의 원리

3) 의식상태의 신경상관과 의식의 병 진단

앞에서 본 바와 같이 의식의 상태는 다양하다. 그 많은 의식상태에 대한 상관을 모두 살펴보는 것은 너무 방대한 작업이므로 대표적인 몇 가지만 살펴본다. 우선 표준이 되는 대조 조건을 정상인의 깨어 있는 상태로 하고 실험조건들과 비교해본다. 실험조건으로 우리의 일상생활에서 가장 중요한 잠자는 상태와 여러 가지 인위적 혹은 병리적 의식의 이상 상태를 선택하여 깨어 있는 상태와 어떻게 다른지 살펴보자.

잠자는 상태라 해도 옅은 잠, 깊은 잠, 꿈꾸는 잠 등 여러 가지가 있다. 이상적인 대조조건은 꿈을 꾸지 않는 깊은 잠이 될 것이다. 이러한 비렘수면non-rapid eye movement dream sleep, deep sleep or slow wave sleep, NREM sleep 동안에도 꿈을 꾸는 경우가 흔하므로 실험 후 꿈을 꾸었는지 확인해보아야 한다. 수면제를 먹지 않고 잠을 잘 경우 비록 귀를 막는다 해도 시끄러운 소음과 진동은 잠을 깨울 수 있기 때문에 MRI처럼 소음과 진동이 심한 장비는 사용하기가 곤란하다. 그래서 EEG, MEG나 PET 등 비교적 소음이 덜한 장비를 사용한다. 그래도 잠이 깨는 경우가 많아 깨어 있는 상태와 마취상태를 비교한 연구들이 잠을 자는 상태와 비교하는 연구보다 더 많다. EEG, MEG는 피험자정상인이나 환자를 대상으로 의식이 있을 때예를 들면 깨어 있을 때와 없을 때꿈이 없는 깊은 수면이나 마취상태 전류나 자장이 뇌의 어느 부위에서 특별한 파장을 나타내는지를 주로 파악한다. 이에 대한 정상인들의 자료를 작성해 환자의 자료와 비교하여 환자의 의식상태를 파악하는 데 이용한다.

최근에는 두개골 위 여러 곳을 자유롭게 이동하며 경두개 자기자극을 할 수 있는nTMSNavigated TMS와 고밀도의 뇌파도측정기 hdEEGhigh-density EEG를 결합하여 TMS로 중요 영역을 자극하고 그에 따른 피질 주요 부위의 유발전류를 측정하는 방법으로 뇌의 상태를 조사하는 기법그림 5-17 위이 개발되어 정상인의 깨어 있는 상태, 잠자는 상태, 마취상태를 비교하고 이들을 활용해 외부와 의사소통이 어려운 중환자들의 뇌 연결상태를 주로 점검하여 식물인간 상태, 최소의식상태, 고정증후군 상태 등을 구별하는 데 이용함으로써 상당히 정확한 진단을 내릴 수 있게 되었다. 이 기법은 소음도 없고 조사 시간도 매우 짧아 뇌의 여러 곳을 빠른 시간 내에 조사하여 환자가 회복하는 과정을 쉽게 포착할 수 있는 이점이 있다Massimini and Tononi, 2013.

〈그림 5-13〉과 〈그림 5-14〉는 PET를 이용하여 깨어 있는 상태와 각종 다른 의식상태의 대사율의 차이를 보여준다.* 〈그림 5-15〉는 EEG로 두개골 밖에서 포착한 뇌파의 차이를 비교한 것을 보여준다.

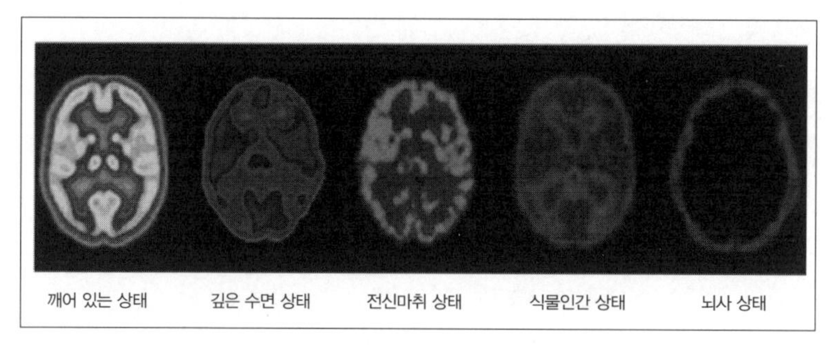

그림 5-13 PET 영상 횡단면(transverse)에서 본 여러 의식상태의 뇌 대사 비교

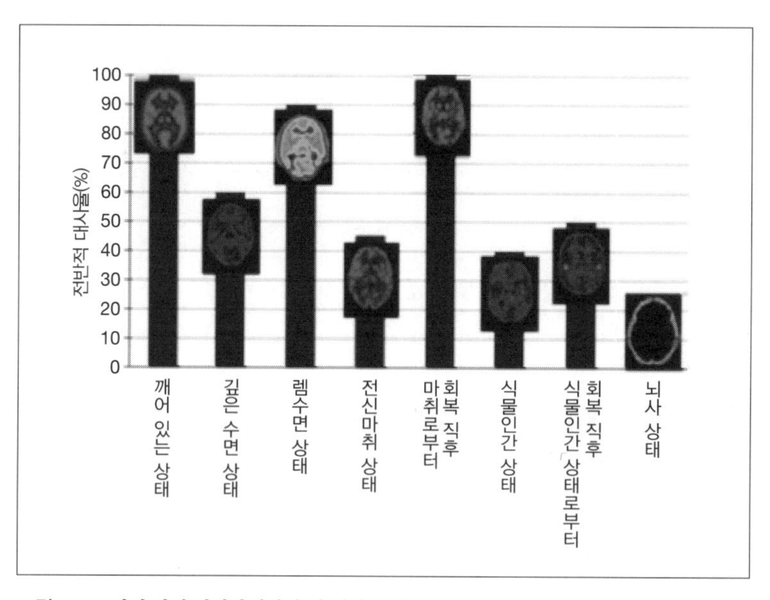

그림 5-14 여러 가지 의식상태에서 뇌 대사율 비교

우선 이들 중에서 깨어 있는 상태와 차이가 큰 비렘수면과 깨어 있는 상태가 어떻게 다른지 살펴보자. 〈그림 5-16〉이 보여주듯이 한눈에 보아도 비렘수면의 경우는 깨어 있는 상태awake보다 전 뇌에 걸쳐

* Alkire et al., 1999.

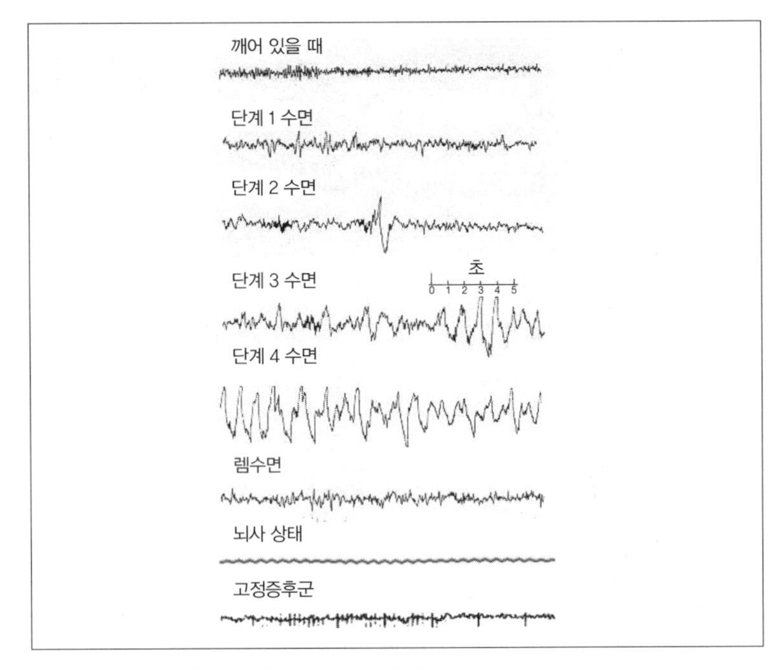

그림 5-15 여러 의식상태에서 EEG뇌파도 비교*

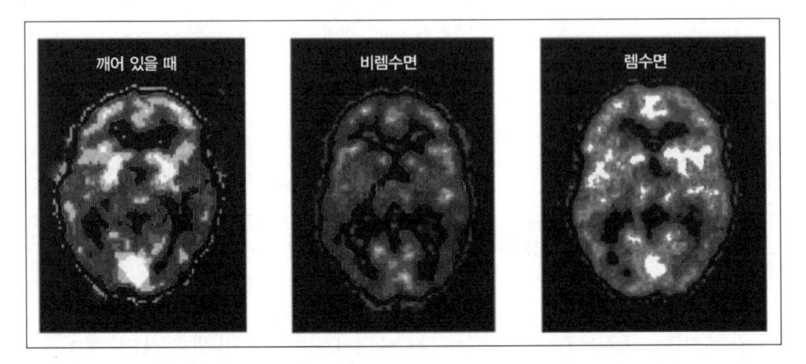

그림 5-16 PET 영상 횡단면으로 본 여러 의식상태에서 뇌 대사 비교. 왼쪽: 깨어 있을 때의 대사, 붉은 색깔이 가장 대사가 활발한 것을 나타내고 그다음 노란색, 초록색, 파란색, 보라색 순이다. 깨어 있는 상태가 렘수면 상태보다 전체적으로 더 선명하다(Hank Morgan, Science Source/Photo Researchers, Inc, http://www.sciencephoto.com/search).

* Alkire et al., 1999; Laureys, 2005.

서 대사율이 훨씬 낮다. 뇌파도도 깨어 있는 상태의 진동수가 깊은 잠의 경우stage 3-4 sleep보다 훨씬 높아 깨어 있는 상태에서 훨씬 더 많은 에너지를 소비하고 있음을 증명하고 있다그림 5-15. 꿈을 꾸면서 눈알을 굴리는 렘수면의 경우 꿈도 의식활동의 일종이므로 깨어 있을 때와 큰 차이가 없는 대사활동을 보여준다. 그러나 깨어 있는 상태는 한정된 부분에서 아주 높은 대사를 보이는 반면 렘수면에서는 많은 부위에 걸쳐 깨어 있는 상태의 높은 대사 부위보다 약간 낮은 대사율을 보인다. 이것은 꿈의 의식이 넓은 뇌 부위의 자연발생적 신경활동에 따른 것으로 깨어 있는 상태보다 억제와 집중이 되지 못하기 때문이다.

뇌파도도 깨어 있는 상태보다 렘수면에서 진동수가 낮은, 즉 더 적은 에너지를 쓰는 것을 보여준다그림 5-15. 이러한 전기적·생리적 현상들은 꿈이 깨어 있는 상태보다 전반적으로 의식이 선명하지 못하며 상황 전개가 비논리적이고 뒤죽박죽인 것을 간접적으로 설명한다. 이러한 사실들은 의식의 인위적 혹은 병리적 이상상태들은 여러 가지 뇌 병변에 의한 뇌 에너지 대사의 이상보통 저하 때문이라는 것을 보여준다. 뇌사brain death의 경우는 대사가 완전히 사라지고 전신마취나 식물인간 상태vegetative state에서는 대사가 깊은 수면 상태보다 더 낮은 것을 알 수 있다그림 5-13, 그림 5-14, 그림 5-15. 전신마취의 경우는 살아 있는 다른 뇌 상태와 달리 신체의 생명유지에 관계된 모든 정보가 뇌로 전달되는 부위인 뇌간 이하의 부위중간의 넓은 검은색 부분까지도 대사율이 매우 낮은 것을 볼 수 있다그림 5-13, 그림 5-14, Alkire, 1997.

〈그림 5-17〉은 자유이동성 경두개 자기자극nTMS과 고밀도의 뇌파도 측정기hdEEG를 결합하여 환자의 뇌연결상태를 점검하는 방법위과 식물인간 상태 환자와 최소의식상태 환자와 고정증후군 환자들을 상대로 왼쪽 두정엽의 TMS자극에 대한 TMS유발전위와 중요 피

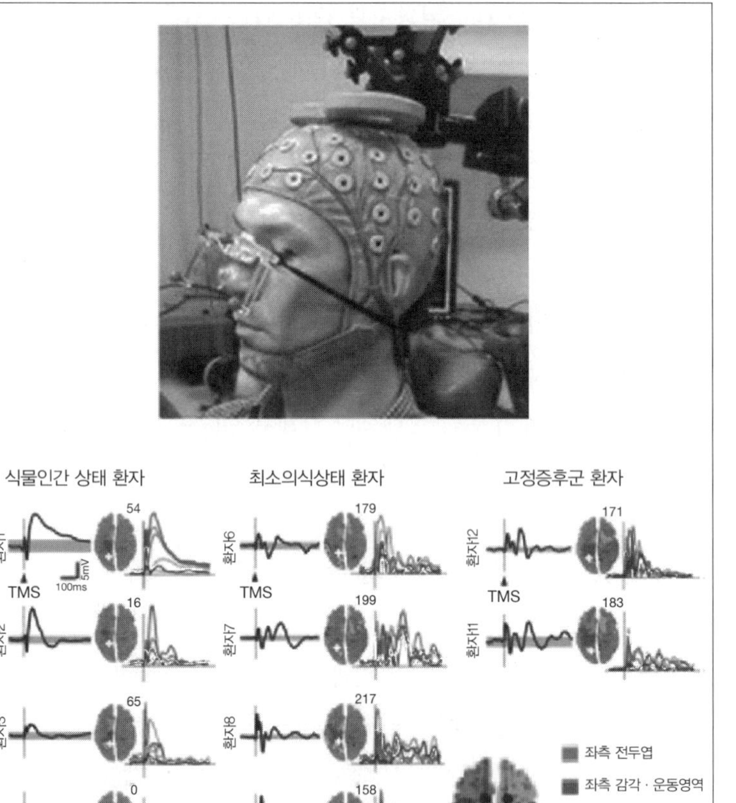

그림 5-17 TMS 유발 피질반응. 위: 자유이동성 경두개 자기자극(nTMS)과 고밀도의 뇌파도 측정기(hdEEG) 설치방법, 아래: 5명의 식물인간 상태 환자(VS), 5명의 최소의식상태 환자(MCS), 2명의 고정증후군 환자(LIS). 코마회복척도-개정판(the Coma Recovery Scale-Revised, CRS-R)으로 7일간의 반복평가 후 흰색십자가 표시부분(좌측 두정엽, 단 5번 환자는 우측에서만 유의한 반응을 나타내 우측 두정엽 자극)에 TMS 자극을 가했을 때의 각 환자들의 TMS 유발전위(왼쪽 검은 궤적)와 오른쪽 아래 대뇌피질에 검은 원으로 표시된 영역들(오른쪽 아래에 무채색 농담으로 구분된 영역 속에 대표적인 부분에 검은 원이 있고 그 부분의 명칭이 무채색 농담과 함께 나타나 있다)에서 기록된 피질유발전위. 가로 회백색 띠는 반응의 유의한 역치 범위를 나타낸다(Rosanova et al., 2012). L: 좌측, R: 우측, frontal: 전두엽, sensory-motor: 감각운동피질, parieto-occipital: 두정-후두엽

질영역의 피질유발전위를 나타낸 것이다. 상태별로 뚜렷한 차이를 보일 뿐만 아니라 식물인간 상태라고 판별된 환자에서도 상당한 차를 보인다. 이 검사결과로 볼 때 식물인간 상태 1, 2번 환자는 앞으로 의식을 회복할 가능성이 많은 것을 알 수 있다. 이 방법은 다른 검사 방법보다 같은 임상판정을 받은 집단 내에서도 환자의 뇌 연결 상태와 그에 따른 의식상태의 차별화된 예후에 대한 판별에 가장 빠르고 높은 정확도를 보여준다Massimini and Tononi, 2013.

중환자 치료기술의 진보로 심각한 급성 뇌손상을 입고도 살아남는 사람들이 많아졌다. 이들 대다수는 사고 후 하루 안에 회복하고, 나머지는 의식을 약간이나 충분히 회복하기 전 최소의식상태minimally conscious state나 식물인간 상태 등을 거쳐 더 많은 시간이 경과한 후 회복한다. 최악의 경우 영원히 의식을 회복하지 못하는 뇌사 상태에 빠져 죽음을 기다리게 된다. 이러한 중환자들을 다루는 임상의사들이 하는 가장 중요한 일은 응급환자들을 가능한 한 빨리 회복 가능성이 있는지 없는지 판별하여 적절한 조치를 취하는 것이다. 그러려면 환자들의 사고경위와 그 후 경과를 숙지하고 급히 뇌 영상이나 뇌파도를 보고 올바로 진단해야 한다. 이러한 진단은 하기가 생각보다 무척 어렵다. 그리하여 고정증후군, 최소의식상태, 식물인간 상태 간의 오진이 임상에서 흔히 발생한다. 이는 소생할 수 있는 귀중한 생명이 오진으로 치료를 제때 받지 못해 희생될 수 있기 때문에 윤리적으로도 아주 중요한 문제다. 앞에서 보아온 뇌 영상이나 뇌파도 등은 의식이 있는 경우와 없는 경우의 대사나 에너지 소비 수준을 대략적으로 보여줄 뿐이다. 이러한 자료들만으로 최소의식상태나 고정증후군 등을 식물인간 상태와 구분하기 쉽지 않다.

아주 중요한 국소적인 부분이 괴사상태에 빠져 있는 경우 이런 방법으로는 쉽게 그러한 병소를 발견하기 어렵다. 앞에서 나온 TMS-

EEG 결합기법은 다른 방법보다는 병소를 발견할 확률이 높지만 그것도 EEG의 검출전극 수에 한계가 있어 완전하지는 못하다. 이것은 의식이라는 현상이 하나의 뚜렷한, 단순히 있거나 없다고 판단할 수 있는 현상이 아니고 아주 희미한 상태에서부터 아주 뚜렷한 상태까지에 걸쳐 연속적인 스펙트럼을 가지고 있을 뿐만 아니라 같은 상태 내에서 그 내용이 다양하기 때문이기도 하다. 또한 우리는 다른 사람이나 동물의 의식의 존재를 추론만 할 수 있을 뿐 확증할 수 없다는 것도 의식에 대한 임상적 진단의 근본적인 제약이 된다. 그러면 의식이 있는 경우*와 의식이 없는 경우**의 근본적 차이는 무엇일까? 이에 대한 해답은 바로 뇌에서 의식상태를 관장하는 부위가 어느 곳인가, 즉 의식상태의 신경상관에 대한 해답이 될 것이다.

보통 의식의 다른 상태간***을 비교할 때 같은 표본****을 선택해 다른 두 상태에서 영상자료를 얻은 다음 실험상태의 값에서 대조상태의 값을 빼내 유의한 차가 나는 곳을 찾는 방법을 취한다. 그렇지 않으면 두 상태에 대해 많은 사람의 자료를 모아 평균을 비교해 차가 유의하게 나는 곳을 조사한다. PET를 예로 들면 어떤 사람이 수술하기 전 깨어 있을 때 PET 영상을 얻은 후 수술 시 전신마취상태에서 똑같은 기계와 촬영방법으로 PET 영상을 얻어 두 영상 간 대사량에서 유의한 차이를 나타내는 부위들을 찾는다. 이때 보통 뇌 전체를 입체적으로 약 20만 개의 2mm^3 부피의 작은 입방체volume pixel, 부피소voxel로 세분하여 비교한다그림 5-18. 보통 촬영 중 작은 흔들림이나 양전자가 전자와 만나기 전 이동하는 거리 등을 감안해 입방체의 수가

* 최소의식상태와 고정증후군을 포함하는 깨어 있는 상태와 렘수면.
** 깊은 잠, 전신마취, 식물인간 상태, 뇌사 상태.
*** 보통 표준상태나 대조상태와 실험상태간.
**** 정상인이나 환자들.

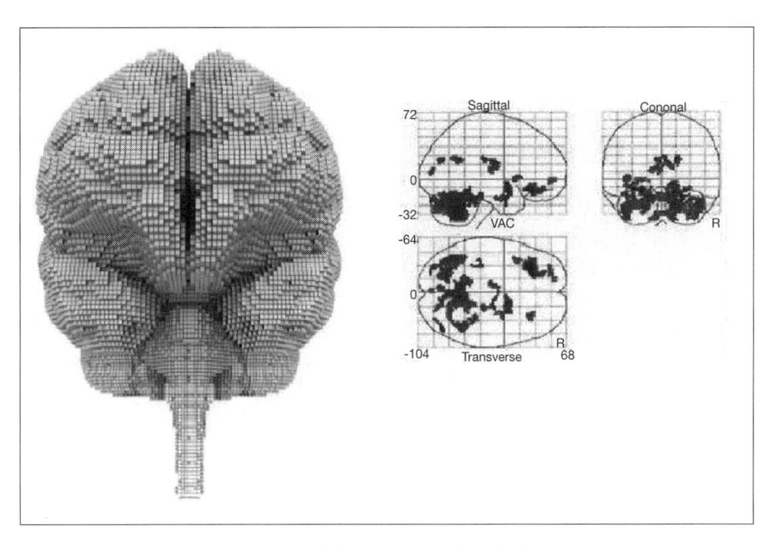

그림 5-18 뇌를 부피소로 나누어 유의한 부위를 표시하는 방법.
왼쪽: 2×2×2mm 부피소로 뇌 분할, 오른쪽: 유의한 부피소를 투영도에 표시한 예

어떤 수준예 20개이 넘어야 유의한 차가 나는 부위라고 사전에 설정한다. 이런 사전 설정을 해놓고 영상처리 컴퓨터 프로그램으로 처리하면 차가 나는 영역들을 입체영상으로 보여준다. 이러한 방법들을 사용하여 의식의 상태와 관련된 몇 가지 질환을 비교한 결과들을 살펴보자.

살아 있는 사람의 뇌 상태 중에서 최악의 경우는 뇌사다. 뇌사는 경우에 따라 대뇌의 죽음을 의미하거나 대뇌와 더불어 뇌간의 죽음을 의미하기도 한다. 둘 다 재생 가능성은 없기 때문에 실질적 죽음을 인정하고 환자의 장기기증을 허용한다. 대뇌만의 죽음은 다른 신체기능이 다할 때까지 생존할 수 있으나 뇌간 일부도 함께 죽은 경우는 인공적인 생명연장 장치로밖에는 당분간 연명할 수밖에 없다. 뇌사는 조직의 포도당 대사율을 반영하는 PET 영상에서 빈 두개골을 보여주고 뇌 파도에서는 직선형태를 보여준다. 이것은 대뇌 활동

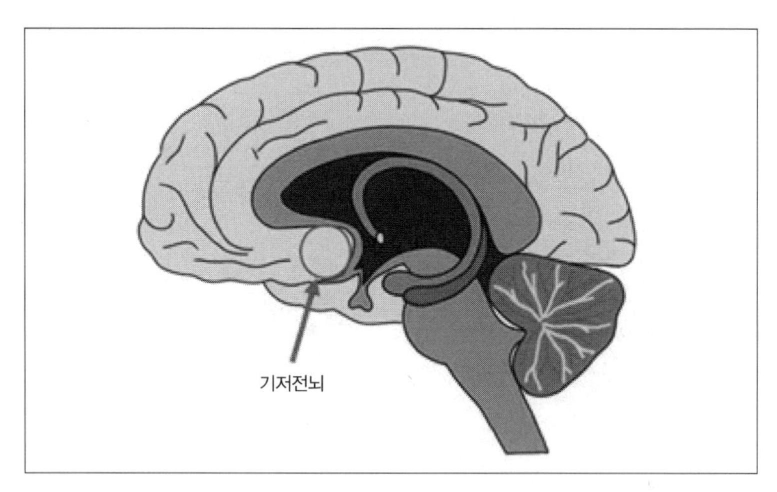

그림 5-19 기저전뇌(Basal Forebrain)의 위치

이 모두 사라져 에너지를 소비하지 못하는 것을 보여주는 것이다그림 5-13, 그림 5-14, 그림 5-15.

뇌사나 전신마취를 제외한 모든 의식, 무의식상태에서는 망상체를 포함하는 뇌간과 시상하부와 기저전뇌*그림 5-19의 대사가 비교적 온전하다. 특히 기저전뇌는 아세틸콜린을 생산해서 뇌 전체에 널리 공급하는 측좌핵nucleus accumbens과 기저핵nucleus basalis, 브로카 대각선띠Diagonal band of Broca, 무명질substantia innominata, 내측 중격핵medial septal nuclei을 포함한다. 그것은 아세틸콜린이 뇌의 생존과 활성에 무언가 역할을 하는 신경전달물질이라는 것을 암시한다.

식물인간 상태는 적어도 최소한의 회복 가능성은 있다. 최소의식상태는 여러 가지 증상이 있는데 의식 면에서는 식물인간 상태보다 낫지만 생리학적 면에서는 뇌 부위에 따라 식물인간 상태보다 더 악화된 경우도 있다. 최소의식상태는 그 증상이 너무나 다양하므로 모든

* 기저전뇌(Basal forebrain): 선조체 앞과 아래에 위치한 뇌 구조들의 총칭.

것을 일일이 거론하는 것은 무의미하다. 그 대신 모든 최소의식상태가 식물인간 상태나 전신마취와 근본적으로 차이 나는 것을 살펴보자.

최소의식상태에서는 내측두정엽medial precuneus과 인접한 뒤쪽 대상회posterior cingulated cortex의 대사가 거의 온전한 대신 식물인간 상태나 전신마취 상태에서는 이 부위들의 대사수준이 아주 낮은 것으로 나타났다. 이들은 정상적으로 깨어 있는 상태에서 아주 활동적인 영역들이며 마취제에 의한 전신마취나 깊은 수면의 경우 가장 활동이 적은 영역이다. 또한 이들 영역은 여러 감각양태가 결합되는 영역으로 인간의 상태로서의 의식의 발현, 다시 말하면 각성의식 없는 행위 제외을 지원하는 영역들이라고 할 수 있다Laureys, 2005; Laureys et al., 1999.

고정증후군이라는 특수한 증상은 교뇌나 중뇌의 앞부분그림 5-20이 손상되어 대뇌와 연수 및 척수 사이가 단절되는 증상으로 의식은 거의 온전하면서 외관적으로 식물인간 상태와 거의 구분되지 않는다. 이 증상은 눈 근육만 간신히 움직여 최소한의 의사소통을 할 수 있는 경우와 그나마도 불가능한 경우로 나뉜다. 자기와 환경에 대해 충분히 인식할 수 있음에도 말을 못하고 몸을 조금도 움직이지 못하는 불행한 증상으로 뇌 대사나 뇌의 MRI 영상은 거의 정상인에 가깝다.

지금까지 주로 뇌 대사나 두개골 바깥의 뇌파도를 이용한 의식의 상태와 뇌 속의 신경활동 사이의 상관과 의식의 상태와 관련된 몇 가지 질환을 살펴보았다. 이상에서 보았듯이 의식의 상태와 뇌 영역의 활동 사이의 신경상관물은 주로 뇌 전체의 대사수준이 되고 특별한 뇌 상태는 뇌간이나 피질의 특별한 영역의 대사수준이라고 할 수 있다. 그러나 비침습적 방법*에 의한 연구는 정확성에 한계가 있다. 특히 PET는 시간적 해상도에, 뇌파도는 공간적 해상도에 제약이 많다.

---

* 뇌조직을 상하지 않고 뇌의 활동을 조사하는 방법.

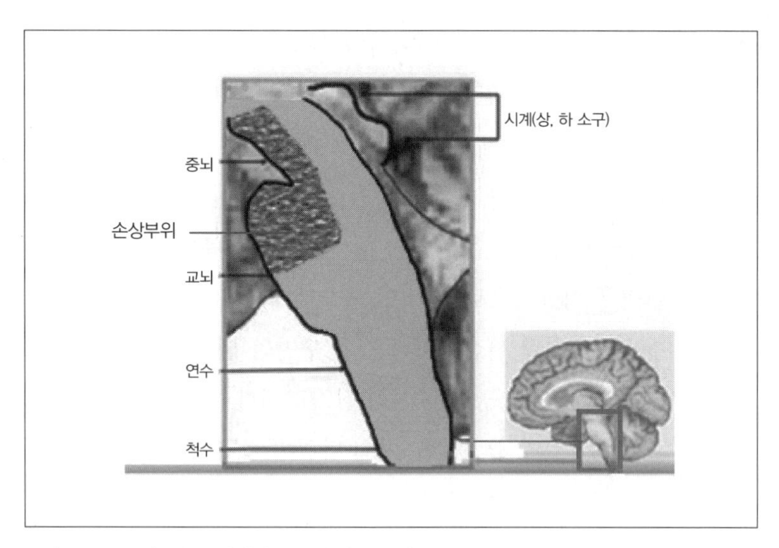

그림 5-20 고정증후군 환자가 주로 손상을 보이는 부분

앞으로 더 좋은 장비와 기법이 개발되면 점점 더 정확한 상관이 밝혀질 것이다.

4) 의식내용의 신경상관

의식의 내용이 될 수 있는 자극을 인간이나 동물에게 제시할 때 인간이나 동물이 그것을 의식하느냐, 의식하지 못하느냐에 따라 뇌의 여러 영역에서 활동에 차이가 난다. 그러한 자극을 의식할 때만 나타나는 특별한 뇌 활동을 의식의 표지*라 하고 그러한 활동을 나타내는 영역을 의식의 내용 상관물이라고 한다. 의식의 표지나 상관물은 의

* 의식의 표지(signature of consciousness): 의식의 기호나 의식의 표식이라고도 번역할 수 있다.

식되는 대상의 양태, 즉 시각이냐 청각이냐 후각이냐에 따라 그 감각 지각에 필수적인 뇌 영역이 주로 초기에 필수적으로 연루되긴 하지만 모든 감각을 의식하려면 고차원의 연합영역의 광범한 활성화가 요구된다. 다만 실험의 용이함이나 정확성을 감안할 때 시각을 대상으로 하는 것이 이들 표지나 상관물을 찾는 데 가장 유리하다. 그래서 현재까지 이러한 연구의 90% 이상이 시각을 대상으로 실험이 이루어졌다.

의식의 광역이론을 대표하는 데헤네는 이러한 표지가 현재 이용할 수 있는 기술로 네 종류가 나타났다고 구체적으로 설명했다. 그 하나는 식역[의식의 역치] 이하의 자극*이 대뇌피질로 깊이 파고들 수 있더라도 그 대뇌피질의 활동수준[발화수준]은 미미하나 식역을 넘어서 자극이 의식될 때 이 활동이 강하게 증폭되고 그 후 두정엽과 전전두엽 등에 갑작스러운 점화를 일으킨다. 이것은 주로 fMRI를 이용하여 식역 이하에서부터 의식적 지각이 일어나는 수준까지 자극을 강화하면서 뇌 활동의 변화를 조사해서 이루어지는데 내용에 대한 의식을 무의식과 구별하는 첫 표지가 된다.

다른 하나는 감각의 종류에 상관없이 감각적 자극을 차례로 강화하면서 뇌전도[EEG]를 사용해 사건과 무관한 성분과 노이즈를 제외한 사건관련전위[event-related potential, ERP]를 조사하면 의식적 지각이 일어나기 전에는 약한 뇌파가 나타나고 의식적 지각이 일어나는 순간 P3라는 강한 뇌파가 자극제시 약 3분의 1초 후 발생하는 것이다. 이것이 의식의 내용에 대한 의식과 무의식을 구별하는 두 번째 표지가 된다. 이 3분의 1초라는 시간은 자극수용기에서 뇌 전체로 활동이 전파되는 데 필요한 시간이다.

* 짧은 노출시간이나 차폐로.

세 번째와 네 번째는 모두 미세전극을 환자 뇌의 감각정보가 차례로 지난다고 생각되는 경로에 꽂아놓고 앞에서와 같은 절차를 이용하여 자극제시 3분의 1초 후에 P3파의 갑작스러운 발생세 번째 의식의 표지과 두정엽과 전전두엽에서의 갑작스러운 발화네 번째 의식의 표지가 일어난다는 것이었다. 네 표지 모두 식역 이상의 자극의 의식화는 3분의 1초라는 시간이 필요하고 광범한 영역의 갑작스러운 뇌 활동이 필요하다는 동일한 진실을 말해주는 것으로 그것을 알아내는 데 다른 수단이 쓰였을 뿐이다.

이 네 가지 의식의 표지는 자극으로 제시된 감각의 양태*와는 무관하게 그것이 의식될 때 나타나는 현상을 의미하는 것이다. 그러나 이 네 가지 의식의 지표는 의식내용의 인지 가부를 표현할 수 있는 인간이나 침팬지의 의식을 대상으로 하여 실험적으로 밝혀진 것이다. 다른 동물들의 의식의 표지가 이들의 의식의 표지와 동일한지는 아직 전혀 알려진 바가 없다. 뇌의 구조가 인간과 침팬지와 비슷한 고등포유동물들은 비슷하겠지만 그밖의 척추동물이나 비척추동물의 의식의 표지가 이들과 동일한지는 조사 방법 문제로 현재로서는 추정조차 하기 어렵다. 그러나 뇌의 구조가 다르긴 해도 의식을 위해선 뇌의 중요부위의 동시적 활동이 필요하다는 사실은 다를 바 없을 것이다. 어떤 동물이 의식이 있느냐 없느냐를 판단하는 것은 다음 의식의 기원 장에서 다루게 되지만 인간이나 침팬지 이외에 의식이 있다고 판정된 동물의 의식의 표지를 찾는 일은 너무나도 많은 난제를 안고 있어 현재까지 그 방면의 연구가 거의 전무하다. 이러한 연구는 앞으로 신경과학자들의 큰 도전과제가 될 것이다.

다음에는 주로 fMRI를 이용하여 의식의 내용과 뇌 속 신경활동의

* 시각이냐 청각이냐 후각이냐 등.

상관을 어떻게 구하는지, 즉 의식의 표지를 찾아내는 구체적 방법을 살펴본다. 내용의 신경상관 연구도 상태의 신경상관 연구와 마찬가지로 실험조건을 대조조건과 비교해 실험조건에서만 특별히 활성화되는 영역을 찾아내는 것이 일반적인 방법이다. 구체적 방법론은 실험마다 실험자가 자기 목적을 위해 제각각으로 설계하므로 실례를 일일이 들기는 어렵다.

최근 인지신경과학에서 연구하는 대표적인 것 중 하나가 사물이나 단어나 숫자 등을 아주 짧은 시간 동안과 약간 긴 시간 동안 다른 차폐물 사이에서 보이게 하여 너무 짧아 의식되지 못하는 경우와 의식되는 경우 뇌 활동의 차이를 기능자기공명영상이나 EEG, MEG 등을 이용해 조사하면서 여러 가지를 확인해보는 것이다. 대상이 의식되는 것이 의식되지 못하는 것과 어떤 뇌 활동에서 차이가 나고 의식은 뇌의 어떤 수준이나 부위의 활동을 꼭 필요로 하는지,* 의식되지 못하는 것도 뇌가 일단 감지해 어느 정도 수준까지는 처리하는지 아니면 의식되지 못하는 것은 뇌가 전혀 감지하지 못하는지, 또 의식되는 대상의 성격에 따라 의식 때 발화되는 뇌 영역에서 어떤 차이가 나는지 등을 확인하는 것이다.

이러한 실험 중 대표적인 것은 앞서 언급한 프랑스의 선구적 인지신경과학자 데헤네와 동료들이 제시된 단어의 의식과 신경상관 및 차폐에 의한 무의식과 신경상관을 조사·비교한 연구다[Dehaene et al., 2001]. 그들은 스크린상에서 차폐를 하기 위한 어지러운 화면[mask]과 빈 공란[blank screen], 단어[word]를 여러 가지 조합으로 배열[그림 5-21]해 청년으로 이루어진 피험자 15명을 대상으로 어떤 때는 단어가 의식되고 어떤 때는 의식되지 않도록 조작한 후 단어가 의식될 때와 의식되지

* 이것이 의식의 표지가 된다.

않을 때의 뇌신경 활동을 fMRI로 촬영하여 비교했다그림 5-22.

제시시간이 짧아 단어가 의식되지는 않더라도 시각정보가 뇌 일부에 도달해 그 부분을 활성화한다. 그러나 활성화 정도는 매우 낮다. 이것은 시각정보가 의식에 도달하려면 긴 시각경로를 거치면서 정보가 처리되어야 하고 이때 상당한 시간이 필요한데 자극 제시시간이 너무 짧아 의식이 발현될 수 있는 연합영역까지 자극정보가 도달할 수 없었기 때문이다. 긴 제시시간에 의해 단어가 의식되었을 때는 의식되지 않았을 때 경미하게 활성화된 부분이 갑자기 매우 증폭된 활성화를 나타낸다. 그에 더하여 전두엽과 두정엽 등 뇌의 가장 최종적인 연합영역들에까지 강한 활성화가 전파되었다.

이 실험결과 단어를 의식했을 때 왼쪽 방추회, 왼쪽 선조외피질, 왼쪽 앞 섬엽, 아래쪽 전두엽, 양쪽 앞 대상회, 양쪽 보조운동영역, 왼쪽 아래 두정엽, 왼쪽 쐐기앞엽* 등 주로 왼쪽 뇌의 대단히 많은 부위가 큰 신경활성을 보였다. 즉 단어의 의식은 이들 영역의 신경활동과 유의한 상관이 있다는 것을 보여주었다. 이는 언어가 주로 왼쪽 뇌에서 처리된다는 신경과학의 상식적 이론과 일관된다. 방법론에 귀를 막았는지에 대한 언급은 없으나 뇌 영상촬영 시 피험자들은 이미 충분한 연습으로 촬영기기의 소음에는 익숙해 있었고 오로지 화면에만 집중했기 때문에 잡념의 여지도 없었을 것이므로 단어의 시각적·의미적 요인 외에 청각이나 다른 심적 요인에 따른 유의한 신호변화는 없었다고 할 수 있다.

제시시간이 너무 짧아 의식되지 못한 경우에도 일차 시각피질을 비롯한 대부분 시각에 관계된 피질은 의식되었을 경우와 마찬가지

* left fusiform gyrus, left extrastriate cortex, left anterior insula, inferior prefrontal lobe, bilateral anterior cingulated, bilateral supplementary motor area, left intraparietal sulcus, left precentral gryus.

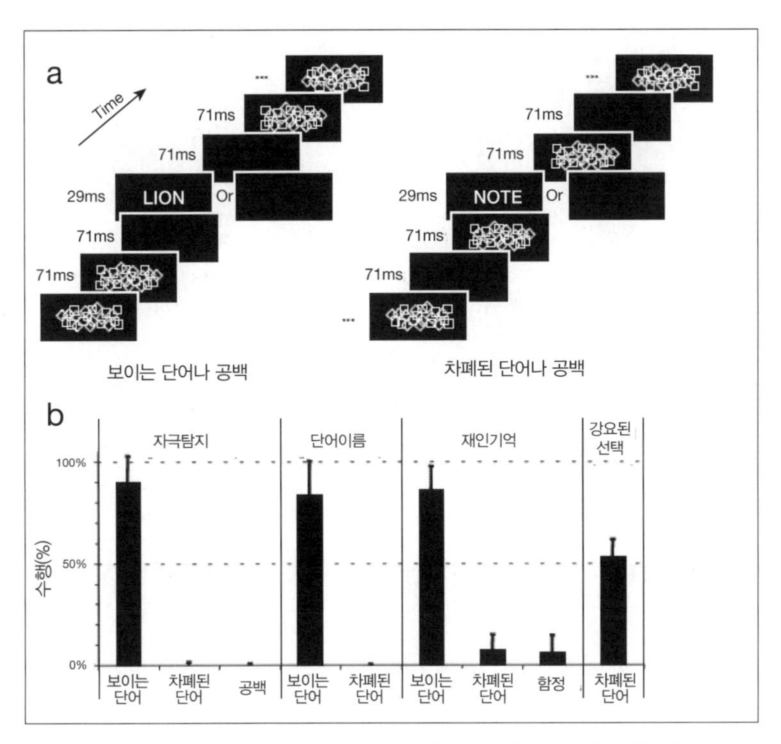

그림 5-21 실험디자인과 행동결과. (a) 자극순서. 짧은 단어제시 혹은 검은 막들이 검은 막과 무작위 차폐의 연속흐름에 심어져 있다. 자극타입(단어 혹은 검은 막)과 그것의 가시성(보이거나 차폐되거나)은 독립적으로 조작된다. (b) 단어지각 가능성을 평가하는 여러 행동시험에서의 수행. 모든 점수는 평균수행± 1SEM(the standard error of the mean, 평균표준오차)*

로 활성을 보여주었다. 다만 의식되었을 경우 이 영역들의 뇌 활성의 증폭과 더 광범위한 영역에서의 활성이 갑작스럽게 폭발적으로 일어났다**는 것이 무의식의 경우와 달랐다. 이것은 비록 의식되지 못하더라도 뇌는 외부 시각자극을 어느 정도까지는 정상적으로 처리한다는 것을 의미한다. 〈그림 5-23〉은 같은 실험에서 EEG를 이용

* Dehaene et al., 2001.

** 첫 번째 의식의 표지와 일치.

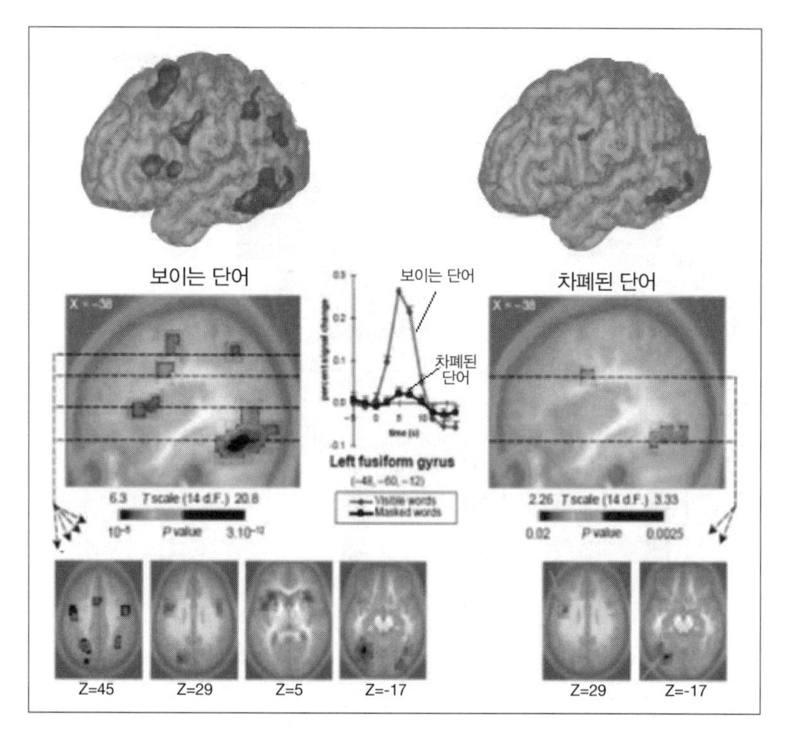

그림 5-22 실험 1에서 보이는 그리고 차폐된 단어들의 fMRI 활성화. 위: 한 참가자의 두개골과 뇌의 반투명 삼차원 재구성을 통해 보이는 왼쪽 반구만에서의 활성화. 투명한 그림에서 방추회(fusiform), 두정엽(parietal cortex)과 내측 전두엽(medial frontal cortex)과 겹친 바깥피질을 통해서 보인다. 아래: 15 참가자 평균해부학적 영상에 겹쳐진 탈라이라크 공간좌표(talairach coordinates)에서 집단활성화의 측면도(sagittal views)와 평면도(axial views). 가운데: 왼쪽 해마방회에서의 활성화 정점, 차폐된 실험에 대해 보이는 활성화보다 12배 증가된 활성화를 보여준다. 오차 막대, 참가자 간 평균표준오차*

해 ERP를 조사한 것이다. 단어가 보일 때는 t<180ms에서는 시각피질의 활동이 강하고 t>240ms에서는 전두엽에서 활성을 보이다가 t>470 이상에서는 두정엽에서 활성을 보이는 것을 볼 수 있다. 단어가 보이지 않을 때는 초반 후두엽에서의 큰 활성을 제하면 그 후 전두엽과 두정엽에서 활성이 있긴 하나 단어가 보일 때에 비해 미약한

* Dehaene et al., 2001.

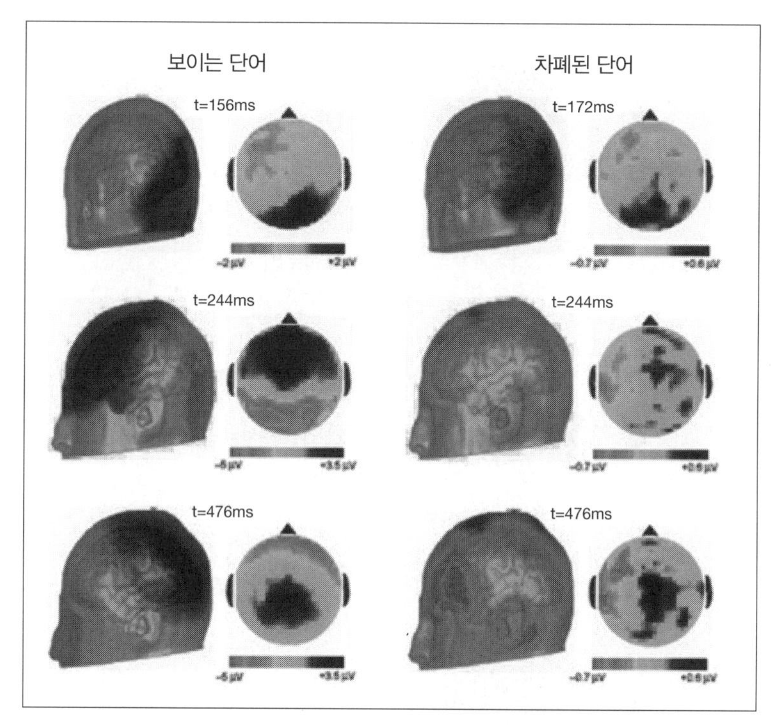

그림 5-23 보이는 단어와 차폐되어 보이지 않는 단어에 반응한 사건 관련 전위(event-related potentials, ERPs) 지도. 실험 시작 뒤 세 다른 시점에서 구형의 박판보간법(spline interpolation)으로 구성된 뇌 지도가 보인다. 관련통제조건(보이거나 차폐된 빈 공간)에 해당하는 ERP는 줄어들었다.*

것을 볼 수 있다. 즉, ERP에 의한 의식의 표지도 fMRI에 의한 의식의 표지와 동일한 것을 나타낸다. 단지 공간해상도와 시간해상도에서 차이가 날 뿐이다.

ERP를 이용해 또 하나의 의식의 표지를 찾는 연구는 데헤네가 그의 동료들과 행한 실험**으로 주의 점멸을 이용한 뇌의 여러 부위에서

* Dehaene et al., 2001.

** Sergent et al., 2005.

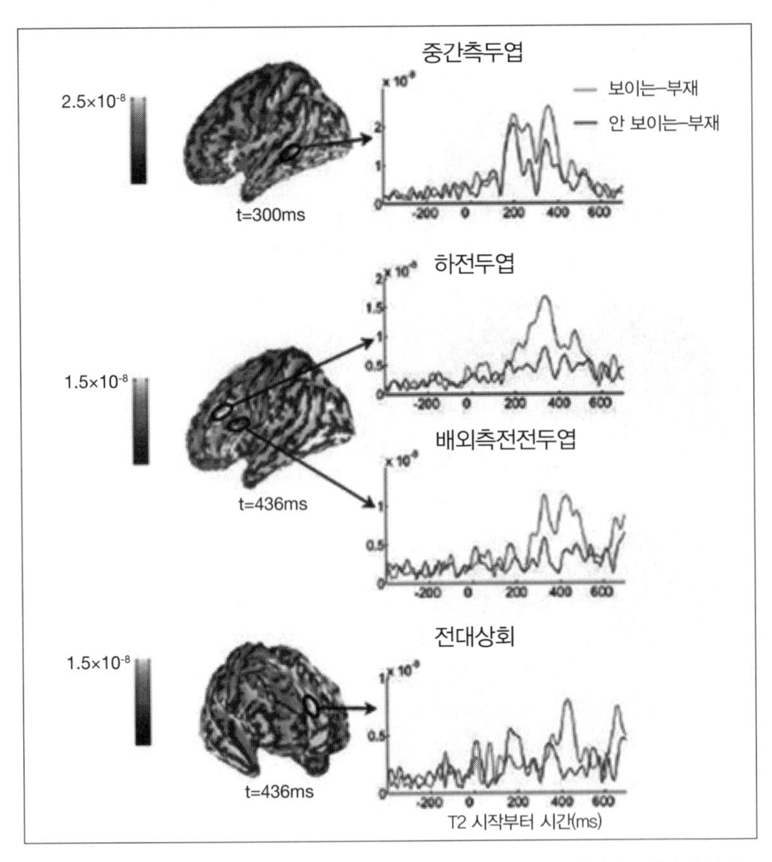

그림 5-24 보이는 단어와 차폐당해 보이지 않는 단어에 의해 유발된 피질활동에서의 갈림. 오른쪽의 도표는 주의점멸(Attentional Blink, AB, 주의가 산만해질 때 바로 눈앞의 자극도 지각하지 못하는 주의 깜박거림 현상) 동안 두 번째 목표 단어(T2)가 보일 때와 차폐로 보이지 않을 때 다른 네 영역에서 얻어 재구성된 피질활성화의 시간경과를 보여준다. 활동이 탐지된 영역이 왼쪽 활성화 뇌지도 안에 검은색 원으로 표시되었다. 여기서는 모두 T2 후 300ms와 436ms에서 보이는 단어 활성화와 안 보이는 단어활성화가 강한 대비로 재구성되었다. 활성화는 전류밀도 단위(A.m)로 표현되어 있다(왼쪽 막대). 흑백지도는 최고활성화의 50% 이상으로 역치 설정되어 있다. 시각의 연합영역의 하나인 중앙 측두엽에서의 활성화는 -180ms로부터 200ms까지는 보이는 단어(T2)나 보이지 않는 단어(T2)에 대해서 유사하게 증가했다. 200ms 시점부터 양 활성화 곡선은 갈리기 시작했다. 200ms 이후에는 두 번째 단어가 보일 때만이 하전두엽, 배외측 전전두엽, 전대상회에서 활성화가 관찰되었다*(모든 수치는 단어나 어떤 자극도 제시되지 않을 때의 값을 뺀 수치들이다).

* Sergent et al., 2005.

같은 단어에 대한 보일 때와 보이지 않을 때의 ERP 곡선의 시간 경과를 조사한 것이다[그림 5-24].

조사된 네 영역 모두에서 자극[두 번째 단어, T2] 제시 후 3분의 1초 이상 경과되었을 때 차폐되어 보이지 않은 단어와 보이는 단어에 의한 활성화도[ERP의 크기]가 확실히 달라진다. 다만 전두엽과 대상회에서는 3분의 1초 이상 경과되었을 때 보이는 단어가 보이지 않는 단어에 비해 큰 활성화를 보이나 시각연합영역*에서는 둘 사이의 차이가 상대적으로 적은 편이다. 그것은 의식되지 않아도 자극이 먼저 도착하는 시각 관련 초기 지각영역들[V1-V3]은 단어에 반응하기 때문에 시각 관련 연합영역에 어느 정도 영향을 미치기 때문일 것이다.

또 다른 하나의 예는 하버드대학 심리학 교수 통[Tong]과 그 동료들이 양쪽 눈에서 들어오는 다른 정보가 의식을 획득하려고 경쟁하는 원리[양안경쟁 원리]를 이용해 한쪽 눈에는 집만, 다른 쪽 눈에는 사람 얼굴만 보이도록 한 상태에서 fMRI를 이용해 뇌를 촬영하여 뇌 영상의 시간적 변화를 조사한 것이다[Tong et al., 1998]. 의식적으로 한쪽 눈의 정보만 보려고 노력하지 않으면 양쪽 눈에서 들어오는 정보가 몇 초 간격으로 교대로 의식된다. 즉 이 실험의 경우에 집과 얼굴이 교대로 의식된다. 따라서 뇌의 활성상태도 교대로 달라질 것이다.

그들은 또 이러한 결과 나타난 교대하는 시간간격과 똑같은 시간간격으로 한쪽 눈으로만 보이게 다른 쪽 눈에서의 자극을 차단하여 양안경쟁의 경우와 비교했다[그림 5-25]. 그 결과 양안경쟁의 경우나 한쪽 눈으로만 본 경우의 fMRI 영상의 분석결과가 유사했다. 두 방법 다 한 대상[예를 들면 집]에서 활성화된 영역의 활성화값에서 다른 대상[얼굴]에서 활성화된 영역의 활성화값을 빼거나 대조군[예를 들면 백지를 보

* 시각연합영역(middle temporal): 중앙 측두엽.

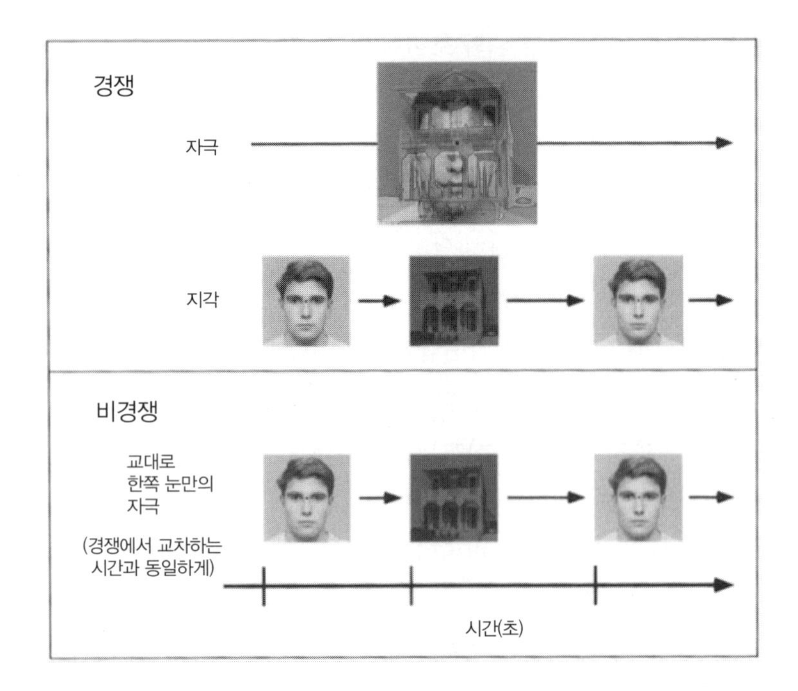

그림 5-25 실험디자인과 자극. 위: 경쟁스캔에 사용된 모호한 얼굴/집 자극. 붉고 초록색인 필터안경으로 볼 때 한 눈에는 얼굴만, 다른 눈에는 집만 보인다. 이것은 얼굴 지각과 집 지각(보통 몇 초 간격으로) 사이에 보고된 교차로 암시되듯이 격렬한 양안경쟁으로 이끌었다. 아래: 비경쟁적 스캔이 이전 경쟁적 스캔의 지각적 보고로부터 도출된 같은 시간순서를 사용해서 얼굴이나 집만의 비경쟁적 단안 이미지가 나타나는 것을 보여주는 시각표*

는 상태의 값을 빼서 비교하는 방법을 취한다. 앞의 두 경우 다 집의 경우에는 해마방회 장소영역parahippocampal place area, PPA이 활성화되었고 얼굴의 경우에는 방추회 얼굴영역fusiform face area, FFA이 활성화되었다 그림 5-26.

이 실험결과는 양안경쟁의 원리를 실험적으로 증명하는 것 외에 해마방회 장소영역의 활동이 집의 시각의식과 최종적으로 관계되고

* Tong et al., 1998.

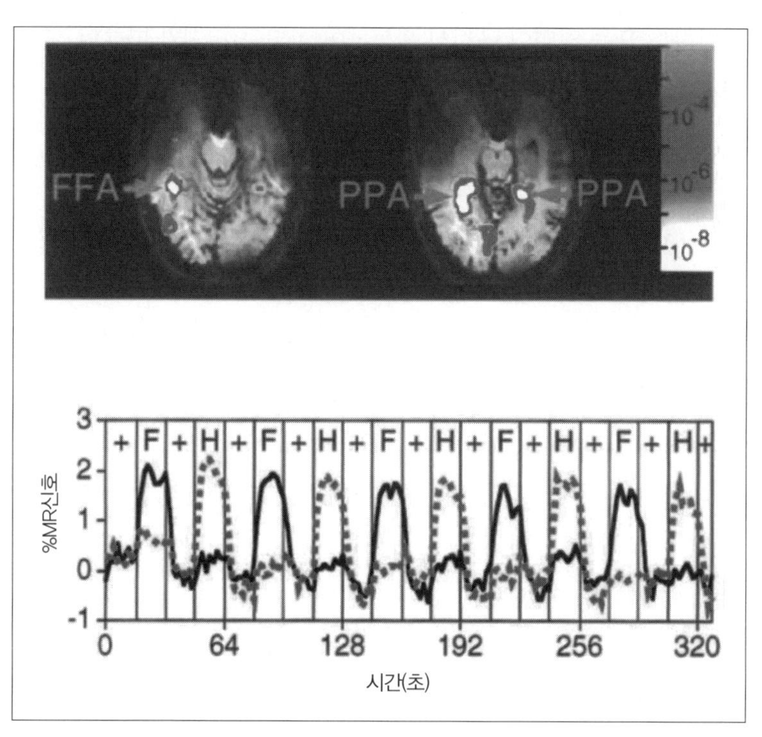

그림 5-26 국지 자료: PPA: 해마방회 장소영역(parahippocampal place area), FFA: 방추회 얼굴영역(fusiform face area). 위: 한 피험자의 국지화된 FFA와 PPA를 보여주는 두 인접한 축 가까이의 절편. FFA는 집보다 얼굴에 더 반응을 보이는 영역으로 국지화되어 있다. PPA는 얼굴보다 집에 더 반응하는 해마방회에 있는 영역으로 국지화되어 있다(이들 영상은 왼쪽 반구가 오른쪽에 보이고 오른쪽 반구는 왼쪽에 보이는 방사표시관례를 따랐다). 아래: FFA(검은 선)와 PPA(회색 점선) 활동(고정 기저선에 대해 %신호변화로 표현된)을 네 피험자 모두를 평균해서 보여주는 국지 스캔에서 MR 시간 경과. 피험자들은 순차적으로 나타난 얼굴들(F), 집들(H) 혹은 정지된 고정 점(+)을 보았다.*

방추회 얼굴영역의 활동이 얼굴의 시각의식에 최종적으로 관여한다는 것을 증명한다. 즉 집과 얼굴의 의식의 신경상관물을 확실히 보여준다. 물론 이 자극들이 온전하게 의식되려면 이들 두 영역으로 나뉘기 직전까지 오는 도중 거치는 일, 이차 시각피질을 포함한 시각에

* Tong et al., 1998.

관여하는 모든 영역이 온전히 활동해야 한다는 전제가 따른다. 그리고 이들 자극의 의미를 이해하는 데는 전두엽과 베르니케영역의 활성화도 필요하다. 따라서 이들 두 시각자극의 의식에 대한 완전한 신경상관물은 위의 두 영역 외에도 이들 특정내용에 한정되지 않는 다면적 영역도 포함되고 의식의 표지는 이들 모두의 동시적 활성화가 된다.

이상에서 영상기기를 이용한 의식상태의 내용과 뇌의 신경활동 사이의 상관에 관한 연구사례 몇 가지를 보여주었다. 지금 이러한 연구들은 전 세계 수많은 실험실에서 진행되고 있다. 그 결과 의식상태 및 의식내용과 뇌의 신경활동 사이의 상관관계를 밝히는 자료가 매년 엄청난 속도로 폭발적으로 증가하고 있다. 이런 자료들이 모이면 언젠가는 이러한 상관관계의 대략은 밝혀질 것이다. 그러나 인간의 의식활동이라는 것이 상상을 초월할 정도로 내용이 다양하기 때문에 모든 세세한 의식활동까지 뇌의 활동과 상관을 밝히는 것은 불가능할 뿐만 아니라 무익한 일일 것이다.

그런데 fMRI에 관한 위의 두 사례는 전통적 방법으로 어떤 뇌 영상에서 각 부피소voxel에서의 산소공급 정도를 측정하는 방식이다. 여러 다른 과제를 하는 동안 발생하는 산소공급신호는 어떤 뇌 영역이 어떤 특수한 의식이나 기능에 연루되느냐를 결정하기 위해 상호 비교된다. 그런데 최근 발달된 다변량 패턴분석multivariate pattern analysis, MVPA은 많은 부피소에 걸쳐 반응 패턴을 동시에 조사하는 기법이다. 이는 고차원 수학이론을 바탕으로 했는데 전반적인 활동수준보다는 부피소 숫자만큼 많은 차원으로 다차원 공간에서의 점들로 부피소 활동 패턴을 관찰하고 각 조건에 속하는 패턴을 분리하는 경계를 정하는 방법이다.

그렇게 많은 자료를 모아 데이터베이스를 만든 후 이번에는 그 데

이터베이스를 역이용하여 피험자의 뇌 영상에서 어떤 부피소들의 활동수준이 높은지 보고 그 사람의 의식내용을 역으로 추정한다. 이러한 새로운 기법은 전통적인 fMRI기법보다 유리한 점이 많다. 전통적 fMRI기법이 공간의 한 점이나 관심영역의 평균 활동을 고려대상으로 삼기 때문에 어떤 부피소에 국한된 공간활동 패턴에 대한 정보를 놓칠 수 있으나 다변량 패턴분석은 여러 의식상태에 영향을 미칠 수도 있는 세밀한 공간정보까지 놓치지 않는다. 다변량 패턴분석은 또한 활성화에서의 전반적 변화 없이 일어나는 여러 의식상태와 연관된 공간활동 패턴에서의 변화를 탐지할 수 있다.

그리하여 다변량 패턴분석은 의식내용, 특정정보에 더 민감해 어떤 사람의 인지상태의 밑바탕을 이루는 신경활동에 대한 더 깊은 이해를 제공한다[Weil and Rees, 2010]. 그것은 전통적인 기능적 영상기법이 단순한 의식상태나 내용과 신경활동의 상관을 찾는 데 국한되는 대신 다변량 패턴분석은 장차 뇌영상을 보고 그 사람의 의식상태나 내용을 알아낼 수 있고, 이를 임상적으로 응용하면 최소의식 환자나 고정증후군 환자들의 뇌 영상을 이용해 그들의 의식내용을 알아낼 수 있을 것이다. 이미 그러한 시도가 행해지기도 했다. 또 뇌 영상을 분석해서 정신병 환자들의 환각내용을 알아낸다든지 만성고통을 느끼는 환자에게 필요한 약물 등을 피드백으로 공급해줄 수도 있다. 연구사례가 많으나 독자들이 이해하기에는 너무 전문적인 것들이어서 그중 비교적 이해하기 쉬운 대표적인 사례 하나만 살펴보자.

그것은 자연영상을 보고 있는 피험자가 무엇을 보고 있는지를 그 사람의 뇌 영상 다변량 패턴분석 자료를 보고 저장된 자연영상 데이터베이스에서 그 패턴분석 자료와 일치하는 자료를 찾아 알아맞히는 것이었다[Kay, 2008]. 즉 다양한 자연영상을 볼 때 뇌 영상 속 부피소 활동을 다변량 패턴분석법으로 처리해서 데이터베이스에 저장한다.

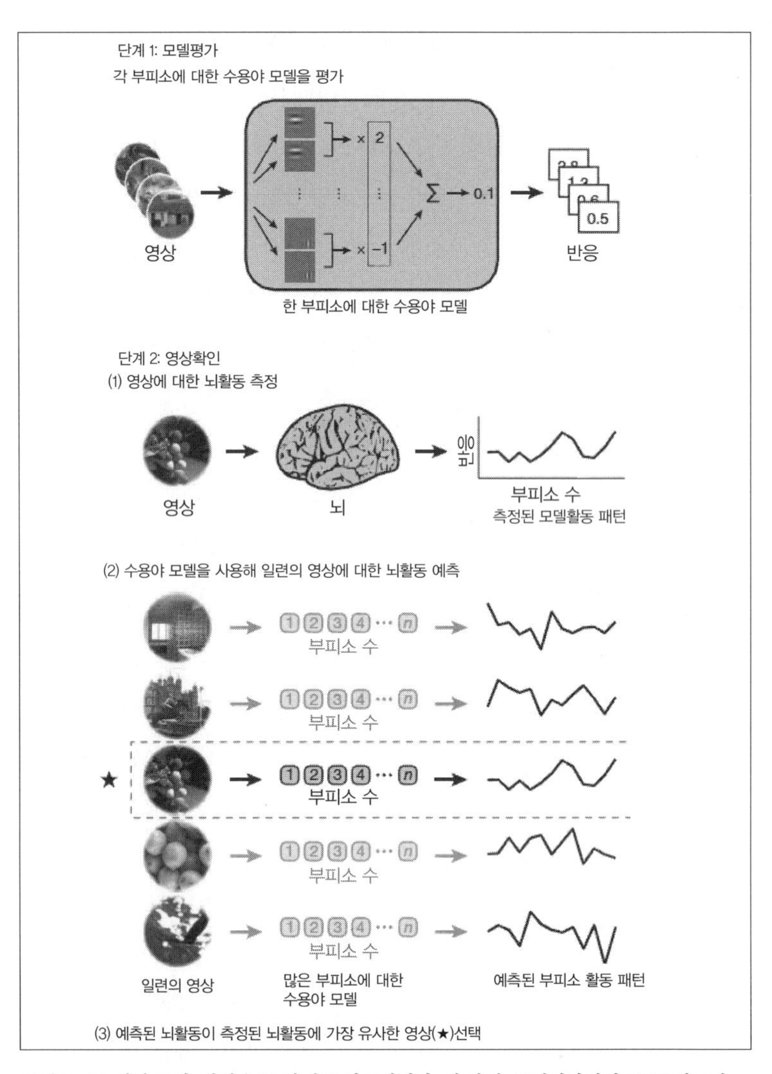

그림 5-27 실험 도식. 실험은 두 단계로 이루어졌다. 첫 단계, 모델평가에서 fMRI 자료가 각 피험자가 큰 수량의 자연영상을 보는 동안 기록되었다. 이러한 자료들은 각 부피소에 대한 양적 수용야 모델을 평가하기 위하여 사용되었다. 모델은 가보 웨이블릿 피라미드*에 근거하여 공간, 방향, 공간 빈도 차원에 맞춰 묘사되었다. 둘째 단계, 영상확인에서 fMRI 자료는 각 피험자가 일련의 새로운 자연영상을 보는 동안 기록되었다. 뇌 활동의 각 측정에 대해 어느 특정 영상을 보여줬는지 확인하기를 시도했다. 이것은 일련의 잠재적 영상에 대한 뇌 활동을 예측하기 위해 추정된 수용야 모델을 사용함으로써 그러고 나서 그 예측된 활동이 측정된 활동과 가장 잘 어울리는 영상을 선택함으로써 달성되었다.**

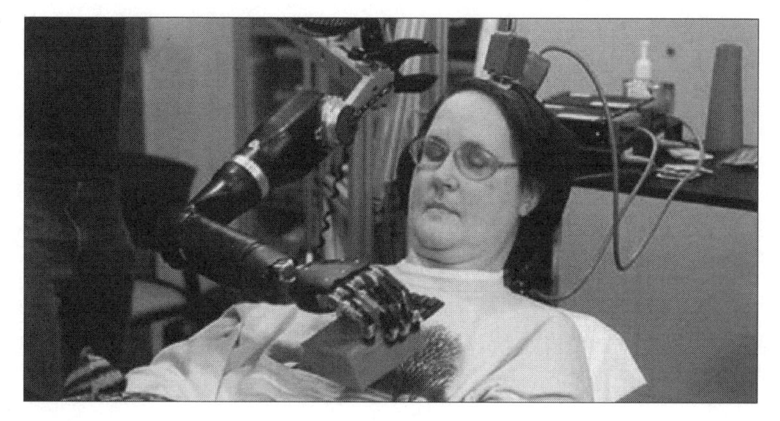

그림 5-28 슈어먼과 로봇팔. 로봇팔이 슈어먼의 의도대로 초콜릿을 쥐고 있다.

그리고 어떤 자연영상을 보고 있는 사람의 뇌 영상을 취해 다변량 패턴분석을 행한 다음 데이터베이스에서 그 뇌 영상 분석자료와 일치하는 자료를 찾아 그 사람이 무엇을 보고 있었는지 알아맞히는 것이다그림 5-27. 대부분 다변량 패턴분석의 활용은 이런 식으로 행해진다. 또 피험자에게 어떤 행동을 하게 하고 뇌 영상 속 부피소 활동을 다변량 패턴분석법으로 처리한 후 그 활동영역을 전극 등을 이용해 인위적으로 활성화하면 같은 행동을 재현할 수 있다. 이러한 것도 고정증후군 환자 같은 마비 환자가 어떤 최소한의 필요한 행동을 할 수 있게 하려고 시도되고 있다.

한편 미국 피츠버그 재향군인회 의료센터Department of Veterans Affairs Medical Center, Pittsburgh의 콜링거Collinger와 동료들은 이와는 좀 다른 방법으로 의식내용과 신경발화패턴의 상관을 찾아 신경발화패턴을 이용해 사지가 마비된 환자의 의도대로 로봇팔이 움직이도록 환자에

* 가보 웨이블릿 피라미드(Gabor wavelet pyramid): Matlab 배경에서 가우시안 윈도 함수를 사용하여 선형 도형을 보정하는 프로그램의 일종.

** Kay, 2008.

게 도움을 주는 연구를 했다. 그리고 이를 슈어먼Jan Scheuermann, 52세이라는 여성에게 시도하여 성공했다. 그 방법은 사지가 마비된 환자의 운동뉴런에 다수96의 미세전극으로 이루어진 두 모듈4×4mm을 삽입하고 모듈을 컴퓨터와 로봇팔에 연결하여 환자가 어떤 행동을 할 의사가 있을 때 운동뉴런의 발화패턴을 컴퓨터로 조사해 데이터를 작성하고 그것을 바탕으로 뇌-기계-계면 훈련을 13주 실행한 다음 환자 옆에 비치된 로봇팔을 환자 의도대로 움직이도록 하는 것이었다그림 5-28.

워싱턴대학 모리츠Moritz, 노스웨스턴대학 에디어Ethier 등은 유인원을 이용하여 운동뉴런에 미세전극을 영구적으로 삽입한 뒤 유인원들의 근육수축 의도 시에 신경 발화되는 것을 기록해 컴퓨터로 분석했다. 그리고 나중에 직접 전기자극으로 이러한 신경발화가 일어나게 해 마비된 근육을 수축하게 하는 기능성 전기자극 장치functional electrical stimulation, FES를 개발하여 마비된 팔의 근육을 활성화하는 데 성공했다Moritz et al., 2008; Ethier et al., 2012. 최근 이들과 비슷한 프로젝트들이 전 세계에서 진행되어 사지가 마비된 환자들에게 희망을 주고 있다.

5) 뇌병변에 따른 의식내용의 변화

의식은 뇌의 산물이므로 뇌에 이상이 생기면 의식에도 이상이 생긴다. 앞에서 뇌의 전반적 대사기능에 문제가 생길 경우 의식상태에 어떤 영향을 미치는지를 살펴보았다. 뇌의 국소 부분에 뉴런 핵의 파괴나 연결의 단절 같은 병변이 생겨 기능을 제대로 발휘하지 못하는 경우에는 의식내용에 변화가 생긴다. 의식과 관련 있는 뇌 부위는 매우 많다. 그보다 모든 뇌 부위가 의식과 관련이 있다고 하는 것이 옳을지 모른다. 따라서 뇌병변에 따른 의식의 손상이나 변화도 매우 다양하다. 시각장애에서부터 언어장애, 치매, 간질, 파킨슨병, 자폐증, 조현병에 이르기까지 모두 거론하자면 끝이 없다. 또 이들은 대부분 의식과학보다 임상의학에서 주로 다루는 질환들이다.

먼저 대표적으로 모든 감각 중에서 의식의 신경과학에서 가장 많이 연구된 시각의식에서 우리가 대상을 단일한 실체로 보게 하는 시각의식이 단일화되는 과정을 살펴보고 뇌의 시각에 관계된 회로에 병변이 발생할 경우 일어나는 의식내용의 변화를 살펴보자. 시각 아닌 다른 감각에 대해서도 관련 뇌병변에 의해 비슷한 변화가 일어날 것이 확실하나 시각처럼 분명한 효과가 나타나지 않고 시각에 비해 연구의 어려움 때문에 사례나 자료가 매우 드물다. 그래서 시각 다음으로 가장 차원 높은 인간의식의 산물인 언어가 뇌병변에 의해 어떤 면내용에서의 장애가 발생하는지 살펴본다.

언어는 대부분 인간에게 독특하고 시각보다 훨씬 더 많은 뇌 영역이 관여되며 시각보다 훨씬 더 복잡한 의식기능이다. 언어는 시각, 청각, 기억, 추리 등 매우 다양한 의식과 관련이 있다. 또 언어는 음소, 음운, 구어, 문어, 단어, 구문, 문장, 문법 등 대단히 많은 구성요소를 포함한다. 이것은 인간에서 언어기능의 진화가 뇌의 많은 영역 간 엄청난 연결을 필요로 하고 그것이 다시 인간의 뇌가 커지는 중요한 원인이 되었다는 것을 의미한다. 따라서 언어의 기능장애는 언어에 관련된 특수영역뿐만 아니라 시각, 청각, 운동, 기억 등을 관장하는 광범한 뇌 영역의 병변과 연관이 있다. 또 그러한 영역들을 이어주는 백질신경세포 축색다발의 손상과도 연관이 있다. 그래서 뇌 부위에 상관없이 뇌출혈이나 뇌경색 등에 의해 조금이라도 뇌가 손상되면 대부분 언어장애를 일으키게 된다.

언어와 관련되는 뇌 부위가 너무 많고 그에 대한 연구도 매우 다양해서 그들 모두를 거론하는 것은 지면이 허락하지 않으므로 대표적인 몇 가지 영역과 그곳의 병변에 의한 기능장애를 살펴본다. 언어는 인간에게 국한되는 가장 차원 높은 의사소통이나 사고 수단으로 모든 언어행위는 의식의 내용이 될 수 있으므로 인간의 의식을 논할 때 언어를 논하지 않을 수 없다. 그러나 현실에서 언어장애는 의식과학보다는 임상의학에서 주로 다루므로 여기서는 주로 언어이해와 표현에 관련된 뇌 영역과 장애유형을 간단히 살펴본다. 더 깊이 이해하기를 원하는 독자들은 언어병리학Speech-Language Pathology 전문서적을 참고하기 바란다.

뇌병변에 따른 시각장애

시각의식의 단일화와 결합문제binding problem

시각은 우리 지각의 큰 부분을 차지한다. 실제로 외부에서 들어오는 정보의 70-80%가 시각을 통해서 들어온다. 그러다 보니 시각에 관한 연구가 인지신경과학 연구에서 큰 비중을 차지하며 다른 감각에 대해서보다 많은 논문과 서적에서 다루어져 지식과 정보가 많이 축적되어 있다. 시각의식에서 가장 중요한 이슈는 시각의식의 통일문제다. 실제 시각은 〈그림 5-7〉이 보여주듯이 뇌의 앞뒤 상하의 매우 많은 특정 역할에 관계된 부위에서 각기 다른 시간을 소요하면서 처리된다. 그러나 이러한 각 영역에서의 처리시차에도 불구하고 우리는 어떤 대상을 하나의 단일대상단일화된 정보꾸러미으로 의식한다. 그것은 이러한 시차가 어느 한계점을 넘지 않는다면 동시에 행해지는 것처럼 우리가 의식하는 것이다.

부연해서 말하면 우리 뇌는 우리가 주변에서 보는 3차원 대상과 같은 전체로서 통일된 지각을 형성하기 위하여 색상이나 윤곽이나 움직임 같은 기본적 감각질을 정교하게 짜맞춘다. 바꾸어 말하면 대상을 이루는 시각적 특질은 색상, 휘도, 표면구조, 삼차원 윤곽, 관찰자로부터의 상대적 위치와 거리 등인데 이러한 특질들은 광파가 반사되는 물리적 대상을 지각적 의식 속에서 표상하거나 모사하기 위해 하나의 정보 꾸러미로 묶인다. 우리가 경험하는 의식세계는 거의 이런 식의 단일화된 정보꾸러미로 이루어져 우리 주위에 펼쳐진다. 청각이나 후각 등 다른 감각들도 단일화된 정보 꾸러미로 의식되나 시각이 가장 다양한 정보 꾸러미로 이루어져 있다. 그래서 〈그림 5-7〉에서 보여주는 많은 뇌 부위 중 어느 하나만이라도 이상이 생기면 정상적인 시 지각이 불가능해진다.

구체적인 예를 들어 설명하면 우리는 날아오는 공을 볼 때 시공간적으로 동일한 하나의 공으로 인식한다. 우리는 동시에 공의 색깔을 보고, 모양을 보고, 움직임을 본다. 그런데 우리 뇌에서 공의 색깔과 모양과 움직임을 처리하는 부위는 모두 다르다. 전혀 다른 부위에서 처리하는 감각정보가 시간적·공간적으로 통일된 단일한 물체로 인식된다. 우리는 별 어려움 없이 주위의 여러 가지 감각질로 이루어진 통일된 대상을 시각적으로 경험하기 때문에 이것이 얼마나 대단한 뇌의 업적인지 깨닫지 못한다. 우리가 너무나 당연한 듯 알고 있는 이러한 현상의 배경이 되는 뇌 속에서 일어나는 시각처리의 복잡한 메커니즘은 하나의 신비에 가까운 현상이다.

그러나 그러한 통일된 시각적 경험이 뇌의 어떤 영역의 기능에 이상이 생겨 불가능해질 때 우리는 비로소 그것이 얼마나 중요하고 얼마나 대단한 것인지 깨닫는다. 이러한 메커니즘에 이상이 생기면 시각에 이상한 현상이 일어난다. 공의 색상이 흔적도 없이 사라지거나 공의 형태를 알아볼 수 없게 되거나 공을 공으로 인식하지 못하거나 공의 배경이 사라지거나 시야의 한쪽에서 공이 사라거나 공의 움직임이 끊겨 보이기도 한다. 시각의 여러 정보를 처리하는 부위는 기본적인 시각정보를 처리하는 일차시각피질에서 다소 거리를 달리하고 떨어져 있어서 각 부위에서 처리되는 시각은 다소 다르지만 우리는 동시에 처리되는 것으로 인식한다그림 5-7. 이러한 것을 뇌가 해결하는 것을 결합문제binding problem라고 한다.

뇌의 여러 부위에서 처리된 각각의 감각정보가 결합되어 비로소 외부의 실상과 동일한 가상현실이 뇌에서 만들어진다. 사실 우리가 보는 모든 현상은 실제가 아니라 실제를 본뜬 가상현실이다. 가상현실을 가능하게 하는 결합문제를 처리하는 메커니즘에 이상이 생기면 우리는 현실과 다른 가상현실을 보게 된다는 사실이 이를 잘 입증한다. 시각피질의 V1-V2-V3를 거쳐 V5혹은 MT로 가는 회로에 이상이 생길 때 다가오는 자동차가 저만치 멀리서 오다가 중간에 보이지 않다가 갑자기 바로 앞에서 보이게 된다. 영화의 연속필름이 중간중간 끊어지면서 화면에 나타나는 장면과 비슷한 장면을 경험한다. 이것은 외부 현실이 잘못된 게 아니라 이를 묘사하는 가상현실이 잘못된 것이다.

즉 우리가 실제로 지각하는 것은 뇌가 만들어낸simulated 가상현실이다. 시각 이외의 청각, 통각도 마찬가지다. 소리와 고통의 지각은 귀나 피부에서가 아니라 뇌에서 이루어진다. 환청이나 환각지*의 예가 그것을 잘 보여준다. 시지각에서 이러한 현실을 잘못 묘사하는 가상현실을 만들어내는 사례와 그러한 경우의 뇌병변적 원인들을 살펴본다.

* 손이나 다리가 절단된 환자가 손가락이나 발가락 등 잘려나가 없어진 부위에서 고통을 느끼는 현상.

뇌성완전색맹cerebral achromatopsia

우리가 보는 시각세계는 색깔이 있는 대상과 표면으로 이루어져 있다. 우리는 우리가 보는 사과의 붉음, 숲의 푸름, 하늘의 파랑을 외부의 물리적 대상에 속한 것으로 생각한다. 그러나 우리가 경험하는 그러한 것들은 실제 외부대상의 것이 아닌 우리 뇌가 만들어낸 가상현실이다. 그들은 우리 몸 바깥에 있는 것처럼 외면화된 것이다. 우리 뇌는 유채색의 감각적·지각적 세계를 뇌 안에서 만들어 우리가 외부 대상에 위치하는 것으로 인식하게 만든다. 이것은 뇌과학에 생소한 일반 독자들에게는 이상하게 들릴지 모른다. 그러나 우리는 색상을 띤 외부대상 없이도 생생한 천연색을 흔히 경험한다. 그것은 우리가 천연색 꿈을 꾸는 경우다.* 눈을 감고 꿈을 꿀 때 외부의 시각적 자극은 우리 뇌로 전혀 들어올 수 없다.

그러나 우리는 꿈에서 보는 집을 우리 몸 바깥에 있는 것처럼 인식한다. 꿈에서 보는 천연색 세계는 외부대상과 전혀 상관없는 순전히 뇌가 만들어낸 가상현실이다. 이것은 꿈을 꾸지 않을 때 실제 시각자극을 보면서 가상현실을 만들어내던 뇌 부위가 자연발생적으로 작동하면서 만들어낸 가상현실이다. 이는 우리가 깨어 있을 때 천연색으로 인식하는 외부세계는 우리 뇌가 실시간 작동하면서 만들어낸 가상현실이라는 사실을 명백히 보여주는 것이다. 우리가 보는 외부세계가 가상현실이라는 사실을 보여주는 또 다른 예는 우리 시각의 여러 면을 처리하는 뇌 부위의 하나가 어떤 이유**로 기능을 상실했을 경우다.

우리가 색상을 지각하는 것은 외부대상에서 반사된 광선이 눈에

---

* 꿈에 대한 많은 연구나 우리의 일반 경험으로 미루어 보아도 우리는 대부분 천연색 꿈을 꾼다.

** 뇌출혈, 뇌 절제, 국소마취 등.

그림 5-29 뇌성완전색맹 환자 눈에 보이는 풍경. 예쁜 꽃들과 아름다운 산하가 흑백으로만 보인다.

있는 추상체라는 광파에 민감한 세포를 통해 여러 단계를 거쳐 뇌의 1, 2차 시각피질로 가서 최종적으로 뇌의 뒤쪽 후두엽과 측두엽 경계 부분의 일부V4라는 부분에서 색상의 감각질이 인식되기 때문이다. 그런데 색상만 정상적으로 의식하지 못하는 경우는 색상의식에 필수적인 두 부분, 즉 눈의 추상체 세포와 V4 영역 세포들에 이상이 생겼을 때다.

우리가 보통 색맹achromatopsia으로 알고 있는 것은 삼원색의 파장을 수용하는 추상체그림 5-29의 이상에서 오는 것으로, 추상체가 완전히 기능을 상실한 경우에는 모든 색상을 지각할 수 없다. 모든 장면이 흑백사진처럼 보인다. 추상체가 삼원색 파장 중 어느 하나만 온전히 수용할 수 있는 경우는 일부 색상만 인식하거나 정상인과 비교해서 불완전하게 인식하고 다른 색은 인식하지 못한다. 추상체가 삼원색 파장 중 두 가지를 수용하고 나머지 하나는 수용하지 못할 경우 수용하지 못하는 파장에 해당하는 색상은 인식하지 못하거나 보통 사람과 다르게 인식하고, 나머지 색상은 정상적으로 인식하거나 불완전

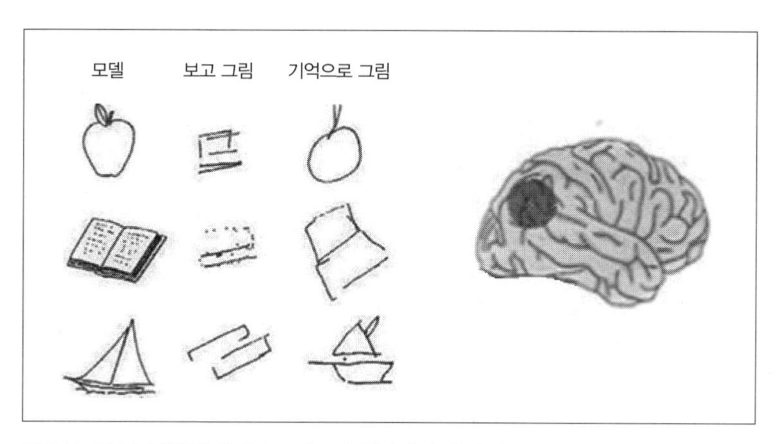

그림 5-30 통각실인증 환자가 그린 그림들*과 손상 뇌 부위

하게 인식하게 된다. 그러나 양쪽 V4 영역과 그 주위가 뇌출혈이나 뇌경색 혹은 뇌 절제수술로 기능을 완전히 상실할 경우 이를 뇌성완전색맹cerebral achromatopsia이라 하는데 전 시야에서 색상을 인식하지 못한다. 즉 색상 감각질만 외부세계에 대한 통일된 대상지각 꾸러미에서 사라진다.

뇌성완전색맹인 사람은 색상에 대한 개념이 사라지고 색상을 상상하지도 못한다. 추상체의 기능을 완전히 상실한 경우처럼 모든 시야의 장면이 흑백으로 보인다Sacks, 1995, 그림 5-29. 따라서 우리는 뇌의 어느 영역이 색상에 대한 감각질을 만들어내는지는 알게 되었다. 그러나 아직 뇌가 어떻게 그런 기막힌 재주를 부리는지는 알지 못한다. 그것이 이른바 어려운 문제이며 설명적 갭이다. 좌우 뇌 중 어느 한 쪽만 기능을 상실할 경우 기능을 상실한 쪽과 반대되는 시야에서 색상을 인식하지 못한다.

* Goodale & Milner, 2004.

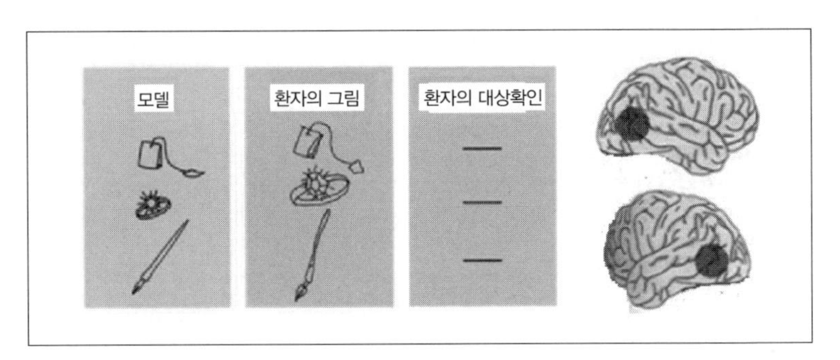

그림 5-31 연합실인증 환자의 그림과 손상 뇌 부위

통각실인증

시각실인증은 종류가 매우 많고 모든 환자가 서로 다른 증상을 보인다고 해도 좋을 정도로 다양하다. 보통색맹이나 뇌성완전색맹은 색상에 대한 실인증이다. 실인증 중에서도 가장 심각한 증상은 대상의 여러 부위를 효과적으로 통합할 수 없어 대상을 인식하지 못하는 것으로, 이를 통각실인증apperceptive agnosia이라 한다. 이 증상은 보통 시지각에 중요한 구조인 오른쪽 바깥쪽 후두엽 손상이나 양쪽 손상으로 초래된다. 통각실인증이 있는 사람은 보는 대상을 이해하지 못하고 이름도 짓지 못한다. 가장 간단하고 흔한 책이나 가방 같은 것도 인식하지 못한다. 그러나 촉각에 대한 감각은 이상이 없기 때문에 만져보면 그것이 책인지 가방인지 인식할 수 있다. 눈앞에 보이는 대상을 그려보라고 해도 제대로 그리지 못한다그림 5-30.

그렇다고 개별감각이 사라져서 그런 건 아니다. 대상의 일부나 색상 등은 인지하나 통일된 전체를 인지하지 못하고 부분이 뒤죽박죽된 혼란스러운 장면을 본다. 그들은 집 안을 걸어 다닐 때 주위를 잘 구별하지 못해 기둥이나 가구 등에 잘 부딪힌다. 그렇다고 시각장애인처럼 보지 못하는 것은 아니다. 심한 근시안처럼 사물을 흐릿하게 보는 것도 아니다. 대상의 일부 세부적인 것은 잘 보지만 조화롭게

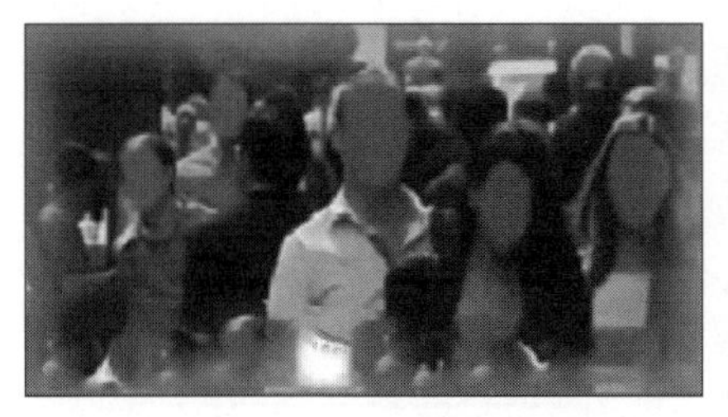

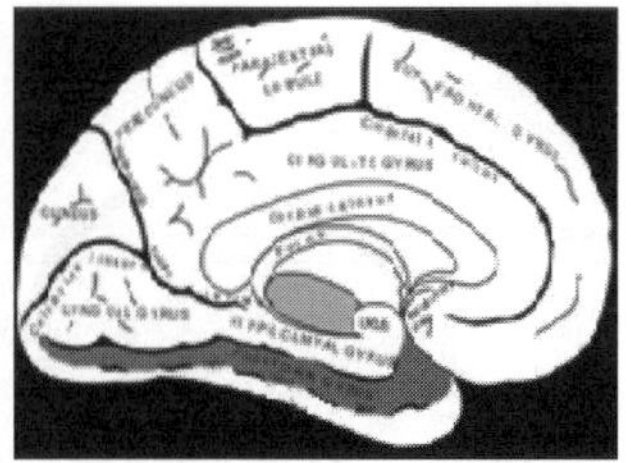

그림 5-32 상모실인증 환자가 보는 장면과 병변의 위치

조립되어 의미 있게 통일된 대상을 보지 못할 뿐이다.

연합실인증

연합실인증assosiative agnosia, 혹은 통합실인증은 통각실인증보다 약간 가벼운 증상으로 앞에 보이는 대상을 그려보라면 대상이 무엇인지 인식하지 못하면서도 다른 사람들이 알아볼 정도로 그 대상을 선화line drawing로 그릴 수 있다. 그러나 선화로 그려진 대상은 인식하지 못하고 자기가 대상을 보고 직접 그린 선화조차 그것이 무엇인지 알아보지 못한다. 또 기억 속의 어떤 물체를 알아볼 수 있게 그릴 수 있으나 그리고 난 뒤 그것이 무엇인지 인식하지 못한다. 대상의 일부는 자세히 인식하나 여전히 통일된 전체를 인식하지는 못한다. 이 증상은 주로 양측 측두엽과 후두엽 경계지역의 손상으로 나타난다[그림 5-31].

상모실인증

상모실인증prosopagnosia or faceblindness은 친숙한 얼굴을 보고도 그가 누구인지 인식할 수 없는 증상이다. 연합실인증과 비슷하게 얼굴의 코나 입술이나 눈 같은 얼굴 일부분은 인식할 수 있으나 전체로서 얼굴을 인식하지 못하는 가벼운 증상에서 얼굴 일부분도 인식하지 못하고 빈 계란 모양 윤곽만 보이는 심한 증상까지 사례가 다양하다.

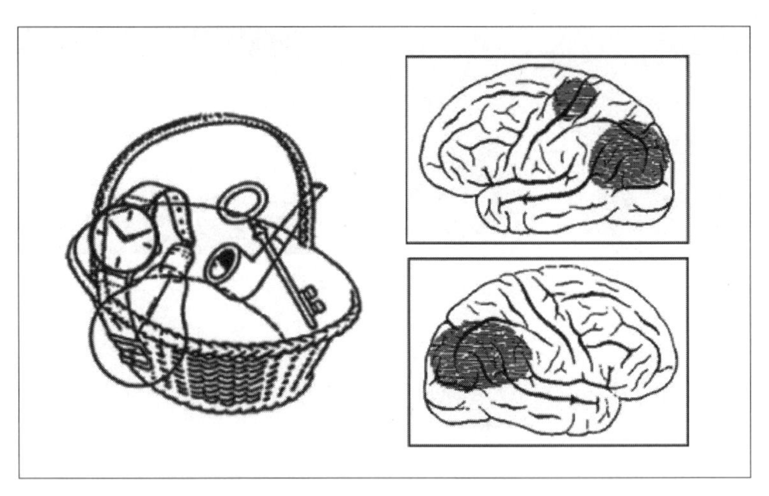

그림 5-33 동시실인증 환자에게 위 그림을 보고 무엇인지 말하라고 하면 다섯 개 대상 중에서 하나밖에 대답하지 못한다.

이들 증상을 초래하는 병변의 위치, 바꾸어 말하면 이러한 증상으로 잃어버린 기능을 담당하는 부위가 어디인지는 증상이 있는 환자의 손상된 뇌 부위를 정상인의 그 부위와 비교함으로써 밝혀진다. 그러나 아직 그러한 기능을 담당하는 부위가 정확하게 어디인지는 파악되지 않았고 대략적 위치만 알려져 있다. 통각실인증은 후두엽의 여러 부위나 뒷부분과 그 주위의 병변으로 발생하는 데 비해 상모실인증은 후두엽과 측두엽 아래 방추회fusiform gyrus의 병변으로 발생한다그림 5-32.

동시실인증

동시실인증Simultanagnosia은 한 번에 하나 이상의 대상을 인식하지 못하는 또 하나의 특이한 실인증이다. 이것은 발린트Ba'lint라는 사람이 다른 두 눈이 초점을 맞추는 데 어려움을 겪는 주의장애*와 함께 발표한 주의장애의 하나로 현상적 배경이 사라짐으로써 한 번에 하

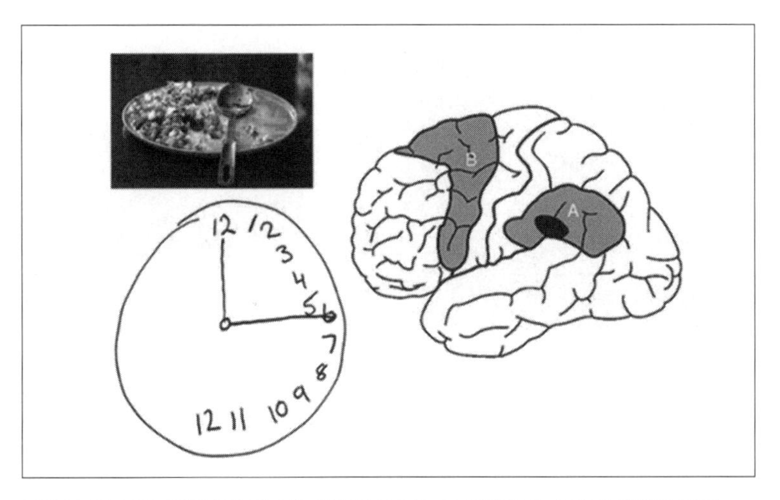

그림 5-34 편측공간실인증 환자의 식사 모습과 시계 그림(왼쪽), 손상 뇌 부위(오른쪽)

나 이상의 대상을 인식하지 못하는 특이한 실인증이다. 이 실인증을 초래하는 원인은 후두엽과 두정엽 경계의 병변에 의한 것으로 병변이 앞부분이면 증상이 가볍고 뒷부분이면 심하다그림 5-33, Ba'lint, 1909.

편측공간실인증

편측공간실인증hemiagnosia은 주로 시야의 왼쪽 공간이 사라지는 특이한 실인증이다그림 5-34. 뇌 한쪽의 뇌졸중이나 병변으로 병변 반대쪽 모든 공간이 시야에서 사라진다. 주로 오른쪽 뇌의 병변으로 왼쪽 80% 이상 공간이 사라진다. 아주 희귀하지만 같은 쪽 공간이 사라지는 경우도 보고되고 있다. 이 질환이 있는 환자는 시계를 오른쪽만 그리고 접시 오른쪽에 있는 음식만 먹는다. 이 질환은 주로 오른쪽 두정엽 아랫부분TPJ* 병변그림 5-34 오른쪽 A으로 발생하나 드물게는 배후

* 주의장애(optic ataxia): 시운동실조, 안구운동실조증(ocular apraxia).

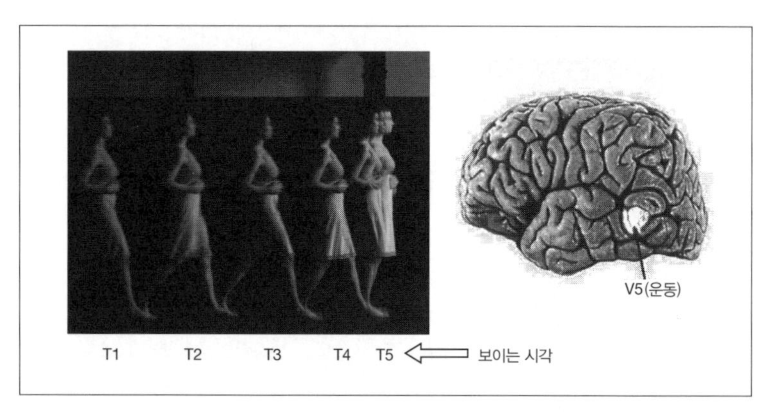

그림 5-35 운동실인증 환자에게 보이는 움직이는 대상(왼쪽)과 손상 뇌 부위(오른쪽). 보이는 시각 사이 시간에서는 대상이 보이지 않는다.

측 운동전야나 내측 전두엽의 손상그림 5-34 오른쪽 B으로도 발생한다.

운동실인증

운동실인증akinetopsia동작맹은 시야에서 움직이는 대상의 움직임을 정확하게 보지 못하는 실인증이다. 증상 정도에 따라 불연속적으로 정지된 영상을 보거나 움직임을 전혀 보지 못하기도 한다. 멀리서 움직이는 자동차가 잠깐 보이다가 사라지더니 어느새 다시 바로 눈앞에서 보이거나 달리는 사람이 나타났다가 사라졌다가를 반복하는 식이다. 이러한 증상은 보통 시각피질 속 중앙 측두엽middle temporal lobe, MT 쪽 V5라는 부위의 손상이나 V3 영역에서 이 영역으로 연결하는 데 이상이 있는 경우 나타난다그림 5-35.

의미실인증

의미실인증semantic dementia은 시각 외에 언어적 측면까지 포함하는

* 모서리회와 측두엽-두정엽의 결합영역(TPJ).

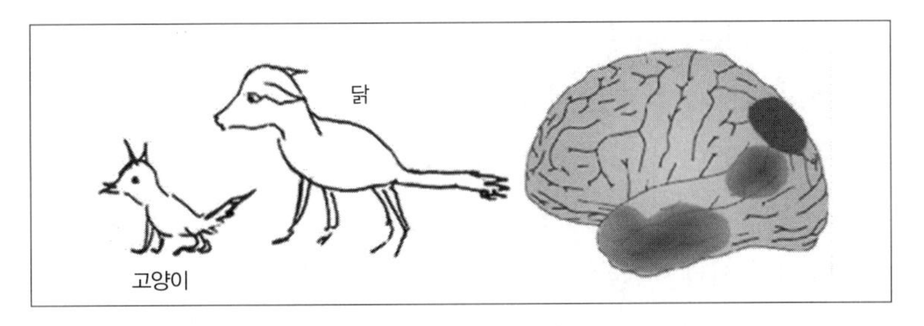

그림 5-36 의미실인증 환자의 그림(왼쪽)과 손상 뇌 부위(오른쪽)

증상이다. 단어를 듣거나 보고 의미를 이해하지 못하거나 동물들을 구별하지 못하거나 심해지면 시야의 어떤 대상도 인식하지 못한다. 모든 동물을 개나 고양이로 인식하기도 하는데 환자가 어릴 때부터 친숙한 동물인 경우 그렇다. 해마 손상을 필히 동반하는 알츠하이머 치매와는 구분된다. 환자들은 보통 좌측 측두엽의 심한 위축이나 손상을 보인다. 언어의 경우 베르니케영역Wernicke's area이 포함되고 모든 경우 하측두엽 앞쪽 끝부분과 편도체의 손상을 포함한다그림 5-36.

이밖에도 물체의 방향을 인지할 수 없게 되는 방향실인증orientation agnosia, 몸짓이나 동작을 이해할 수 없게 되는 팬터마임실인증pantomime agnosia 등 다양한 실인증이 있다. 이상과 같은 다양한 실인증 증상이 시각의 결합에 문제가 있을 때 발생한다. 구체적으로 설명하면 〈그림 5-7〉의 여러 부위 중 어느 하나나 그들을 연결하는 백질축색다발에 이상이 있는 경우, 결합문제에 이상이 생기고 결과는 위에서 든 다양한 실인증이 발현되는 것이다. 이러한 실인증의 실제 발생률은 색맹을 제외하고는 극히 낮다. 그러나 이런 모든 증상은 치료하기가 매우 어렵고 환자의 생활에 많은 불편을 초래한다. 시각의 결합 외에 청각이나 촉각 등 다른 감각의 결합에 문제가 있는 경우도 있다. 그러나 시각만큼 잘 연구되지도 않았고 그렇게 극적 효과가 있는 것도 없다Bauer, 2006.

뇌병변에 따른 언어장애

언어의 발생과 관계된 뇌 영역

뇌병변과 언어의 기능장애를 최초로 보고한 사람은 프랑스의 외과의사 브로카다. 그는 실어증 환자의 사후 뇌를 조사해 좌측 전두엽 운동영역의 아래, 지금은 입술, 혀, 턱 등의 운동에 관여한다고 알려진 영역의 앞쪽 부분에 이상이 있는 것을 발견하고 이 영역이 언어와 관련된 부위라는 것을 발표했다. 그 후 학자들이 그를 기려 이 영역을 브로카영역이라 부르게 되었다. 이는 뇌의 특정영역이 인지의 어떤 특정기능과 관련된다는 뇌기능국소화localization of brain function 이론의 최초의 해부학적 증거가 되었다.

그 후 뇌의 우세반구주로 좌반구, 왼손잡이는 우반구에 언어 관련 영역이 대부분 편재되어 있다는 것과 베르니케영역과 헤쓸영역, 각회, 모서리회, 전두엽, 기저핵, 소뇌, 시각피질, 해마 등 수많은 뇌 영역이 언어와 관련이 있는 것이 밝혀졌다. 이렇게 수많은 영역이 연루되는 이유는 언어활동이 듣고, 보고, 입과 혀와 성대를 움직이고, 기억하고, 이해하는 많은 행위의 통합을 요구하기 때문이다. 또 이들 영역은 단순히 언어에만 관계된 것이 아니고 수많은 다른 인지기능과 관련된 하부영역으로 이루어진 것이 최근 밝혀졌다그림 5-37.

시각의식이 완전하려면 여러 요소의 결합문제가 해결되어야 하는 것과 마찬가지로 언어의식도 완전하려면 여러 요소의 결합문제가 해결되어야 한다. 시각이 제대로 기능을 발휘하려면 시각에 관련된 여러 영역의 조화와 동시적 발화가 필요했던 것과 마찬가지로 언어를 제대로 사용하기 위해서도 언어와 관련된 많은 뇌 영역의 거의 동시적 정보교환과 발화가 필요하다. 간단한 예로 단어를 정확히 읽으려면 단어의 선과 윤곽을 이해하고, 발음과 뜻을 이해하고이때 의미기억에서 복구가 필요하다 혀, 성대, 입술 등 조화로운 움직임이 필요하다.

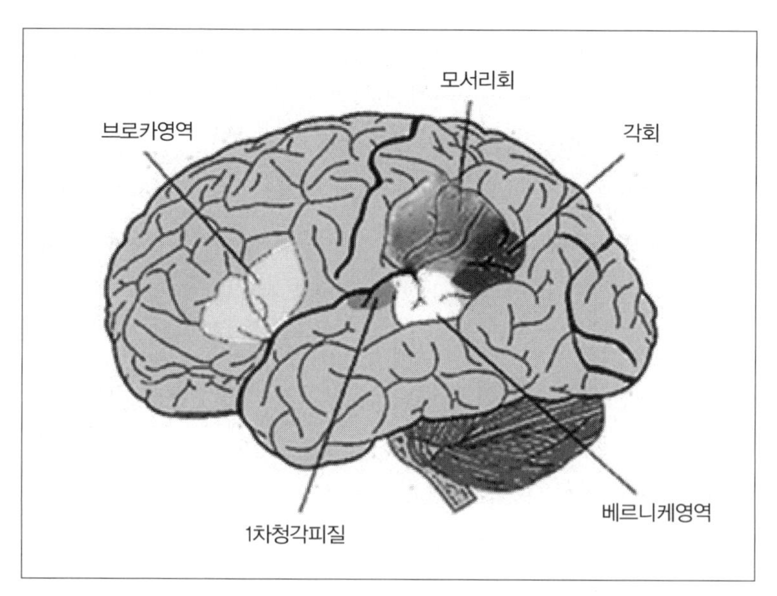

그림 5-37 언어 관련 주요 뇌 영역

이들과 관계된 뇌 영역들이 거의 동시에 연결되어 기능을 발휘하지 못한다면 최종 결합의 산물인 단어읽기가 불가능해진다.

시각에 점, 선, 윤곽, 색상, 방향, 움직임 등 다양한 수준과 종류가 있는 것처럼 언어도 음소, 음운, 단어, 구, 문장 등 다양한 수준이 있고 문법과 구문이라는 언어를 이해하기 위해 필요한 규칙들도 있다. 또 언어는 물론 언어를 사용하는 행위 또한 발화, 독서무언, 글쓰기, 단어검색 등으로 다양하다. 이들 수준, 규칙의 이해나 행위에 동원되는 뇌 영역도 조금씩 차이가 있다. 따라서 뇌병변에 따른 언어장애는 사례가 매우 다양하다.

언어는 시각이나 다른 감각의식과 달리 인간에게 독특한 의식적 기능으로 언어기능의 생리학·해부학을 연구하기 위해 동물들을 대상으로 할 수 없어 비침습적 뇌파기록장치나 기능적 뇌 영상기기들이 등장하기 전에는 주로 급작스러운 뇌졸중이나 뇌경색으로 인한 부분 뇌손상과 언어 관련 장애의식내용의 변화의 상관을 연구하는 것이 고작이었다. 기능적 뇌 영상기기에 의한 연구도 언어에 관계된 뇌 영역이 아주 많아 이들과 정확한 세부적인 언어기능의 상관을 구하기는 아주 어려운 일이었다. 우선 뇌졸중으로 인한 부분 뇌손상과 언어 관련 장애의 상관을 조사한 연구들Devido-Santos et al., 2012; Radanovic et al., 2004; Benke et al., 2003; Fabbro et al., 2000; Richter et al., 2007; Mansur et al., 2002과 최근 영상연구들을 근거로 대표적인 몇 가지 장애만 살펴본다.

언어장애는 언어기능이 관련된 특정 영역의 병변뿐만 아니라 그러한 영역들을 이어주는 백질의 손상으로도 비슷한 장애가 일어난다. 언어의 의식적·무의식적 처리에 관여하는 브로카영역, 베르니케영역, 헤쓸영역, 기저핵과 소뇌 등 여러 영역을 연결해주는 백질 중 대표적인 것이 궁상속arcuate fasciculus과 뇌포internal capsule다. 소뇌각cerebellar peduncle도 소뇌와 피질언어 영역을 연결해주는 백질이다. 시상도 소뇌와 기저핵을 대뇌와 연결하고 시각상소구, 청각하소구 등 감각입력을 대뇌에 연결해주는 중개개재뉴런 집합체다그림 S-13. 이런 광범한 영역에 조금이라도 이상이 생기면 크고 작은 언어장애가 발생하므로 뇌의 작은 손상도 부위와 상관없이 언어장애를 초래하는 경우가 많다.

언어장애는 크게 발화장애와 이해장애 그리고 발화와 이해 모두의 장애로 나뉘는 큰 장애가 있고, 그밖에 발화와 이해에 관계되는 소규모 국소적 장애가 있다.* 발화장애는 표현형 장애 또는 최초발견자 이름을 따서 브로카형 장애라고도 한다. 이해장애는 수용형 장애 또는 최초 발견자 이름을 따서 베르니케형 장애라고도 한다. 발화와 이

* 여기서 장애를 실어증이라고도 하는데 실어증은 말을 잊어버렸다는 뜻으로 부적합한 단어 같아 의미상 더 적합해 보이는 장애라는 용어를 쓴다.

해 모두의 장애는 전반적 장애라고도 한다. 그밖에 다소 소규모적 장애는 전도성 장애, 명칭기억장애, 초피질 운동성 장애, 초피질 감각성 장애, 초피질 혼합성 장애 등 매우 다양하다. 대부분 장애는 같은 명칭의 장애 내에서도 병변의 대소와 위치의 사소한 차이로 환자들 간에 매우 미묘한 증상의 차이를 보인다. 그것은 언어의 산출과 이해가 뇌의 매우 다양한 영역이 연루되는 복잡한 메커니즘에 따라 이루어진다는 것을 의미한다.

언어가 우세반구에서 대부분 처리되나 비우세반구도 언어에 상당한 역할을 하는 것이 밝혀졌다. 예를 들면 우세반구가 좌뇌인 사람의 좌뇌가 제거되어도 언어능력 대부분을 잃게 되나 전부를 잃지는 않는다. 또 복잡한 구문패턴으로 된 문장을 말하고 처리하는 능력은 잃게 되나 언어 이해능력 일부는 보존된다.

우뇌가 비우세반구인 사람의 우뇌가 제거되면 은유나 농담, 속담 등을 잘 이해하지 못한다. 그리고 자기감정이나 의도를 표현하기 위해 억양이나 큰 소리 등을 이용할 줄도 모른다. 이러한 임상적 사례들은 비우세반구도 언어에서 상당한 역할을 한다는 것을 실증적으로 보여준다.

발화장애

발화장애broca's aphasia는 우세반구보통 좌반구의 전두엽 중에서도 아래쪽 뒷부분 브로카영역이 뇌졸중, 뇌경색 등으로 손상되면 나타나는 전형적인 언어장애다. 보통 말을 떠듬거리면서 전보에 사용되는 용어처럼 조사나 관사가 생략된 언어를 쓴다. 언어 이해는 그다지 손상되지 않지만, 문법에 맞지 않는 문장을 사용하며, 쓰는 능력도 저하되는 경우가 많다. 브로카영역이 좌하측 전두엽의 입이나 혀 등의 운동을 제어하는 영역과 붙어 있어 우측 얼굴 아래쪽 편마비가 함께 나타나기도 한다.

이해장애

이해장애wernicke's aphasia는 우세반구 측두엽의 위쪽 뒷부분 베르니케영역이 뇌졸중이나 뇌경색 등으로 괴사될 때 일어나는 언어장애다. 말은 유창하고 문법에도 맞게 잘하나 자기가 한 말이나 다른 사람의 말, 글을 이해하지 못한다. 베르니케영역이 일, 이차청각피질 및 고급 시각피질과 가까이 있어 이들의 일부 손상이 동시에 일어나는 경우가 많아 청각적 처리가 필요한 말을 이해하지 못하고 따라 말하기도 잘 못하며 시각장애가 동시에 일어나는 경우가 있다.

전반적 장애

전반적 장애global aphasia는 우세반구의 언어산출과 언어이해와 관계된 대부분 영역에 손상이 있을 때 나타나는 언어장애로, 말하고 이해하는 모든 것이 어렵다. 따라서 말하기, 읽기, 쓰기 모두에 장애가 나타난다.

전도성 장애

전도성 장애conduction associative aphasia는 우세반구의 언어산출을 담당하는 브로카영역과 언어 이해를 담당하는 베르니케영역 그리고 청각을 담당하는 헤쓸영역을 상호전도가 가능하도록 연결해주는 궁상속arcuate fasciculus의 손상으로 일어나는 장애로 말도 어느 정도 유창하게 하고 청각언어 이해능력도 괜찮은 편이나 말을 따라서 반복하지 못하는 것이 가장 큰 특징이다.

명칭기억장애

명칭기억장애anomic aphasia는 노인들이 나이가 들어감에 따라 자기가 말하고 싶은 대상의 명칭을 기억하기가 어려워지는 것과 같은 증상으로, 노인이 아닌데도 뇌의 병변에 따라 이런 증상이 나타나는 것을 말한다. 실어증 중 증세가 가장 경미한 유형으로 말도 비교적 잘하고 언어이해도 거의 문제가 없다. 다만 이름 대기에서 능력이 많이 떨어진다. 뇌의 다양한 영역의 손상으로 관찰될 수 있는 증상이다. 뇌졸중이나 뇌경색, 뇌종양 등에 의해 두정엽, 측두엽의 여러 부위의 손상이나 뇌량의 손상에 의해 일어나는 경우가 대표적인 것들이다.

초피질운동성 장애

초피질운동성 장애transcortical motor aphasia, TMoA는 우세반구의 보조운동야supplementary motor area와 실비안구위 앞 언어영역frontal perisylvian speech zone 사이 부분의 연결보통 피질하백질의 손상이나 기저핵에 손상이 있을 경우 나타나는 장애로 대부분 발화장애와 유사하나 발화장애와 달리 말을 반복해서 따라 하는 능력에는 이상이 없다. 그러나 말을 시작하고 유지하는 데 어려움을 겪는다.

초피질감각성 장애

초피질감각성 장애transcortical sensory aphasia, TSA는 베르니케 실어증과 유사한 특징을 보이지만 남의 말을 반복하는 능력은 손상되지 않는다. 말을 잘 알아듣지 못하며 유창하기는 하나 생각과 다른 말을 하는 착어적 화법을 보인다. 우세반구의 측두엽, 베르니케영역의 주변이나 기저핵 앞부분에 손상이 발견되는 경우 이런 증상이 나타난다.

초피질혼합성 장애

초피질혼합성 장애mixed transcortical aphasia는 전반적 장애와 유사하나 말을 따라 하는 것은 지장이 없다. 전반적 장애와 마찬가지로 유창성, 청각언어이해능력, 이름 대기, 읽기, 쓰기 모두에서 장애를 보인다. 대동맥 근처 우세반구 전두엽 혹은 피질하 영역의 손상과 관련이 있다고 추정된다. 급성 좌내경동맥 패색이나 심한 뇌부종, 계속된 대뇌 저산소증, 인간광우병에서 흔히 보고되는 장애다.

이러한 장애들은 위에 든 영역이 아닌 다른 영역의 손상으로도 발생한다. 대부분 언어 관련 영역들을 연결해주거나 아직 밝혀지지 않은 역할을 하는 영역들인 듯하다. 예를 들면 좌우 소뇌각 손상은 이해장애를 초래하고 오른쪽 전두엽이나 후두엽 손상은 발화장애를 일으킨다. 또 전반적 장애는 뇌포, 소뇌각, 기저핵, 시상 등의 손상으로도 초래된다Devido-Santos, 2011. 이러한 뇌 영역의 손상뿐만 아니라 언어에 관련된 유전자 이상도 언어장애에 심대한 영향을 미치는 것으로 나타났다.

막스플랑크연구소 사이먼 피셔Simon Fisher, 1970-와 그 동료들은 FOXP2라는 단일유전자에 이상이 생기면 발화와 언어에 장애가 일어나는 것을 발견했다Lai et al., 2003; Deriziotis and Fisher, 2013; Fisher, 2013. 보통 아동들은 정확히 말하기를 아주 쉽게 배운다. 그런 말하기에는 입, 입술, 턱, 혀, 연구개, 인두의 빠르고 조화된 일련의 움직임이 필요하다. 이 유전자는 이러한 움직임의 순서를 제어하는 기능과 연관이 있는 것으로 추정된다. 아동이 돌연변이가 있는 FOXP2 유전자를 갖고 태어났다면 이러한 기술을 습득하기가 너무 어렵다. 말이 서툴고 일관성이 없으며 어려운 철자로 된 단어를 말하는 것은 거의 불가능하다.

FOXP2는 2001년 말경 언어장애 내력이 있는 한 영국인 가계의 유전자를 연구해 분석한 결과 장애가 있는 모든 사람의 한 유전자 FOXP2에 돌연변이가 있는 것이 밝혀져 처음으로 발견되었다. 이 유전자의 돌연변이에 의한 언어장애는 위의 여러 장애와 증상이 중복되는 경우가 있기는 하지만 전혀 다른 종류에 속한다. 아직 밝혀지지 않았지만 이 유전자 외에도 인간 언어와 관련된 유전자는 많을 것이다. 그러한 유전자 이상도 특유한 언어장애를 초래할 것이다.

제6부

의식의 기원과 동물의 의식

1. 의식진화의 배경

지구에서 인간 문명이 가능하게 된 3대 사건은 생명의 출현, 의식의 출현, 언어의 출현이라고 말할 수 있다. 생명의 출현은 가장 큰 수수께끼다. 생명의 출현은 우주의 필연이었을까? 아니면 우연이었을까? 전자라면 지구 이외의 많은 행성에서도 생명이 출현했을 가능성이 많다. 후자라면 생명은 아마도 지구에서만 출현했을 것이다. 생명 출현 과정을 논하는 것 자체만으로도 엄청난 일이므로 의식이 출현하기 전 의식 출현의 배경이 된 생명 진화의 역사를 간단히 살펴본 후 그 와중에 의식이 어떻게 진화하게 되었는지 알아본다.

의식에 관한 논쟁 중 최근 주목할 만한 것은 의식이 왜 진화했느냐는 것이고 또 하나는 동물에도 의식이 있는지, 있다면 어느 수준의 동물에서 의식이 시작되었느냐는 것이다. 또 최근의 한 논쟁은 인간이나 동물이 개체발생의 어느 시점에서 의식이 나타나느냐는 것이다. 즉 동물이나 인간이 태아일 경우도 의식이라고 할 만한 것이 있는지, 태어난 후 일정 기간이 경과한 후 의식이 나타나는지 하는 것이다. 고통의식이나 원시정서의식 같은 것은 과거에 생각했던 것보다 상당히 일찍부터 경험하는 것으로 최근 밝혀지고 있다. 그러나 실험의 어려움, 윤리적 문제들이 이 분야 연구를 어렵게 한다.

이 논쟁은 너무나 다양한 의견이 주장되어 그것 자체만으로도 많은 지면이 필요하고 이 책의 주관심이 아니므로 논의에서 제외한다. 그러면 동물의 의식은 왜 진화했을까? 사실 지상의 많은 동물이 의식은 고사하고 의식의 전제조건인 뇌가 없으면서도 번성하고 있다. 또 최고 의식수준을 갖춘 인간마저도 대부분 행동이 의식 없는 좀비적 행동이라는 것은 자연이 왜 의식을 진화시켰는지에 대한 의문을 강화한다.

우리가 숨 쉬고 맥박이 뛰는 것은 말할 것도 없고 걷고 운전하고 말하고 보는 많은 행위가 대부분 의식의 개입 없이 자동으로 행해진다. 길을 걸을 때 한 발 한 발 의식한다면 얼마나 스트레스를 받을지 생각해보라! 몸이 조금 기울어질 때 무의식적으로 균형을 잡는 것을 우리는 전혀 의식하지 못한다. 책을 볼 때 1초에도 몇 번씩 안구도약이 이루어지는 것*을 전혀 의식하지 못한다. 말할 때 한마디 한마디를 의식한다면 격렬한 토론이나 빠른 의사소통은 불가능할 것이다. 초보운전자가 아니라면 운전할 때도 전망을 바라보기는 해도 운전하는 것을 거의 의식하지 않는다. 몽유병자는 대부분 자기가 하는 행위를 의식하지 못한다. 이러한 사실은 의식이 없어도 상당히 복잡한 행동을 하면서 살아갈 수 있다는 것을 의미하는 것처럼 보인다.

그런데 의식을 위해서는 꽤 복잡한 뇌가 필요하고 그런 뇌는 생성과 유지에 비용이 많이 든다. 그럼 왜 그렇게 비용이 많이 드는 뇌를 갖추어 의식까지 진화시켰을까? 또 일부 철학자는 의식이 없는 인간 좀비도 가능하다고 주장하는데 하등동물까지 의식을 진화시킨 이유는 무엇일까? 판크세프Panksepp나 덴턴Denton 같은 과학자들은 최초의

* 이것을 사카드(saccade) 운동이라고 한다.

의식은 생존을 위하여 절대적으로 해결하지 않으면 안 되는 목마름물 부족, 배고픔, 숨 막힘산소 부족 같은 생리적 현상을 해결하기 위한 강한 본능적 지향성인 원시정서와 관련이 있다고 주장한다.

기능적 뇌영상은 이러한 원시정서가 진화상 오래된 뇌 구조, 즉 피질하 영역이 중요한 역할을 한다는 것을 보여준다. 그들은 이러한 원시정서를 분노, 사랑, 미움, 공포 같은 고급정서와는 구분한다. 이러한 고급정서는 피질을 진화시킨 뇌 구조가 상당히 복잡한 동물에 국한된다Denton, 2005. 이들의 논리대로라면 의식은 동물의 근본적 생존을 위한 환경 적응으로 진화한 것이 된다. 바스나 데헤네 같은 과학자들은 의식이 뇌가 활동을 동시화하기 위해 정보를 내적으로 방송하고 매 상황에 관련이 있는 모든 관련 정보를 모으기 위한 기제라고 생각한다. 이러한 견해는 동물이 의식을 진화시킨 것은 정보를 적절히 처리해 뇌 활동을 효율적으로 이용하기 위한 것으로 본다.

또 다른 견해*는 동물들이 행동에 집중해 전략적 계획을 세우고 수행하기 위해 의식을 진화시켰다고 생각한다. 즉 의식은 주어진 환경에서 생존에 필요한 적절한 행동을 취하기 위해 진화했다고 본다. 예를 들면 먹이를 찾거나 포식자를 피하는 행동 등을 위해 진화했다고 본다. 이와 비슷한 견해는 의식이 동물의 다른 기능과 마찬가지로 유전자보존에 유리한 쪽으로 진화해 왔다는 견해를 취한다. 깊은 동굴 속, 물속에 사는 어류들은 눈이 퇴화되어 시력이 없다. 생존에 필요 없기 때문에, 즉 유전자 보존에 필요하지 않기 때문에 그렇게 진화한 것이다

박테리아는 지구에 처음 나타났을 때와 비교할 때 구조가 크게 변하지 않았다. 기존의 구조가 유전자 보존에 불리하지 않기 때문이다.

---

* 보통 일반인들의 생각일 듯한 견해.

의식도 마찬가지로 생존에 유리하지 않다면 굳이 진화하지 않았을 것이다. 한곳에서 거의 움직이지 않아도 쉽게 영양을 섭취하며 살아갈 수 있기 때문에 움직일 필요가 없는 단순한 생태환경에서 사는 산호나 스펀지처럼 의식이 없어도 훌륭히 유전자를 보존할 수 있다면 굳이 의식을 진화시킬 필요가 없다. 즉, 이외의 상황이나 여러 가지 선택이 가능한 상황이 자주 발생하지 않는 단순한 생태환경에서는 유전자에 프로그램된 대로 반사적·본능적으로 움직이는 게 막대한 에너지를 소비하는 복잡한 뇌를 필요로 하는 의식을 진화시키는 것보다 손쉬운 자연선택이었을 것이다.

이 모든 견해를 종합해 간단히 말하면 의식은 다른 많은 물리적 실체로 이루어진 신체의 일부와 마찬가지로 생존을 위협하는 이외의 상황이 자주 발생하거나 다양한 선택을 필요로 하는 복잡한 생태계에서 유전자 보존과 생존에 유익하기 때문에 동물이 진화시킨 것이라는 결론에 도달한다.

이들과 다른보는 각도를 달리한 견해는 의식이 뇌의 다른 기능의 진화과정의 단순한 부수현상이라는 주장과 뇌 신경세포의 생리적 과정, 예를 들면 전기적 공명 같은 것에 따르는 창발현상이라는 주장이 있다. 이들에 대해서는 I장 의식의 철학적 근거에서 자세히 논의했다.

근래 한 논쟁의 주제는 동물의 의식이 아주 원시적인 동물의 희미한 의식에서 동물의 뇌가 점점 더 복잡해짐에 따라 점진적으로 점점 더 선명한 의식으로 진화했느냐, 상당히 복잡한 뇌를 갖게 된 어떤 동물 종에서 선명한 의식이 갑자기 출현했느냐 하는 것이다. 모든 행동의 배경에는 무의식적 신경작용이 있다. 예를 들면 우리가 날아오는 공을 잡으려 할 때 공을 잡으려는 의도는 분명 의식이지만 대부분 몸동작은 기저핵이나 소뇌의 무의식적 작동으로 조정된다. 이러한 사실은 의식이 공을 잡으려고 의도하는 것 같은 자유의지가 필요한 행위에만 꼭 필요하고 단순한 동작이나 원시적 생존행위에는 꼭 필요하지 않다는 것을 의미한다. 그것은 먹이가 풍부하고 포식자에게 자주 위협을 받지 않는 동물은 굳이 의식을 진화시킬 필요가 없다는 것을 의미한다.

그러나 동물이 나타나기 시작한 최초의 시기를 제외하곤 지구상 어떤 환경도 포식자로부터 완전히 자유로운 서식지는 없었다. 멍게의 예에서 보듯이 뇌는 의식의 유무에 관계없이 움직임을 위해 진화한 기관이므로 다양하고 복잡한 움직임이 필요한 동물의 생태환경에서는 동물의 뇌도 점점 복잡해진다. 이러한 다양하고 복잡한 움직임이 있는 생태환경에서는 돌발적인 사건이나 여러 가지 선택이 가능한 경우가 수없이 발생한다. 그러한 모든 것을 모두 유전자에 프로그램하려면 유전자 개수가 한없이 늘어날 것이다. 예를 들면 뇌와 의식이 없는 식물의 경우 움직이지 않는데도 환경만의 변화에 대응하기 위해서 동물보다 많은 유전자를 보유하고 있다.

미국과학진흥회AAAS 자료에 따르면 놀랍게도 가장 복잡한 동물인 인간의 유전자 수20,000가 비교적 간단한 식물인 옥수수32,000, 쌀50,000, 밀120,000의 유전자 수보다 훨씬 더 적다. 식물과 비교할 수 없을 정도로 변화무쌍한 환경과 움직임을 보이는 동물이 식물과 같이 유전자만으로 환경의 변화와 자신의 움직임 변화에 동시에 대응하려면 식물보다 엄청나게 더 많은 유전자가 필요할 것이다. 이러한 것은 뇌가 수용할 수 없을 것이다. 그래서 여러 가지 돌발적 사건이나 선택이 필요한 사건을 해결하기 위해 뇌에 융통성을 부여하지 않으면 안 되었다.

이러한 융통성을 동물에 부여하여 유전자 수를 획기적으로 줄이기 위해 뇌는 의식이라는 시행착오를 통한 자유의지의 수단을 진화시킨 것이라고 볼 수 있다. 물론 그 동물의 환경과 움직임의 복잡함을 수용할 수 있는 정도의 효율을 지닌 뇌와 자유의지를 가진 의식을 진화시켰을 것이다. 환경이 간단하고 움직임이 비교적 단순한 동물은 적은 뇌와 단순한, 바꾸어 말하면 희미하고 미약한 의식을 진화시키고 환경과 움직임이 복잡한 동물은 큰 뇌와 복잡한, 즉 선명하고 강력한 의식을 진화시켰을 것이다. 따라서 지극히 단순한 환경에서 움직임이 거의 없는 아주 원시적인 동물이 아닌 좌우대칭동물 이상의 동물은 뇌의 크기와 복잡함에 비례하는 선명함을 가진 의식을 진화시켰을 가능성이 많다고 생각하는 것이 합리적일 것이다.

이 책은 당연히 인간 이외의 동물도 의식을 갖고 있으며 동물의 뇌가 크고 복잡하게 진화함에 따라 점점 더 선명하고 고등한 의식을 갖게 되었다는, 즉 의식은 진화상 점진적이며 정도 문제로 저급인지능력을 가진 동물에서 고급인지능력을 가진 동물로 서서히 진화했으며 그 선명도는 뇌의 복잡함 정도에 비례한다는 입장을 취한다.

동물의 의식의 존재에 관해 2012년 로Philip Low, 에델만, 코흐 같은 세계 과학계의 석학들이 케임브리지대학 처칠대학에서 열린 회의의 결론을 로가 초안하고 판크세프, 라이스Diana Reiss, 에델만, 스윈드런Bruno van Swinderen, 코흐 등이 공동편집하고 참가자 전원이 서명하여 전 세계에 공개적으로 선언한 '비인간 동물의 의식에 관한 케임브리지 선언'The Cambridge Declaration on Consciousness in Non-Human Animals에서도 다음과 같이 분명히 밝혔듯이 현대 과학자들은 동물의식의 존재에 대해 아무도 의심하지 않는다.

"신피질의 부재가 유기체가 감성적 상태를 경험하는 것을 배제하지 않는 것처럼 보인다. 수렴하는 증거는 인간이 아닌 동물들도 의도적인 행동을 보이는 능력과 함께 의식상태의 신경해부학적·신경화학적·신경생리학적 실질을 가진다. 따라서 다수의 증거는 인간이 의식을 만드는 신경학적 실질을 가진 유일한 존재가 아니라는 것을 보여준다. 모든 포유동물과 조류 그리고 문어를 포함한 많은 다른 존재도 또한 이들 신경학적 실질을 소유한다."

그러나 이 회의에서도 모든 포유동물, 조류, 문어가 의식이 있다고 언급한 것을 제외하고는 나머지 동물에 관해서는 어떤 수준의 동물부터 의식이 존재하는지에 대한 어떤 구체적 언급도 없었다. 다만 코흐는 꿀벌과 같은 작은 곤충의 뇌도 대규모 병렬과정이며 되먹임이 있는 신경과정을 보유하여 의식에 필요한 것을 갖췄을 가능성이 높다고 개인적으로 주장하면서 의식이 동물왕국에서 상당히 폭넓게 존재함을 믿는다고 내비친 적이 있다. 그는 꼬마선충이나 과일파리 같은 미물도 의식을 발현하기 위해 필요한 신경구조가 무엇인지 건전한 이해 없이 그들의 의식이 없다고 판단해서는 안 된다고 주장했다[Koch, 2012].

동물이 의식이 있는지는 어떻게 알 수 있는가? 나겔과 같은 철학자는 "박쥐가 된다는 것이 어떤 것일까?" 하는 유명한 화두로 동물의 의식을 연구하는 어려움을 암시한 바 있다. 다른 사람이나 다른 동물들의 의식은 주관적이기 때문에 제3자가 직접 접촉할 수 없다. 그것을 이해하려면 그들의 행동을 보고 간접적으로 판단하는 도리밖에 없다. 이러한 목적을 위해 실험동물에게 어떤 자극을 주고 그에 대한 반응을 조사하는 것이 일반적인 방법이다. 그러나 하등동물의 경우 그러한 행동이 의식의 작용에 따른 것인지 단순히 유전자에 프로그램된 반사행동인지 판단하기는 몹시 어렵다.

집에서 키우는 애완견이 주인이 외출했다가 돌아오면 반가워 꼬리를 흔들고 껑충껑충 뛰는 것을 보고 그 개가 의식이 없다고 할 사람은 없을 것이다. 그러나 파리를 잡으려고 다가갈 때 파리가 피하는 것을 보고 파리가 의식이 있다고 단정하는 데는 누구나 상당히 망설일 것이다. 그것이 유전자에 프로그램된 본능적인 것인지 우리가 다가가는 것을 의식하고 피하는 것인지 판단하는 것은 과학이 엄청나게 발전한 현재로서도 매우 어렵다. 하버드대학 그리핀Donald R. Griffin, 1915-2003 같은 동물학자는 동물이 새로운 도전에 대처하기 위한 다양하고 융통성 있는 행동조절을 하는 것이나 동종 간 의미 있는 정보 교환을 보여주는 것이 그 동물이 의식적 생각을 가졌다는 증거라고 주장한다Griffin, 2001.

10cm 정도의 조그만 물총고기archerfish는 동종의 행동으로 학습해 결국 고난도의 물총을 쏘는 방법을 터득하기도 하고 안면이 있는 사육자를 향해 물총 쏘기 장난을 하기도 하는 것이 여러 연구에서 밝혀졌다Schuster, 2018. 이러한 행동은 그리핀의 기준으로 볼 때는 분명 의식이 있는 것으로 판명되나 양막류나 포유동물 이상에서만 의식이 존재한다고 믿는 사람들은 그것이 유전자 프로그램에 따른 것이라고 주장할 것이다. 그런데 그리핀의 의중은 불확실하지만 의식적 생각 같은 것은 상당히 고차원적인 의식이고, 따라서 모든 동물이 행할 수 있는 것은 아니다.

물총고기가 과연 의식적 생각 같은 고차원적 의식을 소유하고 후천적 학습에 따라 그러한 행동을 습득하게 되었는지 판단하기가 쉽지 않다. 즉, 의식의 정의를 어떻게 내리느냐에 따라 의식을 가지는 동물의 범위는 엄청나게 달라질 수 있다. 예를 들면 파브르Jean-Henri Fabre, 1823-1915의 곤충에 대한 관찰을 보면 땅벌이나 개미들은 시각적·후각적 능력이 탁월하여 낯선 곳에 데려다놓아도 주위에 이전에 경험으로 학습한기억한 참고할 만한 것이 있으면 상당히 먼 곳에서도 자기 보금자리로 다시 찾아올 수 있었다.

예를 들면 땅벌들은 몇 킬로미터 떨어진 곳에 내려놓았을 때 즉시

공중으로 솟아올라 주위를 살펴본 뒤 자기 집으로 돌아갔다. 그리고 집을 떠날 때는 언제나 외부 침입자들로부터 보호하기 위해 집 입구를 작은 돌이나 흙덩이로 막았다. 그런데 집 안에 새끼들이 없어지고 집 안과 입구가 망가져 쓸모가 없어져버렸는데도 집을 떠날 때 예전에 집과 새끼들이 멀쩡했을 때와 똑같이 집 입구 막기를 계속했다. 실험자가 입구를 망가뜨려도 그런 행위는 몇 번이나 계속되었다.

이것은 시각수용기에 의한 영상을 이용해서 유전자 보존을 위해 본능적으로 행동할 수는 있어도 사고나 판단에 따라 융통성을 발휘하지는 못한다는 것을 의미한다. 여기서 필요 없이 계속 집 입구를 막는 것은 의식 없이 유전자에 프로그램된 대로 본능적인 것이라 하더라도 땅벌들이 집 입구를 비롯한 주변 사물들을 알아보고 공중으로 솟아올라 주위를 살펴보고 참고할 만한 것을 발견하고 집으로 돌아가는 행위*가 현상의식도 없는 유전자에 프로그램된 대로 본능적 행위인지 현상의식이 있는 것**인지 구분하는 것은 중요하다.

앞의 물총고기가 사람을 알아보는 능력도 마찬가지다. 그러한 행위를 의식이 아닌 것으로 정의하면 의식의 범위는 매우 좁아진다. 문제를 어렵게 하는 것은 로봇을 정교하게 설계하면 비록 의식이나 느낌이 없더라도 외관적으로는 이러한 행위를 하는 능력을 보유한 것처럼 보인다는 것이다. 앞으로 스스로 학습이 가능한 인공지능AI 기능을 내장한 로봇은 다양한 도전적인 외부자극에 융통성 있게 반응할 수 있을 것이다.

그렇다면 어떤 동물의 유전자에 그 동물이 다양한 자극에 융통성 있는 대응을 할 수 있도록 프로그램되어 있다면 의식이 없이도 그리

---

* 이것은 주위 환경에 대한 마음의 지도를 갖고 있다는 것을 의미한다.

** 시각적 영상에 대한 느낌을 갖는 것.

핀이 말한 새로운 도전에 대한 융통성 있는 행동조절이 가능할 것이다. 앞의 파리나 파브르가 관찰한 땅벌이나 개미들의 여러 가지 행위가 이러한 로봇처럼 의식이나 느낌 없이 유전자에 프로그램된 대로 행해지는 것인지 아닌지를 밝히는 것은 무척 어려운 일이다. 땅벌과 개미들의 이러한 행위들이 현상의식의 도움에 의한 것이라 하고 생존을 위한 원시적인 정서의식*까지를 의식이라 한다면 좌우대칭동물처럼 3단계 이상의 신경으로 복잡한 신경망을 구비한 동물들은 모두 의식이 있을 가능성이 많다. 그러나 의식적 생각 같은 것을 행할 수 있는 동물은 상당히 복잡한 뇌를 가진 동물이 아니면 불가능할 것이다. 의식적 생각 중 동물의 유전자 보존에서 고차원적인 사회적 행동의 실행에 이르기까지 매우 중요한 것 중 하나가 이른바 '마음의 이론'theory of mind을 갖는 것이다. 이것은 상대도 자기와 같은 생각을 하고 계획하고 행동한다는 것을 아는 것이다. 최근까지도 이러한 마음의 이론을 가질 수 있는 동물은 인간을 비롯한 침팬지, 돌고래, 코끼리와 같은 매우 큰 뇌를 가진 동물에 국한된다고 생각되었으나 미국의 저명한 과학 저널리스트인 모렐Virginia Morell이 여러 동물학자를 인터뷰한 내용을 소개한 『동물을 깨닫는다』*Animal Wise*라는 저서를 보면 조류를 비롯한 다양한 척추동물과 문어 등도 이러한 마음의 이론을 갖고 있는 것으로 생각된다Morell, 2014. 그렇다고 하더라도 의식적 생각 같은 것만이 의식이라고 정의하면 의식을 가진 동물의 범위는 매우 좁아질 것이다.

앞으로 논의에서 나오지만 생존을 위한 산소 부족, 목마름, 배고픔 같은 가장 기초적인 느낌원시정서이 아닌 제대로 된 감각의식**을 형성

* 예를 들면 전기쇼크, 뜨거운 열, 물이나 산소부족 등을 느끼는 것.

** 감각수용기에 의한 입력을 느끼는 것.

하기 위해서는 대상에 대한 이미지를 형성할 수 있는 감각기관과 감각기관에서의 입력정보를 위로 갈수록 점점 정교하게 처리할 수 있는 뉴런의 다단계 동일배치구조isomorphic topographic organization로 이루어진 뇌 구조를 갖추어야 가능하다. 당연히 동물의 의식은 뇌의 이러한 뉴런 배치구조의 복잡성이 증가함에 비례해서 선명해질 것이다. 의식이 선명해지는 것은 텔레비전 화면의 선명도해상도가 텔레비전 내 전자회로의 복잡성이 증가함에 따라 비례해서 증가하는 것과 같이 복잡한 뇌 구조가 선명한 의식의 필수조건일 것이다.

우선 의식이 있는 생명체가 출현하기 직전의 세계를 상상해보자. 이 세계는 현재의 세계와는 식물의 모양, 동물의 모양이 다르기는 했겠지만 전체적인 지구 외관은 크게 다르지 않았을 것이다. 산과 바다와 강이 있고, 바람이 불고 물이 흐르며, 구름이 떠다니고 있었을 것이다. 그러나 이러한 세계는 의식이 없는 동물에게는 존재하지 않는 거나 다름없었을 것이다. 그들에게는 아무것도 보이지 않고 아무것도 들리지 않으며, 어떤 냄새도 나지 않고 아픔이나 즐거움 같은 것도 물론 없었을 것이다.

최초로 이 적막강산에서 이 세계를 의식하게 된 행운의 동물은 어떤 동물이었을까? 또 그 동물은 무슨 감각부터 느끼기 시작했을까? 유기체 내부의 조건을 먼저 의식했을까? 아니면 주위 환경을 먼저 의식했을까? 즉, 목마름을 느끼는 것이었을까? 사물을 보는 것이었을까? 또 이들 의식상태가 처음부터 현재 우리 인간의 수준과 비슷했을까? 아주 미약한 의식이 처음 출현했고 동물이 고등한 쪽으로 진화를 계속하면서 점점 뚜렷해지게 되었을까? 이러한 의문에 답을 찾아보려는 것이 의식기원의 탐구 목적이다.

2. 생명의 출현

생명에 관련된 모든 것의 기원에 관한 연구는 생명이 처음 출현한 이래 심한 영고성쇠를 겪으면서 초기 출현했던 생물들은 거의 멸절되거나 변화를 겪었기 때문에 이들에 대한 연구는 화석에 의존하지 않을 수 없다. 의식의 기원에 대한 연구는 결국 뇌의 기원에 대한 연구를 전제로 하기 때문에 마찬가지로 뇌의 화석에 의존하지 않을 수 없다. 그러나 화석도 대부분 습도, 온도 등 기후조건이 맞거나 미생물이나 썩은 고기도 즐겨먹는 독수리, 하이에나 같은 포식자들이 없거나 화산이나 지진 등 갑작스러운 지각변동 등이 가능한 지역에서만 생성될 수 있다는 것을 항상 염두에 두어야 한다. 또 생물의 신체구조가 골격이나 외골격을 가졌느냐 아니냐에 따라 같은 기후조건에서도 화석을 남길 수도, 남기지 않을 수도 있다는 것도 명심해야 한다.

예를 들면 골격도, 외골격도 없고 시체를 분해하는 미생물이 많은 생태계에서 살아가는 지렁이나 바닷물에 사는 민달팽이 같은 동물은 화석을 남기기가 천재지변이 없는 한 거의 불가능하다. 최초 생명의 출현은 현재까지 발견된 가장 오래된 생명의 화석이 약 35억 년 전 것인 것으로 보아 최소한 35억 년 전 출현했을 것이다. 물론 이것은 더 오래된 화석이 발견되거나 새로운 증거나 학설이 나타나면 수정될 것이다.

최초 생명은 핵막으로 둘러싸인 핵이 없는 단세포 원핵생물로 무산소 상태에서 에너지를 얻다가 이들 중 일부가 태양에너지를 이용해 광합성을 할 수 있는 원핵생물로 진화해서 대기 중으로 산소를 공급하게 되고 이것이 산소로 호흡하는 호기성 단세포 생물의 진화를 촉진하게 되었다. 이때 생물들은 군집을 이루기 시작했으며 처음에는 단일 종만으로 군집을 이루다가 차츰 이종세포들의 군집도 나타났고, 이종세포끼리 공생관계가 나타나 진핵생물 출현을 위한 준비가 되어 있었다.

원핵생물prokaryote과 진핵생물eukaryote의 중간형태로 고세균archaea이 있었는데 주로 해저화산 같은 극한상황에서 존재했던 것 같고 진핵생물의 원조가 되었다는 것이 현재 정설로 되어 있다. 큰 고세균이 에너지를 생산하는 데 아주 효율적이었던 어떤 이종 박테리아를 우연히 체내로 흡입하는 사건이 일어났고 흡입된 그 박테리아가 숙주 고세균의 에너지 생산공장 역할mitochondria을 하면서 지금부터 약 18억 년 전 핵막이 있는 진핵생물이 출현했다. 그 후 이들 중 일부는 광합성을 해서 산소를 생산할 수 있는 시아노박테리아를 추가로 체내에 흡입하여 광합성을 할 수 있는 진핵생물이 약 8억 년 전에 출현해 식물의 원조가 되었다. 그 후 진화과정을 거쳐 에디아카라기Ediacaran Period인 약 6억 3,500만 년 전 해면 같은 다세포 생물이 출현했고 5억 8,000만 년 전 털납작벌레Placozoa와 지금은 화석으로만 존재하는 각종 에디아카라기 동물들이 진화했다. 5억 6,000만 년 전에서 5억 2,000만 년 전인 캄브리아기Cambrian Period에는 다양한 종의 폭발이 있었다.

3. 다양한 동물의 진화와 의식의 출현

1) 다양한 동물의 진화

이 시기에 유성생식이 시작되면서 지금 화석에서 보게 되는 다양한 생물의 진화가 이루어졌다. 간단한 동물이 먼저 출현하고 차츰 구조가 복잡한 동물들이 차례로 출현했다. 먼저 자포동물문Cnidaria: 산호, 말미잘, 해파리 등, 편형동물문Platyhelminthes: 조충류, 디스토마류, 편형동물 등, 선형동물문Nematode: 회충, 선충 등이 나타났다. 이 시기 후반에 좀더 진화된 선구동물들인 연체동물문Molusca: 문어, 오징어, 달팽이, 민달팽이 등, 환형동물문Annelida: 지렁이, 거머리, 참갯지렁이 등, 절지동물문Anthropoda: 갑각류, 곤충, 거미 등과 후구동물인 극피동물문Echinodermata: 성게, 해삼, 불가사리 등, 척색동물문멍게, 창고기 등에 이어 척추동물문인 다양한 어류가 진화했다. 그 후 3억 5,000만 년 전까지 이들은 좀더 진보된 형태로 진화되었다.

그러나 지상에 단세포 생물이 출현하고 난 후 다세포 동물이 출현하기까지 시간37억-6억 3,500만 년은 지구가 생기고 단세포 생물이 출현하는 것45억-37억 년보다 2배 이상 더 오래 걸렸다. 그만큼 단세포 생물

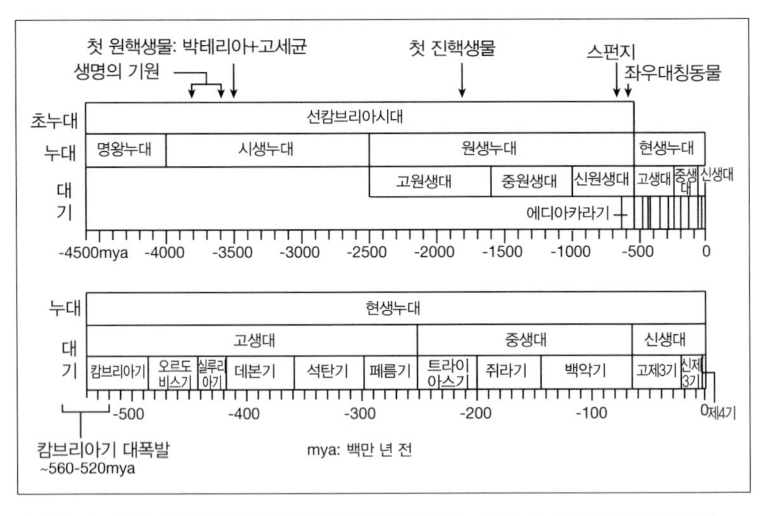

그림 6-1 지구상 생명역사의 시간표(화석 증거와 방사능 붕괴 속도를 통해 본 바위들의 연대에 기초해서). 밑부분은 위 오른쪽 끝부분을 확장한 것이다. 캄브리아기 폭발 시간(아래 왼쪽) 생명의 역사에서 특히 중요하다.

이 다세포 동물로 진화하는 데 힘들었다는 얘기가 된다. 그것은 무생물에서 생물이 탄생하는 것이 하나의 기적이었다면 단세포 생물에서 다세포 생물이 탄생한 것은 그보다 더한 하나의 기적이라는 말이 된다. 〈그림 6-1〉과 〈그림 6-2〉는 이들 진화역사를 설명하기 위한 생물연대기와 계통수를 나타냈다.

18억 년 전에서 5억 년 전 사이에 다양한 형태의 동물군이 바다에서 나타났다. 화석으로 흔적을 남긴 동물은 어느 정도 연대와 생태환경 진화 정도를 추적할 수 있으나 조직이 연해서 쉽게 부패하는 동물군은 비록 존재했더라도 흔적이 남아 있지 않거나 화석이 불분명해서 연대는 추정할 수 있으나 생태환경이나 진화 정도를 추정하기가 어렵다. 6억 4,000만-5억 6,000만 년 전 에디아카라기에 생존했던 동물들의 화석이 아주 희귀한데 그 이유는 캄브리아기에 비해 상대적으로 동물들의 숫자가 적기도 했지만 지금의 유충들처럼 조직이 너

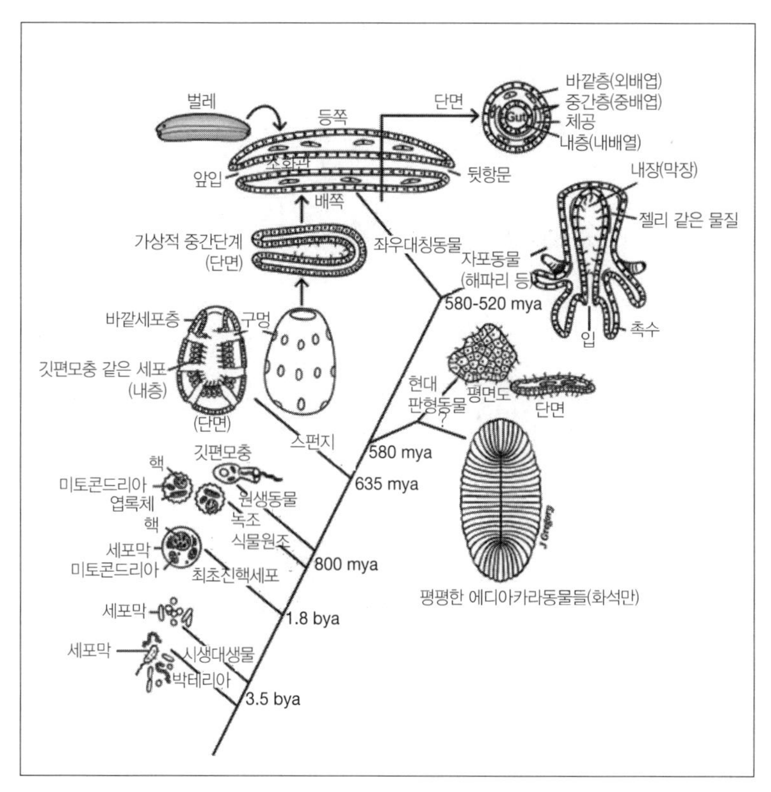

그림 6-2 체현과 몸체가 지구에서 초기 진화하는 동안 더 정교해지는 과정을 보여주는 계통수. 계통수를 따라 위로 올라갈수록 더 복잡한 세포로 진화했고 드디어 다세포 생물로 진화했다. 맨 위의 좌우대칭 벌레들이 우리의 먼 조상이다. Bya: billion years ago(10억 년 전), mya: million years ago(백만 년 전)*

무 연해서 화석을 남길 여유도 없이 부패해버렸기 때문일 것이다. 희귀하게 남아 있는 화석으로 미루어볼 때 당시 대륙붕을 덮고 있던 미생물 매트microbial mats에서 정지해서 혹은 느리게 기어 다니면서 미생물들을 걸러먹고 살았던 것 같다. 이들은 생명유지에 필요한 먹거리가 지천인 곳에서 그저 영양을 흡수하기만 하면 생존을 유지하고 유

* Feinberg and Mallatt, 2016.

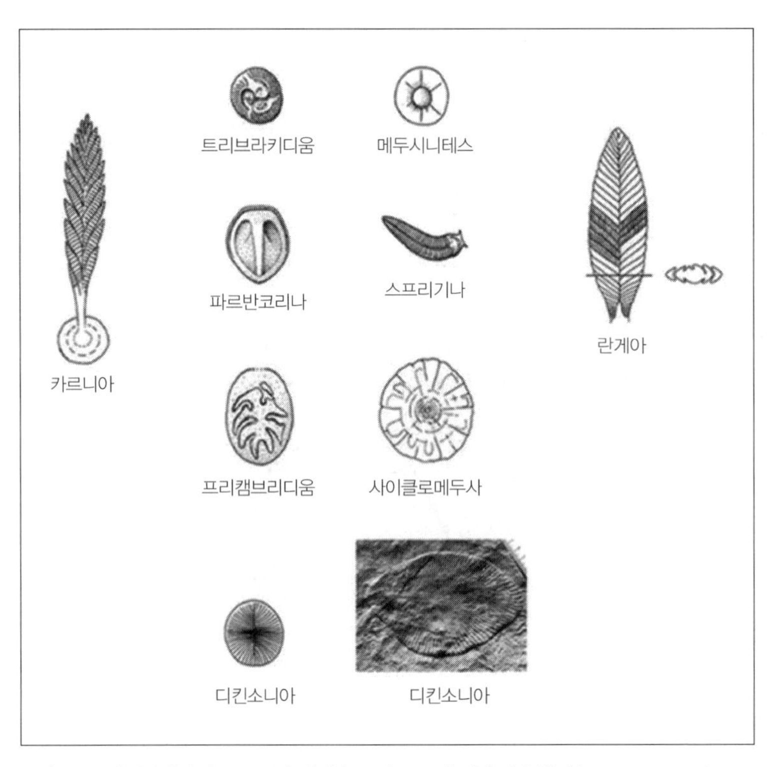

그림 6-3 에디아카라기 동물들의 화석을 근거로 그린 대략적인 형태(Glaessner, 1984).

전자를 보존할 수 있었으니까 복잡한 운동을 제어하기 위해 필수적인 뇌 같은 것은 거의 필요 없었을 것이다. 따라서 그들에게 의식이 존재했을 가능성은 거의 없다. 그들은 대부분 비대칭성 동물이었다 그림 6-3.

약 5억 년 전까지만 해도 바다에만 동물이 존재했다. 약 5억 년 전 척추동물군이 바다에서 처음 등장하면서 4억 년쯤 전에는 다양한 어류의 폭발적 종의 분리radiation가 있었다. 약 3억 5,000만 년 전 살 조직의 일부로 된 지느러미를 갖고 있던 어류lobe- finned fish들이 육상으로 진출할 사전준비를 하게 되고 드디어 살 조직으로 된 지느러미가

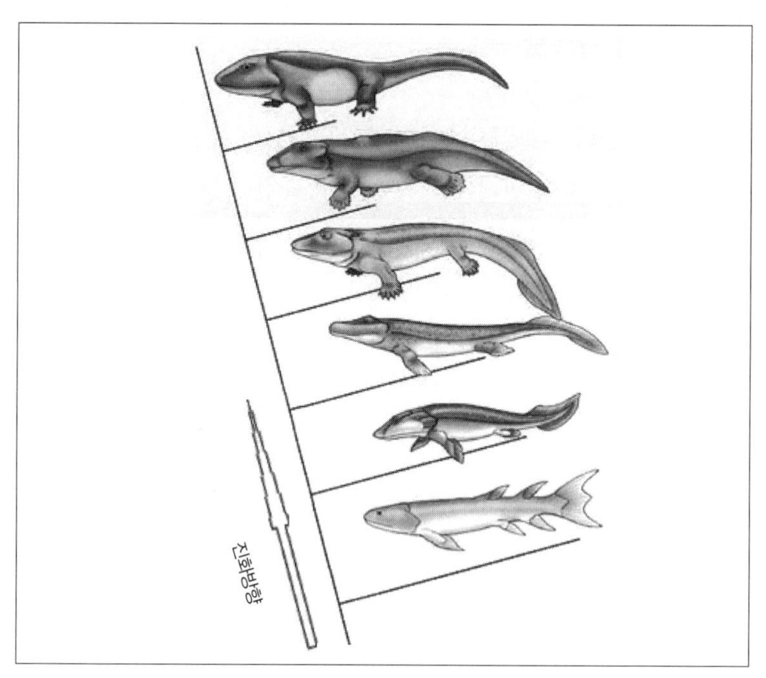

그림 6-4 살 조직으로 된 지느러미를 가진 어류에서 네발동물로 진화.
첫 네발동물은 데본기 중기(약 4억 년 전)에 해안에서 나타난 살 조직의 일부로 된 지느러미를 갖고 있던 어류에서 진화했다. 최초 네발동물은 양서류였다. 최초 네발동물의 화석은 폴란드의 데본기(Devonian Period) 중기의 해안 조간대 퇴적물(tidal flat sediments)에서 발견되었다.*

발로 진화해 양서류와 파충류가 출현하면서 차츰 뭍으로 진출하게 된다[그림 6-4]. 파충류가 다양해지면서 그중 일부가 약 2억 2,000만 년 전 드디어 포유류로 진화하게 된다. 조류도 약 1억 6,000만 년 전 파충류로부터 첫 출현을 하게 된다. 인류의 조상[hominid]은 약 600만 년 전에서 200만 년 전 사이에 등장한다. 진정한 인류는 20만 년 전 출현했다.

* Grzegorz Niedźwiedzki et al., 2010.

2) 의식의 존재와 검정

이러한 동물의 진화역사에서 어느 시점, 어느 종에서 의식이 처음 출현했을까? 의식이 언제 어느 동물에서 출현했느냐를 알려면 의식이 발생할 수 있는 기관인 뇌를 연구해야 하는데 뇌는 아주 물렁하고 약한 조직으로 되어 있어서 쉬 부패해 화석에는 원형이 잘 보존되어 있지 못하고 그 흔적만 드물게 남아 있는 것이 고대생물의 의식을 연구하는 데 가장 큰 애로사항이다. 그나마 뇌를 뼈두개골로 감쌌던 동물들의 뇌는 화석에 남아 있는 두개골 형태endocasts로 뇌의 구조와 기능을 추정하기도 하지만 그것도 많은 상상력이 필요한 힘들고 불확실한 작업이다. 그래서 소멸된 생물의 뇌와 의식을 연구할 때 그들과 유사한 형태를 지닌 현존동물의 뇌와 행동을 많이 참고한다.

그러면 어떤 동물이 의식이 있는지, 없는지를 동물의 정서적 행동과 신경구조적 견지에서 어떻게 판단할 수 있을지 살펴본다. 여기서 의식연구에서 가장 어려운 문제, 즉 의식의 주관성 문제에 봉착한다. 2단계 이하의 신경망을 지닌 머리 신경절이 없는 동물들과 극피동물이나 해파리처럼 신경절이라고 하기에는 너무 단순한 신경고리를 가진 동물들은 의식의 논쟁에서 제외하고 또 포유동물이나 조류, 문어같이 의식의 존재를 부정할 수 없는 몇몇 분류군을 제외하더라도 그밖에 제대로 된 신경절을 포함한 운동전 영역premotor center까지 3단계 이상의 감각신경으로 된 신경망을 가진 편형동물 이상의 많은 동물에 대해 의식의 존재를 객관적으로 검정할 수단이 현재로서는 마땅치 않기 때문이다.

포유동물, 조류, 문어 등 상당히 고급인지능력을 지닌 고등동물을 제외하곤 어떠한 자극과 반응을 이용하는 검정 방법을 이용해도 그 결과가 유전자에 프로그램된 반사에 따랐는지 의식의 작용에 따랐는지 밝히기가 매우 어렵다. 그렇지만 이들이 인간의 표준에서 볼 때는 거의 무의식적으로 보일지 몰라도 아주 미미하나마 의식을 발현할 가능성을 배제할 수 없다.

앞에서도 거론했듯이 이들 하등동물에 의식이 존재한다면 그것은 생존에 가장 필수적인 물 부족, 산소 부족, 외부 압력, 열, 화학물질 등의 충족이나 해결을 위한 강한 지향성에서 비롯된 원시부적 의식일 것이다. 그런데 이러한 하등동물의 원시부적 의식을 위한 신경회로에 대해서는 현재 밝혀진 바가 거의 없고 연구하는 학자도 매우 드물다. 그것은 관심 부족과 연구의 어려움뿐만 아니라 현실적으로 연구활동을 위해 학교나 연구소에서 시간과 예산을 할당받아야 하지만 인간의식이나 질병의 연구와 연관이 많아 세간의 관심을 많이 받는 부분에 우선적으로 예산이 배분될 수밖에 없는 현실에서 세간의 관심도 거의 받지 못하고 있고 인간의 이익을 위해 별로 소용도 없어 보이며 긴급하지도 않을 뿐만 아니라 연구결과도 쉽게 나오기 힘든 하등동물의 의식이라는 어려운 과제에 시간과 예산을 할당받는다는 것이 현실적으로 무척 어렵기 때문이다.

하등동물의 신경회로를 연구해 의식의 존재 유무를 밝히는 것이 몹시 힘든 현실에서 보통 동물 의식의 존재 유무를 논할 때 유정이 자주 거론된다. 유정의 현대적 의미는 느낄 수 있는 능력 혹은 감각을 경험할 수 있는 능력의 보유다. 유정의 한 면으로 정적 의식인 쾌락은 생존에 중요하긴 하지만 그것을 느끼지 못한다고 하여 하등동물의 유전자 보존에 크게 위협이 되지 않는다. 유정의 다른 한 면인 고통*은 동물의 생존과 유전자 보존에 필수적인 생존가 높은 기본적 부적 의식이다.

* 그 동물에 괴로움을 줄 수 있는 모든 것.

어떤 동물이 고통을 느낀다면 그 동물은 확실히 의식이 있다고 할 수 있다. 물론 인간 입장에서 볼 때 시각이나 청각, 미각 등 수준이 높은 의식은 대부분 고통이 없지만 인간이나 조류나 포유동물처럼 그러한 감각을 처리해주는 뇌기관을 갖추었다고 확신할 수 없는 하등동물은 비록 외관으로 볼 때 감각기관을 갖추었다 해도 그러한 기관을 통하여 의식을 발현하는지 확인하기가 어렵기 때문에 학자들은 그 존재가 의식을 확실히 보장해주는 고통을 어떤 동물의 의식존재를 확인하기 위한 수단으로 사용한다. 또 고통은 많은 생리학자나 심리학자들이 가장 많이 연구한 주제이므로 참고할 자료가 많은 것도 이점이다.

고통은 인간이나 동물 모두에게 가장 뚜렷한 부적 정서를 초래한다. 그리하여 고통은 유정의 원형으로 간주된다. 따라서 어느 동물이 유정을 가지고 있느냐에 대한 탐색은 보통 어느 동물이 고통을 느낄 수 있느냐의 탐색으로 시작된다. 영국 퀸스대학 엘우드Robert William Elwood와 동료들의 주장에 따르면 동물이 고통을 느낄 가능성을 시사하는 기준은 다음과 같다. 이 기준들 중 어느 한 가지만이라도 확실히 충족한다면 그 동물은 고통을 느낀다고 볼 수 있다Elwood et al., 2009. 이러한 기준은 척추동물을 비롯한 모든 동물의 고통감지능력 존재 여부에 대해 이용할 수 있다. 그러나 고통을 느끼지 못한다고 그 동물이 의식이 없는 것은 아니다. 최근 많은 학자가 눈이나 코 같은 감각기관을 갖추고 시각적·후각적 현상의식도 있는 것으로 확인된 메뚜기나 꿀벌과 같은 곤충류가 고통을 느끼지 못한다고 보기 때문이다.

동물이 고통을 느낄 가능성을 시사하는 기준

- 적당한 중추신경계와 수용기

- 회피학습
- 영향을 받은 부위의 감소된 사용, 절뚝거리기, 문지르기, 움켜쥐기, 자가절단 같은 것을 포함하는 보호운동 반응
- 생리적 변화
- 자극회피와 다른 동기적 요구 사이의 흥정trade-offs
- 아편수용기와 국소마취제나 진통제 등 처치에 의해 고통이 감소된 증거
- 높은 인지능력과 유정sentience

엘우드가 유정의 중요한 두 가지 면 중에서 주로 고통을 다루었는데 반해 2009년 미국 비영리기관인 국립연구위원회The National Research Council, NRC의 신경과학자와 동물행동연구자와 기타 관련 전문가들이 발표한 『실험동물 고통인지와 경감』*Recogntion and Alleveviation of Pain in Laboratory Animals*이라는 보고서는 유정의 두 가지 면을 모두 다루었다. NRC의 위 보고서에서는 어떤 행동은 의식적이라고 할 수 없는 행동, 즉 유정이 없는 행동이고 어떤 행동은 의식적 행동이라고 할 수 있는 행동, 즉 유정이 있는 행동인지를 아래와 같이 정리했다. 유정의 존재 유무에 대한 이 기준은 앞 절에 엘우드가 말한 고통 감지를 시사하는 표준과 일관된다. 그 기준을 다소 확대하고 고통을 감지하는 것이 아닌 것에 대한 표준을 추가한 것이 차이점이다.

고통이나 즐거움*을 시사하지 않는 행동들

- 단순한 접근 회피
- 척수적으로 학습된 반응

---

* 혹은 부적이나 정적 정서의식.

- 고전조건화로부터 반응
- 피질절제동물에서의 반사반응예를 들면 입으로 물건이나 주사바늘을 밀어내거나 상처 난 부위를 핥거나 보호하는 행동, 소리를 지르거나 펄쩍 뛰는 행동
- 기본적 운동 프로그램에서 온 것들을 포함하는 자발적이거나 아마도 반사적인 행동먹기 위하여 씹는 행위, 몸을 죽은 듯 꼼짝 않는 행위 등

고통이나 즐거움을 시사하는 조작 학습된 행동에 대한 기준

- 정서가 있는 결과에 기반한 전반적 · 비반사적 조작반응
- 행동적 절충, 가치에 기반한 비용이나 이익 결정
- 좌절행위
- 연속적 부적대비: 학습된 보상이 예기치 않게 중단된 후 퇴화된 행동
- 무통약이나 보상을 스스로 조달
- 강화하는 약에 접근하거나 조건화된 장소 선호
- 적당한 신경계와 수용기 소유
- 해로운 자극에 생리적 변화
- 영향받은 영역의 감소된 사용을 포함한 보호적 운동반응을 보임절뚝거림, 비비기, 쥐기, 자가절단
- 아편수용기를 갖고 진통제나 국소마취제를 투여했을 때 감소된 반응을 보인다.
- 자극회피와 다른 동기적 요구 사이에 흥정을 보인다.
- 회피학습을 보인다.
- 높은 인지적 능력과 유정을 보인다.

여기 제시된 기준 이외에도 학자에 따라 다양한 기준이 있지만 이 기준들은 세계의 많은 학자가 대체로 공감하는 것들이다.

우리가 보지 못하는 사이 아주 뜨거운 열관을 만졌을 때 우리는 먼

저 반사적으로 열관에서 손을 뗀다. 그 직후 뜨거움을 느낀다. 무의식적으로 해로운 자극을 탐지하는 것을 영어로는 nociception자극수용, 유해자극탐지이라 하여 그 유해자극으로 실제로 고통을 느끼는 것을 의미하는 pain고통과 구별한다. NRC의 중심내용도 유해자극감지nocicepion와 고통의 의식적 지각의 구분이다National Academy of Sciences, 2009. 자극수용기능은 아무리 하등동물이라도 생존을 위하여 필수적인 기능이다. 그러나 자극수용기능을 소유한 모든 동물이 반드시 고통을 느끼는 것은 아니다. 무정한 로봇도 화재나 심한 충격 같은 로봇에 해로운 자극을 탐지할 수 있다. 현재 로봇 수준에서는 로봇이 고통을 느낄 가능성은 전혀 없으므로 로봇에 의식이 있을 수 없다. 유해자극 수용기를 보유하고 고통을 느낄 때 그 동물은 비로소 의식이 있다고 할 수 있다.

위에서 제시한 엘우드와 NRC의 두 기준은 동물의 고통과 유정의 존재로 의식의 존재를 판별하려는 것이고 이밖에도 감각의식이 발현되기 위한 신경생물학적 기준이 있다. 이 기준에 대해서는 감각의식의 장에서 자세히 설명하기로 하고 여기서는 간단히 요지만 살펴본다. 아직 연구가 미흡한 원시적 정서의식을 제외하고는 가장 먼저 진화했을 가능성이 높은 감각의식이 존재하려면 동물이 어떤 신경생물학적 조건을 갖추어야 하는지를 의식수준이 높은 동물과 인간을 대상으로 연구한 결과들을 아인슈타인의대 신경의학교수 파인베르크Todd E. Feinberg와 워싱턴주립대 동물학자 말라트Jon M. Mallatt는 다음과 같이 요약했다Feinberg and Mallatt, 2016. 그들은 이들 중 적어도 몇 가지는 갖추어야 감각의식을 발현할 수 있다고 주장했다.

그러나 파인베르크와 말라트가 제안한 이 조건은 인간처럼 선명한 의식을 위한 조건이라기보다 아무리 희미할지라도 동물이 현상의식을 가지는 최소한의 신경생물학적 조건이라고 보아야 한다. 그러나 너무 희미해서 이미지를 전혀 형성하지 못하는 경우 이 조건을 충족하지 못할 것이므로 의식이 없는 것으로 간주한다. 다만 이런 경우에도 미약할지는 몰라도 원시적 정서의식, 즉 원초적 느낌의 존재 가능성은 배제할 수 없다.

감각의식을 갖춘 뇌의 신경생물학적 조건 Feinberg and Mallatt, 2016

- 구조의 복잡성: 뉴런신경세포의 숫자가 상당히 많아야 하고 뇌 크기/몸체크기 비율이 커야 한다그림 6-29.
- 다단계 감각처리 계층구조multiple sensory hiearchies: 갈수로 점점 더 정교한 정보처리가 가능한 신경세포집단의 상하 5단계포유동물 기준, 비척추동물은 4 이하일 수도 있다로 된 계층
- 계층의 각 단계를 이루는 뉴런집단들의 동일배치구조*
- 계층 간 상호 소통척추동물에서는 특히 시상과 종뇌 사이
- 여러 감각이 수렴하는 의식단일화를 위한 부위가 존재
- 기억영역 존재
- 선택적 주의 기제의 존재높은 단계의 최종 감각통합 부위 내에서 어떤 감각을 담당하는 관련 부위들의 동시 전기적 발화, 즉 공명

이러한 기준과 조건들을 염두에 두고 앞으로 동물의 진화를 다루면서 어떤 수준의 동물에서 유해자극 수용기를 보유하고, 어떤 수준의 동물에서 고통을 느끼거나 유정을 갖기 시작했는지, 즉 의식을 진화시켰는지를 살펴보게 될 것이다.

다른 관점에서 동물의 의식의 존재 여부를 알아보는 방법을 검토

* 다만 후각은 제외. 후각은 감각의 속성상 뚜렷한 위치를 가지지 못하므로 동일배치구조를 가질 수 없다.

해보자. 동물의 감각과 인지 그리고 운동제어를 위해서는 그것들을 담당하는 뇌의 여러 곳에 분포된 관련 신경들의 조화롭고 통일된 활동발화firing이 필요하다.* 이들은 서로 떨어져 있기도 하고 내·외부자극으로부터 입력이 도달하는 데 걸리는 시간에서 다소 차이가 난다. 가장 간단한 감각을 지각하는 데에도 뇌의 여러 부분에 분포된 서로 연결된 많은 신경집단 속 엄청나게 많은 수의 신경을 동원하여 병렬적이고 동시적인 계산을 수행해야 한다. 그러한 계산은 뉴런들의 전기적 발화에 의한 정보의 전달과 통합에 따른다.

그런 뉴런의 발화를 조화해주는 메커니즘은 무엇일까? 현재 알려진 가장 가능성이 큰 메커니즘은 그들의 동시적인 전기적 진동, 즉 공명이다. 이때 각 진동의 위상이 거의 동일해야 한다. 보통 회로의 한 부분에 속한 신경들은 서로 인접하여 시냅스로 연결되어 있어 내·외부자극에 대한 그들의 발화 패턴은 동일위상에서의 동시적 진동이다. 그들 신경집단 위에 전극을 놓으면 장 전위**의 진동 패턴을 볼 수 있는데, 이것은 그 집단 속 개별 신경의 진동과 동일위상에 동시적이다.

〈그림 6-5〉는 고양이에게 기록된 세포의 수용야receptive field를 가로지르는 최적의 막대광선을 보여주었을 때 BA17 뇌 영역에서 단일 전극을 사용해 기록된 개별 뉴런들의 발화와 장 전위를 기록한 것이다. 위 두 줄은 느린 시간규모에서 개별 신경발화둘째 줄와 장 전위첫째 줄인데 자극의 시작점에서 높은 진동수를 보여준다. 아래 두 줄은 위 두 줄의 높은 진동수 부분을 확장된 시간에서 보여준다. 즉 개별 전위와 장 전위의 동일위상에서의 동시적 진동을 보여준다.

* Charles and Gray, 1994.

** 장 전위(field potential): 근처 신경집단의 전류의 총합에 의해 발생하는 전위.

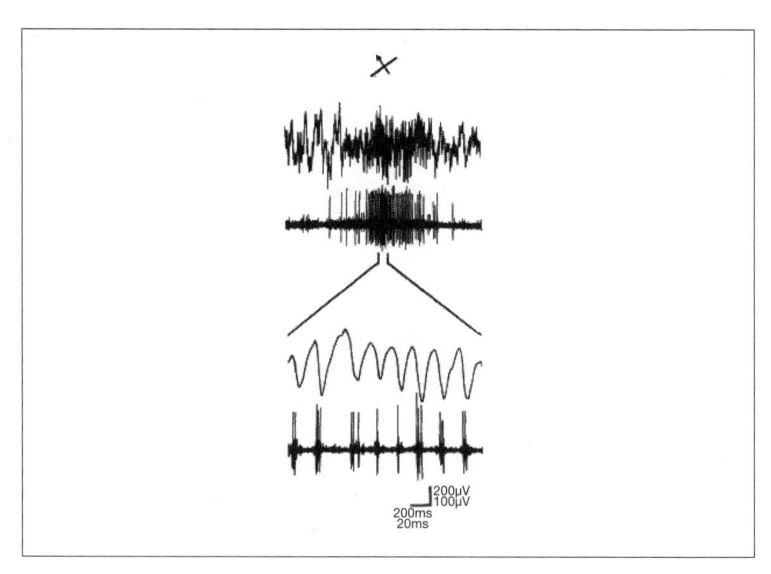

그림 6-5 고양이에게 기록된 세포의 수용야를 가로지르는 최적의 막대광선을 보여주었을 때 17 뇌 영역에서 기록된 개별 뉴런들의 발화와 장 전위. 위 두 줄은 느린 시간규모에서 개별 신경발화(둘째 줄)나 장 전위(첫째 줄)는 자극의 시작(화살표)에 높은 진동수를 보여준다. 아래 두 줄은 위 두 줄의 높은 진동수 부분을 확장된 시간에서 보여준다. 개별 전위와 장 전위의 동일위상에서의 동시적 진동을 보여준다.*

〈그림 6-6〉은 깨어 있는 고양이의 외부자극에 대한 후구Olfactory bulb, 1와 후각피질의 일부인 전이상엽prepyriform cortex, 2-5에서 전극의 EEG 기록이다. 후각 회로의 여러 신경집단에서 동일위상의 동시적 진동을 보여준다Charles and Gray, 1994. 이러한 동시적 진동은 같은 반구에서뿐만 아니라 거리상으로 아주 먼 양반구 사이에서도 일어난다. 앞 장에서 거론한 엔젤Engel과 동료들의 실험에 따르면 고양이에게 광선막대를 보여주고 양반구의 시각피질 영역 17에 꽂은 전극으로 뉴런발화를 조사한 결과 양반구 사이의 진동수와 위상의 동시성을

* Max Bennett, 1997.

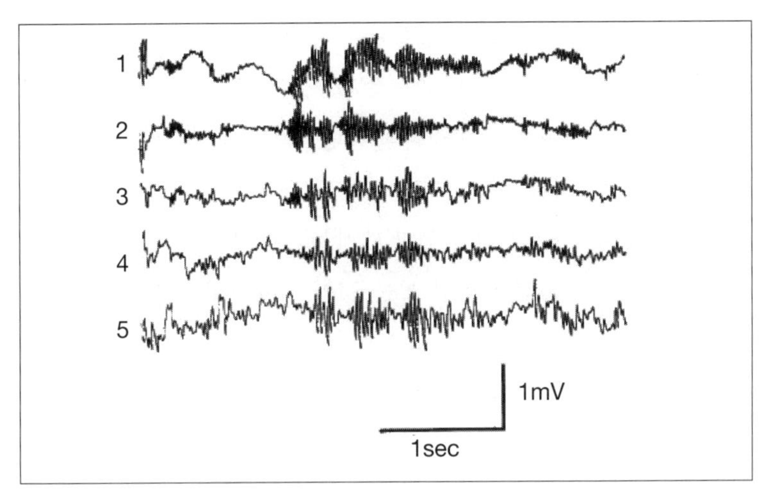

그림 6-6 깨어 있는 고양이의 외부자극에 대한 후구(Olfactory bulb, 1)와 전이상엽(prepyriform cortex, 2-5)에서 전극의 EEG 기록

보여주었다Engel et al., 1991.

앞에서도 논의했지만 감각의식이든 정서의식이든 어떤 의식의 발현은 해당 의식에 책임 있는 신경회로들의 공명보통 40Hz 근방을 요구한다. 그러나 그 역은 성립하지 않는다. 어떤 신경회로의 공명이 반드시 의식을 동반하지는 않는다. 예를 들면 복잡한 인간의 시각의식을 완전히 발현하려면 많은 단계와 회로의 뉴런들의 공명이 있어야 한다. 그렇다고 시각 시스템 내 여러 회로의 뉴런의 공명이 반드시 시각의식의 발현을 의미하지는 않는다. 물론 다른 의식도 그러한 점에서 크게 다르지 않다.

이에 대해 최근 연구들은 의식의 발현은 관련 뉴런회로 일부의 단순한 발현이 아닌 광범위한 관련 영역의 진동수와 진폭이 다른 뉴런들 사이의 발화가 거의 동시적으로 보일 만큼 극히 작은 시간차를 두고 서로 다른 순서로 이루어지면서 공명해야 하는데 의식의 내용은 이러한 여러 진동수의 뉴런 발화의 시간적 순서와 공명방식의 차이에 따라 달라진다는 것이다. 발화되는 뉴런의 신경전달물질의 종류도 의식의 내용에 영향을 미치는 것 같다. 이러한 사실은 왜 회로 내 여러 다른 진동수를 가진 뉴런들의 공명이 어떤 것은 의식을 발현하고 어떤 것은 의식을 발현하지 못하는지 그 이유를 어느 정도 설명해주는 것 같다. 아직은 그 완전한 메커니즘이 밝혀지지 않았지만 앞으로 신경과학의 발전에 따라 모든 것이 명확히 밝혀질 날이 올 것이다.

지금까지 이들 뉴런집단 중 하나의 결손[비발화]이 초래하는 의식의 효과에 대해서는 연구가 많이 이루어졌다. 예를 들면 인간의 시각영역 중 V4나 MT 결손 시 어떤 현상이 나타나는가 하는 것들에 대해서도 많은 연구가 이루어져 있다. 그러나 이들 뉴런집단 중 일부만의 발화에 의한 의식의 효과에 대해서는 연구된 바가 매우 적다. 그러한 연구의 대표적 사례로는 크릭과 코흐가 시신경과 V1-V2만으로는 시각의식이 발현하지 않는다는 연구와 이와 반대로 제키의 요소지각이 우선하고 그것들이 결합하면서 구체적 범주의식이 나타난다는 이론의 예로 V4-MT에 대한 연구가 있다. 이러한 연구들에서 유추할 수 있는 것은 비록 어떤 감각을 위한 신경회로의 일부가 의식에 영향을 미치기는 해도 제대로 된 의식을 발현하기 위해서는 감각수용기를 비롯한 관련 회로 대부분에 거의 동시적 발화가 필요하다는 것이다.

여하튼 눈을 가진 어떤 동물의 시야 내에 어떤 자극물에 의해 시각의식에 관여하는 모든 뉴런집단이 동시에 발화한다면 시각의식[현상의식]이 발현한다는 것은 틀림없는 것 같다. 그것은 인간의 시각회로처럼 복잡한 구조가 아니더라도 마찬가지일 것이다. 절지동물의 일종인 게, 가재, 새우 등 십각갑각류의 시각회로는 인간의 시각회로보다 훨씬 단순하지만 그들의 발화는 시각의식을 발현할 수 있다[Elwood] and Appel, 2009.

절지동물의 하나인 메뚜기의 후각회로에 흩어져 있는 뉴런집단들도 후각 자극에 따라 동시에 발화하며 척추동물들의 후각회로와 유사한 지형학적 배치를 하는 것이 밝혀졌다Laurent and Davidowitz, 1994. 그러면 메뚜기도 후각의식을 발현한다고 추정할 수 있다. 척추동물과 절지동물 감각회로의 여러 신경집단의 동시발화가 감각의식을 초래한다면 선형동물, 편형동물, 환형동물처럼 차원이 낮은 동물들의 신경회로*의 동시발화도 아직은 알지 못하지만 어떤 의식을 발현한다고 볼 수 있지 않을까? 적어도 가능성을 배제해서는 안 될 것 같다.

최근 가장 많이 연구된 하급동물 가운데 원시적인 좌우대칭동물의 하나로 선형동물의 일종인 꼬마선충*C. elegans*도 원시정서의식의 존재에 관한 기준 5개 중에서 2개를 충족할 가능성이 있다는 연구도 있다Feinberg and Mallatt, 2016. 가장 간단한 바다편형동물인 다기장목의 하나인 노토플라나 오토마타*Notoplana automata*, 그림 6-7의 신경망도 그림에서 보다시피 꽤 복잡하다. 눈의 위치에 촉수가 달린 촉수눈tentacle eyes이 있고 생식신경총이 있는데 상당한 수의 시냅스로 연결된 다단계 신경망인 것을 알 수 있다. 아직 신경망의 세부적 구조나 역할이 불확실하지만 촉수눈을 가진 것으로 보아 미세하나마 촉각의식을 지녔을 가능성은 배제할 수 없다.

편형동물이 의식이 있다 하더라도 두족류나 척추동물만큼 의식수준이 높지는 못할 것이다.** 생명유지에 가장 필요한 의식을 희미하게 발현하면서 주로 유전자에 프로그램된 반사작용과 함께 주어진 환경에 적응하며 자손을 번식해 유전자를 보존해왔을 것이다. 생물

* 아직 어떤 감각을 위한 회로도 정확히 연구된 사례가 드물다.

** 여기서는 의식상태나 차원을 의미하는 게 아니라 의식내용의 선명하고 정교한 정도를 의미한다.

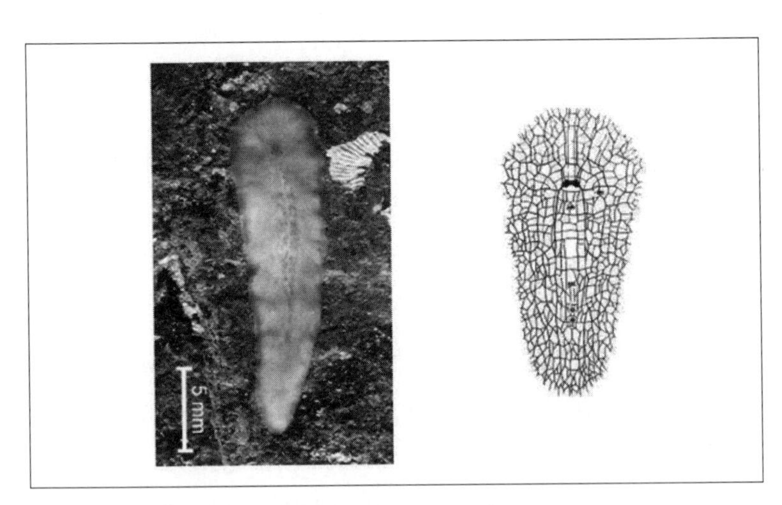

그림 6-7 바다편형동물과 그 신경망(notoplana automata)

이 진화를 계속하면서 종의 분리에서 더 큰 범주에서 더 작은 범주로 분리되는 것을 나무줄기가 뻗어나가는 형태로 표현한 것을 계통수 phylogenetic tree or endrogram라 한다그림 6-2, 그림 6-16, 그림 6-28, 그림 6-35.

계통수의 어느 부위에서 의식이 출현했을까? 현생동물 중에서는 척추동물에 의식을 가진 동물이 절대적으로 많다. 따라서 척추동물의 뇌가 의식의 발현에 유리한 틀인 것만은 확실해 보인다. 그러나 절지동물과 두족류에서도 의식의 존재가 거의 확실하므로 의식은 척추동물 단일 라인에서만 출현한 것이 아니라 복수 라인에서 복수 시점에서 독립적으로 출현했음을 추정할 수 있다. 그것은 의식이 꼭 어떤 틀을 갖춘 뇌 속에서만 발현하는 것은 아니고 뇌가 수많은 다단계의 뉴런집단으로 이루어져 복잡·정교해지고 이들이 공명에 따라 정보를 효과적으로 교환·통합할 수 있을 때 뇌의 틀이나 구조에 상관없이 발현될 수 있다는 것을 의미한다. 그것은 아직도 과학자들이 미쳐 조사·연구하지 못한 수많은 동물도 의식을 가졌을 가능성이 큰 것을 시사한다.

3) 최초 의식의 출현

지금까지 보아왔듯이 의식은 의식수준의 높고 낮음에 상관없이 머리 신경절, 즉 뇌의 산물이라는 것이 확실하다. 그럼 의식의 기원을 논하려면 어쩔 수 없이 의식의 발현 배경인 뇌의 기원과 진화과정을 먼저 살펴보는 것이 논의에 필수적이다. 구조가 아무리 복잡한 식물이라 해도 뇌가 있는 식물은 없다. 뇌는 진화의 최우선적 목적이 움직임을 제어하는 것이다. 이것을 증명하는 가장 좋은 예는 멍게의 일생이다. 창고기와 더불어 척추동물이 아닌 척색동물의 일종인 멍게는 유충기에는 창고기 비슷한 모양을 한 채 자유롭게 물속을 헤엄치고 다니나 때가 되면 정착할 곳을 찾아 한곳에 정착하면서 더는 움직이지 않고 주위에서 영양을 섭취해서 살게 된다.

여기서 재미있는 사건이 일어난다. 유충일 때는 뇌를 가지고 있으나 성체가 되면서 대식세포가 뇌를 소화하면서 일부 신경절만 남고 중요한 머리 신경절, 즉 뇌가 없어진다. 움직일 필요가 없어지면서 뇌도 없어지는 것이다. 이것은 뇌의 진화 목적이 움직임을 위한 것이라는 사실을 극적으로 보여주는 예다[그림 6-8].

그러면 저급동물로 시작해서 점점 더 복잡한 동물이 나타나고 드디어 인간이 나타날 때까지 동물의 신경계와 뇌가 어떻게 변화해왔으며 그에 따라 의식도 어떻게 변해왔는지 살펴보자. 우선 뇌에서 중요 기능을 하는 세포는 신경세포, 즉 뉴런인데 뉴런은 동물의 역사에서 언제 처음 나타났을까? 뉴런은 동물의 진화와 더불어 어떻게 진화해왔을까? 또 의식은 뉴런의 진화와 함께 어떻게 진화해왔을까? 의식이 동물의 생존과 유전자 보존을 위해 진화했다면 이에 앞서 동물 생태환경에 존재하는 생명을 위협할 수 있는 여러 유해한 자극을 감지하는 세포가 의식의 진화과정에서 가장 먼저 나타났을 것이라

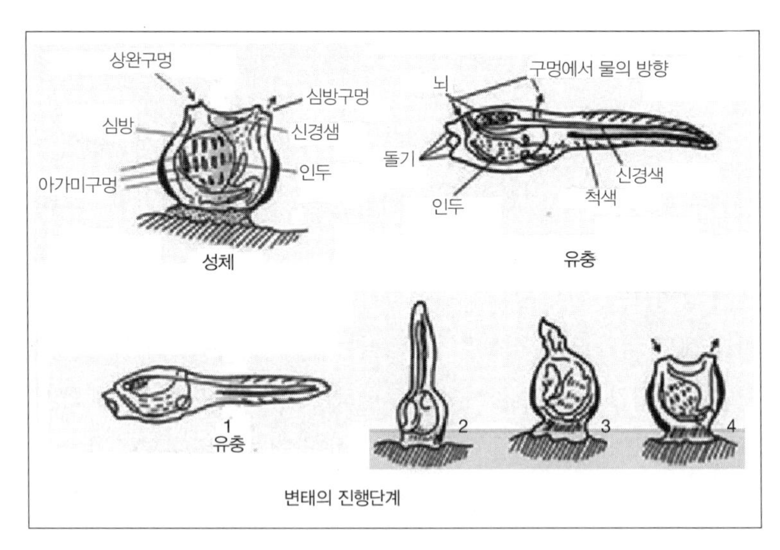

그림 6-8 멍게의 성체와 유충(위) 및 일생 동안의 변태(아래)

는 것은 쉽게 추정할 수 있다.

유해자극 감지는 유해자극에 의해 동물이 고통을 느끼는 것보다 훨씬 먼저 진화했을 것이다. 그것은 고통을 느끼는 것은 의식이 있다는 것을 의미하므로 동물이 처음부터 의식적이었다고 볼 수 없기 때문이다. 일반적으로 고통감각에 대해 많이 연구된 포유동물에서 고통은 보통 Aδ신경세포와 C신경세포 축색을 따라 여행하는 유해자극수용기로부터의 입력을 중추신경계에서 처리함으로써 발생한다. 이때 관여하는 신경전달물질은 물질Psubstance P와 흥분성 신경전달물질 글루타메이트glutamate인 것으로 알려졌으나 아직 그 정확한 작용메커니즘은 명확히 밝혀지지 않았다. 이것은 어떤 동물에서 Aδ신경세포와 C신경세포가 존재한다고 해도 그 고통을 더 차원이 높은 뇌 영역에서 처리해주지 못한다면 그 동물이 반드시 고통을 경험한다고 말할 수 없다는 것을 의미한다.

동물진화역사에서 어느 시점에서 유해자극을 감지하는 신경세포가 최초로 진화했고 어느 시점에서 고통을 느끼게 하는 더 차원 높은 영역을 포함하는 신경회로가 최초로 진화했는지는 아직도 제대로 밝혀지지 않았다. 이를 제대로 밝히는 것이 앞으로 의식의 과학이 해결해야 할 어렵고 중요한 테마 중 하나다.

신경세포는 그 존재의 중요 목적이 전기신호의 전달이다. 전기신호는 세포의 막에 존재하는 이온통로를 이용해서 전달된다. 이온통로가 열리면서 어떤 크기역치를 넘어서는 전위의 발생으로 연속해서 배열된 이웃 이온통로에 영향을 미쳐 전류가 흐르도록 할 수 있는 전위발생을 활동전위라고 한다. 따라서 의식의 출현이 신경계의 출현을 전제로 하는 것과 같이 신경계의 출현은 신경세포의 출현을 전제로 하고 신경세포의 출현은 활동전위의 출현을 전제로 한다. 활동전위는 유동성 단일세포 생물과 핵을 공유하는 군집성 진핵세포에 이미 존재했으며 어떤 식물세포, 즉 끈끈이주걱·활수초 등에도 존재한다. 활동전위는 척추동물에서는 신경세포뿐만 아니라 일부 신경내분비세포, 근세포에서도 발생해 전기적 신호를 전달하는 데 이용된다.

고통의 지각은 활동전위를 발할 수 있는 감각신경세포 끝에 붙은 유리신경종말free nerve ending이 유해자극을 감지할 수 있을 때만 가능하다. 이것은 가장 원시적 의식의 하나인 고통 지각을 위한 필요조건이지만 충분조건은 아니다. 유해자극을 감지할 수 있는 신경세포를 가지고 있다 해서 그 동물이 반드시 고통을 지각하는 것은 아니기 때문이다. 유해자극을 감지할 수 있는 세포는 기본적으로 세 가지 생존에 필수적인 감지, 즉 압력감지, 열감지, 화학물질감지를 할 수 있는 세포로 크게 분류된다. 원시적 신경계를 가진 동물들도 생존하려면 이 세 가지 중 적어도 한 가지 이상은 구비해야 한다.

이들 감지세포들은 동물이 더 진화함에 따라 촉각, 온도, 냄새나 맛을 감지하는 것으로 바뀐다. 또 이들 각각은 단순히 한 가지 자극만 감지하는 것이 아니라 몇 가지 자극multimodality을 감지할 수 있는 수용기로 발전한다. 즉 동물이 더 진화함에 따라 이러한 한 종류의 자극을 감지할 수 있는 세 종류의 유해자극수용기는 다양한 기능을 하는 수용기로 분화·발전한다Kunzendorf, 2015.

구체적으로 어떤 열감지수용기는 돌연변이를 통해 공기나 액체에 의해 전달되는 빛에 반응해 시각적 밝음의 주관적 특성이 나타나게 하는 망막수용기로 변형되었다. 어떤 압력감지수용기는 돌연변이를 해서 공기와 액체를 통해 전달되는 압력파소리에 반응하여 청각적 시끄러움과 같은 주관적 특성이 나타나게 하는 와우수용기로 변형되었다. 어떤 압력감지수용기는 돌연변이를 통하여 피부의 진동이나 결을 감지하는 수용기로 변형되고 더 나아가 가려움이나 간지럼, 성적 쾌감을 감지하는 수용기로 변형되기도 했다. 또 어떤 압력수용기는 고통 없는 압력의 주관적 특성을 발현하는 촉각수용기로 진화했다. 화학수용기는 돌연변이를 통해 공기나 액체, 고체에 의해 전달되는 화학물질에 반응하여 후각이나 미각을 발현하는 후각수용기나 미각수용기로 진화했다.

이들은 돌연변이를 거듭하면서 더 섬세하고 특이한 감각을 위한 수용기로 진화했다. 의식과 관련된 수용기는 처음에는 가장 절박한 생존을 위해 가장 원시적이고 부적·주관적 의식인 고통을 감지하는 수용기가 단순반사를 위한 유해감지수용기 다음으로 먼저 진화했으나 동물이 더 진보적 진화를 함에 따라 고통을 수반하지 않으면서 시각, 청각, 후각, 촉각 등 외부정보를 전달하는 주관적 특성을 발현하는 수용기가 진화하게 되었다

요약하면 최초의 유해자극수용기는 수용기의 정보를 받아 고통의식으로 전환해주는 더 차원 높은 뇌 영역 없이 단순반사행동을 지원

하는 뇌 영역만 있는 동물의 의식과 무관한 수용기이고 더 진화한 동물에서는 생존을 위해 유해한 자극을 회피하기 위한 최소한의 시행착오를 할 수 있도록 자극수용기에서 올라온 정보를 고통감각으로 처리해주는 뇌 영역이 존재하는 원시고통의식과 관련된 수용기다. 마지막으로 진화한 것은 수용기를 통해 들어오는 자극이 역치를 넘는 외부자극에 대해서만 고통의식이 발현되도록 하고 역치 이하의 자극에 대해서는 단순히 정보만 처리하여 주관적 의식으로 전환시키는 뇌 영역이 존재하는 동물에서 나타난 차원 높은 수용기다.

이러한 차원 높은 수용기에서 수용하는 모든 외부자극은 어떤 역치를 초과하면 반드시 고통의식을 수반하게 된다. 즉 지나치게 눈부신 빛, 지나치게 시끄러운 소리, 지나치게 매운맛, 지나치게 진한 냄새, 지나치게 뜨거운 온도, 지나치게 높은 압력 등은 모두가 고통의식을 수반한다. 시각, 청각, 후각, 미각 등에서 이러한 역치를 넘어서는 외부자극이 고통의식으로 전환되는 것이 동물에게 해로운 결과를 미연에 방지하기 위한 것은 확실하나 아직도 그 정확한 메커니즘은 잘 이해되지 않았다. 그렇지만 가장 오래된 부적 의식인 고통이 감각의식의 진화에 중요한 역할을 했을 뿐 아니라 정서나 유정의 진화에도 중요한 역할을 했다는 것은 확실한 것 같다.

그러면 유해자극수용기와 고통을 감지하는 수용기는 동물계에서 언제 어느 수준의 동물에서 진화했을까? 유동성 단일세포 박테리아의 일종인 대장균이 그것의 삼투압에 의한 분해를 막기 위해 체내의 용질을 배출하려고 열리는 기계감응채널mechanosensitive channels Sukharev et al., 1994을 소유한다. 그러나 단일세포인 대장균의 삼투압 쇼크에 반응하는 능력은 유해자극탐지에 전념하는 신경세포역할을 하는 소기관이 없기 때문에 유해자극반응이라고 할 수 없다. 말하자면 단세포 동물에서는 다세포 동물의 신경세포에서 발생하는 것과 비슷한 활

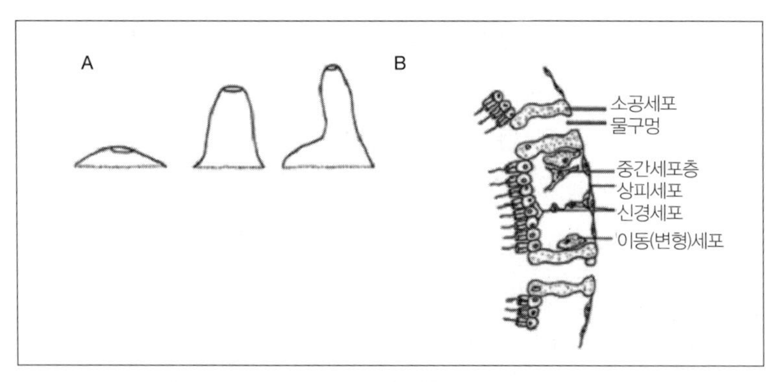

그림 6-9 해면동물. 해면동물 혹은 스펀지는 매우 단순한 다세포 기생동물이다. 그들은 신경계를 소유하지 않으며 심지어 그들이 어떤 신경을 가졌는지도 논란이 많다. A에서 맑은 물에서 사는 해면의 간단한 운동세포가 보인다. 물이 조그만 구멍을 통하여 몸 속으로 끌려 들어오고 입을 통하여 밖으로 나갈 때 굴뚝 형태의 입 모양이 변한다. B에서 스펀지의 일종인 사이콘 라파누스(Sycon Raphanus)를 은으로 착색했을 때 세포 타입의 어떤 것이 보인다. 그 바깥 표면이 신경세포일 듯한 길고 얇은 돌기를 가진 두 세포에 의해 안쪽 면과 연결된다. 안쪽 면에 있는 세포는 깃세포(choanocytes)라고 불리는 동정세포다.

동전위가 존재한다 하더라도 단세포 내부의 다른 용도를 위해, 예를 들면 세포질의 나트륨과 칼륨의 밸런스를 위해, 동종세포에서의 반응을 이끌어내기 위해 그들이 생활하는 액체환경 속으로 화학물질을 방출해서 그들과 같은 종과 정보를 교환하기 위해 진화했을 가능성이 크다. 그러한 활동전위가 신경계를 가진 다세포 동물에서 신호전달용으로 전용되었다고 볼 수 있다.

신경계의 초기 출현에 대해서는 두 가지 설이 있다. 약 6억 3,500만 년 전 해면과 함께 시작되었다는 주장과 약 5억 8,000만 년 전* 히드라나 산호 같은 폴립으로 시작되었다는 주장이 있다. 베넷Bennett에 따르면 비록 신경발달과 연관된 유전자가 해면porifera에서 발견되었으나 해면은 신경계라고 부를 수 있는 조직을 진화시키지 못했다. 해

* 이들의 기원에 대해서는 학자에 따라 다소 차이가 있다.

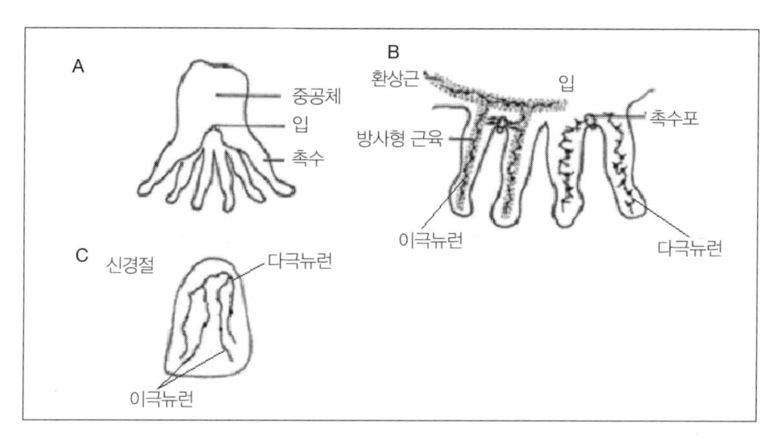

그림 6-10 최초의 신경절. 히드라, 해파리, 말미잘, 산호 같은 자포동물은 A에서 보는 것처럼 촉수가 달린 자루 같은 몸체를 가진다. B는 해파리의 일종인 오렐스 오레이터(Aurells Aurata)에 있는 두 다른 종류의 신경망을 보여준다. 하나는 두 개의 축색을 소유하는 이극뉴런(bipolar neuron)들로 이루어져 있고 이들은 이 그림에 노출된 방사형 혹은 환상근육들에서 뚜렷하다. 다른 하나는 두 돌기 이상을 가진 다극뉴런(multipolar neurons)들로 이루어져 있으며 이들은 복강과 관련해서 보인다. 이극뉴런들과 다극뉴런들 모두 C에서 보이는 신경절이라고 불리는 뉴런집합들 속에 나란히 늘어서 있다. 여기서 근육과 연관된 이극뉴런에의 입력은 복강과 연관된 다극뉴런에 전달된다.

면은 아주 간단한 다세포 유기체다. 해면 단면을 은으로 착색했을 때 동물의 한 체벽을 다른 체벽에 연결하는 세포들을 보여준다. 이것이 원시적 신경세포라고 주장하는 학자도 있으나 일반적으로 받아들여지지는 않았다Bennett, 1997, 그림 6-9.

이러한 신경통합을 목적으로 신경절로의 뉴런 모임은 자포동물에서 처음으로 나타난다*그림 6-10. 다만 현재 과학계에서는 해면의 일종인 앰피메돈 퀸슬랜디카Amphimedon queenslandica의 구형세포를 신경세포의 원형prototype으로 간주한다. 이상을 종합해보면 신경계는 이배엽성인 방사대칭동물,** 삼배엽성인 좌우대칭동물***을 포함하는 진정

* Bennett, 1997.

** 해파리, 불가사리 등이 이에 속한다.

*** 편형동물, 환형동물 이상의 고등동물.

후생동물eumetazoa의 직전 공통 조상에서 처음으로 나타났다고 생각하는 것이 현재로서는 가장 합리적인 것 같다[Cavelier-Smith et al., 1996].

신경은 외부자극을 감지하는 것이 가장 중요한 존재 목적의 하나다. 그것도 생존을 위협하는 유해자극을 감지하는 것은 유전자를 보존하기 위해서 가장 중요하다. 그러면 진정후생동물 수준에서 유해자극을 감지하는 수용기가 존재하는지 살펴보자. 유해자극반응을 보이는 신경계는 진정후생동물 이전에도 존재했다. 현재까지 밝혀진 유일한 진정후생동물 이전 신경계는 자포동물 중 늦게 진화한 산호충강에 속하는 말미잘이다. 이 동물은 다소 진보된 신경계를 가졌는데 외부촉각을 감지하는 감각신경과 이의 신호를 받아 외피세포를 수축시키는 운동신경 역할을 하는 신경망을 이루는 신경세포가 있다[그림 6-11].

이 동물의 감각신경은 외피가 자극을 받으면 신경펄스를 발하고 강하게 내부*를 자극하여 촉수닫힘 반사를 일으킨다. 그러한 행동은 유해자극 반응으로 해석될 수 있다. 이상을 정리해보면 신경은 해면에서 기원했고 유해자극반응은 자포동물에서 기원했다고 볼 수 있다. 그러나 말미잘의 감각세포는 히드라의 신경과 마찬가지로 외부자극이 유해한지, 무해한지에 무관하게 외부의 간단한 물리적 자극에 신경망이 자동으로 반응하도록 하므로 진정한 유해자극 감지 신경세포라고 하기는 어려워 보인다. 말미잘의 신경계를 연구한 스미스와 르윈[Smith & Lewin, 2009]도 말미잘의 신경계에서 유해자극 감지뉴런을 구분해낼 수 없었다. 따라서 유해자극반응에 필수적인 진정한 유해자극 감지 신경세포의 출현은 좌우대칭동물의 진화까지 기다려야 했다.

---

* 운동신경에 해당하는 신경망 세포.

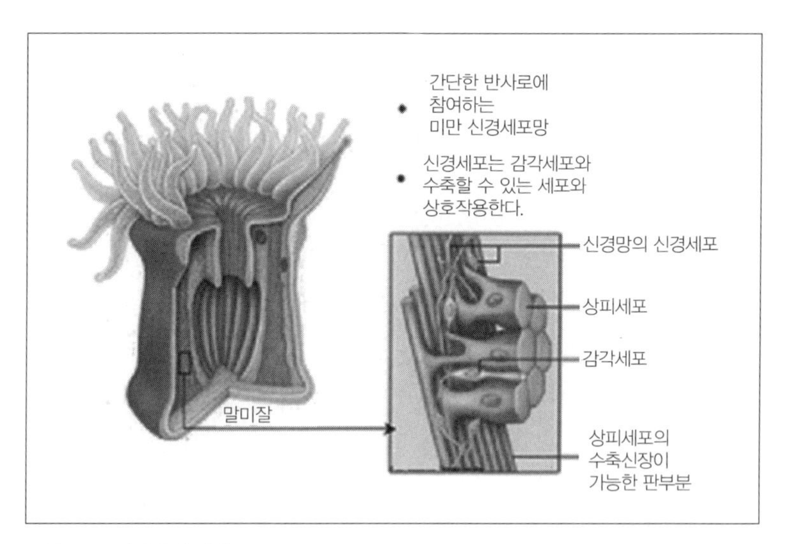

그림 6-11 말미잘의 신경구조

히드라, 산호 같은 자포동물들에서는 감각신경과 운동신경이 구분되지 않은 신경이 나타나고 해파리의 진화와 함께 신경세포와 근육의 식별은 확실해졌다. 자포동물 중 히드라는 몸 전체에 퍼져 있는 신경들끼리 시냅스를 이루며 연결되어 있다. 감각신경이나 운동신경으로 분화되어 있지 않고 신경절도 없다. 이러한 신경계를 산만신경계라고 한다.

앞의 베넷이 보여준 해파리그림 6-12는 그 동물에 어느 정도 강도를 주는 젤리 같은 물체로 분리된 두 세포층을 가진다. 수영과 촉수 위치를 제어하는 신경망은 이극신경이나 섭식을 제어하는 신경망은 다극신경으로 이루어져 있다. 일종의 감각신경과 운동신경으로 분화한 꼴이다. 이들 신경은 통합센터에서 혼합된 채 발견된다. 이 통합센터를 신경절이라고 한다. 즉 자포동물 중 해파리문에서 처음으로 신경절이 나타났다. 그러나 해파리의 신경절은 아직 감각신경이나 운동신경으로 완전히 분화되지 못한 단순한 감각신경 역할을 하는 신경들과 운동신경 역할을 하는 신경을 연결해 감각신경계의 정보를 운동신경계에 전달하는 감각신경계와 운동신경계의 단순한 연결고리 같은 것이다. 즉 반사작용을 제어할 수 있는 기능 이상은 갖지 못했다.

히드라처럼 해파리도 신경망과 링을 통하여 정보를 신체의 한 부분에서 다른 부위에 전달한다. 극피동물의 일종인 불가사리는 피부에 감각신경 역할을 하는 신경과 운동신경 역할을 하는 신경 사이를 연결해주는 연결뉴런이 있다. 이것은 일종의 개재뉴런이다. 입 주위의 신경고리는 감각신경 역할을 하는 신경과 연결되어 있어 단순히 각 팔 사이의 감각정보 교환을 중개할 따름이다. 불가사리는 팔의 끝부분에 있는 촉감 외에도 화학물질에 민감해서 먹이 냄새를 잘 탐지하는 관족, 또 각 팔의 맨 끝에 80-200개의 단순한 홑눈이 모여 이를 통해 빛을 감지하는 안점을 가지는 등 전체적으로 꽤 복잡한 신경계를 이루고 여러 가지 자극에 민감한 반응을 보이나 뇌 같은 것은 없다.

다만 감각신경과 개재뉴런이 만나는 지점을 굳이 신경절이라고 하면 신경절이 있다고 할 수 있겠으나 신경망과 링은 단순히 신체의 한 부위의 정보를 다른 부위에 전달해주는 역할만 맡고 있다. 따라서 방사대칭동물인 해파리나 극피동물도 유해자극을 감지할 수 있는 전문 자유신경종말의 존재 가능성은 없어 보인다. 지금까지 논한 산만신경계를 가진 동물과 자포동물을 포함하는 방사대칭동물까지 하급동물은 환경의 자극에 반사적으로만 행동할 수 있을 뿐이다. 의식적이든 아니든 적어도 환경의 자극에 능동적으로 대처하려면 온몸의 운동신경을 제어할 수 있는 컨트롤 타워, 즉 뇌가 필요하다.

편형동물, 환형동물과 같은 좌우대칭동물의 출현과 함께 신경계의 복잡성이 크게 증가했다. 이때부터 신경절의 숫자는 적어지고 주로 동물의 한 끝에 집중되고 나중에 원시적인 눈과 입이 나타나는 머리 부분 속에 온몸을 제어하는 큰 신경절이 나타난다. 이것은 결국 신경계의 활동을 통합하는 영역이다. 즉 진정한 통합신경절머리 신경절, 뇌은 편형동물이나 환형동물 같은 좌우대칭동물의 진화로 시작되었다. 최소한의 부적 원시의식의 필요충분조건은 고통이고 고통의 필요조건은 유해자극수용기다. 유해자극수용기가 최초로 나타난 것도 이들 좌우대칭동물의 진화에서부터다. 이들 좌우대칭동물의 신경계를 해부·조사한 많은 연구에서 이들 중 대부분이 적어도 압력에 대한 유해자극수용기나, 열에 대한 유해자극수용기나 화학물에 대한 유해자극수용기를 한 가지 이상 가진 것을 확인했다. 즉 이들의 출현과 함께 의식의 가능성이 열렸다고 볼 수 있다.

이러한 좌우대칭동물의 생존을 위한 유해자극수용기를 갖춘 머리 부분의 통합 신경절이 결국 가장 복잡한 형태로 인간의 뇌로까지 발전하게 된 최초의 머리신경절이다. 그러한 신경절이 몸의 앞부분에 생기는 이유는 이곳이 환경과 부딪치는 첫 부분으로 생존을 위하여 환경을 감지하는 시스템이 있어야 하는 가장 중요한 위치이기 때문이다. 그렇다면 극히 단순한 신경망을 가진 히드라나 해파리, 불가사리 등은 의식을 가질 가능성은 거의 없지만 편형동물이나 환형동물 같은 저급 좌우대칭동물은 적어도 3단계 이상 신경들의 시냅스로 이루어진 신경망을 갖추고 또 고통의식의 필요조건인 유해자극수용기를 갖추고 사실상 뇌에 해당하는 몸체 앞부분의 많은 개재뉴런으로 이루어진 큰 머리신경절을 갖추었으므로 아주 미약하나마 의식을 가질 가능성을 배제할 수 없다.

우선 저급 좌우대칭동물인 편형동물이 고통의식의 전제조건인 유해자극수용기를 갖고 있는지 살펴보자. 보통 유해자극수용기는 감각신경종말에 있는데 단순히 외부의 한 자극에만 반응하는 게 아니라 여러 종류의 자극에 반응한다multimodality. 환형동물과 달리 편형동물은 체강이 없는 무체강동물이다. 편형동물의 한 종인 노토플라나 아티콜라*Notoplana alticola*는 뒤끝 부분이 핀에 찔리면 이동성 회피행동을 한다. 뇌를 절단하면 이런 행동은 사라졌다. 그러나 뇌를 남겨두고 몸체의 뒤 중앙을 따라 종단으로 절개하면 이 행동은 사라지지 않았다Koopowitz, 1973. 이것은 감각신경이 산만신경계처럼 작동함을 확인해준다. 핀 자극은 유해자극이고 유발된 회피행동은 유해자극 방어행동이라고 결론 내릴 수 있다.

최근 노스웨스턴대학 아레나Arenas와 그 동료들의 연구에 따르면 편형동물인 플라나리아가 인간과 쥐, 과실파리에 있는 유해자극 감지장치인 이온채널 TRPA1ion channel TRPA1을 지녔으며 이들 동물에서 이를 손상할 때는 유해자극 감지가 불가능한 것을 밝혀냄에 따라 편형동물에 이미 유해자극감지수용기가 있음이 확인되었다. 그러나 그들의 연구는 플라나리아가 고통을 느끼는지에 대해서는 언급하지 않았다 Arenas et al., 2017. 체강을 구비한 환형동물은 편형동물보다 오히려 한 단계 진화한 동물이므로 편형동물이 유해자극수용기를 갖추었다면 환형동물도 유해자극수용기를 갖추었다고 자연스럽게 유추할 수 있다.

이러한 사실들로 미루어볼 때 모든 좌우대칭동물이 고통을 지각하는지는 불확실하지만 적어도 한 가지 이상의 유해자극수용기를 갖추었다고 결론 내릴 수 있을 것 같다. 절지동물은 환형동물보다 조금 늦게 캄브리아기에 출현하고 훨씬 더 복잡한 신경계를 가지고 있으나 여러 가지 이유로 아직 절지동물의 유해자극수용기에 대한 연구는 거의 없다. 그러나 편형동물이나 환형동물보다 절지동물은 더 복잡한 신경계를 구비한 좌우대칭동물이므로 고통지각까지는 모르지만 유해자극수용기는 당연히 갖추었을 것이다. 곤충을 대상으로 여러 가지 고통지각 여부를 연구한 몇 논문도 곤충이 고통을 경험한다는 것에 회의적인 결론을 냈다. 예를 들면 곤충을 포함한 여러 비척추동물의 아편성 펩타이드의 존재를 확인하고 이것이 비척추동물의 고통 경감에 역할을 하는 것이 아닌가 하는 추정이 있었으나 비척추동물의 내인성·아편성 펩타이드는 고통현상과는 무관한 생리적·행동적 활동을 조절하는 것으로 나타났다[Cannon et al., 1978].

그러나 절지동물들의 고통지각에 대한 단정적 결론을 얻기 위해서는 앞으로 더 많은 연구가 필요하다. 그 이유는 평생 곤충연구에 헌신한 매우 권위 있는 곤충생리학자 위글즈워스[Vincent Wigglesworth, 1899-1994]가 곤충들이 보통 충격적 조작에 앞서 신경계를 불활성으로 만들어버린다는 주장을 한 적이 있는데[Wigglesworth, 1964] 이것은 곤충이 고통경험을 할 가능성을 무시해서는 안 된다는 것을 시사한다. 한편 다음에 나오는 후각이나 시각지각에 대한 몇몇 연구는 절지동물의 후각과 시각의식의 존재를 긍정적으로 결론 내리고 있다.

환형동물은 절지동물보다 훨씬 간단한 신경계를 가졌지만 최초로 유해자극 관련 신경세포가 확인된 환형동물은 의료용 거머리[*Hirudo medicinalis*]였다. 의료용 거머리는 몸체가 여러 분절로 되어 있고 분절마다 T[touch, 촉각감지], P[pressure, 압력감지], N[noxious, 유해자극감지] 세포를 갖고 있으며 그것들은 주변 부분으로 축색을 보낸다. 그리고 그들은 서로 다른 활동전위 파형을 보여주었다[Nicholls and Baylor, 1968; Ugawa et al., 2002]. 이 동물의 유해자극에 대한 회피행동이 고통을 수반한 것인지 고통을 수반하지 않은 것인지는 현재 연구된 바도 없고 추정하기도 몹시 어렵다. 즉, 그 회피행동이 유전자에 프로그램된 반사적 행동인지 고통감각에 따른 의식적 회피행동인지는 알 길이 없다.

이들의 의식에 관한 연구는 낮은 가능성 때문에 제대로 된 연구가 전무하다. 그러나 이들의 의식을 완전히 부정하는 것은 성급한 일이다. 물론 제대로 된 눈도 없고 귀도 없는 이들에게 시각의식이나 청각의식 같은 의식은 있을 수 없지만 촉각의식, 갈증, 산소 부족, 전기쇼크 같은 것을 느끼는 부적 원시의식이 있을 가능성은 배제할 수 없다. 고통을 동반하는지는 불확실하나 유해자극수용기는 척추동물의 전 단계인 활유어창고기류에 이미 존재하는 것으로 밝혀졌다. 또 척추동물의 유해자극수용기를 위한 유전자가 활유어에서도 확인되었다. 그러나 고통을 동반할 가능성이 거의 확실해 보이는 유해자극 감지수용기Aδ세포와 C세포는 척추동물에서 처음으로 나타났다Feinberg and Mallatt, 2016. 이것은 척추동물에는 Aδ세포와 C세포에서 감지한 유해자극 신호를 받아 처리하는 더 높은 뇌 영역이 존재하기 때문이다. 이로써 물론 종에 따라 의식수준에서는 차이가 많겠지만 모든 척추동물은 희미하나마 의식을 보유했다고 할 수 있을 것이다.

이제부터 동물이 단세포 동물에서 점점 더 복잡한 형태를 띠게 됨에 따라 신경계와 뇌가 어떻게 변해왔는지 척추동물을 중심으로 좀 더 자세히 살펴보자. 아메바 같은 진핵 단세포 동물은 위족을 사용해 움직이는데 위족이 어떤 메커니즘으로 움직이는지에 대해서는 아직 과학적으로 정확히 규명되지 않았다. 확실한 것은 위족을 움직이는 신경 비슷한 것도 없다는 사실이다. 그러나 같은 단세포 원생동물인 짚신벌레는 아메바에 비해 훨씬 분화된 구조로 이루어져 있고 섬모를 연결하면서 섬모의 움직임을 제어하는 신경섬유 비슷한 구조를 가지고 있다. 앞서 언급했듯이 다세포 동물 중 가장 간단한 동물인 해면은 신경 비슷한 것이 있기는 하나 신경계라고 할 만한 구조는 가지고 있지 않다. 히드라는 자포동물coelenterates 중에서도 가장 간단한 신경계를 이루고 있다. 신경세포들의 돌기가 서로 연결된 산만신경계diffused-nervous-system를 이루고 있다.

산만신경계의 특성은 감각세포와 운동세포가 구분되지 않고 몸의

한 부분이 자극받으면 그 자극이 전 부분으로 전파되어 몸 전체 부위가 동일한 반응을 한다는 것이다. 자포동물 중에서도 히드라보다 조금 더 진화한 해파리나 극피동물echinoderms인 불가사리 등은 신경세포가 다소 뭉친 신경고리를 형성하고 있다. 이러한 신경계를 고리신경계라고 한다. 이들은 신경고리를 제외하면 나머지는 산만신경계와 비슷한 구조로 되어 있다. 그래서 이들의 신경계는 운동신경, 감각신경과 연결되어 이들이 목적 있는 행동을 하도록 조화 내지는 통합할 수 있는 개재뉴런을 갖추지 못해 제대로 된 신경절을 가진 3단계 이상의 계층을 이루지 못했다. 아직 서로 분화되지 못한 단순 감각신경과 운동신경이 단순히 결합한 신경절신경고리을 가진 자극-반사 수준의 신경망을 갖고 있을 뿐이다.

이들보다 조금 진보된 플라나리아 같은 편형동물은 신경세포가 모여 줄기를 이루고 몸의 세로 방향으로 열 지어 있다. 또 지렁이 같은 환형동물이나 갑각류, 곤충류, 거미류, 다지류 등 절지동물은 체절몸마디 하나하나마다 배 쪽으로 한 쌍씩 신경절이 있다. 각 신경절에는 그 사이사이에 신경섬유가 전후좌우로 연결되어 마치 사다리 모양으로 되어 있는 신경계를 가지고 있다. 앞부분에 이들과 연결되어 이들을 통제하는 다소 큰 신경절이 있기 때문에 전체 신경계가 함께 작동할 수 있다. 이러한 좌우앞뒤를 연결하는 신경섬유 덕분에 신경절들 사이의 상호 정보교환이 일어나게 되어 몸 전체의 조화로운 동작이 가능하게 되었다. 이러한 신경계를 사다리신경계ladder-like nervous system라고 한다.

고리신경계와 사다리신경계는 척추동물의 신경계인 관상신경계tubular nervous system와 더불어 집중신경계concentrated nervous system라 한다. 편형동물과 환형동물에서 신경절은 머리 부분에 가까운 안점이나 평형기관 등 감각기관 근처와 먹이를 삼키는 인두 가까이에서 나타났다. 즉 머리신경절이 나타났다. 이 부분들은 외부자극을 가장 먼저 탐지하고 근육을 움직여야 하므로 당연히 다른 곳보다 많은 신경세포가 필요할 것이므로 자연스럽게 신경절이 형성되었을 것이다.

신경절의 출현으로 신경계는 매우 효율적이 되었다. 그중에서도 몸 앞부분에 있는 머리신경절은 가장 크고 움직이는 방향에 위치했으므로 외부의 정보를 가장 먼저 접하게 되었다. 또 전체적으로 의미있는 행동을 하기 위해 그러한 정보를 다른 신경절에서 올라온 정보와 통합해 적절한 행동지령을 내리기도 하고 제어도 하는 사령탑 역할을 하게 되었다. 이러한 편형동물이나 환형동물은 적어도 감각뉴런과 운동뉴런 외에 이들을 연결하고 조화시키는 개재뉴런interneuron을 포함하며 적어도 3단계 이상의 신경구조로 이루어져 있다.* 더 진보한 환형동물다모류은 머리신경절을 이루는 신경절들이 서로 가까이 있어서 하나의 밀집된 구조를 이루는데, 이러한 구조는 현재의 척추동물 신경계와 어느 정도 유사하다그림 6-12.

다세포 동물 중에서 해면동물이나 강장동물은 비대칭성이고 자포동물해파리류이나 극피동물불가사리류은 방사대칭동물radiata이다. 이 같은 제대로 된 신경절도 갖추지 못한 아주 원시적인 동물을 제외하고는 대부분 앞뒤, 위아래가 분명하고 좌우가 대칭인 좌우대칭동물bilateria들이다. 그러면 왜 고등한 동물은 모두 좌우대칭으로 이루어졌을까? 왜 상하대칭이 아니라 좌우대칭을 선택했을까? 아마도 중력때문일 것이다. 지상에 붙어 있는 동물은 굳이 좌우대칭일 필요는 없다. 중력에 의해 자세가 달라질 염려가 없기 때문이다.

그러나 지상에서 조금이라도 떨어져 움직이지 않으면 안 되는 모

---

* 신경망이 복잡해질수록, 즉 고등한 동물이 될수록 직렬로 이어진 개재뉴런의 수가 늘어난다.

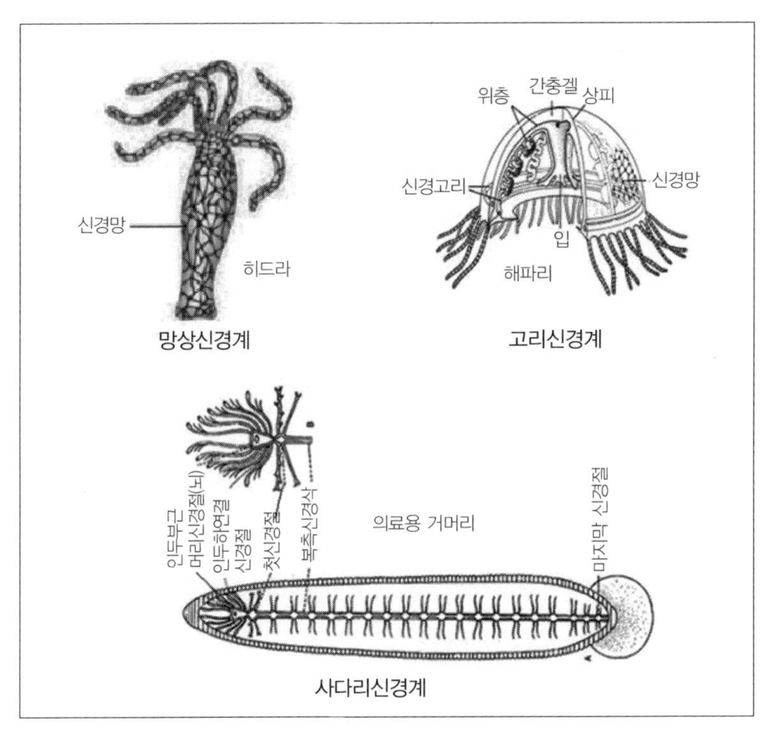

그림 6-12 몇 가지 하등동물의 신경계

든 동물은 중력에 대하여 평형을 유지하지 못하면 자세가 불안정하게 되어 기울어지거나 넘어질 것이기 때문에 이를 해결하지 못하면 안정된 생활을 유지할 수 없다. 따라서 자신의 유전자를 보존할 수도 없다. 상하대칭도 이 문제를 해결할 수 없다. 에디아카라기 생물들은 대부분 땅바닥에 붙어서 정지하거나 기어 다니면서 생활했으므로 중력에 대한 균형문제는 있을 수 없었기 때문에 좌우대칭이 아니었다. 그러나 캄브리아기 생물문의 대폭발 시기에 발생한 동물 중 지상에 붙어서 생활하는 동물을 제외한 대부분이 좌우대칭 형태를 띠게 되었다.

중력은 외부 형태와 질량에 작용하므로 동물은 외부가 좌우대칭을 이루는 한 내부구조가 좌우 무게에서 큰 차이가 나지 않으면 좌우대칭일 필요가 없다. 그리하여 내장 부분은 한쪽으로 치우쳐 있어도 문제되지 않았다. 좌우대칭형 동물이 비대칭형 동물이나 방사대칭형 동물보다 늦게 진화한 것은 동물의 진화역사상 수많은 돌연변이의 출현과 적자생존 경쟁에서 최종적으로 선택된 형이 좌우대칭형 동물이며 그만큼 진화가 어려웠다는 것을 의미한다.

좌우대칭동물은 초기 배에 형성된 원구가 그대로 입이 되고 뒤에 항문이 만들어지는가 아니면 원구가 항문이 되고 입이 따로 만들어지는가에 따라 선구동물protostomes과 후구동물deuterostomes로 나뉜다그림 6-16. 〈그림 6-16〉에서 사각형 테두리로 표시한 선구동물 중 절지동물arthropods, 연체동물molluscs, 후구동물 중 척추동물vertebrates은 의식을 지닐 가능성이 가장 많은 동물군으로 이 책에서는 앞으로 이들을 중심으로 의식의 기원에 대해 논하겠다.

절지동물이 진화상 척추동물보다 일찍 출현해 먼저 의식을 갖게 되었다*고 하나 나중에 거론되는 다마지오의 느낌이 자아의 기초가 되고 자아가 있어야 의식이 가능하다는 관점에서 보면 초기 절지동물이 과연 느낌이 있었는지는 불확실하므로 쉽게 이러한 결론을 받아들이기도 어렵다. 또 절지동물보다 더 하등동물인 편형동물이나 환형동물도 희미하게나마 느낌이 있을 가능성이 있기 때문에 그런 관점에서 보면 절지동물이 최초로 의식을 가졌다고 단언할 수도 없다. 그러나 고통의 느낌 여부는 알 수 없지만 처음으로 눈과 더듬이를 진화시킨 절지동물에서 외수용기적 현상의식이 최초로 진화했다고 보는 것은 타당할 것 같다.

의식의 기원을 밝히기 위해서는, 즉 의식이 언제부터 어떻게 시작

* 여기서의 의식은 현상의식, 즉 감각이미지를 형성하는 의식을 의미한다.

되었는지 알기 위해서는 어느 정도 복잡한 뇌 구조를 갖는 동물이 의식적이냐를 먼저 알아야 한다. 제인 같은 심리학자는 그가 주장하는 양원적 정신상태의 붕궤로 진정한 의식의 도래는 불과 3,000년 전 인간에게 의식이 나타났다는 극단적 주장*을 하는 반면 반대쪽 극단의 어떤 과학자들과 동물애호가들은 중추신경계를 가진 모든 동물, 즉 해면이나 해파리 같은 극히 단순한 신경망을 가진 동물을 제외한 모든 좌우대칭동물은 의식이 있거나 있을 수 있다고 주장한다Griffin, 2001; Koch, 2012.

런던자연사박물관 교수 파커Andrew Parker, 1967-는 최초로 제대로 된 감각기관**을 지닌 절지동물의 출현약 5억 2,000만 년 전, 캄브리아기을 의식의 기원으로 주장한다. 물론 이들은 이미지를 형성하는 능력이 있는 동물은 의식이 있다고 전제한다. 최근에는 말라트도 『의식의 옛 기원』*The Ancient Origins of Consciousness*에서 파커의 주장에 동의했다. 캄브리아기 당시 포식자 지위에 있던 절지동물은 현재의 전갈이나 가재처럼 대부분 외골격을 갖추었기 때문에 눈은 분명히 진화했으나 뇌는 척추동물처럼 단단한 두개골 속에 보호되어 있지 못해서 분명한 뇌의 구조를 남긴 화석표본이 척추동물에 비해 아주 희귀하고 또 모두 멸종되고 현존하는 비슷한 동물도 거의 없어 추정하기도 쉽지 않다.

2010년대에 들어서 그들의 화석표본을 연구한 몇몇 학자의 논문들Cong et al., 2014; Ma et al., 2012; Ortega-Hernadez, 2015을 보면 눈이나 더듬이의 윤곽은 뚜렷하나 뇌는 형태를 대충 짐작할 수 있는 경화된 흔적만 남아 있어 구체적 구조는 계통이 유사한 현존동물들을 이용해서 추측에 의존할 수밖에 없다. 그러나 유사한 현존동물과의 비교도 생태

---

* 그는 합리적 이성을 의식이라고 생각하는 것 같다.

** 그의 주장대로라면 대상에 대한 이미지를 만들 수 있는 눈.

계와 섭식 등에서 차이가 매우 클 수 있기 때문에 추정할 때 이를 유념해야 한다. 콩Cong과 동료들Cong et al., 2014은 남중국 쳉지안澄江에서 화석으로 발견되었으며 절지동물의 일종으로 머리 부분에 집게발이 달린 캄브리아기 해양동물 리라라팍스 웅기스피너스*Lyrarapax unguispinus*와 조상이 같다고 추정되는, 호주 등지에서 현존하는 유조동물인 유페리패토이데스 로웰리*Euperipatoides rowelli*의 외양과 뇌 구조 등을 비교해 앞에 튀어나온 더듬이 모양 구조나 눈 등을 제어하는 뇌 구조가 유사함을 보여주었다그림 6-13.

둘 다 눈과 더듬이와 이들과 관련된 뇌 구조가 비슷하므로 현생 유조동물이 시각의식이나 촉각의식을 가졌다면 캄브리아기 동물도 그러한 의식을 가졌을 것이라고 추정하는 것은 너무 당연하다. 앞으로 이러한 캄브리아기 동물과 유사한 현존하는 동물들의 의식 여부를 조사하는 것은 캄브리아기 동물의 의식 여부를 밝히는 데 주요 참고가 될 것이다. 의식은 의외로 우리가 생각한 것보다 역사가 더 오래되고 더욱 광범한 동물에 걸쳐 존재하거나 존재했을지도 모른다.

화석이 비교적 많이 남아 있고 그동안 많은 조사가 이루어진 캄브리아기 절지동물 중 삼엽충trilobite이 있다. 삼엽충은 화석으로 발견되는 동물 중 최초로 눈을 가지고 있던 동물들 가운데 하나다. 최초의 눈이라고 하니 매우 원시적이었을 거라고 생각하기 쉽지만 그렇지 않다. 약 5억 년 전 캄브리아기 3기에 살았던 삼엽충Schmidtiellus reetae Bergström의 화석과 약 4억 년 전 초기 데본기에 살았던 길이가 8cm 정도인 삼엽충Paralejurus dormitzeri의 눈그림 6-14은 지금 봐도 놀랄 정도로 '최첨단'을 자랑한다. 눈은 머리 중간쯤에 좌우로 한 쌍 달려 있었는데, 현생 꿀벌의 눈처럼 수많은 렌즈가 모여 하나의 눈을 이룬 겹눈이었다. 뒤이은 아마도 포식자였던 삼엽충들도 이 기본적인 눈에서 진화 발전된 눈을 갖고 있었을 것이다. 또 어떤 삼엽충은 시야각이

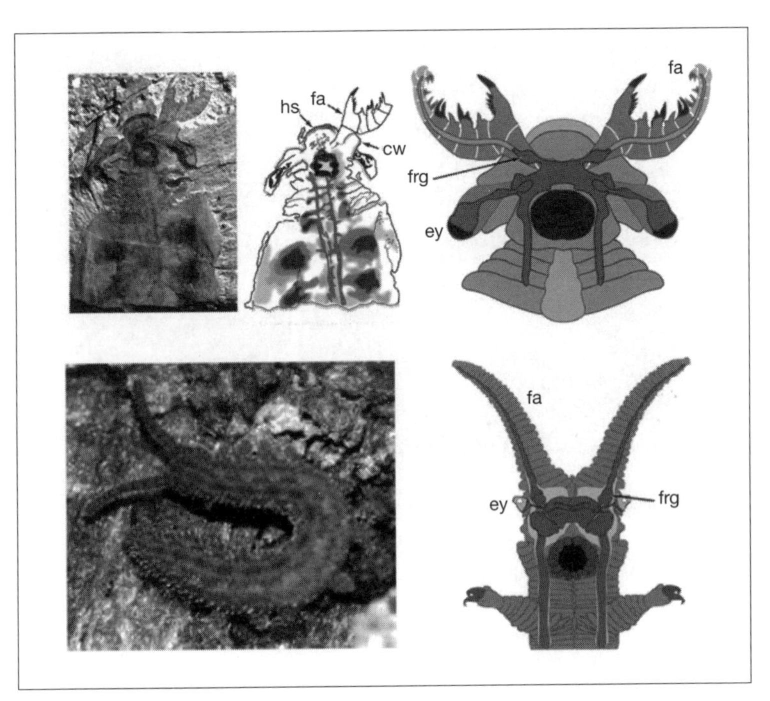

그림 6-13 캄브리아기 절지동물인 *Lyrarapax unguispinus*(위)와 현생 유조동물(onychophora)의 일종인 *Euperipatoides rowelli*(가운데)의 뇌 비교.*

180°나 되어 자신의 꼬리까지 볼 수 있었고, 햇빛에 의한 눈부심을 방지하는 차단막까지 갖추고 있었다.

이와 같이 최근 발견되고 연구된 캄브리아기 화석을 남긴 초기 포식자 지위에 있던 절지동물들은 이런 눈과 더듬이 덕분에 일찍 감각 의식을 갖추게 되어 초기 지구의 바다에서 다른 동물들보다 잘 적응하고 다른 포식자와 더불어 먹이와 먹고 피하는 생존경쟁에서 유리한 고지를 점령했다. 그 결과 먹잇감이 된 동물들의 생존에 유리한 진화도 촉진해 캄브리아기 종의 대폭발을 유도한 것 같다.

* Cong et al., 2014.

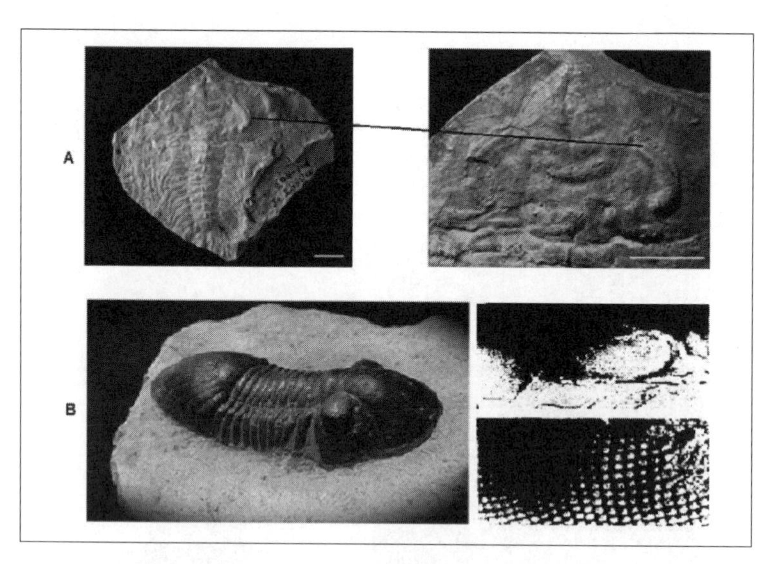

그림 6-14 제3캄브리아기(약 5억 년 전) 초기삼엽충(Schmidtiellus reetae Bergström)(A)과 약 4억 년 전 데본기 초기 삼엽충(Paralejurus dormitzeri)(B)의 화석과 눈. A(왼쪽) 화석진본, A(오른쪽) 눈 부분 확대. 가로 흰 선은 1cm. B(왼쪽) 화석진본, B(오른쪽) 눈 부분 확대(위는 낮은 배율, 아래는 높은 배율)*

앞의 논문들의 저자들은 캄브리아기 당시 절지동물들은 복잡하면서 이미지를 형성하는 눈과 현존하는 절지동물의 뇌와 같은 영역을 가지고 있었고, 작거나 단순하지 않으며, 이미 모든 특성을 갖춘 듯하고 현존하는 절지동물들이 의식이 있다면 그들도 의식이 있었을 것이라고 주장했다. 물론 고통을 동반하는 정서의식보다는 영상을 만드는 현상의식일 가능성이 많다. 그것은 현존하는 곤충들도 고통의식에 대한 증거를 찾지 못했으므로 그 당시 동물들이 고통을 의식하는 유정의 동물이었다고 결론 내리기가 힘들기 때문이다.

눈과 함께 캄브리아기 절지동물에서 많이 보이는 구조는 더듬이다. 대부분 눈과 더듬이를 동시에 가지고 있으나 더듬이가 없고 눈만

* A: Bergstrom, 1973. B: Schoenemann et al., 2017.

있는 동물도 있으며, 눈은 없고 더듬이만 있는 동물도 있다. 더듬이도 의식에 대한 역할이 있었을까? 현존하는 곤충 등 절지동물의 더듬이는 종류에 따라 그 형태에서 매우 다양한 변화를 보인다. 형태만이 아니라 기능면에서도 매우 다양하게 분화해 그 동물의 필요에 따라 특화된 기능을 가지게 되어 촉각뿐 아니라 후각, 청각, 미각의 기능도 수행할 수 있는 복합감각기관으로 작용한다.

그런데 캄브리아기 당시 절지동물의 더듬이도 현존하는 절지동물의 더듬이와 크게 차이가 없었다면 절지동물 의식에 어느 정도 기여했으리라고 추정할 수 있다. 그러나 정확히 어떤 기능이 있었는지는 화석에 있는 뇌의 잔재만 가지고는 알 길이 없다. 아마도 촉각과 후각의 기능을 갖고 있었을 가능성이 높다. 이러한 이야기는 시각의식이 먼저 진화했는지 후각이나 촉각의식이 먼저 진화했는지에 대한 논란의 여지를 남긴다. 더듬이가 없고 눈만 있는 절지동물이 먼저 출현했는지 눈이 없고 더듬이만 있는 절지동물이 먼저 출현했는지 현재로서는 알 길이 없다. 전자라면 시각의식이 먼저 진화했을 테고 후자라면 후각이나 촉각의식이 먼저 진화했을 것이다.

그러나 절지동물들은 성체가 된 후 다른 포식자들로부터 자신을 보호해주는 단단한 외피를 벗고 새로운 외피가 굳을 때까지 일시적으로 연약한 외투로 살아가지 않으면 안 되는 탈피 시기를 가지는 약점이 있다. 이것은 생존에 치명적인 약점으로 덩치가 클수록 눈에 띄기 쉬워 포식자에게 들킬 위험이 커질 수밖에 없다. 이것은 덩치가 큰 절지동물이 적자생존의 자연법칙에 따라 도태되는 결과를 초래했다. 따라서 절지동물의 몸체 크기는 진화상 큰 제약을 받아 더 이상 커지지 못했고 마찬가지로 뇌의 크기도 커질 수 없었다. 이것은 절지동물이 고등의식을 지닌 동물로 진화하지 못한 결정적 원인이었다.

그 결과 성체 크기가 거의 1m나 되던 아노말로카리스Anomalocaris 그림 6-15를 비롯해 캄브리아기 최강 포식자였던 대형 절지동물들은 멸종되고 현존하는 절지동물들은 척추동물들과는 몸체 크기나 뇌 크기에서 비교할 수 없을 정도로 왜소해 대부분 척추동물의 먹잇감이 되어버렸다. 그들은 척추동물보다 먼저 의식을 진화시켰지만 시간이 지남에 따라 몸도 뇌도 소형화되면서 반대로 몸도 뇌도 점점 대형화된 척추동물에 지구상에서의 주도권을 빼앗기게 되어 척추동물에 뇌와 의식 연구의 주인공 자리를 빼앗기게 된 것이다.

학자에 따라 포유동물의 출현을 의식의 기원이라고 주장하기도 하고 양막류*의 출현을 의식의 기원이라고 주장하기도 한다. 또 다른 학자들은 진정한 의식은 언어를 사용할 줄 아는 인간의 출현을 의식의 기원이라고 주장하기도 한다. 이렇게 학자들 사이에 의식의 기원에 대한 주장이 매우 차이가 나는 이유는 그들의 의식에 대한 정의가 제각각이기 때문이다. 이 책에서는 그것이 아무리 희미하더라도 이미지와 느낌을 만드는 감각은 의식이라고 간주한다. 그것이 시각 이미지든 청각 이미지든 후각 이미지든 촉각 이미지든 또는 질식 느낌이든 배고픔 느낌이든 찌릿함 느낌이든 고통 느낌이든 상관없이 모두 의식으로 간주한다. 다마지오 같은 학자들은 이미지가 꼭 의식을 의미하지는 않으며 몸에서 발생한 느낌을 기반으로 하는 자아의 생성이 있어야만 의식이 가능하다고 주장한다.

그 이론이 맞는다면 캄브리아기 절지동물들이 의식이 있었는지 없었는지 현재 과학 수준으로는 알 길이 없다. 물론 현존하는 동물들 중 어느 수준 이상의 동물들이 의식이 있는지도 알 수 없다. 그것은

---

* 발생 초기 단계에서 배아가 양막을 지닌 네발동물의 총칭이다. 아가미 없이 폐로 호흡하기 때문에 무새류라고도 한다. 파충류, 조류, 포유류 등이 이에 속한다.

그림 6-15 아노말로카리스(Anomalocaris)의 화석과 실물의 상상도

현존하는 동물들 중 눈이나 귀 같은 감각기관을 가졌더라도 어느 수준 이하의 동물들은 이미지를 형성하나 유전자에 프로그램된 대로 행동하는 의식이 없는 좀비동물이고 고등한 로봇과 크게 다르지 않을 수 있다는 것을 의미한다.

이러한 주장에 따르면 우리와 의사소통이 되지 않는 동물의 의식에 대한 연구는 매우 어려워진다. 따라서 이러한 주장에 찬성하기는 어렵다. 동물에서 의식의 발생은 점진적이며 뇌의 진화와 함께 다양한 성분으로 이루어진 스펙트럼을 형성하게 되었으며 신경절이 제대로 형성되지 못한 해면동물이나 강장동물 같은 아주 원시적인 동물들을 제외하면 어느 정도 뚜렷한 신경절을 형성해 앞뒤, 위아래가 분명하고 앞부분의 신경절*이 전체를 통합하는 기능을 가지고 좌우가 대칭인 초기 좌우대칭동물bilateria들에서 이미 아주 희미하고 미세한 의식이나마 나타나기 시작했다. 또 감각기관이 제대로 형성되고 그에 비례해 뇌도 커지고 복잡해짐에 따라 의식도 점점 뚜렷해지고 복잡해졌다. 그리고 현재는 아주 선명하고 엄청나게 복잡한 인간의 의식에서 그 정점을 이룬다고 생각하는 것이 합리적이라고 본다. 그

* 가장 원시적인 뇌라고 할 수 있는 머리신경절.

것은 이미지 형성 이전에 원시적인 느낌이 신경절 간의 전기적 공명에 따라 발현하며 그러한 느낌은 아무리 희미할지라도 의식이라 할 수 있다고 생각되기 때문이다.

필자는 느낌이 자아의 기초가 되고 자아가 있어야 의식이 가능하다는 다마지오의 주장에서 말하는 자아개념에 대해 다마지오가 어떤 수준의 자아를 의미하는지 잘 이해되지 않는다. 자아개념은 상당히 고등한 동물이 아니면 불가능하다고 생각된다. 아마도 다마지오의 자아개념은 감각적 느낌의 근원이 자기 몸이라는 것을 본능적으로 지각하는 것을 의미하는 것 같다. 그러한 지각도 상당히 고등한 동물이 아니면 어려우리라고 본다. 따라서 느낌은 자아개념 훨씬 이전에 진화했으며 신경절 간 활동전위에 따른 정보교환과 공명이 가능한 모든 동물에서 발생한다고 생각된다.

그러나 좌우대칭동물이라 할지라도 감각수용기가 제대로 형성되지 못하고 뇌라고 하기에는 너무 빈약한 머리신경절을 가진 결과 비록 느낌의식을 가지더라도 그것이 너무 희미해서 어떠한 감각에 대한 이미지도 형성하지 못하고 조금이라도 자유의지를 가지고 행동한다고 할 수 없는 동물이 의식을 가졌다고 정의하기는 어렵다. 제대로 된 의식은 어느 정도 내외부 환경의 자극을 감각수용기를 통해 감지* 하고 희미하나마 이미지를 형성하며 그에 따라 대응할 수 있는 정도로 뇌의 복잡성을 갖춘 동물에게만 가능하다고 보아 의식의 논의도 그러한 동물 이상에게만 집중될 수밖에 없다. 그러나 주 논의 대상이 아니라고 해서 의식이 전혀 없다고 단정하는 것은 아니다. 의식이 있다고 하더라도 너무 약해서 과학적 연구에서 감지될 가능성이 거의 없어 보이기 때문에 주 논의 대상이 될 수 없다는 것이다.

---

* 이때 물론 느낌을 동반한다.

어떤 의식이 가장 먼저 출현했느냐에 관해 학자들 간에 서로 다른 주장이 있다. 면역학 이론으로 노벨상을 수상하고 말년에 의식의 문제에 심혈을 기울인 에델만이나 파인베르크, 말라트는 외수용기적 의식, 즉 유기체 외피와 거리를 격하고 있는 것을 탐지하는 감각수용기distance receptor에 의존하는 의식, 예를 들면 눈에 의한 시각, 귀에 의한 청각, 코에 의한 후각 등이 먼저 발생했다고 주장한다. 그러나 덴턴이나 판크세프는 뇌의 오래된 부분, 즉 변연계, 뇌간, 중뇌, 고피질의 작용에 의한 생리적 욕구나 고통, 불안, 공포와 같은 원시정서의식이 먼저 발생했다고 주장한다. 외적 감각수용기에 의한 의식 중 시각이 먼저냐 후각이 먼저냐에 대한 논쟁도 있었다. 이들에 대해서는 다음 절에서 좀더 깊이 다루겠다.

4) 척추동물의 출현과 의식의 발전적 진화

캄브리아기 당시 가장 먼저 의식을 진화시켰으리라고 추정되는 절지동물은 모두 멸종되고 비슷하게 생긴 현생동물도 거의 없으며 화석에서는 눈과 더듬이 이외에 귀나 코 같은 감각 관련 기관의 흔적이 분명하지 않아 어떤 감각이 먼저 진화했는지 추적하는 데는 도움이 되지 않는다. 따라서 어떤 의식이 먼저 진화했느냐에 관한 심도 있는 연구는 캄브리아기에 출현해 현존하는 동물들이나 그 이래로 의식을 위해 절대 필요한 뇌의 기본구조가 크게 변화되지 않은 척추동물에 의존하지 않을 수 없다. 척추동물은 최초 의식을 갖게 된 후 다양한 종의 분화와 더불어 발전적 진화를 하면서 몸체에 대한 뇌의 상대적 크기가 급격히 커지고 신경계 구조가 확대되었으며 연결이 복잡해지게 되었다.

척추동물은 최초의 출현 초기부터 의식이 존재한 것이 확실한 유일한 동물로 추정된다. 또 가장 높은 의식수준을 갖도록 진화된 인간도 척추동물이다. 그러다 보니 의식을 논할 때 항상 척추동물이 주인공 노릇을 하게 되었다. 물론 척추동물과 무척추동물의 여러 가지 의식의 진화순서는 다를 수 있다는 것은 유념해야 한다. 우선 척추동물과는 뇌 구조와 진화과정이 완전히 궤를 달리하는 절지동물과 연체동물은 다음에 살펴보고 인간을 비롯해 가장 의식이 발달한 동물을 많이 포함하는 척추동물의 외수용기적 의식의 진화를 먼저 살펴보고 내수용기적 의식과 정서의식을 살펴본다.

척추동물의 계통발생에 대한 아주 흥미 있는 주장이 세다스시나이 의료센터와 UCLA 의학부*의 사나트와 네츠키Sarnat and Netsky에 의해 제기되었다. 그들은 인간을 포함한 척추동물의 먼 조상은 아마도 편형동물인 플라나리아가 아닐까 추정한다Sarnat and Netsky, 1985. 그들의 연구결과에 따르면 플라나리아의 신경계가 척추동물의 신경계와 많은 점에서 유사하다. 플라나리아는 아주 원시적인 동물임에도 뇌중량/체중량 비율이 쥐와 거의 같은 수준이고 머리 부분에 단순한 광수용기가 아닌 안점을 한 쌍 갖고 있다. 다른 대부분 무척추동물의 뉴런이 단극인 데 반해 플라나리아는 다극으로 되어 있으며 척추동물에서도 드문 가시돌기가 있는 복잡한 가지를 가진 수상돌기가 있다.

또 다른 무척추동물이 대부분 두 개 이상의 축색을 가지고 있는 데 비해 플라나리아는 단 하나의 축색을 가지고 있으며 거의 대부분 무척추동물이 전기적 시냅스와 화학적 시냅스가 반반인 데 비해 플라나리아는 시냅스가 대부분 화학적 시냅스로 이루어져 있다. 게다가

* Cedars-Sinai Medical Center and UCLA School of Medicine.

다른 무척추동물이 50-500헤르츠의 자연발생적인 전기적 활동을 보이는 데 비해 플라나리아는 척추동물과 유사한 3-50헤르츠의 자연발생적인 전기적 활동을 보이는 등 고도로 진화된 무척추동물보다 더 척추동물에 가까운 신경계를 이루고 있다. 이들의 주장은 상당한 사실에 근거하므로 무시할 수 없어 보인다. 그러나 이들의 주장이 사실이라 하더라도 편형동물과 척추동물이 속한 척색동물과의 연결고리에 대한 어떤 연구도 없으므로 이들의 주장은 앞으로 좀더 많은 연구가 필요할 것 같다.

척추동물 직전 조상들도 척추동물과 공통 조상을 가진 현생 활유어나 캄브리아기 척추동물 조상으로 보이는 좌우대칭동물의 화석을 근거로 추정해볼 때 빛에 민감한 세포들, 즉 광수용기를 가지고 있었음이 틀림없다. 그들은 아마 눈으로 진화 전 단계인 안점을 통해 광원의 방향을 탐지하고 움직이는 대상을 추적하고 헤엄치고 돌아다니며 물체에 부딪히지 않을 만큼 희미한 시각 이미지를 형성할 수 있었을 것이다. 그러나 뚜렷한 시각 이미지를 형성하기 위해서 꼭 필요한 망막과 렌즈는 없었다.

여러 접촉자극을 탐지하는 기계적 감각수용기mechanoreceptors는 현생 활유어가 그런 수용기를 다양하게 구비한 것으로 미루어 갖추었을 것이다. 고통을 느꼈는지는 알 수 없지만 거의 모든 좌우대칭동물처럼 유해자극을 감지하는 유해자극수용기nociceptors는 물론 갖추었을 것이다. 아마도 물속에 녹아 있는 맛과 냄새를 풍기는 분자를 탐지하는 화학수용기chemoreceptors도 갖추었을지 모른다. 그러나 과학자들이 척추동물의 조상에 가까운 현생 창고기 같은 활유어나 멍게 같은 피낭류에서 아직 화학수용기를 발견하지 못했다. 그런데 척추동물에서 발견되는 화학수용기의 유전자가 이들에게서도 발견되는 것으로 보아 화학수용기는 이들뿐만 아니라 좌우대칭동물의 원시적 특징이었을 가능성이 크다. 보이지 않는 포식자의 냄새나 독극물 냄새를 감지하는 것은 생존에 필수적이었기 때문이다.

그러나 이러한 감각기관을 갖춘 활유어도 이 감각기관에 의한 정보가 유전자에 프로그램된 반사행동으로 처리되든가, 비록 의식이 있다 하더라도 그 정도가 너무 희미해서 이미지를 형성할 수 있는 의식다운 의식은 갖지 못한 것 같다. 그러나 그들이 마주치는 환경에서 잘 적응하는 것으로 보아 유해자극수용기나 화학수용기에 의한 미세한 통각이나 전율 등 원시적인 정서의식을 소유했을 가능성은 여전히 배제할 수 없다. 절지동물이 아닌 동물에서 제대로 된 의식이 출현하는 것은 활유어보다 더 진보된 척추동물의 진화를 기다려야 했다.

척추동물은 계통수에서 볼 때 척색동물에서 가장 늦게 진화한 동물이다그림 6-16. 척추동물이 출현하기 전 초기에 진화해서 지금도 살아 있는 척색동물은 앞에서 언급한 멍게피낭류와 활유어창고기 두 종류가 있다. 척추동물의 척추 대신 척추의 전 단계라고 할 수 있는 척색notochord을 일생 중* 어느 시점에서는 가지게 되어 척추동물에 들지 못하는 이들 척색동물은 외관상으로는 척추동물과 매우 유사하다.

이들은 아마도 의식이라고 하기에는 미흡하지만 아주 낮은 수준의 촉감도 감지하고 주위의 화학물질을 감지할 능력도 있을 것이다. 그러나 의식의 발현에 가장 중요한 이들보다 정교한 이미지를 형성하는 눈, 후각을 탐지하는 코, 소리를 들을 수 있는 귀 등이 없고 의식의 발현에 가장 중요한 종뇌**도 없다. 그러나 활유어와 멍게유충은 눈의 전 단계인 안점을 가지고 있어 비록 제대로 된 시각 이미지를 만들

---

* 멍게는 유충기에.

** 종뇌(Telencephalon): 전뇌(Forebrain)의 전반부.

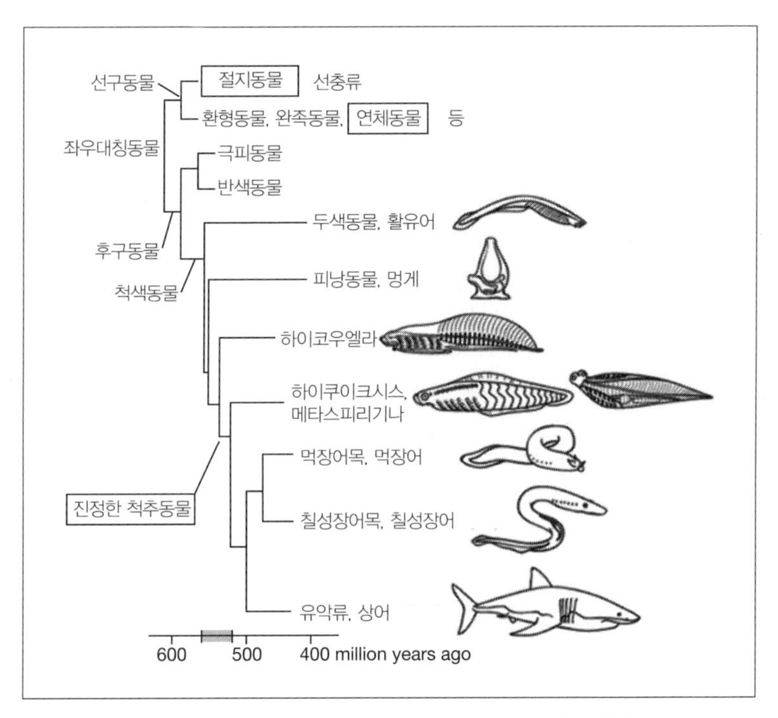

그림 6-16 척추동물과 비척추동물인 두색동물과 피낭동물을 포함하는 척색동물 사이의 관계를 보여주는 계통수. 화석만 존재하는 소멸된 척색동물인 하이코우엘라, 하이쿠이크시스, 메타스프리기나를 제외하고는 모두 현존하는 동물들이다. 사각형 안에 동물들은 의식의 존재가 확인된 동물이다.*

수는 없지만 극히 미세한 시각의식으로 대상을 감지할 수 있어 물속에서 장애물을 반사적으로 피하면서 헤엄치고 돌아다닐 수 있는 것 같다.

최초의 척추동물의 뇌가 어떠했는지는 최초의 척추동물이 무엇인지 알 수 없으므로 가장 오래된 척추동물의 화석으로 추정해볼 수밖에 없다. 현재 가장 오래된 원시척추동물의 화석은 중국 윈난성云南省

* Feinberg and Mallatt, 2016.

췐지안澄江 이판암泥板巖, shale*에서 발견된 약 5억 2,000만-3,000만 년 전 하이코우엘라Haikouella의 화석이다. 이것은 점처럼 생긴 눈과 콧구멍 비슷한 것은 붙어 있으나 두개골과 귀가 없다. 척추동물과 동시에 진화해서 척추동물 배아에만 있는 신경능선**과 신경 기원판***은 척추동물의 두개골과 시각, 청각, 후각, 촉각, 체감각 등을 위한 신경을 발생시킨다. 하이코우엘라는 아직 신경능선과 신경기원판이 진화하지 못한 척추동물의 조상으로 볼 수 있다.

하이코우엘라의 예는 시각이 가장 먼저 진화했다는 이론을 뒷받침하는 사례다. 그러나 어떤 고생물학자들은 하이코우엘라의 눈은 화석 형성과정에서 생긴 것으로 눈이라고 볼 수 없다고 주장한다그림 6-17 위. 이것이 사실이라면 같은 췐지안 이판암에서 발견된 수백만 년 후의 화석인 하이쿠이크시스Haikouichthys 그림 6-17 아래 왼쪽와 캐나다에서 발견된 메타스프리기나Metaspriggina 그림 6-17 아래 오른쪽를 화석상 첫 척추동물로 볼 수 있다. 이들은 두개골이 있는 유두동물이나 턱이 없는 무악동물이다. 이들은 0.6mm의 명백한 눈과 코, 귀를 모두 가지고 있어서 무악 척추동물로 분류하는 데 학자들 사이에 이견이 없다. 그러나 이들의 화석에 의한 자료는 눈, 입, 아가미 같은 기관의 흔적이고 의식을 위해 중요한 신경계와 뇌는 화석표본으로 조사하는 것이 불가능하다. 따라서 초기 척추동물의 의식을 유추하려면 이들과 유사하고 진화한 지 오래된 현존 척추동물들을 참고할 수밖

* 점토(粘土)가 굳어져 이루어진 수성암.

** 신경능선(neural crest): 배 발생 시 외배엽에서 기원하며 신경관이 형성된 후 분리되어 신경관 위에 신경관을 따라 형성되어 나중에 여러 가지 신경으로 분화해 광범위하게 이동하는 전구세포 덩어리.

*** 신경 기원판(neurogenic placodes): 후에 뉴런과 감각신경계의 여러 구조를 발생시키는 배 발생 시 두부외배엽 상피세포의 두꺼운 부분.

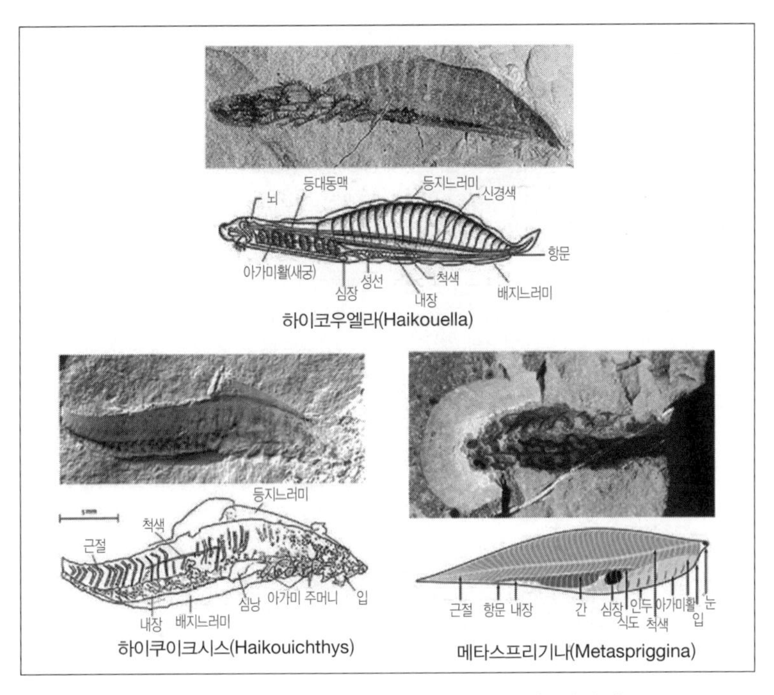

그림 6-17 척추동물로 추정되는 동물의 가장 오래된 화석들과 해부학적 세부구조

에 없다.

이들 다음으로 진화해서 현존하는 두 척추동물은 턱이 없는 먹장어hagfish와 칠성장어lamprey인데 이들의 신경계는 원시적이긴 하나 전형적인 척추동물 신경구조를 가지고 있다. 다만 일반적인 척추동물의 척색은 대부분 연골이나 경골로 이루어진 척추로 바뀌지만 이들의 척색은 평생 그대로 남아 있다.

최초의 활유어amphioxus와 최초의 척추동물의 뇌 화석이 존재하지 않으므로 현존하는 활유어창고기, 그림 6-18와 무악류칠성장어를 비교해 보면 척추동물의 출현으로 뇌가 어떻게 혁신되었는지 추정할 수 있다. 척추동물 이전에는 전뇌forebrain에 종뇌telencephalon는 없고 간뇌diencephalon만 있었으나 척추동물의 출현으로 드디어 종뇌가 처음으

그림 6-18 활유어의 일종인 창고기와 활유어의 해부학적 세부구조. 외관으로는 척추동물인 어류와 구분하기 어렵다.

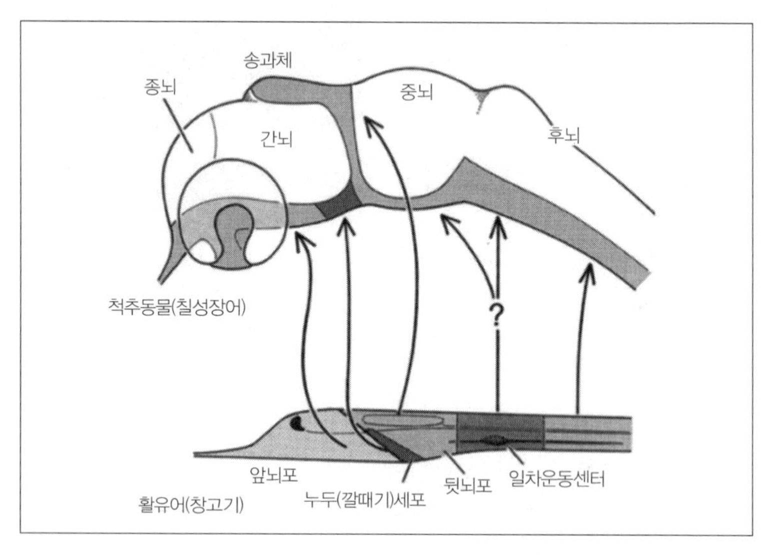

그림 6-19 칠성장어(진정한 첫 척추동물 대신으로)와 활유어(오래된 척추전동물 대신으로)의 뇌 비교. 화살표는 두 뇌의 상동영역을 의미한다. 활유어에 있는 모든 것은 척추동물에 상동이 있고 척추동물 뇌에는 새로운 큰 영역들이 추가되어 있다.*

로 생겼다는 것을 알 수 있다. 의식적인 면에서 활유어와 칠성장어의 큰 차이는 칠성장어는 정신 이미지를 만드는 원거리 감각시각, 청각, 후각 등을 가지고 있다는 것이고 활유어는 그것이 없다는 것이다. 그

* Lacalli, 2008.

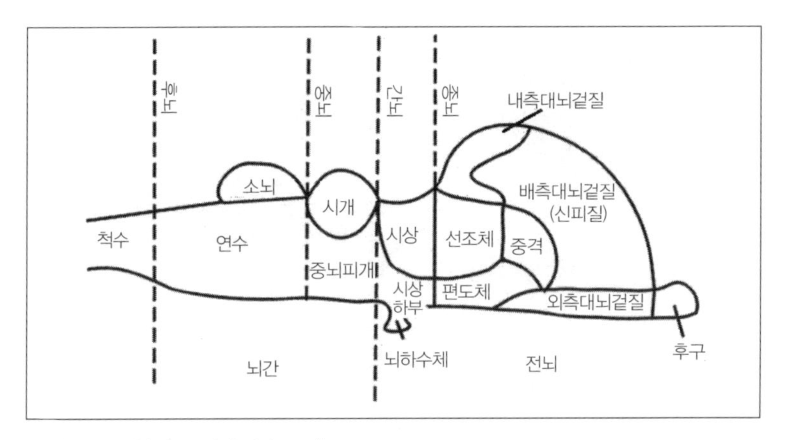

그림 6-20 척추동물 뇌의 기본구조*

러한 차이는 〈그림 6-19〉에서 볼 수 있는 두 동물의 현격한 뇌 구조 차이에서 근거한다. 특히 칠성장어는 활유어에 없는 종뇌와 시개 및 청각, 균형감, 측선감 등을 위한 감각수용센터를 구비하고 있다그림 6-19.

가장 원시적 척추동물인 칠성장어의 뇌나 인간의 뇌나 모든 척추동물은 〈그림 6-20〉과 같은 기본적인 구성을 하고 있다. 즉 제일 앞에 후구olfactory bulb와 종뇌·간뇌로 이루어진 전뇌, 그다음에 중뇌피개midbrain tectum 혹은 시개optic tectum로 이루어진 중뇌midbrain, 그다음에 소뇌cerebellum·교pons·연수medulla oblongata로 이루어진 후뇌hindbrain, 마지막에 후뇌에 이어 척수spinal cord로 이루어진 기본 틀을 갖추고 있다.

그러나 구성은 같아도 그 구조와 주된 기능은 아주 다르다. 종뇌는 인간에게는 다른 연합영역에서 들어오는 정보를 조정하고 행동을 조절하고 기억력, 사고력, 문제해결 등의 고등행동을 관장하나 어류와

* Butler & Hodos, 1996.

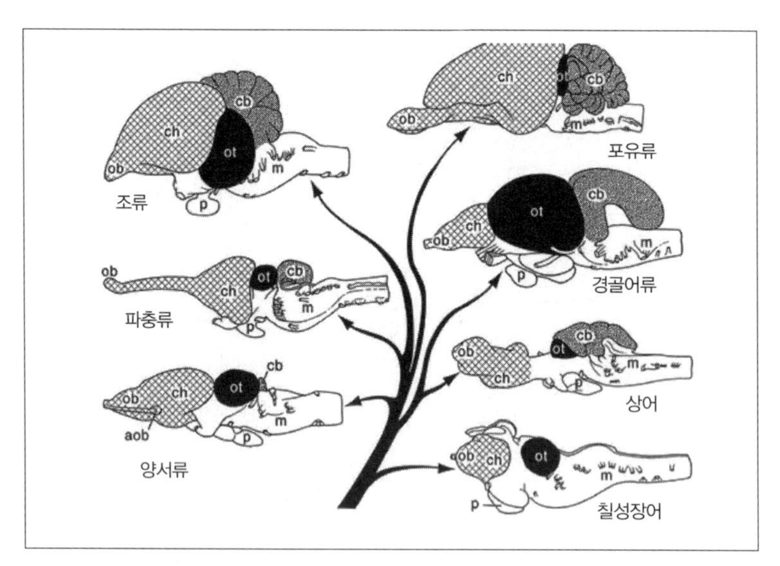

그림 6-21 현존하는 척추동물종의 측면도(뇌는 같은 척도가 아님). 전반적으로 뇌 크기와 뇌 영역에서 엄청난 차이가 있음에도 대부분 척추동물은 같은 수의 구역으로 나뉠 수 있는 뇌를 소유한다. cb: 소뇌, aob: 부후각망울, m: 연수, ob: 후각망울, ch: 대뇌반구, ot: 시개, p: 뇌하수체*

칠성장어에서는 냄새자극만 분석한다. 〈그림 6-21〉은 가장 원시적 척추동물인 칠성장어부터 고급어류, 양서류, 파충류, 조류, 포유류까지 동물이 점점 지능이 높은 쪽으로 진화하면서 뇌도 어떻게 진화해 왔는지 보여준다. 고등동물로 진화할수록 소뇌와 대뇌가 커지고 시개**는 조류를 제외하고는 상대적으로 작아지는 것을 볼 수 있다.

척추동물의 뇌가 어떻게 진화해왔느냐에 대해 고전적인 이론Scala Naturae theory은 선형적이고 점진적으로 사다리를 오르는 식으로 차원

* Northcutt, 2002; Braun and Northcutt, 1999.

** 시개(optic tectum): 척추동물 중뇌의 중요 부분으로 어류, 파충류, 조류 등 척추동물의 뇌에서 시각처리를 담당하는 부위로 최근에는 조류, 포유류 이전 원시 척추동물의 다른 감각의식의 발현에도 관여하는 것으로 밝혀졌다. 중뇌피개라고 불리기도 한다.

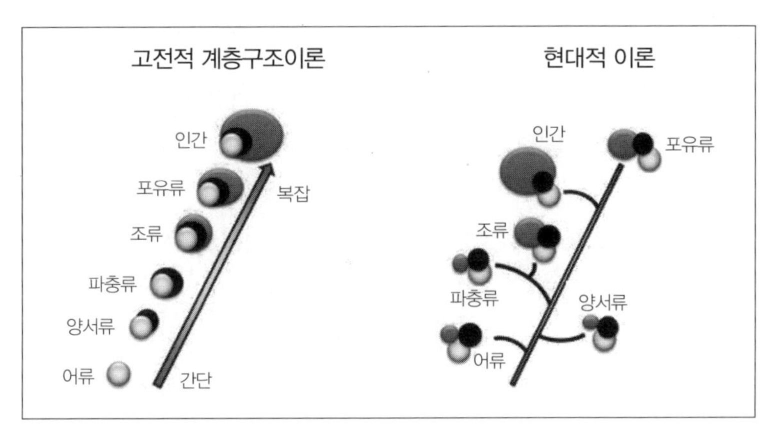

그림 6-22 척추동물 뇌 진화의 고전적 이론과 현대적 이론

이 낮은 간단한 종에서 차원이 높은 복잡한 종으로 진화해왔다고 생각했다. 말하자면 가장 낮은 자리에 어류와 양서류, 그다음에 파충류와 조류, 그다음에 포유류, 제일 높은 자리에 인간이 위치하는 식으로 해서 뇌가 조금씩 새로운 것이 덧붙여져 커졌다는 논리였다. 뇌 진화에 관해서는 사다리를 오름에 따른 복잡성의 증가는 완전히 새로운 구조가 나타나 오래된 구조에 덧붙여진 결과라고 생각했다. 현대이론에서 진화는 나뭇가지가 뻗어나가는 식으로 새로운 종이 오래된 조상 형태로부터 진화했다고 생각한다.

뇌 진화에 관해서는 복잡성은 조상 형태에서 이미 존재하는 신경구조를 개선하면서 도래했다고 생각한다그림 6-22. 그 한 예는 공중에 떠서 지상이나 식물에 있는 작은 먹이를 찾아야 하는 조류는 시각이 생존에 절대적으로 중요하므로 청각이나 후각 등 다른 감각도 많이 사용하는 포유류에 비해 시각과 관계된 시개가 상대적으로 매우 커진 것처럼 그 동물의 생태계에서 생존을 위하여 중요한 기능에 관계된 뇌 부위의 부피가 커지는 것이다. 그러나 고등동물로 진화하며 완전히 새로운 뇌 영역이 생기는 경우는 드물다. 대부분 기존 영역이 더 세분화·정교화되고 새로운 기능이 추가되었을 뿐이다.

척추동물의 출현은 의식의 역사에서 의식을 지닌 절지동물이 출현한 이후 두 번째의 획기적 사건이라고 할 수 있다. 그러면 왜 척추동물에서 선조들이나 먼저 진화된 친척뻘인 활유어나 피낭류에는 없는 획기적이며 생존에 절대 유리한 이미지를 형성하는 의식이 진화되었을까? 척추동물의 가장 가까운 친척이며 여러 감각기관을 갖춘 척추동물의 뇌와 가장 유사한 뇌를 가진 활유어가 제대로 된 의식을 갖지 못한 이유는 무엇일까? 이러한 의문을 해결하려면 현존하는 활유어창고기와 가장 원시적인 척추동물칠성장어의 뇌 구조를 비교해보는 것이 좋다. 지금까지 연구된 자료들에 따르면 두 종 사이에는 다음과 같은 차이가 있다.*

첫째, 활유어는 척추동물의 눈의 추상체나 간상체보다 간단한 광수용기는 있지만 칠성장어에 있으며 이미지를 만들 수 있는 정교한 눈은 없다.

둘째, 활유어는 칠성장어와 먹장어에 있고 경골어류와 양서류에서 크게 발달한 측선lateral line이 없다그림 6-23. 측선은 몸체 좌우 물의 와류를 감지해 장애물을 피하거나 동료들과 같이 행동하기 위한 일종의 유체학적 영상을 형성하는 수용기다.

셋째, 활유어는 척추동물의 두개골과 시각, 청각, 후각, 촉각, 체감각 등을 위한 신경을 발생시키는 신경능선neural crest과 신경기원판neural placode이 없다.

넷째, 활유어의 각 감각을 뇌신경망을 중심으로 전달하는 각 감각로의 세포단계가 1-2단계밖에 되지 않는데 이는 의식이 발생하기에는 너무 짧다. 칠성장어는 3-5단계로 되어 있다.

* Feinberg and Mallatt, 2016.

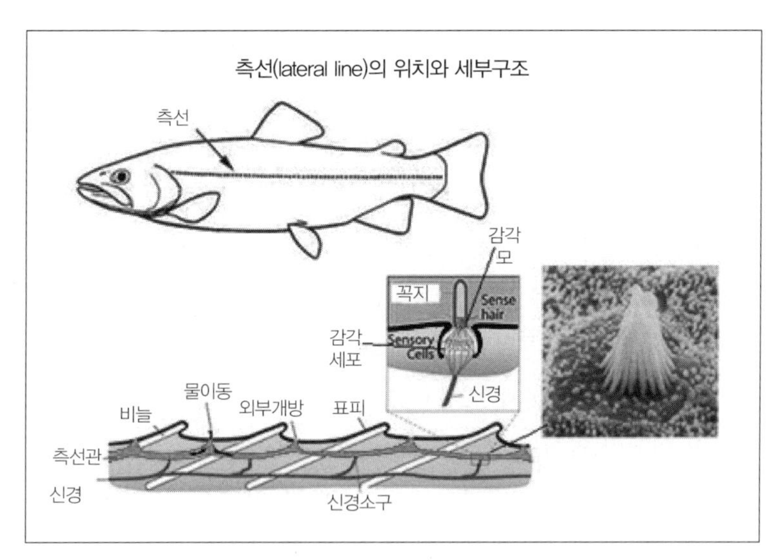

그림 6-23 어류의 측선. 측선은 어류가 물속에서 완만한 흐름과 진동을 감지할 수 있는 민감한 감각수용기다.

다섯째, 활유어의 감각로는 칠성장어와 달리 동일배치구조*를 이루지 못했다.

여섯째, 활유어의 전뇌는 칠성장어와 달리 각성에 필요한 신경전달물질인 노르에피네프린이나 아세틸콜린이 분비되지 않는다.

일곱째, 활유어는 칠성장어와 달리 분명한 시개가 없다.

여덟째, 활유어의 전뇌는 칠성장어와 달리 종뇌가 없다.

위에서 비교한 여러 기관은 척추동물에서 이미지를 형성하는 의식의 발현에 결정적 역할을 하는 것들이다. 중요한 것은 위에서 비교한 기관들이 대부분 칠성장어에는 있는데 활유어에는 없다는 사실이다. 이것은 칠성장어의 뇌가 활유어의 뇌보다 훨씬 더 복잡해서 칠성장어

* 동일배치구조(isomorphic topography organization): 동일지형적 구조라고도 할 수 있다. 어떤 계층을 이룬 감각신경회로에서 대상의 일부를 표상하는 뉴런들의 상대적 위치가 계층의 단계를 올라가도 변하지 않는 구조.

가 의식 발현에 중요한 요소를 더 많이 갖추었다는 것을 뜻한다.

현대의식과학자들은 대부분 활유어나 피낭류가 감각기관을 다소 갖추긴 했으나 아직 원시적인 외수용기적 의식도 진화시키지 못했다고 생각한다. 이들은 또 비록 그들에게 아주 작은 고통이나 전율 같은 원시적 정서의식이 있다고 할지라도 그들의 거의 모든 행동이 유전자에 프로그램된 대로 작동하는 완전히 반사적인 것이며 그들의 행동은 대부분 발생할 수 있는 모든 상황에 대처해 반응하도록 프로그램된 현대의 로봇과 크게 다르지 않다고 생각한다. 그것은 어느 수준의 의식이 없이는 시행착오를 전제조건으로 하는 후천적 학습에 의한 어떠한 행동도 불가능하기 때문이다. 반사적 처리가 아닌 의식적 처리가 나타나려면 복잡한 계층구조를 갖춘 더 크고 효율적인 뇌가 진화하지 않으면 안 되었다. 그러면 척추동물의 출현과 함께 짧은 시간에 폭발적으로 감각처리기관이 복잡하게 된 이유는 무엇이며, 그것은 어떤 과정을 거쳐 일어났을까?

캄브리아기의 대륙붕에서 덩치가 작은 척추동물 조상들은 덩치가 큰 절지동물과 공존했다. 그들은 포식자와 먹이의 관계로 서로 살아남기 위해서 더 높은 지능을 갖는 뇌를 경쟁적으로 진화시키지 않으면 안 되었다. 척추동물 조상들이 절지동물인 포식자들을 탐지하고 피하기 위해 이리저리 헤맬 때 원거리에 있는 포식자를 가능한 한 빨리 포착하기 위해 원거리 감각을 진화시켰을 것이다. 아마도 같은 이유로 포식자인 절지동물도 원거리 감각을 진화시켰을 것이다. 척추동물이 포식자들과 경쟁적으로 더 효율적인 뇌를 진화시키는 과정에서 어느 한 감각이 기선을 잡고 의식적인 수준까지 먼저 진화하고 다른 감각도 곧 따라서 진화한 것 같다. 그러면 어느 감각이 기선을 잡았을까?

런던자연사박물관 교수 파커는 자칭 조명스위치 가설에서 제대로 된 영상을 만드는 눈은 절지동물에서 먼저 진화해 그들을 첫 포식자로 만들었고, 이러한 진정한 눈의 출현이 바로 캄브리아기 대폭발을 초래했다고 주장했다. 그는 또 시각에 의한 포식행위는 단단한 몸체의 발달을 이끌었고 이것이 캄브리아기 화석이 갑자기 증가한 이유를 말해준다고 주장했다. 인디애나대학 인지과학교수 트레츠만 Michael Trestman, 1981~은 파커의 이론을 좀더 다듬어 이미지를 만드는 눈은 시야에 있는 별개 대상을 판별할 수 있는 공간 이미지를 만들어 그 대상의 위치, 거리, 움직임을 포착할 수 있었을 뿐만 아니라 어느 대상이 다른 대상 앞에 있는지도 판별할 수 있게 해주었으며 다시 이 공간적 시각은 먹이를 점찍고 추적하고 타격해 쉽게 입에 넣을 수 있도록 해주었다고 주장했다.

또 절지동물이 그러한 눈을 먼저 진화시켰지만 먹잇감이었던 척추동물 조상들의 시각도 다가오는 포식자를 피하기 위하여 바로 뒤따라 개선되었다고 했다. 그들은 시각이 가장 먼저 진화했는데 그 논리적 근거로 모든 감각 중에서 시각이 환경에 대한 가장 많은 정보를 제공하기 때문에 캄브리아기의 복잡한 포식활동과 방어활동을 가능하게 했다고 주장했다.

그러나 플로트닉을 포함한 어떤 학자들*은 시각보다 후각이 먼저 진화했다고 주장한다. 그들에 따르면, 밥콕Babcock, 2003이 삼엽충을 예로 들어 분명히 했듯이, 크고 적극적인 포식자의 도래는 먹잇감의 반동을 불러일으켜 먹잇감들은 포식자들에게 쉽게 잡아먹히지 않도록 몸을 단단하게 변화시키기도 하고 땅속으로 숨어 사는 방식을 채택하기도 하고 잠재적인 포식자들을 인식하고 대항하기 위해 감각과 신경계를 정교화하기도 했다. 제일 먼저 해저바닥에서 포식자들

* Roy E. Plotnick, Stephen Q. Dornbos, and Junyuan Chen.

이 나타났으며, 그들은 해저바닥의 침전물, 산호초, 진흙 등으로 인해 잘 보이지 않는 환경에서 시각보다는 후각혹은 촉각을 먼저 진화시켰다.

그 후 원양지역pelagic zone에서는 모악동물chaetognaths 같은 작은 포식자들이 나타났다. 그들은 주로 머리 앞부분에 가시 같은 더듬이를 가지고 있어 아마도 촉각*으로 주변 플랑크톤을 잡아먹는 포식행위를 해야 했으므로 촉각을 진화시켰다. 모악동물에 이어 대형 유영포식동물nektonic predators이 나타나면서 멀리서 헤엄치는 동물을 추적하기 위해 정교한 이미지를 형성할 수 있는 눈을 진화시켰다. 따라서 이미지를 형성할 수 있는 눈을 가진 최초의 동물, 즉 삼엽충 같은 절지동물은 캄브리아기 시작 후 2,000만 년이 지나서야 나타났다는 것이다. 그러나 이들의 주장은 화석적 증거의 지지를 얻지 못했다. 5억 4,000만 년 전에서 5억 2,000만 년 전까지 어떤 동물의 전체화석도 발견되지 않았고 비늘, 조개껍질, 몸의 작은 파편만 화석으로 남아 있어 이 기간에 어떤 눈이나 후각기관의 흔적을 발견할 수 없으며 심지어 그들이 존재했는지조차 알 수 없기 때문이다.

파인베르크와 말라트도 시각이 최초로 진화한 감각이라고 추론하는 이유를 빛이 다른 어떤 자극원보다 더 많은 정보를 제공하기 때문이라고 강조한다. 그들에 따르면 공간의 후각 이미지는 실제로 존재하고 물속의 후각원에서 뿜어져 나오는 냄새를 풍기는 분자의 농도 물매에 의해 척추동물의 뇌에 형성될 수 있다. 그러나 이들 후각 이미지는 대상의 분명한 경계에 대한 정보를 주지 못할 뿐만 아니라 시각 이미지가 제공하는 정확한 거리도 포착하게 해주지 못한다. 또한

* 사실 당시 더듬이의 최초 감각이 무엇이었는지는 아직 불명확하다. 현생 절지동물의 더듬이는 종에 따라서 촉각, 후각, 청각, 미각 등 다양한 감각수용기 역할을 한다.

시각 이미지는 공격해오는 포식자처럼 빠르게 움직이는 대상을 추적하는 데 최적이다.

시각은 진흙탕물에서는 당연히 제 기능을 발휘하지 못하나 진흙탕물은 보통 와류에 의해 초래되므로 그러한 경우에는 후각도 마찬가지로 제 기능을 발휘하지 못한다. 이러한 이론적 이유뿐만 아니라 물리적 증거 또한 시각우선 진화를 지지한다.

첫째, 유전자로 세포유형을 확인해보면 활유어 유충의 앞눈눈이라기보다 안점이 척추동물 눈과 망막에서 안료세포에 이르기까지 세부적으로도 상동이라는 것을 보여준다. 그러나 활유어는 청각이나 후각기관이 없다. 둘째, 세스탁Martin Sestak과 동료들은 시각과 연루된 일련의 유전자가 척색동물 계통수에서 후각, 청각, 촉각, 균형감 등과 연루된 유전자들보다 더 일찍 진화되었다는 것을 발견했다Sestak & Domazet-Loso, 2015. 셋째, 캄브리아기 화석에 나타난 척추동물 조상들은 냄새기관코보다 눈의 흔적을 더 많이 보여준다.

그러나 후각은 시각, 청각, 촉각에 없는 큰 장점이 하나 있는데, 자극원이 사라져도 냄새는 오래 남는다는 것이다. 따라서 포식자, 짝, 먹잇감, 다른 동물들의 몸속 노폐물이나 분비물똥, 오줌 냄새가 그들이 떠난 후에도 남아 있게 된다. 냄새는 이러한 독특한 시간차원을 가졌기 때문에 후각이 진화하자마자 자연선택은 바로 그것을 기억에 연결시켰다. 냄새를 풍기는 대상이 여기에 있었으며 아직도 근처에 있을지 모른다는 것을 알면 그것에 가까이 가야 할지 피해야 할지를 알 수 있다. 이러한 친밀한 관계는 옛 척추동물의 막 생겨난 종뇌에서 기억기관과 후각기관이 왜 그렇게 서로 가깝게 진화했는지를 설명해준다.

이러한 여러 배경을 감안해 추정해보면 원시부적 의식원초적 부적 정서이 먼저냐, 감각의식이 먼저냐에 대한 논의를 보류하고 감각의식에 대해서만 논한다면 캄브리아기의 포식자였던 절지동물이 최초로 다른 감각의식에 우선해서 시각의식을 진화시킨 후 먹잇감이면서 가장 고등동물이었던 척추동물도 따라서 시각의식을 진화시켰을 것이다. 척추동물 중에서는 최초로 선명한 이미지를 만들 수 있는 눈을 가진 척추동물이 척추동물 최초의 의식을 진화시켰을 것이다. 그러나 모든 동물이 화석을 남기지 않았으므로 그것이 어떤 동물이었는지는 알 길이 없다. 화석으로 남아 있는 동물들 중에서 안점만 있는 것으로 보이는 하이코우엘라는 선명한 이미지를 만들 수 없었을 것이므로 흐릿한 시각의식이 있었는지, 의식은 없고 반사적으로만 행동했는지 알 길이 없다. 화석상으로 볼 때 척추동물에서 제대로 된 시각의식은 제대로 된 눈을 가진 약 5억 2,000만 년 전 하이쿠이크시스와 메타스프리기나부터 출현했다고 할 수 있을지 모른다.

동물이 의식을 갖기 위해서는 신경구조가 얼마나 복잡해야 할까? 이를 이해하려면 우선 보편적인 신경세포의 기본구조와 작동원리를 알아야 한다. 더 구체적인 내용은 부록에 있지만 가장 기본적인 구조와 원리만 여기서 살펴본다. 동물의 신경세포는 종과 용도에 따라 모양이 매우 다양하지만그림 S-29 기본적인 구조와 작동원리는 같다그림 S-26. 보통세포와 마찬가지로 핵과 미토콘드리아 같은 세포 내 기관들을 보유했으나 세포 간 정보전달에 필요한 수상돌기와 축색이라는 복잡하고 특이한 돌기들을 추가로 구비했다.*

이러한 기본구조는 좌우대칭동물에서 신경절이 처음 진화한 이래 크게 변하지 않았다. 다만 정보전달 속도를 높이기 위한 수초는 약 4억 2,000만 년 전 데본기에 유악류**처럼 상당히 진화된 척추동물과 함께

---

* 축색이 없는 뉴런도 있으나 그러한 경우 수상돌기가 축색 역할을 대신한다.
** 유악류(Gnathostomata): 턱이 있는 척추동물(jawed vertebrates).

나타났다[Zalc et al., 2008]. 그러나 아직도 오징어 같은 동물의 신경세포는 수초가 없고 조류나 포유동물의 신경세포도 모두 수초가 있는 것은 아니다. 바로 이웃을 연결하는 짧은 축색이나 빠른 정보전달이 필요 없는 부위 간을 연결하는 축색에는 수초가 없다.

신경세포의 기본 기능은 전류를 통해 정보를 전달하고 자체적으로 정보를 처리하는 것이다. 정보의 내용이 복잡할수록 정보처리에 더 많은 단계의 신경세포가 필요하다. 부록에서 자세히 설명했듯이 신경세포들 사이의 정보전달은 시냅스라는 신경세포만의 독특한 구조에 의해 이루어진다. 이는 앞세포의 전류를 다음 세포에 전달하는 역할을 한다. 시냅스에는 전기적 시냅스와 화학적 시냅스가 있으며 화학적 시냅스는 다음 세포의 전류를 강[강화]하게 하느냐 약[억제]하게 하느냐 등에 따라 연결방법이 다양하다[그림 6-24].

시냅스의 가장 기본적인 접촉 형태는 축색의 끝부분과 수상돌기 간에 이루어지지만 경우에 따라 축색-축색, 축색-세포체, 수상돌기-수상돌기 사이에서도 이루어진다. 그러나 꿀벌의 시냅스는 축색-세포체 시냅스가 없다. 그것은 시냅스도 동물의 진화과정에서 뇌 크기나 구조에 따라 서로 다른 부위 간 조합을 이룰 수도 있다는 것을 의미한다. 보통 축색과 수상돌기 사이는 흥분성 연결이고 축색과 세포체 사이는 억제상 연결이다. 신경세포의 구조와 시냅스 연결이 이처럼 아주 복잡하지만 일반적으로 생각되는 뉴런과 시냅스의 이 연결 기능은 시냅스를 통과하여 세포체에 모인 전류의 총합*이 활동전위를 발생시키는 역치를 넘어서면 활동전위를 발생시켜 축색종말에 있는 시냅스까지 활동전위를 전파해 다음 뉴런에 영향을 미친다. 하지만 역치를 넘어서지 못하면 활동전위를 전혀 발생시키지 못

---

* 흥분성 전류는 합산되고 억제성 전류는 감해진다.

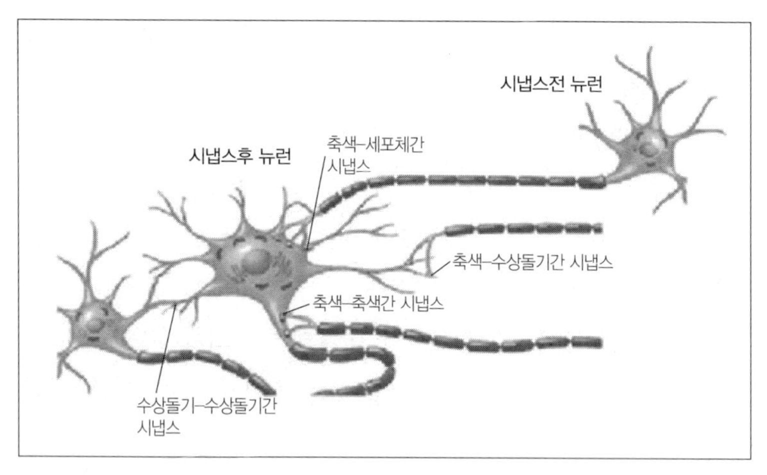

그림 6-24 시냅스 접속의 여러 가지 타입

해 다음 뉴런에 조금도 영향을 미치지 못하는, 전부 아니면 전무all or nothing식의 정보전달이다. 이는 디지털컴퓨터의 on(1) 아니면 off(0) 방식의 정보처리 기능과 동일하다.

이것은 신경과학에서 아직도 제대로 설명하지 못한 큰 문제를 제시한다. 뉴런의 역할이 이처럼 단순한 활동전위 전파에 불과하다면 개재뉴런의 수가 늘어나면서 신경세포 단계가 하나씩 증가함에 따라 처리되는 정보의 질도 왜 점점 높아지는가, 왜 맨 마지막에는 현상의식이라는 활동전위의 전달과는 전혀 다른 현상이 나타나는가 하는 것이다. 또 그렇게 많은 종류의 뉴런과 신경전달물질이 왜 필요하냐는 것이다. 이것은 그 메커니즘이 아직 제대로 밝혀지지 않은 개별 뉴런의 기능과 역할이 우리가 생각하는 것보다 훨씬 다양하며 개별 뉴런 수준에서 지금 밝혀진 것보다 더 많은 정보가 처리되는 것을 의미한다. 이러한 문제는 앞으로 신경과학이 풀어나가야 할 가장 큰 과제다. 인간의 시각회로와 기억회로에서 각 단계 개별 뉴런의 기능을 약간 연구했으나 아직 완전한 이해와는 거리가 너무 멀다. 의식문

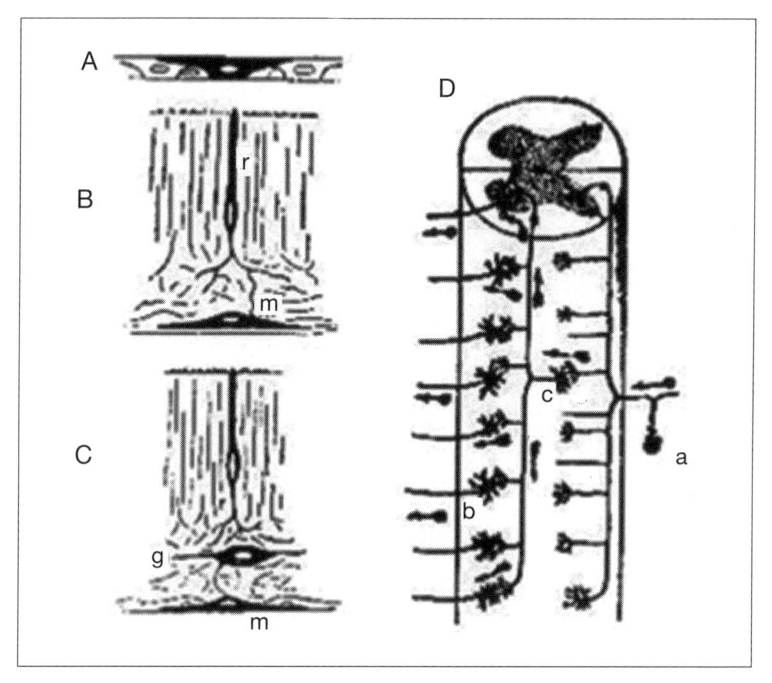

그림 6-25 신경계의 진화. 초기 무척추동물에서 척추동물로의 신경세포의 발달단계
A: 원시 유기체인 해면의 유동성 세포(검은색)가 일련의 수축으로 직접자극에 반응한다.
B: 더 진화된 원시 유기체 말미잘에서는 A에서의 감각적이고 동시에 수축할 수 있는 세포의 기능이 'r'(수용기 혹은 감각세포)와 'm'(근육 혹은 수축할 수 있는 요소) 두 요소로 분리된다.
C: 말미잘에서 두 번째 뉴런이 감각요소와 근육 사이에 끼어든다. 이 세포(운동뉴런)는 근육섬유(m)를 활성화하는 데 기여하나 감각세포(r)가 활성화할 때만 반응한다.
D: 척추동물의 척수에서처럼 중추신경계가 진화함에 따라 세포들(C 화살표)이 감각뉴런(a)과 운동뉴런(b) 사이에 끼어든다. 이들이 개재뉴런이다.
이들은 그것의 많은 가지에 의해 감각정보(A 화살표)를 운동뉴런이나 중추신경계에 있는 다른 뉴런들(b화살표)에 나누어준다.*

제의 완전한 해결은 이러한 과제들을 성공적으로 해결하느냐에 달렸다고 할 수 있다.

제5부에서 민달팽이를 예로 들어 동물의 행동과 의식이 복잡해짐

* Cajal, 1911.

에 따라 감각세포와 운동세포 사이에 개재뉴런의 수가 늘어남을 잠깐 언급했다그림 5-5, 그림 5-6. 여기서 좀더 구체적으로 살펴보자. 〈그림 6-25〉는 초기 무척추동물에서 세포단계가 어떻게 늘어나는지, 세포단계가 늘어남에 따라 세포의 기능이 어떻게 분화되는지 보여준다. 동물의 의식수준이 높아질수록 신경계에 개재뉴런이 점점 더 많아진다. 원래 개재뉴런은 감각장치로든 근육에 있는 운동뉴런종말로든 외부세계와 직접 정보를 교환하지 않는 신경세포다. 그러므로 개재뉴런은 오로지 다른 신경세포에 정보를 보내거나 다른 세포로부터 정보를 받을 뿐이다.

아직 정확한 메커니즘은 밝혀지지 않았지만 개재뉴런의 기능은 단순한 릴레이 역할만 하는 게 아니라 그들이 받은 정보를 가공통합, 수정, 정교화 등하여 다음 뉴런으로 보낸다. 그렇지 않으면 개재뉴런이 존재할 이유가 없다. 그들의 진화와 발달은 중추신경계를 정교화하기 위한 기반이 된다. 위 그림들을 보면 가장 하등동물인 스펀지는 1단계만으로 된 운동성세포A가 수축파로 외부의 직접자극에 반응한다. 스펀지보다 한 단계 위인 자포동물 말미잘은 움직임이 필요 없고 수축만 필요한 부위는 2단계B의 세포로 되어 있으며 움직임이 필요한 부분에 3단계C로 된 세포를 가지고 있다. 2단계 세포는 감각세포sensory neuron와 수축세포muscle로 이루어지고 3단계 세포는 감각세포, 운동세포motor neuron, 수축세포*로 이루어진다.

더 진화한 척추동물의 척수는 4단계D로 이루어져 있는데 감각세포와 운동세포 사이에 개재뉴런이 개재되어 감각세포에서 들어온 정보를 많은 축색가지axon branches를 이용해 운동세포나 다른 개재세포에 분배해준다. 운동세포는 수축세포에 정보를 전달하여 제어한

* 효과기, 보통 근육.

다. 이처럼 정보를 처리하는 신경세포의 단계가 하나씩 늘어날수록 새로운 기능이 추가되어 더 정교한 정보처리를 가능하게 한다. 그에 대한 부수효과로 뇌의 크기도 비례해 커진다.

마찬가지로 의식도 수준이 점점 높아짐에 따라 그러한 의식을 가능하게 하기 위해 여러 가지 개재뉴런이 추가되고 축색의 측쇄에 의한 시냅스도 추가되어 신경세포 단계가 늘어나고 신경망구조도 복잡해진다. 그러한 신경망을 수용하기 위해 뇌의 크기가 커지는 것은 당연하다. 다시 말하면 의식처럼 고급정보를 처리하려면 많은 세포 단계로 이루어진 계층구조hierarchy가 필요하다. 가장 좋은 예가 유인원의 시각자극이 개재뉴런으로 이루어진 1차 시각피질에서 5차 시각피질까지 올라가면서 점에서 선으로-윤곽으로-형태로-형태의 움직임으로 단계마다 정보를 가공해 점점 더 고급화된 정보를 다음 단계로 출력하는 것이다.

우선 가장 잘 연구된 척추동물의 정점인 인간의 시각에 관련된 신경망 구조가 몇 단계 계층으로 되어 있는지 시각자극이 그러한 계층을 거쳐 처리되는 과정을 살펴본 후 하급동물의 뇌와 비교해보는 것이 좋을 것이다. 인간의 시각계는 다른 어떤 감각계보다 더 많은 정보를 전달하기 때문에 다른 모든 동물의 어떤 감각계보다 복잡하고 정교하다. 따라서 그 모든 것을 상세히 설명하는 것은 너무 복잡하므로 중요한 구조와 작동 메커니즘만 살펴본다.

〈그림 6-26〉에서 A는 인간의 눈에서 시각피질까지 신경경로의 계층수와 일련의 계층에서 동일배치구조를 하고 있음을 보여준다 Feinberg and Mallatt, 2016. B는 시각자극이 망막으로 들어와 시각피질을 거쳐 연합피질까지 흐르는 경로를 보여준다. 동시에 모양what에 관련된 시각자극과 움직임where에 관련된 시각자극이 어떤 경로를 거쳐 처리되는지 보여준다.

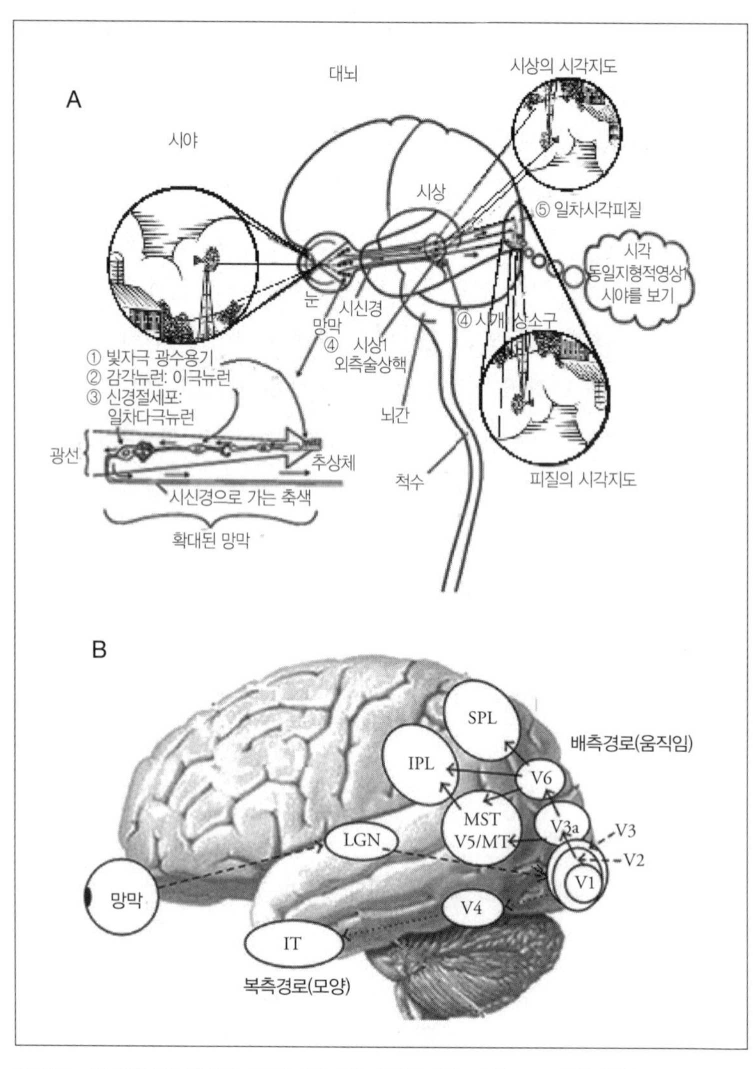

그림 6-26 시각회로의 동일배치구조(A)와 시각처리경로(B). SPL: 상두정엽(suuperior parietal lobe), IPL: 하두정엽(inferior parietal lobe), LNG: 외측슬상핵(lateral temporal lobe), MST: 중상측두엽(middle superior temporal lobe), MT: 중측두엽(middle temporal lobe), IT: 하측두엽(inferior temporal lobe), V1-V6: 1-6차 시각피질*

* A. Feinberg and Mallatt, 2016.

〈그림 6-26〉을 보고 눈으로 들어온 시각자극에 대한 이미지를 만들 때까지 몇 단계hierarchy를 거치는지 알아보자. 직렬 경로만 보면 A에서 1 광수용기세포, 2 양극세포, 3 신경절세포, 4 시상세포외측슬상체, B에서 5 V1 세포, 6 V2세포, 7 V3세포, 8 V3a, 9 V5세포대상 위치와 움직임 혹은 V6, 10 연합영역SPL 혹은 IPL 등 총 10세포 단계를 거치게 된다. 이것은 정보를 정교화하기 위한 매개적 세포와의 연결이나 다른 목적을 위한 별도 연결은 제외한 직선적인 연결만 계산한 것이다. 즉, 신경절에서 상소구나 시상베개로 가는 곁가지나 다른 통로는 무시한 것이다. 파인베르크와 말라트는 일차시각피질 이후의 정교화를 위한 단계는 동물마다 다를 수 있으므로 시각피질다른 감각에 대해서도 대뇌피질에서는 하나로 취급은 모두 하나로 해서 시각의식이 만들어지기 위해서는 적어도 5세포 단계가 필요하며 그것도 단계마다 동일배치구조를 가져야 한다고 주장했다Logothetis & Schall, 1989. 이것은 다른 척추동물에도 해당하고 또한 척추동물의 시각 이외에 청각이나 촉각 같은 다른 외수용기적 감각에도 해당한다고 주장했다.

이는 위 인간 시각단계의 예에서 1에서 4까지는 외부자극에 대한 정보를 물리적 수단전류을 사용해 정보를 가능한 한 있는 그대로 5까지 전달하는 일을 담당하고, 5 이후에서는 이렇게 전류에 의해 전달된 정보를 차츰 정교화해 현상적인 의식으로 전환하는 일을 담당하며, 이 현상적인 의식이 얼마나 뚜렷하냐에 따라 인간처럼 5단계에서 추가로 5단계 이상이 필요할 수도 있고 하등한 동물은 5단계 이하에서 추가로 1-4단계가 필요할 수도 있다고 생각해서 내린 결론인 듯하다. 9단계 이상에서는 정보의 연합이 시작되기 때문에 사실상 동일배치구조를 보이기가 어렵다.

〈그림 6-27〉은 인간 대신 잘 훈련된 침팬지를 대상으로 양안경쟁binocular rivalry 실험을 한 결과이나 인간을 대상으로 한 실험도 같은 결

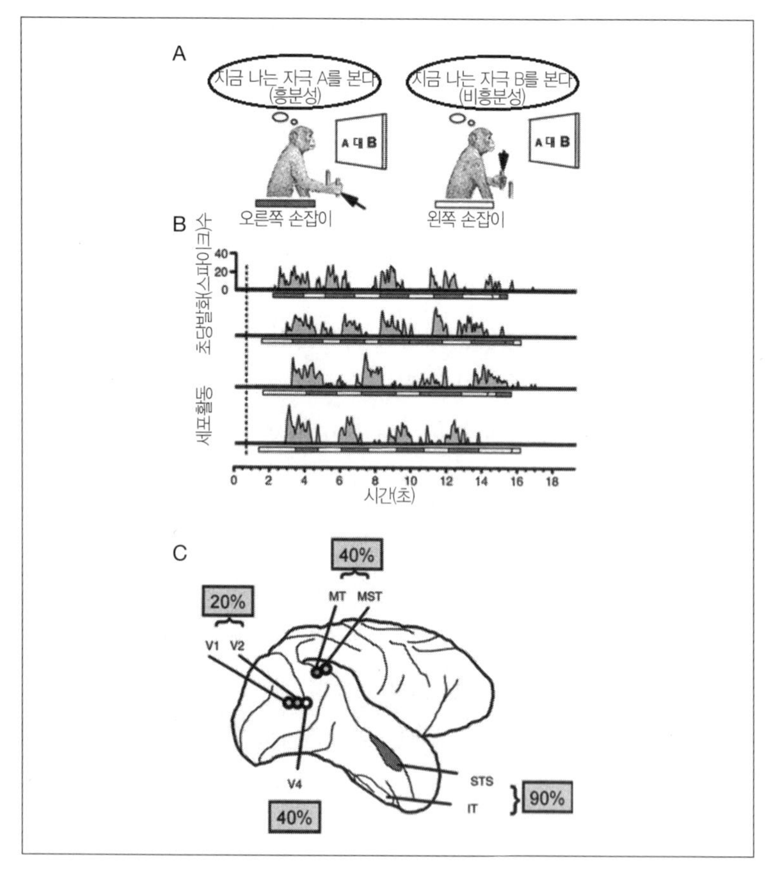

그림 6-27 원숭이 뇌에서 다중 안정지각 기록하기. (A) 경쟁하는 자극을 보는 동안 원숭이에 의해서 학습된 과제. 오른쪽 지렛대는 동물이 한 가지 지각(예를 들면 오른쪽으로 향한 격자조각)을 할 때 끌어당겨진다. 왼쪽 지렛대는 다른 지각(예를 들면 왼쪽으로 향한 격자조각)을 할 때 끌어당겨진다. (B) 네 수평판은 원숭이가 2안정자극을 보는 개별 관찰시기를 나타낸다. 그것의 시작은 수직점선으로 표시된다. 세포활동(초당 0과 50 스파이크 사이)은 회색으로 된 영역에서 시간함수로 나타난다. 동물의 반응은 각판 아래 착색된 막대기로 표시된다. 거기서 회색은 오른쪽 지렛대를 끌어당기는(자극 A, 오른쪽으로 향한 격자조각에 반응하여) 것에 해당하고 흰색은 왼쪽 지렛대를 끌어당기는(자극 B, 왼쪽으로 향한 격자조각에 반응하여) 것에 해당한다. 이 세포에서 활동은 오른쪽으로 향한 자극이 보일 때(그 반응 직전) 가파르게 증가한다(시각입력이 변하지 않는데도). (C) 그것의 활동이 원숭이의 주관적 지각과 상관하는 세포들을 포함한 뇌 영역들, 지각 관련 세포들의 백분율은 더 높은 시각센터에서 증가한다.*

---

* Logothetis & Schall, 1989.

과를 보여준다. 눈 사이에 막을 설치하고 각 눈에 다른 장면*을 보여주면 동물은 두 장면을 교대로 본다고 보고했다. 그런데 장면을 의식하는 보고와 각 단계의 피질 발화가 상관을 이루는 정도에서 차이가 난다. V1-V2 시각 피질은 20% 정도이고 V4는 40% 정도이며 연합영역에서는 90% 상관을 보여준다. 이것은 의식의 발현에 가까운 영역일수록 상관이 높다는 것을 보여준다. 즉 V1, V2는 의식발현에 필요는 하나 그들만으로는 의식을 발현할 수 없고 연합영역에 이르러서야 의식이 발현된다는 것을 보여준다. 이 실험은 인간을 포함한 큰 유인원의 시각처럼 선명한 이미지를 형성하려면 많은 세포단계가 필요하다는 것을 정확하고 설득력 있게 보여준다.

연합영역에서 느낌이 나타나고,** 그래서 변두리 의식 같은 가장 기본적 의식이 발현하고 거기에 주의가 작동하면서 초점이 맞춰진 선명한 의식이 나타나는 것 같다. 시각의식에 관련된 뇌 영역은 눈 광수용기에서 시작해 연합영역까지 광범위에 걸친 신경 연결망을 이룬다. 촉각, 청각, 후각 등 다른 감각도 이런 신경 연결망을 이루고 있다. 이러한 여러 감각에 대한 연결망은 서로 중복되는 것도 있으면서 거대한 하나의 전체적 뇌 연결망을 형성한다.

이러한 뇌 연결망은 목적에 따라 그 일부가 동원되고 그것은 특정한 의식, 예를 들면 시각이나 청각 혹은 후각 이미지나 기억 등을 위한 사차원 입체거울처럼 작용하고 그것의 미세전기적 활동으로 입체거울에 이미지가 형성되며 그러한 미세전기적 활동이 조화로운 공명을 이룰 때 느낌이 창발되어 의식이 된다고 생각된다. 이것은 주의를 받든 받지 못하든 형성되는 의식으로 주변부 의식과 같은 것이

* 보통 집과 얼굴.

** 전문용어로 창발하고.

다. 이때 주의가 추가되면 더 선명한 의식, 즉 각광을 받는 중앙부 의식이 된다.

거울의 표면구조가 성기고 엉성하면 상이 흐릿해지고 빽빽하게 빈틈없이 밀집되어 있으면 세세한 상까지 비출 수 있는 것*과 마찬가지로 뇌 연결망을 이루는 신경세포의 수가 적어 연결망이 성기고 엉성하면 연결망에 의해 형성되는 이미지도 엉성해지고 창발된 느낌에 의해 발현하는 의식도 희미해질 것이다. 그것은 뉴런 수가 적은 동물의 의식이 뉴런 수가 많은 동물보다 흐릿해지는 것을 의미한다. 또 뇌가 복잡해 전체적 연결망이 복잡해지면 거기서 분리될 수 있는 특수 목적을 위한 연결망의 하부 집합도 기하급수적으로 늘어난다. 따라서 침팬지보다 뉴런 수도 많고 전체적 연결망이 복잡한 뇌를 가진 인간의 의식은 침팬지보다 더 선명하고 더 복잡해지는 것이 당연하다.

파인베르크와 말라트는 다른 무척추동물에 대해서도 여러 문헌을 검토했다. 그리고 절지동물의 시각은 5단계 뉴런 계층구조로 되어 있으나 다른 감각은 2-4단계로 시각처럼 5단계는 이르지 못했으며, 두족류는 시각은 3-4단계이고 촉각은 3단계 이상이며 다른 감각에 대해서는 연구된 바가 거의 없다고 보고했다. 그들은 무척추동물은 척추동물과는 의식의 발현에 필요한 뉴런단계 수는 다르지만 시각은 적어도 4단계 이상 필요하며 다른 감각은 2-3단계 이상 필요하고 또 동일배치구조를 이루어야 한다고 주장했다.

이들에 따르면 절지동물과 두족류는 이러한 조건을 갖춘 시각 이

* 흑요석을 톱으로 자른 직후 거친 표면에는 상이 전혀 형성되지 않지만 연마하면 할수록 표면의 거친 공간이 사라지면서 서서히 상을 형성하다가 거친 공간이 완전히 사라지고 표면이 흑요석 입자로 빈틈없이 꽉 채워져 매끈해지면 상이 뚜렷해지는 것과 같은 이치.

미지는 만들 수 있으나 다른 감각 이미지는 종에 따라 다소 유동적인 것 같다. 편형동물이나 환형동물은 연구된 사례도 적거니와 그나마 얻은 몇 사례의 결과는 거의 2단계 이상을 충족하지 못했다. 그러나 이는 감각의식의 가능성에 대한 것이지 목마름, 산소부족, 독물에 의한 자극, 감전 등에 의한 고통 같은 원시적 정서의식에 대한 것은 아니다. 이들의 원시적 정서에 대해서는 연구사례가 거의 없다. 그래도 그 존재의 가능성은 무시해서는 안 될 것이다.

동일배치구조는 외부자극을 원형 그대로 보존해서 현상의식화하기 위한 필수 조건일 수밖에 없다. 만약 자극정보가 여러 단계를 거치는 도중에 여러 부위의 상대적 위상이 흐트러진다면 최종 단계에서 여러 부위의 위상이 최초 원자극의 위상과 달라져 현상의식은 외부자극의 형태를 원형 그대로 유지하기가 불가능해질 것이기 때문이다. 얼굴이 눈에서 시상의 외측슬상핵*과 V1-V4를 거쳐 하측두엽 IT에서 현상의식으로 발현하는 경우를 예로 들면, 얼굴 모양을 전달하는 경로가 시상 외측슬상핵에서 제자리를 이탈하여 눈 모양을 전달하는 경로가 입 모양을 전달하는 경로와 코 모양을 전달하는 경로 사이로 오게 되고 그 이후에도 그대로 진행된다면 최종 발현된 현상의식에서는 눈이 코와 입 사이에 위치하게 될 것이다!

이와 같이 동일배치구조가 조금만 흐트러져도 현상의식은 왜곡되고 심하면 정보를 전혀 전달할 수 없게 된다. 즉 시각이나 청각 등 외부수용기적 의식의 발현기제는 외부자극에 대한 정보가 동일배치구조를 형성한 초기 세포단계를 거쳐 연합영역에까지 도달한다. 연합영역에 도착한 정보는 위로 올라갈수록 점점 뇌의 다른 부위에서 온 입력정보들을 더 많이 받아들이면서 정보를 점점 정교화하는데 이때

* 시상 바깥 측 무릎 모양의 시각을 중계하는 신경다발.

쯤에는 너무 많은 정보가 복잡하게 결합되어 사실상 동일배치구조를 유지하기가 불가능하게 된다. 이렇게 하여 최종 연합피질에서는 외부자극을 그대로 재현simulation한 통일된 현상의식이 발현된다.

지금까지 가장 많이 연구된 인간의 시각피질을 예로 들어 동물의 의식이 나타나려면 얼마나 많은 세포단계를 거쳐야 하고 그러한 단계를 거치며 외부에서 입력된 정보가 어떻게 정교화되고 마침내 최종 단계에서 외부 이미지를 형성하면서 현상의식이 발현되는지 살펴보았다. 그러나 인간의 예처럼 시각정보가 눈에서 시상으로, 시상에서 대뇌의 시각피질로 가는 경로는 포유류나 조류처럼 고등한 척추동물의 경로다. 어류, 양서류, 파충류의 경로는 다소 다르다.

의식이 5억 2,000만 년 전 척추동물인 어류에서 나타난 것은 의식의 역사에서 획기적인 사건이었다. 그 후 더 진화된 어류나 양서류, 파충류가 나타나도 뇌는 큰 변혁 없이 각 동물종이 처한 생태환경에 적응하기 위해 필요한 뇌 부위가 상대적으로 커지고 정교화되었을 뿐이었으나 약 2억 2,000만 년 전 포유류의 등장과 약 1억 6,500만 년 전 조류의 등장으로 구조가 또 한 번 큰 변혁을 겪었다. 그것은 의식에 대한 중요한 역할이 시개에서 종뇌로 옮겨간 것이다.

우선 척추동물의 뇌와 의식의 진화를 더 심도 있게 논하기에 앞서 척추동물이 어떻게 분화되고 진화되어 왔는지 살펴보자. 〈그림 6-28〉은 척추동물이 후구동물에서 좌우대칭동물, 척색동물을 거쳐 진정한 척추동물이 된 이후부터의 계통수로, 척추동물의 분류군과 그들의 계통발생적 관계를 보였다. 계통수 왼쪽에 그려진 동물들은 그 분류군의 조상을 추측해서 그린 것이다. (E)로 표시된 것은 멸종되어 화석으로만 남은 종들이다.

데본기에 살았던 다소 진전된 무악류인 오스테오스트라칸스Osteostracans와 그 이전의 척추동물들은 턱이 없는 무악류들이며 원구

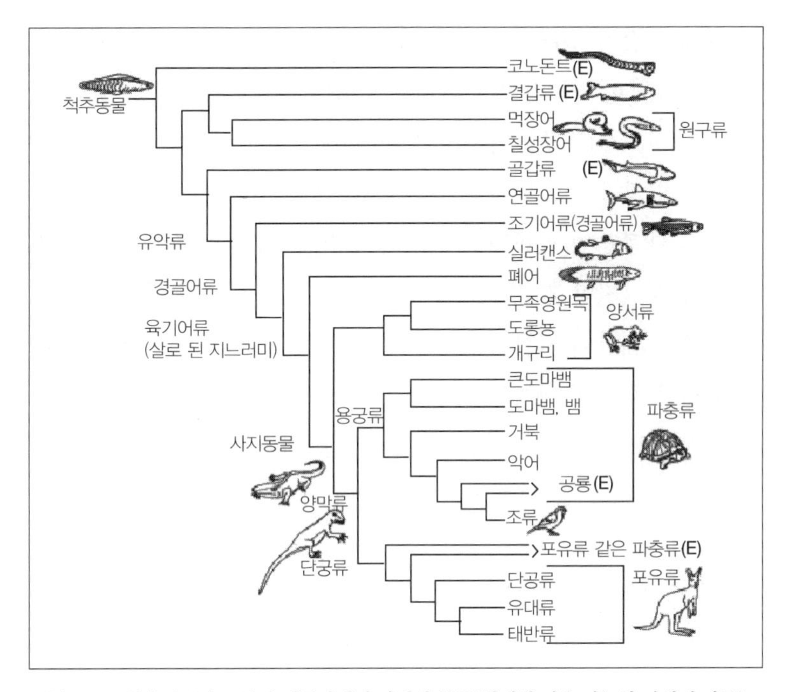

그림 6-28 척추동물과 그들의 계통발생적 관계의 분류(현재의 이용 가능한 지식에 따른). 몇 화석그룹이 포함되고 소거된 종은 'E'로 표시되었다.*

류입이 둥근 동물인 먹장어와 칠성장어만이 현존하고 나머지는 멸종되었다. 턱이 있는 유악류는 연골어류와 경골어류로 분화되고 경골어류는 다시 빗살지느러미로 된 어류조기어류Ray-finned fish와 생살지느러미로 된 어류육기어류Lobe-finned fish로 분화된다. 이 생살지느러미로 된 어류가 현재도 남아 있는 폐어lungfish와 실러컨스coelacanth, 양서류, 파충류, 조류, 포유류의 조상이 되었다.

앞서 언급한, 척추동물의 가장 가까운 친척이지만 좀더 원시적인 활유어나 피낭류는 감각기관은 있었으나 의식이라고 할 만한 것

* Feinberg and Mallatt, 2016.

을 제대로 갖지 못했기 때문에 척추동물의 출현은 캄브리아기 절지 동물의 출현과 마찬가지로 의식의 역사에서 획기적인 선을 긋는 사건이다. 이제 척추동물의 의식이 어떻게 진화되어왔느냐를 연구하려면 가장 오래되고 원시적인 척추동물부터 살펴보아야 한다. 하지만 이들 대부분이 멸종되고 현재 칠성장어, 먹장어, 폐어, 실러컨스 등이 남아 있지만 먹장어는 바다 밑 깊고 어두운 뻘 속에서 살아 가장 중요한 시각이 퇴화되고 후각, 미각, 촉각 등이 비상하게 발달하는 진화를 겪어 원시적인 척추동물의 표본으로는 부적당하고, 폐어와 실러컨스에 대해서는 아직 연구가 미흡하다. 그래서 연구가 가장 많이 된 칠성장어를 대상으로 이 동물이 의식이 있는지, 있다면 어떤 수준인지 살펴본다.

앞에서 거론한 파인베르크와 말라트의 감각의식을 갖춘 뇌의 신경생물학적 조건을 여기서 좀더 자세히 살펴보자

감각의식을 갖춘 뇌의 신경생물학적 조건

① 구조의 복잡성: 뉴런의 숫자가 상당히 많아야 하고 뇌 크기/몸체 크기 비율이 커야 한다그림 6-29.

모든 기능적 구조물은 부속의 수가 많을수록 기능이 고도화된다. 리어카보다 자전거가, 자전거보다 자동차가, 자동차보다 비행기가 더 많은 종류의 부속과 더 많은 수의 부속을 가짐으로써 기능이 점점 고도화된다. 의식을 만들어내는 뇌도 마찬가지로 부속, 즉 소기관과 신경세포의 종류와 숫자가 많을수록 기능이 고도화된다. 즉 더 선명한 의식을 갖게 되고 따라서 더욱 지능적이 된다. 동물이 의식을 발현하려면 어느 정도 숫자 이상의 뉴런은 필수적이다.

그러나 동물이 덩치가 커질수록 세포수가 많아지고 그 많은 세포를 제어하려면 지능과 의식을 위한 신경세포만이 아니라 수많은 세

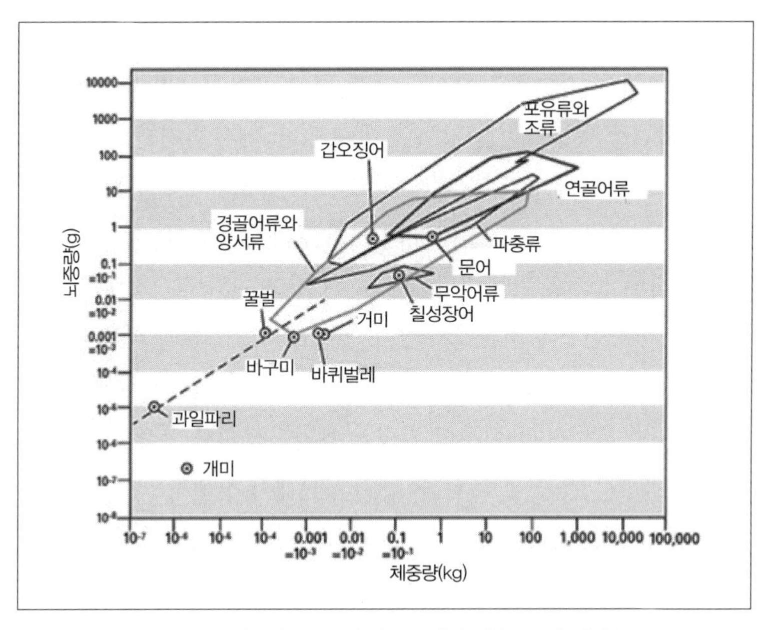

그림 6-29 여러 동물에서 뇌중량과 체중량 사이의 관계: 척추동물과 비척추동물

포를 제어할 별도의 신경세포가 필요하다. 따라서 무조건 신경세포가 많다고 지능이 높거나 의식수준이 높다고 할 수 없다. 좋은 예로 고래나 코끼리가 인간보다 신경세포를 훨씬 더 많이 가지고 있으나 의식수준과 지능은 인간보다 낮다. 그래서 어떤 학자들은 뇌중량/몸체중량의 비율을 조사하거나 어떤 동물의 뇌중량을 그 동물이 속한 동물군의 전체 평균으로 볼 때 기대할 수 있는 뇌중량과 비교하기도 한다. 후자를 대뇌화지수encephalization quotient, EQ라고 한다.

보통 어떤 동물의 몸체질량에서 추정되는 뇌의 질량은 E=CSr라는 공식으로 계산하는데 E는 뇌질량, C는 대뇌화인자, S는 몸체질량, r는 동물군에 따라 정해지는 상수다. 여기서 EQ는 실제 C/그 동물군으로부터 기대되는 C 비율이다. 쉽게 말하면 대뇌화지수는 어떤 동물이 그 동물이 속한 분류군의 평균과 비교할 때 어느 정도 수준인지를 가리킨다. r은 유인원은 대략 0.28, 포유류는 대략 0.56 혹은 0.66이다.* 이러한 자료들을 기준으로 계산한 몇몇 중요 포유동물의 대뇌화지수 EQ는 학자들마다 차이가 많으나 대략 인간 7.44, 침팬지 2.49, 고양이 1.00, 토끼 0.40 등이다. 그러나 고도의 지능은 상대적 뇌 크기도 중요하지만 어느 정도의 절대적 뇌 크기를 가져야 한다.

일부 작은 설치류는 상대적 뇌 크기가 거의 인간에 근접하나 절대적 뇌 크기는 인간과 비교할 수 없어 지능에서도 인간과 비교되지 않는다. 즉 어떤 종이 지능과 의식수준이 높으려면 뇌중량/체중량을 보여주는 〈그림 6-29〉에서의 위치가 대각선상에서 양쪽 좌표 모두에서 원점에서 먼 곳에 위치해야 한다. 그래야 상대적 뇌 크기도 크고 절대적 뇌 크기도 클 수 있기 때문이다.

② 다단계 감각처리 계층구조multiple sensory hiearchies: 여러 가지 감각에 대해 갈수로 점점 더 정교한 정보처리가 가능한 신경세포집단의 상하 5단계**로 된 계층이 있어야 한다.

아직은 그 정확한 메커니즘이 밝혀지지 않았지만 동물의 신경세포는 하나하나가 작은 컴퓨터처럼 독자적으로 정보처리를 한다. 정보처리는 각 세포단계에서 고유한 정보처리를 한다.*** 앞서 인간 시각피질의 예에서 보았듯이 감각수용기에서 최종 의식발현지까지 여러 단계의 신경세포가 있고 각 단계를 지날 때마다 정보는 점점 더 구체화되면서 최종 단계에서 선명하고 구체적인 영상이 발현된다. 선명한 의식은 한두 단계의 신경세포만으로는 발현이 불가능하다. 감

---

* 학자에 따라 의견이 갈린다.

** 포유동물 기준, 하등척추동물이나 무척추동물은 4 이하일 수도 있다.

*** 하지만 신경과학이 발전한 지금까지도 각 세포가 어떤 메커니즘으로 정보처리를 하는지 확실히 밝히지 못하고 있다. 기껏해야 활동전위를 전달하는 메커니즘만 알아냈을 뿐이다.

각을 처리하는 신경세포의 계층이 많을수록 더 선명한 의식이 발현된다.

③ 감각정보를 전달하는 신경세포계층의 초기 단계를 이루는 신경세포집단은 동일배치구조로 되어 있어야 한다. 다만 후각은 감각의 속성상 동일한 지형적 구조가 필요하지 않다.

예를 들면 잘 조사된 인간시각경로를 따르는 각 단계의 신경절에 있는 신경세포들은 동일배치구조를 이룬다. 다른 감각들을 위한 경로에서도 똑같이 동일한 지형적 구조를 이룬다. 그러나 이러한 동일배치구조는 감각처리가 고차원으로 갈수록 불분명해지며 감각연합영역 이상에서는 더 지속되는 것이 실제로 불가능하다[그림 6-26].

④ 계층 간 상호 소통*이 있어야 한다: 정보의 흐름이 일방통행이 아니라 쌍방통행이어야 한다. 광역작업공간 이론을 비롯한 대부분 의식이론에 따르면 여러 감각정보의 수렴[상향적]뿐만 아니라 통합[하향적]이 의식에 반드시 필요하기 때문이다. 에델만은 특히 시상과 피질 사이의 상호 소통이 의식에 절대적이라고 주장했다.

⑤ 여러 감각이 수렴하는 의식단일화를 위한 부위가 존재: 포유류와 조류의 경우 종뇌 이하의 척추동물은 시개에서 여러 감각이 수렴해 상호 정보를 교환한다. 여러 감각의 통합이 정확한 의식의 발현에 중요하기 때문이다. 예를 들면 색상만 보이고 형태가 보이지 않는다면 부정확한 이미지를 형성해서 의식이 부정확하게 될 것이다. 시각과 후각이 결합되면 먹잇감이나 포식자의 존재를 시각만으로 또는 후각만으로 보다 쉽게 알아차릴 수 있다.

⑥ 기억영역 존재: 기억은 이전에 경험한 것을 범주화해서 저장하

* 척추동물에서는 특히 시상과 종뇌나 시개 사이에 관한 소통이지만 무척추동물에서는 종에 따라 상황이 다르다.

는 것이다. 예를 들면 처음 사과를 먹어본 후 시큼한 맛을 내는 과일로 범주화한다. 다음에 사과를 볼 때는 바로 그것이 과일이라는 범주에 속하는 먹거리라는 것을 상기한다. 이를 단순한 감각질의 인식인 현상의식과 구분해서 범주화된 대상에 대한 인식이라는 의미에서 대상의식이라고도 한다. 기억영역이 없으면 모든 정보는 언제나 새로운 정보가 되어 그것이 무엇인지 알아보지 못한다. 아마도 기억영역이 없어도 현상의식은 가능할지 모른다. 그러나 보이는 모든 사물은 처음 보는 외국 글자처럼 보이되 의미가 없는 정보가 된다. 포식자를 기억하지 못하면 동물은 자기 유전자를 후세에 남기기 전에 포식자에게 먹힐 것이다. 의식이 동물의 생존에 기여하려면 기억이 절대 필요하다. 생존에 기여하지 못하는 의식은 진화하지 못했을 터이므로 의식이 있는 동물은 필히 기억기능과 그것을 관장하는 영역이 있다고 보아야 한다.

⑦ 선택적 주의 기제의 존재*: 주의는 의식과 밀접하게 관련되어 있으나 의식과는 다르다. 주의를 받는 모든 것이 의식되는 것은 아니며 의식되는 모든 것이 주의를 받는 것도 아니다. 주의에는 크게 두 종류가 있다. 하나는 환경 속에서 갑자기 나타나거나 다가오는 대상을 향해 감각을 집중하는 것이고, 다른 하나는 행동하기 전 예상되는 어떤 한곳이나 주위에 감각을 집중하는 것이다.

전자는 가장 저급한 동물까지도 생존을 위해 필요하고, 후자는 고등한 동물만이 갖추고 있다. 먹이를 쫓는 표범이나 독수리같이 어떤 대상이 어디로 움직일지 예상하고 주시하는 것은 후자의 예가 될 것이다. 주의는 의식이 깨어 있는 상태에서만 가능하다. 깊은 잠에 빠

* 높은 단계의 최종 감각통합 부위와 어떤 감각을 담당하는 관련 부위들의 동시 전기적 발화, 즉 공명.

져 있거나 혼수상태에서는 주의가 불가능하다. 따라서 각성과 관련 있는 구조를 구비하는 것은 주의를 위해 필수적이고 마찬가지로 의식을 위해서도 필수적이다. 바꾸어 말하면 각성을 위한 구조를 갖춘 동물은 의식이 있을 가능성이 높다.

광범위작업공간 이론Baars, 1997에 따르면 의식은 주의를 전제조건으로 한다. 이 이론에서는 잠재적인 많은 대상이 주의를 받기 위해 경쟁하며 주의를 받은 대상만이 의식될 수 있다고 한다. 따라서 뇌에 주의를 할 수 있는 기제가 없으면 의식은 발현될 수 없다. 이러한 기제는 어떤 감각주의의 대상이 되는 감각에 대한 일련의 신경세포단계와 그것을 통합·해석하는 영역의 동시적인 전기적 발화를 일으킬 수 있는 기제메커니즘를 의미한다.

이 이론은 다소 논쟁할 여지가 있다. 주의를 받지 않는 대상에 대한 현상의식도 가능하기 때문이다. 우리가 자동차를 몰 때 도로를 주로 주시하지만 주변의 가로수도 보인다. 주변의 가로수가 주의를 받지 못한다 해서 전혀 의식되지 않는 것은 아니다. 이들이 최면상태에서 재생되는 수가 있는 것으로 보아 정도 차이는 있지만 희미하게 의식된다고 할 수 있다. 이러한 의식은 주변의식이라 할 수 있다. 아마도 통합·해석할 수 있는 연합영역이 없는 하등동물의 의식은 이러한 주의를 받지 못하는 의식과 수준이 비슷하리라고 생각된다.

칠성장어는 포유동물과 같은 척추동물로 기본구조를 갖추었기 때문에 위의 ①, ④ 조건은 확실하게 갖춘 듯하나 ② 조건은 후각에 대해서만 갖추었고, ③은 시각, 청각내이, 촉각측선에 대해 존재한다. ⑤는 개구리와 경골어에서는 시개로 확인되었으나Northmore, 2003 칠성장어에서는 아직 연구된 것이 없다. 칠성장어와 달리 경골어나 개구리는 뉴런에 수초가 형성되어 있어 칠성장어에 대해 실험해보기 전에는 경골어의 결과를 칠성장어에 그대로 연장 적용할 수 없다. 그러나 칠성장어도 시개를 보유했으므로 경골어와 큰 차이는 없으리라 추정된다. 이는 차후의 중요한 실험 과제다. ⑥은 종뇌에 있는지 확실치 않으나 경골어류와 같은 유전자의 존재로 보아 있을 가능성 높다. ⑦은 주의와 관련이 많은 각성을 위한 구조를 갖추었기 때문에 구비했다고 보아야 한다.

칠성장어의 종뇌는 후각만 처리하고 시각은 시개에서 처리가 끝난다. 그래서 포유동물보다 1단계 적은 4단계밖에 되지 못하고 시상과 종뇌 사이에 상호 소통이 없다. 아마도 시상과 시개가 아주 가까이 붙어 있어서 둘 사이에는 소통이 있을 것이다. 촉각도 시각과 마찬가지로 4단계밖에 되지 않는다. 물속에서 생활하며 다른 동물에 기생하는 칠성장어에게는 청각보다는 포식자의 냄새가 더 중요하기 때문에 후각은 종뇌까지 5단계나 된다. 하지만 청각은 전정기능과 더불어 유악어류보다 진화가 늦고 시각과 마찬가지로 종뇌에서 청각을 처리해주지 못하므로 4단계 이하인 듯하다Hammond and Whitfield, 2006. 이러한 여러 가지를 종합해볼 때 칠성장어는 흐릿하나마 의식을 소유했고 보아야 한다.

모든 척추동물은 양막류처럼 고등한 척추동물의 각성에 관계된 망상활성화 시스템reticular activating system, RAS과 기저전뇌basal forebrain, BF와 중격핵을 갖추고 있다. 포유류에서 이들은 새롭고 뚜렷한 자극에 주의를 돌리는 데 이용된다. 그러나 어류와 양서류처럼 저급한 척추동물은 이 기능을 협부-시개 시스템*이 수행한다Poznanski et al., 2016.

* 협부-시개 시스템(isthmus-tectal system): 포유류의 새롭고 뚜렷한 자극에 주의를 돌리는 데 이용되는 망상활성화 시스템(reticular activating system, RAS)과 기저전뇌(basal forebrain, BF)와 중격핵에 해당하는 어류와 양서류처럼 저급한 척추동물의 선택주의에 관여하는 시스템. 이 시스템은 발생과정에서 중뇌와 후뇌 사이 좁은 부분에서 생성된 영역에서 작동하므로 협부라는 이름이 붙은

각성은 의식, 그중에서도 의식의 상태를 지칭하는 용어다. 깨어 있는 동물이 감각자극에 더 많은 주의를 기울이는 것은 당연하므로 각성과 주의는 상관이 많은 기능이다. 이러한 기능을 위한 제반 구조도 무척추동물보다 척추동물에서 더 발달되어 있다.

칠성장어도 이러한 기능은 갖추고 있다. 활유어는 이러한 기능을 어느 정도는 갖추었으나 전뇌에는 각성을 위해 꼭 필요한 노르에피네프린이나 아세틸콜린 같은 신경전달물질이 없다. 이 물질은 칠성장어를 비롯한 모든 척추동물에 있다. 이러한 사실은 활유어나 그보다 저급한 동물은 의식[현상적 의식]이라고 할 만한 것이 없는 것으로 판단하는 근거가 된다. 즉, 의식에 따라 행동하기에는 의식이 너무 희미해서 대부분 유전자에 의해 프로그램된 대로 자극에 본능적으로 반응한다고 보아야 한다. 이와 같은 여러 사실로 미루어볼 때 칠성장어가 비록 시개보다 큰 종뇌를 이용해 대부분 감각을 처리하는 고등척추동물처럼 선명한 의식은 아닐지라도 희미하게나마 의식을 갖고 생활한다고 볼 수 있다. 또한 가장 원시적 척추동물인 칠성장어에 의식이 있다면 최초의 척추동물도 의식이 있었다고 보는 것이 자연스러운 추론일 것이다.

이러한 의식수준은 의식을 시개에 크게 의존하는 어류와 양서류까지는 변하지 못한 것으로 보인다. 이러한 하등척추동물들의 종뇌가 이전에는 단지 후각의 입력만 받는다고 생각되었으나 최근에는 시각, 청각, 촉각을 비롯한 다른 감각들의 입력도 받지만 이들의 입력이 감각 종류에 따라 분리되어 입력되지도 않고 동일배치구조를 띠고 입력되지도 않는다는 것이 밝혀졌다.

따라서 동일배치구조가 필요하지 않은 후각 처리만 할 수 있게 된

것 같다.

듯하다. 다른 감각들은 의식을 만들 수 있기 위해 필수적인 동일배치구조를 한 정돈된 입력이 없어 종뇌가 의식에 관여하지 못하게 된 것이다. 따라서 이들 하등척추동물비양막류의 시각, 청각, 촉각 등 다른 감각은 동일배치구조가 시개까지만 갖추어져 있어 시개에서 의식이 발현될 것이다. 그러나 이들의 종뇌는 고등척추동물들의 종뇌와 마찬가지로 기억해마이나 행동선택선조체을 위한 기관들은 갖추고 있다.

종뇌겉질*과 시개는 그들 사이에 있는 간뇌를 통해 서로 정보를 교환한다. 이들 사이의 정보교환은 아리바와 폼발de Arriba and Pombal의 연구de Arriba and Pombal, 2007에서 자세히 밝혀졌는데, 후각과 다른 감각들의 입력을 통합하기 위한 것 같다.

하등척추동물의 종뇌겉질은 양막류의 종뇌피질과 같이 운동행동에도 영향을 미치는 것 같으나 양막류 피질처럼 직접 지령을 내리는 것보다 기억에 따른 운동학습에 영향을 미치는 것 같다. 종뇌겉질이 제거된 어류는 먹이를 잡고 정상적으로 행동하는 것처럼 보이나 경험과 행동결과에서 배우지 못하고 공간에서 대상의 위치도 학습하지 못한다는 사실이 이를 뒷받침해준다Northmore, 2011.

종뇌의 뒤쪽 내측 피질**은 종뇌 앞부분에서 들어온 후각입력이 시상과 시개로부터 동일배치구조는 아닐지라도 어느 정도 정돈된 다른 감각들에 대한 정보와 만나는 장소이며 감각평가를 대충 하여 에러가 많은 시개에 의한 운동지령을 유리하게 무시할 수 있다. 이러한 연유로 종뇌의 뒤쪽 내측 피질이 작고 의식을 발현할 수 없지만 기억을 저장할 수 있고, 모든 감각의 정돈된 정보를 받을 수 있는 위치에 있다는 이점 때문에 고등척추동물이 이 부분을 주로 확장하면서 더

* 양막류의 종뇌(대뇌)피질에 해당.

** 뇌 속에 파묻혀 있어 겉질보다는 똑같이 껍질을 의미하는 피질이라는 용어를 사용한다. 종뇌의 앞쪽 겉질은 후각을 전담한다.

좋은 의식적 능력을 진화시키게 된 듯하다.

그런데 칠성장어의 해마는 더 진화된 척추동물의 해마와 같은 해마를 결정하는 유전자는 있으나 원시적인 해마세포의 존재에 대해서는 학자들마다 다른 주장을 한다. 아마도 실제 칠성장어의 종뇌는 뒤쪽 내측 피질에 아직 제대로 된 해마를 진화시키지 못하고 원시적인 해마세포들은 구비해서 기억 기능을 약간 보유하고 있는 것 같다. 그러나 경골어류나 양서류는 해마에 해당하는 종뇌의 뒤쪽 내측 피질을 보유해서 제대로 된 기억기능을 보유하게 되었다.

에델만은 감각의식에서 특별히 기억의 중요성을 강조하면서 의식적 지각에서 이미지는 계속적으로 기억에서 호출되고 이 기억 속에 이미 존재하던 이미지는 새롭게 들어오는 감각정보에 의해 수정 보완되어 새롭게 되기 때문에 매 순간 새로운 이미지가 만들어질 필요가 없다고 했다. 또 감각으로 지각되는 어떤 것도 이전에 학습되거나 훈련되지 않았다면 재인될 수 없으며 그러한 학습과 훈련은 기억에 의존한다고 주장했다. 그의 주장에 따르면 좋은 기억능력은 고급의식의 발달에 필수적이라고 할 수 있다. 따라서 칠성장어보다 더 좋은 기억 시스템을 갖춘 경골어류와 양서류는 확실히 칠성장어보다는 좀더 나은 의식을 갖춘 더욱 진화된 동물이라고 할 수 있다.

요약하면 척추동물의 등장은 의식의 역사에서 여러 가지 획기적 변화를 가져왔다. 이전에는 불완전한 눈으로 거의 반사적으로 행동하던 조상동물들과 달리 시개와 동일배치신경구조 덕분에 이미지를 형성하는 눈을 갖게 되었고 그것은 그들에게 첫 주관적·현상적 의식, 즉 시각적 감각질을 선물했다. 그에 따라 그들의 행동은 이러한 의식의 인도와 도움을 받을 수 있게 되었고, 환경에 적응적이 되어 자연선택에 유리한 조건을 조성함으로써 그들의 생존에 엄청난 이익을 가져다주게 되었다. 그러한 시각의식은 청각, 촉각, 전정감 등 다른 양태의 의식의 동일배치구조를 통한 입력의 도움으로 더욱 정교화되었으며 동시에 종뇌에서 후각의식도 나타나게 되었다. 그러한 자연선택에 따라 척추동물들은 경골어류와 양서류, 파충류로 더 진화하게 되었고 그와 함께 의식의 발달에 가장 중요한 기억 시스템도 정교해져 과거를 기억함에 따라 미래를 예측할 수 있게 되었다. 이러한 일련의 사건은 뇌와 의식의 발달을 가속화했다.

5) 포유류와 조류의 출현

5억 2,000만 년 전 눈과 시개를 가진 척추동물에서 첫 의식이 출현한 이후 육지에 살던 두 종에서 의식의 새로운 도약이 이루어졌다. 약 3억 5,000만 년 전 파충류 비슷한 양막류에서 단궁류*와 공룡**으로 분리되었다. 이들로부터 언제 최초의 포유류와 조류가 진화했는지 알려면 무엇이 최초 포유류이며 무엇이 최초 조류인지를 먼저 결정해야 하는데, 여기서 학자마다 상당한 차이를 보인다. 현생 포유류는 암컷의 유선이 있느냐가 가장 중요한 기준인데, 유선은 너무 부드러운 조직으로 화석에서는 알아볼 수 없어 화석으로 포유동물을 확인하는 데는 다른 기준이 적용된다.

포유류는 다른 양막류가 먹는 데 이용하는 두 뼈를 듣는 데 이용한다. 또 다른 양막류의 다리가 몸체 양옆에 붙어서 어기적거리며 걷지 않을 수 없는데 포유류 다리는 몸체 바로 밑에 붙어 있어 똑바로 걸을 수 있다. 조류는 외관과 걷는 모양이 공룡과 비슷해서 공룡에서

---

* 척추동물 중에서 완전히 육상에 적응한 척추동물인 양막류의 두 분기군(파충류, 단궁류) 중 하나다. 포유류의 조상과 현생 포유류를 포함하는 그룹이다.

** 광의의 공룡은 멸종한 공룡과 현생 파충류와 조류의 조상을 포함한다.

진화한 것을 쉽게 짐작할 수 있다. 최초 조류에 가깝다고 생각되는 시조새 화석이 1861년 발견된 이래 최근 독일 루트비히 막시밀리안대학 연구팀이 하나를 추가해 총 11개가 되었다.

막시밀리안대학 연구팀의 화석은 깃털 자국까지 선명히 남아 있다. 다른 화석에는 깃털이 분명하지 않은 것도 있어 화석으로 발견된 시조새가 조류인지 파충류[익룡]인지는 아직도 논란이 있다. 즉, 익룡이 존재할 때* 조류가 탄생했으므로 익룡에서 털이 나는 쪽으로 진화해서 조류가 탄생했는지, 익룡이 아닌 공룡에서 진화했는지 불확실하다. 후자라면 비행이라는 엄청나게 어려운 기술이 갑자기 진화했다고 보기는 어렵다. 암컷을 유혹하거나 방수, 보온 등 다양한 목적에 따라 공룡의 비늘이 털로 바뀌고 털이 다시 깃털로 진화하고 앞발의 깃털이 점차 길어지면서 이를 이용해 약간씩 긴 도약을 할 수 있게 되었으며 점차 약간 길어진 비행을 이용하여 반은 날고 반은 두 발로 뛰는 단계를 거쳐 긴 거리를 한번에 비행할 수 있게 되었으리라는 것은 쉽게 유추할 수 있다.

첫 비행은 작은 날개를 진화시킨 공룡이 먹이를 잡으러 높은 곳에 올라갔다가 실수로 떨어져 몸부림하면서 날개를 퍼덕이다가 안전하게 착지하는 것을 몸으로 익히면서 시작되었다는 활강설과 타조처럼 걸어 다니던 작은 날개가 달린 조류 조상이 전 속력으로 뛰어가다가 진동에 의해 날개가 펴져 조금씩 이륙할 수 있게 되면서 차차 날게 되었다는 이륙설이 있다. 현재는 후자가 더 많은 지지를 받지만 어느 것이 정답인지 아직은 불확실하다. 그 후 비행의 효율을 높이는 여러 가지 구조 변화, 예를 들면 현대 조류처럼 꼬리뼈의 퇴화, 가벼운 구조의 몸통, 속이 비어 있는 뼈, 목과 가슴 사이의 V자 모양 뼈,

* 2억 2,800만 년에서 6,600만 년 전 사이.

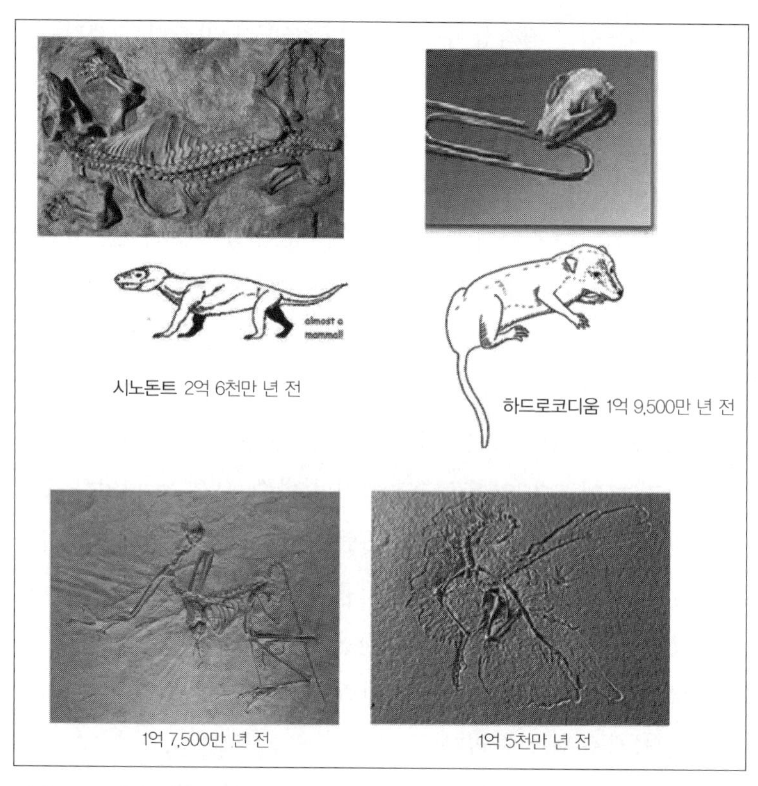

그림 6-30 원시포유동물의 화석과 실물 상상도(위)와 시조새 화석(아래)

그리고 퇴화한 앞발가락 등을 진화시켰을 것이다.

이러한 기준들을 염두에 두고 화석을 조사한 최근 문헌들은 약 2억 2,000만 년 전 단궁류에서 포유류가 진화해 나타나고 1억 6,500만 년 전 공룡에서 조류시조새가 진화해 나타났다고 주장한다그림 6-30 참조. 그러나 화석의 종류가 많고 모든 멸절된 종이 꼭 화석을 남겼다는 보장도 없으며 학자들 간의 의견도 분분해 어떤 종이 최초의 포유류이고 최초의 조류인지는 통일된 의견이 없다. 이들의 뇌는 이전 척추동물 뇌에 비해 많이 변화되었다. 감각처리와 감각의식의 주도권이 시개에서 종뇌의 뒤쪽로 옮겨갔다. 그리고 동물의 의식이나 지능수준을 논할 때 자주 거론되는 몸체 크기에 대한 뇌 크기 비율도 커지기 시작했다. 오늘날의 포유류와 조류의 몸체에 대한 뇌의 크기비율이 파충류보다 몇십 배 더 크지만 화석화된 두개골을 근거로 추정해볼 때 초기 조류와 파충류의 이 비율은 3-5배였다. 하지만 이 확장이 수천만 년이라는 상대적으로 짧은 시기에 일어났다는 것은 놀라운 사실이다.

이들 두 분류군에서 뇌는 주로 감각처리 피질에서 확대되었다. 이것을 근거로 버틀러, 바와 에델만 같은 학자들이 두 분류군에서 처음으로 의식이 출현했으며 이들만이 의식이 있다고 주장했고 아직도 많은 학자의 지지를 받고 있다Butler, 2008; Edelman and Seth 2009; Edelman et al., 2011.

포유류와 조류는 둘 다 수천만 년이라는 지구 역사로 볼 때 비교적 짧은 기간에 의식과 여러 감각의 처리를 시개 중심에서 종뇌피질 중심으로 바꾸었다. 초기 포유류의 뇌는 얼마나 컸을까? 왜 의식이 지구상에서 거의 동시에 이들에서 갑자기 개선되었을까? 화석을 이용한 고생물학과 멸종된 동물과 유사한 현재 살아 있는 동물들을 이용한 현대생물학을 동시에 고려하면 다음과 같은 추론이 가능하다Striedter, 2005.

현존하는 척추동물들의 분기학적 분석은 조류와 포유류가 동시에 양서류나 파충류가 다리를 몸 옆으로 벌려 걷는 자세와 달리 다리를 몸체 바로 밑에 붙여 걷는 능력을 진화시켰다는 것을 시사한다. 이 직립자세는 그들의 다리를 척추 방향과 평행하게 걷는 것을 허용했으며 이것은 대부분 파충류가 오늘날까지도 실행하지 못하는, 숨을 쉬면서 동시에 달리는 것을 가능하게 했다. 이것은 파충류보다 훨씬 많은 활동을 가능하게 했고 이를 뒷받침하기 위한 대사율 증가가 필수적이었을 것이다. 이러한 호흡과 이동성의 분리는 몸체의 열을 발생시키기 위해 산소를 사용하는 능력을 향상시켜 그들이 온혈동물로 진화하는 것을 도왔다. 이 모든 자료는 포유류와 조류가 상대적으로 추운 기후에서 생활하면서 대부분 변온동물이 나돌아 다니기엔 너무 추운 밤에도 적극적으로 활동할 수 있는 이동성이 아주 뛰어난 존재로 독립적으로 진화했다는 것을 시사한다.

고생물학 자료들도 이러한 가설을 뒷받침해준다. 예를 들면 그러한 자료들은 어떤 원시 포유류들이 파충류에서 진화하는 과정에서 대퇴골과 경골을 직립에 유리하도록 각도를 변형시켜 몸체 바로 아래에서 앞뒤로 몸체와 평행하게 사지를 움직일 수 있게 되어 파충류보다 더 똑바로 걸을 수 있었다는 것을 보여준다[Blob, 2001]. 화석은 많은 원시 포유류가 현존하는 포유류들처럼 흡입한 공기를 데우고 그들이 내뿜는 공기에서 습기를 되찾는 완전히 접힌 비내골이 있었다는 것을 보여준다.

이들을 종합해보면 직선적 보행, 산화적 대사, 내온성은 모두 포유류 출현 직전 진화했다는 것을 시사한다. 이들은 모두 뇌의 피질이나 시상하부 같은 곳에서 제어되는 특성이고 기존 파충류에 없던 특성이다. 그러한 추가적 특성을 제어하려면 기존의 파충류보다 그만큼 더 많은 에너지를 소비하고 더 큰 뇌가 필요했을 것이다. 이는 포유류 출현과 때를 같이한 뇌 크기의 증가가 훨씬 더 이른 대사율의 증가에 이어 나타났다는 것을 의미한다. 이것은 전반적인 뇌 크기는 대사율에 연계된다는 사실을 확인해준다. 조류도 비행이 엄청나게 많은 에너지를 짧은 시간에 소비하기 때문에 에너지 대사율이 높지 않으면 안 된다. 이것은 초기 포유류와 조류가 조상동물들보다 높은 대사율을 달성하고 상대적으로 큰 뇌를 소유하게 된 논리적 근거를 제시한다[그림 6-31].

그러나 이들의 뇌가 단순히 커지기만 한 것은 아니다. 뇌 구조상에

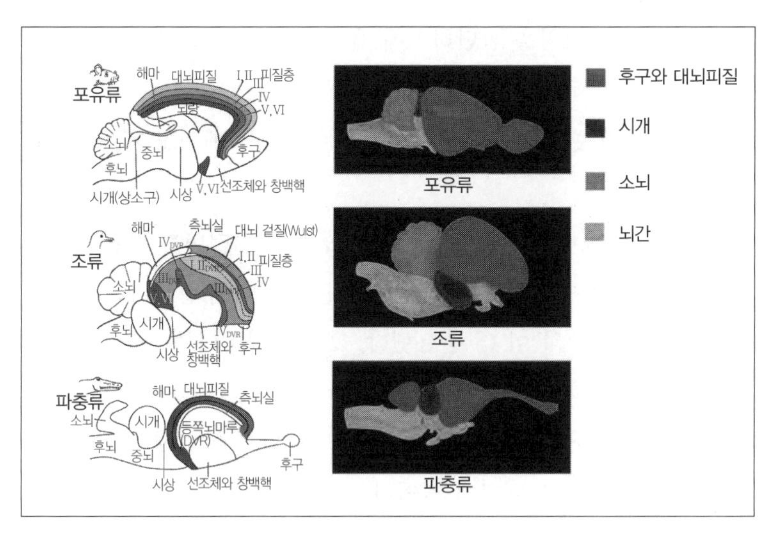

그림 6-31 파충류, 조류, 포유류의 뇌 비교. 일반적 구조(왼쪽)와 모양(오른쪽).
포유류는 파충류에 비해 상대적으로 종뇌와 소뇌가 커지고 시개와 뇌간이 작아졌다.
조류는 파충류에 비해 상대적으로 종뇌, 소뇌가 커졌다. 또 파충류의 피질이
3개 세포층인 데 반해 조류와 포유류는 6개 층이다.

도 상당한 변화가 있었다. 포유류와 조류 이전 척추동물에도 종뇌가 있기는 했으나 중요한 기능이 시개에 편중되어 시개의 역할이 컸다. 따라서 뇌에 대한 시개의 크기 비율이 높아졌다. 〈그림 6-31〉에서 볼 수 있듯이 포유류와 조류의 피질은 조상인 파충류의 피질이 3개 세포층으로 이루어진 데 반해 6개 층으로 이루어져 있다. 그것은 그만큼 피질과 피질, 피질과 다른 영역의 연결이 많아지고 복잡해졌다는 것을 의미한다.

최초의 포유류는 몸집이 아주 작아 주위에 큰 포식자들이 많은 낮보다는 주로 밤에 활동하는 야행성이었다. 어두운 밤 주로 울창한 숲 속의 바위틈이나 굴속 혹은 키 작은 관목 사이에서 살았다. 보통 사람들도 경험하듯 밤에는 색체 구분이 불가능하다. 그리하여 색채를 구분하는 시각은 조상들보다 퇴보하고 밤에 미약한 빛을 이용해 사

물의 위치나 움직임을 판단하기에 유리한 간상체로 망막이 채워졌다. 그것은 뇌의 시각 관련 영역인 시개의 크기를 파충류보다 상대적으로 줄어들게 했고 그러한 경향은 그 후 포유류에서도 계속되었다 그림 6-31.

그러한 환경에서는 낙엽이나 흙먼지 등 쓰레기더미를 헤집고 다니지 않으면 안 되게 되었고, 어둡고 지저분한 곳에서 살아가려면 시각보다 후각이나 촉각*이 더 중요했다. 그래서 활동하는 데 따른 시각의 비중이 상대적으로 낮아지고 어두운 데서도 기능을 발휘할 수 있는 후각과 촉각이 발달했다. 촉각은 후각과 달리 동일배치구조를 통하여 종뇌로 정보를 보내게 되었다. 음식을 씹을 때 턱운동을 위해 사용되기도 하고 소리를 듣기 위한 보조기관 역할도 하던 턱에 붙은 뼈들이 고막에서 달팽이관으로 소리를 전달하는 이소골추골malleus, 침골incus, 등골stapes로 변화해 턱과 이들 뼈가 서로 분리되어 별도 기능을 갖게 되었다. 턱은 음식을 씹는 데 전문화되고 이소골은 청각을 위한 기관으로 전문화되었다그림 6-32. 이소골의 진화로 청력기능을 개선한 후 청각 정보를 촉각과 마찬가지로 종뇌로 동일배치구조를 통해 보내게 되었다. 그래서 초기 포유류는 그때까지 조상들의 행동에서 비중이 가장 높았던 시각을 처리하던 시개의 크기가 줄어들고 종뇌의 크기가 커지게 되었다.

최초의 조류는 포유류와 마찬가지로 몸체가 작았지만 포유류와는 반대로 주행성이었다. 낮에 높은 나무에서 활발히 생활했다. 그곳은 땅 위의 여러 포식 공룡들이나 큰 익룡들을 피하기 위한 이상적인 장소였다. 그들은 이 나무에서 저 나무로 옮겨 다니면서 나뭇가지나 잎과 충돌을 피하고, 나무나 잎은 물론 땅의 작은 곤충이나 벌레들을

* 촉각은 주로 머리 앞부분에 붙은 강모나 더듬이를 이용했다.

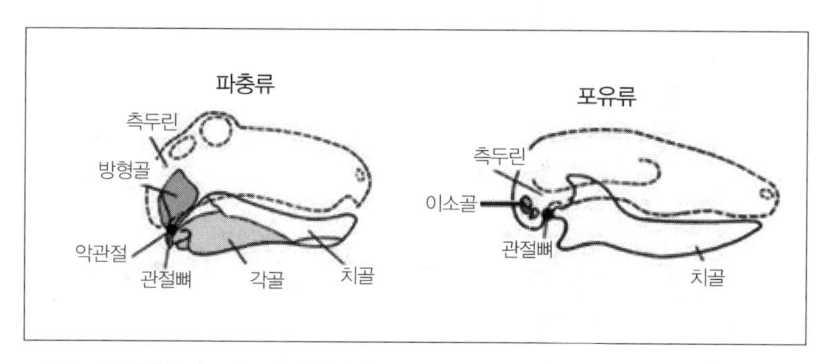

그림 6-32 파충류와 포유류의 턱뼈 차이

식별해 잡아먹기 위하여 시각이 절대적으로 중요했다. 상대적으로 후각이나 촉각은 시각에 비해 생존에 필수적이 아니었다. 그래서 시각을 주로 처리하는 시개가 상대적으로 확대되었다. 그러한 정황은 현재 조류에게도 그대로 이어져 조류의 시개는 포유동물보다 크고 종뇌는 상대적으로 작다.

최초의 포유류나 조류는 상대적으로 크기가 작고 약하기는 했으나 꽤 안전하게 살아갈 수 있었다. 야행성인 포유류에게는 어둠과 그들이 숨은 땅굴이 포식자들에 대한 장막이 되어주었다. 조류들은 나무에서 숨을 수 없을 때는 날아서 달아나거나 활강함으로써 위험으로부터 재빨리 멀리 피할 수 있었다. 그들은 이미 잘 갖추어진 여러 감각기관으로 계속 들어오는 포식자들에 대한 여러 가지 정보의 경중을 헤아리고 여유 있게 의사결정을 할 수 있게 되었다. 이러한 의사결정에는 기억이 절대적으로 중요한 역할을 하게 되어 기억기능도 점차 개선되었다. 따라서 최종 결정을 해야 하는 종뇌에 많은 부하를 일으켰고, 그것은 종뇌와 연결된 여러 감각기능과 관계된 뇌 부위도 마찬가지였다.

가소성의 원리에 따라 종뇌와 관련 뇌 부위가 커지게 되었는데, 단순히 크기만 커진 게 아니었다. 파충류는 종뇌의 세포층이 거의 구분

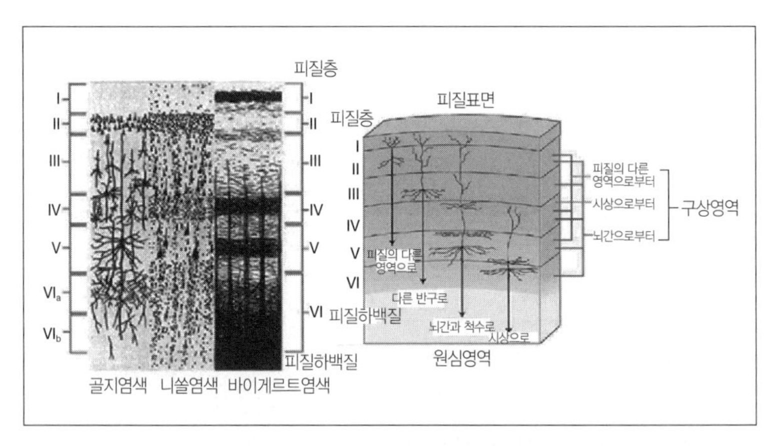

그림 6-33 여러 가지 방법으로 염색해본 포유류의 6개 세포층으로 된 대뇌피질(왼쪽)과 다른 영역들의 연결(오른쪽). 각 염색법에 사용되는 염료가 각기 다르기 때문에 염색법에 따라 선명하게 보이는 뉴런 부위가 다르다. 각 피질층의 뉴런은 다른 영역으로부터 정보를 받기도 하고(구심성) 다른 영역으로 정보를 주기도 한다(원심성).*

되지 않는 대신 포유류와 조류의 종뇌는 비록 형태는 다르지만 복잡한 6개의 세포층을 이루고 있다그림 6-33. 이것은 각 세포층의 뉴런들이 여러 감각기관으로부터 올라온 정보들을 그들의 축색과 수상돌기를 통하여 가깝고 멀리 위치한 다른 부위에 전달하기도 하고 전달받기도 하면서 정보를 더 정교하게 처리할 수 있게 했다. 또 그것은 뇌의 연결망을 엄청나게 복잡하게 해서 뇌가 커지는 원인을 제공하기도 했다. 이러한 여러 사건이 포유류와 조류의 의식수준을 높이는 데 결정적 기여를 하게 되었다.

보통 뇌는 몸의 다른 부위에 비해 에너지를 많이 소모한다. 더구나 상대적으로 커진 포유류와 조류의 뇌는 엄청난 에너지를 필요로 하게 되었다. 필요한 에너지 문제는 초식동물은 그 당시 주위에 풍부했

* (왼쪽) From Brodmann K: Vergleichende Lokalisation lehre der Grosshirnrinde in ihren Prinzipien dargestellt auf Grund des Zellenbaues, Leipzig, 1909, JA Barth. (오른쪽) From Free-Stock-Illustration.

던 식물의 잎을 대량 섭취함으로써 육식동물은 에너지가 풍부한 다른 약한 동물들을 잡아먹으면서 해결했다. 그중에서도 특히 에너지가 풍부한 곤충들이나 환형동물들이나 그 유충들이 주식으로 많이 이용되었다. 이러한 여러 정황은 자연선택에 아주 유리하게 작용해 초기 포유류와 조류에게 지속적인 발전적 진화를 가능하게 하여 이들로부터 현재 인간을 포함한 높은 지능과 의식수준을 지닌 다양한 종이 진화하게 된 것이다.

6) 척추동물의 또 하나의 도약, 유인원의 출현과 사람과의 진화

변연계 개념을 처음 주장했던 예일대학 교수 맥린Paul D. MacLean, 1913-2007은 『진화에서 삼위일체뇌』*The Triune Brain in Evolution*에서 인간 뇌는 사실상 세 개로 이루어져 있다는 삼위일체뇌triune brain 가설을 주장했다MacLean, 1990. 간단히 말하면 인간의 뇌는 진화된 순서대로 생명유지와 본능에 관계되는 기저핵, 중뇌·뇌간으로 이루어진 가장 기초적인 원시 파충류의 뇌protoreptilian brain, 정서적·동기적 행위에 관계되는 편도체, 해마, 시상하부 및 이른바 변연계로 이루어진 구포유류의 뇌paleomammalian brain, 그리고 세계에 대한 선언적 지식에 관계된 신포유류, 즉 유인원의 뇌neomammalian brain 세 종류로 구성되어 있다고 주장했다그림 6-34.

그의 뇌 진화에 대한 획일적 주장은 앞서 나온 척추동물의 뇌가 어떻게 진화해왔느냐에 대해 선형적이고 고전적인 이론scala naturae theory에 바탕을 둔 복잡성의 증가는 완전히 새로운 구조가 나타나 오래된 구조에 덧붙여진 결과라는 주장과 일치한다. 따라서 그의 주장은 기

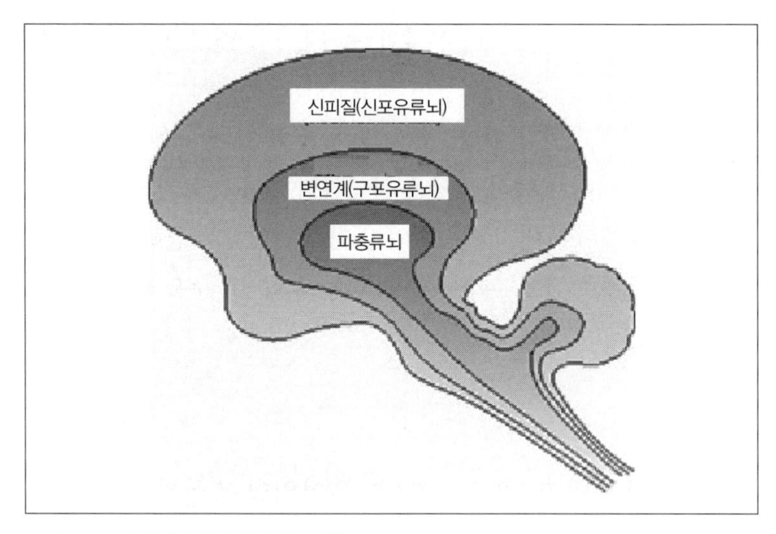

그림 6-34 삼위일체뇌의 상징적 표현*

존의 구조가 기본 틀을 유지한 채 점점 복잡해졌다는 현대적 이론과는 다소 다르다. 그러나 파충류-포유류-유인원으로 단계적인 진화의 대체적 흐름은 바로 보았다고 볼 수 있다.

이것은 유인원의 뇌가 척추동물의 뇌 중에서 가장 늦게 진화하고 가장 고차원이라는 것을 의미한다. 또 유인원의 출현은 포유동물 진화에서도 가장 극적인 사건으로 인간으로 진화를 가능하게 했다. 유인원은 다른 포유동물보다 절대 뇌의 크기도 크고, 흔히 지능의 바로미터로 생각되는 뇌중량/체중량 비율도 아주 크며, 뇌의 구성 중에서 신피질이 차지하는 비율도 비유인원 포유동물보다 훨씬 크다. 또 단순히 뇌 크기만 커진 것은 아니다. 뇌중량이 비슷한 대표적 포유류인 설치류와 유인원의 뉴런 수를 비교해보면 유인원의 뉴런 수가 훨씬 더 많다. 아구티와 올빼미원숭이, 카피바라와 꼬리감는 원숭이는

* MacLean, 1990.

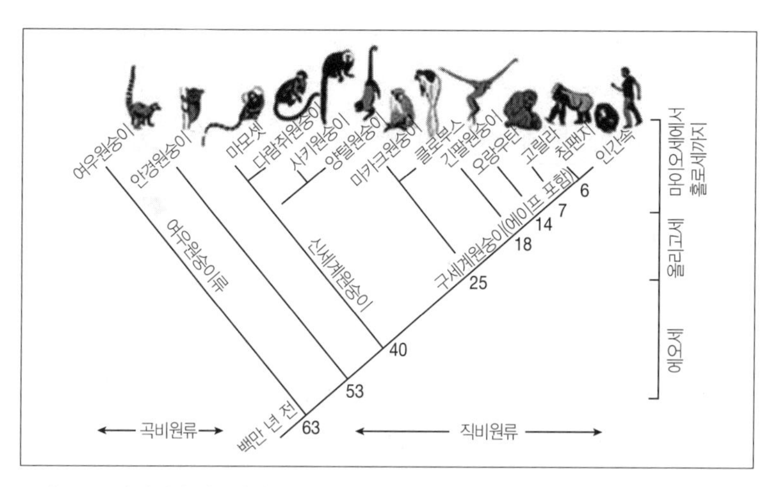

그림 6-35 유인원의 계통발생도(From Wikipedia, the free encyclopedia)

뇌 중량이 서로 비슷하나 유인원의 뉴런 수는 설치류 뉴런 수의 거의 2배나 된다Herculano-Houzel, 2009.

유인원의 뇌가 다른 포유동물보다 특별히 커지고 뉴런 수가 많아진 이유는 무엇일까? 유인원은 계통발생적으로 영장류와 설치류를 포함하는 영장상목에서 날원숭이류와 나무두더지류를 포함하는 영장류에 속하고 거기서 6,500만 년 전*쯤에 출현했던 것으로 추정된다그림 6-35. 진화역사로 볼 때 극히 최근의 사건이다. 원시 영장류에서 이미 뇌중량/체중량 비율이 높아진다. 나무두더지류는 이 비율로만 볼 때 인간보다 더 높다.

그러나 체중이 1kg 미만인 동물에서 이 비율이 높게 나타나는 것은 흔히 있는 일로 특별한 것은 아니다. 설치류와 분리된 직후의 원시적 영장류는 다람쥐와 비슷한 크기로 주로 어두울 때 임관층**에서 잎이

* 가장 오래된 화석 기록은 5,000만 년 전이나 화석 기록의 누락 등을 감안해서.

** 임관층(forest canopy): 숲의 나무 꼭대기 잎이 많은 부분.

나 과일, 곤충 등을 먹는 야행성에 가까웠고, 포유류와 달리 두 눈의 방향이 앞으로 향했으며, 발가락들이 나무에 매달리기 좋게 길게 갈라지고 유연성이 높게 발달되어 있었다. 또 발가락 끝 밑fingertips이 매우 민감하게 발달되어 있었다.

이들 원시영장류와 달리 초기 영장류의 공통적 특징은 주로 낮에 나무에서 생활하는 주행성으로 삼색지각을 발달시켰다. 그래서 야행성이던 초기포유류에서 상대적으로 비중이 작아지고 파충류에 비해 상대적으로 크기가 줄어든 시개에 편중되었던 시각 관련 기능이 다시 비중이 커지면서 포유류보다 더 확대된 대뇌피질로 많이 옮아가게 되었다. 우선 영장상목에 속하는 설치류와 유인원은 다른 포유동물보다 손(?), 발가락이 특이하다. 다람쥐가 도토리 먹는 모습을 보면 앞발의 발가락인간의 손에 해당을 아주 능란하게 움직인다.

얼핏 보기에 귀여운 이 앞발가락 놀림이 다른 포유류보다 엄청난 이점을 다람쥐에게 가져다준다. 민감하고 솜씨 좋게 움직일 수 있는 앞발가락 덕분에 대부분 다른 포유류와 달리 나무를 자유자재로 타면서 포식자들로부터 쉽게 도망갈 수 있고 보통 공격받기 쉬운 식사시간에 음식을 먹으면서 다른 데로 시선을 자유롭게 돌릴 수 있어 주위에서 위험이 닥치는 것을 예방할 수 있었다. 이것은 설치류가 다른 어떤 포유류보다 계통발생적으로 유인원, 나아가 인간과 가까운 이유를 설명해준다.

실제로 설치류와 유인원의 공통 조상은 7,500만 년 전 지구에서 살았는데 긴 진화의 역사로 볼 때 극히 최근의 일이다. 또 설치류와 인간의 유전자는 99% 상동을 가지고 있다. 이러한 이유들로 많은 실험실에서 인간을 위한 신경계 연구와 의약품 개발에 인간의 대타로 다른 포유류보다 설치류를 더 많이 활용한다. 유인원의 손가락은 인간보다 엄지 구조가 다소 다른 것 외에는 인간과 거의 유사하다. 이들 손발가락의 효용성, 유연성은 아마도 나무를 능숙하게 타지 않으면 안 되는 생태계 탓일 것이다. 또 유인원은 인간에는 못 미치지만 다른 포유류에 비해 풍부한 발성능력을 가지고 있다.

유인원의 이런 다양한 손재주와 발성능력은 대뇌피질과 척수로의 직접연결이 이전의 포유류보다 훨씬 많아졌기 때문으로 추정된다. 그러한 손발가락, 발성기관들을 정교하게 끊임없이 사용하지 않으면 안 되는 생태계 조건으로 그들을 통제하는 뇌 구조는 점점 커지고 또 복잡하게 진화되었을 것이다. 그리고 같은 이유로 호미닌*의 감각피질과 운동피질에서 손, 혀, 입술이 차지하는 비율이 가장 높게 되었고그림 6-36, 그에 따라 그들을 최종 제어하는 영역전전두엽도 비례하여 커지게 되었다.

그들 뇌의 상대적 크기가 커지고 복잡성이 증가함에 따라 의식수준도 비례해서 높아졌다. 그리하여 마침내 직립으로 두 발로만 이동하는 동안 자유롭게 움직일 수 있는 손과 온갖 연장의 조작이 가능하게 옆으로 펼쳐진 엄지와 개별적으로 작동하는 것이 가능한 모든 손가락, 언어를 자유롭게 구사할 수 있는 발성기관을 진화시킨 인류가 출현함으로써 뇌의 크기와 복잡성은 정점에 이르게 되고 그에 따라 의식수준도 다른 유인원과는 차원이 다른 수준으로 비약할 수 있었다.

7) 내수용기적 의식 및 정서의식

앞 장에서는 주로 척추동물의 외수용기적 의식을 살펴보았다. 외

---

* 호미닌(hominine): 침팬지, 보노보와 인류의 소멸된 가까운 친척이나 조상인 영장류.

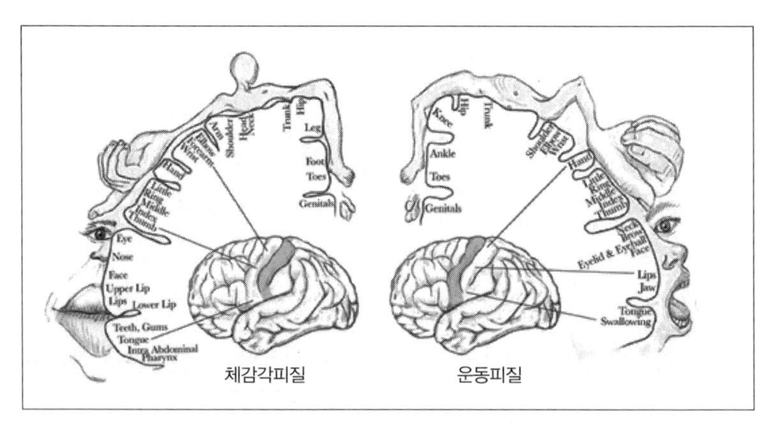

그림 6-36 인간의 체감각피질과 운동피질의 대응 신체부위에 대한 그 상대적 면적*

수용기적 의식이 이해하기 쉽고 또 가장 많이 연구된 의식이지만 감각의식에는 앞에서 자세히 설명한 대로 그밖에도 내수용기적 의식과 정서의식이 있다. 피부 깊숙한 곳의 고통이나 갈증 등은 한 분류에만 속하지 않는 양면성을 띤 의식이다. 세 가지 감각의식은 완전히 서로와 독립된 것은 아니다. 내수용기적 의식은 정서의식과 동시에 경험되고 외수용기적 의식도 정서의식을 쉽게 야기하기 때문이다. 내장고통은 불쾌감이라는 정서의식을 유발하고 반가운 사람의 목소리를 듣는 것은 기쁨이라는 정서의식을 유발한다. 특히 내수용기적 의식은 정서의식과 아주 가깝고 연관성이 많아 광의의 정서의식은 내수용기적 의식을 포함한다고 볼 수 있다. 이들 여러 의식 사이의 관계에 대해 두 가지 다른 견해가 아직도 논쟁 중이다.

제임스와 랑게Carl Lange, 1834-1900는 모든 정서를 가진 자극은 먼저 신체에 생리적 변화를 일으키고 그것이 내부수용기에 의해 감지된 후 정서적 느낌이 발생한다고 주장했다. 이것은 외수용기적 자극은

* EBM Consult, LLC.

정서를 야기하기 위해 두 번 처리되어야 한다는 것을 의미한다. 즉 먼저 생리학적 반응을 초래하고 다음에 내수용적 처리를 받게 된다는 것을 의미한다. 이와는 반대로 케논Walter Cannon, 1871-1945과 덴턴 같은 학자들은 외수용기적 자극이나 내수용기적 자극은 변연계를 통해 직접 정서를 유발하고 그러고 난 다음 생리적 변화가 초래된다고 주장했다.

이들 두 주장을 각각 지지하는 실험적 증거가 있다. 제임스와 랑게의 주장을 지지하는 실험은 피험자의 혈압이나 호르몬 수치를 인위적으로 올리면 같은 실험실에서 그 직후에 행해지는 실험에서 피험자는 여러 가지 정서적 반응을 나타낸다는 것이다. 케논과 덴턴의 주장을 지지하는 실험은 내수용기적 신호가 뇌로 올라가는 경로인 척추나 미주신경을 제거해도 동물은 외수용기적·내수용기적 자극에 반응해 정서를 유발한다는 것이다. 따라서 외수용기적 자극이나 내수용기적 자극은 직접 정서적 뇌에서 처리되기도 하고 생리학적 변화를 감지하고 난 후 정서적 뇌에서 처리되기도 하는 간접적 경로를 취하기도 한다고 보는 것이 옳은 것 같다.

외수용기적 의식은 외부자극에서부터 뇌의 최종 판별부위로 가는 경로가 정형화되어 분명하나 내수용기적 의식이나 정서의식은 내부 발생지점으로부터 최종 판별부위로 가는 경로가 복잡하고 다양하다. 그것은 내수용기적 의식이나 정서의식은 도중에 변연계라는 복잡한 내부구조를 경유해 최종 판별부위인 전전두엽prefrontal cortex으로 가는 경우가 많기 때문이다.

내수용기적 의식이나 정서의식을 논할 때 앞에서도 거론된 유정sentience이라는 용어가 자주 등장한다. 유정을 의미하는 영어 sentience의 어원인 라틴어 sentiens는 느낌feeling을 뜻한다. 동양철학에서 유정有情은 감정이 있거나 정서가 있다는 의미로 존경과 보호를 받아야 하는 생명의 존엄을 상징한다. 그것은 유정을 소유한 생명체는 희로애락을 느낄 수 있고 고통을 느낄 수 있는 존재로 보기 때문이다. 어떤 동물이 유정을 소유하느냐 않느냐는 그 동물이 의식을 가지느냐 않느냐의 중요한 기준이 된다. 이 개념이 중요하게 된 것은 근래 들어 동물의 권리에 대한 논쟁이 잦으면서 유정이 있는 동물은 함부로 다루어서는 안 된다는 공감대가 전 세계에 걸쳐 형성되고 있기 때문이다. 동물이 아픔이나 슬픔을 느낀다면 어쩔 수 없이 그들을 이용하고 그들을 식용으로 사용하지 않으면 안 될지라도 우리는 가능한 한 그들이 아픔이나 슬픔을 느끼지 않도록 배려해주어야 한다.

유정에 관계된 내수용기적 의식과 정서적 의식의 기원과 근거에 대한 이론들을 살펴보자.

내수용기적 접근 이론*

미국 신경과학자 크래그Bud Crag, 1951-는 '유정적 자기'sentient-self라는 유정의 소유자가 가지는 속성을 나타내는 용어를 처음 거론했다. 그는 유정적 자기는 전신에서 올라오는 내수용기적 감각이나 항상성 정보예를 들면 고통, 가려움, 갈증, 온도감 등가 섬엽insula의 여러 부위에서 구체화되는 '물질적 나'material me라고 주장하고 앞섬엽과 앞대상회를 가진 포유동물예를 들면 침팬지, 고릴라, 고래, 코끼리 등만이 유정을 가진다고 주장했다. 그러한 큰 포유동물은 불과 3,500만 년 전에 출현했으나 섬엽은 모든 양막류에 존재한다. 만약 섬엽이 유정 발생에 결정적으로 관여한다면 유정은 양막류가 처음 나타난 3억 5,000만 년 전으로 거슬러 올라가게 될 것이다.

따라서 그의 의견은 자체 모순을 내포한다. 크래그의 이론에 반대

---

* 의식이 내수용기적 감각에서 유래했다고 보는 이론.

하는 사람들은 단순포진 바이러스에 의해 좌·우섬엽이 모두 파괴되었지만 정서반응 테스트에서 정상이었던 사람들을 사례로 들면서 반박했다. 최근 간질환자 등 뇌의 여러 부위를 전기로 자극하고 기록한 연구들은 섬엽이 고통과 항상성 처리에 연루되기는 하나 유정을 완전히 설명하지는 못한다는 것을 보여주고 있다.

미국의 생리심리학자 비어크Charles Vierck와 그 동료들은 감각의식의 진화적 기원을 탐색하기 위해 피부에서 대뇌피질로 가는 통각수용로를 연구했다. 그들은 두 통각수용기C, Aδ로부터의 정보가 섬엽보다는 체감각피질somatsensory cortex에서 통합된다는 것을 발견하고 유정의 발현지는 섬엽이 아니라 체감각피질이라고 주장했다. 그들은 원숭이와 인간만을 연구했는데 그들의 공통 조상이 3,500만 년 전 출현했으므로 유정은 3,500만 년 전 진화했든지 체감각피질이 결정적으로 기여한다면 체감각피질은 모든 포유동물에 존재하므로 유정은 2억 2,000만 년 전 포유동물의 출현과 함께 진화했다고 볼 수 있다. 하지만 그들은 이에 대해서는 언급하지 않았다.

정서적 접근이론*

덴턴은 신체의 생존에 관계되는 기능을 제어하는 본능적 충동의 주관적인 면을 기본적인 '원초적 정서'라고 명명하고 이 원초적 정서가 최초로 나타난 의식이라고 주장했다. 그에 따르면 의식은 갈증, 배고픔, 숨막힘, 특정 미네랄예를 들면 소금에 대한 욕구 등과 같은 항상성 기능이 복잡한 반사로부터 의식적 느낌으로 진화하면서 동물에서 처음 나타났으며 이러한 기본적 욕구가 충족되지 않을 때 이들은

* 의식이 뇌간이나 변연계 등 피질하 부위에서 원시정서의식의 형태로 최초로 나타났다고 보는 이론.

만족을 향한 강렬한 지향, 즉 강한 원시적 정서를 유발한다. 그리고 이들 신체적 욕구에 관계되는 뇌 부위는 뇌간과 시상하부이며 이들 영역이 충동적 욕망과 정서를 위한 신경회로가 진화한 곳이다.

그 후 부가적 행동계획과 동기가 진화하면서 새로운 정서적 회로가 나타나고 이는 점차 종뇌 앞부분특히 섬엽과 변연계의 발달에 기여했다. 그의 주장에 따르면 외수용기적 의식과 외수용기적 자극이 정서를 유도하는 능력은 원초적 의식이 진화한 후 진화했다. 이것은 앞절의 원거리적·외수용기적 의식이 먼저 진화했다는 에델만이나 파인베르크와 말라트의 주장과는 상반된다. 덴턴의 주장은 의식적 정서의 출현에 뇌간과 전뇌가 연루된다는 주장을 하나 그러한 정서가 정확히 언제 나타났는지에 대한 언급은 하지 않았다. 그 대신 그는 사고나 태생적 결함에 의해 피질이 없는 인간이나 포유류가 정서적 행동을 보여주는 것을 원초적 정서가 외수용기적 의식보다 먼저 발생한 증거로 제시한다. 그는 이러한 뇌간영역을 소유하는 모든 척추동물과 활유어 같은 두색류에도 이러한 원초적 정서가 있다고 주장한다. 그것은 의식이 척색류의 진화와 함께 5억 6,000만 년 전 나타났다는 것을 의미한다.

그는 또 이와는 모순되는 두 가지 주장을 하기도 했다. 하나는 원초적 정서를 위한 초기 실질은 포유류에서만 가능한 잘 발달된 대뇌와 신피질을 포함한다고 주장했는데 그것은 2억 2,000만 년 전이다. 또 하나는 진정한 갈증의 기원은 건조한 육지에서 살았던 첫 양막류의 출현에 있다고 했는데 그것은 3억 5,000만 년 전의 일이다Denton, 2009. 덴턴의 원초적 정서에 대한 이론은 아주 그럴듯하고 흥미롭지만 활유어 같은 하등동물의 생존을 위한 여러 가지 행동이 원초적 정서에 따른 것인지 유전자에 아주 정교하게 프로그램된 반사행동인지 확실히 밝히려면 더 많은 연구가 필요하다.

판크세프의 이론에 따르면 인간이 아닌 양막류도 정적·부적 성격을 지닌 정서가 있는 현상적 경험으로 정의되는 일련의 원시적 정서를 경험한다. 이들은 가장 기본적인 정서이며 본능적 생존욕구를 지탱하는 감각, 항상성, 정서느낌을 생산하는 뇌의 고유한 가치체계에서 발생한다. 이러한 정서적 느낌에 연루된 뇌 부위는 오래된 뇌간과 변연계의 앞부분이다. 이러한 구조들이 주관적 경험의 최초 진화를 초래했다. 정서는 외적 수용기의식보다 일찍 진화했으며 정서적으로 반응하는 기관이 복잡한 원거리 수용기나 원거리 감각을 분석하는 신피질 분석부위보다 먼저 진화했다.

그의 논리적 근거는 초기 동물들이 맨 먼저 항상성을 유지하려는 욕구를 느끼고 이를 충족시키기 위해 주위를 돌아다니려는 동기를 갖지 못했다면 생존 자체가 불가능했으리라는 것이다. 일단 생존하고 나서 다양한 자극을 감지하는 능력을 진화시켰으리라는 것이다. 그는 초기에는 의식이 포유류[2억 2,000만 년 전]나 양막류[3억 5,000만 년 전]에서 진화했다는 주장을 했으나 나중에는 최초의 척추동물부터 모든 척추동물[5억 6,000만-5억 2,000만 년 전]에서 진화했다고 공식적으로 수정 발표했다[Feinberg and Mallatt, 2016].

판크세프의 이론은 정서를 항상성 교란 감지의 진화적 연장으로 본다는 점에서 덴턴과 유사하다. 그러나 그의 이론은 갈증을 강조하는 덴턴의 이론보다 생리학적 색채가 덜하고 다양하다. 또 덴턴의 이론과 똑같이 생명 유지에 필요한 가장 기초적 활동은 최저급 동물에서 유추할 수 있듯이 유전자 속에 미리 프로그램되어 있는 대로 행해질 가능성에 대해서는 언급이 없다. 아직도 지상의 많은 동물이 본능에 따라 움직인다는 사실을 감안할 때 이들은 아주 중요한 것을 간과하는 것이다.

프랑스 생리학자 카바낙[Michel Cabanac]은 의식은 감각에서 유래했으며 감각은 질감각질Qualia, 강도, 지속기간, 정서 네 가지 차원으로 이루어지며 그중에서도 정서가 가장 중요한데 그 이유는 정서는 모든 자극에 쾌감을 할당하며 따라서 동물들이 끊임없이 받는 여러 자극은 각기 할당된 쾌감의 경중에 따라 중요성의 순서가 매겨지기 때문이라고 했다. 다른 자극보다 더 뚜렷한 기쁨을 주는 자극은 가장 큰 생존자를 가지며 다음 행동에서 우선권을 가지게 된다는 것이다.

이 등급매김은 앞으로 취할 행동 선택을 쉽게 해서 동물들이 앞으로 조우하게 될 많은 자극에 대한 엄청나게 다양한 반사행동을 유전적으로 미리 프로그램할 필요가 없게 한다Cabanac, 1996. 그는 이때 정서의식이 언제 진화했느냐에 대한 언급을 하지 않았으나 환경에 대한 선택은 좌우대칭동물 모두 할 수 있으므로 적어도 5억 6,000만 년 이전에 진화했다는 추론이 나온다. 2009년에 그와 동료들은 쾌, 불쾌*를 가릴 줄 알아서 정서의식을 소유하는 동물들을 조사해 파충류 같은 양막류에서 처음 정서의식이 진화했다는 결론을 발표했다Cabanac et al., 2009.

그들은 도마뱀과 개구리를 대상으로 가만히 건드렸을 때 체온의 변화정서열와 심장박동의 변화를 조사했다. 이는 정서적으로 긴장함에 따른 생리적 변화를 체크하기 위해서였다. 실험결과 개구리는 체온의 변화도 보이지 않고 심박의 변화도 보이지 않았으나 도마뱀은 체온이 올라가고 심장박동도 빨라지는 것이 밝혀졌다그림 6-37.

그들의 또 하나의 실험은 이구아나에게 따뜻한 장소에 여러 먹거리를 제공하고 다소 떨어진 장소에 미끼로 상추를 놓고 상추가 놓인 장소의 온도를 변화시키면서 이구아나가 상추 있는 곳으로 가려면

* 양막류가 아닌 양서류는 양막류의 대뇌피질이나 종뇌 겉질과 같은 것(상동)이 없고 양막류의 뇌간과 피질하 구조에 해당하는 영역만 있다.

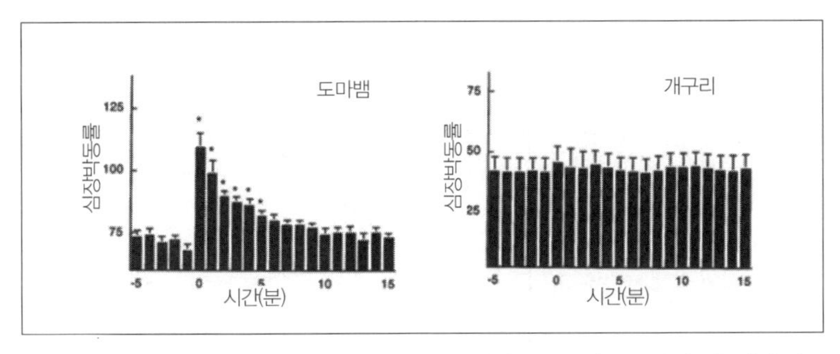

그림 6-37 (왼쪽) 시간에 대해 기록된 두 도마뱀의 심장박동률. 각 동물의 자료는 다섯 번 시행의 평균이다. 시간 0에서 동물은 실험자에 의해 1분 동안 부드럽게 다루어졌다. (오른쪽) 도마뱀과 같은 방법으로 시간에 대해 기록된 다섯 개구리(R. catesbeiana)의 심장박동률. 가로축은 각 시간 경과에 대해 기록된 맥박수를 나타낸다.*

따뜻하고 먹거리가 많은 장소를 떠나지 않으면 안 되게 했다. 온도가 적절할 때는 상추에 오래 머물렀으나 차갑게 내려갈 때는 온도에 선형관계로 비례해서 짧게 머물렀다. 사전 실험에서 상추는 이구아나에게 꼭 필요한 먹거리는 아니라는 것이 판명되었다. 이것은 이구아나가 추위와 상추의 부드러운 촉감을 저울질하는 어떤 기준화폐 같은 것이 있어 그 둘을 저울질하는 것을 의미한다.

이들은 이 실험결과와 다른 실험에서 어류에서도 정서열은 나타나지 않았던 것을 근거로 파충류는 쾌감을 동반한 정서의식을 가졌으며 양서류나 어류는 그렇지 못하다고 결론지으면서 양서류와 양막류의 갈림길에서 양막류에서 정서의식이 처음 진화했다고 추정했다 그림 6-38. 이들의 실험은 정서의식이 양막류에서 처음 시작되었다는 것을 주장할 수는 있어도 외수용기적 의식보다 정서의식이 먼저 진화했다는 것을 의미하지는 않는다. 정서의식이 유전적으로 미리 프로그램된 반사행동을 줄여준다는 것이 시각의식이나 청각의식 같은

* Cananc and Cabanac, 2000; Cabanac et al., 2009.

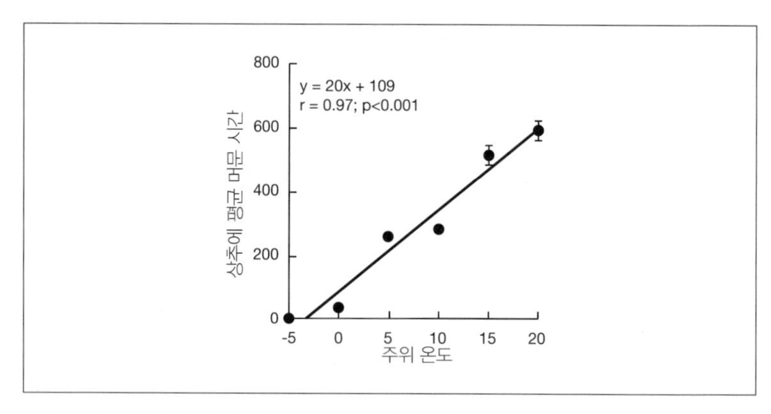

그림 6-38 반복된 동일 회기와 세 집단에 대해 계산된 미끼에 이구아나가 개별 방문했을 때 머문 평균시간과 주위 온도의 관계*

것이 반사행동에 필요 없다는 것을 의미하는 것은 아니기 때문이다. 양서류도 훌륭한 눈을 가지고 있어 눈을 가진 그들이 시각적 현상의 식을 가지지 않았다고 볼 수 없으므로 그들 주장대로 양서류에 정서의식이 없다면 오히려 정서의식이 외수용기적 의식보다 늦게 진화했다는 것을 의미한다.

공포와 편도체 연구로 유명한 미국의 신경과학자 르두Joseph LeDoux, 1949-는 공포조건화가 변연계 특히 편도체와 그것과 연결된 다른 부위들에 의해 처리되는 외부 환경으로부터 기인하는 신경신호를 포함하며 이것은 동물들에게 달아나거나 움츠리는 방어적 행동을 유발한다고 주장했다. 그는 변연계를 포함하는 이 회로가 매우 오래되었으며 모든 척추동물에서 그가 주로 실험대상으로 한 쥐와 유사하게 기능할 것이라고 생각했다. 그러나 그는 방어적 행동에 공포의 의식적 느낌이 개입할 필요는 없고 회로기능이 개입변수일 따름이라고 주장했다.

* Balasko and Cabanac, 1998; Cabanac et al., 2009.

그는 인간 이외의 동물은 공포니 정서니 하는 말을 언급해서는 안 된다고 주장하면서 앞의 덴턴과 판크세프나 카바냑과는 다른 의견을 보였다[LeDoux, 2012; LeDoux, 2014]. 그의 주장에 따르면 사자를 보고 두려워 도망치는 사슴이 공포를 느껴서 그리된 것이 아니라 신경회로의 반사기능에 의해 그리된 것이 된다. 그의 주장대로라면 의식의 기원은 인간의 기원인 20만 년 전이 된다. 지극히 수긍하기 힘든 인간 중심주의anthropocentrism 색채를 강하게 풍기는 주장으로 보인다.

유정의 탐색

그러면 어떤 동물이 유정을 가지고 어떤 동물이 유정을 가지지 않는지를 어떻게 판별할 수 있는가? 앞 절에서도 거론했듯이 고통은 유정의 가장 좋은 단서다. 우선 어느 동물이 고통을 느끼느냐를 탐색하기 전 고통에 관계된 신경세포들을 살펴보자. 앞에서도 언급했듯이 고통을 전달하는 신경섬유에는 Aδ신경섬유와 C신경섬유가 있다. Aδ신경섬유에는 전류의 속도를 빠르게 하는 얇은 수초가 입혀져 있고 C신경섬유에는 수초가 전혀 없다.

따라서 Aδ신경섬유는 신호전달이 빨라 긴급한 대응이 필요한 뜨거운 불에 데든지 날카로운 송곳에 찔리는 것 같은 자극 위치가 분명하고 긴급한 대응이 필요한 자극을 위한 신경섬유다. C신경섬유는 신호전달이 느려 오래 지속되고 위치도 뚜렷하지 않은 자극을 위한 신경섬유다. 인간에서 이들을 포함하는 고통 관련 신경회로는 매우 복잡하다. 이들 감각수용기에서 들어온 자극은 척수와 삼차신경, 시상, 섬엽, 체감각을 아우르는 복잡다단한 회로를 거친다.

포유동물과 조류의 고통 관련 신경회로는 인간과 크게 다르지 않겠지만 다른 동물들은 인간과 다를 것이다. Aδ, C신경섬유 둘 다 유해자극수용nociception유해자극감지기다. 어떤 동물이 고통을 느끼려면 이들 유해자극 수용기가 필요하지만 이들이 있다고 반드시 고통을 느낀다고 단정할 수는 없다. 유해자극에 의한 반응이 고통을 수반한 것인지 고통을 수반하지 않은 단순히 유전자에 프로그램된 본능적인 것인지 판별하기가 쉽지 않기 때문이다.

그러나 지금까지 연구결과들을 보면 Aδ, C신경섬유를 지닌 동물은 대부분 고통을 느끼는 것으로 밝혀져 이들을 지닌 동물은 일반적으로 고통을 느낀다고 간주된다. 따라서 유정이나 의식연구는 주로 Aδ, C신경섬유를 이용한다.

동물이 고통을 겪는지 아닌지를 그들의 행동을 통해 조사하기 위한 시도 중 대표적인 것은 앞에서 언급한 미국 비영리기관 국립연구위원회NRC에서 발표한 보고서다. 그 보고서의 중심 내용은 유해자극감지nocicepion와 고통의 의식적 지각의 구분이다National Academy of Sciences, 2009. 그 보고서에 따르면 유해자극감지는 잠재적으로 해로운 기계적·열적·화학적 자극과 같은 조직을 손상시키거나 조직의 손상을 위협하는 감각자극이다. 베이거나, 데거나, 긁히거나, 전기적 쇼크를 감지하는 것 등이 이에 해당한다.

고등동물에서는 자극수용에 따라 반사행동이 자동으로 나타나고 얼마의 시간이 지나 C신경섬유에 의한 고통을 느끼게 된다. 자극수용은 반사행동이나 육체에 의한 아주 복잡한 행동반응을 유발하기도 하지만 반드시 의식을 동반하지는 않는다. 의식적 고통을 동반하지 않는 자극수용의 예는 흔하다. 앞에서 거론했듯이 포유동물의 의식을 처리하는 중심기관은 대뇌, 그중에서도 전뇌다.

실험실에서 대뇌와 간뇌를 아래 뇌간과 척추에서 분리·절단시킨 쥐는 해로운 자극에 반응해 그들의 교감신경계의 작동으로 혈압을 올리거나 동공을 확장하거나 심박속도를 올리기도 하고 정상적인 쥐처럼 전기쇼크를 회피하는 학습을 하기도 한다이러한 행동은 앞의 카바냐의 주장에 따르면 정서의식을 의미한다. 심지어 음식공급 튜브를 입에 넣을 때 발로 그것을 밀쳐 내거나 찍찍거리면서 저항하는 듯한 행동을 한다. 이 모든 것이 의식적으로 고통을 느낀 결과 나타난 행동이 아니다. 태어날 때 뇌질환에 의하여 대뇌가 없는 인간 아기들도 자극수용에 따른 웃고 깔깔거리는 반사행동을 한다.

이러한 예는 수없이 많다. 이것은 포유동물들이 대뇌피질 없이, 즉 고통을 느끼지 않으면서 고통스럽게 보이는 많은 행동을 하며 또 즐거움을 느끼지 않으면서 즐거운 표정을 지을 수도 있다는 것을 의미한다. 고통이나 즐거움 때문도 아니고 자유의지에 따른 것도 아닌 이런 행동은 순전히 자동반사적이며 어떤 시행착오나 학습을 통한 개선의 여지가 없다. 그러나 이러한 다양한 행동은 판크세프나 덴턴 등 피질하 수준의 원시정서의식에 대한 의견에 따르면 비록 대뇌피질이 없더라도 원시정서의식조차 전혀 없이 행해진다고 단정하는 것은 다소 무리가 따른다.

이러한 면에서 카바냐의 양서류는 자극에 의해 심박이나 체온의 변화가 없고 양막류는 변화가 있으므로 양막류는 정서의식이 있다고 한 주장도 마찬가지로 무리가 따른다. 이와는 반대로 대뇌피질을 절단하면 사라지는 행동도 있다. 그것은 의식적 고통을 암시하는 좋은 예다. 가축들이 방책에 처져 있는 전깃줄에 닿으면 쇼크를 받는다는 것을 배우고 쥐가 배가 고프면 음식을 얻기 위해서 바를 누르는 것을 배우는 것은 조작조건화 혹은 도구적 학습이라고 한다. 이러한 도구적 학습을 보이는 동물은 고통을 느낀다고 보아야 한다.

대뇌가 절단된 포유동물은 이러한 학습이 불가능하다. 그 대신 고전조건화 혹은 파블로프조건화, 즉 벨소리와 같은 조건자극과 음식과 같은 무조건적 자극의 연관을 학습하는 것은 가능하다. 이것은 대뇌가 없는 가장 간단한 신경계를 갖춘 동물들도 이런 학습을 할 수 있다는 것을 의미한다. 대뇌가 절단된 쥐는 위에서 거론한 모든 자극 수용에 대한 반사적 반응을 보이고 또 고전조건화는 학습할 수 있어도 도구적 학습인 해로운 자극을 회피하는 것은 학습하지 못한다. 이것은 도구적 학습은 고전조건화에 비해 훨씬 복잡하고 진화된 능력이 필요하고 따라서 훨씬 진화되고 복잡한 뇌 구조, 즉 고통의식을 발현할 수 있는 뇌 구조를 필요로 한다는 것을 의미한다.

그 위원회가 도구적 학습능력 외에 고통을 의식한다고 간주하는 또 하나의 기준으로 제시한 것은 해로운 자극을 받은 후 고통을 느끼는 시간이 단순한 자극수용을 배제할 수 있을 만큼 충분히 길어야 한다는 것이다. 그밖에도 그 위원회는 동물들이 고통을 덜기 위해 무통약을 얻을 수 있는 지렛대를 누르거나 스스로 무통약을 먹는 것을 그 동물이 고통을 의식하는 것으로 간주했다. 이것은 도구적 학습의 일종이라고 볼 수도 있다. 이렇게 볼 때 고통의식은 포유류나 조류에 한정되는 듯 보인다. 대부분 실험이 이들을 대상으로 이루어졌고 다른 동물들에 대한 고통의식은 논란이 많기 때문이다. 위의 포유동물의 예에서 보았듯이 상당히 많은 고통에 의한 행동같이 보이는 것들이 고통의식 없이 행해진다고 보이기 때문에 다른 동물들의 그러한 행동이 고통의식에 따랐는지 단순 반사행동인지는 실험해봐야 알 수 있는데 포유동물과 조류를 제외하고 그런 실험을 하는 것이 쉽지 않고 발표 사례도 적다.

그런데 여기서 반드시 다시 한번 짚고 넘어가야 할 문제가 있다. 위에서 든 대뇌와 간뇌를 아래 뇌간과 척수로부터 분리 절단시킨 쥐나 태어날 때 뇌질환으로 대뇌가 없는 인간 아기들의 고통이나 즐거움*을 시사하지 않는 행동은 그들이 고통은 느끼지 못하더라도, 즉

* 다른 말로 고급 부적이나 정적 정서의식.

고통 같은 고급 부적 정서의식, 쾌감이나 즐거움 같은 고급 정적 정서의식은 없더라도 일부학자들의 주장대로 뇌간 이하 수준에서 발현될 수 있는 원초적·부적 정서의식의 존재를 부정하지는 않는다. 또 그러한 행동들은 현상의식, 즉 시각의식이나 청각의식 혹은 촉각의식이나 후각의식 중 하나 이상은 있어야 가능하다. 이러한 행동들을 하는 동물이 의식이 없다고 하는 것은 잘못된 표현이다.

대뇌가 절단된 쥐나 대뇌 없이 태어난 아기들이 여러 가지 자극에 대해 회피하거나 깔깔거리는 반응을 하는 것은 비록 고통이나 즐거움을 느끼지는 못할지라도 그러한 반응을 하려면 자극을 보거나 듣거나 접촉할 수는 있어야 한다. 이것은 외수용기적 현상의식은 있다는 것을 의미한다.* 즉 정서의식 없는 현상의식이 가능하다는 것이다. 여기서 정서의식과 다른 현상의식의 차이를 확실히 할 수 있다. 이러한 사실은 하등동물의 의식의 존재를 논할 때 반드시 염두에 두어야 한다. 정서의식 중에서 고통의식은 상당히 고등한 동물에 국한되는 것 같다. 그것은 통증을 감지하는 감각세포[C-세포, Aδ-세포]나 고통에 관련된 신경전달물질[substance P]이 많은 하등동물에서는 발견되지 않기 때문이다. 다만 하등동물에는 이들 세포 이외의 세포에 의해 통증이 감지되는지에 대해서는 아직 확실히 밝혀진 바가 없다.

앞에서 의료용 거머리가 원시적 유해자극 수용기들인 T[touch촉각감지], P[pressure압력감지], N[noxious유해자극감지]세포를 갖추었다는 것은 확인되었다고 했으나 이들에 의해 통증이 감지되는지는 아직 연구된 바가 없다. 또 앞의 대뇌가 절단된 쥐나 대뇌 없이 태어난 아이들과 하등동물들도 생존에 가장 중요한 원초적 정서의식, 즉 목마름이나 산소 부족, 배고픔 같은 것을 느끼는 원시 부적 의식은 대부분 갖추었

* 이러한 것도 현재 지식정보로는 아직 확실히 단정할 수 없다.

을 가능성이 많다. 또 대뇌가 절단된 쥐가 자극에 의해 심박수가 올라가는 것은 카바냑의 주장에 따르면 부적 정서나 의식을 의미한다고 볼 수 있다.

어떤 원시 부적 의식이 발달되고 어떤 원시 부적 의식이 발달되지 못하느냐는 그 동물이 처한 생태환경에 따라 결정될 것이다. 이러한 원초적·부적 의식은 넓은 의미의 고통에 포함된다고 할 수 있으나 C세포, Aδ세포의 발화에 따른 아픔과는 다른 뇌 영역에서 발현되는 의식이다. 전자는 덴턴이나 판크세프에 따르면 뇌간 수준에서 발현되고 후자는 변연계와 대뇌피질의 감각영역과 연합영역에서 발현된다. 그러나 최근에는 포유동물과 조류 이외의 척추동물과 비척추동물의 고통에 대한 연구에서도 상당한 진척이 이루어지고 있다.

앞 절에서 나온 NRC의 유정에 의한 의식의 기준에 따라 어떤 동물들에게는 의식이 있고 어떤 동물에게는 없다고 생각되는지 여러 학자의 수많은 연구결과를 토대로 살펴본다. 학자들의 연구가 대부분 어떤 목적을 가지고 특정한 동물들에 집중되어서 어떤 동물들에 대한 자료들은 많으나* 다른 동물들에 대해서는 그렇지 못하다. 그리고 어떤 동물들은 과학자들이 조사하는 데 어려움**이 많아 자료가 빈약하다.

어떻든 지금까지 자료를 바탕으로 살펴보면 조사된 척추동물은 대부분 앞의 NRC 유정에 기반한 의식 기준을 충족한다. 포유류나 조류는 연구 사례가 많아 유정의 기준을 확실히 충족하는 것을 알 수 있으나 그밖의 척추동물에 대해서는 파충류와 양서류에 대한 앞의 카바냑 연구 같은 사례가 간혹 있으나 조사된 사례가 많지 않다. 척

* 예를 들면 초파리, 꿀벌, 쥐, 작은 꼬마선충.

** 희귀하다든가 너무 크다든가 비용이 너무 많이 든다든가.

추동물의 조상과 가장 가까운 활유어나 피낭류 같은 척색동물들은 이 기준들을 충족하지 못했다. 척추동물 외에는 절지동물에서 초파리, 꿀벌, 가재, 깡충거미 등 여러 종이 유정에 의한 의식 기준의 몇 가지를 충족시켰다.

절지동물에 속하는 갑각류에 대한 연구들에서 갑각류가 비록 척추동물과 다른 신경 시스템을 사용하지만 앞 절에 나온 엘우드의 고통에 대한 기준과 위의 NRC 유정에 대한 기준들을 충족시키고 척추동물과 유사한 스트레스를 받는다는 것을 여러 실험에서 확인했다. 예를 들면 엘우드와 에펠Elwood and Appel의 실험에 따르면 갑각류의 일종인 소라게 껍질 안에 작은 전기쇼크를 주자 그들은 껍질에서 빠져나왔다. 그러나 좋은 껍질을 소유한 소라게들은 그 정도 쇼크에는 껍질을 버리지 않았다.

껍질을 버리지 않았던 소라게들은 뒤에 새로운 좋은 껍질을 선물받았을 때 새 껍질에 빨리 접근해 집게발로 껍질 안을 조사하고 난 후 안으로 들어갔다. 이것은 전기쇼크 경험이 이전의 껍질을 대체할 새로운 껍질을 얻기 위한 동기에서 뚜렷한 변화를 보여주는 식으로 그들의 미래행동을 변화시켰다는 것을 보여준다. 즉 쇼크라는 혐오적 자극과 좋은 방패막이 사이에 흥정을 한 것이다. 이것은 소라게가 고통을 느끼고 의식을 가졌다는 것을 보여준다고 할 수 있다Elwood et al., 2009; Elwood and Appel, 2009.

이러한 실험결과들은 소라게 이상의 갑각류들이 고통과 스트레스를 경험한다는 것, 즉 의식을 가지고 있다는 것을 간접적으로 증명한다고 할 수 있다. 파인베르크와 말라트에 따르면 두족류 중에서는 문어만이 두 가지를 충족하고 오징어는 한 가지만 충족시켰다. 군소, 우렁이, 바다육식달팽이, 육지달팽이 등 복족류는 모두 한 가지만 충족시켰다. 선충류에서는 한 가지라도 확실하게 보여주는 것은 하나도 없고[Feinberg and Mallatt, 2016],* 편형동물에서는 납작벌레 한 종류만 한 가지를 충족시켰다[Feinberg and Mallatt, 2016]. 이로 미루어볼 때 확실히 의식의 기준에 비추어 의식이 있다고 확신할 수 있는 동물은 위 기준의 두 가지 이상을 충족시키는 모든 척추동물과 두족류 중 문어, 절지동물 중 초파리, 꿀벌, 가재와 소라게 이상의 갑각류, 깡충거미 등이라고 할 수 있을 것이다.

이는 앞에서 의식이 있는 동물로 예측된 〈그림 6-16〉에서 사각형 테두리로 표시한 부분과 일치한다. 이들은 의식이 없다고 생각되는 동물들보다 뇌/몸체의 비율이 높고 절대적인 뇌 신경세포의 수도 더 많은 동물들이다. 물론 이것은 지금까지 조사된 동물들에 관해서다. 조사되지 않은 많은 동물 중 의식이 있는 동물들이 많을 것이다. 또 이 기준이 절대적이라고 단정하기는 어렵다. 현상의식이나 유정이 아닌 원초적·부적 의식도 가능하기 때문이다. 원초적·부적 의식도 넓은 의미의 고통에 들어간다고 정의하면 모든 척추동물은 말할 것도 없고 절지동물과 두족류를 비롯한 많은 다른 좌우대칭동물도 대부분 의식을 가지고 있을지도 모른다.

* 꼬마선충이 두 가지를 충족하는 것을 시사하는 연구들도 있으나 불확실하다.

4. 절지동물의 의식

지금까지는 척추동물을 중심으로 외수용기적·내수용기적·정서적 의식의 발달을 살펴보았다. 앞 장에서도 언급했듯이 의식은 캄브리아기 때 절지동물에서 먼저 나타났다. 앞 절에서 꿀벌을 비롯한 몇 종의 절지동물과 연체동물 중 두족류인 문어가 의식이 있는 동물이라고 많은 학자가 주장했음을 알았다. 그러면 지금부터 절지동물과 두족류의 뇌는 척추동물과 어떻게 다르며 무슨 구조적 특징이 의식을 진화시킬 수 있었는지 대표적인 절지동물과 두족류를 중심으로 살펴본다.

절지동물과 두족류는 둘 다 좌우대칭동물이지만 후구동물인 척추동물과는 크게 다른 선구동물이다. 같은 선구동물이지만 절지류는 탈피동물에 속하고 두족류는 연체동물에 속해서 계통수에서 다른 위치를 차지한다그림 6-39.

따라서 동물군의 의식 진화에 계통발생적인 근거나 공통점은 없다. 진화 계통수상 전혀 다른 척추동물, 절지동물, 두족류에서 의식이 독립적으로 발생했다는 사실은 의식은 어떤 전형적인 뇌 구조를 꼭 필요로 하지 않는다는 것을 의미한다. 의식을 진화시킨 각 동물군

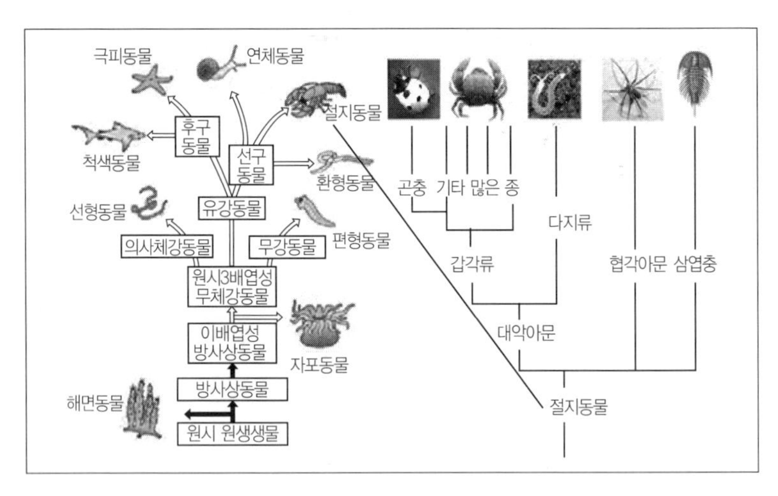

그림 6-39 절지동물의 계통발생도

은 앞으로 보게 되지만 그것이 속한 분류 그룹의 다른 동물군보다 뇌가 상대적으로 더 복잡하고 뇌신경 세포수도 많다는 특징이 있다. 척추동물은 절지동물이나 두족류보다 의식이 있는 동물종의 비율이 압도적으로 높다.

이러한 사실에서 나오는 자연스러운 추론은 복잡한 뇌 구조에서는 의식은 필연적으로 진화하나 의식의 진화에 유리한 어떤 뇌 구조틀이 존재하며 그것은 앞에서도 보아왔듯이 탄생 초기부터 의식이 발생해 고등동물로 계속 진화했는데도 그 기본구조를 바꾸지 않은 척추동물의 뇌 구조틀이라는 것이다. 절지동물은 앞에서도 나왔듯이 탈피허물벗기라는 치명적 약점 때문에 몸체 크기와 함께 의식 발달에 중요한 뇌의 크기가 제약을 받아 고등 의식을 가진 동물로 계속 진화하지 못했다. 절지동물과 두족류의 뇌가 척추동물의 뇌와 어떻게 다르며 그러면서도 어떻게 어떤 종은 척추동물과 같이 의식을 진화시켰는지, 또 왜 더 이상 발전적 진화를 못하게 되었는지 살펴보자.

지구상에 존재하는 동물의 80%를 차지하는 절지동물과 수많은 연체동물을 일일이 다 거론하는 것은 불가능에 가까운 일이며 이 책의 목적도 아니다. 절지류는 캄브리아기 당시 초기 절지류에 대해서는 화석밖에 남아 있지 않고 현존하는 유사한 동물도 없으므로 현존 동물 중 앞서 언급한 NRC의 기준으로 보아 의식이 있다고 추정된 절지류 중에서 꿀벌을 주로, 연체동물 중에서는 두족류에서 같은 기준으로 보아 현재 의식이 있는 것으로 확인된 문어를 주로 해서 뇌 구조와 그 기능 등을 살펴본다.

앞 절에서 보았듯이 절지동물은 현재 남아 있는 캄브리아기의 삼엽충이나 대형 포식자였던 절지동물의 화석으로 미루어볼 때 일찍 눈과 더듬이를 진화시키고 정확한 구조는 알 수 없지만 뇌도 있었다. 심지어 삼엽충에 대해 많이 연구한 옥스퍼드대학 고생물학자 포티와 그의 동료 채터튼Fortey and Chatterton이 조사한 약 4억 년 전 데본기 삼엽충Erbenochile erbeni의 화석에 남아 있는 정교한 눈과 더듬이, 뇌그림 6-40로 미루어 시각의식이나 촉각의식은 그때도 있었다고 본다. 특히 어떤 삼엽충의 눈은 결정으로 되어 화석에서 원형으로 보존될 수 있어서 그 기능을 유추할 수 있는데 현존하는 잘 발달된 벌의 눈처럼 홑눈이 모여서 된 겹눈을 가지고 있었고 물속에서도 잘 볼 수 있게 복굴절 문제도 해결한 상당히 정교한 눈을 갖고 있었다Fortey and Chatterton, 2003.

〈그림 6-14〉 A의 5억 년 전 에스토니아에서 살았던 삼엽충Schmidtiellus reetae Bergström은 이미 매우 발달된 시각계visual system를 가지고 있었으므로 이들의 시각 이미지나 현상의식의 출현은 늦어도 캄브리아기 초기라는 것을 증명한다Schoenemann et al., 2017. 그러나 형태만 남은 캄브리아기 절지동물 뇌의 화석으로 그들 뇌의 정확한 기능을 조사하는 것은 불가능하다. 따라서 절지동물의 공통적인 뇌기능을 살펴보려면 현존하는 유사한 동물을 참조하지 않을 수 없다. 현존하는 절지

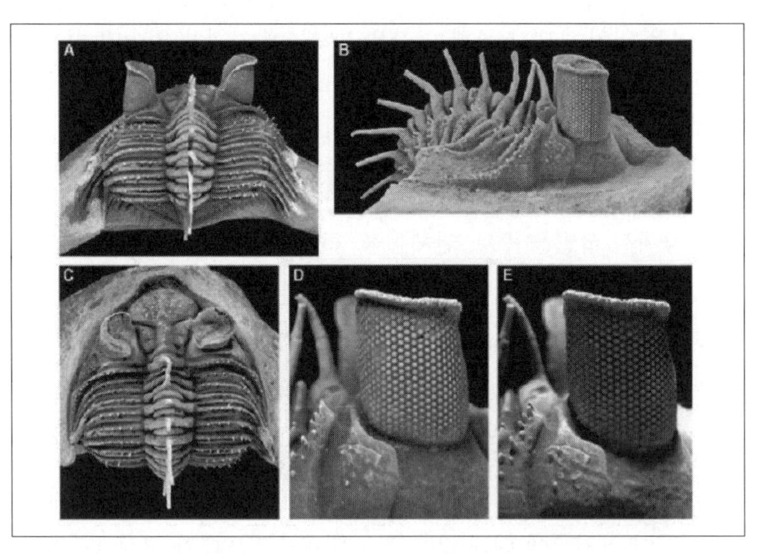

그림 6-40 2003년 모로코 남쪽에서 발견된 데본기 삼엽충의 화석. (A) 뒤에서 본 돌출 눈 차양, (B) 옆에서 본 눈, (C) 뒤에서 본 눈, (D) 최적의 조명하에서 렌즈들을 보여주는 측면에서 본 오른쪽 눈, (E) 눈꺼풀 위에서 평행광속으로 비춰질 때 눈 차양이 위에서부터 빛을 어떻게 차단하는지를 보여준다.*

동물 중에서 많은 학자에 의해 가장 많이 연구되었고 따라서 뇌 구조와 기능이 가장 많이 밝혀진 것은 절지동물 중에서 꿀벌과 초파리다. 절지동물의 분류에 관해서는 이론이 많은데 그중에서 최근 분자생물학적 자료에 기반한 한 분류는 벌이 속하는 곤충강을 갑각류 아문에 속하는 것으로 주장한다그림 6-39, 그림 6-41, Kara, 2012.

애리조나대학 교수 스트라우스펠드Nicholas J. Strausfeld, 1942-는 그의 엄청난 노력을 시사하는 방대한 저서 『절지동물의 뇌』*Arthropod Brains*에서 이 지상에서 가장 큰 동물문을 형성하는 절지동물의 신경생물학을 탐색하기 위해 당시 이용할 수 있는 분자생물학, 신경생태학, 분기학, 화석 기록에 관한 문헌에서 얻은 증거를 해부학적 관찰과 대조

* Fortey and Chatterton, 2003.

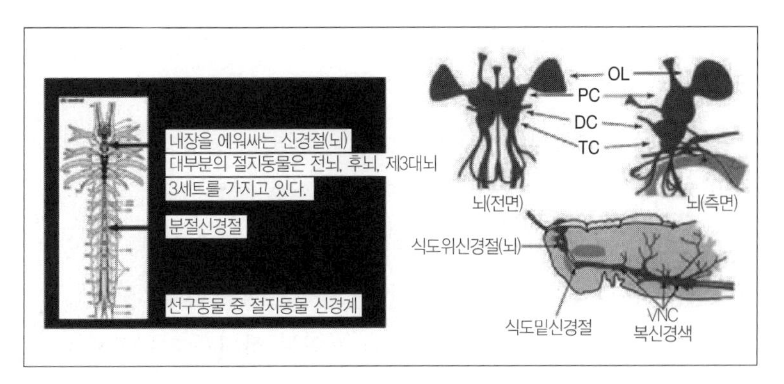

그림 6-41 절지동물의 일반적 신경구조. OL: 시엽(optic lobe), PC: 전뇌(protocerebrum), DC: 뇌(deuterocerebrum), TC: 제3대뇌(tritocerebrum), VNC: 복신경색(ventral nerve cord)

하면서 절지동물의 뇌가 어떻게 학습, 전략, 협동, 사회성을 달성하기 위해 감각정보를 처리하고 정리하는지를 보여주었다. 그는 곤충 외의 절지동물도 곤충과 같은 원거리 감각과 뇌 영역을 가지고 있다는 것을 많은 사례를 들어 밝혔다.

그는 또한 척색동물과 절지동물의 뇌는 유사성이 많으며 곤충의 버섯체와 포유동물의 해마도 구조가 상당히 유사하다는 것을 구체적 사례를 들어 밝혔다. 이러한 사실들을 근거로 그는 많은 절지동물의 뇌가 감각정보를 처리하고 그런 정보를 행동을 위해 체계화하는데 그런 행동은 단순한 반사나 본능적인 것만이 아니며 새로운 상황에 대처하는 적응적인 것이라는 것과 많은 절지동물이 학습하고 기억하고 계획하며 의사소통과 협동을 근거로 그들의 의식가능성을 시사했다[Strausfeld, 2013].

절지동물의 뇌는 몇 가지 점에서 기본적으로 척추동물의 뇌와 다르다[그림 6-41]. 절지동물의 뇌는 수상돌기와 축색으로 이루어진 시냅스로 된 잘 짜인 구조적 배열을 하고 있다. 척추동물에서 억제적 신호처리에서 중요한 역할을 하는 축색-신경세포체로 이루어진 시냅스는 절지동물의 신경신호 처리에서 제외된다. 다시 말하면 축색-신경세포체 간의 시냅스가 없다. 활동전위의 전파, 즉 정보전달은 주로 축색-수상돌기 간 시냅스로 이루어진다. 전위의 통합도 수상돌기에서 이루어진다. 이것은 아마도 작은 뇌의 수용능력상 뇌의 체적을 늘릴 수밖에 없는 억제성 개재뉴런이나 축색의 측쇄에 의한 다양한 시냅스 연결을 줄인 자연선택의 전략이었을 것으로 추정된다.

신경세포체는 대부분 뇌를 둘러싸고 있는 상피세포 안팎에 있는 식도의 상하 신경절이나 체절에 있는 복측 신경절에 배열되어 있다. 신경조직은 적은 뇌에 가능한 한 많은 신경세포가 들어갈 수 있도록 아주 빽빽하게 밀집되어 있고 척추동물의 뇌와 달리 뇌의 분비찌꺼기들을 씻어냄과 완충을 위한 액체로 채워진 뇌실이 없다. 이것은 체중이 아주 가볍고 수명이 짧은 작은 절지동물의 뇌가 큰 충격을 받을 기회가 적기 때문이었을 것으로 추정된다.

척추동물에서는 종뇌와 간뇌로 이루어진 전뇌가 여러 감각의 최후 통합처리에 결정적 역할을 하나 절지동물의 뇌는 버섯 모양으로 생긴 버섯체가 척추동물의 전뇌기능에 해당하는 기능을 담당한다. 버섯체의 기원은 5억 2,000만 년 전 캄브리아기 당시 절지동물fuxianhuia protensa 화석에서도 어느 정도 윤곽을 보였다그림 6-43.* 그것은 척추동물의 종뇌 이상으로 오래된 기관이라는 것을 의미한다. 벌은 절지동물 중에서도 곤충강에 속한다. 곤충강의 일반적 신경조직은 〈그림 6-42〉와 같은 구조를 이루고 있다.

현존하는 곤충은 일반적으로 작은 동물이다. 따라서 작은 뇌를 소유하고 있다. 보통 뇌가 작은 동물은 좋은 계산능력이 없다고 생각된

* Archaeology & Fossils news October 10, 2012, University of Arizona. https://phys.org/news/2012-10-complex-brains-evolved-earlier-previously.html

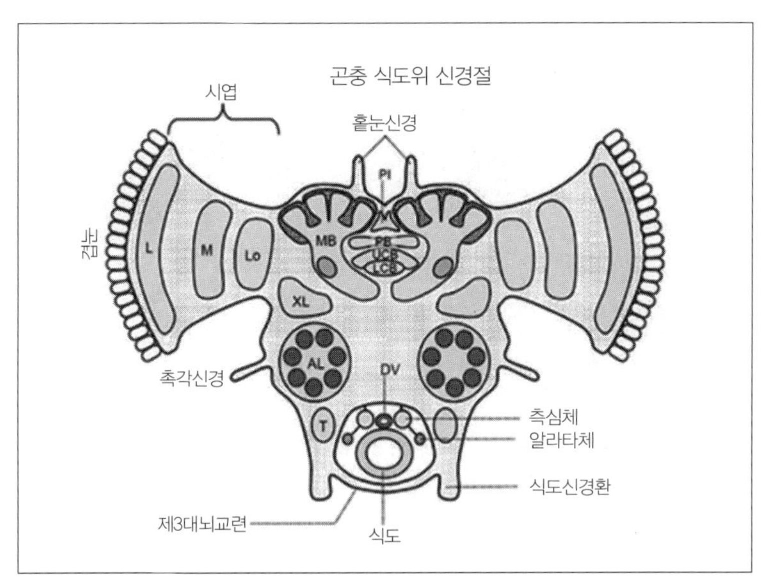

그림 6-42 곤충의 일반적 신경구조(식도 윗부분). AL: 촉각엽(antennal lobe), DV: 등쪽 혈관(dorsal blood vessel), L: 판(lamina), LCB: 아래 중심체(lower central body), Lo: 소엽(lobula), M: 수질(medulla), MB: 버섯체(mushroom body), PB: 전뇌 교량(protocerebral bridge), PI: 전뇌 뇌간부(pars intercerebralis), T: 제3대뇌(tritocerebrum), UCB: 위 중심체(upper central body), XL: 부엽(accessory lobe)

다. 따라서 곤충들은 척추동물보다 그들의 행동이 단순하리라고 생각되고 의식의 존재는 더욱 의심받아왔다. 실제로 대부분 곤충은 행동이 비교적 단순하고 의식이 없어 보인다. 뇌/몸체 비율도 〈그림 6-29〉에서 볼 수 있듯이 다섯 종류의 곤충 중 세 종류의 곤충 뇌는 척추동물보다 작다.* 대충 척추동물 중에서 초기에 진화된 무악류 동물과 비슷한 수준이다. 〈그림 6-42〉를 보면 곤충 뇌의 중요 신경핵으로는 전뇌 양측에 거대한 시엽optic lobes이 있고 시엽 사이에 양측으로 큰 버섯체mushroom bodies가 있으며 버섯체 사이 중간에 전뇌교

* 동물 간의 비교는 모든 점을 대표하는 회귀선을 정해 그 선을 기준으로 위쪽인가 아래쪽인가, 원점에서 가까운가 먼가로 판정한다.

그림 6-43 5억 2,000만 년 전 절지동물의 화석(왼쪽)과 화석을 근거로 재구성한 뇌(오른쪽). 좌측은 거의 완전한 모양의 절지동물 화석표본 사진이고 위의 작은 사각형은 화석화된 뇌의 윤곽(검은색)을 보여준다. 우측 두 도식화 중 왼쪽 그림은 절지동물의 뇌 구조를, 오른쪽은 현존하는 절지동물인 물집게의 뇌 구조를 재구성한 것인데 둘 사이에 큰 유사성을 보여준다.*

량protocerebral bridge과 중심체central bodies로 이루어진 중앙복합체central complex가 있다. 아래로 부엽accessory lobe과 촉각엽antennal lobe이 있다.

이들 여러 신경핵의 크기, 모양, 위치 등은 곤충의 종류에 따라 다소 차이가 있다. 시엽은 시각정보를 처리하고 버섯체는 학습과 기억에 중요하며 특히 후각 자극에 관계된 기억과 학습에 중요하다. 버섯체는 척추동물의 신피질 비슷한 기능을 갖고 있으며 곤충을 비롯한 모든 절지동물에 존재한다. 중심체는 척추동물의 운동피질에 해당하는 신경핵으로 행동출력에 결정적 역할을 한다. 이러한 여러 신경핵은 뚜렷한 구조적 특징 없이 신경망 영역들에 둘러싸여 있다. 오래된 화석에서 발견된 5억 2,000만 년 전 절지동물*Fuxianhuia protensa*의 뇌그림 6-43나 현존하는 바퀴벌레의 뇌나 메뚜기의 뇌그림 6-44도 이러한 곤충의 기본 틀에서 크게 벗어나지 않아 보인다.

---

* *Biology News Net*, October 10, 2012.

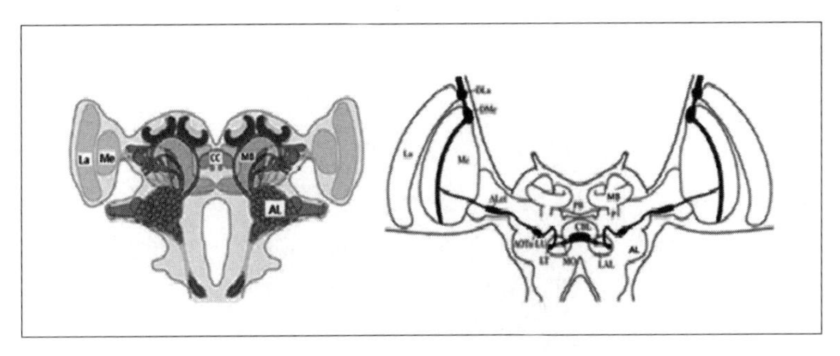

그림 6-44 바퀴벌레(왼쪽)와 메뚜기(오른쪽)의 뇌

그러나 꿀벌의 경우는 다른 절지동물이나 곤충과 사정이 좀 다르다. 꿀벌의 뇌는 몸체 크기가 비슷한 다른 곤충들의 뇌보다 훨씬 많은 신경세포를 포함하고 있다. 초파리 10만 개, 개미 25만 개보다 훨씬 많은 96만 개의 신경세포를 갖고 있는데 이는 몸체가 몇 배나 큰 메뚜기100만 개와 거의 비슷하다. 〈그림 6-45〉에서 보다시피 다른 곤충들의 뇌에 비해 상대적으로 크고 매우 복잡한 구조를 한 뇌를 가지고 있다. 더구나 뇌 크기를 몸체 크기로 나눈 표준화된 척도에서 보면 꿀벌의 뇌 크기는 양막류의 크기에 필적한다. 꿀벌의 뇌는 눈을 통한 시각정보를 감지하는 영역optic lobe과 더듬이를 통한 후각정보를 감지하는 영역antennal lobe, 그것을 종합 처리하는 영역mushroom bodies, MB, 버섯체과 이들 사이 정보를 전달하는 신경섬유다발α, β이 뇌 대부분을 차지한다. 그것은 꿀벌의 경우 시각과 후각이 생존에 절대적임을 의미한다.

척추동물의 뇌간과 마찬가지로 좌우 뇌를 축색다발로 교차 연결하는 부위central body, CB, 중심체도 있고 그밖에 복잡한 중간 단계의 개재뉴런들로 이루어진 신경절이 많다. 그것은 뇌 크기의 제약에 따라 다소 변형된 것일 뿐 감각수용기로부터 중간에 정보처리를 하는 개재뉴런으로 이루어진 여러 신경절통합영역도 포함을 거치고 운동효과

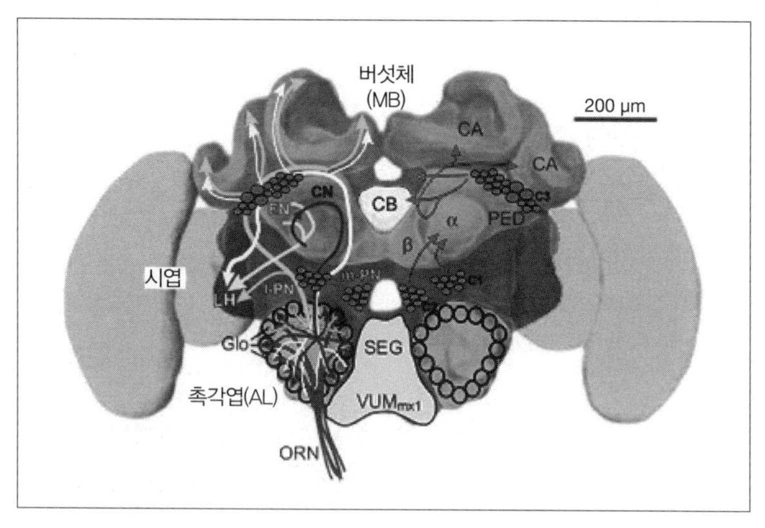

그림 6-45 꿀벌의 뇌: MB(버섯체mushroom bodies), OL(시엽optic lobe), AL(촉각엽antennal lobe), CA(꽃받침calyces), CB(중심체central body), CN(원심뉴런centrifugal neurons), EN(외인성 뉴런extrinsic neurons), l-PN(외측 투사뉴런lateral projection neurons), m-PN(내측 투사뉴런medial projection neurons), C(뉴런속cluster), VUM(복측 짝 없는 중앙세포ventral unpaired median cell), LH(외측뿔lateral horn), Glo(사구체glomeruli), PED(뇌각pedunculus), SEG(식도하 신경절subesophageal ganglion), ORN(후각수용뉴런olfactory receptor neurons), α(수직엽vertical lobe), β(수평엽horizontal lobe)*

기로 가는 구조로 근본 구성원리에서 척추동물과 크게 다를 바 없다. 고대나 현존하는 다른 절지동물도 배열이 비슷하나 몇 감각에 관련된 영역이 뇌를 차지하는 비중에서 현저히 다르다.

바퀴벌레는 꿀벌과 비슷하나 개미는 꿀벌에 비해 시각의 비중이 낮고 후각의 비중은 높다. 꿀벌은 특히 모든 감각정보를 종합하는 척추동물의 종뇌와 비슷한 버섯체의 비중이 다른 모든 절지동물보다 높다. 그것이 꿀벌이 다른 모든 절지동물보다 높은 지능적 행위를 보여주는 근거가 되는 것 같다. 그러나 사회적이어서 역할 분담이 높은

* Tedjakumala and Giurfa, 2013.

종인 꿀벌이 집단 규모가 작은 다른 벌들보다는 버섯체와 중심체가 오히려 상대적으로 작다는 연구가 있다[Mares et al., 2005]. 이것은 역할 분담으로 행동이 비교적 단조로운 종보다는 홀로 많은 역할을 해야 하는 종이 더 많은 정보를 처리해야 하고 따라서 더 많은 정보의 통합이 필요하기 때문일 것이다.

꿀벌의 뇌/몸체 비율은 0.012다. 척추동물에서 양막류는 비율이 0.007이고 조류와 포유류는 0.07이다. 즉 척추동물 중에서도 상위그룹에 속하는 동물과 비슷하다[그림 6-14]. 그러나 척추동물에 비해 극히 적은 약 96만 개의 절대 신경세포 수는 뇌기능에 엄격한 제한을 가하며 행동적 유연성을 제한할 수 있다. 이러한 면에서는 양막류의 도롱뇽 수준과 비슷하다[Roth and Wake, 1985]. 그러나 근래 뇌기능을 위하여 중요한 것은 뇌신경세포 총수가 아니라 신경세포발화의 상대적 시간구조라는 것이 밝혀지고[Singer and Gray, 1995; Liieke et al., 1997] 또 하나의 신경세포의 계산적 기능이 우리가 흔히 생각하는 것보다 훨씬 중요하다는 것이 밝혀졌다[Yuste and Tank, 1996]. 그리하여 꿀벌의 뇌처럼 포유동물보다는 훨씬 적은 수의 신경세포를 보유하지만 다른 절지동물보다 신경세포가 상대적으로 많은 우리가 일반적으로 추측하는 것보다 더 다양한 기능을 그 동물에 부여할 수 있을 것이다[Menzel et al., 2001].

곤충들의 행동적 유연성을 판단하는 기준으로 척추동물을 판단할 때와 마찬가지로 기대, 주의, 예측, 개념형성 등이 사용되는데 이들을 사용해 꿀벌의 행동유연성을 조사하기 위해 꿀벌의 여러 행동을 살펴본 결과 꿀벌은 그 기준을 다 만족시켰을 뿐만 아니라 아주 인상 깊은 행동이 많았다. 꿀벌은 빠르고 우아하게 비행할 수 있으며 꽃가루와 꿀을 추출하기 위한 아주 다양한 꽃을 조작하기를 배우고 이를 효과적으로 수행했다. 그들은 새끼들을 돌보며 그들 나이에 따라 유충들을 먹이고 핥아주었다. 그리고 그들 사회 내에서 유연하게 과제를 배분했다. 그들은 그들 무리에 필요한 것들에 대해 의견교환을 하고 정형화된 몸과 날갯짓을 이용해 먼 곳에 있는 음식 원의 질이나 위치, 잠재적인 새 보금자리의 위치 등에 대해 서로 정보를 교환했다.

이러한 행동적 면뿐만 아니라 정교한 감각기관을 구비해 탁월한 감각능력을 구비했다. 꿀벌의 눈은 인간이나 원숭이를 비롯한 많은 고등동물의 눈처럼 삼원색을 바탕으로 색채를 구분하고 자외선을 포함하나 적색의 범위는 좁은 스펙트럼의 가시범위를 갖고 있다. 또 7,000여 개의 육면체 홑눈hexagonal six-sided facets들이 모여 이루어진 겹눈compound eyes을 두 개 가지고 있는데 각 홑눈은 긴 원통형의 구조를 갖고 있으며 겹눈은 홑눈에서 얻어진 상들을 종합해 하나의 전체적인 상을 형성한다. 이런 색채 구분과 상 형성을 통하여 패턴을 구분한다. 또 어떤 감각기관을 이용하는지는 모르나 시간보정 천상나침반에 따라 비행하기 위해 빛의 편광패턴을 사용하고 심지어 중력이나 지구의 자장까지도 음식이나 벌집의 위치를 가리키거나 학습하기 위해 이용한다.

후각기관도 매우 발달하여 음식이나 벌집, 동료들의 냄새를 빨리 학습하고 구분할 수 있는 냄새의 수도 거의 무한하다. 이밖에도 수많은 지능적 행동과 감각적 기능이 가능하다. 이러한 모든 행동과 기능이 계통발생적으로 학습해 조상에게서 유전으로 물려받았는지 아니면 주위 환경과의 접촉경험에 의해 개체발생적으로 학습했는지를 밝히는 것은 기술적으로 몹시 어려운 일이다. 꿀벌의 여러 행동과 기능이 하도 절묘해서 창조론자들은 꿀벌의 그러한 모든 행동과 기능들이 96만 개의 신경세포를 포함하는 1mm^2 정도의 작은 뇌 속에 진화에 의해 구축되었다는 것은 불가능한 일이며 신의 설계로만 가능하다고 주장하고 있다. 세계의 여러 곳에서 관심 있는 학자들이 하나씩 밝혀내고 있지만 앞으로도 많은 시간이 흘러야 꿀벌의 유전과 학습의 행동결정에 대한 전체 윤곽이 잡힐 것이다.

꿀벌은 앞서 NRC의 기준에 따르면 의식이 있다는 결론이 나온다. 그밖에 외수용기적 감각의식의 존재를 평가하는 앞서의 파인베르크와 말라트의 감각의식을 갖춘 뇌의 신경생물학적 조건으로 볼 때도 꿀벌의 의식이 가능한지 지금까지 여러 학자의 조사결과를 토대로 차례로 살펴보면 다음과 같다.

① 복잡성: 뇌에 96만 개 신경세포. 상대적으로 많은 뉴런 수
② 계층화: 시각 5단계, 후각, 청각, 촉각 등 대부분 2-4 단계
③ 동일배치구조: 시각을 비롯해 대부분 감각에서 구비
④ 높은 단계에서 상호소통: 가능
⑤ 의식 통합 부위: 버섯체mushroom body
⑥ 기억부위: 버섯체mushroom body
⑦ 선택적 주의기제: 시각에 대해 가능, 관련 부위들 간 동시의 전기적 발화: 버섯체를 중심으로 이루어짐

일곱 개 조건을 고등척추동물 수준에는 못 미치나 거의 만족시키므로 외수용기적 감각의식이 존재한다고 보아야 한다. 꿀벌처럼 조사가 많이 된 곤충은 없다. 그러나 조사된 대부분 곤충은 꿀벌 수준에는 못 미치지만 위의 조건들을 거의 만족시키므로 감각의식이 있을 가능성이 많다. 그러나 여전히 많은 학자 사이에 꿀벌의 의식존재 가능성에 대한 논쟁은 아직도 끊이지 않고 있다. 척추동물에 비해 턱없이 수가 적은 꿀벌의 신경세포는 아마도 척추동물의 신경세포보다 수십 배 이상 효율이 있을 것이라는 주장과 꿀벌의 신경세포도 척

추동물과 같은 신경전달물질과 전기적 신호전달을 하므로 척추동물의 신경세포와 다를 바 없다는 주장이 맞서고 있다.

이러한 논쟁을 종식할 수 있는 방법은 꿀벌이 정신적 영상을 형성할 수 있느냐를 밝히면 가능하다. 마음속으로 정신적 영상을 형성하는 것은 의식이 없으면 불가능하기 때문이다. 이에 대한 획기적 실험이 스페인 과학자 파우리아Karine Fauria와 동료들에 의해 행해졌다Fauria et al., 2000. 그들은 〈그림 6-46〉과 같은 장치를 이용해 꿀벌이 먹이를 구하려고 수시로 바뀌는 무늬에 의해 둘러싸인 두 구멍을 통과하지 않으면 안 되게 했다. 먹이가 있는 구멍에 45° 사선배경과 나이테무늬 조합일 때는 보금자리로 가는 구멍에는 45° 사선배경과 부채무늬 조합으로 된 구멍을 통과해야만 무사히 먹이를 얻고, 보금자리로 돌아갈 수 있고 먹이가 있는 구멍에 135° 사선배경에 부채무늬로 된 조합일 때는 보금자리로 돌아가는 구멍에는 135° 사선배경에 나이테배경을 통과해야만 하도록 만들었다. 이들이 앞의 조합을 마음에 그리고 뒤의 조합을 선택하지 않으면 이 과제를 성공적으로 수행할 수 없다.

꿀벌들은 이틀간 훈련을 마친 후 먹이구멍에서는 85%, 보금자리구멍에서는 79%의 성공률을 보였다.* 이들이 우연히 이러한 업적을 달성할 확률은 먹이구멍에서는 1%, 보금자리구멍에서는 5% 미만이었다. 이것은 꿀벌들이 마음속으로 무늬 조합의 영상을 만들어 기억하는 것을 확실히 증명해준다. 이러한 업적이 유전자에 부호화된 소프트웨어 때문일 가능성은 매우 희박하다.

또 다른 한 예로 약 20년 전 다이어와 굴드Fred Dyer and James Gould의 벌을 이용한 '호수실험'이라고 알려진 재미있는 실험은 호숫가 일벌

* 올바른 구멍으로 먼저 들어갔다는 것을 의미한다.

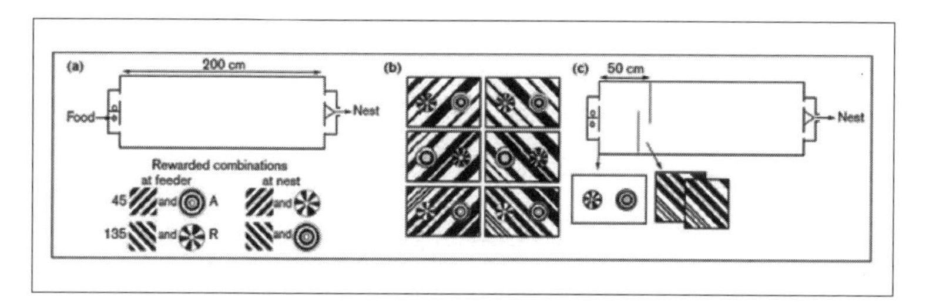

그림 6-46 파우리아의 실험. (a) 실험설계 도해. 아래 상자는 두 맥락의 각각에서 사용되는 패턴요소의 두 보상받는 조합을 보여준다. (b) 여섯 학습패턴(유형), (c) 줄무늬 칸막이가 있는 실험상자와 끝 벽에 바로 놓인 디스크들

들을 벌의 날갯짓을 모방하여 훈련시켜 호수 중간에 먹이를 찾아가도록 유도했으나 절대로 가지 않았고 배를 호수 중간으로 몰고 가도 소용없었다. 그 대신 더 멀리 떨어진 호수 건너편에 먹이를 찾아가도록 유도했을 때는 순순히 따랐다[Gould, 1990]. 이것은 가능성이 낮은 행위는 하지 말도록 유전자에 프로그램되었기 때문이기는 해도 그 벌들이 주위 환경에 대한 완전한 정신적 지도*를 갖고 있다는 것을 의미한다. 어쨌든 날개신호를 알아보고 주위 환경에 대한 지도를 형성했다면 가장 기본적인 현상의식은 소유하고 있다고 보아야 한다. 앞의 파우리아의 연구결과와 이 연구결과로 볼 때 꿀벌의 의식존재에 대한 논쟁은 거의 승패가 결정된 것처럼 보인다.

이상에서 꿀벌을 대표적인 절지동물의 사례로 보고 의식의 가능성을 보았다. 이들 꿀벌 실험의 결과와 앞에 나온 스트라우스펠드의 주장으로 미루어보면 꿀벌과 기본적인 뇌 구조가 비슷한 초기 캄브리아기 절지동물들과 현존하는 다른 많은 절지동물도 꿀벌과 정도 차이는 있지만 의식이 있었거나 있을 가능성이 많다고 생각된다.

---

* 정신적 지도(Map): 호숫가, 호수, 호수 중간 섬으로 이루어진 주위 환경에 대한 정신적 지도.

5. 연체동물의 의식

마지막으로 연체동물의 의식의 가능성에 대해 살펴보고 그중에서 의식의 존재가능성이 많고 다수 학자들이 가장 많이 연구한 문어의 행동과 뇌 구조를 집중적으로 살펴본다. 먼저 연체동물의 계통발생적 분류를 살펴보면 절지동물과 마찬가지로 선구동물에 속한다그림 6-47.

연체동물은 후구동물인 척추동물보다는 절지동물에 가까운 선구

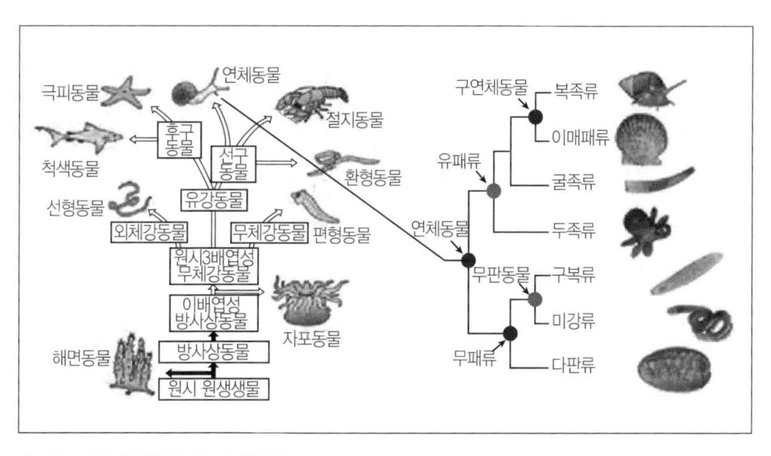

그림 6-47 연체동물의 계통발생도

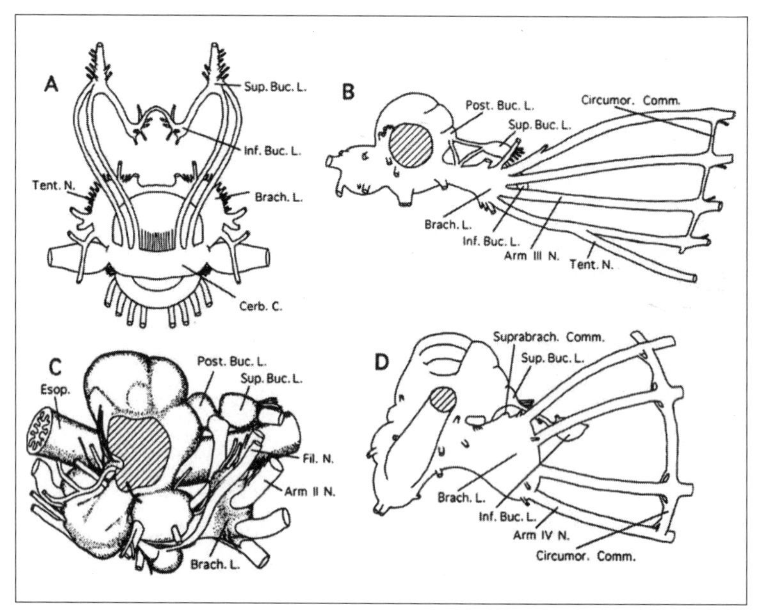

그림 6-48 몇 두족류의 중추신경계 비교 A. 앵무조개(Nautilus),* B. 갑오징어(Sepia)**(Cuttlefish), C. 흡혈오징어(Squid)***(Vampyroteuthis), D. 문어(Octopus).**** 갑오징어와 문어만 조금 비슷하고 종마다 독특한 형태를 띠나 뇌는 전반적으로 같은 영역으로 이루어져 있다. 약어: Arm II-IV N.: 완축신경(arm axial nerve) 2-4, Brach. L.: 팔신경엽(brachial lobe), Cerb. C: 뇌삭(cerebral cord), Circumor. Comm.: 입주위 교련(circumoral commissure), Esop.: 식도(esophagus), Fil. N.: 가는 축신경(filament axial nerve), Inf. Buc. L.: 하구강엽(inferior buccal lobe), Post. Buc. L.: 뒤구강엽(posterior buccal lobe), Sup. Buc. L.: 상구강엽(superior buccal lobe), Suprabrach. Comm.: 완상교련(suprabrachial commissure), Tent. N.: 촉수신경(tentacle nerve)

동물이다. 따라서 척추가 없고 척추동물과는 전혀 다른 뇌 구조를 독자적으로 진화해왔다그림 6-48.

연체동물은 몸체가 약해서 껍질이 단단하지 못한 종은 거의 화석

* Griffin, 1900에서 수정.

** Hillig, 1913에서 수정.

*** R. E. Young, 1967에서 수정.

****J. Z. Young, 1971에서 수정.

을 남기지 못했다. 그래서 남아 있는 화석은 복족류*와 이매패류**가 대부분이다. 화석상 가장 오래된 연체동물은 5억 6,000만 년 전 에디아카라기의 킴베렐라Kimberella인데 석회화하지 않은 부드러운 껍질을 한 연체동물이기는 하나 그 분류에 대해서는 학자들 간에 논란이 많다. 캄브리아기 초기5억 4,500만-5억 2,800만 년 전에 복족류와 이매패류가 출현하고 두족류***는 캄브리아기 말기4억 9,000만-4억 3,400만 년 전에 출현했다.

연체동물 화석 중 비교적 원형이 잘 보존되어 있는 연체동물 종은 두족류이면서 복족류와 껍질이 비슷한 암모나이트Ammonoidea다. 암모나이트는 한때 생김새가 비슷한 현존 앵무조개류로 오인되었으나 화석에서 지금의 두족류가 포식자를 피하기 위해 사용하는 먹물의 잔재가 발견되어 두족류로 분류되고 있다. 암모나이트는 대본기약 4억 년 전에 출현했다가 백악기 말기약 7,000만 년 전에 멸종되었는데 크기가 손가락 마디만 한 것부터 길이가 2m나 되는 거대한 화석까지 다양하게 발견되었다그림 6-49. 암모나이트 뇌 연구는 거의 보고되지 않아 아마도 같은 조상에서 진화한, 현생에서 유사하나 다른 종인 앵무조개의 뇌로 유추해보면 앵무조개 뇌가 아주 작고 눈도 렌즈가 없는 원시적 눈을 가진 것으로 보아 암모나이트도 유사한 뇌와 시각을 가졌으리라 추측될 뿐이다.

암모나이트는 그나마 앵무조개로 유추할 수는 있으나 그밖에 고대 연체동물은 뇌에 관한 자료가 거의 남아 있지 않아 유추하기조차 힘들다. 비록 캄브리아기를 포함한 고대에 현대의 두족류와 같은 석회석으로 이루어진 껍질이 없는 종coleoids초형아강이 존재했다 하더라도

---

* 복족류(Gastropods): 배에 다리가 붙은 연체동물.

** 이매패류(bivalves): 상하 대칭으로 조개껍질을 두 개 가진 연체동물.

*** 두족류(cephalopods): 머리에 발이 붙은 연체동물.

 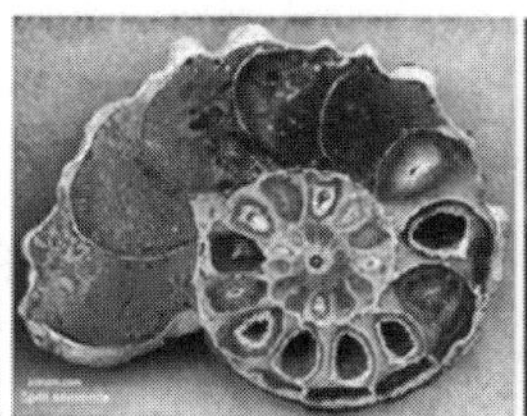 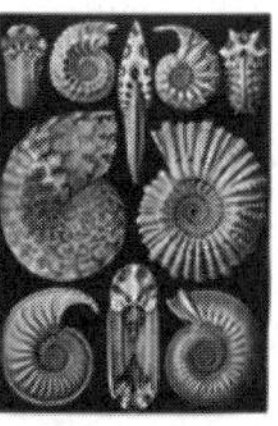

그림 6-49 다양한 암모나이트의 형태와 대표적 단면

바닷물 속 환경에서 쉽게 부패해 화석을 남기기 힘들었을 것이다. 유일하게 미국 펜실베이니아에서 발견된 약 3억 년 전 폴세피아 마조네시스*Pohlsepia mazonensis*의 화석이 가장 오래된 문어의 화석으로 간주된다그림 6-50.

화석사진으로 보아도 알 수 있듯이 전체 외부윤곽만 파악할 수 있을 뿐 자세한 신경구조는 전혀 알 길이 없다. 확실한 것은 문어가 출현한 후 3억 년이라는 기간은 문어가 높은 지능과 의식이 가능한 크고 효율적인 뇌를 진화시키기에 충분한 시간이라는 것이다.

연체동물 중에서 다른 종과 달리 두족류만 지능이 높은 뇌를 진화시킬 수 있었다. 그 이유는 무엇이었을까? 현존하는 앵무조개, 갑오징어, 오징어, 문어 등 두족류의 뇌그림 6-48는 복족류의 뇌그림 6-51보다 훨씬 크고 복잡하다. 이러한 크고 지능이 높은 뇌를 진화시킨 선택압은 아마도 주로 땅바닥에서 느리게 움직이며 정지된 먹이를 먹고사는 복족류와 달리 두족류는 물속에서 활발히 움직이는 먹이를 잡아먹어야 하기 때문에 많은 복잡한 움직임을 위한 높은 지능이 필요했기 때문이었을 것이다.

이러한 선택압이 작용한 좋은 예는 같은 복족류에 속하는 두 부류, 즉 원시복족류와 신성복족류의 뇌에서 볼 수 있다. 원시복족류의 하

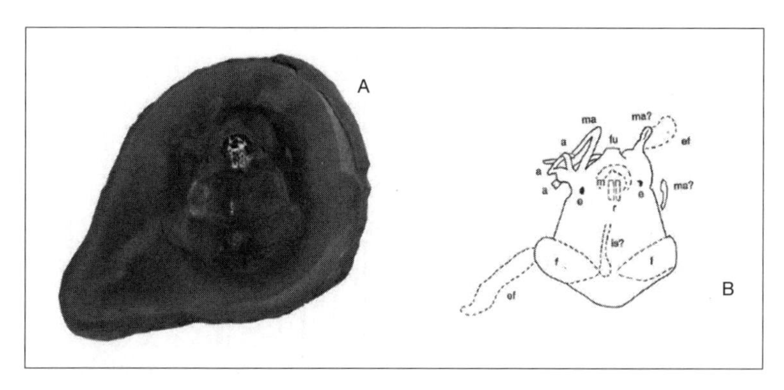

그림 6-50 폴세피아 마조넨시스(*Pohlsepia mazonensis*)의 화석(A)과 재구성한 그림(B).
e: 눈(eye), ef: 유추된 액체(expressed fluid), f: 지느러미(fin), fu: 깔때기(funnel),
is: 먹물주머니(ink sac 또는 내장흔적gut trace), m: 아래턱(mandibles), ma: 수정된
팔(modified arm 또는 tentacle), r: 치설(radula)*

나로 바위나 배 바닥에 강하게 붙어 거센 파도에도 끄떡없이 버티는 삿갓조개류는 사실 움직임이 거의 없다. 자연계에 존재하는 아주 단단한 재료물질인 침철석goethite이라는 딱딱한 광물섬유로 된 이빨로 바위에 붙어 있는 미세조류를 먹고살며 바위에 부착한 빨판의 힘이 너무 강해서 사람 손으로는 떼어내기가 불가능하다.

뇌 진화의 주목적이 움직임임을 감안할 때 삿갓조개류의 뇌가 단순하고 작은 것은 너무나 당연하다. 반면 같은 복족류라도 우렁이나 고둥 같은 신생복족류는 바다 바닥 위를 자주 움직이며 먹이를 먹어야 하기 때문에 삿갓복족류보다는 높은 지능이 필요하고 그만큼 뇌가 크고 복잡해지지 않으면 안 되었다그림 6-51.

두족류 중에서 강력한 포식자이면서 지능이 높은 문어와 흡혈오징어*Vampyroteuthis infernalis*는 외관상 비슷하다. 흡혈오징어는 처음에는 문어로 분류되었으나 후에 멸종된 몇 종과 함께 새로운 목으로 분류되

* Kluessendorf & Doyle, 2000.

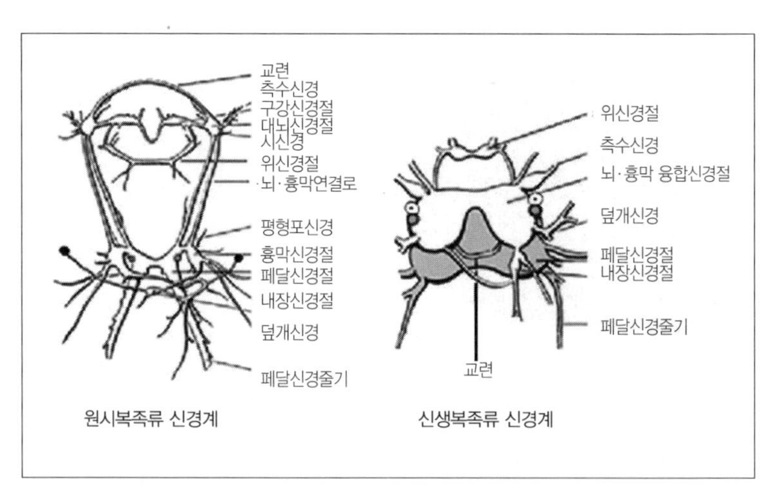

그림 6-51 복족류의 신경계

었다. 이름에 오징어라는 단어가 붙어 있으나 오징어와는 다른 목이다. 흡혈오징어의 뇌도 오징어의 뇌보다는 문어의 뇌와 더 비슷하다. 이들 두족류의 뇌가 척추동물이나 절지동물과 다른 큰 이유 중 하나는 다른 동물들에 없는 하나하나가 독자적으로 유연하고 복잡한 행동을 보여주는 많은 팔에 신경이 고루 많이 분포되어 있고 이를 제어하는 큰 신경절과 이를 뇌와 연결하는 신경섬유다발들 때문에 척추동물이나 절지동물과는 다른 독특한 뇌 구조가 필요했기 때문이다.

실제 문어의 총뉴런 수는 5억 2,000만 개 정도인데 조류나 포유류에 비해 뇌중량/몸체중량의 비율이 낮으나 뉴런 개수는 조그만 조류나 포유류보다 많고 그 나름대로 매우 잘 기능한다. 문어의 뉴런 5억 2,000만 개 중 중추신경계에 해당하는 뇌 부분에는 1억 5,000만 개뿐이고 나머지 3억 7,000만 개는 팔을 제어하는 팔 시작부분에 있는 신경절들에 모여 있다. 이것은 팔을 효율적으로 제어하기 위해 그만큼 많은 신경이 필요하기 때문이다. 실제로 모든 팔은 제각기 독자적으로 행동하면서 주위를 감지하고 제어할 수 있다.

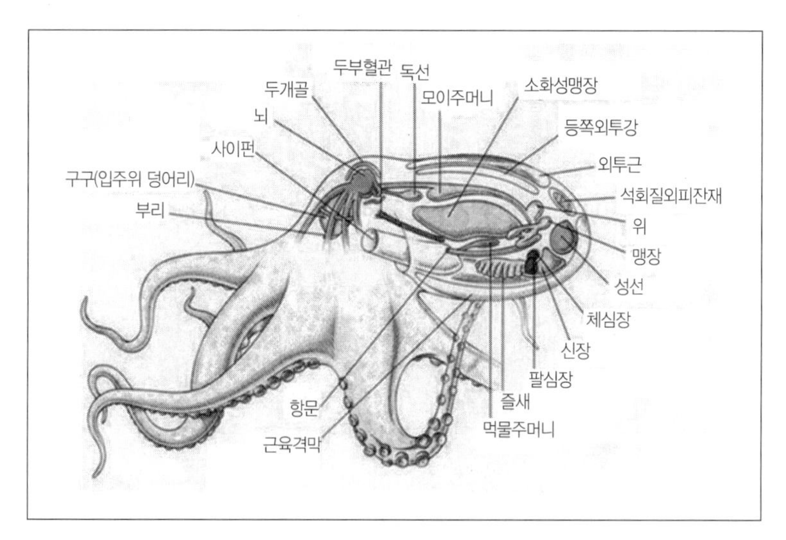

그림 6-52 문어의 신체구조

문어의 해부학적 구조는 〈그림 6-52〉에서 볼 수 있듯이 문어의 머리 모양 속에 신경계는 극히 적은 일부를 차지하고 대부분은 소화기관과 다른 내장으로 채워져 있다. 즉 척추동물의 뇌와 복부내장을 모두 합친 것이 머리 부분에 들어 있다. 뇌는 눈 바로 아래에서 식도 위를 감싸고 있으며 뇌에서 굵은 팔신경이 뻗어나가 있는 것이 보인다. 독특한 구조로 심장 세 개와 독선과 먹물주머니가 보인다. 문어의 심장은 몸통에 피를 공급하는 심장 하나와 아가미 및 다리에 피를 공급하는 두 개로 이루어져 있다. 독선은 아마도 먹이를 죽이거나 소화시킬 때 독을 내뿜기 위한 것으로 보인다. 또 하나의 독특한 구조는 옛날에 몸을 보호하던 조개껍질이나 소라껍질 같은 것이 퇴화된 흔적을 갖고 있다.

문어의 뇌는 〈그림 6-53〉에서 보듯이 매우 복잡하다. 좌우의 크게 부푼 부분은 시엽이고 눈 바로 아래에 있다. 이렇게 다른 영역에 비해 엄청나게 큰 시엽의 존재는 문어에서 시각이 생존에 차지하는 비

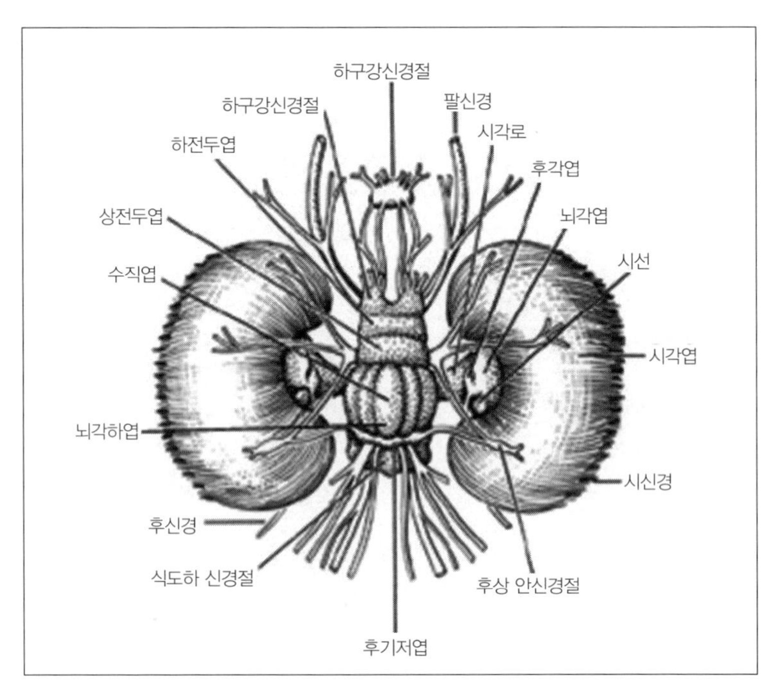

그림 6-53 문어의 뇌*

중이 그만큼 높다는 것을 의미한다. 문어 뇌의 나머지는 식도 위를 둘러싸고 있다. 문어 연구의 선구자 영 John Zachary Young, 1907-97은 이를 식도위 뇌센터supraoesophargeal brain center라고 명명했다. 팔신경brachial nerve은 팔에 신경을 뻗기 위해 밖으로 뻗어나간다. 더 정확히 말한다면 머리신경계를 팔신경계와 연결하기 위해서라고 해야 한다. 머리신경계와 분리된 팔신경계는 그 자체로 크고 복잡하며 자율적으로 움직인다.

영은 문어의 뇌를 5기능그룹, 즉 하위운동센터lower motor center, 중간운동센터intermediate motor center, 상위운동센터higher motor center, 수용기

* Young, 1964.

분석자receptor analyser, 기억센터memory center로 나눈다. 하위운동센터는 근육을 직접 제어하는 뉴런들을 포함하는데, 이들은 근육수축을 일으켜 동물의 움직임을 가능하게 한다. 이들은 문어의 팔신경계에 위치하여 포유동물의 운동피질과 척수의 일부 뉴런과 유사하다. 중간운동센터는 전·후완엽* 사이에서 앞쪽 식도하 신경절suboesophargeal ganglion 속에 다른 여러 신경과 같이 있으며 하위운동센터보다 수준 높은 방식으로 팔들 사이의 운동을 조화시킨다.

이들은 자극을 받으면 복잡한 움직임 패턴을 만드는 포유동물의 운동피질과 전운동피질의 어떤 뉴런들에 비견된다. 그러나 그들은 문어가 몸 전체로 자유롭게 움직일 때 보이는 행동은 만들지 못한다. 상위운동센터는 기저엽basal lobe에 있으며 동물의 몸 전체를 포함하는 복잡한 행동을 제어한다. 이들과 유사한 기능을 하는 기관은 포유동물에 없는 것 같고 전운동피질의 어느 부위에 해당하는 것 같은데 하위운동단위들의 활동을 조화시키는 일을 하는 것으로 추정된다.

수용기분석자는 감각수용기에서 들어오는 정보를 해석하는 뇌 부위들이다. 그것은 들어오는 시각정보를 분석하는 시각엽과 팔에 있는 촉각수용기로부터 들어오는 정보를 분석하는 구강시스템buccal system과 입 가까이 팔들이 모이는 장소에 있는 구강 신경절을 포함한다. 포유동물의 뇌에도 이들과 비슷하게 들어오는 시각과 청각정보를 분석하는 상소구와 하소구가 있다.

마지막으로 중요한 것은 기억센터다. 문어의 기억센터는 상전두엽, 수직엽, 수직하엽, 구강시스템 및 하전두엽들에 분산되어 있다Young, 1971. 영은 이들 시스템 내 구조들이 인간에서의 해마회로와 유사함을 보여준다고 주장한다. 인간의 기억이 해마와 연결된 편도체

---

* 전·후완엽(pre- and post- brachial lobes): 팔을 제어하는 피질.

와 대뇌피질 등 여러 곳에 분산 저장되는 것에 착안한 듯하다. 그의 이 주장은 옳고 그름을 떠나 흥미 있는 추론으로 생각된다. 물론 문어의 뇌도 어떤 외부자극정보가 말초 감각수용기에서 여러 단계의 신경섬유를 거치면서 점점 고급 정보로 된 후 여러 감각이 통합되는 뇌 영역으로 가서 의식을 발현시킨 후 다시 여러 신경섬유단계를 거쳐 운동효과기로 가는 기본적인 뇌구성 원리는 척추동물이나 절지동물과 다를 바 없다. 다만 팔을 제어하는 신경절이 자율성이 큰 것은 다른 문의 동물들과 크게 다르다.

이상에서 문어의 해부학적 신체구조와 뇌 구조와 기능을 살펴보았는데 문어의 뇌는 두족류를 대표하는 가장 복잡한 뇌이며 다른 두족류의 뇌도 문어와 뇌 모양에서는 다소 차이가 나나 뇌에 포함된 기본적 기능영역은 문어와 크게 다르지 않다. 문어에 의식이 있다면 이들에게도 의식이 있을 가능성이 많다.

척추동물이나 꿀벌을 대상으로 했던 것과 같이 파인베르크와 말라트의 감각의식을 갖춘 뇌의 신경생물학적 조건으로 볼 때 연체동물 중에서 지능이 가장 높은 문어가 의식이 가능한지 지금까지 여러 학자의 조사결과를 토대로 차례로 살펴보면 다음과 같다.

① 복잡성: 전신에 5억 2,000만 개, 뇌에 1억 5,000만 개의 신경세포. 상대적으로 많은 뉴런 수
② 계층화: 시각 4 혹은 5단계. 후각, 청각, 촉각 등 대부분 2-4단계
③ 동일지형적 구조: 시각을 비롯해 대부분 감각에서 구비
④ 높은 단계에서 상호 소통 가능
⑤ 의식통합 부위: 뇌의 수직엽과 전두엽vertical and frontal lobe of brain
⑥ 기억 부위: 뇌의 수직엽과 전두엽vertical and frontal lobe of brain을 비롯한 여러 곳
⑦ 선택적 주의기제: 아직 조사가 미흡하나 먹이를 추적하는 능력

으로 볼 때 갖춘 것이 확실해 보인다.

7개의 거의 모든 조건을 충족하므로 문어는 의식이 있다고 보아야 한다.

이밖에도 알버틴Caroline Albertin과 동료들이 『네이처』에 발표한 논문Albertin et al., 2015에 따르면 문어의 눈은 가장 진화된 카메라와 같은 구조로 되어 있고 유전자 개수는 인간과 비슷하며 심지어 단백질 코딩 암호화 유전자protein-coding Genes 수는 3만 3,000개로 인간2만 5,000개보다 많았다. 이것은 문어가 3억 년 전 지구에 처음 모습을 드러낸 후 주변 환경에서 생존하기 위해 끊임없이 새로운 유전자를 복제하면서 꾸준히 진화를 계속해온 것을 의미한다.

다른 측면에서 문어의 높은 지능을 시사하며 의식의 가능성을 보여주는 행동을 살펴보자. 문어는 빨판이 달린 팔 8개를 각각 독립적으로 움직이도록 제어할 수 있어 다리로 병뚜껑을 열어 병 안의 먹이를 꺼내 먹을 수 있고, 다른 문어 흉내를 내기도 하며, 장난이나 놀이도 할 줄 알고 반복에 의한 학습도 가능하다. 미로 속에 가둬두면 몇 번 시행착오 끝에 미로를 통과할 수 있으며 짧은 기간에는 이를 기억하기도 한다.

문어는 사람 얼굴도 판별할 수 있다. 예를 들면 수족관의 문어에게 한 사람은 먹이를 주고 다른 사람은 약을 올리기를 11일 동안 계속한 뒤 각자가 따로 수족관 위에 얼굴을 내밀었을 때 약을 올린 사람을 보고는 먹물을 뿜고 호흡률이 높아지며 눈 주변에 위장무늬가 나타났다Montgomery, 2015. 가장 놀라운 능력의 하나는 위장술이다. 피부 색깔을 어떤 주위 환경과도 순식간에 일치시키는 놀라운 능력을 보여준다.

먹이나 포식자를 속이기 위해 바다 바닥에 붙으면 바닥과 비슷하게, 바위에 붙으면 바위와 비슷하게, 산호 옆에 있으면 산호와 비슷하게 보이도록 피부 색깔을 변화시킨다. 자기보다 큰 포식자가 나타나면 두 다리로 밑바닥을 걸으면서 여섯 개 다리로는 공처럼 몸을 말아 마치 다른 물체처럼 보이게 한다. 보통은 흐느적거리며 느리게 움직이지만, 위험을 느낄 때나 먹이를 잡을 때 발로 바닥을 박차고 물 위로 몸을 띄운 다음 외투강 속에 채웠던 물을 출수공으로 뿜어내는 제트 추진 방식을 사용해 목표로 삼은 지점을 향해 로켓처럼 날아갈 때는 속도가 매우 빠르다. 도망을 치다가 한계에 부딪히면 몸을 숨기기 위해 먹물을 뿜어 위기를 모면한다. 위협을 느끼면 자기 몸을 보호하기 위해 날카로운 가시로 무장한 성게 사이로 몸을 숨기기도 한다.

이러한 예는 무수히 많다. 대부분 행동이 의식을 전제하지 않고는 설명할 수 없다. 다만 혈액의 신호를 통해 색깔을 바꾸는 바다의 카멜레온이라고 할 수 있는 문어를 비롯한 갑오징어, 넙치 등이 피부 색깔을 바꾸는 것이 의식적 행동인지, 유전자에 프로그램된 무의식적 행동인지는 현재로서는 의문이다.

문어 이외에 대왕오징어, 낙지, 주꾸미, 오징어 등 두족류는 해부학적 구조나 뇌 구조가 문어와 비슷하고 앞의 의식을 위한 조건을 대부분 충족하므로 문어와 정도 차이는 있어도 의식이 있다고 보아야 한다. 특히 영어권에서는 작은 문어small octopus라고 알려진 낙지의 뇌지도와 유전체게놈를 최근 과학저널에 발표한 국립해양생물자원관 안혜숙·정승현 박사와 연구자들은 낙지도 문어와 뇌 구조가 아주 비슷하며 양파를 넣는 그물망의 작은 구멍으로 발을 낸 뒤 구멍을 크게 만들어 종종 탈출하는 것과 같은 높은 지능을 암시하는 여러 가지 행동을 보여준다고 말했다http://www.hani.co.kr/arti/animalpeople/ecology_evolution/868799.html.

그러나 대부분 복족류는 눈은 햇빛을 감지할 수 있는 안점에 불과하고 의식을 위한 조건을 거의 충족하지 못하므로 의식이 없다고 보는 것이 옳은 것 같다. 다만 불가사리를 잡아먹고 사는 소라고둥Triton Snail, 학명 *Charonia*과 같은 대형 신생복족류에 대해서는 앞으로 연구해 보아야 알 수 있을 것 같다. 소라고둥은 눈은 햇빛을 감지할 수 있는 안점에 불과해 먹이를 잡을 때 주로 후각을 사용한다. 자기보다 느린 불가사리 같은 먹이의 냄새를 탐지했을 때 몸을 틀어 추적해 근육질 발로 먹이를 잡고 이빨 같은 치설로 먹이의 피부가죽을 쏠아 구멍을 내고 내장이나 성선처럼 부드러운 부분부터 먹기 시작하는 것이 관찰되었다. 이것은 시각보다 후각이 더 발달된 것을 의미하며 의식의 중요한 전제조건의 하나인 시각 이미지를 형성할 수 없다는 것을 시사한다. 그러나 후각 이미지는 분명히 형성할 수 있을 것이다.

척추동물, 절지동물, 연체동물이 각각 별도로 매우 다른 구조로 된 뇌를 가지고 의식을 진화시켰다는 것은 의식의 진화에 중요한 것을 시사해준다. 기능주의자의 논리대로라면 어떤 기능은 재료나 구조와 상관없이 여러 가지 방법으로 실현 가능하다. 어떤 재료나 구조를 가진 실체라도 그것이 의식을 발현할 수 있을 만큼 충분히 복잡하고 효율적이라면, 즉 정보통합 능력이 있다면 의식을 발현할 수 있다.

예를 들면 음성녹음재생이나 영상녹화재생은 자석테이프를 이용한 기기로도 가능하고 플라스틱 디스크를 이용한 기기로도 가능한 것처럼 의식의 진화도 위에서 보았듯이 여러 가지 뇌 구조를 통하여 가능하다. 이것은 미래에 고도로 복잡한 바이오컴퓨터를 장착하여 의식을 갖춘 뇌의 조건을 충족시키는 로봇이 개발된다면 그 로봇이 의식을 갖게 될 수도 있다는 것을 의미한다.

그러나 의식을 가진 동물의 뇌가 지닌 뉴런과 시냅스의 가소성 문제와 그에 따른 의식과 기억의 가변성은 로봇이 해결해야 할 가장 큰 난제가 될 것이다. 왜냐하면 그것은 동물 뇌의 뉴런과 시냅스 같은 가소성을 지닌 부속을 내장한 로봇을 만들려면 하드웨어 자체가 끊임없이 변하는 내장된 컴퓨터를 고안해야 하기 때문이다. 이것은 참으로 지난한 일이며 생명이 없는 로봇이 넘을 수 없는 한계일지도 모른다.

지금까지 의식의 기원에 대해 살펴본 것을 정리해보면 의식은 우리가 생각했던 것보다 동물왕국에서 훨씬 오래되고 광범하게 퍼져 있는 것 같다. 의식은 뇌와 마찬가지로 움직임과 생존과 유전자보존을 위해 진화했으며 바다 밑바닥에서 미생물을 먹고 살던 에디아카라기의 동물들은 지금의 스펀지나 히드라나 판형동물털납작벌레처럼 먹거리가 많은 곳에서 거의 움직이지 않거나 느리게 기어 다녔으며 뇌와 의식을 진화시킬 자연선택압이 작용하지 않았으므로 의식이 진화되지 못했다. 환경의 변화를 경험하지 못하고 거의 움직임이 없는 동물들과 달리 활발히 움직이는 동물들은 끊임없는 환경변화 속에서 먹이나 짝을 찾고 위험한 장애물들을 피해야 하며 포식자도 피해야 한다.

움직임에 따르는 다양한 환경변화는 필연적으로 행동의 선택을 요구하고 최소한의 자유의지를 필요로 한다. 의식은 이러한 행동의 선택에 따르는 최소한의 자유의지를 위해서 진화했다고 보는 것이 타당할 것이다. 물론 여기서 말하는 자유의지는 인간의 도덕적 판단과 같은 고차원의 의식활동이 아니라 피할 것이냐 아니냐, 먹을 것인가 말 것인가 등의 생존에 필요한 최소한의 판단을 위한 의식활동을 위한 것이다. 단순한 환경에서 거의 움직임이 없는 동물은 이러한 것을 유전자에 프로그램해서 대처할 수도 있을 것이다.

그러나 이리저리 다니면서 먹이를 확보하거나 포식자를 피해야 하는 동물들의 경우처럼 움직이면서 부딪치는 환경 변화가 복잡하고 다양해지면 그 모든 것을 유전자에 프로그램하기 위해서는 뇌가 한없이 커져야 한다. 그러한 큰 뇌는 엄청난 에너지를 소모하기 때문에 자연에서 선택될 수 없었을 것이다. 이러한 것을 해결하기 위해 자연은 의식이라는 융통성을 발휘할 수 있는 수단을 동물에게 제공했다고 보는 것이 타당한 것 같다. 적어도 5억 6,000만 년 전 캄브리아기에는 좌우대칭동물의 출현과 함께 의식을 진화시킨 동물이 나타난 것으로 추정된다. 아마도 배고픔이나 목마름이나 산소 부족을 느끼는 것 같은 생존과 관계된 원시정서의식이 먼저 나타나고 이러한 원시적 욕구를 해결하기 위해 시각을 필두로 후각, 청각, 촉각 같은 감각의식이 나타났던 것 같다.

시각이 다른 감각에 우선해서 발달한 것은 시각이 환경을 파악하는 데 가장 유리하고 또한 가장 많은 정보를 제공하기 때문이었을 것이다. 진화상 원시동물들의 유전자 분석도 시각이 다른 감각보다 우선해서 진화했다는 사실을 뒷받침해준다. 의식이 진화하려면 어느 정도 복잡한 뇌가 필요했다. 따라서 산만신경계가 아닌 집중신경계를 가진 좌우대칭동물의 출현으로 비로소 인간의 기준으로 볼 때 너무도 희미하긴 하나 최초의 의식이 진화했다고 추정된다. 아직 원시정서의식이 어느 동물에서 최초로 진화했는지는 불확실하다. 그러나 감각의식은 절지동물에서 최초로 진화되고 척추동물에서 뒤이어 나타난 것으로 보인다.

계통발생적으로 거리가 먼 후구동물인 척추동물, 선구동물인 절지동물과 연체동물 모두에서 의식이나 유정의 존재 여부에 대한 표준을 만족시키는 동물들이 다수 확인된 것을 보면 의식은 신경계가 복잡해지고 내부의 상호연결에 의해 정보통합능력이 생기면 신경계 구조와 상관없이 창발하는 것으로 보인다. 앞으로 의식과학이 진전됨에 따라 의식을 가졌다고 확인되는 동물이 더 많이 나타날 것이다.

의식의 선명도는 뇌의 복잡성과 상호연결에 의한 정보통합능력에 비례하는 것으로 보인다. 원시정서의식보다 더 수준 높은 의식의 진화는 기억을 저장할 수 있는 뇌 영역척추동물의 해마, 꿀벌의 버섯체, 문어의 분산된 기억센터이 필수적이었다. 그러나 분명히 의식진화에 유리한 신경계의 구조나 틀이 있으며 최초로 감각의식을 진화시키고도 그다지 발전적 진화를 하지 못한 절지동물과 달리 계속적인 발전적 진화를 거듭해 인간으로까지 발전한 척추동물의 대뇌피질 위주의 신경계가 의식의 진화를 위해 가장 적합한 틀인 것으로 보인다.

척추동물이나 절지동물보다 오히려 더 오래전에 진화한 것으로 추정되는 연체동물들도 바다라는 특수한 환경에 한정된 생활을 해야 하므로 두족류 몇 종을 제외하고는 뚜렷한 발전적 진화를 이루지 못했다. 척추동물은 최초 무악 원시어류에서 경골어류로 발전적 진화를 이루고 더 나아가 생살지느러미를 가지고 해안에서 바다와 육지를 조금씩 오르내리던 일부 어류가 육지에서 활동할 수 있는 양서류, 파충류로 더 발전적 진화를 했다.

다음에 지금까지 뇌에서 시개가 의식의 주인공이었던 것과 달리 피질이 주인공이 되고 체온을 적극적으로 조절하지 못하던 기존의 척추동물과 달리 일정한 체온을 유지하면서 다양한 환경에서 적응할 수 있는 포유류와 조류로까지 진화했다. 또 포유류와 조류는 몸체 바로 밑에 붙은 발 덕분에 앞뒤로 척추와 평행하게 걸을 수 있어 호흡과 무관하게 자유롭게 돌아다닐 수 있게 되었다. 이것은 체온을 보호할 수 있도록 변화된 완전히 접힌 비내골과 더불어 추운 환경에서도 활발히 움직일 수 있게 해주는 대신 큰 뇌와 많은 에너지가 필요하게 했다. 특히 포유류는 청각과 저작씹기을 동시에 행하던 뼈들이 청각과 저작을 위한 뼈로 분화되면서 청각을 획기적으로 개선하게 되었다.

포유류와 조금 뒤에 출현한 조류는 3층의 피질을 소유한 파충류와 달리 6층의 피질을 보유함으로써 뇌 영역 간 정보교환이 개선되고 뇌도 복잡·정교해지면서 의식수준도 그만큼 높아졌다. 포유류 중 일부는 다른 포유류와 달리 눈이 전면을 향하게 되어 시각에 깊이 지각이 더해져 나뭇가지 사이를 자유롭게 건너다니면서 먹이를 정확히 포착할 수 있게 되었고 다음 장에서 좀더 자세히 다루듯이 이들은 뇌의 피질, 특히 전두엽이 커지고 피질과 뇌간, 척수에의 직접 연결이 많아져 지능이 높고 손발 재주와 발성이 다양한 유인원으로 진화하게 되었다.

이들 유인원 중에서 최후로 두 발로 직립해 손을 걸음에서 해방시켜 연장사용과 운반으로 돌릴 수 있게 되고 뇌와 전두엽, 특히 외측 전두엽이 훨씬 더 커지고 피질과 뇌간, 척수에의 직접연결이 훨씬 더 많아진 덕분에 차원을 달리하는 지능과 융통성과 능란한 손재주와 언어를 가진 인류가 탄생하게 되었다. 이렇듯 캄브리아기에서 시작해 현대 인간에서 정점을 이룬 동물들의 발전적 진화는 뇌의 절대적·상대적 크기의 증가와 더불어 그에 비례하는 의식수준의 고도화를 초래했다.

제7부

인간의 의식은 무엇이 특별한가

인간의 의식은 무엇이 특별한가? 이 질문은 뇌가 의식의 진원지이므로 결국 인간의 뇌는 무엇이 특별한가? 하는 질문이 된다. 의식의 기원을 논할 때 척추동물의 진화가 결국 유인원을 출현시켰고 마침내 그 유인원에서 인간이 출현했다는 것을 보았다. 그러면 인간의 뇌는 무엇이 특별해 다른 동물들이 꿈도 꿀 수 없는 위대한 문명을 이루었을까? 수많은 철학자, 과학자, 문학가, 예술가 그리고 생각할 여유가 있는 보통 사람들도 우리 인간은 어떤 존재인가, 니체의 말처럼 단순히 영리한 짐승일 따름인가 아니면 기독교 교리처럼 신의 형상을 한 특별한 존재인가 등을 사색해왔다. 아직 인간을 신이 창조했다는 믿음을 가진 사람들이 종교계를 중심으로 꽤 많이 남아 있긴 하지만 인류가 옛날의 다른 동물에서 진화했다는 것이 현재 과학적으로 일치된 견해다.

이런 견해 중 대표적인 것은 현대 무신론자를 대표하는 도킨스Clinton Richard Dawkins, 1941-나 데닛의 가장 복잡한 인간의 의식은 그보다 덜 복잡한 조상들의 의식으로부터 자연선택에 의해 진화해온 결과들이지 신이나 다른 존재로부터 갑자기 부여받은 특별한 속성을 갖는 어떤 것이 아니라는 주장이다. 그러나 인간은 다른 동물들보다 특수하며 인간과 다른 동물들 간에는 메워질 수 없는 간극이 존재한다는 생각은 종교인들은 말할 것도 없고 많은 철학자나 과학자, 일반인도 믿는다.

덴턴Michael Denton은 『자연의 운명』*Nature's Destiny*이라는 저서에서 인간은 지구상에서 가장 적합한 크기와 구조를 가진 창조물이며 우주의 다른 별에서 고도의 문명을 이룩한 유기체가 있다면 그것은 인간과 유사한 탄소 위주의 신체와 구조와 크기를 가졌을 것이라고 주장했다Denton, 1998. 이러한 믿음은 근거가 많다. 진화론적 견지에서 가장 최근에 진화한 인간이 이룩한 업적은 어마어마하고 또 앞으로도 얼마나 대단한 업적을 이룰지 상상을 불허한다.

그러나 이전에 인간만의 특징이라고 생각되거나 주장되었던 많은 것이 대부분 그렇지 않다는 것이 그 후 많은 동물학자의 연구로 밝혀졌다. 예를 들면 인간만이 연장을 사용할 수 있다는 생각은 일부 까마귀종이나 침팬지의 연장사용 사례로 퇴색되었으며 인간만이 과거의 특수한 사적 사건을 기억할 수 있다는 생각은 코끼리의 탁월한 기억력이나 일부 조류나 다람쥐가 음식저장을 기억한다는 사실에 의해 잘못된 것으로 판명되었다.

이러한 동물들의 능력은 일부 학자들로 하여금 인간과 동물들 사이에 어떤 질적 차이는 없고 양적 차이 정도 차이가 있을 뿐이라는 주장을 하도록 만들었다. 그러나 그러한 주장도 역시 여러 가지 인간과 동물 사이의 메워질 수 없는 차이에 의해 잘못된 것이라는 반론에 직면하게 되었다. 다른 포유류들은 차치하고 인간보다 훨씬 일찍 진화한 다른 유인원이나 인간과 98.7% 동일한 유전자를 가진 침팬지도 다른 포유동물과 크게 다른 능력을 가지거나 다른 업적을 이룩하지 못했다. 주어진 생태계에서 유전자를 보존하기 위한 최선의 일상을 이어가는 것이 고작이다. 인간 이외의 어떤 동물도 오케스트라를 연주할 수 없으며 시를 쓸 수도 없고 컴퓨터를 만들 수도 없다. 아니, 그러한 인간 업적의 10%도 달성하지 못한 것은 고사하고 그럴 가능성이 전무하다.

결국 인간이 모든 면에서 특수하지는 않을지라도 세계문명을 이룩하고 그것의 운명을 좌우한다는 면에서 다른 동물과는 근본적으로 차원이 다르다는 것은 이론의 여지가 없다. 침팬지는 비교적 다른 동물에 비해 신체조건에서부터 지능이나 의식수준에 이르기까지 학자들에 의해서 많이 연구되었고 불과 600만 년 전 인간과 동일한 조상에서 갈라져 계통발생적으로 인간과 가장 가깝다. 그래서 두 종의 유전자가 98.7%나 동일하다. 그러면서도 침팬지의 의식수준과 업적이 왜 그렇게 인간과 차이 나는지 그 원인을 신체적 조건과 뇌를 비교하면서 살펴보자.

1. 인간과 침팬지

먼저 인간과 침팬지의 신체적 차이를 살펴보자. 인간은 체모가 신체의 일부에 난 데 비해 침팬지는 전신을 두껍게 덮고 있다. 체격은 인간이 1.5-2m이고 침팬지는 1-1.7m이며 체중은 인간이 50g-100kg인 반면 침팬지는 40-80kg으로 크게 차이 난다고 할 수 없다. 다른 세부적인 신체적 차이가 〈그림 7-1〉에 나타나 있다. 두 종의 업적 차이를 낳은 가장 중요한 신체적 차이는 뇌의 크기와 손 모양, 발성구조 그리고 직립 두 발 보행과 네 발 보행이다.

우선 인간의 뇌는 침팬지의 뇌보다 3배나 크다[그림 7-2]. 이것은 체중의 차가 25%밖에 안 나는 데 비해 대단히 큰 차이다. 지능의 바로미터인 뇌중량/체중량 비율이 그만큼 크다는 것을 의미한다. 뇌피질의 뇌세포 수는 인간이 침팬지의 두 배가 넘는다. 이것은 같은 조건이라도 인간의 시냅스 수가 침팬지의 시냅스 수의 4배 이상 되며 그에 따른 가능한 세포 간 연결 수도 침팬지보다 기하급수적으로 많아지게 된다. 그것은 인간의 신경세포의 축색[피질하 백질]으로 연결되어 형성되는 여러 신경집단 간 뇌신경망 혹은 뇌회로[network]가 침팬지보다 엄청나게 더 많고 복잡하다는 것을 의미한다.

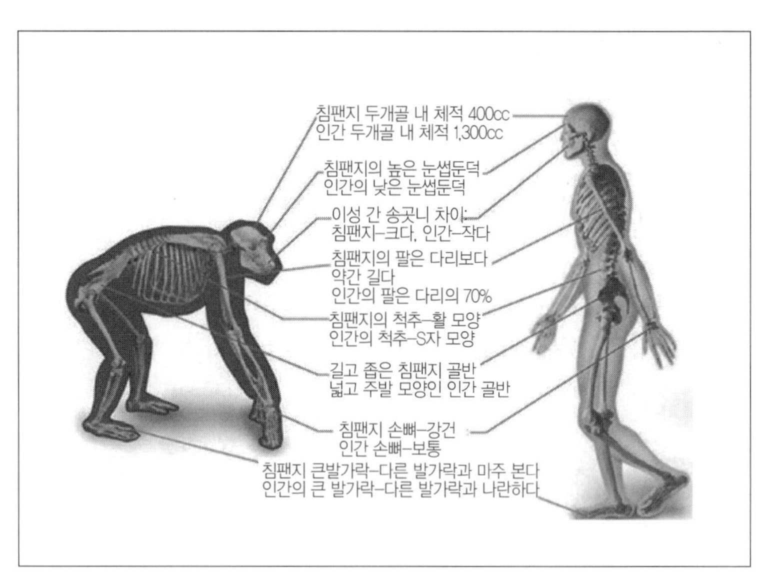

그림 7-1 침팬지와 인간 신체구조의 차이*

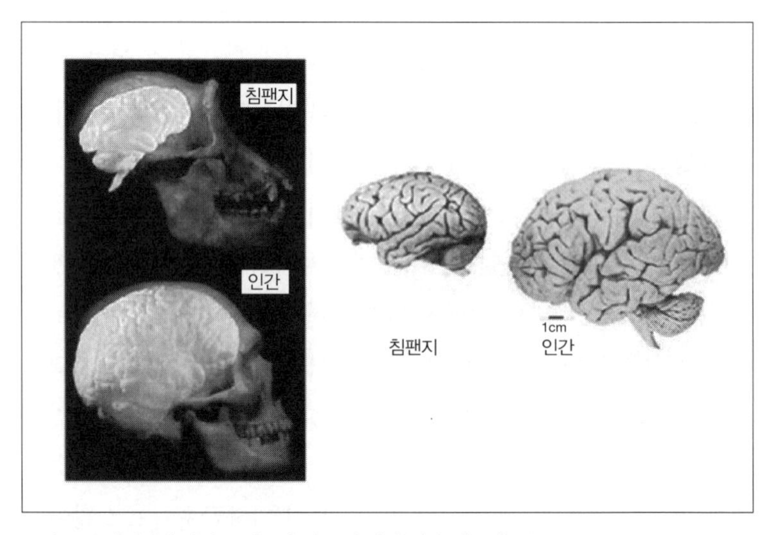

그림 7-2 침팬지와 인간 두개골과 뇌 크기 차이(같은 비로 축소)

* Biology of Humans in SAT Reasoning Test.

이를 뒷받침하는 것은 인디아나대학 인류학자 쉐네만Paul Thomas Schoenemann과 동료들의 연구다. 그 연구결과는 인간의 대뇌피질하 백질이 침팬지를 비롯한 다른 유인원에 비해 특히 풍부하고 그중에서도 고급인지나 판단에 중요한 전두엽하 백질이 가장 풍부하다는 것을 보여준다Schoenemann et al., 2005. 의식은 보통 다른 신체조건이 유사하면 뇌 회로의 복잡성에 비례해서 고차원적으로 되고 지능도 따라서 높아진다. 따라서 인간의 의식과 지능이 침팬지보다 월등한 것은 당연하다고 하겠다.

그러나 단순히 뇌가 크고 뉴런의 수가 많다는 것만이 인간과 침팬지 차이를 설명할 수 없다. 고래나 코끼리의 뇌는 인간보다 훨씬 더 크나 인간만큼 지능이 높지 못하다. 앞에서 거론했듯이 인간과 침팬지 사이에는 뇌 이외에도 신체적 차이가 많다. 그러한 신체적 차이도 인간과 침팬지의 차이를 만드는 데 기여했을 것이다. 또 인간의 더 커진 뇌 속에 침팬지에 없는 기능을 담당하는 영역이 있거나 뇌 구조에서 어떤 큰 차이가 있어야 두 종 사이의 엄청난 차이가 설명이 될 것이다. 그것이 무엇일까?

우선 침팬지 손은 인간보다 엄지를 제외한 네 손가락이 훨씬 길고 더 긴 손바닥과 더 짧은 엄지를 가지고 있다그림 7-3. 인간의 엄지는 침팬지에 비해 다른 네 손가락과 각도가 더 벌어져 있다. 이것은 주먹을 꽉 쥐는데 유리하고 섬세한 손가락 동작을 가능하게 하여 연장 사용에 탁월한 이점이 있다. 그 대신 침팬지 손은 사람 손보다 나무에 매달려 몸을 흔들기에 적당하게 되어 있다 또 침팬지 발은 나무타기에는 다소 유리하나 두 발 보행에는 적합하지 않은 구조로 되어 있다. 직립 두 발 보행은 넓은 시야를 확보하면서 손으로 아기나 식량을 운반할 수도 있고 손으로 연장이나 무기를 들고 작업하거나 적과 싸울 수도 있는 최상의 조건을 제공한다. 이러한 조건의 혜택은 인간

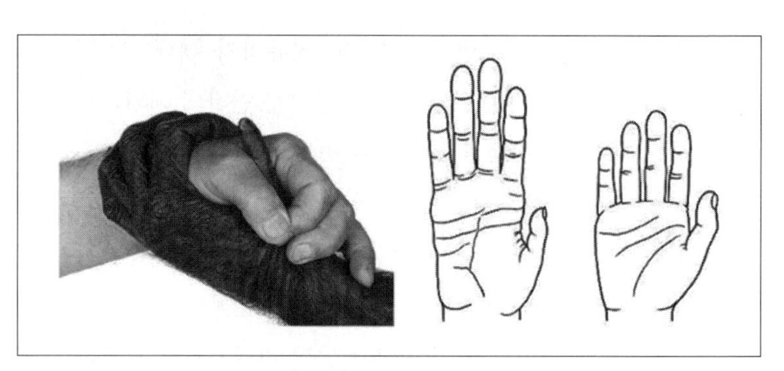

그림 7-3 인간과 침팬지 손의 비교*

에게만 주어졌다.

인간과 침팬지 사이의 가장 중요한 차이는 언어능력에 있다. 언어능력은 언어를 발할 수 있는 발성기관을 갖추는 것도 중요하다. 그런 면에서 인간의 발성기관은 침팬지보다 훨씬 효율적으로 구성되어 있다. 〈그림 7-4〉는 인간의 발성에 관계된 코와 구강과 입을 보여준다. 인간은 침팬지와 달리 주걱턱이 없고 코가 앞으로 튀어나와 비강을 크게 만들며 혀가 둥글고 짧으면서 아치형 천장을 한 부드러운 구개와 더 낮은 위치에 자리한 설골을 가지고 있다. 침팬지 혀는 주로 앞뒤로 움직이지만 인간 혀는 앞뒤와 마찬가지로 위아래로도 자유자재로 움직인다.

침팬지의 성도는 거의 직선에 가까운 '一'자 모양인 데 반하여 인간의 성도는 인두강pharynx cavity이 잘 형성되어 있는 'ㄱ'자 모양을 이룬다. 침팬지와 인간의 가장 큰 차이점은 이 인두강의 위치와 크기다. 인두강이란 성대와 혀 사이에 있는 넓은 공간이다. 〈그림 7-4〉에서 진한 회색으로 표시되어 있는 곳이다. 성대가 관현악기의 현이라

* I age by Denise Morgan for the University of Utah, via Wikimedia Commons.

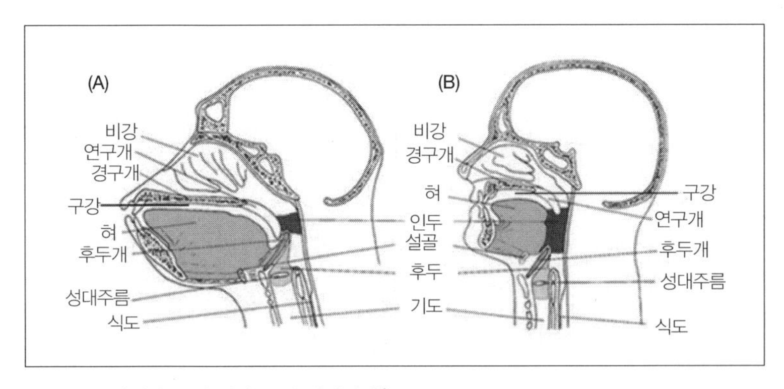

그림 7-4 침팬지(A)와 인간(B)의 발성기관*

면 인두는 울림통에 해당한다. 따라서 인두는 성대에서 발생한 소리를 증폭시키고 변형한다.

인간의 다양한 모음vowel은 이 인두와 입술 모양과 혀 모양의 조화로 만들어진다. 침팬지 인두는 성대와 혀 사이에 위치하지 않는다. 구강과 분리되어 위쪽에 있다. 따라서 성대에서 만들어진 소리가 입으로 나올 때 인두를 지나지 않는 일관형 구조를 하고 있다. 구강과 인두강이 분리된 'ㄱ'자 모양 성도는 인두강과 연결된 비강, 앞뒤와 아래위로 움직일 수 있는 혀, 자유롭게 모양을 조작할 수 있는 입술과 더불어 다양한 공명작용을 가능하게 해서 다양한 인간의 언어에서 나타나는 세밀하고 정교한 발음 산출이 가능하게 했다.

또 한 가지 인간과 침팬지의 차이는 침팬지에서는 음식과 공기의 통과가 분리되나 인간은 4개월 이상 되면 이들이 중복된다는 것이다. 그것은 아마도 짧아진 구강과 설골의 하강 탓인 듯하다. 이 공기와 음식 통의 겹침은 성대에 의해 만들어지는 구개음을 입과 혀 움직임을 통해 항구적으로 수정되는 것이 가능하게 했다. 이것은 인간 발

* Science ABC, 2016.

화speech를 가능하게 한 하드웨어적 기반이다그림 7-4.

언어에서 발성기관도 중요하지만 역시 언어를 구사하고 뜻을 이해할 수 있게 해주는 뇌의 구조가 고급언어에서 더 중요하다. 인간과 침팬지의 뇌를 비교해보면 인간의 뇌는 정보처리를 위한 증가된 표면적을 시사하는 훨씬 더 많은 피질의 접힘이 있다. 또 침팬지는 인간에게 있는, 언어를 위해 필요한 하전두엽이 불분명하고 특히 삼각회triangular gyrus, 그림 7-6의 빗금 친 부분가 없다. 하지만 침팬지와 달리 가까운 인간 조상들의 뇌는 우리와 매우 유사하다. 언어의 결정적 계기는 190만 년 전으로 거슬러 올라가는 초기 호모속인 호모 하빌리스Homo habilis의 뇌에서 나타났다. 호모 하빌리스는 침팬지보다 훨씬 더 크고 현대 인간에 훨씬 더 가까운 브로카영역을 보이는 크기 752mL의 뇌 화석을 남겼다.

그러나 호모 하빌리스 뇌에서는 아직 전전두엽 이랑이 잘 보이지 않는다. 그런데 180만 년 전의 호모 루돌펜시스* 화석은 호모 하빌리스에서는 없었던 현대 인간의 뇌에 있는 것과 비교할 수 있는, 언어를 위해 필요한 제3전전두엽 이랑을 보여준다. 이 두 화석은 동일한 위치에서 발견되어 그 당시에는 같은 종으로 생각되었다. 그러나 현재 고고학자들은 그들이 다른 종이라고 결론지었다. 그러나 이 주제는 아직도 논란이 되고 있다Refer to the Smithsonian Human Origins Project for details.

어떤 학자들은 유인원들 사이의 뇌 영역들 간 연결에서 차이를 발견했다. 실비우스열Sylvian fissure을 싸고도는 영역들이 종간에 다소 다르게 연결되어 있다. 베르니케영역과 브로카영역, 그리고 청각영역

* 약 233만~140만 년 전 제4기 플라이스토세에 북아프리카에서 살았던 멸종된 사람속 화석인류.

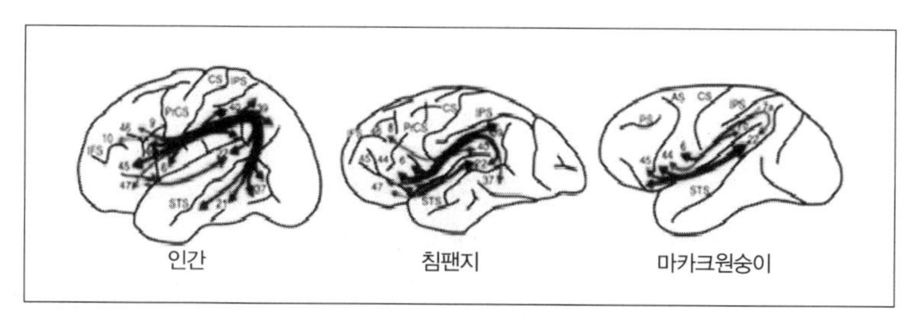

그림 7–5 인간과 침팬지, 마카크원숭이의 궁상속 비교*

을 연결하는 궁상속arcuate fasciculus이라는 큰 축색다발들은 인간에서 가장 굵고 뚜렷하다. 침팬지는 더 가늘고 희미하며 더 낮은 유인원에서는 훨씬 더 가늘고 더 희미하다그림 7–5, Rilling et al., 2008.

그러한 영역들이 언어와 연관성이 깊으며 인간에서 이들 중 한 영역이나 궁상속이 손상되면 정상적인 언어기능 작동이 불가능하고 여러 가지 형태의 실어증이 나타난다. 언어 이해에 연루된 베르니케 영역, 말을 하는 기능이 있는 브로카영역, 청각을 담당하는 헤쓸Heschl 영역과 이들을 확실하게 연결하는 궁상속의 존재는 인간 언어능력의 기반이다. 이러한 영역들에 해당하는 흔적이 침팬지에도 존재하나 인간보다 훨씬 적고 희미하다. 침팬지는 이렇게 복잡한 구어를 용이하게 하는 시스템이 잘 구비되어 있지 못하기 때문에 인간보다 훨씬 간단한 의사소통만 가능한 언어를 구사할 수밖에 없다.

침팬지가 인간과 동일한 언어능력을 지녔다면 인간과 침팬지의 차이는 지금과 같이 대단하지 않았을 것이다. 인간언어의 대부분 기능이 대체로 왼쪽에 편중되어 있다. 이것은 인간 뇌의 기능적·구조적 비대칭을 초래한다. 구조적 비대칭은 양 반구 크기의 비대칭보다는 영역 간 연결 패턴의 비대칭이다. 침팬지도 비대칭은 어느 정도 있으

* Rilling et al., 2008.

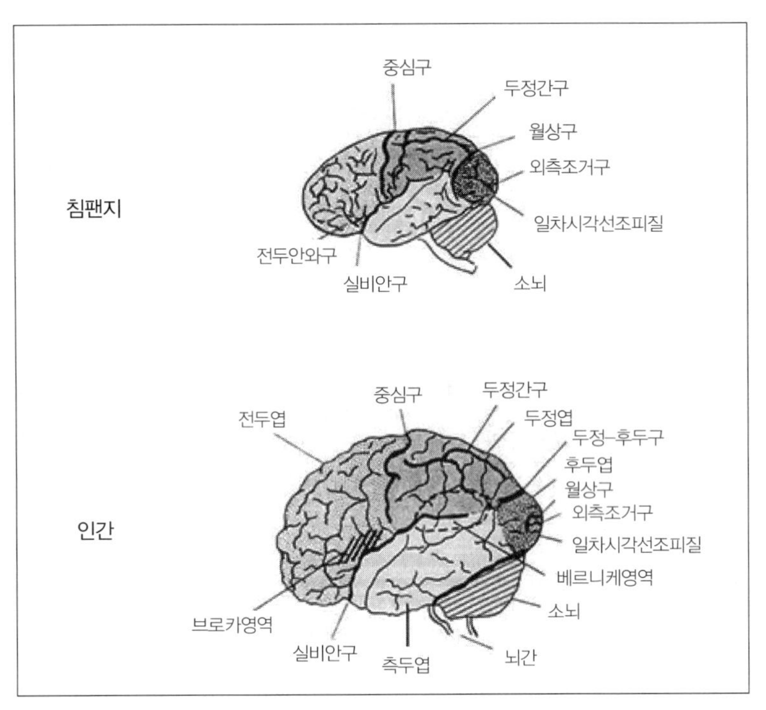

그림 7-6 침팬지 뇌와 인간 뇌의 구조 비교. 침팬지 뇌 속의 모든 구조는 인간 뇌 속에 나타나 있다.*

나 인간에 비해 그 차이가 훨씬 적다. 지능이 낮은 원숭이들은 매우 작은 비대칭을 보인다.

인간은 기능구조 크기의 비대칭 개인차가 침팬지보다 훨씬 크다. 그것은 인간의 뇌가 침팬지의 뇌보다 환경에 적응하기 위한 가소성, 유연성이 뛰어나다는 것을 의미한다Sherwood and Gómez-Robles, 2017. 즉 그러한 차가 출생 후에 발생했다는 것을 의미하며 인간의 뇌 기능이나 구조가 유전자의 프로그래밍으로부터 훨씬 더 자유롭다는 것을 의미한다. 물론 인간과 침팬지의 좌·우뇌 비대칭은 계통발생적으로

* the Smithsonian Human Origins Project.

이어져온 유전의 영향일 것이다. 그러나 인간 비대칭의 상당 부분은 출생 후 가소성에 의해 더욱 심화되는 것 같다. 이것은 물론 현재의 인간환경이나 교육의 다양성이 침팬지의 단순한 숲속 생활환경과는 비교되지 않게 복잡한 것도 한 원인일 수 있다.

인간과 침팬지의 또 하나의 중요한 차이는 추론, 판단 및 억제 능력이다. 비록 침팬지가 인간과 동일한 언어능력을 지녔다 해도 인간과 동일한 업적을 결코 이룰 수 없을 것이다. 그것은 이러한 능력에서 두 종 간에 현격한 차이가 있기 때문이다. 그것을 뒷받침하는 것이 두 종의 엄청난 전두엽 크기 차이다그림 7-6. 특히 가장 인간다운 특징을 가능하게 하는 외측 전전두엽에서 큰 차이를 보인다. 또 하나 두 종 간 중요한 차이는 인간에서 뚜렷하고 은유와 동정심, 타인의 정서 파악 등 인간을 짐승과 구별하는 데 중요한 하·두정엽의 두 영역, 즉 각회angular gyrus와 모서리회supramarginal gyrus가 침팬지에서는 연구자료가 부족하나 아주 빈약한 것으로 보고되고 있다.*

전반적인 뇌 크기가 인간이 침팬지보다 3배 이상 큰 것 외에 전체 뇌에 대한 대뇌피질의 비율도 약간 차이가 난다. 인간은 75.5%이고 침팬지는 73%다. 이것은 아주 작은 차이이다. 그러나 전두엽이 대뇌피질에서 차지하는 비율은 인간 쪽이 다른 유인원보다 훨씬 크다. 꼭 크기가 효율을 의미하는 것은 아니나 전두엽이 추론 판단, 의사결정, 필요 없는 행동의 억제 같은 고급 지능에 절대적으로 중요하다는 것을 감안할 때 이 전두엽의 크기 차이가 인간과 침팬지 업적 차이의 중요한 원인의 하나임에는 틀림없을 것이다. 그러나 가장 중요한 것은 앞에서도 거론했듯이 뇌의 여러 영역이 효율적으로 상호 정보교환을 할 수 있도록 연결해주는 많은 축색다발백질의 역할일 것이다.

---

* Crytchley, 1953.

인간의 뇌에서 이 축색다발은 침팬지와는 비교할 수 없을 만큼 광범위하고 풍부하다.

유전자와 유전학적인 관점에서 인간과 침팬지의 차이에 관해 살펴보자. 앞에서 언급했듯이 호미니드 내에서 현생하는 인류에 가장 가까운 종인 침팬지는 우리와 정확히 1.23% 다른 DNA를 보유하고 있는데 이는 보통 대수롭지 않은 것으로 간주되나 대충 1,800만 염기쌍의 차이를 의미하는 것이다. 이러한 차이가 두 종의 유전자 차이에 미치는 영향은 아주 클 수 있다. 많은 유전학자가 DNA의 이러한 차이가 뇌 구조와 기능에 어떤 차이와 관계가 있는지 밝히기 위해 열심히 노력하고 있다. 그러나 아직 우리 DNA에서 그러한 변화가 우리를 침팬지와 어떻게 다르게 만들었는지 알려진 것은 미미하다.

최근 인간과 침팬지 유전자에 관한 한 연구는 유전자조절 인핸서*의 역할에 대해 행해졌다. 인간 뇌의 전두엽 아래쪽 부분 신경세포막에 많이 분포하는 Wnt 신호전달로**의 한 성분인 FZD8[Frizzled 8]이란 단백질을 결정하는 유전자 앞에 붙은 인간가속 조절 인핸서 5[a human-accelerated regulatory enhancer 5, HARE5]라는 인핸서 활동에 의하여 침팬지보다 뇌 생성 시 전구세포의 분화 사이클이 빨라지고 그 결과 뇌 크기도 커진다는 연구가 있다[Lomax Boyd et al., 2015]. 신호전달용인 이 단백질은 성인 뇌의 정상적 기능, 즉 줄기세포 분화와 배아 발달을 관장하는 기능을 가능하게 하는 결정적 세포 반응을 유도하며 외부에서 세포 내부로 신호를 보낼 수 있다. 그 연구진은 이 인간 인핸서를 생쥐에 형질 도입한 것과 침팬지의 상동 인핸서를 생쥐에 형질 도입한

---

* 인핸서(enhancer): 활성화 인자. 특정 유전자의 전사가 일어날 가능성을 증가시키기 위해 단백질에 의해 결합될 수 있는 짧은(50~1500bp) DNA 영역이다.

** 세포 표면 수용기를 통하여 세포로 여러 가지 신호를 전달하는 단백질로 된 일단의 신호전달로.

것을 비교한 결과 인간 HARE5를 도입한 생쥐가 침팬지의 HARE5를 도입한 생쥐보다 뇌의 전구세포 분화 사이클도 빠르고 뇌의 크기도 훨씬 커진 것을 발견했다. 이로써 왜 인간의 뇌가 침팬지의 뇌보다 큰지에 대한 유전적 원인이 밝혀졌다.

또 하나 인간과 침팬지의 유전자 차이는 언어에 관한 것이다. 앞의 언어장애에 관한 절에서 언급된 언어유전자 FOXP2에 대해서 막스 플랑크연구소와 옥스퍼드대학 과학자들은 이 유전자에 대해 진화적 견지에서 좀더 깊이 연구했다. 그들에 따르면 이 유전자가 오랜 진화과정에서 돌연변이를 일으켜 사람이 정교한 언어구사능력을 갖게 되었다는 것이다. FOXP2는 인간뿐만 아니라 다른 포유동물도 가지고 있다. FOXP2가 언어 구사에 중요한 역할을 한다고 했는데 그렇다면 왜 인간을 제외한 포유동물은 말을 하지 못하는가? 그들에 따르면 인간의 'FOXP2' 유전자에서 중요한 돌연변이가 발생해 침팬지나 쥐 등과 다른 독특한 언어구사 능력을 갖게 되었다는 것을 확인했다. FOXP2 유전자는 사람과 침팬지 사이에서 아주 미세한 염기서열 차이를 나타낸다.

그들의 연구로 모두 715개 아미노산 분자로 구성된 FOXP2 유전자가 인간의 경우 쥐와는 3곳, 침팬지와는 단지 2곳만 분자구조가 다르다는 것이 확인되었다. 그들은 이런 미세한 차이가 사람에게 언어능력을 가져다준 것으로 본다. 이런 미세한 차이가 단백질 모양을 변화시켜 얼굴과 목, 음성기관의 움직임을 통제하는 뇌 영역을 훨씬 복잡하게 만들어 인간과 동물의 능력에 엄청난 차이를 발생시킨 것으로 보인다.

사람의 경우 언어유전자 FOXP2에서 2개 아미노산이 돌연변이를 일으켰고, 그 결과 인간은 혀와 성대, 입을 매우 정교하게 움직여 복잡한 발음을 할 능력을 얻게 된 것이다. 두 변이를 제외하면 인간과 침팬지의 FOXP2는 거의 똑같다. 포유동물뿐 아니라 조류인 금화조zebra finch에도 이 유전자가 있으며 이 유전자에 이상이 발생하면 수컷이 노래 배우는 능력이 거의 상실된다는 것이 밝혀졌다. 이것은 언어의 진화가 우리가 생각한 것보다 계통발생적으로 훨씬 오래되었다는 것을 의미한다.

인간의 FOXP2 유전자에 발생한 돌연변이는 해부학적으로 볼 때 현생인류인 호모 사피엔스가 출현한 12만-20만 년 전 시점으로 추정되며 그것은 침팬지와 분화가 이루어진 훨씬 뒤의 일이다. 더구나 현재 인간의 유전자 변형은 진화 과정 후기인 1만-2만 년 전 완성되어 빠른 속도로 전파된 것 같다. 사람만이 지난 20만 년 동안 FOXP2 유전자의 급속한 진화로 언어가 가능하게 된 것으로 보인다. 그러나 언어가 매우 다면적인 특성을 가졌다는 것을 감안할 때 언어 관련 유전자는 아직 밝혀지지는 않았지만 FOXP2 외에도 많을 것이기 때문에 이러한 견해는 다소 성급한 면이 있다. 현재 몇 과학자는 FOXP2 유전자 외에도 다른 여러 유전자가 언어구사에 관련되었을 것으로 보고 연구를 계속하고 있다.

막스플랑크연구소 모라버뮤데즈Felipe Mora-Bermúdez와 동료들은 인간 신피질 확장은 인간의 놀라운 인지능력에 기여했다고 볼 수 있으며, 이 확장은 피질이 발달하는 동안 신경 전구물질의 증식과 분화의 차를 주로 반영한다고 생각하고 면역조직 현광, 생영상, 세포구조, 단일세포 전사체학이라는 기법들을 사용해 인간과 침팬지의 임신 11-13주 된 배아대뇌의 조직을 취하여 실험용 접시에서 배양하여 만든 작은 대뇌 세포덩어리organoid를 분석함으로써 그러한 차이를 조사했다. 그들은 인간과 침팬지의 세포조직학, 세포타입 조성, 신경생성 유전자 표현 프로그램이 놀랍도록 유사하다는 것을 발견했다. 그러나 정점 전구세포* 유사분열의 생영상은 침팬지에 비해 인간의 전

중기-중기의 길어짐을 발견했다. 그것은 비신경세포에서는 발견되지 않는 증식하는 신경전구세포에 독특한 현상이었다. 이것과 일관되게 인간 정점 전구세포에서 더 많이 표현되는 조그만 일련의 유전자가 증식능력을 증가시키는 데 기여한다고 생각된다. 그러나 신경생성 기저 전구세포basal progenitor cells 비율은 인간에서 더 낮았다. 그들은 인간과 침팬지 사이의 피질 전구세포에서 이러한 미묘한 차이가 인간 신피질 진화에 중요했으리라고 주장했다Mora-Bermúdez et al., 2016.

위의 세 연구 외에 인간과 침팬지의 차를 초래하는 것은 두 종의 유전자 가까운 곳의 큰 DNA 탈락이나 삽입에 의한 것일 수도 있고, 염색체의 한 위치를 떠날 수도 있고, 완전히 다른 부위로 이동할 수 있는 전이인자transposable element의 차이에서 기인할 수도 있다고 주장한 학자도 있다. 이 전이인자는 한때 쓰레기 DNAJunk DNA라고도 불리며 기능이 거의 없거나 전혀 없다고 생각된 것이나 최근 유전자의 다양한 발현에 기여하는 것으로 보이는 중요한 유전요소로 인정되고 있다.*

최근 중국 리우Liu 박사와 그 동료들에 의한 인간과 침팬지 그리고 마카크 원숭이의 전전두엽의 시냅스 유전자에 관한 연구Liu et al., 2012에 따르면 침팬지나 미카크 원숭이는 전전두엽의 시냅스 관련 유전자가 생후 1년 이하에서 최대 표현을 보이나 인간은 5년 후 최대를 보인다. 인지기능에 가장 큰 역할을 하는 전전두엽의 시냅스가 침팬지나 마카크 원숭이는 출생 후 1년 내에 거의 발생이 마무리되는 반면 인간은 5년 이상에 걸쳐 계속 시냅스를 만든다는 것을 의미한다.

---

* 정점 전구세포(apical progenitor cells): 줄기세포 유사분열단계에서의 분화에서 위에 위치한 전단계 세포.

* Researchers at the Georgia Institute of Technology, John McDonald.

이것은 미숙한 채 태어난 인간 유아는 환경에 적응적이 되도록 긴 시간 새로운 시냅스로 뇌를 재정비하기를 계속한다는 것을 의미한다. 이러한 부모의 보호를 받는 긴 유아기에 걸친 새로운 시냅스의 발생은 인간이 다른 동물들에 비해 엄청나게 큰 전전두엽을 소유하게 되고 그만큼 높은 지능을 가질 수 있는 생리학적 기초를 제공한다고 볼 수 있다.

침팬지와 비교해 엄청난 차이가 나는 인간의 능력을 가능하게 한 원인을 요약하면 인간에게 뇌의 크기 특히 전두엽과 언어 관련 영역의 확대에 의한 높은 지능과 다양한 손재주를 가능하게 한 엄지가 펼쳐진 손, 다양한 모음과 자음의 발성을 가능하게 한 성대 · 인두 · 혀 · 구강구조, 넓은 시야를 확보하면서 아기나 연장 무기를 옮기거나 조작할 수 있는 직립 두 발 보행을 가능하게 한 발과 발생기에 뇌세포의 빠른 분화를 가능하게 해서 인간 뇌의 확장에 기여한 유전자에 붙은 특이한 인핸서, 인간 언어의 탄생을 가능하게한 FOXP2유전자변이, 환경에 적응하기 위한 장기간에 걸친 전두엽시냅스 생성의 계속 등이 특히 중요하다고 생각된다.

그밖에도 앞으로 거론되는 인간 뇌의 재구조화에 따른 외측전두엽, 각회, 모서리회의 추가 내지는 확대는 자제, 동정, 도덕, 추상적사고와 같은 가장 차원높은 의식적 행위를 가능하게 했고 신피질과 연수 혹은 척수에의 직접적 연결의 증가가 차원을 달리하는 다양한 손재주와 말재주를 가능하게 한 것 등이 인간을 짐승인 침팬지와 차별되게 하는 데 결정적 기여를 했다고 결론지을 수 있을 것이다.

2. 포유류에서 유인원으로 진화하는 데 따른 뇌와 행동 및 의식의 변화

가까운 친척인 침팬지를 비롯한 다른 동물에 비해 탁월한 인간의 능력을 특별히 신이 부여한 것이 아니라면 어떻든 척추동물-포유동물-유인원-호미닌*-호모현생인류종로 이어지는 발전적 진화의 결과인 것만은 틀림없다. 유인원을 거쳐 인간에 이르는 계통발생적 진화에 대해서는 논란이 많지만 여러 학자의 연구결과를 볼 때 특별하고 확실한 것은 계통발생적으로 인간으로 진화하는 도중 뇌 크기가 몇 시점에서 극적으로 커졌다는 것이다. 그러나 그것만이 현대 인간이 보여주는 뇌 구조의 복잡성, 그에 따른 최고 의식수준, 행동의 복잡성과 최상의 적응성을 가능하게 한 발전적 진화의 도약이라고 할 사건들일까? 크기와는 다른 면에서 변화는 없었을까? 혹은 어떤 새로운 부분을 진화시켰는가? 혹은 인간 뇌의 어떤 부분이 다른 유인원에 비해 예외적으로 크며 다른 부분은 빈약한가? 혹은 인간 뇌의 연결이 침팬지의 연결과 어떻게 다른가?

이러한 모든 질문에 답하는 것은 쉽지 않지만 적어도 확실한 것은

* 호미닌(hominin): 호모속과 공통 조상. 인간과 가장 가까운 두 발로 걸은 친척.

진화가 인간 뇌의 기능과 해부학에 어떤 재구성을 했다는 것이다. 그것은 인간의 뇌가 크기와 구성에서 다른 유인원과 달라졌다는 것을 의미한다. 우선 이러한 것들을 좀더 폭넓게 이해하기 위하여 유인원에서 출발해 현생인간에 이르는 계통발생에 대해 좀더 자세히 살펴보자. 그러면 앞서 언급한 포유류에서 유인원으로 진화하는 과정을 좀더 살펴보고 유인원에서 현재 인간으로 어떻게 진화했는지 행동적·신경해부학적 측면을 화석적 증거를 참고해서 뇌의 진화와 확장을 중심으로 살펴본다.

우선 우리 조상이었던 유인원이 진화하면서 다른 포유류와 어떤 다른 특징을 진화시켰는지 살펴보는 것이 중요하다. 유인원의 뇌가 포유동물의 뇌와 달라진 것은 앞서 포유동물에서 유인원으로 진화한 것을 살펴볼 때 상당히 자세히 설명했다. 그러면 그러한 뇌의 진화가 유인원의 신체적·행동적 특징과 어떤 연관이 있는가? 그러한 유인원의 차별화된 뇌는 유인원 계통발생 초기에 진화했고, 그것은 초기 유인원의 행동적 특수성과 관련이 있을 것이다. 초기 유인원은 계통발생적으로 가장 가까운 설치류와 많이 유사하나 그들과 다른 유인원의 가장 전형적인 특징은 앞에서도 거론한 시각체계를 포함한다. 밤이나 어두운 곳에서 생활하던 포유류나 원시유인원은 주로 후각과 밝기에 의존해 대상을 확인했으므로 삼색계 색지각은 필요가 없었다.

주로 낮에 나무 위에서 생활해야 했던 좀더 진화된 유인원인 협비류유인원*이 출현했을 때 비로소 필요에 따라 삼색계 색지각의 진화가 이루어졌다. 그러나 다른 비유인원들은 말할 것도 없고 가장 계통발생적으로 유인원에 가까운 설치류도 눈이 옆에 붙어 옆으로 향한

* 협비류유인원(catarrhines): 코가 좁은 구세계원숭이, 에이프도 포함.

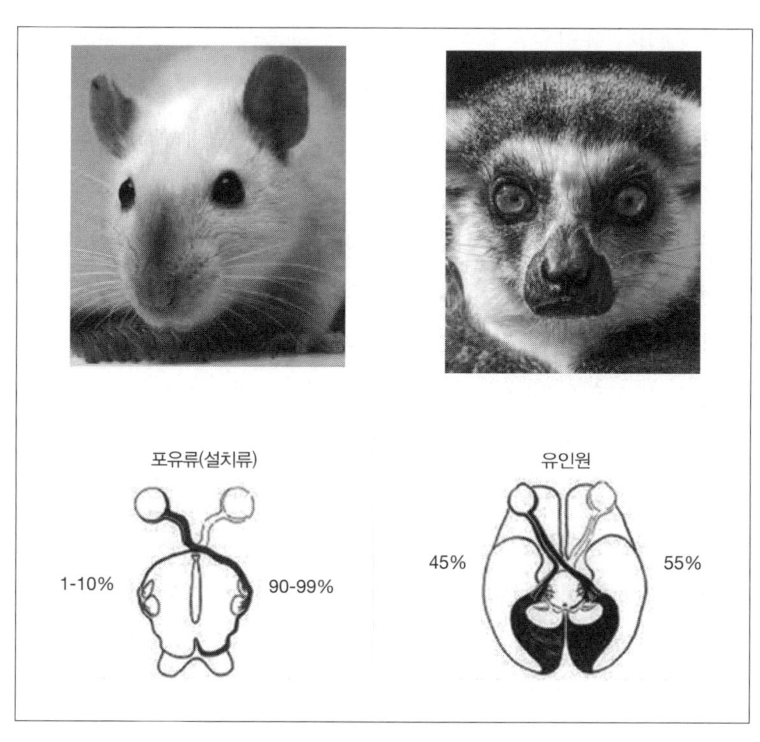

그림 7-7 포유류와 유인원의 눈 위치(위)와 시야 겹침(아래)의 차이

것과 달리 유인원들의 앞으로 모여 앞으로 향한 눈은 모든 유인원의 공통 조상이 나타났을 때 이미 나타났다. 이 때문에 모든 유인원의 양눈 시야가 얼마간 겹친다. 이것은 모든 유인원의 특징이지만 그렇다고 유인원만의 특징은 아니다. 이것은 대상의 깊이 지각이 생존에 매우 중요한 대형 박쥐에서도 보이고 포식자들 사이에서 보이는 공통적 특징이기도 하다. 그래서 유인원의 조상은 포식자로 아마도 곤충을 잡아먹고 사는 동물이었다고 추정된다. 그 시야의 겹침은 보통 유인원에서 거의 45%에 달한다그림 7-7.

눈 위치에서 그러한 변화는 망막이 상소구에 어떻게 투사하느냐에 반영된다. 유인원이 아닌 다른 포유류는 그 투사가 거의 완전히 교차한다. 그러나 유인원은 눈이 앞으로 치우친 탓에 좌우 상소구에 거의 같은 비율로 투사한다. 그것은 양 상소구가 양쪽 눈으로부터 거의 같은 양의 정보를 받게 해주었다. 그러한 양쪽 눈으로부터의 정보를 대뇌 시각피질에서 통합함으로써 초래된 시각회로에서의 변화는 초기 유인원에게 나무를 이리저리 옮겨 다니고 곤충을 사냥하고 나뭇잎이나 과일을 골라먹는 데 결정적으로 중요한 깊이 지각을 제공했다. 말하자면 앞으로 치우친 눈과 그로 인한 양쪽 대칭적 망막-상소구 회로는 초기 유인원의 가는 나뭇가지로 이루어진 생태계에 적응하는 과정이었다고 생각하는 것이 매우 합리적이다. 그것을 뒷받침하는 것은 과일을 먹고사는 큰 박쥐류도 유인원처럼 앞으로 치우친 눈과 양쪽 대칭 망막-상소구 시각회로를 가지고 있다는 사실이다.

이 때문에 한때 이러한 특징은 큰 박쥐를 유인원과 계통발생적으로 밀접한 관계가 있다고 생각되게 했지만 그러한 가설은 입증되지 못했다. 현재는 큰 박쥐와 유인원은 독립적으로 앞으로 치우친 눈과 좌우대칭 망막-상소구 시각회로를 진화시켰다고 결론짓고 있다. 그것은 과일을 먹는 큰 박쥐와 최초 유인원들의 생태계가 가는 나뭇가지로 이루어진 유사한 환경이었다는 것을 감안하면 합리적 결론이다. 이렇게 자연선택에 의한 유인원의 눈구조 변화는 뇌 구조에 영향을 미쳤고 의식에서 가장 높은 비중을 차지하는 시각의식이 포유류보다 유인원에서 한 차원 높아졌다. 이것으로 다른 양태의 의식 진화와 함께 유인원의 지능과 의식이 포유류보다 진보하는 하나의 기초를 마련하게 되었다.

시각 외에 유인원 행동의 중요한 특징은 다른 포유류들에 비해 탁월한 손발재주다. 이 손발재주를 관장하는 뇌 부위는 대뇌운동피질이다. 유인원의 대뇌운동피질도 뇌시각회로와 마찬가지로 포유류와 다소 다르며 몇 가지 면에서 전문화되어 있다. 비유인원 포유류는 보통 2-4개 운동전영역premotor area을 가지고 있는 데 비해 모든 유인원은 9곳 이상 운동전영역을 갖고 있다Wu et al., 2000. 특히 흥미로운 점은 팔과 입 움직임에 전문화된 복측배쪽의 운동 전영역을 갖고 있다는 것이다. 이 영역은 인간의 언어에 아주 중요한 역할을 하는 브로카영역에 해당하는 데 비 유인원에는 이와 같은 영역이 없다. 이것은 언어를 발할 수 있는 발성기관의 진화보다 앞서 진화된 것으로 인간언어의 출현을 위한 서막을 열었다는 것을 의미하는 중요한 사건이다.

그것이 아래 어디로 투사하는지는 자세히 연구되지 않았으나 대체로 척수로 곧장 내려가는 것 같다. 그러한 피질-척수의 직접적 연결이 시상이나 뇌간의 핵과 시냅스를 만들면서 한두 단계를 더 거치는 연결보다 일반적으로 손재주를 증가시키는 것으로 알려져Nudo and Masterton, 1990a, b; Nakajima et al., 2000 있으므로 배 쪽의 운동 전영역의 진화는 유인원이 더 능란하게 손과 팔을 움직이고 입으로 여러 가지 발성을 할 수 있도록 도운 것 같다. 이렇게 추정하는 근거는 보통 진화적으로 운동피질에서 척수운동 뉴런에의 직접연결*의 발달은 좋은 손재주와 병행한다는 여러 연구 결과에 따른 것이다. 예로 고등 유인원에서 피질에서 척수로 가는 신경섬유의 손상은 좋은 손재주에 필수적인 개별적 손가락운동의 결손을 초래한다. 그러한 관찰에 근거해서 피질운동뉴런로는 좋은 손재주에 결정적 역할을 한다고 믿게 되었다Darian-Smith et al., 1996; Isa et al., 2013.

유인원의 더 개선된 손발 움직임은 체감각 시스템에서의 진화적 변화로 달성되었다. 특히 접촉에 민감한 손가락과 발가락 끝의 진화는 손발을 움직이는 동안 피드백 가능한 체감각 정보량을 증가시켰다. 게다가 유인원은 비유인원에는 없는 몇 영역을 추가하면서 체감

---

* 직접연결: 피질운동뉴런로(corticomotoneuronal pathway).

각피질을 확장했다. 그 결과 유인원은 앞뒤 발에 해당하는 체감각피질을 많이 확장하고 인간에 이르러서는 손과 손가락, 특히 엄지에 해당하는 체감각피질과 언어발성과 연관되는 입 주변, 무엇보다 혀에 해당하는 체감각피질을 최고조로 확장했다그림 6-36. 이 체감각피질들은 운동피질 및 척수와 서로 밀접히 연결되어 해당 운동피질도 같은 비율로 확장시키면서 해당 신체부위의 능란한 움직임을 가능하게 했다.

요약하면 시각, 운동, 체감각 세 시스템의 진화적 변화가 초기 유인원에게 예외적으로 탁월한 손과 눈의 조화가 가능하도록 상호작용했고 그것이 가는 나뭇가지로 이루어진 생태환경에서 요긴하게 쓰일 수 있었다. 이러한 유인원의 탁월한 손과 눈의 조화는 앞에서 보았듯이 비유인원 포유류와 차별화된 운동영역의 진화가 뒷받침된 것으로, 유인원의 감각의식을 비유인원 포유류보다 한 차원 더 높여주어 인간의 섬세하고 탁월한 감각의식이 출현하는 출발점이 되었다.

포유류와 차별화되는 가장 논란 많은 유인원 뇌의 특성은 운동전영역의 앞에 위치하여 의사결정에 중요한 역할을 하는 전전두엽prefrontal cortex이다. 〈그림 7-8〉에서는 전전두엽의 위치와 세부영역의 브로드만 번호를 보여준다. 이 영역은 다른 영역과 비교해 특별히 인간에서 커진 영역이다. 이 영역은 인간을 가장 인간답게 만드는 영역이라고 해도 지나친 말이 아닐 정도로 인간에서 중요한 영역이다. 다른 유인원과 인간을 차별화하는 인간의 높은 지능과 윤리나 도덕에 중요한 자기제어 및 작업기억과 고급의식의 발현에 중요한 역할을 하는 영역이다. 이 영역은 의사결정의 정서적인 면이라고 부르는 것에 기여한다. 유인원 내에서는 전전두엽의 세포조직학적 구조가 매우 유사하다.

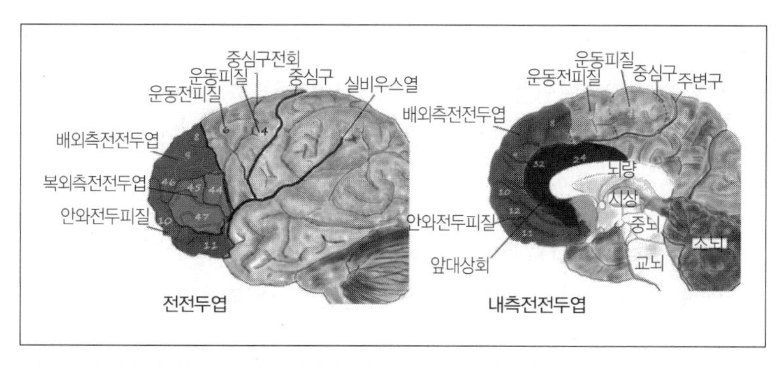

그림 7-8 인간 전전두엽과 외측 전전두엽(숫자는 브로드만영역).
(왼쪽) 좌측면, (오른쪽) 시상단면

인간의 전전두엽이 유달리 특별한 발달한 것은 사실이지만 유인원 내에서 전전두엽의 기본적 구조는 거의 같다. 여러 유인원의 전전두엽의 기능적 구조를 비교해보면 전두엽의 기능에서 본질적인 것은 여러 복잡한 억제, 제어 과정인 것을 보여준다. 물론 비유인원 포유류도 전전두엽을 가지나 세 주요 영역으로 이루어진 유인원에 비해 두 주요 영역으로 이루어져 있는 것이 다르다. 비유인원 전전두엽의 두 주요 영역은 안와 전전두엽orbital prefrontal cortex과 앞대상회anterior cingulate cortex다. 안와 전전두엽은 보상이나 중요해 보이는 외부자극에 우선적으로 반응하고 앞대상회는 신체의 내부상태에 대한 정보를 처리한다.

유인원에게만 독특한 제3의 전전두엽 영역은 외측 전전두엽 혹은 독특한 과립granule세포의 존재 때문에 과립 전전두엽이라고 불리는 영역Brodmann, 1909; Preuss, 1995으로 피라미드뉴런의 수상돌기에 수많은 가시돌기를 가지고 있어 세포구조학상으로도 특이한 영역이다. 또 전전두엽 중에서도 인간에서 가장 독특한 영역이며 행동집행의 제어, 정보의 일시적 파지, 강력한 반응의 억제 등에 의한 의사결정의 합리적인 면과 관련이 있는 영역이다. 또한 두정엽과 회로를 이루어 주의와 의식의 제어에 중요한 역할을 한다. 이 영역은 뇌 속의 중요 기능 영역과 아주 많은 연결을 이룬 영역 중 하나이며 기능적으로 앞-뒤, 등-배배측-복측 양방향으로 조직된 것처럼 보인다.

가장 뒤쪽으로 연결된 영역은 중심구전회에 있는 운동영역이다. 뒤쪽 외측 전전두엽은 다수의 경쟁하는 자극과 반응 사이의 선택을 조절하는 고차원적인 제어과정과 연관된다. 더 앞쪽으로 중앙 쪽 외측 전전두엽은 작업기억에서의 정보 모니터링에 연루되고 중앙쪽 복외측 전전두엽은 정보의 적극적 복구와 부호화를 위해 필요한 뒤쪽 피질 연합영역에서 수집된 정보에 관한 적극적 판단에 관여한다Petrides, 2005. 즉, 두정엽으로 올라온 여러 감각정보를 의식화하는 데 기여한다. 앞의 시각의식의 발현에 대한 실험에서 보았듯이 시각정보가 최후로 의식화되기 위해서는 두정엽과 전두엽의 개입Brodmann, 1909; Preuss, 1995이 필요하고 다른 감각들도 시각과 마찬가지다. 이러한 의식화에 복외측 전전두엽이 주로 관여하고 전전두엽의 다른 부위도 관여한다.

이 영역에 속한 뉴런들은 보상에 안와 전전두엽에 속한 뉴런보다 느리게 반응하고 자극의 물리적 속성에 대해 더 선택적이다. 이 외측 전전두엽이 없으면 유인원은 외부세계의 대상에 대한 정보를 잘 복구하고 조작할 수 없다. 의사결정 시 이 외측 전전두엽은 외부 대상에 대한 여러 대안적 해석을 하고 그것에 여러 가능한 선택을 가지고 반응하게 한다. 예를 들면 그 외부대상이 싸워야 할 대상, 즉 사나운 맹수나 경쟁관계의 종족일 경우는 단순히 싸우거나 도망의 양자택일로 반응하게 한다. 그 대신 그 외부대상이 같은 종의 일원일 경우 더 복잡한 사회적 행동주도권 다툼, 협동, 사교 등을 취하게 한다.

그러나 외측 전전두엽의 도래는 영양섭취를 위해 작은 동물들을 잡고 영양가 높은 식물을 채취한 후 가공·보관하는 것 같은 사회적인 것과 무관한 주어진 생태환경에서 생존에 유리한 행동도 촉진했을 것이다. 어쨌든 외측 전전두엽은 초기 유인원이 더 복잡하고 유연한 행동을 보이도록 도운 것은 사실일 것이다. 유인원의 외측 전전두엽을 특징짓는 이른바 그래뉼층은 대부분의 비유인원 포유동물에는 없다. 이것은 외측 전전두엽이 유인원에 독특한 구조라는 것을 의미한다. 이 구조는 유인원의 외측 전전두엽에 특별히 추가된 구조라고 생각되는데 그 이유는 이 구조가 똑같이 비유인원 포유류에는 불분명하고 유인원에는 뚜렷한 다른 구조, 즉 후두정엽과 뒤[등]쪽 대상회와 많은 연결을 이루었기 때문이다[Striedter, 2005]. 이 영역의 이러한 특별한 구조들에 의해 가능해진 여러 기능은 서로 시너지 작용을 하여 새로운 지식과 환경에 대한 빠른 적응을 의미하는 유동지능에 기여하게 한 것 같다.

포유동물에는 불분명하나 유인원에는 분명한 또 하나의 중요한 뇌 부위인 후두정엽은 최근 영재를 구분할 수 있는 뇌 부위로 보고되기도 했다. 아인슈타인의 뇌가 일반적인 뇌와 다른 양상을 보인 것은 예상과 달리 그의 뇌 무게가 서양인 평균[1,350g]보다 조금 작은 1,200g 정도였다는 것, 교세포가 보통 사람보다 많다는 것, 두정엽의 하단 부위가 평균보다 15% 더 크고 신경세포 밀도가 더 높다는 것이었다. 또 영재집단이 복잡한 문제를 풀 때 활성화하는 뇌 영역을 기능성 자기공명영상[fMRI]으로 촬영한 결과, 전전두엽 부위와 후두정엽이 활성을 보였다. 이때 지능이 높을수록 후두정엽의 활성범위가 넓고 활성이 큰 것으로 나타났다. 후두정엽은 그 범위가 넓다.

인간에서는 상후두정엽과 하후두정엽으로 대별된다. 상후두정엽은 브로드만영역이 5, 7이고 하후두정엽은 브로드만영역이 39, 40인데 하후두정엽은 인간 이외의 유인원에게는 거의 없다. 〈그림 7-9〉에서 보여주듯이 후두정엽은 시각, 청각, 체감각영역들에서 정보를

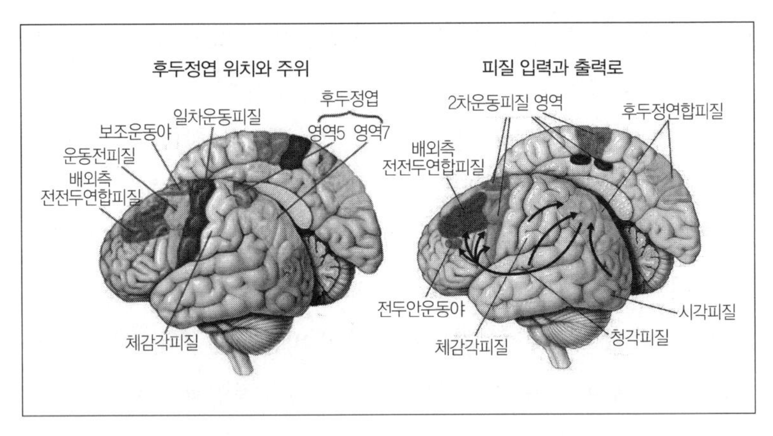

그림 7-9 후두정엽의 주위와 그 연결

받아 전두엽의 배외측 부분과 운동전영역들에 전해주는 역할을 한다. 인간에서 보통 후두정엽의 위쪽 부분은 주로 주의전환과 지능 및 체감각과 연관이 많으며 아래쪽 부분은 언어이해와 육감과 연관이 많다. 후두정엽의 위쪽 부분이 손상되면 인지불능agnosia 상태에 빠지고, 아래쪽 부분이 손상되면 언어장애가 나타난다. 후두정엽은 신체에 대한 자기 이미지를 관장하는 부분이므로 이 부분이 손상되면 자기 신체 일부를 무시하는 피질무시증후군cortical neglect이 나타나기도 한다. 여하튼 유인원의 후두정엽은 인간의 상후두정엽의 기능으로 유추해볼 때 자기 이미지, 주의, 인지 및 높은 지능과 연관이 있는 것 같다.

대상회 앞부분은 주로 정서와, 대상회 뒷부분은 주로 인지와 연관이 많다고 하나 대상회는 여러 기능의 신경회로가 복잡하게 얽혀 있어 영역의 구분이나 그 영역의 기능에 대해 논란이 많고 아직 알려진 것이 많지 않다그림 7-10. 베스트셀러가 된 책을 많이 펴낸 미국의 정신과 전문의이자 임상신경과학자 에이멘Daniel G. Amen은 그의 여러 저서에서 인간에서의 대상회는 대상과 사고에서의 주의 전환, 안

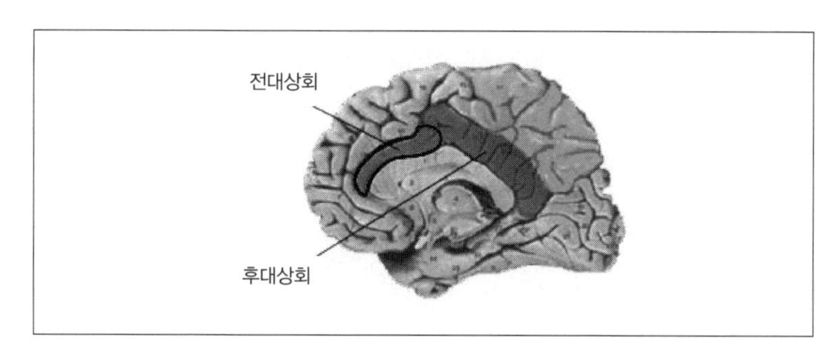

그림 7-10 대상회의 위치

정감, 안도감, 인지적 유연성과 관련이 많은 부위라고 했다Amen, 2004; Amen, 2016. 앞쪽 대상회는 주로 오류와 갈등의 탐지에 연루되고 유인원에 고유한 등뒤쪽 대상회는 외측 전전두엽의 그래뉼층과 많이 연결되어 있으며 인지, 특히 내성적 인지, 자서전적 기억, 주의, 초점조절과 관련이 많고 휴지상태resting state에서 활성화되는 특이한 부위다.

포유류에는 없는 유인원의 외측 전전두엽의 그래뉼층의 추가가 유인원의 어떤 독특한 행동에 기여했는지는 아직 분명하지 않지만 많은 상관이 있을 것임에는 틀림없다. 특히 이 외측 전전두엽의 크기는 인간에 이르러 정점을 이룬다. 이것은 이 영역이 다른 동물에서는 볼 수 없는 인간에서의 추리, 판단, 의사결정, 자제 등 고급인지에서 중요한 활동과 직간접의 관계가 있음을 암시한다.

3. 유인원에서 인간으로 진화하는 데 따른 뇌와 행동 및 의식의 변화

지금까지 포유류에서 인간의 조상인 유인원으로 진화하면서 변화되거나 새로 생긴 뇌 부위와 그 행동적 상관을 살펴보았다. 이제부터 유인원이 인간으로 진화하는 과정을 살펴보자. 가장 오래된 유인원의 화석은 약 5,000만 년 된 것이다. 그걸로 미루어 고생물 학자들은 최초의 유인원이 6,500만 년 전쯤 출현했으리라고 추정한다.* 아직도 공룡이 지구를 배회할 때다. 현존하는 유인원은 대략 235종인데 분류하기가 상당히 어렵다. 우선 크게 두 그룹으로 나뉘는데 하나는 원원류Prosimian라고도 하는 스트레프서힌Strepsirhine곡비원류 영장류로 여우원숭이, 마다가스카르손가락원숭이, 로리스류원숭이 등으로 이루어져 있다. 다른 하나는 하플로힌Haplorhine직비원류 영장류인데 안경원숭이Tarsier, 진원류Simian로 이루어져 있다.

진원류는 다시 신대륙원숭이, 구대륙원숭이, 호미노이드 혹은 에이프**로 분류된다. 호미노이드는 기본원숭이와 호미니드로 나뉘고

---

* 물론 이러한 생각은 더 오래된 유인원의 화석이 발견되면 수정될 것이다.

** 에이프(Ape): 사람을 포함하는 꼬리가 없는 덩치 큰 영장류. 오랑우탄, 침팬지, 고릴라를 포함한다.

호미니드는 고릴라, 침팬지, 호미닌hominine으로 다시 나뉘는데, 현생 인류는 이전의 유인원과 달리 항상 두 발로 걷게 된 이 호미닌의 한 종hominin이다그림 7-11. 즉 인간은 계통발생적으로 진원류에서 여러 진화 단계를 거치면서 진화해왔다. 인간은 살아 있는 유일한 호모사람속인 호모 사피엔스종이고 침팬지는 보통 침팬지pan troglodytes와 보노보pan paniscus 두 종으로 이루어져 있다. 이들은 완전히 분리된 종이다. 인간과 침팬지 두 종은 현재 서아프리카 차드의 사하라사막 남쪽 가장자리 주랍Djurab사막에서 거의 완벽한 두개골의 화석이 발견되었으며 600만-700만 년 전에 살았던 공통 조상 사헬란트로푸스 sahelanthropus tchadensis에서 진화한 것으로 학자들은 추정한다. 이 공통 조상은 멸종되고 화석만 남아 있다.

〈그림 7-12〉에는 사헬란트로푸스 이후 출현한 다양한 호미닌이 나타난 시기가 대략적인 연대별로 나타나 있다. 그림에서 볼 수 있듯이 현생인류가 나타나기 전 다양한 호미닌이 여러 곳에서 각기 조금씩 다른 연대에 걸쳐 약간씩 크기가 다른 두개골을 가지고 생존하다가 명멸해간 것을 알 수 있다. 사실 이 자료들도 화석에 의존하기 때문에 아직 발견되지 않은 화석들이 더 많이 발견되면 대폭 수정될 것이다. 또 하나 중요한 사실은 기존의 화석들이 건조하여 화석이 존재할 가능성이 많은 곳에서 주로 출토되었다는 점이다. 습하고 화석을 남길 가능성이 적은 지역에서 호미닌들의 역사는 영원히 밝혀질 수 없을 가능성이 많다. 따라서 이 자료들은 불완전한 자료들임을 염두에 두어야 한다.

유인원에서 인간에 이르는 진화과정을 화석적 증거와 비슷한 현생 유인원들의 행동과 뇌 구조 등을 근거로 추정해보자. 화석 기록과 현생 유인원으로 추정해보면 앞에서도 말했듯이 초기원시 유인원그림 7-13은 다람쥐보다 더 크지 않고 나무에서 살았으며 야행성이었

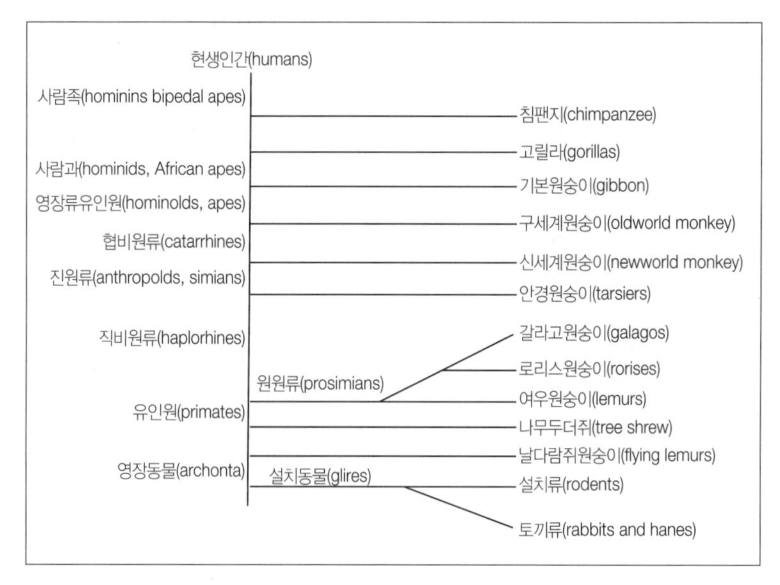

그림 7-11 유인원의 계통발생도

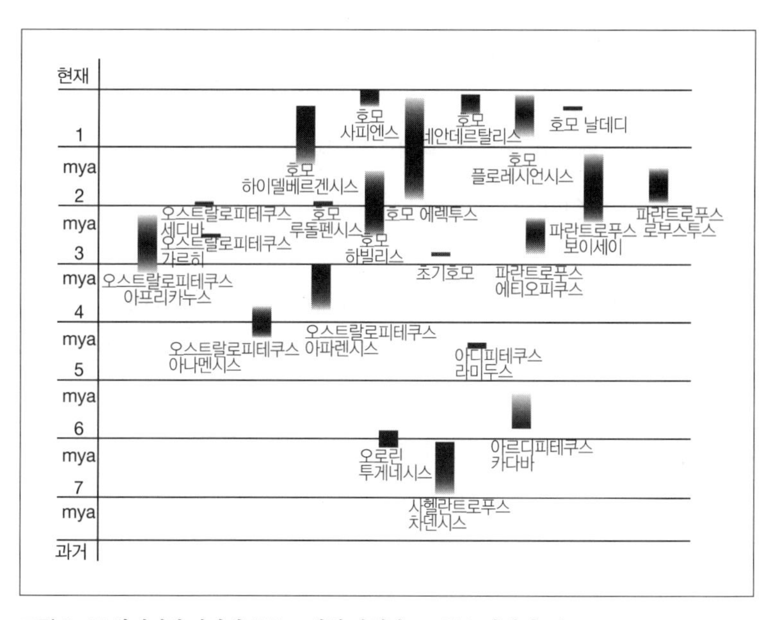

그림 7-12 침팬지와 사람의 공통 조상인 사헬란트로푸스 차덴시스(sahelanthropus tchadensis) 이후 출현한 다양한 호미닌들. mya: million years ago(백만 년 전).

을 것이다. 그들은 전면으로 향한 전형적인 눈과 현존 유인원과 마찬가지로 나무를 잘 오르내릴 수 있는 손발을 가졌으며 손·발톱보다 민감한 손바닥, 발바닥으로 이루어진 손·발끝을 가지고 있었던 듯하다. 울창한 숲 위 가는 가지에 살면서 혼자 먹이를 찾아 잎이나 열매를 먹거나 곤충들을 잡아먹으며 살다가 주기적으로 그들과 가까운 친척들로 이루어진 소규모 집단에 합류한 것 같다. 말하자면 초기 원시유인원은 현생하는 회색쥐여우원숭이Grey mouse remur와 같은 조그만 야행성 원원류와 유사한 환경에서 유사한 행동을 했던 것 같다.

이들 초기 원시유인원으로부터 진원류simian가 3,000만-4,000만 년 전에 나타났다. 초기 진원류도 나무에서 생활하고 대체로 야행성이었다. 그러나 초기 원시유인원과 달리 초기 진원류는 조금 더 주행성이었다. 초기 진원류는 원원류보다 콧구멍이 작아지고 눈 사이가 좁아지고 두개골 정수리가 높아진다. 이러한 변화는 생태계 적응과 기능적으로 연결된다. 진원류 중에서 협비류유인원들은 그들 조상보다 더 주행성이었다. 그들은 복잡한 사회집단을 형성해서 먹이를 찾았다. 어두운 곳에서 생활해 후각이 극히 발달했던 설치류와 분리된 직후의 초기 원시유인원과 달리 후각은 많이 쇠퇴하고 야행성 조상들에게서 약해졌던 색상에 대한 시각을 3색형 색지각으로 개선했다.

이것은 붉게 익은 과일들을 보기 위해 야행성 조상들이 잃어버렸던 적색광에 민감한 색소를 다시 진화시켜 훌륭한 3색형 색지각을 갖게 된 것이다. 2색형 색각으로는 녹색과 붉은색을 구분하지 못하는 색맹이 되어 덜 익은 녹색과일과 영양이 풍부한 익은 과일을 구분할 수 없었기 때문에 3색형 색지각을 다시 진화시킨 것이다. 또 3색형 색지각은 소화가 잘되고 맛있는 어린 잎사귀들*을 먹기에도 유리

* 아프리카 식물의 잎은 대부분 어릴 때 붉은색을 띤다.

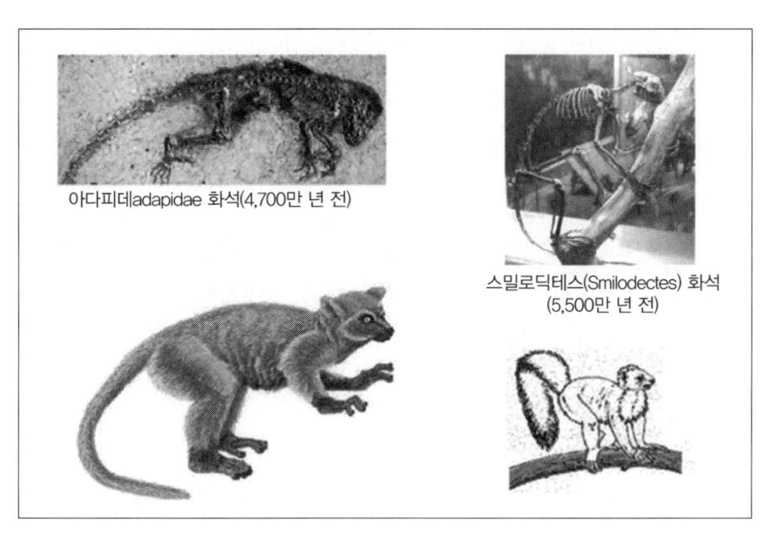

그림 7-13 초기 원시유인원의 화석과 생존 시 모습 상상도

했다. 이러한 3색형 색지각은 현생인류가 진화하면서 뇌 속에 가장 복잡하고 큰 회로를 만들게 되며 최고조로 정교해졌다.

이상에서 볼 수 있듯이 유인원의 진화가 초기유인원-원원류-진원류-협비류유인원으로 계속됨에 따라 점차 주행성이 증가하고 후각이 쇠퇴했으며 시각, 그중에서 특히 색지각이 개선되고 더 복잡한 사회적 행동을 하게 되었음을 알 수 있다. 이러한 경향은 추론해보면 당연한 일이다. 이것은 색지각은 밤에 소용이 없고, 개선된 시각은 후각의 필요를 경감시키며, 동료들을 알아보는 것은 집단을 이루어 먹이를 찾는 것과 복잡한 사회조직이 나타나는 것을 촉진할 것이기 때문이다. 초기 진원류는 초기 유인원과 마찬가지로 체격이 작았으나 후에 협비류유인원 중에서 에이프처럼 꼬리가 없고 체격이 커진 유인원도 생겨났다.

일반적으로 체격이 큰 유인원종이 더 오래 살고 더 천천히 자라며 더 주행성이 되고 새끼들을 더 강하게 보호하는 경향이 있다. 이것은 그만큼 뇌의 성숙을 위하여 많은 시간을 할애하고 지능을 발달하기 위한 더 많은 경험을 쌓는 것을 가능하게 했다. 따라서 체격이 큰 유인원이 뇌가 커지고 지능이 높아지고 사회성도 높아지게 되었다. 체중이 가벼운 유인원에서 다소 예외는 있을지라도 화석적 증거와 분류학적 분석은 하플로힌 영장류에서 진원류-협비류-호미노이드-호미니드-호미닌으로 이어지는 혈통에서 절대적인 뇌 크기가 반복적으로 증가한 것을 시사한다.

신피질의 크기는 일반적으로 절대적인 뇌 크기가 커짐에 비례해서 커지는 경향이 있다. 따라서 그렇게 늦게 출현했지만 체중이 많이 나가고 뇌중량이 큰 유인원들의 신피질이 클 것이라는 것은 쉽게 유추할 수 있다. 그런데 그들의 신피질은 이렇게 예상되는 것보다 훨씬 더 크다. 신피질이 상대적으로 커지는 경향은 포유류에서 유인원으로 진화하는 데서도 이미 나타났다. 뇌중량이 비슷한 고슴도치와 작은 원원류의 일종인 갈라고를 비교해보면 둘 다 뇌중량은 약 3.4g인데 고슴도치의 신피질 비율은 16%인 반면 갈라고는 46%나 된다. 이것은 유인원이 다른 포유류에 비해 신피질 확장이 대단하다는 것을 단적으로 보여준다. 결론적으로 말하면 뇌의 절대적 크기와 신피질의 상대적 크기는 유인원에서 크게 증가했고, 특히 인류와 가까운 계통발생에서 더 두드러졌다는 것이다.

그러면 뇌 크기와 신피질의 증가는 기능적으로 무슨 중요성이 있는가? 일반적으로 뇌의 크기가 증가하면 뇌가 만드는 개념과 의미의 복잡성 증가를 초래한다[Gibson, 2002]. 더 큰 뇌를 소유한 종은 더 복잡한 상호연결회로를 가지게 되고 그것은 잠재적으로 더 큰 개념적 복잡성을 소유하게 만든다[Lieberman, 2002]. 또 대뇌화 정도, 즉 신피질화 정도는 정보처리 복잡성 정도에 해당하고 이것은 어떤 식으로든 다시 뇌에 의해 만들어지는 가상현실의 복잡성에 해당한다. 뇌에 의해 만들어지는 가상현실의 복잡성은 그 뇌를 소유한 유기체의 지능의 척도다Jerison, 1985. 쉽게 말하면 더 큰 뇌와 더 큰 신피질을 소유하면 뇌의 회로가 복잡해지고 그만큼 복잡한 개념을 처리할 인지적·의식적 능력이 생긴다는 것이다. 이것은 이러한 뇌와 신피질의 증대가 가장 복잡한 개념의 처리행위라고 할 수 있는 인간 언어의 출현에 필수적인 하드웨어가 구비되었음을 의미한다.

이를 뒷받침하는 이론적 근거는 뇌가 작으면 수용할 수 있는 뉴런 수가 적을 수밖에 없다는 것이다. 뉴런은 뇌의 기능을 좌우하는 기본단위다. 작은 뇌에 많은 뉴런을 수용할 수 없는 이유는 뉴런 수가 늘어남에 따라 뉴런끼리 연결해주는 축색의 가지와 시냅스 수가 기하급수적으로 늘어나기 때문이다.* 그러면 뉴런과 축색을 합한 부피도 함께 기하급수적으로 늘어날 수밖에 없다. 그런데 뇌 크기가 작으면 이를 수용하기가 불가능해진다. 비록 뇌 크기가 커진다 해도 뉴런 간을 연결해주는 축색가지와 시냅스가 똑같은 비율로 늘어난다고 하면 커진 뇌가 기하급수적으로 늘어나는 부피를 감당하기 힘들어진다.

뇌의 기능이 많아질수록 그 기능을 담당해야 하는 뉴런집단의 수가 많아질 수밖에 없고 그 기능들 간의 협력을 위해서는 그 뉴런 집단들을 연결하는 축색가지와 시냅스가 많아질 수밖에 없다. 따라서 뇌의 부피도 커질 수밖에 없다. 그렇다고 계속 기하급수적으로 늘어난다면 뉴런 수가 늘어남에 따라 뇌 부피가 한없이 커질 테고 그것은 다른 비용을 요구한다. 즉 지나치게 커진 뇌는 산모의 산도를 통과하기가 불가능하고 또 신체 중 가장 많은 에너지를 소비하는 뇌의 특성

---

* 이러한 이유 때문에 꿀벌은 뉴런 수에 비해 작은 뇌를 유지하기 위해 축색의 가지를 최소화하고 축색과 세포체의 억제성 연결을 줄였다.

상 엄청난 에너지 비용을 요구하게 된다. 이것은 식량자원에 한계가 있는 생태계 때문에 현실적인 제약을 받게 된다. 그러므로 뉴런 수가 증가해도 축색가지와 시냅스 수는 비례해서 늘어나지는 않는다. 그 대신 진화는 다른 해결 방법을 모색하게 된다.

〈그림 7-14〉는 뉴런 1개에 시냅스가 하나뿐인 축색을 간주하여 뉴런과 뉴런 간 일대일 연결을 이루고 모든 뉴런이 연결된다고 가정할 때 뉴런 수가 늘어남에 따라 늘어나는 연결수를 나타냈다. 뉴런 수^{n}가 커짐에 따라 연결 수실제는 축색 수는 n(n-1)/2배로 늘어난다. 그런데 실제로 뉴런 하나는 적게는 10개, 많게는 1만 개 정도의 다른 뉴런과 연결되어 있어 모든 뉴런이 연결된다면 이보다 훨씬 복잡해지고 거대한 뉴런 수를 감안하면 연결 수는 천문학적이 되어 비현실적이다. 이를 해결하기 위해 뇌는 소세계연결망smallworld network이라는 전략으로 진화해왔다. 그것은 〈그림 7-15〉처럼 장거리 연결을 위해서는 중간중간 허브 성격을 띤 노드끼리만 연결된다면 꼭 필요하지 않은 연결은 생략해 연결효율이 극대화되게 하는 것이다Watts and Strogatz, 1998.

구체적으로 말하면, 뇌 신경망과 같은 생물학적 회로이건 인터넷망이나 항공망 같은 인공적인 망이건 모두 거대하고 복잡해지면 이웃하는 노드들 사이에 조밀한 국지적 연결이나 비슷한 노드끼리 결합과 그 국지적 연결들 속에서 중심 역할을 하는 중추노드hub node들 사이의 짧은 경로*로 특징지어지는 소세계연결망이라는 수단을 취해 연결효율을 극대화한다. 이러한 소세계연결망은 매우 복잡하고 거대한 정보망에서 분리된 정보처리와 정보의 통합 모두를 가능하게 하는, 신속하고 효율적이며 경제적으로 정보를 처리하기 위해 자연과 인간이 만든 최적의 연결망이다.

---

* 길이가 아니라 두 노드 사이를 연결하는 뉴런의 숫자가 적은 것을 의미.

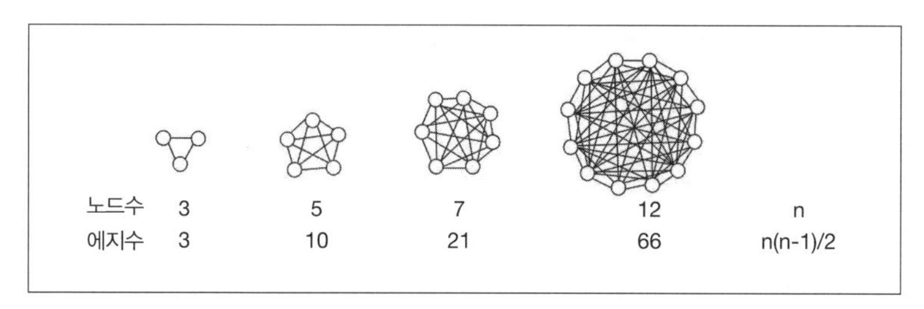

그림 7-14 에지로 연결된 모든 노드

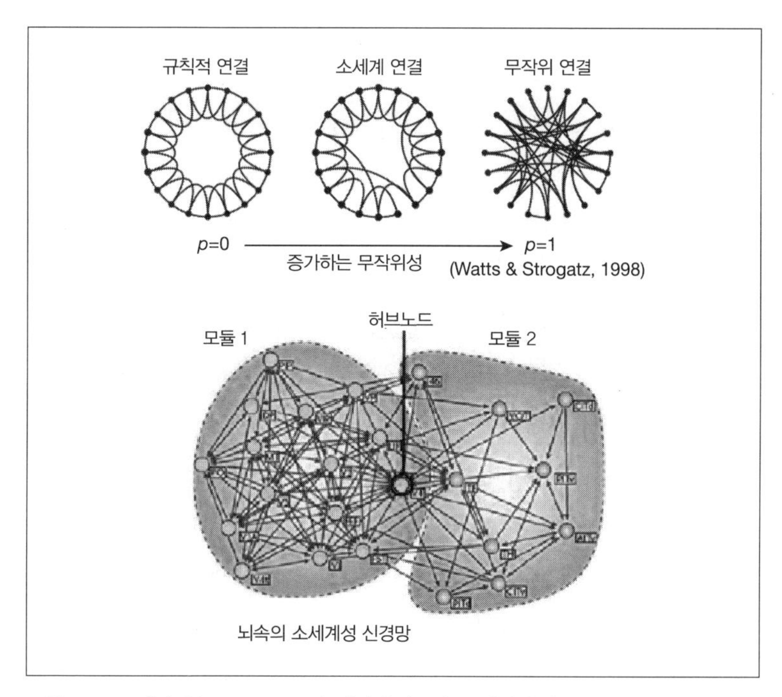

그림 7-15 소세계성(small worldness) 연결의 예. (위) 소세계성 망조직에 대한 최초 이론, (아래) 뇌의 소세계성 신경망의 예

물론 뇌는 모든 뉴런이 다른 기능을 하는 것이 아니라 같은 기능을 하는 뉴런*끼리 그룹을 지어 모여 있다. 이러한 기능적 뉴런그룹

* 엄격히 말하면 뉴런 몸체.

은 적은 것은 모듈, 큰 것은 핵 등으로 불린다. 인간의 시각과 관련된 기능적 뉴런그룹만 해도 30여 개나 된다. 이러한 그룹들에 속하는 뉴런들이 그룹 내에서 또는 그룹 간 서로 연결되어 있다. 이러한 연결을 하는 축색은 거대한 다발을 이루는데 이를 신경섬유다발이라고 한다. 이러한 다발들은 축색을 둘러싼 수초가 주로 지방으로 이루어져 백색을 띠므로 다발들이 모여 있는 부분을 백질이라고 한다. 신경과학자들이 뇌기능을 분석할 때 뉴런그룹을 노드node로 하고 이들을 연결하는 섬유다발들을 에지edge로 한 뒤 특수한 기능주로 행동을 하면 이들 연결을 통해 동시에 발화하는 뉴런그룹을 조사한다. 그리고 어떤 뉴런그룹이 어떤 기능을 발휘하기 위하여 서로 회로를 이루는지를 밝혀 뇌의 특정영역들과 특정기능 간의 상관을 밝힌다. 즉 어떤 기능의 신경실질을 밝힌다그림 7-15.

뇌 크기와 신피질의 증대는 더 높은 지능과 복잡한 사회성을 의미한다. 고도로 사회적인 동물은 서로 협력해 경쟁자들을 물리치거나 지배하는 경향이 있다. 특히 이러한 행위에 신피질이 중요한 역할을 한다. 또한 신피질은 사회적 행동 외에 넓은 행동반경, 안정된 생활에 따른 장수와 같은 다른 변수와도 상관관계가 있다. 이렇게 많은 인자가 뇌 크기와 신피질 비율에 관계되기 때문에 뇌 크기, 신피질 비율과 많은 요인의 상관을 구하는 것은 대단히 힘든 일이다. 또 결론을 내리기도 힘들 뿐 아니라 결론에 오류를 발생시킬 소지가 많다. 해결책은 좀더 적은 영역의 구조와 적은 수의 요인의 상관을 찾는 것이다.

어떤 동물이 다른 동물과 달리 사용 빈도가 매우 높은 어떤 행동을 하고 어떤 기능을 가진다면 그러한 행동이나 기능을 관장하는 뇌 부위는 커진다. 그것은 캐나다의 위대한 심리학자 헤브Donald Hebb, 1904-85가 처음 주장하여 지금은 신경과학의 공리가 되다시피한 '뇌신경의 가소성원리'에 따르면 외부자극에 의해 더 많이 동시 발화되는 뉴런들 간 연결은 더 두꺼워지고 더 가지가 많아져 그 부위의 뇌 부피가 커지기 때문이다. 대부분 그러한 경우 다른 뇌 부위에 그에 상당하는 감소가 있지만 자연선택이 더 큰 지능을 요구할 때는 다른 부위에 영향을 주지 않고 그 부위의 부피만 커질 수 있다.

예를 들면 오리너구리platypus는 전기감각수용기electrosensory receptor가 있는 유난히 큰 부리를 사용해 헤엄치거나 짝을 찾거나 먹이를 포착한다. 호주에서 서식하는 단공류의 일종인 이 동물은 그러한 부리에서 들어오는 감각을 처리하기 위해 체감각피질의 90%를 할당한다 그림 7-16. 박쥐는 음파를 이용해 대상이나 환경을 탐지하고 설치류는 강모를 이용하여 주위 환경과 대상을 탐지한다. 박쥐의 뇌는 그러한 반향정위echolocation를 위한 특별한 달팽이관을 가지고 있다. 청각중추가 여기서 들어오는 음파탐지 데이터sonar data들을 적절히 해석할 수 있도록 특화되어 있는데 청각중추는 뇌에서 큰 면적을 차지하고 있다. 설치류의 뇌도 코 주위의 강모에서 들어오는 정보를 처리하기 위해 뇌 속에 넓은 감각영역을 가지고 있다.

이처럼 뇌의 국지 영역의 크기와 어떤 행동이나 요인들의 상관을 구하는 것은 비교적 쉬운 일이다. 앞에서는 포유류에서 유인원으로 진화함에 따라 절대 뇌 크기가 커지고 신피질 비중도 높아지면서 복잡한 뇌를 가진 현생인간으로 진화 기반이 조성된 것을 알 수 있었다. 지금부터는 유인원에서 진보하여 절대 뇌 크기와 신피질이 엄청나게 커진 호미노이드-호미니드-호미닌으로 계통발생적 진화에서 특히 호미닌의 진화를 중심으로 뇌 크기와 뇌의 특수 영역들이 어떻게 절대적·상대적 크기가 변화해왔으며 이러한 진화과정에서 뇌의 크기와 국지 영역의 크기 변화가 행동이나 의식의 변화에 어떤 영향을 미쳤는지, 그들 간의 상관은 어떠한지를 주로 살펴본다. 보통 현

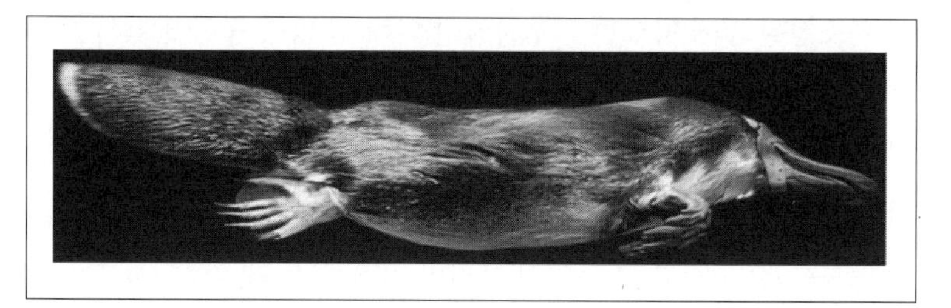

그림 7-16 오리너구리

생인류를 탄생시킨 호미노이드 계통의 분류는 해부학적 분류와 유전학적 분류 두 방법이 있는데 〈그림 7-17〉은 유전학적 분류를 보여준다.

현생인류로 이끈 호미닌 혈통의 진화에서도 뇌 절대크기의 증가를 이끈 뇌 구조에서 몇 가지 변화가 있다. 이것을 검토하기 위해 호미닌의 계통발생에서 비신경적인 면부터 전반적인 뇌 크기 문제와 인간의 뇌가 구조적으로 어떻게 변해왔는지 차례로 살펴본다. 호미닌은 연대상 현재와 가장 가까운 시대에 진화했으므로 그 화석 기록은 당연히 초기 유인원의 기록보다는 풍부하다. 그러다 보니 학자들의 연구도 풍부하고 주장도 다양해서 어느 것이 진실에 가까운지 현재로서는 알 길이 없다. 그 모든 것을 다루기보다 인간 뇌의 진화와 직접 관련이 없는 것은 간략히 훑어보고 주요 호미닌의 분류와 그들의 신체와 주요한 행동을 간단히 살펴보겠다. 그런 다음 호미닌 뇌의 크기가 어떻게 변했으며 그러한 변화가 행동이나 의식의 변화에 어떻게 관계되는지 살펴보고 마지막으로 호미닌의 뇌가 어떻게 재구성되었는지 자세히 살펴본다.

현재 대부분 인류학자의 견해는 호미닌이 아프리카에서 약 600만 년 전에 초기 침팬지에서 갈라졌다고 본다. 그 갈림길에서 인간 출현에 절대적으로 중요한 사건은 두 발 보행이 가능한 초기 오스트랄로

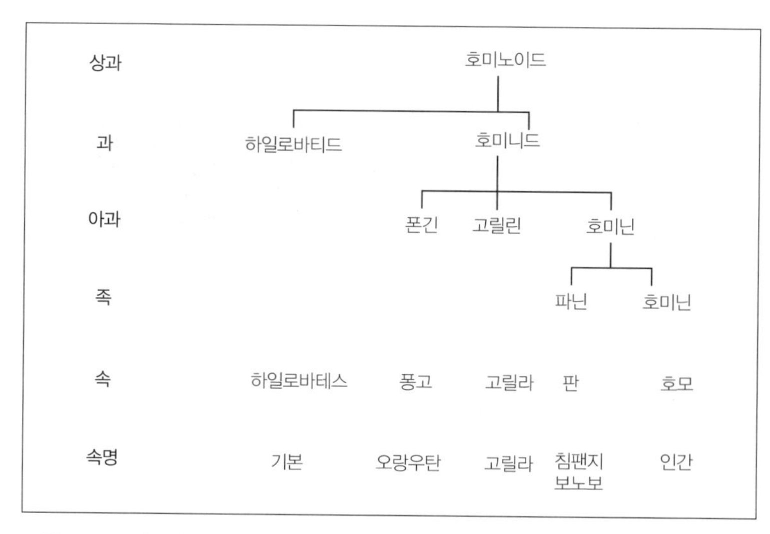

그림 7-17 호미노이드의 유전학적 계통분류

피테쿠스Australopithecine로 불리는 초기 호미닌의 출현이다. 그들은 벌써 다른 에이프에서 볼 수 있는 나무타기에 유리한 큰 발가락이 사라지고그림 7-18, 다리와 엉덩이는 나뭇가지보다 땅에서 걷기에 훨씬 더 적합하게 되었다. 이는 조류가 두 발로 걷는 것과는 차원이 다른 사건이다. 그것은 땅 위에서 움직이면서 여유 있게 주위를 살펴보고 물건을 편하게 쥐고 이동할 있다는 것을 의미한다. 또 시야를 넓혀주고 물건의 운반이나 조작을 쉽게 해주었다는 것을 뜻한다. 이것은 오스트랄로피테쿠스 출현 당시 서식지가 이미 울창한 밀림에서 사바나savannah*로 바뀌어 있었음을 의미한다. 울창한 숲에서는 걸을 수 있는 발보다는 나무에 매달리기 편한 발이 선호되지만 대초원 위에 숲이 군데군데 형성된 사바나에서는 두 발로 걷는 것이 여러 가지로 유리하므로 뒷발이 두 발로 걷기 편한 모양으로 진화한 것이다.

* 넓은 초원 중간중간에 숲이 있는 개방산림지대.

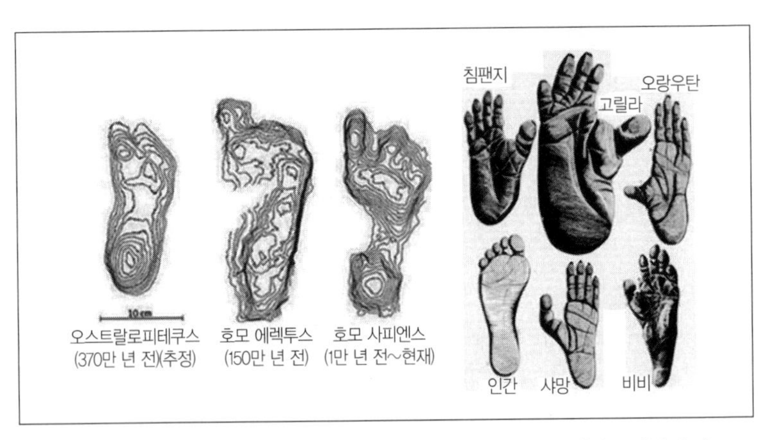

그림 7-18 호미닌의 발자국 비교(왼쪽). 현생 에이프, 비비와 인간의 발과 큰발가락 비교(오른쪽). 에이프와 비비의 큰 발가락은 나무를 타기에 유리하게 다른 네 발가락과 마주 볼 수 있지만 인간을 포함한 호미닌의 큰 발가락은 초원을 두 발로 걷기에 유리하게 되어 있다.

그리하여 초기 오스트랄로피테쿠스가 호미닌시대 이전부터 동아프리카의 울창한 숲을 대치하기 시작한 사바나에서 두 발로 돌아다니는 것이 가능하게 되었다. 이들은 강한 턱과 이빨로만 씹을 수 있는 주로 풀이나 씨앗, 과일, 뿌리 등을 먹고살았으며 사냥보다는 수집에 의존했던 것 같다. 이들의 연장사용 흔적은 미미하다. 거의 250만 년 전 그들 중 일부가 돌로 간단한 연장을 만들기 시작한 것 같다. 약 200만 년 전 더 크고 강한 오스트랄로피테쿠스가 나타났다. 그들은 140만 년 전까지 지속하다 소멸했다. 아마도 호모속과 벌인 생존경쟁에서 패배해 멸종된 것으로 추정된다.

가장 초기 대표적 호모사람속은 약 200만 년 전 나타나 아주 다양한 종으로 발전했다. 호모 루돌팬시스Homo rudolfensis와 호모 하빌리스Homo habilis 같은 초기 호모속은 가냘픈 초기 오스트랄로피테쿠스와 아주 유사했다. 호모 에렉투스Homo erectus로 대표되는 다른 종은 그들의 생활공간을 공유한 오스트랄로피테쿠스보다 키가 작아 30cm는 더 크고 두개 내 체적은 2배 이상 더 컸다그림 7-19.

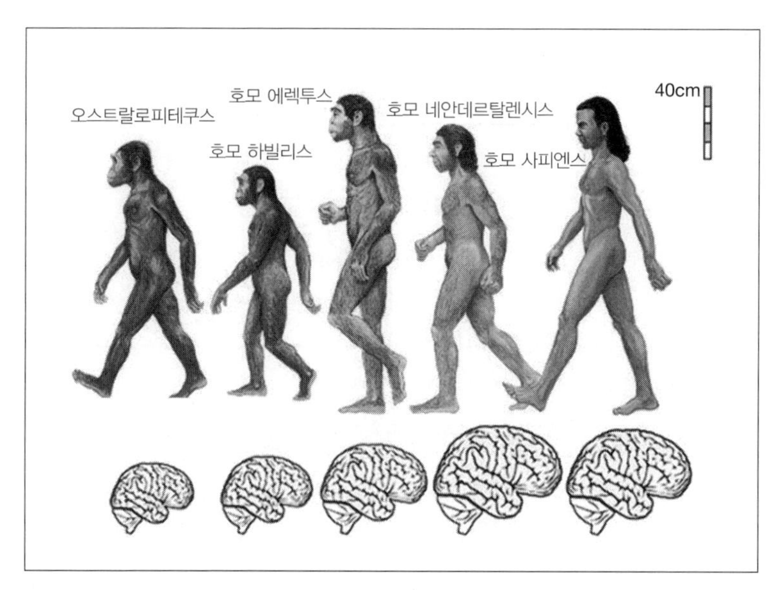

그림 7-19 호모속의 체격과 뇌 크기의 점차적 변화*

그들은 또한 두개골이 현생침팬지의 두개골과 생김새가 유사했던 오스트랄로피테쿠스보다 얼굴 면이 더 수직이었으며 어금니는 더 작았지만 뇌는 더 컸다. 이러한 경향은 그 이후 출현한 호모 사피엔스로의 진화에서도 계속되었다그림 7-20. 실물과 얼마나 유사하게 묘사되었는지는 모르지만 워싱턴 스미소니언박물관에 전시해놓은 화석을 근거로 복원한 현생인류에 가까운 종들을 보면 오스트랄로피테쿠스는 원숭이 모습에 가깝고 호모 에렉투스는 현생인류 중에서 특이한 외모를 지닌 사람처럼 보이고 네안데르탈인 이후는 얼굴만으로 볼 때는 현생인류와 큰 차이가 없다그림 7-21.

호모 에렉투스는 당연히 더 커진 뇌 덕분에 오스트랄로피테쿠스보다 지능수준이나 의식수준이 더 높았다. 화석 기록에 따르면 호모 에

* Encyclopaedia Britannica, 2005.

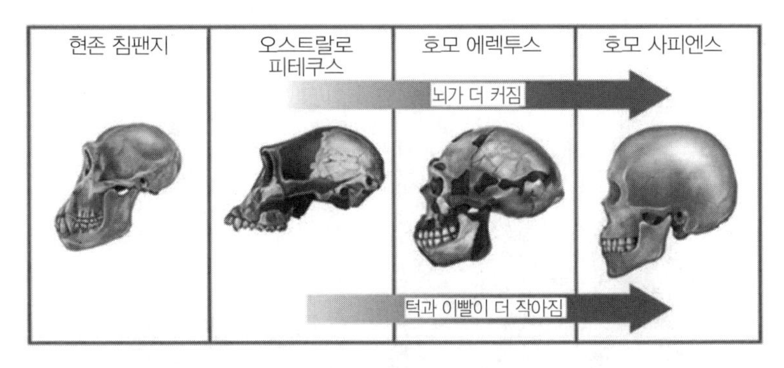

그림 7-20 침팬지와 여러 호모속의 두개골과 이빨 비교

렉투스는 고기를 자르거나 뼈에서 골수를 빼내기 위한 돌칼이나 돌도끼 등 다양한 돌연장을 만들어 사용한 흔적이 있다. 또 그들은 호모속 최초로 불을 사용할 줄 알았던 것 같고 물이나 음식을 담을 용기를 만들 줄 알았던 것 같다. 그 증거를 보여주는 아프리카 유적 가운데 시대가 가장 이른, 탄소연대추적으로 142만 년 전의 것으로 추정되는 케냐의 체소완자Chesowanja*에서는 짐승의 뼈가 올도완 석기, 불에 탄 진흙과 함께 나왔다. 고생물학자들은 불탄 진흙 조각 50여 개의 흩어진 배열로 미루어 화로일 것으로 추측한다.

화로는 상당히 진척된 불의 사용을 의미하므로 최초의 불 사용은 이보다 훨씬 더 이전이었던 같다. 불의 사용은 호모 에렉투스에서 더욱 커진 뇌의 크기에도 영향을 미친 듯하다. 불의 사용으로 음식이 연해졌고, 생고기를 씹기 위해 필요했던 두개골 둘레를 고무줄처럼 죄고 있어서 두개골 확대를 방해하던 얼굴 근육이 점차 줄어들어 두뇌가 커질 수 있게 된 것으로 추정된다.

이들은 이러한 새로운 능력을 구비하고서 160만 년 전쯤 아프리

* 케냐에 있는 구석기 유적.

그림 7-21 스미소니언 자연사박물관에 전시된 현생인류와 가까운 호미닌들의 모형. (왼쪽) 오스트랄로피테쿠스, (가운데) 호모 에렉투스, (오른쪽) 네안데르탈인(스미소니언 웹사이트)

카를 넘어 아시아와 인도네시아로 나아간 것 같다. 그러나 궁극적으로 호모 에렉투스에게 무슨 일이 일어났는지는 불분명하다. 어떤 학자들은 여러 호모 에렉투스 집단이 점차 현생인류인 호모 사피엔스 Homo sapiens로 진화했다고 한다. 어떤 학자들은 호모 사피엔스가 아프리카에서 진화하여 호모 에렉투스를 대체했다고 주장한다. 여하튼 25만 년 전 호모 에렉투스는 사라지고 호모 사피엔스가 나타났다. 앞으로 더 많은 화석 기록이 나타난다면 이들의 진화역사가 좀더 분명해질 테지만 현재로서는 그들의 진화역사가 불분명하다.

초기 호모 사피엔스는 호모 에렉투스가 살았던 곳에서 살았으나 그중 현대 호모 사피에스현생인류와 가장 오래 공존하며 경쟁관계에 있었던 것으로 추정되는 네안데르탈인이라는 한 중요한 유형은 북유럽 쪽으로 퍼져나갔다.* 현생인류와 비교한 결과 복원된 네안데르탈인은 흉곽과 골반이 넓으며 정강뼈가 짧았다. 그들은 평균 키가 남성은 165-170cm, 여성은 152-156cm로 호모 에렉투스보다 더 크지

* 아프리카나 아시아 지역에서는 화석이 발견되지 않아 그 정확한 기원에 대해서는 이론이 많다.

않았으나 보통 추운 기후에 적응한 사람들이 그러하듯이 체중이 더 많이 나가고 단단했다.

화석을 근거로 네안데르탈인이 현생인류보다 조금 일찍 출현한 것으로 추정하며 마지막으로 발견된 네안데르탈인은 약 2만 8,000년 전까지 스페인 남부 해안의 동굴에 살았던 것으로 보인다. 하지만 극심한 영양실조에 시달린 흔적으로 보아 천재지변이나 호모 사피엔스에 의하여 멸종된 듯하다. 그 하나의 근거로 뉴욕시립대학 교수였던 레인원드Gerald Leinwand, 1921-는 네안데르탈인이 프랑스 지역과 레바논·시리아 등지에서도 1만 5,000년 이상 존속했으나 초기 호모 사피엔스인 크로마뇽인Cro-Magnon*이 살던 지역에서는 곧 멸종되었는데 그 요인 중 하나가 크로마뇽인의 투척용 창이라고 주장했다Leinwand, 1986.

현생인류와 네안데르탈인은 약 20만 년이라는 긴 시간 동안 함께 살았던 것으로 보인다. 네안데르탈인의 머리와 목이 발성에 다소 부적합한 구조였기 때문에 현생인류만큼 언어를 자유롭게 구사하기는 어려웠을 것이라는 설명이 오랫동안 정설이었다. 하지만 1983년에 이스라엘 케라바동굴에서 현대인의 것과 거의 같은 네안데르탈인의 설골hyoid bone이 발견되면서 이 의견은 뒤집어졌다. 혀의 근육과 후두를 연결해주는 설골의 존재는 언어 사용이 해부학적으로 가능함을 알려주는 지표다. 또 최근 연구에 의해 언어와 관련된 FOXP2 유전자가 현생인류와 차이가 없다는 점이 밝혀져 어느 정도 수준의 언어를 구사할 수 있었을 것으로 추정된다.

특이한 것은 그들의 두개 내 체적이 현대인보다도 더 컸다는 사실이다. 남성의 경우 평균 1,600cc, 여성의 경우 1,300cc로 현대인의 두

---

* 4만~1만 년 전까지 유럽에서 살았던 것으로 추정되는 초기 호모 사피엔스.

개 내 체적[1,250-1,400]보다 10% 이상 더 컸다. 이렇듯 더 단단한 체격과 큰 뇌를 가진 종족이 자연선택에서 도태한 이유는 아직도 수수께끼다. 그들의 뇌 구성이 현대인보다 비효율적이고 현대인의 지능과 의식을 가능하게 한 어떤 구조가 아직 진화되지 못했을 가능성이 많지만 현재로서는 알 길이 없다. 이들의 뇌가 각 뇌 영역을 연결해주는 축색다발이 현생인류보다 상대적으로 부족하거나, 현생인류처럼 허브노드를 중심으로 직렬방식으로 정돈된 뇌회로를 진화시키지 못해 지나치게 많은 측쇄를 가지게 되어 필요 없이 뇌가 커지면서 여러 가지 정보의 빠른 통합에 비효율적이었을지도 모르나 화석을 근거로 이를 확인하기는 어렵다.

그들은 호모 에렉투스보다 외형이 현생인류에 더 가까워져 더 바로 선 얼굴과 더 작은 턱을 가졌다. 그들이 뼈로 작살이나 바늘 등을 만들어 사용한 것을 보면 무기를 제작하는 기술이 부족하지 않았던 것 같다. 그들은 필요한 재료를 자기들의 주터전이 아닌 먼 곳에서 운반해오기도 하고 그러한 재료로 사냥이나 채집에 필요한 창과 여러 가지 연장을 만드는 데 표준화된 기술을 고안했다. 이러한 기술 덕분에 큰 사냥감을 사냥할 수 있는 강한 사냥꾼이 되었다.

약 5만 년 전 그들은 안료로 몸을 장식하고 시체를 매장하기 시작했다. 몸을 장식한다는 것은 다른 사람을 의식한다는 것이며 시체를 매장한다는 것은 죽은 자에 대한 예의를 의미하거나 사후세계에 대한 사고를 의미한다. 이러한 행위는 언어의 출현에 꼭 필요한 자의식과 상징적 사고의 시작으로 해석되기도 한다. 또 시체 매장은 연장이 부실한 시대에 여러 사람의 협동을 의미하며 상호 의사소통과 그것을 위한 수단을 필요로 한다. 상징의 사용이 인간 언어의 본질적 성분이라는 것과 의사소통 수단의 필요를 감안할 때 이것은 인간 언어가 5만-10만 년 전에 진화했다는 것을 암시한다. 그러나 네안데르탈인이 인간 언어를 잘 구사할 수 있었는지는 남아 있는 유적이 부족해 불분명하다. 어떤 학자들은 꽤 오랜 시간 10-15만 년 전 아프리카를 이탈한 현생 호모 사피엔스와 효과적으로 경쟁했다고 주장하기도 한다.

그렇다면 네안데르탈인에게 무슨 일이 일어났을까? 가장 그럴듯한 가설은 그들이 해부학적으로 더 현대인류에 가까운 호모 사피엔스로 점차 대체되었다는 것이다. 그러나 그들 사이의 상호교배 가능성은 아직도 학자들 사이의 뜨거운 논쟁거리로 남아 있다. 상호교배는 일반적이지는 않을지라도 종족 간 분쟁이나 작은 집단 간의 우호적 교류 등으로 자연스럽게 이루어졌을 가능성은 매우 크다. 이러한 상호교배 증거는 현대인의 유전자에 네안데르탈인의 유전자가 섞여 있고 두 종이 유전자의 99.7%를 공유한다는 사실에서 유추할 수 있다. 여하튼 그들은 거의 3만 년 전까지 공존했던 것으로 보인다[그림 7-12].

해부학적으로 현대적인 형태의 호모 사피엔스는 네안데르탈인을 비롯한 초기 호모 사피엔스보다 일반적으로 체중이 가볍고 턱과 이빨, 코가 더 작아졌으며 눈 위가 덜 튀어나왔다[그림 7-20]. 남아 있는 유적 등으로 유추해보면 4만 년 전쯤 그들은 돌뿐만 아니라 뼈와 조개껍질로도 연장을 만드는 법을 깨우쳤다. 그들은 정교한 장례식을 거행하고 바위에 그림을 그리고 조개껍질, 동물 이빨 그리고 아마도 천 등 다양한 인공물로 몸을 장식하기 시작했다. 이들은 초기 호모 사피엔스에서 이미 조금씩 엿보이긴 했으나 대체로 새로운 것들이었다.

인간 문명의 발달에서 아주 중요한 불의 사용에 대해 현재 남아 있는 최고 유적이 약 142만 년 전 것으로 호모 에렉투스 시대에 시작되었다고 추정되므로 호모 사피엔스가 출현할 때는 상당히 진전된 불 사용법을 알았으리라 추정된다. 그때쯤 그들은 상당한 수준의 언어

물론 구어를 사용했음이 틀림없다. 정교한 장례식을 거행한다는 것은 많은 사람의 의사소통과 협동을 요구하므로 상당한 수준의 언어 없이는 불가능하기 때문이다. 약 3만 년 전의 빙하기에 아시아에 거주하던 호모 사피엔스가 그 당시 땅으로 이어져 있었던 베링해협을 건너 대부분 두꺼운 얼음으로 덮인 북아메리카를 남하한 후 중앙아메리카를 지나 1만 1,000년 전 남아메리카 남단 마젤란해협에 도착한 신세계 진출은 호모 사피엔스가 전 세계로 퍼져 현재와 같은 분포를 이루는 데 결정적 역할을 한 획기적인 역사적 사건이었다.

그 뒤 몇천 년 동안 인간 인구는 착실히 늘었다. 인구는 약 9,000년 전 인간이 토지를 개간하고 가축을 기르기 시작하면서 훨씬 더 늘어났다. 다음 인간 진화에서 가장 중요한 혁명은 4,000여 년 전 이집트, 중국, 바빌로니아 등 세계 여러 곳에서 독립적으로 나타난 글쓰기의 고안이었다. 구어가 단순한 지식의 대를 이은 전승은 가능하게 했으나 폭발적으로 늘어나는 많은 지식의 축적과 개선은 문어로만 가능했기 때문이다.

마지막으로 인간 행동과 의식의 극적인 변화에 기여한 것은 근래의 전기와 내연기관의 사용에 의한 산업혁명, 1947년 컴퓨터시대를 연 트랜지스터의 출현이다. 이밖에도 많은 혁명을 거론할 수는 있겠으나 방금 거론한 목록이 지난 4만 년에 걸쳐 인간 행동의 변화속도를 극적으로 높였다고 볼 수 있는 대표적인 것들이다. 물론 언어가 이 가속도에서 가장 중요한 역할을 했으나 유일한 원인은 아니었을 것이다. 인구밀도, 이주, 사회복잡성, 그리고 모방 기술의 발전도 최근의 호모 사피엔스의 행동 변화 속도 증가에 다소 역할을 했다고 볼 수 있다[Striedter, 2005].

지금까지 현생인간으로 진화하는 과정을 간략하게 설명했다. 이로써 호미닌 뇌 진화와 그에 따른 의식의 진화 배경과 적절한 맥락이 파악되었다. 이제부터 호미닌 뇌의 진화역사에 대해 좀더 구체적으로 살펴본다. 호미닌의 뇌 크기가 점차 증가했는가 아니면 갑자기 증가했는가? 또 그러한 크기 증가가 행동 변화와 어떻게 상관이 있는가? 호미닌 뇌 크기가 몸체 크기와 독립적으로 변화했는가?

그런데 우리가 이러한 의문을 살펴보기에 앞서 몇 가지 명심해야 할 점이 있다. 첫째, 화석 호미닌의 절대 뇌 크기에 대한 모든 측정이 두개골 내 체적의 추정에서 도출되었다는 것을 명심해야 한다. 이러한 측정들은 일반적으로 불완전한 자료와 논란의 여지가 많은 가정에 근거하기 때문에 학자들 간에 화석 표본의 참된 두개골 내 체적에 관해 이견이 분분한 이유가 되고 있다. 둘째, 화석 표본에서 상대적 뇌 크기에 대한 모든 주장은 화석 몸체 크기도 역시 불완전한 자료*에서 추정되었기 때문에 에누리해서 들어야 한다는 것이다. 셋째, 일반적으로 남성과 여성 호미닌의 몸체와 뇌 크기가 상당히 다르다는 사실이 화석의 성을 알 수 없거나 불확실할 때 비교·분석을 더욱 복잡하게 만든다는 것이다. 마지막으로, 흔히 화석 표본의 나이를 단언하기가 어렵다는 사실이다. 원시시대에는 체력이 약한 소년들이 적이나 야수의 공격에 취약해서 죽을 확률이 높았다는 것도 염두에 두어야 한다. 보통 치아 기록이 도움이 되긴 하나 이빨 발달 속도도 호미닌이 진화하면서 변했다.

이러한 장애들은 인간의 뇌가 어떻게 진화했는지 파악하는 것을 매우 어렵게 만든다. 그럼에도 호미닌 화석 기록은 호미니드를 포함한 이전의 유인원들보다는 철저히 조사되어 이제 적어도 호미닌 뇌가 크기에서 어떻게 변했는지 윤곽을 파악할 수는 있다[Tobias, 1973].

호미닌 계통발생에서 가장 원시적인 오스트랄로피테쿠스에서 시

* 예를 들면 이빨, 대퇴골 혹은 안와 크기 등.

작해 호미닌의 진화에 대해 좀더 자세히 살펴보자. 오스트랄로피테쿠스는 유인원과 인류의 중간 형태를 가진 멸종된 화석인류로 500만 년 전에서 50만 년 전 아프리카대륙에서 살았다. 화석을 근거로 8종 이상이 450만 년에 걸쳐 여러 장소에서 번식하다가 소멸했다. 발원지는 동부아프리카로 추정되며 남아프리카, 사하라사막, 동부아프리카 일대에서 생존했다. 오스트랄로피테쿠스는 현생인류와는 모습이 다르지만 두 발로 걷고 송곳니가 원숭이와 다르게 작고 덜 날카롭기 때문에 원숭이에 가까운 인간으로 알려졌다. 1924년 남아프리카에서 처음 화석이 발견되었고 그 후 많은 화석이 발견되었다Dart, 1925.

오스트랄로피테쿠스의 골반·대퇴골은 현생인류를 닮은 것으로 보아 직립보행을 한 것 같다. 엄지는 다른 손가락에 비해 크고, 현생인류처럼 다른 손가락과 마주 보듯 붙어 있다. 두개골은 수직으로 붙어 있고 전두엽, 두정엽은 유인원보다 크고 복잡해졌다. 여러 오스트랄로피테쿠스의 체중 대 두개골 내 체적 평균을 비호미닌 에이프와 비교하면 오스트랄로피테쿠스의 상대적인 뇌 크기는 비호미닌 에이프보다 약 30% 더 크다. 최초의 오스트랄로피테쿠스는 체중이 약 30-40kg으로 오늘날 보노보나 피그미침팬지 무게와 비슷하고 시바피테쿠스Sivapithecus 같은 초기 에이프보다는 상당히 무거웠기 때문에 상대적 뇌 크기의 증가는 계통발생적 체격의 왜소화 때문은 아니라고 추론할 수 있다. 그 대신 자료들은 오스트랄로피테쿠스가 처음 진화했을 때 평균 두개골 내 체적이 350cc 이하부터 400cc 이상까지 몸체 크기와 독립적으로 증가했다는 것을 보여준다. 다음 400만-500만 년에 걸쳐 오스트랄로피테쿠스의 두개골 내 체적은 가장 튼튼한 경우 500cc 정도로 훨씬 더 증가했다. 그러나 그 절대 뇌 크기 증가는 몸체 크기의 상당한 증가와 병행되어 상대적인 뇌 크기 증가는 이루지 못했다.

오스트랄로피테쿠스 화석은 현재 완전하지 못한 형태로 8종류 이상 발견되었는데, 초기 종은 식량과 포식자로부터 신변을 보호하기 위해 나무 위에서 계속 생활하다가 차츰 지상 생활의 비중이 높아지기 시작하여 후기 종은 나무에서 나무로 뛰어다니는 숲에서의 생활을 그만두고 수목이 적은 아프리카 남부사바나에서 생활한 것 같다. 그 결과 앞발은 손이 되어 식물성 먹이를 채취하고 작은 동물을 포획하며 원숭이나 사슴, 돼지까지 잡아서 식량으로 했던 것 같다.

1959년 동아프리카 올드바이계곡에서 발견된 파란트로푸스 보이세이Paranthropus boisei도 오스트랄로피테쿠스류에 속한다. 가프계곡에서 출토된 이들은 제1빙하기경의 가장 오래된 형태의 석기인 카프문화기의 역석기*를 제작했다. 심지어 원숭이의 두개골을 깨서 그 뇌를 식량으로 한 것 같으며 확실히 호미닌이라는 것이 증명되었다. 진잔트로푸스는 약 100만-60만 년 전 출현한 후기 오스트랄로피테쿠스 종이다. 현재 많은 학자는 뒤에 나타난 호모속이 이들 오스트랄로피테쿠스에서 진화한 것으로 믿고 있다.

호모속의 가장 오래된 화석은 호모 하빌리스로 동아프리카에서 발견되었으며, 이들이 230만 년 전 살았을 것으로 추정한다Kimbel et al., 1997; Blumenschine et al., 2003. 이들 초기 호모화석은 뇌와 신체 크기에서는 오스트랄로피테쿠스와 유사하나 어금니가 달라졌다. 이것은 그들의 식사내용이 달라졌다는 것을 암시한다. 이를 뒷받침하는 증거는 180만 년 전쯤 초기 호모속이 동물 잔해를 자르기 위해 원시적인 돌연장을 사용한 흔적이다. 이것은 그들의 식물 위주 식사에 에너지가 풍부한 고기나 골수가 추가되었음을 보여준다.

다음에 나타난 호모 에렉투스는 체격이 더 크고 강했으며 광범하

* 규암, 석영 등 돌의 한쪽 모서리를 두들겨 깨뜨려 날을 세운 것이다.

게 분포했다. 호모 에렉투스 화석은 아프리카·유라시아에 걸쳐 널리 발견되고 190만 년 전에서 10만 년 전까지 심지어 그 후까지 살았던 것 같다. 그들은 오스트랄로피테쿠스와 달리 앞발손은 나무에 오르기 편한 기능을 잃었고 어금니 크기는 줄었다. 이것은 그들의 식사내용이 부드럽고 영양가 많은 것으로 대체되었음을 의미한다. 그들이 세계에 널리 퍼진 것은 매우 다른 생태환경에서 적응하고 번성하기에 적합하게 생태적으로 유연하고 인지능력이 뛰어났다는 것을 시사한다.

호모 에렉투스의 뇌는 오스트랄로피테쿠스로 대표되는 호모속 이전 늦게 진화된 호미닌 뇌의 2배 이상이다. 이것은 호모속의 출현과 함께 뇌가 폭발적으로 증가한 것을 의미한다. 이 절대 뇌 크기 증가가 몸체크기 증가와 동반되긴 하지만 그것은 단순히 몸체증가의 결과만은 아니다. 왜냐하면 호모 에렉투스의 뇌가 더 뒤에 나타난 더 튼튼하고 체중도 더 나갔던 후기 오스트랄로피테쿠스종의 뇌보다 훨씬 더 컸기 때문이다. 실제로 모든 호모 에렉투스 자료는 모든 오스트랄로피테쿠스보다 몸체중량 대 두개 내 체적의 비율이 더 크다는 것을 가리킨다. 이것은 초기 호모 에렉투스가 절대적·상대적 뇌 크기 모두에서 유의한 증가를 겪었다는 것을 의미한다.

호모 에렉투스의 초기 출현 이후 상대적 뇌 크기는 약 150만 년 동안 약간만 변했다. 그 시간 동안 절대 두개 내 체적은 약 850mm에서 약 1,000mm로 증가했다. 심지어 아시아에서 발견된 후기 호모 에렉투스의 뇌는 1,250mm까지 이르렀다. 그러나 그 증가는 대부분 몸체크기의 증가와 함께 이루어졌다. 그러므로 절대 뇌 크기 증가는 더 이른 절대 및 상대 뇌 크기에서 증가와는 다른 것이다Anton, 2003.

이러한 자료들은 다윈 이래 널리 신봉되었던 생물 종분화의 점진적 진화이론phyletic gradualism보다 굴드와 엘드리지Niles and Gould, 1972가

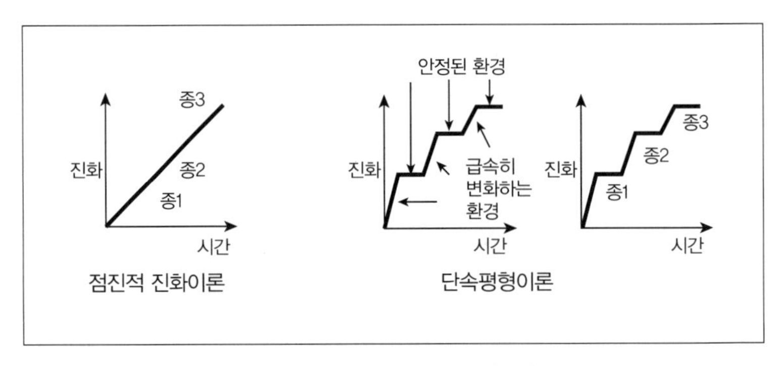

그림 7-22 점진적 진화이론(phyletic gradualism)과 단속평형이론(punctuated equilibrium theory)

주장한 생물의 진화는 대부분 기간 동안 큰 변화 없는 안정기와 비교적 짧은 시간에 급속한 종분화가 이루어지는 분화기로 나뉜다는 단속평형이론punctuated equilibrium theory과 더 일치한다그림 7-22.

그러나 초기 호미닌의 화석 기록이 너무 희귀하고 그 연대도 부정확하기 때문에 호모 에렉투스의 정확한 진화역사는 알기 어렵다. 따라서 이 관찰로 단정적인 결론을 내리기보다 주의 깊은 검토를 할 필요가 있다. 그래도 대부분 형질인류학 학자들은 초기 호미닌의 뇌와 몸체의 크기는 점차적으로보다는 간헐적으로 증가했다고 믿는다.

최근 조지워싱턴대학 인류학부 두Andrew Du 교수 일행의 연구는 두개골 내 체적을 뇌체적 대용으로 사용해 연대별로 뇌체적이 작았던 오스트랄로피테쿠스부터 현대인류와 뇌 크기에서 거의 차이가 없었던 초기 호모 사피엔스의 그때까지 발표된 모든 화석자료를 토대로 여러 가지 뇌 크기 진화 모델을 비교한 결과 새로운 종의 탄생에서 단속평형적 경향을 보이나 장기적으로 시간대별로 검토하면 점진적 경향이 옳다고 주장했다. 어느 시기에는 두 종이 공존하며 둘 다 점진적 뇌 증가를 보이고, 어떤 시기에는 어떤 종이 더 큰 뇌를 가진 새로운 종으로 진화하면서 급격한 뇌 증가를 보이며, 어떤 시기에는 그

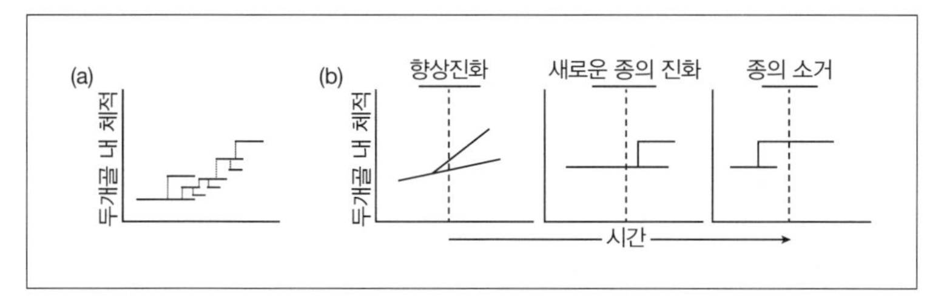

그림 7-23 호미닌 뇌 크기 진화의 이론적 도식예증 (a) 진화는 규모 의존적이며 계통 내 패턴은 전체적으로 결합되어 조사될 때와 일치하지 않는다. 각 혈통은 정체를 경험하나 그 속에서 새로운 종의 진화가 다소 더 큰 두개골 내 체적(뇌)을 진화시킴에 따라 상쇄되면서 더 큰 분류군 규모로 볼 때 점진적인 두개골 내 체적의 증가를 보인다. (b) 수직점선은 두 구간을 나누는 것이다. 세 경우 모두에서 분류군 수준 뇌 크기는 증가한다. 향상진화에서 두 혈통이 뇌의 증가속도를 달리하면서 이른 시기부터 늦은 시기까지 공존하면서 분류군 전체로 본 뇌 크기 증가에 기여한다. 새로운 종의 진화에서 혈통분리 사건이 일어나면서 뇌가 더 커진 새로 생긴 종이 나타나면서 전체적인 뇌체적의 증가에 기여한다. 종의 소거에서 적은 뇌의 혈통이 멸종하면서 또한 전체적인 뇌체적의 증가에 기여한다.

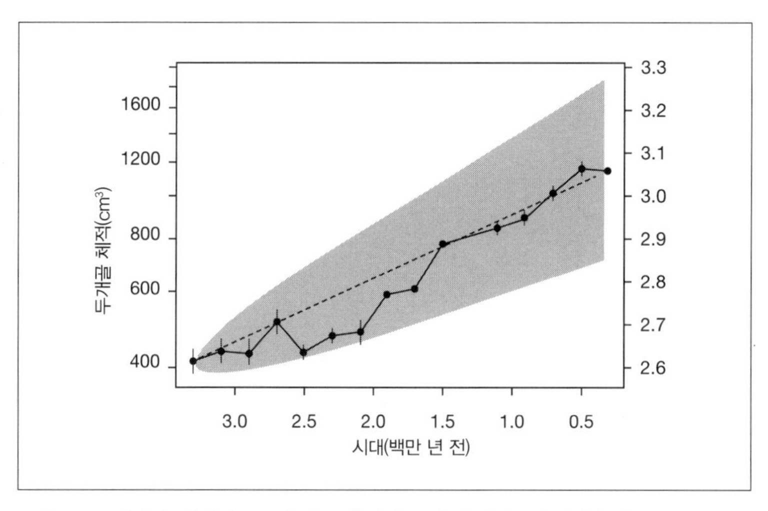

그림 7-24 전체적·장기적으로 본 뇌 크기 진화. 20만 년 단위로 측정했을 때 두개골 체적의 점진적 증가를 보여준다. 점선은 점진적 진화론모델에 의해 기대되는 탄도를 나타내고 회색 칠을 한 부분은 95% 확률범위를 나타낸다.

종이 갑자기 멸종되기도 하나 장기적인 시간에 걸쳐 시간대별로 검토해보면 분류군 규모의 전 종의 평균 뇌 크기는 점진적으로 증가한다는 연구결과를 발표했다[그림 7-23, 그림 7-24, Du et al., 2018]. 따라서 점진적 뇌진화론과 단속평형적 뇌진화론에 대한 논쟁은 앞으로도 계속될 것 같다.

약 70만 년 전 아마도 그보다 더 일찍 아프리카의 호모 에렉투스는 몸체 비율과 치아적응, 인지능력 등이 현대인과 더 유사한 호모 하이델베르크*H. heidelbergensis*를 출현시켰다[Rightmire, 2009]. 이들의 뇌 크기는 호모 에렉투스보다 커졌으며 구호모 사피엔스라고 불릴 정도로 적극적인 맹수 사냥꾼들이었고 르발루아 기법*의 세련된 석기연장을 개발해 사용했다. 이들은 40만 년 전쯤 불 다루기를 배웠다. 약 25만 년 전 이들로부터 더 튼튼한 신체와 더 복잡한 행동과 우리와 비슷하거나 오히려 더 큰 뇌를 가졌던 것으로 생각되는 더욱 진보된 네안데르탈인이 진화했다고 여겨진다[Rightmire, 2008; Hublin, 2009].

여태까지 거론된 호미노이드 화석 및 현생 호미노이드의 두개 내 체적을 비교해보면 호모 사피엔스의 출현과 함께 뇌도, 몸체 크기도 추가로 증가했다는 것을 보여준다. 여러 자료에서 전반적인 뇌 크기 변화를 면밀히 살펴보면 호모 사피엔스 뇌의 진화는 오스트랄로피테쿠스와 호모 에렉투스 사이의 불연속적인 양자도약과 같은 것이 아니라 절대 뇌 크기의 더 점차적이고 곡선적인 증가라는 것을 보여준다. 본질적으로 그 자료들은 절대 뇌 크기의 변화속도가 초기 호모 사피엔스에서는 상대적으로 낮았으나 그 후 계속적으로 시간과 함께 전반적인 뇌 크기의 지수적 상승을 이루면서 증가했다는 것을 보

---

* 르발루아 기법(Levallois techniqu): 구석기 당시 인류가 개발한 돌 다듬기 기법의 일종. 19세기 프랑스 파리 교외 르발루아페레 지역에서 발견된 석기 여러 점에서 보이는 제작기법.

여준다. 이것은 이 시기에 인간 뇌 크기가 어떤 규칙을 따르지 않고 다소 제멋대로 변했다는 것을 의미하므로 흥미롭다.

앞에서도 언급했듯이 화석을 근거로 한 자료들은 네안데르탈인을 포함한 몇 종의 초기 인간의 뇌가 가장 최근 인간의 뇌보다 더 크다는 것 또한 흥미롭다. 이것은 절대적 뇌 크기가 최근 인간이 진화하는 동안 감소했다는 것을 시사한다. 이것은 같은 계통 내에서 뇌 크기가 지능과 비례하며 따라서 뇌가 큰 종이 생존경쟁에서 유리해 자연선택을 받는다는 일반 인식과는 어긋나므로 매우 흥미로운 사실이다. 그것은 그러한 초기 인간들의 뇌가 호모 사피엔스의 뇌보다 비효율적으로 구성되었거나 오늘날의 고래나 코끼리처럼 몸체를 제어하는 뉴런을 과다하게 포함했다는 것을 시사한다.

그런데 이렇게 간단히 단정하기도 어렵다. 예를 들면 우리는 평균 두개 내 체적이 현재의 남성과 여성 사이에 다르고 표준편차가 크다는 것을 고려해야 한다. 즉, 그러한 차가 대표성이 부족한 표본 때문인지도 모른다는 것이다. 그러한 변동성이 네안데르탈인 사이에서도 보이므로 최근 인간과 네안데르탈인의 절대 뇌 중량이 상당히 겹친다.

많은 표본을 비교해보면 네안데르탈인의 뇌는 평균해서 현대 인간의 뇌보다 더 크나 그 차는 10% 남짓으로 작고 조사된 표본들의 실제 몸체 크기 차이와 관련이 있을 수 있다. 더구나 상호교배 유무에 대한 논쟁이 있기는 하지만 최근 인간들이 네안데르탈인에서 진화한 것이 아니라 약 10만-15만 년 전 다른 초기 인간에서 진화한 것으로 다수 학자가 믿는데 그 당시 호미닌의 두개 내 체적은 평균 1,354cc로 현재 인간과 거의 같으므로 절대 뇌 크기는 지난 10만 년 동안 눈에 띄게 감소하지는 않았고 안정적으로 정체되어 있었다고 볼 수 있다.

그러나 학자들의 화석에 근거한 추정에 따르면 같은 시기 인간 몸체 크기는 두개골을 제외한 부분으로 추정해볼 때 11-12% 감소했다. 그 때문에 상대적 뇌 크기는 증가했다. 그 증가가 통계학적으로 볼 때 유의한지는 아직 논쟁거리로 남아 있다. 이러한 자료들은 호미닌의 진화 전체를 통해 볼 때 호미닌 뇌 크기가 어떤 일정한 속도로 증가한 것이 아니라 몇 도약이 있었다는 것을 보여준다. 즉 앞에서 거론된 단속평형 이론에 따라 진화했다는 것을 확인해준다. 첫 도약은 오스트랄로피테쿠스의 출현과 함께 나타났는데 상대적으로 작은 도약이고 몸체 크기의 중요 변화는 포함되지 않았다. 두 번째 도약은 호모속이 출현할 즈음 이루어졌는데 몸체 크기의 상당한 증가를 포함한 비약적 도약이었다. 마지막 도약은 호모 에렉투스의 전성기에 천천히 시작되어 호모 사피엔스 초기에 가속되었다. 그것은 두개 내 공간의 큰 확대와 몸체 크기의 적은 증가에 의한 것이었다.

호미닌의 이러한 전반적 뇌 크기의 단속적 증가가 행동에서 어떤 변화를 가져왔을까? 이를 밝히는 것이 불가능하지는 않을지라도 매우 어려운 작업이다. 예를 들면 오스트랄로피테쿠스의 상대적 뇌 크기 증가가 연장 만들기에 연관된다고 주장하고 싶지만 돌연장은 그러한 증가 후 300만-400만 년 동안 나타나지 않았다. 아마도 오스트랄로피테쿠스는 오늘날의 침팬지처럼 돌이나 뼈를 다듬어 만든 연장이 아닌 나무줄기나 주운 뼛조각을 연장으로 사용했을 가능성이 많다. 비슷한 이유로 두 발로 서서 상대방을 볼 수 있었던 오스트랄로피테쿠스가 오늘날의 침팬지보다 더 사회적이었다고 단언할 수 없다. 왜냐하면 침팬지도 사교적으로 될 때 보통 두 발로 마주 서서 바라보기 때문이다. 더구나 오스트랄로피테쿠스가 임의의 부호를 사용해 언어를 생산할 수 있었을 가능성은 더 희박하다. 따라서 오스트랄로피테쿠스가 그들의 확장된 뇌로 무슨 업적을 달성했는지 지금 이용할 수 있는 자료로는 알 수 없다Striedter, 2005.

초기 호모 에렉투스의 뇌 크기가 계통발생적으로 증대한 원인은 무엇일까? 세인트앤드류대학 곤잘레스 포레로와 가드너González-Forero and Gardner에 따르면 오스트랄로피테쿠스로부터 현대 호모 사피엔스까지 뇌가 3배나 커졌다. 뇌는 엄청난 에너지를 소비하며 높은 대사비용을 요구하는 기관인데 왜 인간은 그렇게 큰 뇌를 진화시켰을까 하는 것은 인류학자들 사이의 오랜 의문이었다. 주된 가설은 생태학적·사회적·문화적 도전을 압도하는 인지의 개선이라고 주장한다.

인간에서 큰 뇌가 어떻게 진화했느냐에 대해 생태지능가정, 사회지능가정, 문화지능가정 등 세 가지 가정이 있다. 생태지능가정은 식량을 발견하고 저장하고 처리하는 것 같은 환경적 도전이 뇌 크기 진화를 추동하는 데 가장 중요하다고 주장한다. 사회지능가정은 같은 종의 다른 구성원들과 자원을 추출하고 다른 종족들을 조종하고 그들을 이기기 위해 동맹과 연합을 형성하는 것 같은 경쟁적·협동적 도전이 중요 인자라고 생각한다. 문화지능가정은 위의 두 아이디어를 결합해 축적된 문화적 기술이나 생태학적으로 유관한 기술의 사회적 교육 및 학습이 호모속의 극단적 뇌투자를 설명한다고 주장한다.

지금까지 이런 가정들을 검정하는 것은 지능의 근사치로 뇌 크기 같은 뇌 특성에 관한 자료들을 인지, 생태학, 단체생활과 같은 특징과 상관시키는 비교·연구에 주로 의존했다. 뇌 크기와 연관된 변수를 확인하고자 하는 이러한 회귀적 접근은 이론과 필요한 자료 측정을 개선하는 데 값진 것이었다. 그런데 그러한 회귀분석연구는 여러 가지 혼란스러운 결과를 초래할 수 있다. 뇌의 변화와 몸체의 성장은 여러 가지 이유로 대사적 제약과 에너지 생산 필요와 같은 서로에 상호적 효과를 가질 수 있으며 그러한 뇌와 몸체 사이의 상호작용은 복잡하고 비선형적이다. 쉽게 말하면 단순한 비례관계가 아니다. 따라서 상관분석연구 결과가 관련 진화모델에 직접 연결될 수 없기 때문에 해석하기 어렵게 만든다.

상관을 주로 조사하여 회귀분석하는 방법으로 뇌 크기 진화의 원인을 밝히는 것이 어렵기에 곤잘레스-포레로와 가드너는 회귀분석 대신 뇌 크기 진화에 대한 사회적 가정의 원인적 평가를 가능하게 하는 대사적 접근을 취한다. 그들은 자기들의 대사적 접근방법은 뇌의 대사적 비용의 실증적인 측정치들을 감안해 공식화된 사회적 가정으로부터 몸체와 뇌 크기에 대한 양적 예측을 잘 보여준다고 주장한다. 그들에 따르면 개체들 60% 생태학적 도전, 30% 협동적 도전, 10% 그룹 간 경쟁적 도전에 직면하는 모델이 어른 호모 사피엔스의 뇌 크기와 몸체 크기를 가장 잘 예측한다고 주장한다.

이들의 모델에 따르면 인간의 뇌 진화를 추동하는 데 개인 간 경쟁은 중요하지 않으며 호모에서 뇌 확장은 사회적 도전보다는 생태학적 도전에 의해 주로 추동된다는 것을 시사한다. 그리고 문화가 강한 촉진제 역할을 한다. 그들은 자기들의 이러한 대사적 접근 모델이 뇌 크기 진화의 가정을 세련되게 하고 논박하고 통합하는 원인 평가를 가능하게 한다고 주장한다González-Forero and Gardner, 2018. 그러나 이들의 새로운 주장은 아직 학계의 비판과 검정을 통과한 것이 아니므로 시간을 두고 지켜볼 필요가 있다.

호모 에렉투스가 처음 출현했을 때 아프리카의 울창한 숲은 밀도가 낮아져 초지와 숲이 공존하는 이른바 사바나로 대체되어 있었다. 이것이 큰 초식동물의 증가로 이끌었고, 다시 육식동물의 큰 증가를 이끌었다. 이런 환경에서 체격이 큰 호모 에렉투스는 두 손으로 몽둥이나 무기를 들 수 있는 장점을 이용해 육식동물들이 사로잡은 동물들을 빼앗기도 하고 동물들을 추적하여 사냥하기도 하고 감자와 같은 음식을 장기 저장하려고 구덩이를 파기도 할 정도로 오스트랄로피테쿠스보다 신체적으로 유리했을 것이다. 고기나 감자 등은 풀이나 과일보다 더 영양가 있으므로 호모 에렉투스의 식사는 오스트랄로피테쿠스의 식사보다 더 좋았을 것이다. 이것은 식사 질의 증가 없이 호모 에렉투스가 크고 대사적으로 비용이 많이 드는 뇌를 만들 수 없었을 것이기 때문에 중요하다. 거꾸로 더 큰 뇌를 가짐으로써 훨씬 더 영양가 많은 조개나 알 등을 얻기 위한 새로운 연장과 기술을 개발할 수 있었을 것이다.

불을 처음 사용했던 그들은 고기를 불에 익혀 먹음으로써 단백질을 풍부하게 섭취할 수 있었을 것이다. 음식을 요리한다는 것이 그들의 영양소를 끄집어내 소화하기 쉽게 만드는 것임을 발견한 것은 특히 중요했다. 또한 앞에서도 거론했듯이 어떤 학자들은 불로 익힌 연한 음식 덕분에 생고기를 씹을 때 필요했던, 두개골을 둘러싸고 두개골의 성장을 억제했던 강한 저작근육들이 약해짐에 따라 두개골이 커지고 따라서 뇌도 커질 수 있었다고 주장한다. 그러나 불의 사용으로 인한 요리가 영양의 증가를 가져오지 못했으며 따라서 불의 사용이 뇌 크기에 영향을 미치지 못했다는 반론도 있다[Cornélio et al., 2016].

여러 가지 가정을 두고 종합적으로 판단할 때 이러한 식사의 개선이 아마도 호모 에렉투스가 더 적은 이빨과 더 짧은 소장이 진화할 수 있도록 하고, 그리하여 더 많은 대사에너지를 성장과 더 큰 뇌를 유지하는 데 돌릴 수 있게 했을 것이다. 또 아주 원시적이나마 언어를 사용하기 시작했을 것으로 추정된다. 다른 말로 하면 초기 호모 에렉투스는* 더 큰 뇌와 더 좋은 식사의 질을 위한 자연선택을 경험

* 호모 하빌리스나 호모 에르가스트와 마찬가지로.

했다는 것이다. 그것은 호모 에렉투스가 처음 진화했을 때 뇌 크기가 왜 그렇게 급속히 증가하고 그 후 정체했는지를 설명해준다. 이처럼 초기 호모 에렉투스의 뇌가 급속한 증가한 후 뇌 크기가 정체된 것은 더 큰 뇌를 가짐으로써 획득할 수 있는 어떤 새로운 영양가 있는 음식 획득이 그들에게 더는 이익이 되지 못했다는 것을 의미한다.

그렇다면 후기 호모 에렉투스와 초기 호모 사피엔스의 뇌가 지수적으로 확대된 이유는 무엇이었을까? 추측할 수 있는 하나의 가능성은 그들의 원시적 언어수준이 점점 개선되고 불 사용법도 세련되었을 것이라는 것이다. 또 하나의 가능성은 간단히 식량을 획득할 수 있는 것보다 더 높은 지능만이 생존경쟁에서 살아남을 수 있었을 것이기 때문에 뇌가 더 커졌을 것이라는 것이다. 구체적으로 환경으로부터 음식을 얻는 것이 아니라 동료인간과 투쟁으로 음식을 얻는 것은 더 높은 지능, 즉 더 큰 뇌를 가진 자가 유리했을 것이다. 왜냐하면 그때쯤 인간은 아마 생태계에서 주도권을 잡아 결국 그들끼리 살기 좋은 영역과 음식 쟁탈전을 벌였을 것이기 때문이다.

초기 호모 사피엔스의 비상하게 두꺼운 두개골과 흔히 보이는 치료받은 머리상처들이 보여주듯이 새로운 자원을 발견하고 포식자와 싸우는 대신 그들은 점점 서로 간의 싸움에 관심이 많아지게 되었다. 초기 인간들은 여자와 자원을 얻기 위해 다른 종족뿐만 아니라 동종의 외래인과도 경쟁했을 것이다. 비슷한 자들끼리 싸움은 체력도 중요하지만 더 높은 지능이 더욱 중요했을 것이다. 이러한 동종 내 경쟁의 가정은 호전적이고 기만적인 인간성을 의미하기도 하지만 진정한 친구와 동맹군을 형성하는 것이 다른 종족이나 동종의 다른 그룹과 경쟁에서 유리했을 것이므로 긍정적인 면도 포함한다. 즉, 호모 사피엔스는 다른 종족과 혹은 동종 그룹끼리 경쟁하기 위해 그룹 내 동료들과 협력했을 것이다.

이 가정의 가장 흥미로운 점은 그것이 긍정적인 피드백 고리를 형성했으리라는 것이다. 더 큰 뇌를 가진 개인이 자원과 짝을 찾는 경쟁에서 유리하다면 뇌 크기는 그 집단 내에서 증가하는 경향이 있을 것이기 때문이다. 그리고 이 경쟁에서 패자는 승자와 같은 유전자 풀에서 축출되는 경향이 있을 것이므로 그들은 항상 낙후자일 것이다. 그리하여 더 큰 뇌와 경쟁자를 앞서기 위한 더 좋은 수단을 획득하기 위한 동종 간 무기경쟁이 시작되었을 것이다. 물론 결과적으로 절대적 뇌 크기의 증가는 섭식을 개선하기 위한 대가를 치렀을지 모르나 그러한 경쟁의 승자들은 전리품을 획득하는 보상을 받았을 것이다. 그리하여 동종 내 경쟁 가설은 왜 초기 호모 사피엔스가 진화함에 따라 뇌 크기가 지수적으로 증가했느냐에 대한 합리적 설명을 제공한다. 그러나 위에서 거론한 곤잘레스-포레로와 가드너의 모델은 생태학적 원인이 이러한 사회적 원인보다 뇌 크기 결정에 더 큰 기여를 한다고 상반된 주장을 한다.

그러나 이것은 또 하나의 새로운 의문을 제기한다. 왜 인간의 뇌는 10만 년 전 증가를 멈추었을까? 이에 대한 가장 그럴듯한 대답은 증가하는 뇌 크기의 비용이 이익을 압도했다는 것이다. 이 경우 비용은 대사증가 해결과 엄청나게 커지는 뇌 연결망의 조정을 포함한다. 또한 태어나는 아기 머리가 너무 크면 아기가 출생통로를 통과할 수 없다는 부가적 제약을 받게 되었을 것이다. 여성의 골반은 아기를 낳는 것에도, 두 발 보행을 자연스럽게 하는 것에도 적합해야 한다. 그런데 아기가 여유롭게 통과하려면 골반이 크고 넓어야 하지만 그러면 다리 사이가 너무 벌어져 두 발 보행이 부자연스러워진다.

침팬지와 오스트랄로피테쿠스의 경우 신생아 머리는 출생통로를 편하게 통과할 수 있으나 두 발 보행이 호모보다 자연스럽지 못하다. 그러나 호모 에렉투스에서 호모 사피엔스에 이르는 후기 호모속의 경우 두 발 보행에 적합한 골반을 진화시키다 보니 틈이 부족해져 출생이 아주 힘들게 되어 있다. 그것은 최근에도 왜 세계의 많은 산모가 아기를 낳다가 죽었는지를 그리고 아직도 후진국에서 죽는지를 설명해준다. 마모셋원숭이나 다람쥐원숭이처럼 작은 유인원도 신생아를 출생하기가 어렵다. 그것은 작은 유인원들의 경우 비교적 더 큰 뇌를 가지기 때문이다.

여기서 중요한 것은 호모 에렉투스나 호모 사피엔스를 제외한 모든 호미니드의 출생통로는 신생아 머리에 비해 여유롭다는 것이다. 이것은 심각한 출생제약이 호모 에렉투스 군림기에 나타났다는 것이다. 그것이 사실이라면 호모 사피엔스는 호모 에렉투스에서 이루어진 것보다 훨씬 더 큰 상대적인 뇌 크기 증가를 어떻게 달성할 수 있었을까? 여러 가지 추론이 가능한데 하나는 출생제약이 호모 사피엔스가 더 넓은 출생통로를 진화시키도록 했으리란 것이다. 그러나 이것은 골반해부학이 호미닌들 사이에 상대적으로 일정하고 더 큰 신생아 머리를 수용하기보다 두 발 보행에 유리하도록 더 틀이 잡혔을 것이기 때문에 골반이 넓어져 어기적거리도록 출생통로를 크게 확장할 수는 없었을 것이므로 비록 확장이 있었다 하더라고 경미했을 것이다.

다른 하나는 호모 사피엔스는 신생아가 아직 덜 자란 상태로 낳음으로써 호모 에렉투스나 오스트랄로피테쿠스나 다른 에이프보다 더 작은 머리를 가지도록 그들의 임신기간을 단축시켰을 것이라는 것이다. 이 가정은 인간 신생아와 유아가 다른 유인원이나 포유류에 비해 미성숙한 상태로 태어나 행동적으로 도움을 필요로 하는 것으로 볼 때 그럴듯해 보인다. 그러나 그것은 현대 인간들의 임신기간이 우리 몸체 크기의 유인원들에서 기대되는 임신기간보다 약간 길다는 점에서 설득력이 떨어진다.

또 한 가지 가능한 추론은 그들이 출생 후 뇌 성장을 크게 증가시키는 전략을 채택해 출생제약을 피해갔다는 것이다. 호모 사피엔스는 출생하고 훨씬 뒤 급속한 뇌 성장을 보인다는 점에서 다른 유인원과 다르다. 대부분 유인원 뇌가 출생 후 두 배로 커지는 반면 호모 사피엔스는 세 배로 커진다. 그리하여 그들의 뇌 성장을 출생 후로 미룸으로써 출생이 불가능한 점까지 신생아 두개골 크기를 확대하지 않고 어른 뇌 크기를 증가시킬 수 있었다는 것이다.

마지막 추론도 여전히 의문들을 남긴다. 그중 중요한 것은 인간 신생아 뇌가 꽤 성숙되어 있고 출생 훨씬 전 많은 중요한 발달 길목을 통과한다는 것이다. 이것은 인간 유아가 극단적인 도움을 필요로 하는 것은 신경 미성숙보다 신체적 미숙 때문이라는 것이다. 인간 신생아가 근육 발달이 미숙하고 비상하게 지방이 많다는 지적을 하는 학자들도 있다. 그러나 인간이 그들의 유아지방을 잃은 후까지도 신체 발달은 느리다. 예를 들면 인간의 이는 호모 에렉투스나 오스트랄로피테쿠스보다 더 느리게 자란다. 그리하여 신체발달에서 진화적 변화는 인간 신생아가 왜 그렇게 보호받게 태어났는지, 인간 아동기가 왜 그렇게 긴지를 밝히는 단서를 제공한다.

인간 유아의 뇌가 꽤 성숙되어 있다면 출생 후 그들의 극단적 확장은 무엇 때문이었을까? 확실하지는 않지만 앞서 침팬지와 비교에서 거론되었듯이 인간 뇌가 출생 후 확장을 계속하는 것은 수많은 교세포가 태어나기[특히 신피질에서]를 계속하고 더 많은 시냅스가 형성되고 많은 축색이 자라고 곁가지를 뻗고 수초가 형성되기를 계속하기 때문일 것이다. 여하튼 합리적인 설명은 적어도 인간 뇌 확장의 어떤 면은 인간의 뇌를 예외적으로 환경 영향에 반응적으로 만들고 그로써 인간 아이들을 많이 배울 수 있도록 변형시킨다는 것이다. 이것을 신경생리학적으로 말한다면 인간의 뇌가 다른 유인원들에 비해 아주 큰 가소성plasticity을 가지고 태어난다는 것을 의미한다.

연장된 학습은 보통 사회적 동물들이 유대감을 형성하고 기술을 획득하는 것을 도우므로 길어진 아동기는 초기 호모 사피엔스에게 아주 유익했을 것이다. 그것은 또한 출생 후 학습에 따른 뇌의 연결이 많아지게 해서 결과적으로 뇌의 더 큰 확장을 초래했을 것이다. 그러나 어떤 부모들이 알고 있듯이 도움이 필요하고 의존적인 아이를 가지는 것은 많은 비용이 따른다. 더구나 뇌가 출생 전 미리 어느 정도 성숙되어 있는 한 출생 후 확대되는 데도 한계가 있다. 대체로 출생제약을 피하는 인간의 전략은 현대 호모 사피엔스가 진화했을 때쯤 거의 소진된 듯하다. 이것은 앞서 언급한 대사적·연결망적 제약과 결합해 왜 인간 뇌 크기가 10만 년 전에 정체되었는지 설명하는 데 도움이 될 것이다Rightmire, 2008; Hublin, 2009.

그렇다면 절대적인 뇌 크기가 지난 10만 년 동안 정체되었는데 왜 같은 시기에 인간 행동은 그렇게 극적으로 변화했는가? 이에 대한 하나의 가능성 높은 이유는 뇌의 구조적 개선에 따른 기능적 효율이 증가했기 때문일 것이다. 아마도 현대 인간 신체 크기의 감소에 의해 초래된 상대적인 뇌 크기의 증가는 신체를 제어하던 뉴런 일부를 해방하여 더 지적인 기능에 재할당했기 때문일지도 모른다. 이 견해는 뇌 크기와 지능 토론에서 자주 나타났으나 실증적 지지를 거의 받지 못하고 있다. 사실 현대 인간 신체 크기의 감소는 증가된 인간 지능의 원인이라기보다는 결과라고 볼 수 있다. 예로 의복 발명은 추위에 적응하기 위한 크고 튼튼한 신체를 가질 필요를 감소시켰고 무기 제조는 연약한 인간조차 치명적일 수 있도록 만들었다.

신체 크기 감소가 현대 인간을 더 지능적이게 만들지 않았다면 무엇이 지능적으로 만들었는가? 가장 가능성이 큰 대답은 언어다. 언제 인간이 언어를 사용하기 시작했는지는 현재 불명확하다. 물론 언어를 위한 뇌나 신체적 구조가 5만-10만 년 동안 진보적 진화를 했을 가능성도 있으나 화석 기록만으로 이를 확인하기는 어렵다. 아마도 지금의 침팬지 수준 언어보다는 진전된 언어가 호모 에렉투스 시절 시작되었을 것이다. 그러나 앞서도 언급했듯이 상징적 사고의 시작은 5만-10만 년 전으로 거슬러 올라가므로 현재 언어개념으로 볼 때 언어다운 어떤 종류의 인간 언어가 그때쯤 출현했을 것이다. 아마도 그것은 대상이나 사건을 부호화한 간단한 몸짓이나 소리로 시작되었을 것이다. 또 충분히 형태를 갖추고 출현했을 것이다.

언어의 진정한 기원은 불분명하고 학자들 간에 이견도 많다. 그러나 인간이 일단 언어를 진화시킨 후에 그것은 기억용량의 대폭적 증가와 더불어 도킨스가 말하는 밈Meme의 생성과 확산을 촉진해 지식의 증가에 가속도를 붙이고 개인 간·집단 간 소통과 행동의 변화 속도를 증가시키면서 진정한 의미의 문화가 나타나게 했다고 생각하는 것이 합리적이다. 바라봄으로써 배우지 않으면 안 되는 대신 말하는 인간은 또한 들으면서 배울 수 있고 더 추상적인 방법으로 문제해결하기를 배울 수 있다. 또 기억용량과 더불어 사고력도 크게 증가시켜 인간이 과거를 참고하고 미래를 설계하는 것을 가능하게 했다. 그것은 인간의 의식을 인간과 가장 가까운 친척인 침팬지를 비롯한 다른 에이프들의 의식과도 차원을 달리하게 만들었다. 그리하여 언어는 아마도 문화의 힘을 행동변화의 주요한 작인인 매우 느린 자연선택과정을 대체할 정도로 증가시켰다. 이 생각이 옳다면 절대 뇌 크기가 침팬지보다 조금 나은 언어가 아닌 언어다운 언어가 세상에 나타난 후 정체했다고 보는 것은 이치에 맞는다. 일단 언어를 가지게 되면 우리 뇌는 끊임없이 더 커질 필요가 없어지고 언어자산을 개선할 필요만 있을 뿐이다.

위의 시나리오는 언어에 배타적 강조를 한 지나치게 단순화된 것일지 모른다. 더 현실적 설명은 언어에 관련된 인간의 뇌 해부학과 생리학의 구조적·기능적으로 특별한 변화에 근거해야 한다. 그러한 인간 언어진화의 재구조화 모델도 불완전하다. 그러나 인간의 뇌가 몇 가지 방법으로 재구조화되었다는 것을 보여주는 증거들이 있다. 더구나 그러한 구조적 변화의 어떤 것은 소리를 솜씨 좋게 잘 내는 것에 연결되고 그것으로부터 당연히 말하는 것에 연결된다.

4. 인간 신피질 구조의 발전적 진화에 따른 위대한 인류문명의 탄생

호미닌의 뇌 크기가 증가함에 따라 모든 뇌 영역이 더 크고 더 복잡해진 것은 아니다. 어떤 영역은 오히려 더 작아지거나 단순해졌다. 비신피질 구조의 여러 부분이 호미닌의 뇌가 커짐에 따라 오히려 적어지거나 단순화되었다. 구체적 사례로 후구olfactory bulb는 침팬지나 다른 유인원보다 인간에서 더 작고 구조적인 면에서 더 단순하다. 또 적핵의 거대세포부분magnocellular part of red nucleus은 어른 인간 뇌에서 너무 감소되어 흔적만 남아 있다. 이것은 적핵거대세포는 포유동물에서 주요 운동로인 적핵척수로의 시발점이라 중요하지만 유인원에서는 피질척수로가 운동로 대부분을 차지하고 인간에 와서 절정을 이루기 때문에 유인원에서 작아지고 인간에서는 1mm 이하의 흔적만 남은 것으로 보인다.

인간 뇌의 이러한 여러 가지 단순화는 유인원에 걸친 경향의 연장으로 보인다. 포유동물 연수에 있으며 청각핵의 하나인 등쪽 와우핵은 원원류에서는 층이 아주 발달되어 있고 신세계원숭이나 구세계원숭이에서는 더 간단하고 인간과 다른 에이프에서는 훨씬 더 간단하다. 즉 그런 비신피질 구조는 그들의 오래된 기능의 어떤 것이 신피질로 옮아갔기 때문에 단순화되었을지 모른다. 그러나 이 기능 신피질화 주장은 학자들 사이에 논란이 많고 대안적 설명이 대기하고 있다.

예를 들면 후구의 단순화는 단순히 인간 냄새감각의 계통발생적 감소를 반영하는지 모른다[Rouquier et al., 2000]. 유사하게 등쪽 와우핵의 크기의 감소는 더 큰 유인원이 등쪽 와우핵에 정보를 보내는 귓바퀴가 더 작고 고정되어 있기 때문일지 모른다[Moore, 1980]. 현재로서는 유인원이 진화함에 따라 어떤 뇌 영역이 왜 더 작아지거나 더욱 단순해지는지에 대해 알려진 바가 거의 없다. 그러므로 유인원과 인간에서 다른 영역보다 비교적으로 더 잘 연구된 신피질이 증가하는 경향을 자세히 살펴본다. 특히 인간 신피질이 다른 유인원과 어떻게 다른지 살펴본다.

현대 인간의 뇌 확장은 주로 신피질 확장 때문이다. 이것은 신피질 · 회백질 대 뇌간속 연수의 비율이 침팬지에서는 30:1이나 인간에서는 60:1이라는 것을 고려할 때 가장 분명해진다[Semendeferi, 2002]. 연수가 호모 사피엔스가 진화함에 따라 줄어든 것 같지는 않으므로* 인간이 침팬지로부터 분기할 때 신피질이 예외적으로 확장되었다고 추론할 수 있다. 그것은 크기 외의 면에서도 변했다. 호미닌 신피질의 진화에서 매우 중요한 한 가지는 신피질에서 뇌간과 척수로 투사에 특유의 변화를 겪었다는 것이다. 일반적으로 이 투사는 호미닌이 진화함에 따라 점점 더 광범하고 직접적이 되었다.

또 다른 한 가지 중요한 것은 인간 신피질이 어떤 새로운 영역을 포함하게 되었다는 것이다. 이러한 사실을 좀더 구체적으로 살펴보고 이런 피질 내 변화가 행동을 어떻게 변화시켰는지를 조사해본 결과는

---

* 심지어 등쪽 와우핵도 인간에서 단순하긴 하지만 여전히 크다.

인간 신피질에서의 진화적 변화가 주로 우리 행동을 더 유연하고 색다르게 만드는 데 기여했고 언어가 나타나는 것을 허용했지만 신피질 증가에 의한 불리한 면도 발생했다는 것을 보여주었다. 특히 인간 신피질이 너무 커져 손상에 대한 치유능력이 감소했을 수도 있음을 보여주었다. 이러한 결과로 이끈 과정들을 하나씩 살펴보자.

하버드대학 교수 디콘Terrence William Deacon, 1950-은 "큰 것은 연결이 좋다"는 지금은 '디콘의 룰'로 불리는 이론을 주장했는데 그것은 어떤 뇌 영역의 연결성은 다른 영역들에 대한 그것의 상대적 크기에 비례하며 따라서 큰 뇌 부위는 다른 부위와 연결이 좋다는 것이다Deacon, 1990. 즉, 어떤 뇌 영역이 진화로 확장되면 조상 때는 없던 타 영역으로 침범연결이 이어진다는 것이다. 이 룰에 따르면 보통 뇌의 특정부위가 크다는 것은 그것이 뇌의 많은 다른 부위와 광범한 연결을 가진다는 것을 의미한다. 예외적으로 호미닌의 큰 신피질은 손발과 얼굴 근육, 혀 등의 운동을 제어하는 연수와 척수에 광범위한 직접연결을 가능하게 했다. 특히 인간 신피질은 분명히 턱과 얼굴, 혀 그리고 성대 근육에 신경 분포하는 운동뉴런에 전례 없을 정도의 직접접촉을 진화시켰다.

이에 대한 증거로 현대 축색추적 연구는 신피질로부터 혀의 근육을 위한 운동뉴런까지 직접투사 강도는 절대 뇌 크기와 상관한다는 것을 밝혀냈다. 더구나 인간의 피질 혀 영역의 자기magnet, TMS에 의한 자극은 직접통로로만 가능하다고 생각되는 매우 빠른 혀 수축을 초래했다. 유사하게 인간 신피질의 TMS에 의한 자극은 오래된 해부학 연구가 예언한 그대로 입술과 턱의 주요 근육을 위한 운동뉴런의 직접* 활성화를 초래하는 것처럼 보인다Rodel et al., 2003.

* 단일시냅스의 중개로만 가능한.

마지막으로 최근 연구는 원숭이에서 성대에 신경 분포하는 운동뉴런이 인간에서 보이는 직접 신피질 입력이 결핍되어 있는 것을 확인했다. 전반적으로 이러한 자료들은 연수와 척수의 운동뉴런에의 신피질 직접접촉이 신피질 크기의 증가와 함께 확실히 증가하고 인간에서 최대가 되었다는 것을 시사한다. 해부학적으로 이것은 디콘의 룰에 따라 설명이 가능하나 그러한 증가된 연결은 도대체 무슨 기능에 기여하는가?

일반적으로 신피질로부터 손의 운동뉴런으로 직접투사가 많을수록 손놀림의 기교가 좋아진다. 예를 들면 상완[앞발]의 움직임을 제어하기 위한 신피질에서 운동뉴런으로 직접 연결이 많은 마카크원숭이가 그러한 연결이 없는 고양이보다 손재주가 훨씬 좋다[Nakajima et al., 2000]. 인간의 정교한 손놀림은 참으로 타의 추종을 불허한다. 신피질에서 운동뉴런으로 직접연결이 많지 않았다면 이러한 움직임은 불가능했을 것이다.

마찬가지로 조상 유인원에 비해 입을 위한 운동뉴런에 대한 많은 직접피질투사는 인간에게 개선된 정교한 입놀림을 부여했고 혀와 성대의 운동뉴런에 대한 직접피질투사는 우리 목소리의 다재다능함에 크게 기여했다. 실제로 신피질 손상은 비인간 유인원에서는 그렇게 발성에 영향을 미치지 않으나 인간에서는 거의 말을 할 수 없게 한다[Jürgens, 2002]. 다시 말하면 여러 낮은 운동뉴런에 신피질의 증가된 직접접촉은 아마도 인간을 손놀림과 발성에 걸친 다양한 방면에서 더 솜씨 좋게 만들었다. 그렇다면 신피질의 어떤 면이 그러한 솜씨 좋음의 증가와 관련이 있는가? 신피질의 제어기능은 무엇이 그렇게 특별한가?

신피질은 두 가지 특수한 능력을 가진다. 하나는 높은 가소성이다. 특히 이 가소성은 인간에서 절정을 이룬다. 신피질의 뉴런은 유전자의 설계대로 경험에 따라 틀에 박힌 기능을 하도록 만들어진 다른 영역의 뉴런보다 최선의 결과를 위해 더 쉽게 발화하는 방법을 배운다. 다른 말로 하면 가소성이 크다. 현재 참으로 다양한 증거는 일차운동피질조차 놀라운 가소성을 보일 수 있다는 것을 보여준다Svensson et al., 2003.

그러한 가소성의 구체적 예로, 인지를 절단당하면 중지를 제어하는 일차운동피질의 뉴런이 인지영역으로 옮아간다. 또 손가락 운동을 많이 하는 노련한 피아노 연주자의 손가락 제어 일차운동피질의 크기가 보통 사람보다 더 커진다.* 신피질의 또 하나의 중요한 기능은 피질 내 다양한 연결을 통한 여러 영역에 있는 뉴런들의 활동을 높이 숙련된 움직임을 수행하기 위해 조화시키는 것이다. 솜씨 좋다는 것은 정확성과 마찬가지로 조화를 의미한다. 이 두 기능을 결합해 신피질은 아마도 정확한 조화가 달성될 때까지 운동패턴을 수정함으로써 솜씨 좋음을 개선한다고 볼 수 있다. 이 두 기능 외에 인간 신피질의 다른 특수한 속성도 살펴보자.

포유동물과 유인원에서 신피질 크기가 커지면 신피질 영역 수는 많아지는 경향이 있다. 이에 따라 인간은 좀더 작은 뇌를 가진 유인원보다 적어도 몇 개의 새로운 신피질 영역을 가질 것이라고 예측할 수 있다. 그러나 사람에 특유한 피질 영역에 대한 직접적 증거는 희박하다. 사람들은 언어에 관련된 두 영역, 즉 브로카영역과 베르니케영역이 인간에게 독특한 것이라고 생각할지 모르나 그렇지 않다. 피질영역 44와 45는 인간에서 브로카영역을 이룬다. 그러나 그것들은 원숭이와 원원류 둘 다에서 확인되었다. 몇 침팬지의 신호언어sign language의 증거가 있지만 원숭이들은 분명히 말을 못하기 때문에 인

* 보통 두께가 두꺼워진다.

간에서 브로카영역은 언어영역이 되기 위해 기능에서 중요한 변화를 겪었다고 볼 수 있으나 이러한 변화에도 불구하고 인간의 브로카영역과 원숭이의 44, 45영역은 지형학적·세포조직학적으로 매우 유사하여 대부분 학자들은 그들이 상동이라고 생각한다.

예를 들면 인간과 원숭이 둘 다 45영역은 세 번째 세포층의 아랫부분과 잘 발달된 네 번째 세포층에는 크고 깊이 착색되는 피라미드세포들의 숲이 있다. 유사하게 신경해부학적 분석은 인간의 베르니케영역이 비인간 유인원의 측두-두정 청각 영역과 상동이라는 것을 보여준다. 그리하여 인간에게 독특하리라고 예상되었던 두 영역이 그렇지 않게 되었다. 물론 이것이 인간이 전혀 독특한 피질영역을 갖지 않는다는 말은 아니다. 사실 몇몇 학자는 외측 전전두엽과 하측 두정엽의 39, 40영역은 인간의 뇌에 독특하다고 본다. 그러나 그러한 영역에 대한 비교 자료가 상대적으로 빈약해 우리는 모든 인간 신피질영역이 비인간 유인원에서 상동을 가진다는 영가설을 완전히 배척할 수는 없다.

그러나 앞에서 보았듯이 대부분 신피질영역이 인간과 다른 에이프 사이에 보존된다고는 하지만 그러한 영역의 비례적 크기는 종간에 상당히 차이가 난다. 예를 들면 일차시각피질 혹은 선조피질은 침팬지에서는 전 신피질의 5%를 차지하지만 인간에서는 단지 2%만 차지한다. 비례 크기에서 이 차이는 선조피질에 의해 점유되는 피질의 비율은 신피질의 크기가 증가함에 따라 보통 감소하므로 예상된 그대로다. 그러나 인간선조피질 크기에서 상당한 종내 변동을 고려하더라도 우리와 같은 크기의 신피질을 가진 유인원에서 기대할 수 있는 것보다 인간선조피질은 훨씬 더 적다. 이것은 인간이 진화하면서 시각피질이 줄어들었든가, 어떤 다른 신피질 영역이 부풀었든가 했다는 것을 의미한다.

앞 가정은 인간시각계가 전반적으로 퇴화되지 않았으므로 틀린 것 같다. 우리 눈은 대충 몸체 크기를 감안해 기대할 수 있는 만큼 크다. 인간선조피질은 그것의 주시상입력영역, 즉 외측슬상핵의 크기로부터 기대할 수 있는 것보다 더 작지는 않다. 그러므로 선조피질은 호모 사피엔스가 진화하면서 줄어든 것 같지는 않다. 이러한 사실을 인간선조피질이 침팬지와 비교해 비례적으로 더 작다는 사실과 결합하면 우리는 인간의 뇌 진화과정에서 선조피질이 아닌 다른 신피질영역이 크게 확장했다는 것을 추론할 수 있다.

그 다른 신피질영역은 무엇일까? 우선 가능성이 있는 영역은 측두엽이다. 왜냐하면 인간의 측두엽은 인간과 비슷한 크기의 절대 뇌 크기를 가진 에이프에서 기대할 수 있는 것보다 훨씬 크기 때문이다. 그것의 뉴런들이 얼굴에 선택적으로 반응하는 하측두엽이 인간에서보다 원숭이에서 더 뒤쪽으로 치우쳐 있다. 그렇다면 인간 측두엽에서 확장된 것은 그것의 뒤쪽이 되어야 하는데 그것은 언어를 포함한 청각자극을 처리하는 곳이다. 그러나 전반적으로 봐서 측두엽의 인간 특유의 확장은 상대적으로 작고 모든 유인원에 걸쳐 측두엽의 비례적 크기는 뇌 크기가 증가함에 따라 감소하는 경향이 있다.* 그러므로 인간 신피질 확장은 측두엽 이외의 몇 영역을 포함해야 한다.

또 하나의 인간 특유의 확장 후보 영역은 체감각피질과 브로드만 영역Brodman area 5, 7, 39, 40을 포함하는 두정엽이다. 브로드만영역 39각회Angular gyrus와 40모서리회Supermarginal gyrus은 실제로 비인간 유인원에서 발견하기 어려우므로 두정엽의 일부가 호미닌의 계통발생 동안 부풀었다고 추론할 수 있다그림 7-25. 그러나 불행히도 두정엽이 어떻게 유인원에 걸쳐 크기를 변경해왔는지에 대한 자세한 비교·분

* 다람쥐원숭이에서는 30%, 인간과 침팬지에서는 약 16%.

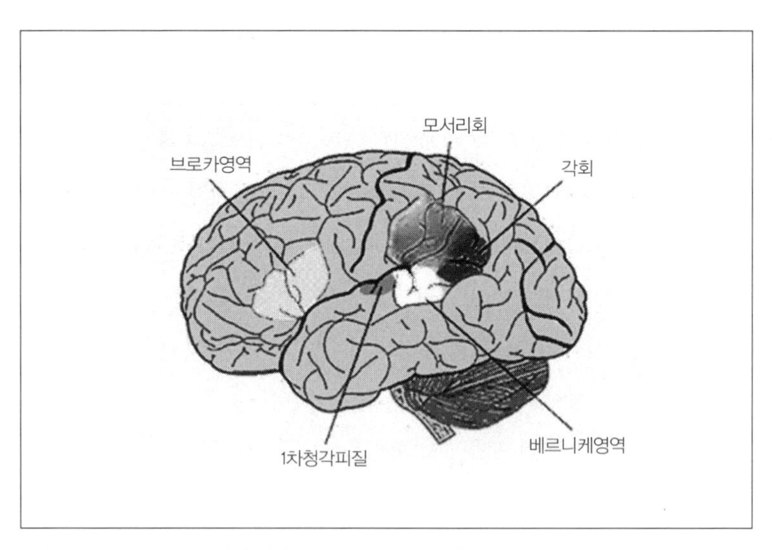

그림 7-25 언어 관련 영역과 각회(angular gyrus) BA 39와 모서리회(supramarginal gyrus) BA 40

석 자료가 없다.

이들이 시각, 청각, 체감각, 전정감 등의 감각이 교차하는 부분에 있으므로Kahane, 2003 그들과 연결은 확실하나 다른 영역과 연결에 관한 자세한 연구사례는 매우 부족하다. 따라서 이들의 비례적 크기나 상대적 크기에 대한 인간과 다른 유인원 사이의 비교는 현재로서는 어렵다. 또 호미닌에서 신피질 확장이 어느 정도 두정엽 크기의 증가에 영향을 받았는지 정확히는 알 수 없다. 그러나 인간 신피질의 확장에 다른 유인원에는 거의 없는 이 두 영역이 많이 기여했다는 것은 확실한 것 같다.

이 두 영역은 시각, 청각, 체감각, 전정감각영역이 교차하는 연합영역그림 7-25으로써 이들 감각의 가장 높은 차원의 처리와 통합을 맡고 있으며 전두엽과 더불어 인간을 단순히 영리한 짐승이 아닌 짐승과는 다른 차원의 존재로 만드는 아주 중요한 영역이다. 이 두 영역은 연장된 베르니케영역이라고 할 정도로 언어 이해와 관계가 깊고 특히 다른 유인원에게는 아주 불가능한 특별한 여러 언어 기능을 맡고 있다. 따라서 당연히 이 두 영역은 시각, 청각, 체감각, 전정감각 영역들과 밀접한 연결을 이룰 뿐만 아니라 언어 관련 여러 영역과 전두엽과도 다양한 연결을 이루고 있다고 추론할 수 있다. 이러한 많은 연결은 당연히 많은 축색과 시냅스를 필요로 하고 이것이 신피질 확장에 크게 기여했으리라 유추할 수 있다.

만일 정말로 영혼과의 교감이 이루어지는 뇌 영역이 있다면 데카르트가 말한 송과체가 아니라 전전두엽이나 이 영역들이었을 것이다. 각회와 모서리회는 아래위로 인접해 있고 여러 감각에 대한 연합피질의 위치에 있으면서 언어영역과 전두엽과 다양한 연결을 하므로 각 감각 영역에서 올라온 감각들을 더 높은 수준으로 처리하고 그것을 다시 언어이해와 연관, 통합한다고 생각된다. 따라서 이 두 영역의 기능은 차원 높은 의식발현에 중요하다고 생각된다.

이 두 영역은 꿈의 발현에도 극히 중요하며 이들 영역에 크게 손상을 입은 사람은 영구적으로 꿈을 꾸지 못하게 된다. 렘수면 중 이 두 영역과 복내측 전전두 영역이 활성화되는 것이 밝혀졌다. 렘수면에서는 복내측 전전두 영역의 기능이라고 생각되는 자기중심적 가상현실 모의실험과 환각적 영상이 동반해서 일어난다. 즉 이 두 연합피질영역은 여러 가지 단일 감각영역으로부터 입력자연발생적 발화에 의한을 통합해 그러한 통합을 꿈이 경험되는 가상무대에서 새로운 줄거리가 되게 한다고 추정된다.

각회는 물론 많은 다른 뇌 영역과 회로를 이루어 그들과 동시적 발화에 의해서 가능하겠지만 기억복구, 주의할당, 언어처리, 수처리, 공간인지, 그리고 마음이론, 전신의 자기감, 전정감 통일 등에 관여한다. 언어처리와 관련된 주된 기능은 시각적으로 지각된 단어에서 의미를 추출하기 위해 시각정보를 베르니케영역에 전달하는 것이다. 이 영역이 크게 손상을 입으면 게르스트만증후군Gerstmann syndrome이라는 복합적 인지장애를 가져오는데 실서증, 산수학습불능, 손가락 인식불능, 좌우구별혼란 등의 증상을 보인다. 또 각회는 은유를 이해하고 처리하는 데 연루된다. 각회가 손상된 사람은 은유의 세속적 버전인 속담을 이해하지 못한다. 이 은유의 이해야말로 인간 이외의 어떤 유인원이나 동물도 불가능한 인간만의 능력이다.

이러한 여러 가지 기능으로 미루어볼 때 각회는 인간을 인간답게 만들어주는 뇌의 중요한 영역 중 하나라고 할 수 있다. 각회는 수의적 움직임과 그 결과를 감시하면서 자아인식을 유지한다. 또 하나 재미있는 사실은 유체이탈현상에 각회가 연루된다는 사실이다. 이것은 각회가 체감각과 전정감각과 연관 있는 영역과 인접해서 실제의 신체자세와 지각된 신체자세가 불일치함으로써 겪는 의식적 혼란 때문인 것으로 추정된다.

한편 모서리회는 체감각연합피질 위치에 있으며 촉각정보를 해석하고 사지 위치와 공간지각에 연루된다. 다른 사람의 자세와 몸짓을 확인하는 데도 연루되며 특히 오른쪽 모서리회는 다른 사람에 대한 우리의 동정심을 제어하는 것 같다. 이 오른쪽 모서리회가 손상되면 타인에 대한 동정심이 잘 유발되지 않으며 우리 정서를 다른 사람에게 표현하는 것을 억제할 줄 모른다. 더 이기적이 되어 다른 사람의 정서를 지각하고 고려할 줄도 모른다. 따라서 원만한 인간관계를 어렵게 만든다[Silani, 2013]. 정상적인 사람은 음운적 단어를 선택할 때 좌우 모서리회가 활성화된다. 이러한 사실들로 미루어볼 때 모서리회도 각회와 마찬가지로 언어와 연관이 많으며 자타의 정서나 동정심 같은 것에 연루된 것으로 보아 인간을 인간답게 하는 중요한 의식적 기능을 맡고 있다고 할 수 있다.

이제 신피질 부분은 앞에서 거론된 선조피질 이외에 후두엽과 전두엽만 남았는데 후두엽에 대해서는 유인원과 인간 사이에 어떠한 양적 비교·연구도 거의 없다. 다만 앞서 잠시 언급했듯이 침팬지보다 인간의 시각피질이 비례적으로 더 적은 것으로 보아 후두엽이 인간에서 특별히 더 확장되었을 가능성은 매우 작다. 그러면 마지막 남은 전두엽이 신피질 확장이나 개선에 미친 영향을 살펴보자.

유인원에서 전두엽은 절대뇌 크기가 증가함에 따라 증가한다. 따라서 아프리카에이프가 그들보다 뇌가 작은 다른 유인원보다 더 큰 전두엽을 가졌다는 것은 당연한 귀결이다. 아프리카에이프 중에서 인간은 침팬지보다 비례적으로 더 큰 전두엽을 가지나 통계적으로 유의하지는 않다. 그러나 절대적 크기가 인간이 훨씬 더 크고 전두엽 전체로 볼 때는 비례적으로 유의하게 크지 않을지라도 전두엽은 몇 부분으로 이루어져 있으므로 그것 일부가 인간에서 확장될 수는 있다.

브로드만이 1912년 보고한 대로 외측 전전두엽은 인간 신피질의 29%를 차지하나 침팬지는 17%밖에 되지 않는다.* 그러나 한 외측 전전두영역, 즉 브로드만영역 10[Brodmann area 10]은 인간의 것이 다른 에이프보다 거의 두 배나 크다는 것이 보고되었다[Nakajima et al., 2000]. 대조적으로 안와 전두피질의 영역 13은 모든 에이프에서 비례크기가 거의 같다. 이 모든 자료를 종합적으로 검토해볼 때 전두엽 전체는 아니더라도 외측 전전두엽이 호미닌이 진화함에 따라 어울리지 않게 커졌다는 것을 시사한다. 이것은 상대적으로 분명하다. 인간 전전두피질이 인간의 다른 에이프에 대한 차원 높은 의식의 탁월성을 근거로 우리가 예상했던 것보다 더 큰지는 분명하지 않다.

---

* 이 수치는 학자들에 따라 다소 차이가 있다.

신피질영역의 크기가 보통 증가하는 절대 뇌 크기와 함께 증가한다는 것을 감안할 때 예상보다 더 크지는 않은 것처럼 보인다. 그러나 인간 전전두엽이 기대했던 것보다 크지 않다고 할지라도 외측 전전두엽은 다른 유인원에 비해 어울리지 않게 크다. 그것은 인간의 전두엽이 모자이식으로 각 영역이 독자적으로 확장해왔고 그중에서 외측 전전두엽이 전두엽의 다른 영역보다 더 큰 비율로 확장되었다는 것을 의미한다. 그러한 발견은 어떤 영역의 상대적 크기가 일정하게 유지되더라도 그것의 구성영역의 비례크기에서 변화가 기능적으로 유의할 가능성을 시사한다. 이러한 사실은 타 유인원에 대한 인지능력과 의식 차원을 달리하는 인간의 우월성은 상당 부분 외측 전전두엽의 어울리지 않는 확장 덕분이라는 것을 시사한다. 우선 전전두엽의 해부학적 맥락에서 살펴보자.

유인원과 인간의 전전두엽의 피질 2-3층은 대뇌피질의 다른 부분보다 특히 큰 피라미드세포로 이루어져 있고 그들의 수상돌기에는 다른 영역으로부터의 축색종말과 흥분성 시냅스를 이루기 위한 수많은 가시돌기로 덮여 있다. 이 세포들의 수상돌기는 다른 영역의 수상돌기보다 크고 가지가 많이 뻗어 있으며 그위에 붙어 있는 가시돌기의 숫자는 다른 영역에서보다 훨씬 많다. 이러한 전전두엽 피라미드뉴런의 미세구조는 전전두엽이 많은 다른 뇌 영역과 많이 연결되고 상호정보를 주고받는다는 것을 의미한다. 해마에 있는 피라미드세포도 같은 이유로 큰 수상돌기와 가시돌기를 많이 가지고 있다. 전전두엽은 뇌간과 척수로부터 많은 흥분성 입력과 다른 피질영역으로부터의 많은 억제성 및 흥분성 연결을 이루며, 특히 다른 영역들의 흥분을 조절하여 뇌 전체에 대한 컨트롤 타워 역할을 맡고 있다. 이러한 전전두엽 피라미드세포의 특징은 유인원 진화 시 나타난 것으로 보인다. 〈그림 7-26〉은 마카크원숭이의 여러 피질영역의 3층 피

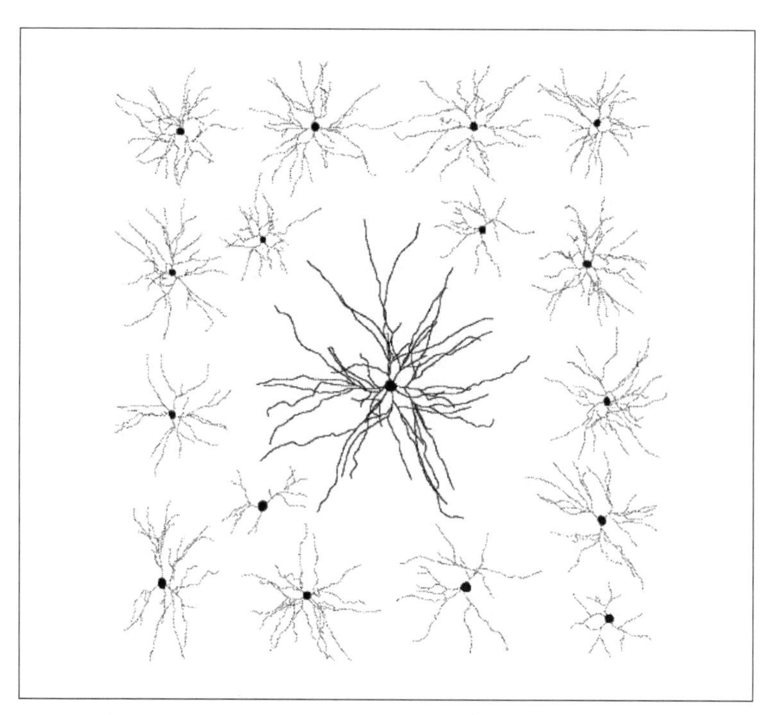

그림 7-26 마카크원숭이의 전전두엽 층3피라미드세포(검은색)와 일차시각피질(V1, 회색)의 기저 수상돌기가지의 상대 크기 비교. 전전두엽의 수상돌기가 지름도 일차시각피질보다 2배 이상으로 크고 그림에는 나타나지 않았으나 전전두엽의 수상돌기에 붙은 가시돌기의 숫자는 일차시각피질의 16배나 된다.

라미드세포의 크기를 비교한 것인데 마카크원숭이의 전전두엽 피라미드세포는 다른 영역의 피라미드세포와 비교해 엄청나게 큰 것을 볼 수 있다. 전전두엽 수상돌기의 지름이 일차시각피질의 2배 이상이고 거기에 붙은 가시돌기의 숫자는 16배나 된다[Elston, 2003]. 물론 인간의 피라미드세포는 마카크원숭이의 피라미드세포보다 훨씬 더 크고 더 많은 수상돌기와 가시돌기로 이루어져 있다.

야콥[Jacops]과 그 동료들은 인간 대뇌피질의 여러 영역 중 2-3층의 과립형 피라미드세포의 수상돌기에서 가시돌기의 크기와 복잡성을 비교한 결과를 〈그림 7-27〉처럼 보여주고 있다. 일차체감각피질에

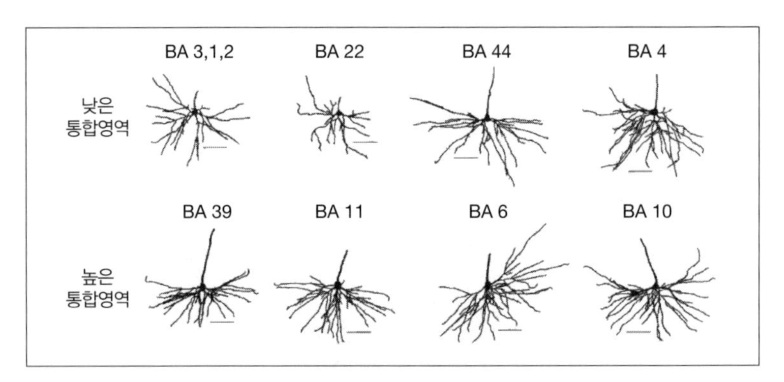

그림 7-27 인간의 대뇌피질의 여러 영역 간 수상돌기와 가시돌기의 비교. 통합기능이 낮은 브로드만영역(위)과 통합기능이 높은 영역(아래)의 수상돌기와 가시돌기 비교. 통합기능이 높은 영역의 수상돌기가지 수와 가시돌기 숫자가 통합기능이 낮은 영역들보다 훨씬 많다. 그림에서 오른쪽으로 갈수록 수상돌기의 가지 수와 가시돌기의 수가 많아지는 것을 볼 수 있다.

서 더 복잡한 연합피질을 거쳐 전전두엽으로 나아감에 따라 수상돌기는 더 커지고 복잡해지며 〈그림 7-27〉에는 나타나지 않았으나 수상돌기에 붙은 가시돌기의 숫자도 많아지는 것을 보여준다Jacops et al., 2001. 이것은 인간의 전전두엽이 어떤 뇌 영역보다 많은 다른 뇌 영역과 연결을 이루는 것을 분명히 보여주는 증거라고 할 수 있다.*

특히 외측 전전두엽은 인간 뇌에서 그것과 마찬가지로 선택적으로 확장된 몇몇 다른 영역과 조밀하게 상호연결되어 있다. 신피질 내에서 그것의 주파트너는 후두정엽과 측두엽이다. 앞서 언급했듯이 인간에서 후두정엽은 몇 개의 독특한 영역을 포함하고 측두엽은 예상보다 더 크다. 외측 전전두엽은 신피질 바깥에서는 주로 배측 시상에 있는 몇 세포 집단, 특히 내배측핵 및 베개핵과 상호작용한다. 이 두 핵 모두 인간에서 특별히 크다Deacon, 1990.**

---

* 브로드만영역의 위치는 〈그림 S-8〉 참조.

** 전전두엽과 연결이 부족한 시상의 다른 핵과 비교해서.

인간 베개핵은 그것이 인과적으로 배 발생에서의 주요 변화와 관계가 있기 때문에 특히 흥미롭다. 포유동물이나 에이프를 제외한 유인원에서와 달리 인간의 베개핵은 배 발달과정에서 종뇌에서 시상으로 이주하는 뉴런을 포함한다. 베개핵이 침팬지와 다른 에이프에서도 종뇌로부터 이주하는 뉴런이 있는지는 아직 밝혀지지 않았다. 그러나 마카크원숭이에서는 그런 것이 없다. 이것은 베개핵 발달은 에이프나 호미닌에서 결정적으로 변했다는 것을 의미한다. 인간 베개핵과 성장의 다른 주요한 면은 그것이 주로 배측[등쪽] 베개핵을 포함한다는 것인데 그것은 외측 전전두엽과 두정엽 그리고 측두엽과 강한 상호연결을 가진다. 이 배측 베개핵은 유인원에 독특한 듯하며 중뇌에서 종뇌로 시각정보를 나르는 것이 주기능인 복측[배쪽] 베개핵과는 구분된다.

종합적으로 이 자료들은 인간에서 확장된 것이 잡다한 영역과 핵이 아니라 두정엽의 BA39, BA40과 외측 전전두엽과 이와 연결된 신피질[후두정엽과 측두엽]과 시상 양쪽의 몇 영역을 포함하는 완전한 회로라는 것을 시사한다.

그러면 외측 전전두엽의 확장과 그 여러 연결영역은 인간 뇌기능에 어떻게 영향을 미쳤을까? 보통 어떤 영역의 비례크기의 증가가 뇌 내 그것의 영향력을 증가시킨다는 것을 감안하면 외측 전전두엽이 비인간 뇌에서보다 인간 뇌에서 더 중요하리라는 것을 예상할 수 있다. 전전두엽이 다른 영역과 연결을 주목적으로 하는 피질 2-3층 피라미드세포의 수상돌기가 다른 영역과 비교해 엄청나게 크고 가시돌기 숫자도 훨씬 많다는 것을 감안하면 인간 외측 전전두엽은 다른 유인원에서 볼 수 없는 어떤 새로운 연결을 가지리라는 것을 예상할 수 있다. 두 가정은 이미 언급된 대로 인간 뇌의 세부적 연결*이 아직 잘 알려지지 않아서 검정하기 어렵다.

한편 마카크원숭이에서 외측 전전두엽은 원시적 유인원에서 발견되지 않는 적어도 몇 개의 연결을 가진다는 것은 중요한 의미가 있다. 그것은 더 지능이 높은 영장류가 더 많은 추가적 연결을 가진다는 것을 의미한다. 또 인간 영상연구에서 외측 전전두엽이 많은 다른 종류의 과제에서 활성화된다는 것도 밝혀졌다. 따라서 이러한 이용 가능한 자료들은 인간에서 외측 전전두엽이 다른 유인원에서보다 더 많이 다른 여러 뇌 영역과 연결을 이루고 그들과 더 많은 소통을 하면서 동시에 제어한다는 것을 시사한다.

이를 뒷받침하는 최근 이 영역의 기능에 대한 몇 연구의 결과는 외측 전전두엽에서의 전두-두정엽 연결망을 포함하는 총체적 연결로 인해 외측 전전두엽이 인간 지능에 중요한 제어과정을 수행하는 능력을 지님으로써 뇌 전체에 걸쳐 영향력이 있는 총체적 허브라는 것을 보여주고 있다.* 또 이 영역에 있는 뉴런들이 행동을 위한 선택주의와 의도된 행동을 선택하는 데 참가하고 이 영역이 인간에서의 행동규칙 이행, 다중행동목표설정, 전략적 행동계획, 개념적 수준에서의 사건행동 순서를 위한 큰 규모의 계획을 세우는 것과 같은 고차원의 의식적 활동에 연루된다는 것이 최근 연구로 밝혀졌다Tanji and Hoshi, 2008.

그러나 전전두엽의 영역구분이 명확하지 않기 때문에 이러한 외측 전전두엽의 많은 기능은 전두엽의 다른 영역과 공유된 기능일 가능성이 많다. 예를 들면 행동과 감정의 억제는 또한 복내측 전전두엽의 기능으로도 알려져 있다. 그러므로 여기서 외측 전전두엽의 기능이라고 주장된 일부 기능은 전전두엽의 기능으로 해석하는 것이 더 합

* 그리고 기능적 상호의존성.
* Cole et al., 2012.

리적일 것이다.

이러한 것들이 진실이라면 외측 전전두엽에 의한 그 제어의 성질은 무엇일까? 앞서 외측 전전두엽은 아마도 유인원으로 하여금 외부 대상과 상호작용하는 방법을 생각해내기를 도울 것이라고 언급한 바 있다. 지금 더 구체적으로 살펴보자.

그런데 외측 전전두엽의 기능에 관한 문헌들 자체만으로도 매우 복잡한데다 다양한 의견으로 갈라져 있어 다소 혼란스럽다. 그럼에도 이 모든 주장 속에는 공통적인 것도 있다. 그것은 외측 전전두엽의 계통발생적 확장이 인간 행동에 어떻게 영향을 미쳤는지에 대한 일반적 가정을 세우는 데 도움이 된다. 우선 개괄적으로 가정을 언급하고 그 가정의 구체적인 면과 함축성을 조사해 타당성을 살펴보자.

앞에서 언급한 최근 연구들Cole et al., 2012; Tanji and Hoshi, 2008도 시사하듯이 우선 비상하게 큰 외측 전전두엽을 가짐으로써 인간은 행동 문제에 새로운 해결책을 만들어내기 위해 비인습적인 것들을 예외적으로 행할 수 있게 되었다. 달리 말하면 큰 외측 전전두엽이 수의적 혹은 임의적·비반사적 행동을 위한 전례 없는 능력을 인간에게 부여한 것 같다. 이것은 행동실행 단계 이전 행동계획 단계의 존재를 의미한다. 실제로 배외측 전전두엽은 상황에 대한 해마의 맥락정보를 받아 사건이 전개되는 양상을 예측하는 데 연루되는 것으로 알려져 있다.

행동계획 단계는 행동하기 전 이러한 예측을 토대로 여러 가지 관심대상 중 먼저 선택하고 그다음에 행동하는 것을 가능하게 한다. 이것은 인간의 광범한 전두엽 내에 전전두엽에서 마지막 운동로까지 가는 운동에 관계된 여러 영역이 있어 가능하게 된 것 같다. 외측 전전두엽이 없어도 유인원은 아직 많은 것을 배울 수 있지만 그들은 융통성이 부족해 여러 대안으로부터 가장 적절한 것을 선택하는 능력이 없다. 그 융통성에서 중요한 것은 비인습적이거나 비반사적인 것을 위해 반사적 행동을 억제하는 능력이다. 그러한 행동이 학습된 것이든 본능적인 것이든 마찬가지다. 그래서 전전두엽을 다친 사람들은 더 충동적으로 행동하는 경향이 있다.

이것은 오랫동안 전전두엽 절제수술 환자들에 의해 널리 알려진 사실이고 최근 전전두엽의 기능에 관한 연구들에서 재현된 주제다. 이에 관한 아주 흥미로운 한 사례로 게이지Phineas P. Gage라는 사람은 1848년 당시 25세로 미국 버몬트주 철도건설 현장의 작업반장이었다. 사고가 난 날 게이지는 버몬트주 그린산맥을 뚫기 위해 크고 단단한 바위를 발파하는 작업을 하고 있었다. 보통 바위에 구멍을 뚫고 모래를 붓고 쇠막대로 다진 다음 화약을 밀어넣고 화약의 도화선에 불을 붙인 뒤 급히 피하면 모든 것이 끝나는 것이었다. 그때 그가 잠시 딴생각을 하는 사이 절차가 잘못되어 쇠막대가 꽂힌 채 화약이 폭발하여 쇠막대가 그의 머리를 관통해버렸다.

그 당시 사진을 보면 쇠막대는 게이지의 왼쪽 광대뼈 밑에서 들어와 앞머리를 관통해 하늘로 날아가 버렸다. 안와전두엽과 전전두엽을 포함하는 많은 부위가 손상되었다그림 7-28. 물론 외측 전전두엽도 포함되었다. 그런데 놀랍게도 그러한 상황에서 게이지는 살아 있었다. 그뿐만 아니라 자기 힘으로 앉아 폭발이 일어났다고 태연하게 이야기했다. 그는 그 후 훌륭한 의료진 덕분에 기적적으로 다시 생활할 수 있을 정도로 회복되었다.

게이지 사건은 그 후 많은 관심을 끌었는데 그 이유는 단지 머리에 쇠막대가 통과했음에도 그가 살아남았기 때문이 아니었다. 그 사건 이후 게이지의 성격이 완전히 바뀌어버렸기 때문이다. 평소 작업반장으로서 통솔력도 있고 유쾌하고 일꾼들과 잘 어울리던 게이지는

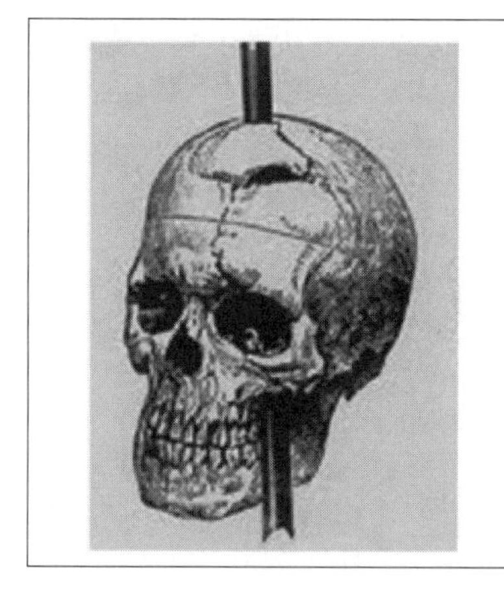
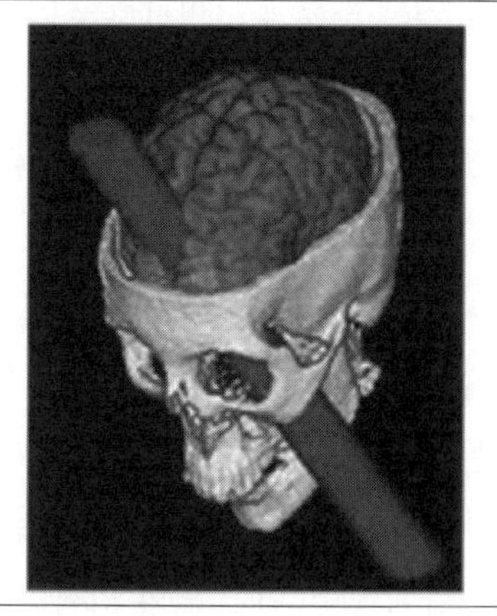

그림 7-28 게이지의 뇌를 통과한 쇠파이프. 전전두엽의 광범한 손상을 초래했다.

그날 이후 온데간데없이 사라졌다. 그 대신 변덕이 심하고, 상스러운 말을 내뱉으며, 무례하기 짝이 없는 청년이 되었다. 또 도박이나 개인 재정운영에서 무리한 베팅을 하여 많은 돈을 탕진했다. 즉 절제할 줄 모르는 청년으로 변해버린 것이다. 결국 그는 친구들과 멀어졌으며 철도건설 현장에서도 해고되었다. 결과적으로 전전두엽을 포함한 광범한 전두엽 손상으로 성격과 인격이 바뀌어버린 것이다.

이러한 현상은 동물에서도 마찬가지로 나타났다. 전전두엽에 손상을 입은 원숭이들이 음식을 얻기 위해 투명한 장벽을 우회하는 데 어려움을 겪으면서 음식에 직접 도달하기 위해 장벽에 부딪히는 것이 지금은 잘 알려져 있다. 일반적으로 최근 연구들은 유인원의 전전두엽은 반응을 억제하는 데 주요 역할을 하고 다른 종류의 반응을 억제하는 여러 부분으로 이루어져 있다는 것이 확인되었다. 따라서 전전두엽의 비상한 확장은 인간으로 하여금 덜 충동적으로 만들고 보통 목적지향적이고 비인습적인 행위를 가능하게 했다고 말할 수 있다. 덜 충동적이고 비인습적으로 행동할 수 있다는 것, 즉 절제야말로 인간을 다른 동물과 차별화하는 가장 결정적 특성이라고 해도 좋을 것이다.

그것은 현재의 선택보다 더 나은 다른 선택을 위해 현재 유혹을 억제하고 관습적인 것보다 더 새로운 선택을 위해 불편함을 참는 것을 의미한다. 그것은 또한 도덕 예절, 그중에서도 겸손, 양보, 양심 등 인간을 니체가 말한 영리한 짐승이 아닌 신이 선택한 존재로 여기게 만드는 인간의 가장 위대한 면을 가능하게 한 특성이라고 해야 할 것이다. 따라서 전전두엽, 특히 외측 전전두엽의 비상한 확장은 인간을 인간답게 만든 인간 뇌와 의식의 진화에서 아주 획기적인 사건이라 할 수 있다.

물론 이 가정은 비인습적 행동이 완전히 인간에만 특유하다는 것을 말하는 것은 아니다. 많은 다른 동물도 비인습적 행동을 한다. 예를 들면 어떤 까마귀들은 튜브에서 음식을 끄집어내는 과제를 비인습적 행동으로 해결할 수 있다. 똑바른 철사를 이용해 몇 번 음식을 끄집어내려고 시도하다가 그치고 철사를 고리 모양으로 구부려서 효율적으로 음식을 끄집어냈다. 이러한 행동은 똑바른 철사로 음식을 찌르는 인습적 행동을 억제하고 고리를 만드는 새로운 전략을 고안하는 것을 포함한다. 비록 이 까마귀들이 야생에서 고리 모양의 연장을 만드는 것이 발견되었지만 보통 철사를 구부리지는 않는다. 그러므로 그들이 실험실에서 철사를 구부리는 기술은 행동문제의 비인습적 해결을 나타내는 것이다.

인간과 까마귀의 자료로부터 비인습적 행동은 척추동물에서 광범하게 보존된 것이라고 추론하는 것은 타당하지 않다. 이러한 능력은 척추동물 중 유인원과 몇 조류에서 예외적으로 독립적으로 진화한 것이다. 이 가설을 지지하는 것은 조류들은 진정한 전전두엽 상동은 없고 비피질영역의 하나, 즉 배후측 심실 능선dorsal ventricular ridge, DVR

일부를 포유동물의 전전두엽에 구조적·기능적으로 유사하도록 수정했다는 발견이다. 새는 차치하고 다른 큰 뇌를 소유한 코끼리나 고래 같은 비유인원도 비인습적으로 문제를 해결하는 능력이 있다. 그러나 그러한 종들이 유인원, 까마귀와 서로 먼 친척이라는 것을 감안하면 그들은 모두 독자적으로 비인습적 행동을 할 능력을 발현하게 된 것 같다.

그러한 수렴의 예가 외측 전전두엽의 도래가 유인원을 비유인원 조상보다 더 비인습적일 수 있도록 만들고 유인원 내에서는 외측 전전두엽과 그것에 연결된 부위들의 확장이 인간을 가장 비인습적 유인원으로 만들었다는 앞의 기본적 주장을 부정하지는 않는다. 또한 이러한 비인습적 행동이 척추동물 내에서만 진화했다고 결론짓는 것은 타당하지 않다. 비척추동물인 문어는 뚜껑이 있는 투명한 유리병 속에 좋아하는 먹이가 있으면 처음에는 유리병을 부수고 음식을 꺼내려고 인습적 행동을 하다가 실패하면 나중에는 병마개를 돌려서 음식을 꺼내먹는 비인습적 행동을 한다.

유인원의 대표적 비인습적 행동 사례는 전형적인 인습적 행동인 눈의 사카드운동을 억제할 수 있는 반사카드 움직임이다. 주의를 끄는 대상이 나타나거나 어떤 대상에 주의를 하면 눈동자가 자동으로 무의식적으로 그 대상으로 돌아가는 것이 눈의 사카드운동이다. 예를 들면 우리는 어두운 방에서 한 줄기 불빛이 비치면 눈동자가 자동으로 돌아간다. 이때 우리에게 빛과 다른 방향을 보라고 하면 눈동자를 돌릴 수 있다. 어린이들은 이것을 행하는 데 어려움을 겪지만 다 자란 유인원도 이것을 할 수 있다. 그러나 비유인원들은 이것이 어렵다. 이러한 운동을 가능하게 하는 뇌 구조는 외측 전전두엽 후배측에 위치한 전두안운동야frontal eye field, BA 8다. 여기에 손상을 입은 유인원은 비인습적 반사카드 운동을 할 수 없다. 분명히 이 영역에 있는 뉴런들은 정상적으로 확실한 사카드 움직임을 만들어내는 중뇌와 연수 뉴런들을 적극적으로 억제한다.

정보전달 능력은 보통 메시지가 예측과 다른 방향으로 전달될 때 단련되는 경향이 있으므로 눈 움직임을 더 비인습적으로 만드는 것은 그들의 정보전달력을 더 크게 만드는 경향이 있다. 예를 들면 눈을 굴리는 것은 분노를 유발할 수 있고 흥미대상에서 눈을 돌리는 것은 경쟁자에게 잘못된 정보를 줄 수 있다. 정말 가장 큰 외측 전전두엽을 가진 두 종인 인간과 침팬지는 보통 타자 시선에 비상한 관심을 갖고 있다. 인간의 눈은 길이보다 넓이에 더 전문화되어 있고 갈색보다 흰색의 공막을 가지고 있다. 그러한 특징은 인간이 서로의 시선방향을 파악하는 것을 쉽게 만들었다. 그래서 외측 전전두엽의 확장은 눈 자체의 변화와 마찬가지로 인간이 눈 움직임을 통하여 의사소통하는 능력을 확장했다고 말하는 것은 타당하다. 반사카드 움직임이 행동문제의 논의에 중요한 이유는 우리 눈이 문제를 해결하는 효과기이며 또한 눈의 움직임이 많은 정보 내용을 전달할 수 있어 의사소통 목적으로 사용되기 때문이다[Striedter, 2005].

비슷한 주장을 손 움직임에 대해 할 수 있다. 원숭이가 반사카드 움직임을 수행하기를 학습할 수 있는 것과 똑같이 반대 지적도 할 수 있다. 즉 그들은 자극대상과 정반대를 가리킬 수 있다. 어떤 조건에서 그들은 두 음식보상 중 더 적은 것을 가리키기를 학습할 수 있다. 더구나 앞서 언급했듯이 많은 원숭이가 우회적 도달과제를 잘 수행할 수 있다. 이러한 자료들을 종합해서 판단할 때 일반적으로 원숭이류는 비인습적인 손과 팔의 움직임을 위한 잘 발달된 능력을 가지고 있다는 것을 시사한다. 다른 포유동물들에서는 그러한 능력이 드물다.

신경생리학적으로 외측 전전두엽의 뉴런들이 반대지적 동안 활성화되기 때문에 다시 한번 그것이 비인습적 행동에 연루되는 것이 확인된다. 그곳의 손상은 우회도달과제의 수행을 방해한다. 이런 자료를 바탕으로 인간에서 외측 전전두엽의 확대는 적어도 부분적으로 손동작을 통해 의사소통하고 우리 손을 건설적으로 사용하는, 유인원으로부터 유래한, 우리의 탁월한 능력의 근원이라고 주장할 수 있다. 물론 어떤 에이프는 손으로 뭔가를 표현할 수 있고 어떤 침팬지들은 수화를 학습하기도 했다. 그러나 상대적으로 더 큰 외측 전전두엽을 진화시킨 인간은 다른 동물과 차원을 달리하는 손에 의한 확장된 의사소통을 할 수 있다. 비슷하게 침팬지도 어떤 연장을 만들 수 있으나 인간은 기계를 만들 수 있다. 기계는 연장보다 초기 개발을 위해 비인습적 행동을 요구한다.

흥미로운 사실은 초기 호모 사피엔스가 바위를 점점 쪼개어 마지막 연장이 될 때까지 그것들의 모양을 만들어나갔다는 것이다. 그러나 더 뒤에 출현한 인간들은 완성품과는 다른 준비물을 조각한 뒤 몇 번의 간단하고 효율적인 두들김으로 완성된 연장을 만들었다. 지금도 바위를 가지고 조각품을 만드는 조각가들은 대부분 이 방법을 이용한다. 준비물 기술을 맨 먼저 고안한 사람을 생각해보라. 그는 분명 비인습적이었다[Striedter, 2005]. 호모속의 출현 이후 이러한 예는 무수히 많다. 최초로 불을 사용한 사람, 최초로 바퀴를 고안한 사람, 최초로 씨를 뿌려 곡식을 재배하는 것을 생각해낸 사람, 최초로 언어를 사용한 사람, 나중에 문자로 변한 대상을 본뜬 그림을 최초로 그린 사람 등을 생각해보라. 인간의 비인습적 행동에 의한 다른 업적들도 살펴보자.

비인습적 행동에 의한 인간의 또 하나의 대표적 업적은 불의 사용이다. 불의 사용은 금속의 발견과 그에 따른 연장과 무기의 발명으로 이어져 인간이 가까운 친척인 유인원을 비롯한 모든 다른 동물과 차원을 달리하는 문화와 문명을 이룩하는 데 결정적 역할을 했다. 인간을 제외한 모든 동물은 불을 보고 본능적으로 두려움을 느끼면서 인습적으로 피한다. 유인원도 예외는 아니다. 인간도 초기에는 유인원과 마찬가지로 인습적으로 불을 회피했을 것이다. 그러나 유인원보다 훨씬 더 큰 외측 전전두엽을 소유한 인간은 이러한 인습적 행위를 억제하고 과감히 불에 접근했을 것이다. 그것은 앞에서도 나왔듯이 인간의 뇌가 유인원의 뇌와 특별히 차이가 나는 것은 외측 전전두엽이고 그것은 행동의 억제와 관련이 많기 때문이다.

아마도 자연발화에 의해 어두운 밤에도 주위가 훤하다는 것, 겨울에도 불 가까이에서는 따뜻하다는 것, 불에 구워진 들짐승들의 고기가 더 연하고 맛있다는 것을 경험한 그들은 다른 동물들과 달리 불을 이용하는 방법을 생각했을 것이다. 불이 나뭇가지를 통해 옮겨 붙는 것을 보고 무엇이든 자유롭게 쥘 수 있는 융통성 많은 손을 이용해 나뭇가지에 불을 붙여 밤을 밝힌다든지 추운 겨울에 마른 낙엽이나 마른 가지들을 모아 불을 붙여 몸을 녹이거나 잡은 짐승이나 물고기나 감자 같은 것을 구워먹는 비인습적 행동을 누군가는 최초로 행했을 것이다. 또 들짐승이나 곤충, 뱀들이 불을 무서워하는 것을 알고 그러한 동물들로부터 자신을 보호하기 위해 모닥불을 피우는 행동을 누군가 시작했을 것이다. 아마도 구덩이 속 통나무 그루터기에 붙은 불은 오래도록 꺼지지 않는 것을 보고 불을 장기간 보관하기 위해 구덩이를 파고 불붙은 통나무를 쌓아두는 방법을 누군가 최초로 고안했을 것이다.

이러한 행위를 한 최초의 인간은 불을 보고 피하는 인습적 행동이 아닌 위험을 감수한 비인습적 도전을 행했다고 볼 수 있다. 이러한 행위는 비인습적 행위를 가능하게 한 외측 전전두엽이 없었다면 불가능했을 것이다. 아직도 인간의 가장 가까운 친척인 침팬지가 자연상태에서 불을 가지고 장난한다는 동물학자들의 보고는 접한 적이 없다. 이것은 침팬지의 비인습적 행위의 한계를 보여주는 것이며 인간과 차별화된 전전두엽의 증거로 볼 수 있다.

비인습적 능력과 관련된 가장 경이로운 인간의 특성은 말하는 능력이다. 인간의 놀라운 성대의 다재다능함은 이미 언급된 바 있다. 그러나 언어는 앵무새도 할 수 있는 복잡하고 정확히 제어된 소리를 내는 것과는 차원이 다르다. 그것은 대상을 상징적으로 나타내는 아직도 가장 신비로운 능력에 의존한다. 미어켓이나 버빗원숭이는 표범 같은 포식자를 만나면 그 포식자에 대한 경고신호를 발하고 동료들이 그 신호를 들을 때 그들은 달아나면서 위험이 어디에 있는지 살피는 경향이 있다.

인간은 표범이라는 소리를 들을 때 이것이 즉각적 위험을 알리는 신호가 아니라는 것을 안다물론 표범이 희귀한 곳에서. 다시 말하면 인간은 꼭 존재하는 것을 알리기 위해 단어를 사용하지 않고 현재 눈에 보이지 않는 것에 대해 이야기하기 위해서도 사용한다. 이 대상으로부터 단어의 분리는 그것이 직접적이고 충동적인 반응의 억제를 포함한다는 의미에서 반사카드 움직임과 반대 지적과 개념적으로 유사하다. 표범의 이름은 달리 범표일 수도 있다. 우리가 대상이나 개념에 붙이는 이름은 모두 관습에 따라 쓰이기 때문에 상징적 언어를 비인습적인 것으로 지칭하는 것은 이상하게 들린다[Striedter, 2005].

신기술 도입자가 신기술을 도입하는 것이 비인습적이듯 새로운 상징적 이름을 고안하는 것도 비인습적이다. 신경학적으로 상징적 언어는 많은 영역을 포함한다. 외측 전전두엽은 다시 한번 중요한 역할자이며 브로카영역의 복측 부분은 외측 전전두엽의 일부다. 결국 이러한 생각은 외측 전전두엽그리고 그것에 연결된 부위들의 확장은 인간에게 비인습적인 손과 눈의 움직임에 대한 타의 추종을 불허하는 능력과 마찬가지로 인간 문명의 발전을 가능하게 한 불의 사용과 상징적 표현의 전형인 인간 언어의 발생도 도왔다는 것을 시사한다. 그것은 마찬가지로 인간창의력의 근원인 비인습적 사고를 가능하게 했다고 볼 수 있다.

전전두엽 기능에 대한 가설은 한 가지 의문을 제기했다. 앞서 언급된 것처럼 외측 전전두엽이 눈, 손, 언어 제어에서 따로 기능하는 일련의 병렬로를 가지고 있느냐 혹은 그러한 회로들이 중복되었느냐는 것이다. 많은 학자가 눈 제어는 손 제어와 별도라고 주장하고 어떤 학자들은 손과 언어를 제어하는 신경실질들이 전전두엽 내에서 다소 일치하며 운동 전 영역과 운동 영역에서 갈린다고 주장한다. 또 손놀림을 떠맡은 영역은 그것의 목록에 언어를 덧붙이도록 인간에서 수정되었다고 주장하는 학자도 있고[Corballis, 2002], 말을 위한 신경회로는 손놀림을 위한 회로 위에서 진화했다는 주장[Arbib, 2005]도 있다. 심지어 라이나[Llinás, 2000]는 생각하는 것도 운동을 제어하는 뉴런의 역할에서 분화된 것이라고 주장한다. 이 발산회로가정에 따르면 비인습적 손 움직임과 발성을 제어하는 전전두엽 뉴런은 하나이며 같은 것일 것이다.

어떤 자료들은 브로카영역의 일부가 손 움직임 동안 활동적인 것을 보여준다. 그러나 그러한 뇌 영상 연구는 명확한 결론을 위해 필요한 공간해상도가 부족하다. 더구나 다양한 다른 자료들은 전전두엽이 보통 많은 평행로로 나눌 수 있다고 알려진 좀더 큰 시스템*의 일부라는 것을 보여준다. 이러한 것을 고려할 때 손놀림과 말을 위한 전전두회로는 유사한 기능을 수행하면서 공간적으로 가까이 분리되어 병렬로 조직된 듯하다. 그러나 이 병열회로 가정도 더 많은 검정

* 피질-선조체-창백핵-시상-피질 시스템.

이 필요하다. 인간의 뇌가 어떻게 예외적으로 말을 할 수 있게 진화되었는지는 아직도 신비에 싸여 있다.

지금까지 이전의 더 적은 호미닌 뇌로부터 기능적 개선으로 보이는 현대 인간 뇌의 몇 가지 면을 살펴보았다. 그런데 인간 뇌의 큰 확장은 유익하기만 한 것이 아니라 얼마간 비용도 수반했다. 앞서 언급했듯이 호미닌 뇌 크기의 증가는 출생을 어렵게 만들고 더 영양가 있는 식사를 요구했다. 게다가 신경망의 구조와 크기를 조정하는 비용을 추가시켰다. 일반적으로 뇌 크기가 증가함에 따라 그들의 축색도 길이가 늘어나야 한다. 축색길이에서 이 증가는 정보가 먼 뉴런들 사이에 교환되기 위한 평균시간을 길어지게 하는 경향이 있다. 그것은 좌우 반구처럼 멀리 떨어진 뉴런들 사이의 동시적 활동을 더 어렵게 만든다. 이 동시화 문제는 축색을 매우 굵게 만들거나 축색에 수초를 입혀 해결하나 전자는 부피의 증가를 가져오고 에너지 낭비를 초래하므로 고등척추동물에서는 대부분 후자를 택한다.

절대 뇌 크기가 증가함에 따라 뇌의 뉴런 수가 증가하면서 뇌 연결밀도비례적 연결의 감소를 요구한다. 그렇지 않으면 그림 〈7-14〉에서처럼 뉴런들 사이를 연결하는 축색과 수상돌기의 밀도가 기하급수적으로 늘어나 뇌가 수용하기 불가능해지기 때문이다. 연결밀도에서 그러한 감소는 보통 뇌가 소세계연결망 전략으로 먼 거리를 중계하는 허브노드를 이용해 해결하나 그것은 개별 뉴런 사이의 분리 정도를 증가시켜 뇌 속에서 정보가 이리저리 움직이는 것을 더 어렵게 만든다.

이것은 진화하는 호미닌에서 뇌 내부 배선의 변화를 요구하는 압력으로 작용했다. 특히 인간은 다른 유인원에 비해 뇌 뉴런 수 폭증에 따른 뇌 크기의 기하급수적 증가를 방지하기 위해 뇌 연결밀도를 감소시키지 않으면 안 되었다. 이에 따라 어떤 신경연결은 없어지지 않으면 안 되었다. 어떤 연결이 제거되고 어떤 연결이 남게 되었는가? 즉, 유인원의 큰 뇌는 신경망 크기 조정비용에 대처하기 위해 어떻게 재배열되었는가?

유인원의 큰 뇌 일부는 포유동물에서는 개별 뉴런 사이에 광범하고 거대하게 병렬적으로 연결된 신경망 구조를 몇몇 구분되는 처리 흐름라인을 포함하는 더 직렬적 구조로 단순화함으로써 연결밀도에서 감소를 이루었다. 이에 대한 증거는 마카크원숭이에게는 있으나 고양이에게는 없는 직렬적 성격을 띤 등쪽과 배쪽 흐름으로 나뉠 수 있는 시각피질에서 온다. 같은 종류의 회로 직렬화는 시상피질 시스템에서도 일어났다. 예를 들면 외측슬상핵은 마카크원숭이에서는 배타적으로 일차시각피질에 투사하나 고양이에서는 여러 다른 피질 영역으로 투사한다. 유사하게 등쪽 시상의 체감각 성분은 진원류에서는 일차 체감각피질로만 투사하나 비유인원이나 원원류에서는 여러 영역으로 투사한다. 즉 진원류에서는 어떤 전문화된 노드들*을 통한 직렬적 정보 흐름을 선호한다.

이러한 경향은 호미니드 진화에서도 계속되어 인간의 시각로는 다른 호미니드의 시각로보다 곁가지 축색이 적다. 그리하여 어떤 부분의 손상을 다른 부분이 보상해주는 면에서 유인원 중에서 가장 취약하다. 맹시**Weiskrantz, 1986 환자에서 손상된 부위와 같은 부위가 손상된 원숭이들은 인간 맹시 환자와 같은 의식적 무능을 보이지 않는다는 것이 이를 단적으로 보여준다. 이러한 더 많은 직렬로 된 시상피질과 피질 내 회로는 배선비용은 최소화하나 계산전략에서 변화를 내포한다. 병렬분포식으로 정보를 처리하는 대신 직렬회로는 이전

* 예를 들면 시각처리를 위한 노드들, 청각처리를 위한 노드들 등.

** 맹시(blindsight): 시각회로의 일부에 손상을 입어 시각 자극처리에 대한 의식적 경험은 없지만, 무의식적으로 자극을 처리하는 현상을 말한다.

단계로부터 출력을 처리하는 각 회로에 별도 노드를 가지며 더 계층적이다. 이것은 뇌를 운영하는 효율적인 방식이다.

직렬방식의 주요한 단점은 그 시스템이 저 수준 노드에서 손상에 취약하다는 것이다. 즉 직렬회로는 정보흐름에 병목현상이 나타나는 경향이 있다는 것이다. 그래서 직렬회로의 한 부분이 손상되면 시스템을 망가뜨리는 결과를 초래한다. 예를 들면 마카크원숭이에서 일차 시각이나 체감각피질이 손상될 때 남아 있는 피질들은 그들이 적절히 기능하기 위해 필요한 감각입력을 박탈당한다. 그래서 거기에 상처를 입은 동물들은 심각하게 관련 기능이 손상된다.

반대로 대부분 비유인원에서는 국지적인 신피질 손상은 별로 심각한 결과를 초래하지 않는다. 인간은 뇌진탕으로 인한 가벼운 머릿속 부상으로도 중요한 특정 노드가 손상되어 광범한 뇌 기능 손상이 일어날 수 있다. 초기 인간들이 싸울 때 상대 머리를 강타하는 것을 선호했던 것을 감안하면 뇌 크기 때문에 초래되는 뇌 취약성의 증가는 사소한 비용이 아니었던 것 같다. 더구나 뇌가 큰 유인원은 그들 뇌의 대칭성을 줄이면서 연결밀도를 감소시켰다.

뇌는 크기가 증가할 때 기능적으로, 해부학적으로 구분되는 모듈로 쪼개지는 경향이 있다. 그러한 증가된 분리가 가장 분명히 발현되는 예는 두 대뇌반구가 더 큰 뇌에서는 연결밀도가 상대적으로 낮아지고 기능적으로 더 독립적이라는 사실이다. 이것은 유인원 내에서 뇌량이 신피질 크기가 증가함에 따라서 비례해서 더 작아진다는 사실에서 명백하다.

연결밀도 감소는 두 반구가 서로 협동하는 것을 더 어렵게 만든다. 그들이 협동할 수 없는 만큼 각기 서로 다른 과제에 전문화된다는 것은 당연하다. 이러한 경향은 인간의 뇌에서 가장 잘 나타난다. 뇌과학에서 널리 알려진 대로 인간의 뇌는 다른 동물들의 뇌에 비해 훨씬 더 비대칭적이다. 그래서 한쪽 뇌손상은 다른 동물에서보다 인간에게 더 해로운 경향이 있다. 예를 들면 인간에서 왼쪽 하측두엽 손상은 얼굴 인식에서 심대한 결손을 초래하나 마카크원숭이에서 같은 효과를 내려면 양쪽 하측두엽 손상이 필요하다. 마찬가지로 인간에서 하두정엽과 상측두엽의 오른쪽 손상은 그들 외부세계의 왼쪽 부분을 무시하지만 원숭이에서는 양쪽 모두의 손상만이 같은 효과를 낸다.

이러한 사실들은 인간 뇌의 비대칭성이 높아 어떤 기능은 뇌 한쪽에서만 발휘된다는 것을 잘 보여주며 뇌량의 비중이 상대적으로 낮아져 한쪽 뇌의 손상을 다른 쪽 뇌가 보상해줄 수 있는 길이 적어졌다는 것을 재차 확인해준다. 즉, 이 뇌 비대칭의 증가는 그것이 더 큰 기능전문화를 허락하는 한 유익했지만 또한 국소 뇌손상에 대한 취약성을 증가시켰다. 쉽게 말하면 가소성이 풍부한 유아기, 소아기를 지나면 기능적으로 비대칭인 어른 뇌에서 한쪽이 손상되면 모자란 부분을 다른 쪽이 채울 수 없게 된다. 이 관찰은 큰 유인원에서 뇌의 크기가 증가함에 따라 필연적으로 뇌 직렬화가 증가한다는 사실과 더불어 뇌의 크기를 키우는 것이 항상 좋은 것은 아니고 어떤 비용을 수반한다는 것을 다시 한번 보여준다.

지금까지 추론을 종합해볼 때 인간의 뇌가 침팬지나 다른 유인원의 뇌와 다르게 구성되었다는 것은 확실한 것 같다. 이러한 구조 변화는 대부분 유익한 것이었다. 그들은 우리에게 여러 영역에서 더 많은 재주와 솜씨 좋음을 가능하게 했고 주어진 상황에서 행동 선택에 더 많은 유연성을 주었다. 즉 일반적으로 더 우리를 지능적으로 만들고 더욱 많은 선택을 행사할 수 있게 만들었다. 더 많은 자유의지로 새롭고 비인습적인 일에 도전할 수 있도록 해주었다. 그들은 또한 우리가 상징적 언어를 배울 수 있게 해주었고 그것이 의식의 차원을 높여 수준 높은 사고와 문화진전을 위한 새로운 가능성을 열었다.

이러한 변화 대부분이 호미닌 뇌 크기의 어마어마한 증가와 직접 연관되었으므로 절대 뇌 크기가 증가한 것은 일반적으로 우리에게 유익했다고 말할 수 있다. 동시에 증가하는 뇌 크기는 증가하는 섭식 비용, 아기 출생에서 물리적 제한의 증가, 뇌손상에 대한 증가된 취약성 등 여러 비용을 수반했다. 이러한 비용과 이익을 감안하면 현대 인간의 뇌는 상대적으로 안정된 평형에 도달했는지 모른다. 따라서 여기에서 더 증가는 크기 관련 비용에 의한 상쇄 때문에 선택되지 않을 것이다.

구체적으로 이것은 우리가 더 많은 영양식을 먹고 제왕절개로 모든 아기를 낳는다고 하더라도 회로 크기 조정비용은 우리의 절대 뇌 크기를 제약하는 경향이 있을 것이라는 것을 의미한다. 서온타리오 대학 연구자들에 따르면 형제들 간에는 뇌가 클수록 지능이 높았다는 연구도 있고https://www.theguardian.com/uk/2003/sep/28/research.health 어떤 인간의 뇌는 예외적으로 큼에도 잘 기능했다.* 그러나 어떤 한계 크기를 넘어서면 인간의 뇌는 취약하고 오류가 쉽게 발생할 것 같다. 이것이 사실이라면 인간 뇌 크기의 두 배 이상 되는 큰 고래의 뇌는 큰 뇌의 연결로 야기되는 크기 조정 비용에 대항하기 위해 어떤 다른 새로운 방법을 진화시켰을 것이다. 아마도 유인원이나 인간사회보다는 훨씬 단조로운 고래의 생태환경 때문에 인간이나 유인원의 복잡한 생태환경에 적응하기 위해 필요하나 고래의 생태환경에서는 불필요한 많은 기능을 위한 신경회로나 연결을 퇴화시킴으로써 뇌가 축색이나 수상돌기의 증가로 커지는 것을 막아 크기 조정 비용을

* 희곡 〈군도〉로 유명한 독일 시인 실러(Schiller)는 비록 46세밖에 살지 못했지만 약 2kg의 뇌로도 훌륭한 업적을 남겼다.

경감시켰을 것이다.

지금까지 왜 인간의식이 다른 유인원이나 동물들과는 차원을 달리하는지 신체적·뇌 구조적·문화적인 면을 중심으로 다양하게 살펴보았다. 구체적으로 포유류에서 유인원을 거쳐 유인원에서 현생인류호모 사피엔스까지의 신체와 뇌 및 행동의 진화를 개괄했다. 요약하면 포유류에서 유인원으로 진화는 뇌의 크기의 증가와 더불어 손과 혀와 눈의 변화와 피질로부터 운동뉴런으로 직접투사에 의한 혀와 손놀림의 정교화로 이끌었고 앞으로 향한 두 눈과 삼색지각은 시각의 정교화로 이끌었다. 그러한 정교화를 뒷받침하기 위한 뇌 구조도 진화시켰다. 그것은 대부분 비유인원 포유동물에는 없는 외측 전전두엽을 특징짓는 이른바 그래뉼층이다.

이것은 유인원의 외측 전전두엽이 유인원에 독특한 구조라는 것을 의미한다. 이 구조는 똑같이 비유인원 포유류에는 불분명하고 유인원에는 뚜렷한 다른 구조, 즉 후두정엽과 뒤쪽 대상회와 많은 연결을 이루어 유인원의 외측 전전두엽에 특별히 추가된 구조인 것 같다. 그러한 구조 추가는 뇌 부피 증가를 동반하면서 더 복잡한 기능을 가능하게 했고 그것은 다시 그러한 기능과 관련된 감각의식을 한 차원 높여주었다.

인간은 그러한 진화과정을 거치면서 고래나 코끼리처럼 엄청난 체세포를 가진 동물들이 엄청나게 많은 체세포를 제어하기 위해 필요한 뉴런 때문에 체격에 비례해 커진 뇌를 가진 몇 종을 제외하고는 지상에서 절대적 크기가 가장 크며 상대적 크기는 모든 종 가운데 지상에서 가장 큰 뇌를 갖게 되었다. 이러한 큰 뇌는 앞 절에서 보았듯이 유인원의 출현과 더불어 시작된 솜씨 좋은 손과 안정을 유지하는 발, 삼색지각과 깊이 지각을 가능하게 하는 눈, 모든 발음을 가능하게 하는 발성기관 등 좋은 기능을 가능하게 한 뇌회로의 확대와 유인원에서는 빈약하거나 없는 몇 가지 추가되고 확장된 언어를 위한 뇌 구조와 그들 간의 복잡한 연결에 의해 추가로 생성된 회로의 결과다. 그러한 뇌회로는 관련 신체 기관들의 다양한 기능을 가능하게 하기 위해 회로 속 뉴런들의 축색과 수상돌기와 시냅스에 의한 대단히 복잡한 연결을 필요로 하게 되었다. 따라서 이를 수용하기 위해서는 뇌의 부피가 커지지 않을 수 없었다.

어떤 조직이 거대하고 복잡해지면 그 조직을 관리하고 제어하는 또 다른 조직이나 부서가 필요한 법이다. 복잡한 조직의 다양한 기능은 상호 경쟁하고 충돌하는 경우가 생기고 그러려면 어떤 정도를 넘어서는 행위에 대해서는 억제하고 중재하는 것이 거대한 조직의 안정을 위해 필수적이다. 유인원과 마찬가지로 인간의 뇌에서 그러한 역할을 맡은 것이 전전두엽이며 그중에서도 특히 외측 전전두엽이 중요한 역할을 하고 있다. 전전두엽은 이러한 역할을 수행하기 위해 많은 다른 영역과 흥분성 혹은 억제성 시냅스 연결을 해야 하며 그러한 엄청난 연결은 전전두엽 자체의 크기 증가와 함께 전 뇌의 크기 증가를 초래했다. 이러한 경향은 인간 뇌의 진화에서 정점을 이루게 되었다.

유인원에는 거의 없고 인간에서 독특하게 큰 면적을 차지하는 영역으로 하두정엽 앞쪽 부분인 각회와 모서리회가 있다. 이 두 영역은 외측 전전두엽과 더불어 인간을 단순히 영리한 짐승 이상으로 격상시키는 데 결정적 역할을 한 영역이다. 이들 영역도 인간 신피질의 확대에 기여했다. 그리하여 인간의 뇌와 전전두엽이 지상에서 가장 커지게 되었다.

이렇게 인간의 전전두엽이 다른 에이프들에 비해 특별히 커지게 된 결정적 원인은 외측 전전두엽이다. 외측 전전두엽은 유인원에서 비롯된 뇌의 진화에서 가장 최근 진화해 인간의 뇌에서 크기와 기능이 정점을 이루게 되었다. 이 외측 전전두엽은 비인습적 행동을 가능하게 했다. 그것은 새로운 사고에 의한 새로운 발명과 발견, 새로운 용도 개척 등을 용이하게 했다.

또 포유류에 비해 커진 유인원의 뇌는 신경망 크기조정 비용에 대항하기 위해 개별 뉴런들 사이에 광범하게 상호연결된 거대한 병렬적 신경망 구조를 구분되는 몇 가지 처리 흐름, 즉 직렬구조로 변화시켰다. 이러한 특징은 호미닌에서 더욱 발전되고 인간에서 정점에 이르게 되었다. 그러나 이러한 특징은 국소 뇌손상의 취약성이라는 단점도 동시에 내포한다. 아마도 진화는 인간의 뇌가 지금보다 더 커지는 것을 허용하지 않을 것 같다. 그것은 뇌가 커지면 앞에서 거론한 출산, 신경망 크기조정 비용, 국소 뇌손상에 취약하다는 여러 가지 문제점이 발생하기 때문이다. 더욱이 언어와 더불어 현재 다양한 컴퓨터나 핸드폰, 인공지능 등 문명이기가 정보의 저장과 전승을 용이하게 하고 더 깊이 있는 계산이나 사고를 대신해주기 때문에 더 크고 효율적인 뇌의 진화를 방해할 것이다.

원시유인원에서 진원류를 거쳐 에이프, 호미니드, 호미닌, 호모속을 거쳐 호모 사피엔스로 진화하는 과정에서는 뇌 크기의 단속적 증가와 완만한 증가의 교대가 있었고 특별한 어떤 뇌 영역들의 비중 축소와 어떤 뇌 영역들의 발전적 진화와 확대가 있었다. 또한 유인원 조상에서 발전적으로 진화한 인간의 특별한 신체적 특징도 다른 유인원이나 호미닌과 차별화된 행동과 의식에 영향을 미쳤다.

인간의 손은 대상을 쥐거나 만지고 조작하는 데 최상의 형태를 갖고 있다. 그것은 다른 네 손가락과 거의 직각으로 마주 보는 엄지 덕분이다. 엄지는 대상을 쥐고 만지고 조작하는 것뿐만 아니고 주먹을 만들어 상대방을 공격하는 데 강력한 무기로 사용할 수 있게 했다. 인간의 발은 두 발 보행을 하는 데 이상적 형태를 띠고 있다. 이것은 넓은 시야를 확보해주고 안정된 이동을 하면서 주위를 둘러보고 손으로 아기나 무기나 연장을 들기에 최적의 조건을 인간에게 제공했다.

인간의 발성기관은 어떤 모음이나 자음도 발음할 수 있는 특이한 구조로 진화되었다 이것은 뇌의 언어 관련 회로의 진화와 합쳐져 언어 출현에 유리한 조건을 인간에게 제공했다. 언어는 차원이 다른 기억과 정보저장을 가능하게 하여 인간의 의식을 다른 동물들과 근본적으로 다른 차원으로 올려놓았다. 그래서 지식을 확장하고 문명을 이루고 우주의 기원과 종말에 대해 예언할 만큼 고도의 과학을 발전시켰다.

언어의 발생 역시 전전두엽의 역할이 크며 전전두엽과 연결된 두정엽, 측두엽도 언어 발생에 큰 역할을 했다. 언어의 출현은 여러 가지 사건이 거의 동시에 진화하면서 어떤 역치를 넘어서며 가능했던 것 같다. 다양한 발음이 가능한 발성기관, 이를 운동뉴런으로 제어하는 브로카영역과 두개신경, 언어의 의미를 해석하는 베르니케영역 등이 유인원과 호미닌에서도 어느 정도 진화되어 있었으나 언어를 출현시키기에는 미흡했는데 인간에 이르러 이들 언어 관련 영역들이 어떤 기능발휘의 역치를 거의 동시에 넘으면서 언어가 출현한 것 같다.

언어가 대부분 무의식적으로 발화되는 것을 감안하면 이들 뚜렷한 관련 영역 외 무의식적 처리 영역도 이들과 거의 동시에 기능적 역치를 초과하게 진화했다고 추정된다. 그러나 그 정확한 영역과 작용 메카니즘은 아직도 완전히 규명되지 못했다. 다만 기저뇌와 소뇌가 일부 관여하는 것은 확실하다. 또 앞서도 언급한 FOXP2를 비롯한 아직 밝혀지지 않은 많은 언어 관련 유전자도 인간이 언어가 가능하도록 역치를 통과하는 진화를 겪었을 것이다.

언어의 출현으로 인간의 기억과 사고가 동물들과 전혀 차원을 달리하게 되었다는 것은 아무리 강조해도 지나치지 않다. 언어는 작업기억과 일화기억사건기억을 더 상징적이고 폭넓게 만들고 일화기억에서 의미기억으로 전환을 훨씬 용이하게 했다. 에이프를 비롯한 영장류나 고래, 코끼리 등도 원시적인 일화기억이나 의미기억은 어느 정도 소유하고 있다고 보아야 한다. 그러나 인간처럼 언어로 된 이야기 형식의 일화기억, 의미기억을 형성하는 것은 언어가 없이는 불가능하다.

기억이 포유동물의 해마에 의해 형성되는 원리는 종에 따라 크게 다르지 않다. 그러나 언어의 도입은 인간의 기억과 사고를 다른 동물들과 근본적으로 차원이 다른 것으로 만들었다. 이처럼 인간의 의식이 다른 동물들과 다른 근본적 이유는 언어를 통해 사고할 수 있고 대상을 명명해 범주화함으로써 기억할 수 있으며 타인과 정보를 쉽게 상호 교환할 수 있게 된 덕분이다. 그래서 어떤 학자들은 진정한 의식은 인간에서 시작되었다고 주장하기도 한다. 침팬지도 훈련에 따라 최고 1,000개 정도 단어는 학습할 수 있으며 간단한 의사표시는 그러한 단어로 가능하다. 그러나 침팬지는 구문과 문법이라는 벽을 넘을 수 없다. 그것이 인간과 가장 가까운 동물의 한계다. 여하튼 언어의 출현으로 정보 전달과 지식의 전승·축적·개선을 위한 위대한 수단을 가지게 됨으로써 인간은 다른 모든 동물과 차원을 달리하는 고차원의 의식수준을 갖게 되었고 그것을 토대로 지금의 인간 문명을 이룩하게 되었다.

짧게 요약하면 지금의 인간 문명은 높은 의식수준을 가능하게 한 인간 뇌의 발전적 진화에 의한 연장의 사용, 불의 사용, 언어의 사용으로 가능했다. 이들 연장과 불과 언어의 사용은 유인원에서 시작한 대표적인 뇌의 발전적 진화로 볼 수 있는 비인습적이고 새로움을 추구할 수 있는 외측 전전두엽의 확대와 탁월한 손재주와 발성을 가능하게 한 피질과 척수 간의 광범한 직접 신경연결과 베르니케영역, 각회, 모서리회와 브로카영역을 포함하는 많은 언어영역과 전전두엽의 광범한 연결로 가능해진 차원 높은 인지기능과 의식의 발현 때문이라고 볼 수 있다.

제8부

의식의 미래

1. 동물의식의 미래

인간 문명의 영향이 지구 구석구석까지 미치게 되면 동물들의 생태공간이 점점 줄어들어 자연선택이나 적자생존의 법칙은 더 이상 작용할 여지가 없어지고 언젠가는 인간이 보호하거나 사육하는 동물을 제외하고는 거의 멸종하는 위기에 처할지도 모른다. 고생물학자들은 지질학, 화석 등을 근거로 35억 년 전 지구에 생물이 출현한 이래 지금까지 생태계 전반에 걸쳐 11차례 생물멸종이 있었을 것으로 추정하며 그중 다섯 차례는 지상의 많은 동식물이 사라진 대멸종이었다고 본다. 그들은 지금 여섯 번째 대멸종이 다가오고 있다고 한다. 지금까지 대멸종이 대부분 기후변동, 행성충돌 등 자연적인 것이 원인이었다면 여섯 번째 대멸종은 인간이 원인이 될 것으로 본다.

『네이처』의 2014년 기사에 따르면 많은 학자는 2200년이 되면 조류의 13%, 포유류의 25%, 양서류의 41%가 멸종할 것이라고 예측하고 이는 6,000만 년 전에 비해 1,000배나 빠른 속도라고 경고했다. 국제자연보전연맹IUCN에서도 멸종 가능성을 검토한 7만여 종 가운데 약 30%인 2만여 종이 멸종 위기에 처해 있다고 보고했다.

이런 징조는 많은 곳에서 나타나고 있다. 많은 동물이 환경의 변화,

특히 농지확장과 도시개발에 의한 삼림 파괴, 지나친 물의 낭비로 지하수 고갈과 사막화에 의한 호수와 습지의 소멸, 온난화에 의한 북극·남극의 얼음과 킬리만자로 만년설 등의 소멸, 화석연료와 비료·농약·플라스틱·비닐 등의 사용에 의한 환경오염과 전자제품의 과잉사용에 따른 전자파의 만연 등에 의해 편안한 생태공간이 축소되면서 멸종의 위기를 맞고 있다. 인간의 기호를 충족시키기 위한 남획 등도 멸종을 부추긴다. 다행히 현재 양식 있는 사람들이 벌이는 환경보호 운동이 선진국을 중심으로 전 세계로 번져가고 있으니 최악의 사태는 방지할 수 있을지 모른다.

이렇게 좋지 않은 생태환경 속에서 동물의 의식이 척추동물인 포유류나 유인원의 진화와 같은 또 하나의 발전적 진화를 하는 것은 무척 힘들 것이다. 또 기존 유인원에서 인간과 같은 수준의 의식을 가진 동물이 나오는 것도 침팬지와 인간의 공통 조상이 650만 년 전 소멸된 것을 감안하면 자연법칙이 제대로 작동한다면 앞으로 천만 년 후에는 가능할지 모르지만 인간이 그때까지 존재한다면 인간의 견제로 불가능할 것이다.

마찬가지로 유인원이 최초로 등장한 것이 6,500만 년 전이므로 비유인원인 동물에서 인간과 같은 고등동물의 진화도 자연법칙이 제대로 작동하면 7,000만 년 후에는 가능할지 모르나 그때까지 인간이 존재한다면 그것도 인간의 견제로 불가능할 것이다. 인간에 의해 보호되고 사육되는 동물들도 유전자변형 등에 의한 인위적 종 개량이 반려동물을 위해서가 아니고 식용가축을 위해서인 한에는 아무리 많은 세월이 흘러도 동물의 의식에서 발전적 진화는 어려울 것이다. 인간과 가장 가까운 침팬지를 훈련해 간단한 단어를 학습시키거나 몸짓이나 컴퓨터 키보드를 두드려 간단한 보고를 하게 할 수는 있으나 그러한 인위적 학습을 많은 개체를 체계적으로 수많은 세대에 걸쳐 하지 않는 한 효과는 훈련받는 한두 개체에서 끝난다. 그런 단체 훈련이 일어날 가능성은 전혀 없으므로 인위적 학습이 진화에 영향을 미칠 수 없을 것이다.

지금과 같은 속도로 유전공학이 발전한다면 침팬지를 유전자변형 수단을 사용해 인간에 가까운 언어와 의식을 지니게 할 수 있을 것이다. 그러나 그러한 것은 인간의 존엄성이라는 문제 때문에 실현하기가 힘들 것이다. 따라서 동물은 인간이 지금처럼 지상의 최상 적자로 존재하는 한 적자생존이나 자연선택으로 혹은 인위적 개량으로 지금보다 개선된 의식을 진화시키기는 불가능할 것 같다. 그 대신 여러 가지 환경오염으로 인한 좋지 않은 방향의 돌연변이들이 생겨날 가능성은 커졌다.

인간의 동물 의식 연구는 앞으로도 계속되겠지만 주로 동물을 위해서가 아니라 인간의 의식에 대한 정보를 얻기 위한 간접적 수단으로 연구하게 될 것이다. 더구나 인간의 행동이나 의식 연구에 도움이 되지 않는 하등동물의 의식에 관한 연구는 과학자의 단순한 지적 흥미를 충족시키는 것보다 더 긴급한 인간의 질병정신병을 포함해을 해결하는 데 도움이 되는 동물이나 인간의 연구에 예산이나 시간이 할당될 것이므로 빠른 시간 안에 활성화되지 못할 것이다. 따라서 어느 수준의 하등동물에서 어떠한 의식이 있는지, 어떤 하등동물에서 어떠한 의식이 가장 먼저 진화했는지, 박쥐가 된다는 것이 어떤 느낌일지와 같은 의문에 대한 정확한 결론에는 앞으로 백 년이 지나도 도달하지 못할 것으로 보인다.

2. 인공의식의 미래

1982년 설은 『의식의 신비』라는 저서에서 인간이 입력한 대로 인간을 대신하여 여러 가지 작업을 해주는 약한 인공지능artificial intelligence, AI과 대비되는 개념으로 인간의 마음과 동일한 병렬처리와 스스로 학습할 수 있는 인간의 의식적 마음을 구별할 수 없는 프로그램을 갖춘 강한 인공지능을 구별하고 강한 인공지능의 가능성에 회의를 표시했다. 특히 그는 중국어 방이라는 사고실험을 예로 들면서 컴퓨터는 컴퓨터설계사가 프로그램한 대로 단순한 부호조작을 하는 장치일 뿐으로 결코 의미를 이해하거나 느낌 같은 의식을 가질 수 없을 것이라고 예견했다.

하지만 그의 회의적 예견과 달리 1982년 당시에는 생각도 못했던 다양한 인공지능을 구비한 컴퓨터나 로봇이 하루가 다르게 기능을 개선하면서 나타나고 있다. 병렬처리는 물론이고 스스로 학습이 가능하며 다양한 외부조건의 변화에 융통성 있게 대응하는 로봇이 차례로 등장하고 있다. 한 가지 예를 들면, 장기나 바둑 등에 유능한 인공지능이 바둑이나 장기 전문가들을 경기에서 이겼다는 보고는 자주 듣는다. 인간처럼 모든 분야에 융통성 있는 행동을 하려면 아직

갈 길이 멀지만 자율주행차나 서빙하는 로봇 등은 다양한 외부 환경의 변화에 융통성 있게 대응한다. 외모와 행동으로는 실제 인간과 거의 구분되지 않는 로봇이 등장하는 것은 이제 시간문제인 듯하다. 게다가 현재 IT업체들은 2040년쯤에는 컴퓨터가 인간을 능가하고 완전히 자기복제를 하는 시점이 될 것으로 예상하기도 한다.

그런데 그들이 이야기하는 로봇이 의식도 가지게 될 것이라고 예상하는지는 불확실하다. 의식 있는 인공지능, 즉 인공의식artificial consciousness, AC이 탄생한다면 어떤 미래가 펼쳐질까? 고도의 인공지능을 넘어 로봇이 선악의 개념과 희로애락을 소유한 인간에 필적할 의식까지 소유하게 된다면 로봇이 인류와 경쟁관계를 넘어 인류를 파멸시킬 수도 있을 것이다. 1945년 튜링이 초보적 컴퓨터를 최초 발명한 이래 지난 74년 동안 컴퓨터가 발전되어온 엄청난 속도를 보면 그런 일이 불가능하다고 함부로 결론짓기도 어려운 것 같다.

현재 로봇이 의식을 가지려면 해결해야 할 몇 가지 예상되는 장벽이 있다. 우선 가장 근원적인 문제는 아직도 과학자들과 철학자들 사이에 논란이 되고 있는 어려운 문제를 해결하고 설명적 갭을 메우는 것이다. 이것이 해결되어야만 그것에 의해 로봇도 의식을 소유하는 것이 가능한지 판단이나마 할 수 있다. 그러한 문제를 해결하는 과정에서 나타나는 여러 가지 문제점으로 로봇이 의식을 가지는 것이 원천적으로 불가능하다는 결론에 도달할지도 모르기 때문이다.

현재 의식의 표지를 추적하는 과정에서 특정 감각에 관련된 회로 내 시냅스의 거의 동시적인 전기적 발화와 그에 따른 다양한 영역의 전기적 파동의 위상일치와 공명이 의식의 발현과 상관한다는 것은 밝혀졌다. 특히 각 감각을 처리하는 회로의 마지막 연합영역의 발화가 그 감각의식의 발현과 가장 큰 상관을 이룬다는 것이 밝혀졌다. 그러나 아직은 이러한 전기적 현상에 의한 의식의 신경상관에 대한 이해가 감각질이 어떻게 느껴지느냐를 이해하는 데 별로 도움이 되지 않는 것처럼 보인다. 또 개별 뉴런이 의식에서 어떤 역할을 하는지도 아직 밝혀진 게 아주 미미하다. 앞으로 양자이론에서 의식의 근원에 대한 획기적 발견이 이루어질는지는 모르지만 가까운 시일 내에는 어려울 것 같다. 그러한 발견이 이루어지지 못한다면 개별 뉴런에 의한 의식의 공헌 문제는 쉽게 풀릴 것 같지 않다.

앞으로 백 년이 지나도 코흐의 바람처럼 어려운 문제와 설명적 갭이 신경과학의 이론에 의해 산뜻하게 설명되기는 쉽지 않을 것 같다. 더구나 나겔이 이야기한 박쥐가 된다는 것이 어떤 것인지에 대한 이해는 여전히 불가능한 것처럼 보인다. 그렇다면 일부 강한 창발적 유물론자의 생각처럼 우리는 뇌와 의식의 관계를 완전히 밝혀내기에는 너무나 멍청한 것인가? 만일 우리가 멍청해서 뇌와 의식의 관계를 완전히 밝혀내지 못한다면 신이나 영혼의 존재에 대해서도 같은 말을 할 수 있지 않을까?

비록 그러한 의문들이 해소되어 로봇이 의식을 가지는 것이 원천적으로 불가능하지는 않다 하더라도 로봇이 인간을 위협할 수 있는 고차원의 의식을 소유하려면 기술적으로 해결해야 하는 난제가 많을 것이다. 그러한 난제 중 하나는 앞에서도 몇 번이나 강조된 하드웨어의 가소성자기복제를 포함이다. 두 번째는 보유한 모든 정보의 자유로운 그리고 동시적인 교환과 취합이다. 세 번째는 유정을 소유하는 것이다. 즉 희로애락고통 포함, 선악, 미추를 느낄 수 있거나 모두 느낄 수는 없어도 그중 한두 가지는 느낄 수 있어 그에 따라 행동선택도 할 수 있는 자유의지의 소유다. 이 중 첫 번째는 현상의식을 위해서는 꼭 필요하지 않을지 모르나 고급의식에 필요불가결한 가변적 기억을 위해 꼭 필요한 것이다.

두 번째 장벽은 불가능하지 않을 것이다. 인간의 뇌는 백질을 제외한 모든 영역이 모두 자료창고라고 해도 지나친 말이 아니다. 그리고 그러한 자료창고는 필요하면 거의 동시에 그리고 순식간에 접촉과 활용이 가능하다. 그러한 것은 각 뇌 영역 간의 순간적 정보교환이 없으면 불가능하다. 로봇에 내장되는 컴퓨터도 전기적 빠름에 의한 신속한 처리는 가능하다. 그러나 인간의 뇌처럼 모든 자료를 동시에 접촉하고 교환하는 것이 아니고 병렬적이라 하더라도 자료창고를 차례로 뒤져 활용하지 않으면 안 된다. 인간의 여러 감각정보는 광역 작업공간에 거의 동시에 올라와 교환될 수 있으나 컴퓨터에서는 각각의 앱이 분리된 메모리 공간에서 실행되며 그 출력정보가 공유될 수 없다. 컴퓨터는 사용자가 제어할 수 있는 클립보드를 제외하면 그러한 정보를 교환할 수 있는 광역작업공간 같은 것이 없다. 그러나 컴퓨터의 기술이 지금과 같은 속도로 발전하기를 계속한다면 이 문제도 언젠가는 해결될 것이다.

세 번째는 의식수준이 높은 동물만이 소유할 수 있는 것으로 특히 희로애락과 선악미추 중 적어도 한두 가지 이상을 느끼고 그에 따라 행동선택도 할 수 있는 동물은 포유류나 조류 이상의 동물에 국한되는 능력으로 이러한 능력을 갖는 로봇을 제작하는 것이 가장 어려울 것이다.

첫 번째와 두 번째는 하드웨어적인 것이고 세 번째는 하드웨어를 갖추고 난 후 의식의 본래 기능에 해당한다. 세 번째는 그 능력수준의 역치를 아주 낮춘다고 해도 아마 불가능할지도 모른다. 그것은 자기복제가 가능한 살아 있는 생명체, 그것도 발전적 진화를 이룬 동물의 가장 큰 특징이기 때문에 그러한 능력을 소유한다는 것은 바로 생명이 있다는 것이 되며 그것을 소유한 유기체는 생물이 된다. 즉 의식을 소유하는 로봇은 생물이 된다는 결론이 나온다! 그것도 무기물로 이루어진 생물이 된다는 것이다. 과연 인간이 무기물로 이루어진 생명을 창조할 수 있을까? 아니면 현재 거론되고 있는 바이오컴퓨터가 의식을 소유하게 되도록 발전된다면 100% 유기물로 이루어진 것은 아닐지라도 의식을 갖는 유기생명체를 인간이 창조하는 것과 같은데, 이것이 과연 가능할까?

3. 인간의식의 미래

인간의 의식은 앞으로 어떻게 진화할 것인가? 의식은 뇌의 산물이므로 인간의 뇌가 앞으로 어떻게 진화할 것인가에 대한 의문이 들 것이다. 우리는 뇌가 커지면 출산, 신경망 크기조정 비용, 국소 뇌손상에 대한 취약성이라는 여러 가지 문제점이 발생한다는 사실을 알았다. 언어의 발달로 지식전승이 책이나 컴퓨터메모리 등에 한없이 저장할 수 있게 되고 컴퓨터와 핸드폰의 발달로 즉석 번역, 즉각 계산이 가능하게 되어 인간은 독서에서 멀어지고, 수학문제를 풀기 위해 머리를 싸매고 고민할 필요가 없어지며, 힘들게 어려운 단어를 외우고 다양한 지식을 습득하기 위해 독서를 다양하게 할 필요가 거의 없어졌다. 또 적자생존, 자연선택의 법칙도 인간에게는 거의 적용되지 않게 되었다. 선천적으로 부적합한 유전자를 갖고 태어나도 첨단 의료기술의 발달로 대부분 생존하게 되고 선천적 장애가 있는 사람들도 사회보장 덕분에 결혼에 의한 정상적 출산이 가능하게 되어 자연도태가 거의 발생하지 않게 되었기 때문이다.

앞으로도 인간의 의식이 새로운 창조를 위해 필요하겠지만 이미 개발되어 상당한 진척을 이룬 인공지능, 가상현실 등 많은 신기술은 인간의 의식 사용을 대폭 줄여줄 것이다. 뇌를 사용하는 빈도가 적어지고 부적격자도 살아남게 된다면 뇌가 지금보다 더 진화해 더 고급 의식을 발현한다는 것은 불가능해질 것이다. 아니, 오히려 발전적 진화보다 퇴보적 진화를 할 가능성이 매우 커졌다. 그것은 이미 10만 년 전부터 정체된 인간 뇌의 크기는 더 이상 확대되지 않을 것이란 것을 의미한다. 뇌가 더 커지지 않고 모든 지식이 컴퓨터 등에 저장 활용된다면 인류의 지식창고는 커질지 모르나 개별 인간의 뇌 속에 담긴 지식은 오히려 줄어들고 개별 인간의 의식수준은 머리를 사용할 일이 줄어들어 가소성 원리에 따라 뇌는 오히려 축소되면서 의식수준도 낮아질 가능성이 많다. 그러나 그러한 일은 앞으로 인류가 교육이나 여가시간을 어떻게 활용하느냐에 따라 달라질 수 있다.

이미 2007년부터 개인의 완전한 DNA유전체genome 염기서열이 밝혀지기 시작했고 지금은 며칠 내로 한 개인의 유전체를 그리 큰 비용을 들이지 않고 밝혀낼 수 있게 되었다. 앞으로 여러 가지 질병이 있는 개인들의 유전체 자료를 모아 자료은행을 만들고 진단을 원하는 개인의 유전체를 그 자료은행과 비교해 문제가 되는 염기서열이 있는지 밝혀 개인의 유전적 질병과 질병에 대한 취약성을 밝혀내는 것도 가능하게 되었다.

1998년 완성된 뉴런이 302개에 불과한 꼬마선충처럼 전 인간의 뉴런 연결지도인 완전한 케넥톰connectome은 아니더라도 최소기능모듈을 이용한 인간의 완전한 커넥톰도 빠르게 개선되는 컴퓨터의 처리능력과 첨단영상기기를 비롯한 최신기기들 덕분에 멀지 않은 미래에 밝혀질 것이다. 현존하는 뇌 속의 신경세포나 교세포, 그 속의 분자 등의 구조나 활동을 추적할 수 있는 첨단기술인 미세전극, 나노로봇, 분자라벨, 회로추적기, 광박편형광현미경Light Sheet Fluorescence Microscopy, 전자현미경 등은 더욱 정교해지고 정확해질 것이다.

이러한 자료들과 기술들의 다양한 활용에 따른 의학과 유전공학의 발달은 현재 치매, 정신분열증, 파킨슨병, 간질, 자폐증 등 난치나 불치병이라고 생각되는 많은 뇌와 의식에 관계된 질병을 치료할 수 있게 될 것이다. 여러 가지 면역체계의 완전한 이해와 자가면역세포를 이용한 치료기술의 발달로 각종 암으로 사망하는 확률을 대폭 감소시킬 것이다. 줄기세포의 활용에 따른 세포와 장기의 배양과 정교한 인공장기나 보철 등의 개발로 기능이 저하된 장기 때문에 사망하는 것을 예방해 인간의 수명을 늘려줄 것이다.

비록 선택된 일부에 국한될지라도 노화된 뇌세포를 줄기세포 기술 도입으로 인간의 뇌기능이 저하되는 것을 막아 의식수준이나 인지능력의 저하를 예방하는 것은 물론 개선까지도 가능할지 모른다. 또 영리하고 건강한 인간을 보장하는 유전자를 만들어낼 수도 있을 것이다. 그러나 윤리적 논쟁 때문에 인간의 개성과 존엄성을 말살하는 맞춤형 유전자를 지닌 인간을 대량 출생시키는 방법은 채택되기 어려울 것이다. 그것은 인위적인 뇌기능의 개선과 지능과 의식의 발전적 진화도 어려울 것이라는 것을 의미한다.

다른 첨단과학들과 마찬가지로 의식과학은 여전히 첨단이론과 첨단기기를 활용할 줄 아는 과학자들에 의해 계속 발전하여 시냅스와 신경전달물질, 활동전위의 발화 시 진동수, 진폭, 위상, 공명 등이 의식과 어떻게 상관하며 어떤 인과관계가 있는지도 몇십 년 내에는 어느 정도 윤곽이 밝혀질 것이다. 그리고 뇌에서 영감이 발휘하는 메커니즘과 그러한 영감에 관련되는 뇌 영역을 밝히는 것도 가능할 것이다.

이러한 여러 가지 정황은 앞으로 개선되는 면역력과 영양으로 노후까지 잘 기능할 수 있는 뇌와 여가활동의 활용을 통한 신체 건강을 바탕으로 장기간 효율적이고 질 높은 교육을 실시한다면 비록 인위적이긴 하지만 인간의 의식은 영감과 창의력을 쉽게 발휘할 수 있는 지금보다 높은 차원으로 발전적 진화를 할 수 있을 것이다. 물론 그러한 밝은 미래는 인류가 탄산가스와 미세먼지로 오염된 공기를 정화해 온난화에 의한 세계의 종말을 예방하고 강대국에서 이상한 지도자들이 나타나 세상을 핵전쟁으로 몰아넣지 않아야 가능할 것이다.

부록(S)

인간의식에 관련된 뇌 부위와 미세구조

의식을 논하려면 의식의 소재인 뇌의 작용기제를 알아야 한다. 특히 비전문가들은 신경과학의 용어가 낯설 수 있으므로 이들의 이해를 돕기 위하여 간단하게 뇌의 구조와 작용을 소개한다. 신경과학의 기초가 있는 독자들은 이 장을 건너뛰어도 좋다. 동물의 의식도 중요하지만 의식은 대부분 인간 중심으로 연구되어왔다. 많은 동물의 뇌를 일일이 거론하는 것은 무리이므로 동물의 뇌에 대해 좀더 자세히 알고 싶은 독자들은 의식의 기원을 다룬 6장을 참고하기 바란다. 여기서는 본서의 내용 이해에 필요한 최소한의 지식을 위해 대표적으로 가장 복잡한 구조를 이루면서 제일 고등한 의식을 발현하는 인간의 신경계와 뇌에 대해 주로 의식발현에 결정적인 영역을 중심으로 간단히 설명하고자 한다. 동물의 뇌나 의식에 관한 용어도 인간의 뇌와 의식에 관한 용어와 큰 차이가 없다. 그러므로 인간의 뇌와 의식을 이해하면 다른 동물의 뇌와 의식을 이해하는 데 큰 도움이 된다.

인체의 모든 신경은 정도 차이는 있을지언정 모두 의식과 불가분의 관계가 있음을 아무리 강조해도 지나치지 않다. 뇌는 신체의 모든 부분에서 정보를 수집하고 그 정보를 해석해 신체를 움직이는 지령을 내리는 신체의 총사령부 같은 역할을 맡고 있다. 그런 정보를 수집하고 지령을 내리는 역할을 하는 것이 신경세포다. 신경세포는 영어 단어 발음을 그대로 써서 뉴런neuron이라고도 한다. 뉴런의 모양은 이탈리아의 위대한 생물학자이자 병리학자 골지Camillo Golgi, 1843-1926가 1873년 이미 상당히 좋은 성능으로 발전되어 있던 현미경을 이용해 후에 그를 기려 골지염색법이라고 명명되었으며 검은 반응이라고 불리는, 질산은을 이용해 조직을 염색하는 방법으로 개의 후구olfactory bulb조직을 염색함으로써 최초로 밝혀졌다그림 S-1. 145년이 지난 지금 보아도 놀라우리만큼 정확하고 섬세한 작품이다. 그림에서 알 수 있듯이 신경세포는 길고 짧은 많은 돌기가지처럼 생긴가 뻗어 나와 있어 다른 체세포와는 모양이 완전히 다르다.

이런 돌기들은 다른 신경세포와 감각수용기, 운동효과기 등과 연결하기 위한 것이다. 신경세포는 뇌 속에 가장 많이 존재하지만 뇌뿐만 아니라 신체 전 부위에도 입체 거미줄처럼 널리 퍼져 있는데 이러한 돌기들을 이용해 멀고 가까운 다른 신경세포들과 서로 정보를 교환한다. 그러나 신경세포도 일반체세포와 똑같이 핵과 미토콘드리아 등 세포의 기본성분은 다 갖추고 있다. 신경세포는 주로 활동전위의 전파라는 전기적 수단을 이용해 신체 정보를 뇌에 전달하기도 하고 뇌의 지령을 신체에 전하기도 한다. 학계에서는 신경세포를 특히 다른 세포와 차별화하기 위해 보통 뉴런이라고 부른다.

뇌에는 이 뉴런 외에 또 하나의 중요한 세포가 있는데 교세포, 아교세포, 교질세포, 영어 발음을 그대로 써서 글리아glia 등으로 다양하게 불리는 세포다. 이는 주로 뉴런 옆에 붙어 뉴런의 기능을 도와주는 역할을 한다. 뇌는 이 두 종류의 세포가 각기 특수한 목적을 위해 연결되고 결합된 다양한 기관이 서로 아주 복잡하게 뒤얽혀 있다. 인

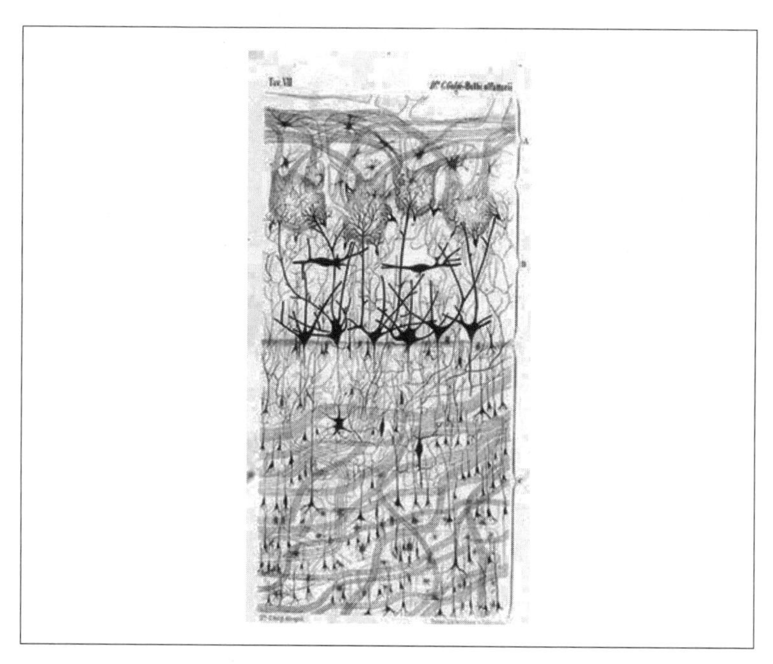

그림 S-1 골지가 1873년 개의 후구 조직을 염색해 그린 최초의 뉴런. 거미줄처럼 하나의 거대한 연결을 이루고 있다.

체 속 뉴런은 현재 알려진 종류만 해도 수백 종이 있고 아직도 처음 발견되는 뉴런이 계속 나오므로 그 종류가 천 가지가 넘을 것으로 추정된다. 단순한 전기신호만 전달하기 위해서라면 이렇게 많은 종류의 뉴런이 필요 없을 것이다.

다양한 뉴런의 기능과 존재이유에 대해 아직까지 밝혀진 것은 미미하다. 인지과학자들은 뇌를 컴퓨터에 곧잘 비유한다. 뇌의 정보전달 수단이 컴퓨터와 마찬가지로 전류이며 컴퓨터가 0과 1이라는 디지털 체계를 이용하는 것같이 뇌도 활동전위 발생이냐 아니냐의 디지털 체계를 이용하기 때문이다. 인지과학에 회의적인 사람들이 한때 인간의 뇌는 다양한 병렬처리가 기본인데 컴퓨터는 직렬처리이므로 뇌와 컴퓨터는 본질적으로 다르다고 했다. 또 뇌는 학습에 의해 끊임없이 정보를 축적·개선하는 데 비해 컴퓨터는 학습이 없고 단순한 정보처리 기구일 뿐이라고 주장했다.

하지만 컴퓨터기술의 획기적 진전으로 다양한 병렬처리가 가능하고 학습도 가능하게 된 수많은 인공지능AI 기기들이 등장해 세계 최고 바둑기사들을 게임에서 이기는 상황까지 온 지금에 와서 볼 때, 이러한 주장은 잘못되었다고 할 수 있다. 최첨단 현장에서 자연지능과 인공지능을 연구하는 뉴욕시립대학 마커스Gary Marcus, 1970- 같은 젊은 과학자는 인간의 뇌는 컴퓨터에 비견될 수 있으며 근본적으로 컴퓨터와 같은 기능을 한다고 주장한다Marcus, 2015.

그러나 인간의 뇌는 가장 기본이 되는 하드웨어적 구성단위인 뉴런과 시냅스가 경험과 학습에 따라 끊임없이 변하지만 한번 하드웨어가 장착되면 새롭게 개조할 때까지 변하지 못하는 컴퓨터와는 근본적으로 다르다. 따라서 마커스 주장에는 동의하기 힘들다. 이러한 대체적인 그림을 염두에 두고 대단히 복잡한 뉴런과 교세포의 종류와 기능 및 세부구조와 작동 메커니즘은 나중에 다시 자세히 설명하기로 하고 우선 이해를 쉽게 하기 위해서 신경계의 가장 큰 구조부터 시작해 점차 작은 구조로 진행하면서 맨 마지막에 신경세포와 교세포의 종류와 세부구조 및 작동원리를 살펴본다.

인간은 지상에서 의식을 진화시키기에 최적의 틀을 갖춰 가장 수준 높은 의식을 진화시킨 종으로 많은 척추동물의 정점에 위치한다. 척추동물의 뇌 구조는 큰 틀에서 인간의 뇌 구조와 같으므로 인간의 뇌 구조에 대한 설명은 대부분 척추동물의 뇌에도 적용된다. 인간의 뇌는 두개골에 둘러싸인 다양한 세포가 기능의 유사성을 기반으로 여러 블록을 이루며 아주 복잡하게 연결되어 있는, 우주에서도 가장 복잡한 기관이다. 뇌는 그 자체로도 독자적으로 기능하지만 신체의 전 부위에 걸쳐 무수히 퍼져 있는 감각수용기로부터 말초신경과 척수, 뇌간, 시상 등을 거쳐 정보를 받아 다시 그들을 역으로 뇌간, 척수, 말초신경을 거쳐 전신에 무수히 퍼져 있는 효과기를 통해 그들을 제어하는 사령탑이기도 하다. 여기서 활동하는 전령은 뉴런의 정보 전달 수단인 활동전위다. 활동전위에 대해서는 차후 뉴런과 함께 자세히 설명하겠다.

인간의 신경계에 대한 기초지식을 습득하기에 앞서 반드시 신경계의 여러 영역을 명명할 때 사용하는 위치와 방향에 대한 용어사용의 관례를 알아두어야 내용을 이해하기 쉽다. 〈그림 S-2〉는 방향에 대한 영어 접두용어와 절편에 대한 영어 단어들과 해당 한글 표현을 보여준다. 이들 접두용어 뒤에 보통 관례에 따라 해마바다의 해마 모양, 편도아몬드 모양체, 슬상무릎 모양핵 등 그 영역의 모양에 따른 명칭이 붙는다. 예를 들면 외측슬상핵lateral geniculate nucleus바깥쪽 무릎모양핵, 내측슬상핵medial geniculate nucleus안쪽무릎모양핵이 있다.

현재 한국 의식과학에서 사용하는 용어, 특히 뇌에 관한 용어는 영어 발음을 그대로 사용하는 단어, 고유한국어, 영어를 그대로 쓰는 단어, 한자를 차용한 단어, 일본 용어에서 유래한 단어 등을 혼용해 많이 혼란스럽다. 이 책에서는 이미 과학계에서 오랫동안 관용으로 쓰이는 한자에서 의미를 차용해 한국과 일본에서 오랫동안 관용적으로 사용해온 용어를 주로 쓴다. 한글로만 된 용어는 너무 길고 아직 학계에서 일반화되지 못했기 때문에 비교적 짧고 널리 쓰이는 용어를 사용하되 필요에 따라 한글을 병기한다.

예를 들면 '바깥쪽무릎모양핵'보다 '외측슬상핵'을 사용한다. 또 신경로 명칭은 출발지점-도착지점 식으로 표기한다. 예를 들면 피질척수로는 대뇌피질에서 척수로 가는 신경로를 의미하고 척수피질로는 척수에서 피질로 가는 신경로를 의미한다. 마찬가지로 피질시상로는 피질에서 시상으로 가는 신경로를 의미하고 시상피질로는 시

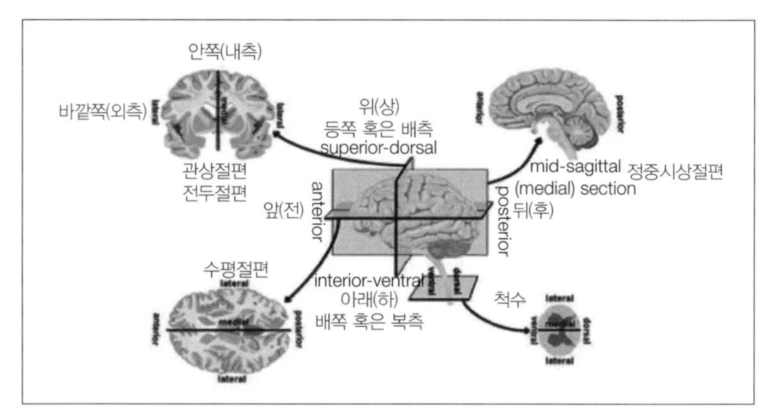

그림 S-2 방향과 절편을 나타내는 접두용어. 방향을 나타내는 접두용어: 앞(전anterior)과 뒤(후posterior), 위(상superior, 등쪽 혹은 배측dorsal)와 아래(하inferior, 배쪽 혹은 복측ventral), 안쪽(내측medial)과 바깥쪽(외측lateral).
절편을 나타내는 용어: 관상절편(coronal section), 전두절편(frontal section), 수평절편(horizontal section), 시상절편(sagittal section), 정중시상절편(mid-sagittal[medial] section(시상절편 중 양반구의 중간에서 앞뒤로 자른 절편)

상에서 피질로 가는 신경로를 의미한다. 또 보통 대뇌피질을 중심으로 들어오는 신경로를 구심로라 하고 피질에서 나가는 신경로를 원심로라 한다.

1. 인간의 신경계

인간의 신경계는 다른 척추동물의 신경계와 마찬가지로 중추신경계와 말초신경계로 나뉘어 있다. 중추신경계는 글자 그대로 신경계의 중추가 되는 부분으로 두개골 속의 전뇌, 간뇌, 소뇌, 뇌간과 척수로 이루어져 있고 말초신경계는 중추신경계로 신체의 전 부분으로 정보를 전달하고 또 거기서부터 신체 전 부분으로 지령을 전달하는 역할을 하는 신경계로 시상(1개)과 후구(1개)와 뇌간(10개)에 있는

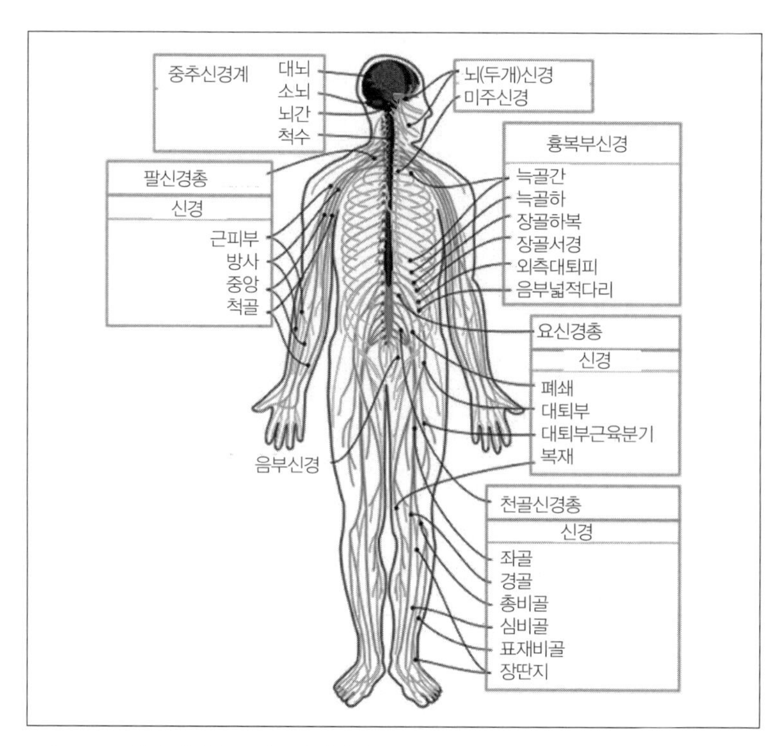

그림 S-3 인간의 신경계. 크게 중추신경계(The central nervous system, CNS, 검은색 부분)와 말초신경계(The peripheral nervous system, PNS, 회백색 부분)로 이루어져 있다. 전체적으로 길고 짧은 신경세포가 입체적인 거미줄처럼 하나의 거대한 연결을 이루고 있다.

12개의 두개신경 핵에서 뻗어나간 신경과 척수와 연결되어 전신으로 거미줄처럼 퍼져 있는 척추신경으로 이루어져 있다[그림 S-3]. 참고로 영어의 cranial nerve를 직역하면 두개신경이 되는데 우리나라에는 일반적으로 뇌신경이라고 한다. 이것은 다른 뇌신경과 혼돈을 초래하므로 이 책에서는 두개신경이라고 한다.

인간의 신경계는 척추동물 경계의 기본 틀을 유지하고 있다. 척추동물의 기본 틀 속에 있는 구조와 기능들에 대한 대략적인 것은 〈그림 S-4〉에 나타나 있다.

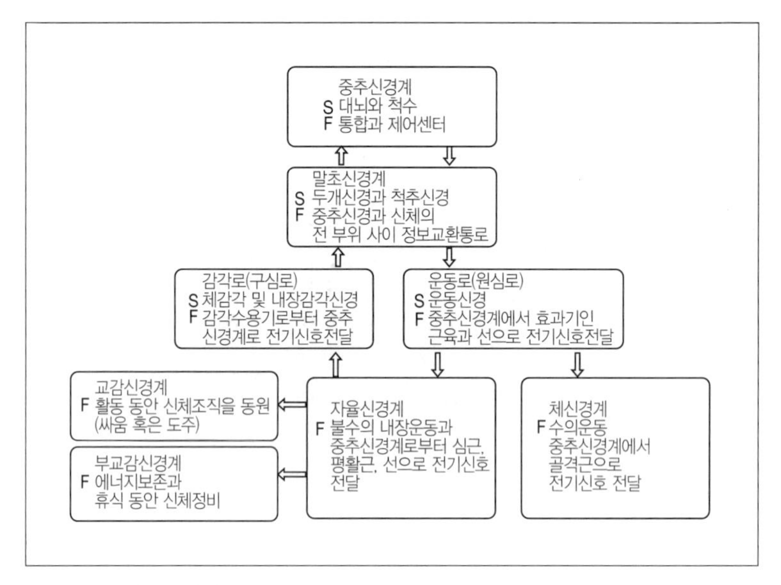

그림 S-4 척추동물신경계의 기본구조와 기능. S(구조structure), F(기능function)

2. 중추신경계

의식에서 중요한 부위는 중추신경계다. 의식은 중추신경계, 그중에서도 대뇌피질과 시상변연계에서 주로 발현된다. 말초신경계는 중추신경계에 의식의 발현에 필요한 정보를 제공해준다. 말초신경계는 크게 체성신경계와 자율신경계로 구분된다. 체성신경계는 외수용기적 의식과 내수용기적 의식에 관계되며 중추신경계에 신체의 각종 감각기관을 통해 들어온 다양한 감각정보를 전달해주고 중추신경계로부터 운동지령이나 내분비 제어지령을 전달받아 몸 전체에 퍼져 있는 효과기에 전달해주는 역할을 한다.

자율신경계는 주로 내장의 자율제어로 항상성을 유지하는 데 관계가 있고 본질적으로 운동신경계에 속하여 주로 정서의식에 관계되고 내수용기적 의식에도 관계된다. 자율신경계는 교감신경계와 부

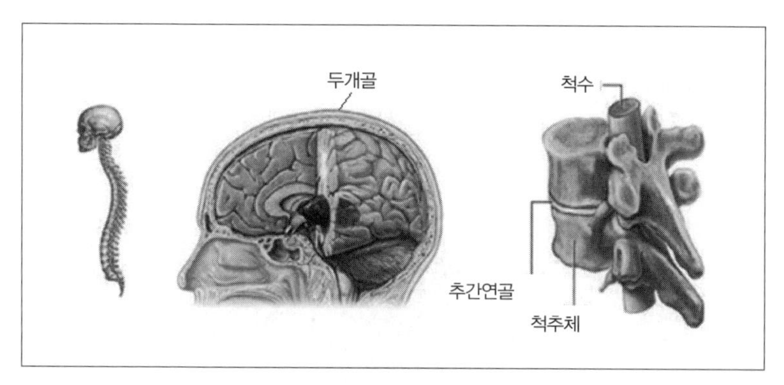

그림 S-5 중추신경계. 단단한 뼈로 둘러싸여 보호되고 있다.

교감신경계로 이루어져 항상성 유지나 위기관리를 위해 내장기관에 서로 반대되는 작용을 체계적으로 수행한다. 위급할 때 교감신경계가 작동한 후 뒷수습을 부교감신경계가 담당한다.

중추신경계는 단단한 뼈로 이루어진 두개골과 척추에 둘러싸여 있고그림 S-5 중추신경계와 보호하는 뼈 사이의 공간과 중간중간의 크고 작은 공간인 뇌실ventricle에 뇌척수액으로 채워져 있어 외부의 충격으로부터 안전하게 보호받고 있다. 또 뇌는 좌반구left hemisphere와 우반구right hemisphere로 크게 양분되어 있고 이에 따라 중추신경계의 주요 기관은 대부분 좌우대칭으로 좌반구와 우반구에 하나씩 있다. 이들 좌우 반구는 뇌량corpus callosum이라는 축색으로 이루어진 거대한 백질 다발로 연결되어 있다. 예외적으로 송과체Pineal bod 같은 뇌에 하나뿐인 기관도 있고 척수처럼 좌우가 붙어서 하나로 되어 있는 기관도 있다. 척수도 좌우대칭을 이루고 있는데, 좌우대칭이라 해도 정확히 좌우의 크기나 기능이 같지 않은 경우도 있다. 대표적인 것이 측두엽으로 측두엽의 언어에 관계되는 부위는 크기와 기능에서 좌우가 약간 다르다.

〈그림 S-6〉은 중추신경계의 각 부위를 나타냈다. 지금부터 각 부

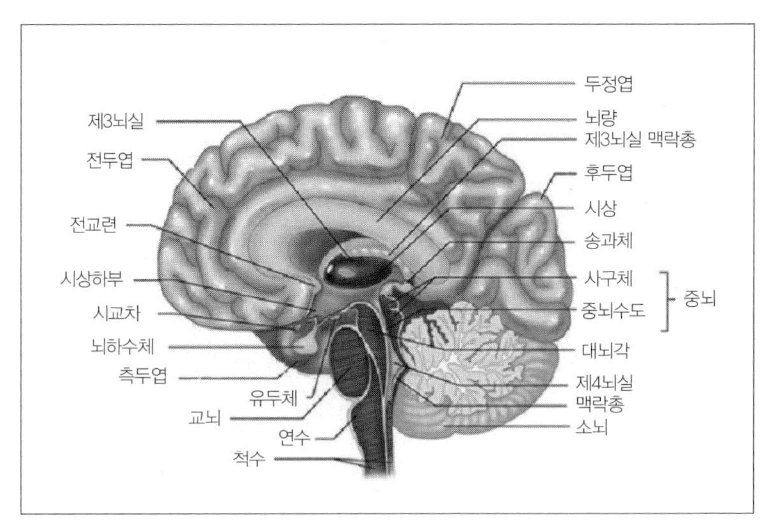

그림 S-6 뇌의 시상단면에서 본 중추신경계의 중요 영역의 위치와 명칭

위의 위치와 기능에 대해서 좀더 자세히 살펴보자.

중추신경계는 신경세포의 몸체들로 이루어진 회백질 덩어리들과 신경세포들 간의 정보를 전달하는 축색으로 이루어진 백질*다발들이 뒤엉켜 있어 영역을 분명히 구분하기가 매우 어렵다. 위치적으로, 발생학적으로, 기능적으로 여러 가지 분류가 가능한데 보통 전후로 위치한 순서에 따라 전뇌forebrain or prosencephalon, 간뇌diencephalon, 중뇌midbrain, 후뇌hindbrain, 척수spinal cord로 대별한다.

이를 조금 더 세분해 대뇌피질cerebral cortex, 기저핵basal ganglia, 간뇌, 중뇌, 교뇌pons, 연수medulla, 소뇌cerebellum, 척수spinal cord로 구분한다. 이들은 다시 더 작은 부분으로 나뉘는데 대뇌피질은 주름진 표면의 이랑gyrus과 고랑sulcus의 경계에 따라 전두엽frontal lobe, 두정엽parietal lobe, 후두엽occipital lobe, 측두엽temporal lobe으로 나뉜다. 기저핵은 선조

* 축색을 둘러싼 수초의 세포막의 지방질 때문에 희게 보이는 부분.

체striatum, 창백핵pallidum, 흑질substantia nigra, 시상하핵subthalamic nucleus, STN으로 나뉘고 간뇌는 시상thalamus, 시상하부hypothalamus, 시상하핵subthalamus, 시상후핵epithalamus으로 나뉜다.

소뇌는 양쪽으로 크게 부풀려 있는 비교적 진화적으로 새로운 기관인 피질과 수질로 이루어진 소뇌 반구와 좌우 소뇌 반구lateral hemisphere에 낀, 진화적으로 오래된 가느다란 중앙부인 충부蟲部, vermis로 이루어져 있다.

3. 대뇌피질

중추신경계에서 가장 늦게 진화했으나 인간의 의식발현에서 가장 중요한 부위는 대뇌피질이다. 대뇌피질은 거의 대칭인 좌우반구로 이루어져 있고 좌우반구는 뒤에 설명하는 축색이라는 뉴런의 신호전달용 돌기들의 거대한 다발인 뇌량으로 연결되어 있다. 대뇌피질은 늘어나는 회백질의 표면적을 한정된 두개골 내에 수용하고 각 영역을 잇는 백질의 길이를 최소화해 정보전달 속도를 높이며 에너지를 절약하기 위해 전체가 호두껍데기처럼 깊이 주름 잡혀 있다.

주름은 이랑둔덕과 고랑으로 이루어져 있고 보통 큰 고랑이 둘러싸고 있는 이웃하는 이랑의 집단을 엽lobe 혹은 피질cortex이라 한다. 대뇌피질은 두께가 부위에 따라 1.5-4mm이며 보통 6개 세포층으로 이루어져 있다. 이러한 피질 두께와 층은 대부분 포유동물에서 거의 동일하다그림 S-7. 대뇌피질은 그것을 둘러싸고 있는 두개골 이름을 따서 전두엽, 두정엽, 후두엽, 측두엽으로 크게 네 부분으로 나뉜다. 이 네 엽은 또다시 고랑을 경계로 다른 기능을 하는 소영역으로 나누기도 하는데 그 경계가 뚜렷한 것도 있지만 불분명한 것이 더 많다.

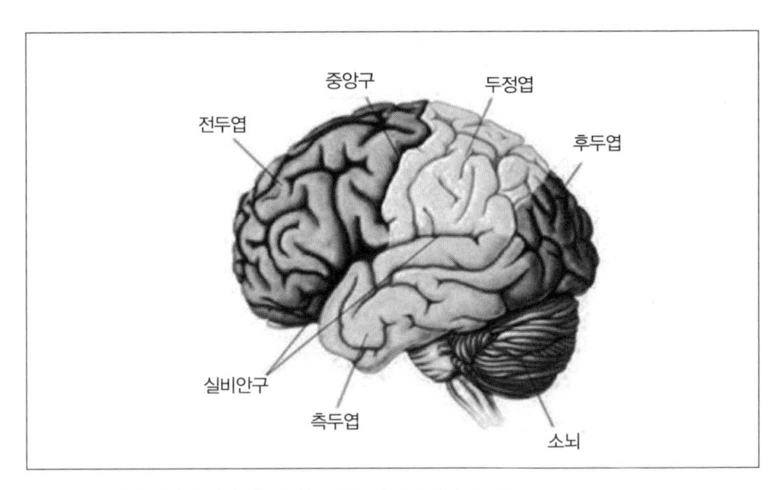

그림 S-7 대뇌피질의 위치와 명칭(소뇌는 대뇌피질이 아님)

전두엽은 뇌의 가장 위쪽 전방에 위치하며 인간의 뇌 중에서 가장 큰 부위로 인간을 인간답게 만드는 부위이기도 하다. 워낙 기능이 많기 때문에 세세하게 전부 나열하기보다 큰 기능만 나열하면, 신체 전반의 운동을 제어하는 기능, 다른 부위를 제어하는 기능, 계획을 세우고 집행하는 기능, 작업기억의 처리와 의미기억을 보관하는 기능, 사리를 판단하고 행동을 억제하는 기능, 여러 가지 의식을 최종 연합하는 기능, 실현가능성의 판단과 그에 따른 행동을 선택하는 기능 등이 있다. 인간에게는 언어의 발화 등 주로 운동제어와 창의성을 포함한 가장 차원 높은 의식에 관계된 부위다. 전두엽 앞부분인 전전두엽은 해마와 연결되어 기억, 특히 유기체의 현재 생존에 가장 중요한 작업기억에 중요한 역할을 하며 시간적·공간적 순서의 지각과 충동 억제에 중요한 역할을 한다. 전두엽 가장 뒤쪽에서 중앙구에 접하고 있는 운동피질은 전두엽 앞부분의 판단에 근거하여 신체운동을 제어하는 최종기관이다.

두정엽은 뇌의 가장 뒤쪽 윗부분에 있다. 두정엽의 주기능은 신체 전반에서 올라오는 여러 가지 감각처리와 공간인식 및 주의집중, 언어이해 등 다양하다. 두정엽 가장 앞에서 중앙구와 접하고 있는 체감각피질은 신체 여러 부위에서 올라오는 감각을 처리해 현상의식을 발현하게 하는 감각의식에서 가장 중요한 기관이다.

후두엽은 뇌의 맨 뒤 아래쪽에 있으며 주로 인간의 감각입력의 70-80%를 차지하는 시각을 우선 처리해 두정엽, 측두엽, 전두엽으로 정보를 보내 그들과 상호작용하면서 시각처리를 완성하는 역할을 한다.

측두엽은 뇌의 귀 바로 윗부분에 있으며 두정엽, 후두엽과 불분명한 경계로 연결되어 있고 전두엽과는 실비안열 혹은 외측구sylvian fissure or lateral sulcus라고 불리는 큰 고랑을 사이에 두고 길게 접하고 있다. 측두엽의 주기능은 청각처리와 언어처리 및 기억공고화 등이다.

대뇌의 피질은 부위에 따라 피질층의 두께나 뉴런과 교세포 구조에서 조금씩 차이가 있다. 이러한 세포조직학적 차이에 따라 이들을 현미경으로 세세히 분석해 대뇌 전체를 52영역그림 S-8으로 구분하여 최초로 뇌 영역지도를 만든 사람은 독일의 신경학자 브로드만Korbinian Brodmann, 1868-1918이다. 해부학자이기도 했던 브로드만이 당시 새롭게 발표된 니슬Nissl염색법으로 뉴런을 염색해 현미경으로 관찰하고 피질의 판lamina구조를 함께 비교해서 1909년에 뇌 영역지도를 발표한 것이다.

그는 이들 세포조직학적으로 구분되는 영역이 아마도 다른 기능을 할 것이라고 예언했고 그 후 많은 학자가 그런 사실을 증명했다. 뉴런의 구체적 형태와 대뇌피질이 여러 세포층으로 이루어져 있다는 사실을 최초로 밝힌 사람도 브로드만이다. 이를 그 후 브로드만과 거의 동시대 사람인 독일의 신경학자 겸 심리학자 클라이스트가 자신의 임상경험과 그 당시 이용할 수 있는 문헌을 토대로 현대적 뇌기능

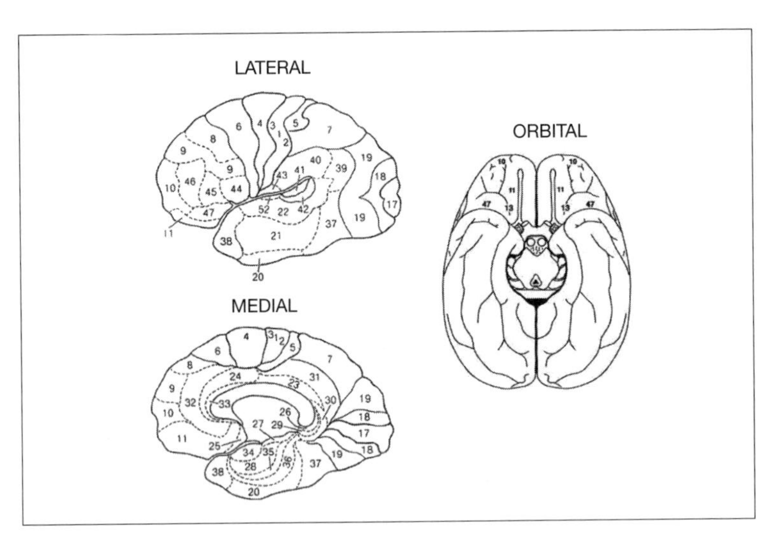

그림 S-8 브로드만이 대뇌피질을 세포조직학적 차이에 따라 52영역으로 구분한 뇌지도

지도로 정리했다그림 4-1 아래. 아직도 브로드만이 구분한 대뇌 구별은 의학이나 뇌과학에서 다양하게 활용되고 있다.

전두엽과 측두엽을 분리하는 경계로 실비안구sylvian fissure라는 대뇌에서 가장 큰 고랑이 있는데, 그 고랑 속 깊숙이 섬엽insula이라는 큰 구조가 파묻혀 있다그림 S-9. 이것은 뒤로 두정엽 경계까지 뻗어 있다. 섬엽은 큰 앞 섬엽과 작은 뒤 섬엽으로 크게 두 부분으로 나뉘어 있으며 각 부분은 또다시 더 작은 여러 영역으로 이루어져 있다. 섬엽의 기능은 아직 완전히 이해되지는 못하나 그중 중요한 것은 내수용적 감각*을 처리해 몸 전체 상태를 인식하는 것이다. 또 섬엽 앞부분은 우리가 음식을 먹었을 때 맛을 인식하는 1차 미각피질이다. 이는 공복을 신호해주기도 한다. 이러한 기능들이 섬엽이 의식과 정서, 몸

* 내수용적 감각(interoceptive sense): 신체 내부에 존재하는 감각기에서 생성되는 감각으로 온도, 촉감, 통증, 가려움, 근육과 내장의 감각, 호흡 곤란 등.

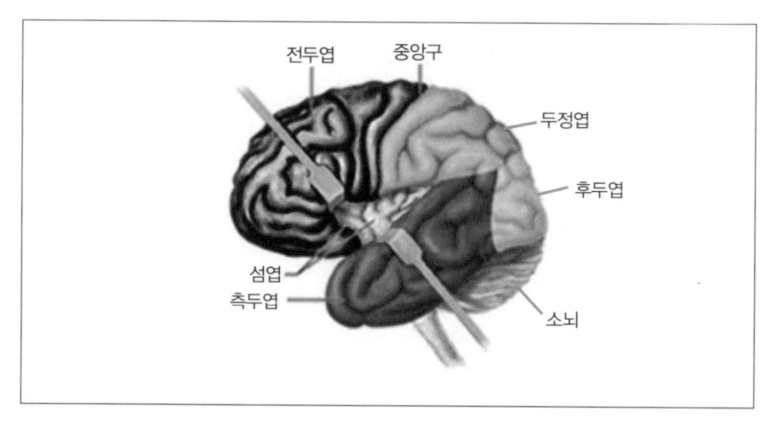

그림 S-9 섬엽의 위치

의 항상성 조절에 관계된 다양한 역할을 하게 하는 것으로 밝혀졌다. 특히 섬엽은 열정, 동정, 지각, 자의식, 대인관계 경험 등 인간의 고차원 정서의식에 깊이 관계하는 것으로 판명되었다.

4. 변연계

변연계는 대뇌피질의 아래에 있는 다양한 영역으로 이루어져 있으며 학자에 따라 포함되는 영역이 다소 다르다. 〈그림 S-10〉 위는 여러 학자가 변연계에 포함된다고 주장하는 영역들이다. 1937년 파페츠Papez가 뇌에서 감정을 담당하는 부위는 대뇌 외측뇌실lateral ventricle 주위에 있는 피질구조와 시상하부, 그리고 시상thalamus을 연결하는 회로후에 파페츠회로Papez circuit로 명명됨에 있다고 주장한 이후 이 구조들과 이들과 서로 밀접하게 연결되어 있는 해마hippocampus, 편도체amygdala, 중격부septal region, 시상앞핵anterior thalamic nuclei, 유두체mammillary body, 대상회cingulate gyrus, 후각신경구olfactory bulbs 등 다양한 핵을 함께 변연계limbic system라고 부르게 되었다.

변연계에 있는 후구를 비롯한 해마의 일부 피질은 대뇌피질의 6층으로 된 신피질과 달리 3-4층으로 되어 있어 이종피질이라고 불린다. 변연계는 포유동물에서 가장 잘 발달되었기 때문에 종종 '포유동물 뇌'라고도 하고 개체 및 종족 유지에 필요한 식욕, 성욕 같은 본능적 욕구와 직접 관계가 있으므로 '본능의 뇌'라고도 하며 정서와 감정과 관계가 많으므로 '정서의 뇌'라고도 한다. 변연계는 식욕, 성욕 외에도 신체항상성, 정서, 동기부여, 공포, 기억, 후각 등 동물의 생존과 유전자 보존에 필수적인 대단히 많은 기능과 관련이 있는 기관들로 구성되어 있다. 따라서 생존을 위한 원시 정서의식의 발현에 절대적으로 중요한 부위다.

측두엽 깊숙이 자리해 변연계의 일부를 이루는 해마체와 편도체는 기억의 생성과 저장에 관계된 곳으로 의식에서 매우 중요한 역할을 한다. 특히 해마는 주변의 많은 영역과 해마 복합체그림 S-10 아래를 이루고 매우 복잡한 방법으로 단기기억을 장기기억으로 공고화해 일시적으로 저장하거나 여러 피질로 보내 일화기억사건기억이나 의미기억으로 저장하거나 거기로부터 인출하는 장소다. 편도체는 감정조절과 공포에 대한 학습 및 기억에 중요한 역할을 한다. 해마의 기억기능은 일차의식이나 현상의식을 고차의식이나 접촉의식으로 전환해주는 데 절대적으로 중요하다. 또 단기기억이나 일화기억을 피질영역으로 보내 장기기억으로 저장하도록 했다가 나중에 필요할 때 즉각 복구되도록 한다. 따라서 척추동물에서 해마가 없으면 그 동물은 현재에 사로잡혀 대상의 범주화나 미래의 예측 같은 고급의식의 발현이 불가능하다.

해마는 일화기억과 공간학습에 절대 필요한 기관이기 때문에 알츠하이머로 해마가 손상된 노인들은 최근의 일상적 사건들을 기억하

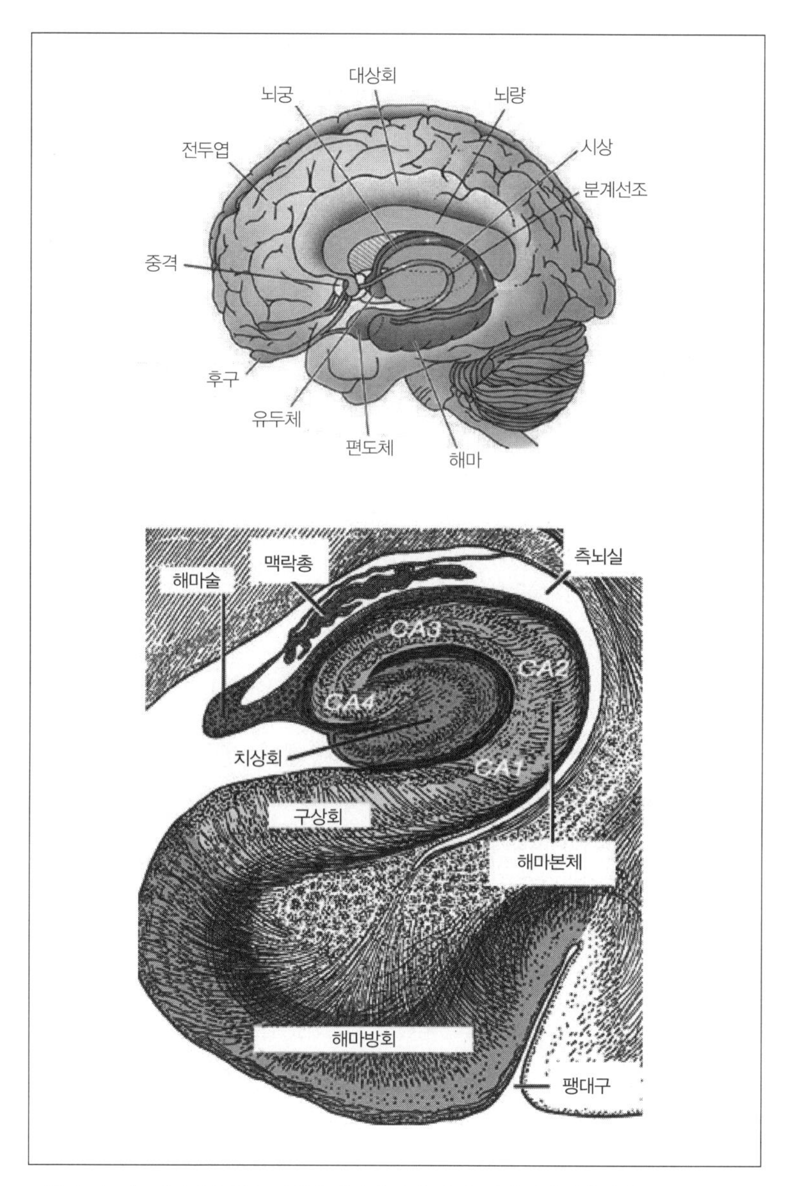

그림 S-10 위: 변연계의 주요 영역의 위치와 명칭. 아래: 해마 복합체의 단면도

지 못하거나 길을 잃고 헤매게 된다. 특히 해마는 다른 뇌 영역과 달리 성인이 된 후에도 새로운 기억을 생성하기 위해 새로운 줄기세포를 통해 치상회dentate gyrus라는 영역에서 새로운 과립세포granular cell를 매일 700개 정도 생성한다. 이 새로운 과립세포가 성인의 새로운 기억을 위한 새 시냅스를 형성해 뇌의 가소성에 일부 기여하는 것으로 생각된다. 포유동물에서 중추신경의 뉴런은 대체로 성체가 되면 새로운 생성이나 재생을 멈추는 것으로 생각되었으나 해마 치상회의 과립하영역subgranular zone, SGZ과 선조체의 뇌실하영역subventricular zone, SVZ*에서 성체가 되어도 새로운 뉴런을 생성하는 것으로 최근 밝혀졌다Bergmann, 2012.

5. 기저핵

기저핵basal ganglia은 대뇌피질 앞부분 아래에 있으며 다양한 곳으로부터 기원한 여러 피질아래핵subcortical nuclei으로 이루어져 있다그림 S-11. 기저핵은 대뇌피질, 시상, 뇌간, 그리고 다른 여러 뇌 부위와 강하게 상호연결되어 수의운동 조절, 절차상 학습, 규칙적 행동이나 습관, 눈의 움직임, 인식, 감정을 포함한 많은 기능과 관련이 있다. 기저핵은 미상핵caudate nucleus 혹은 꼬리핵, 패핵putamen 혹은 조가비핵, 창백핵globus pallidus 혹은 담창구, 시상하핵subthalamic nuclei, 흑질substantia nigra, 측좌핵nucleus accumbens으로 구성되어 있다. 기저핵에 이상이 생기면 파킨슨병 같은 불수의적인 몸 동작을 수반하는 병이 발생한다. 그러나 기저핵의 여러 작용은 모두 무의식적으로 처리되며 의식으로 발현되

* 여기서 개재뉴런으로 생성되어 후구로 이동.

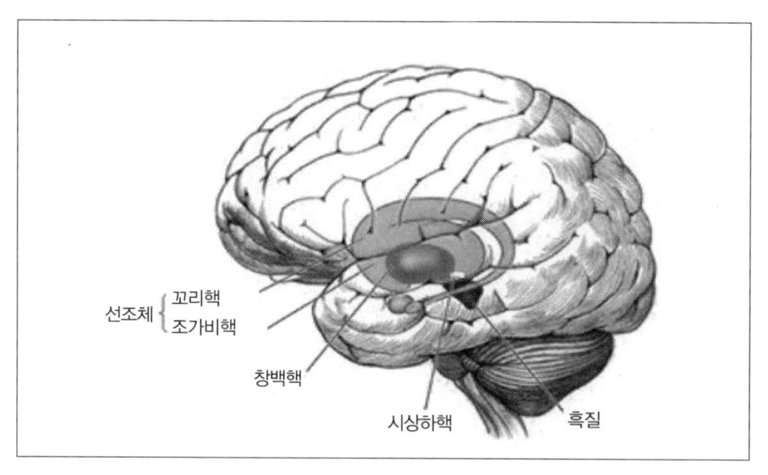

그림 S-11 기저핵의 위치와 구성

지 않는다. 기저핵은 소뇌와 마찬가지로 행동이나 인지의 무의식적 처리에 관여한다.

6. 간뇌

간뇌diencephalon는 제삼뇌실third ventricle 근방에 있는 구조들로 시상, 시상하부, 시상후핵, 시상하핵, 뇌하수체, 송과선 등으로 구성되어 있다그림 S-12.

시상은 계란형으로 이루어진 좌우 두 구조로, 기저핵으로 둘러싸여 있으며 신체에서 올라오는 감각정보를 대뇌피질에 전달하고 대뇌피질의 명령을 신체에 전달하면서 대뇌피질, 기저핵, 뇌간과 많은 연결을 이루고 상호 정보를 주고받는 의식의 발현에 아주 중요한 부위다그림 S-13. 간뇌의 다른 부위와 소뇌로부터도 정보를 받는다. 시상에서 피질로 가는 축색의 수보다 피질에서 시상으로 가는 축색의 수

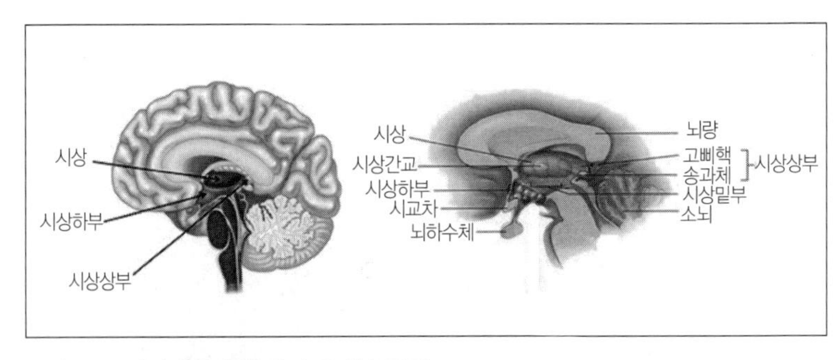

그림 S-12 간뇌의 위치(왼쪽)와 구성(오른쪽)

가 9배나 많다. 시상의 주기능 중 하나는 중계핵을 통해 피질과 광범한 연결로 피질의 공명을 유도하여 의식을 발현하는 것이다.

이는 인간뿐만 아니라 포유동물을 비롯한 시상을 구비한 모든 동물에서 마찬가지다. 에델만, 코흐, 라이나 등 권위 있는 많은 신경과학자가 시상과 대뇌의 상호연결회로가 의식의 발현에 절대적이라고 주장하고 있다. 특히 판내핵internal lamina nucleus은 뇌간의 망상체와 연결되어 각성 등 의식상태에 중요한 역할을 한다. 의식을 일시적으로 차단하는 할로세인halothane이나 이소플루란isoflurane 같은 전신마취제에 가장 영향을 많이 받는, 즉 대사수준이 떨어지는 영역은 시상과 중뇌망상체, 전두엽, 두정엽이다. 또 여러 종류의 전신 마취제의 작용영역과 작용형태는 마취제들의 결정적 작용 메커니즘이 과분극에 의한 시상 중계핵 차단이라는 것을 보여준다. 이러한 사실들은 시상이 의식발현에 절대적 역할을 하는 영역임을 시사한다Alkire et al., 1997, 1999, 2000.

시상하부는 시상 밑에 있는 작은 영역에 복잡하게 배열된 수많은 핵으로 이루어져 있으며 크기는 시상의 1/10 정도로 매우 작으나 다른 뇌 영역과 자율신경계에 의한 많은 내장기관 활동의 조절에 직간접적으로 연관되어 생명유지에 매우 중요한 일을 한다그림 S-14. 신체

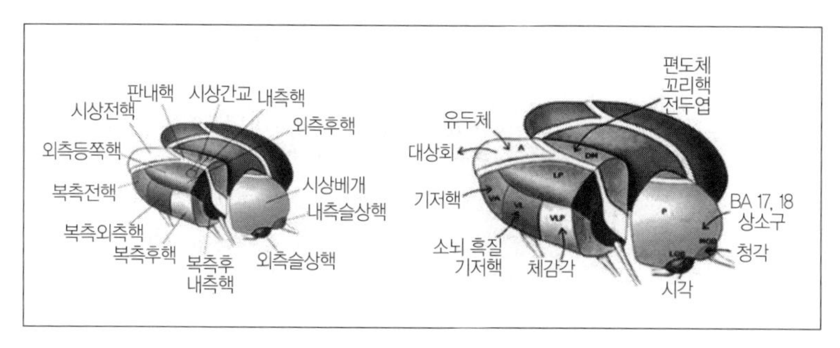

그림 S-13 시상의 구조(왼쪽)와 연결(오른쪽)

내부의 내수용기에서 올라오는 감각신호는 자율신경계를 통해 척수나 연수를 거쳐 시상하부의 여러 핵에 도달하고 시상하부는 이들을 참고해 신체의 항상성을 조절한다. 그래서 시상하부의 각각의 핵은 체온조절, 대사, 호르몬 조절,* 일주기 생체리듬 조절, 비만 조절 등 다양한 역할을 한다. 시상하부는 갈증, 식욕, 성욕, 모성애 조절 등에도 관계되어 기본정서와 내수용기의식 및 정서의식에 중요한 역할을 한다. 그러나 시상하부에서 제어되는 많은 신경활동은 생명유지를 위해 가장 필수적인데도 의식을 발현하지는 못한다.

시상후핵은 송과체에 의한 뇌하수체로부터 멜라토닌과 호르몬 분비에 관여하고 운동경로조절과 정서조절에 주로 관련이 있으며 시상하핵은 골격근 조절에 주로 관여한다. 송과체는 세로토닌serotonin에 의해 분비신호를 받아 멜라토닌melatonin을 만들어내는데, 이렇게 만들어진 멜라토닌 호르몬은 계절과 일주기 생체리듬에 대해 수면 패턴의 조절에 영향을 미친다.

유두체는 시상하부에 속하기도 하고 변연계에 속하기도 한다. 티아민이 결핍되어 유두체가 손상되면 선행성 건망증**이 초래되므로

* 시상후핵과 송과체와 함께.

** 사후기억상실.

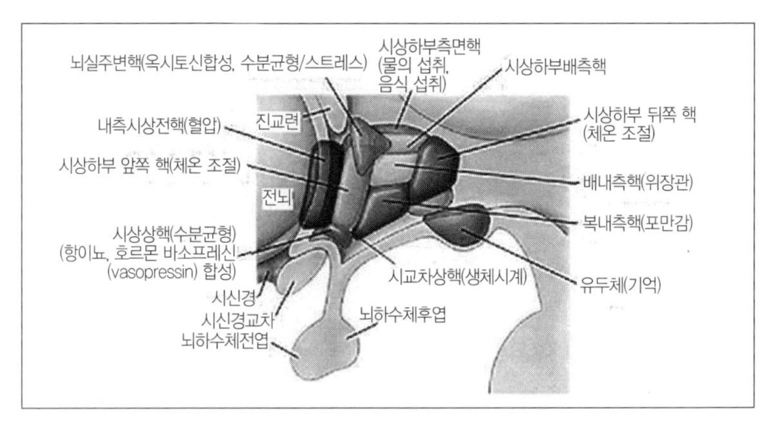

그림 S-14 시상하부의 여러 핵의 위치와 대략적 기능

유두체가 기억과 관련이 있는 부위로 밝혀졌다.

7. 뇌간

중뇌midbrain, 교뇌pons, 연수medulla를 통틀어 뇌간brain stem이라고 하는데그림 S-15 이들은 경계도 분명하지 않고 주로 척수와 뇌 사이를 연결하는 축색다발들이 교차하면서 통과하는 통로이며 중간중간에 두개신경의 핵과 신경전달물질을 생산·전파하거나 각성에 관계된 신경핵 등 많은 신경핵이 산재한다. 이러한 신경핵들이 이들 영역의 두 개 이상에 걸쳐 있는 경우가 많아 하나씩 논하기보다 함께 설명하는 것이 좋다. 뇌간의 가장 큰 기능은 두개신경이나 척수에서 올라온 정보를 뇌 위에 있는 부위로 보내고 뇌 위로부터 지령을 두개신경이나 척수로 보내는 것이다. 또 뇌와 머리와 목 부분 간 정보를 전달하는 12개 두개신경의 핵은 대부분 교뇌와 연수 내에 있고 말초신경은 교뇌와 연수에서 출발해 머리 각 부분으로 향한다그림 S-17, 그림 S-18.

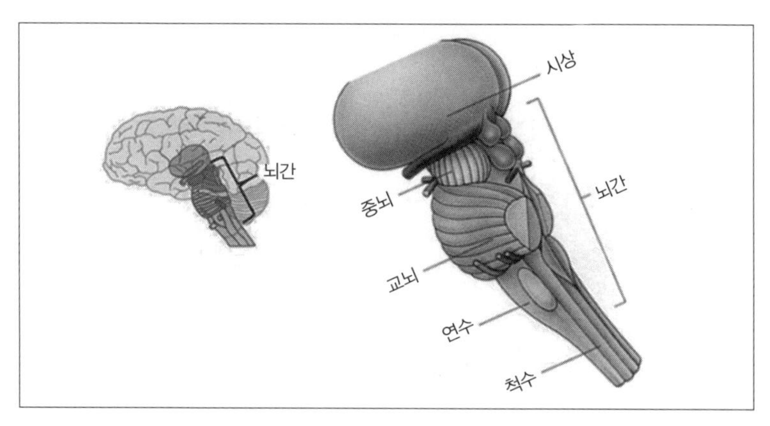

그림 S-15 뇌간의 위치(왼쪽)와 구조(오른쪽)

12개 두개신경은 대부분 주로 머리 부분*에 있는 많은 기관의 감각을 수용하거나 운동을 제어한다그림 S-18. 중뇌와 교뇌, 연수는 대뇌와 소뇌 척수의 사이에 위치해 척수에서 대뇌나 시상으로 올라가는 감각신경로, 대뇌에서 척수로 내려가는 운동신경로, 소뇌에서 대뇌 및 척수로 연결되는 신경로들이 통과하거나 교차하는 부위다. 그러한 신경로 사이에 앞에서 설명한 두개신경들과 신경전달물질을 생성해 대뇌와 기저핵 등으로 분배하는 많은 중요한 신경핵**들이 산재한 아주 복잡한 구조다그림 S-16. 특히 연수에서 척수피질로감각섬유의 축색다발과 피질척수로운동섬유의 축색다발이 대부분 좌우로 교차한다그림 S-19. 그래서 대체로 뇌의 오른쪽 부위는 신체의 왼쪽 부위를, 뇌의 왼쪽 부위는 신체의 오른쪽 부위를 담당한다. 즉 오른쪽 신체 감각은 왼쪽 뇌로 전달되고 왼쪽 신체 감각은 오른쪽 뇌로 전달된다. 또 뇌 오른쪽 부위는 신체 왼쪽 부위의 운동을 조절하고 뇌 왼쪽 부위는 신

* 미주신경은 내장과 심장, 폐, 기관지에도 관여한다.

** 신경세포체 집단.

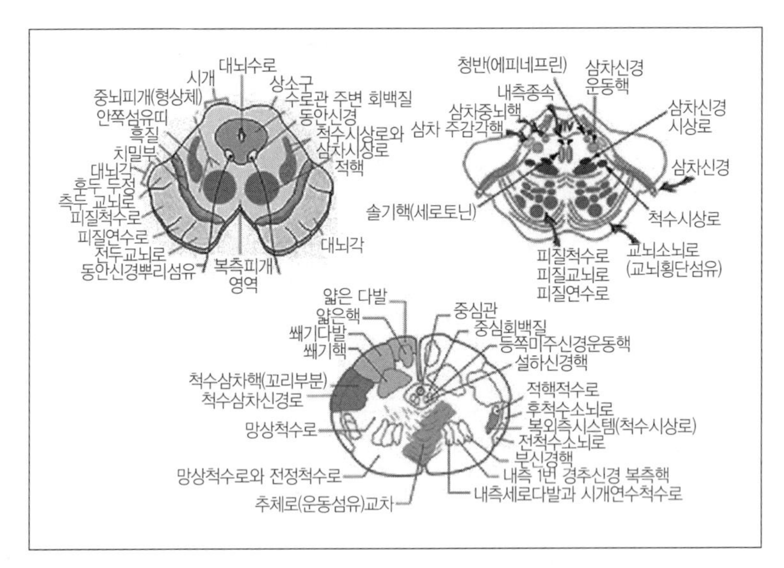

그림 S-16 뇌간 각 부위의 단면(각 부위에 포함된 신경핵과 지나는 신경로). 왼쪽 위: 중뇌단면, 오른쪽 위: 교뇌단면, 아래: 연수단면

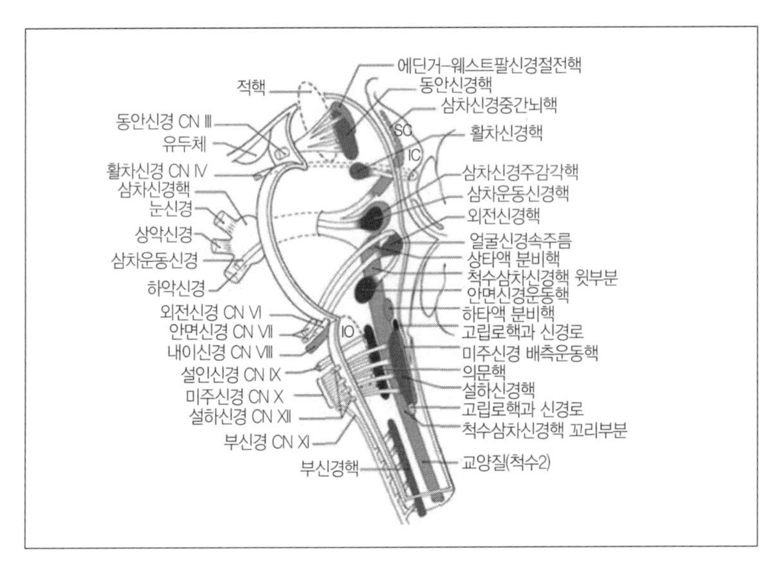

그림 S-17 뇌간 속 두개신경(뇌신경)핵의 위치와 그들 축색다발의 진로. IC: 하소구, IO: 하올리브, SC: 상소구(Carpenter MB, Human Neuroanatomy, 8th ed.)

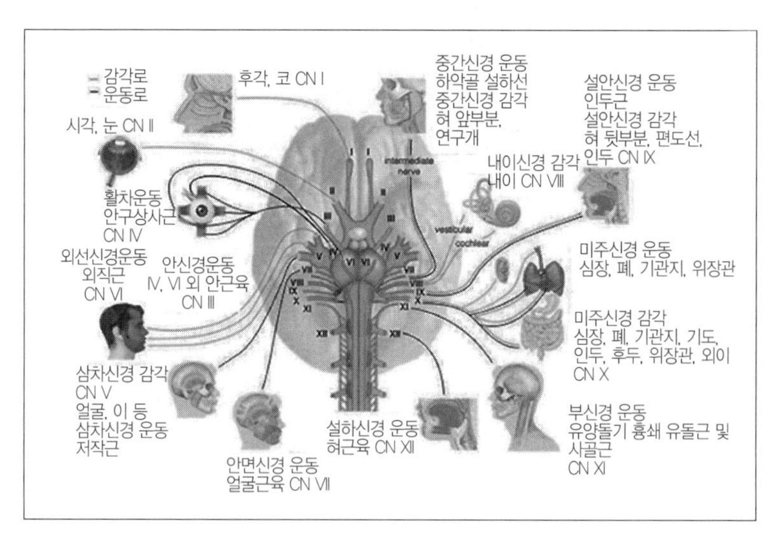

그림 S-18 뇌간에서 나온 10개를 포함한 12개 두개신경의 연결부위

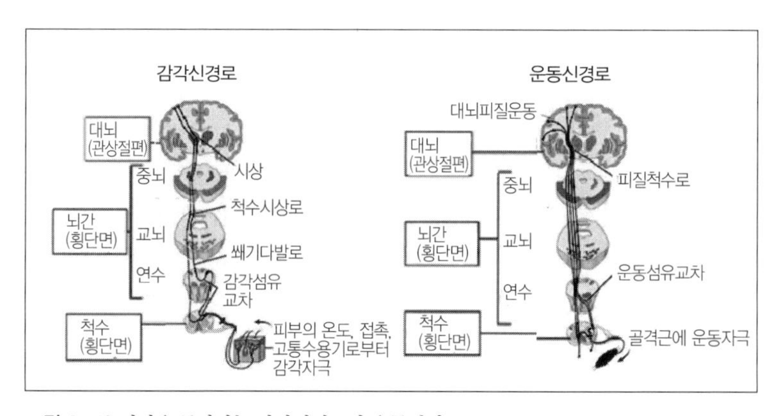

그림 S-19 뇌간을 통과하는 감각신경로와 운동신경로

체 오른쪽 부위의 운동을 조절한다. 그래서 오른쪽 뇌를 크게 다치면 몸 왼쪽이 마비되고 왼쪽 뇌가 상하면 몸 오른쪽이 마비된다.

두개신경 외에도 수많은 핵이 중뇌, 교뇌, 연수 세 구조에 걸쳐서 상하로 뻗어 있어 이들을 일일이 거론하고 그림으로 보여주는 것은 지면이 허락하지 않으므로 이들 중 중요한 핵만 살펴본다. 이들 세

구조를 관통하는 뇌간망상체reticular formation는 수많은 신경이 무질서하게 회로를 형성해 마치 망그물처럼 보인다 하여 이런 이름이 붙었다그림 S-20. 그것은 위로 시상판내핵과 연결되어 대뇌피질을 활성화해 의식의 각성에 기여한다. 또 계통발생적으로 가장 오래된 뇌 구조이며 고등동물의 기본기능을 관리하는 데 중요한 구조로 의식의 상태를 좌우하는 아주 중요한 구조다.

뇌간망상체가 조금만 손상되어도 의식은 사라진다. 뇌간망상체는 뇌의 감각과 관련된 각종 정보가 척수에서 대뇌로 올라가는 축색의 곁가지를 통해 들어오는 통로로 특히 뇌간과 시상을 연결한다. 주로 각성을 통제하고 주의집중력과 관련된 정보를 취사선택해 대뇌피질로 보내는 기능을 한다. 또 전뇌에서 척수로 가는 운동 관련 뉴런들의 축색 곁가지를 받아 감각과 운동의 조화를 이루도록 하는 역할도 한다. 뇌간망상체는 긴 막대 모양의 많은 핵으로 이루어져 있다. 그 중 가장 크고 중요한 세 개를 들면 신경전달물질인 세로토닌serotonin을 합성하고 통증완화에 중요한 역할을 하는 봉선핵솔기핵raphe nuclei, 운동의 조화에 연루되는 대세포망상핵gigantocellular reticular nuclei, 숨을 내쉬는 것을 조절하는 소세포 망상핵parvocellular reticular nuclei이 있다.

그밖에 뇌간의 중요한 부위는 〈그림 S-16〉과 〈그림 S-17〉에 나타나 있으며 상소구superior colliculus, 하소구inferior colliculus, 적핵red nucleus, 중뇌수로 주위 회백질periaqueductal gray, 청반locus coeruleus, 흑질substantia nigra 등이 있다.

상소구는 중뇌 상부에 있는 돌출부로 시각계의 일부다. 망막을 통해 들어온 시각정보는 시신경을 거쳐 이곳에 도착한 후 시상의 외측슬상체로 보내진다. 눈에 빛이 들어왔을 때 동공이 수축하거나 수정체의 두께를 조절하여 초점을 맞추는 것 등이 상소구의 기능이다. 하소구는 상소구 아래쪽에 위치해 주로 청각에 관여하며, 귀에서 들어

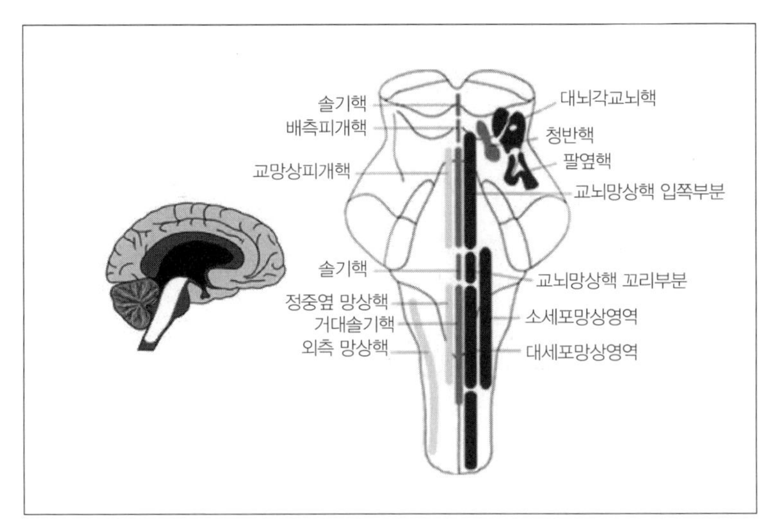

그림 S-20 뇌간망상체의 위치(왼쪽)와 그 주요 핵들(오른쪽)

온 정보는 하소구를 거쳐 시상내측슬상핵으로 간다. 적핵은 중뇌의 중간에 위치하며 해부할 때 보면 희미한 연분홍색을 띠어서 적핵이라고 불린다. 적핵은 감각운동계의 주요 구조다. 주로 소뇌의 정보를 받아 뇌의 상부로 올려 보내는 역할을 한다. 중뇌수로 주위 회백질은 중뇌수로 주변에 위치한 회백질로 진통과 방어행동에 관여한다. 또 감각신호를 더욱 강하게 또는 약하게 조절해 신체의 통증 감각을 조절한다.

청반locus coeruleus은 교뇌에 위치하며 스트레스와 공포의 생리학적 반응에 연루된다. 청반이라는 이름은 청반뉴런 속의 멜라닌과립이 푸른색을 띠어 붙여진 이름이다. 청반은 위기대응과 각성에 관여하는 주요 신경전달물질이기도 하고 호르몬으로 기능하기도 하는 노르에피네프린norepinephrine을 합성해 필요할 때 대뇌피질로 보낸다.

흑질은 중뇌에 위치하며 신경세포 내에 멜라닌 색소를 많이 함유해서 검게 보이는 구조물이다. 흑질은 예상되는 쾌감과 중독 및 동기에 관련 있는 아주 중요한 신경전달물질이며 신경호르몬이기도 한 도파민dopamine을 생산해 대뇌피질과 기저핵 등으로 보내는 불수의 운동과 관계있는 운동계의 일부다. 파킨슨병 환자는 멜라닌 색소를 함유한 신경세포가 없어져 흑질이 검은빛을 잃게 되며 흑질에 있는 도파민성 뉴런 대부분80% 이상이 사라진다.

8. 소뇌

소뇌cerebellum는 교橋 등쪽 제4뇌실에 들씌워져 있는 큰 구조로, 인간의 경우 가로 10cm, 세로 5cm, 높이 3cm, 무게는 150g 정도다. 소뇌 위쪽은 대뇌반구의 후두엽에 접해 있지만 거기에는 경막dura mater이 사이에 있어 두 부위를 구분한다. 이 막은 지붕처럼 소뇌를 덮고 있기 때문에 '소뇌 텐트'tentorium cerebelli라고도 한다. 소뇌는 양쪽으로 크게 부풀려 있는데, 이 부분을 '소뇌 반구'라고 하며, 좌우 소뇌 반구에 낀 가느다란 중앙부를 '충부'蟲部, vermis라고 한다. 충부와 소뇌 반구는 형태적으로는 연속해 있으나 그 기능은 완전히 다르다그림 S-21.

진화적 관점으로 보면 충부는 오래되어 '고古소뇌'paleocerebellum라고도 불린다. 1990년까지 소뇌 기능이 운동 시 정교한 동작의 조절로만 알려졌지만 이후 언어, 주의력 등의 새로운 기능이 밝혀졌다. 뇌 부위 간의 관계 연구에서 대뇌피질의 비운동 부위와 소뇌가 상호작용하는 것을 발견했으며, 운동능력과 관련이 없는 환자들에서 소뇌 손상이 확인되었다. 소뇌는 많은 수의 독립적 구조들로 구성되어 있고 그 구조들은 기하학적이고 규칙적으로 이루어져 있기 때문에 동일한 연산작용을 수행한다. 그래서 소뇌는 여러 가지 운동의 미세 동

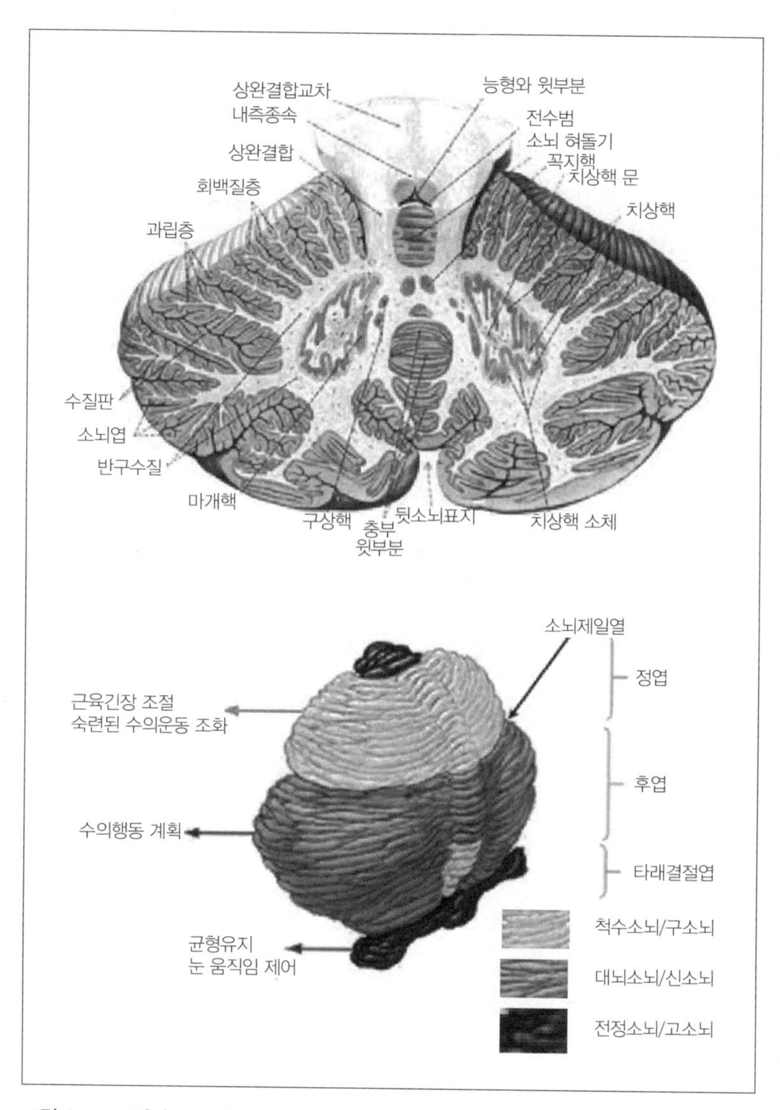

그림 S-21 소뇌의 구조와 기능. 위: 소뇌의 단면, 아래: 소뇌의 기능과 계통발생적 분류

작을 조절하기 위한 컴퓨터 역할을 한다.

소뇌는 또 뇌 여러 영역 중에서 단일기관으로 가장 많은 뉴런을 포함하고 있다. 뇌 전체에 총 1,000억 개의 뉴런이 있는데 그중 800억 개가 소뇌에 있고 200억 개가 시상피질계와 다른 부위에 있다. 뉴런이 엄청나게 많은 것은 소뇌를 이루는 많은 독립적 구조가 각기 특수한 연산작용을 수행하는 용량이 큰 컴퓨터와 같은 기구를 구성하기 위해 필요한 수많은 소자와 같은 역할을 하기 때문이라고 추정된다. 그러나 소뇌의 작용은 대부분 무의식적으로 행해지며 의식에 직접 영향을 미치지는 않는다. 대뇌는 좌우반구를 연결하는 뇌량과 각 영역을 연결하는 무수한 축색다발로 연결되어 전체가 상호 정보교환과 정보통합이 가능하도록 되어 광역작업공간 이론이나 통합된 정보이론에 의해 의식이 발생할 수 있다. 하지만 소뇌는 좌우반구를 연결하는 뇌량이 없고 수많은 독립된 영역으로 이루어져 있으면서 이들 영역을 상호연결하는 축색다발도 거의 없이 제각기 독립적으로 컴퓨터적 기능을 수행해 결과를 시상피질영역에 보내므로 그 자체는 정보를 통합할 능력이 없어 의식을 발현시키지 못한다. 실제로 소뇌를 뇌에서 제거한 동물이나 인간은 행동이 무척 어색하고 힘들지만 의식은 별로 영향을 받지 않는다.

9. 척수

척수脊髓는 33개 뼈마디가 사슬처럼 연결된 척추라는 튼튼한 보호막에 보호되어 웬만한 외부 충격으로부터 안전하다. 33개 뼈마디는 목뼈 7개, 등뼈 12개, 허리뼈 5개, 엉치뼈 5개, 꼬리뼈 4개로 구분된다 그림 S-22. 엉치뼈는 태어날 땐 5개지만 성인이 되면서 뼈가 하나로 합

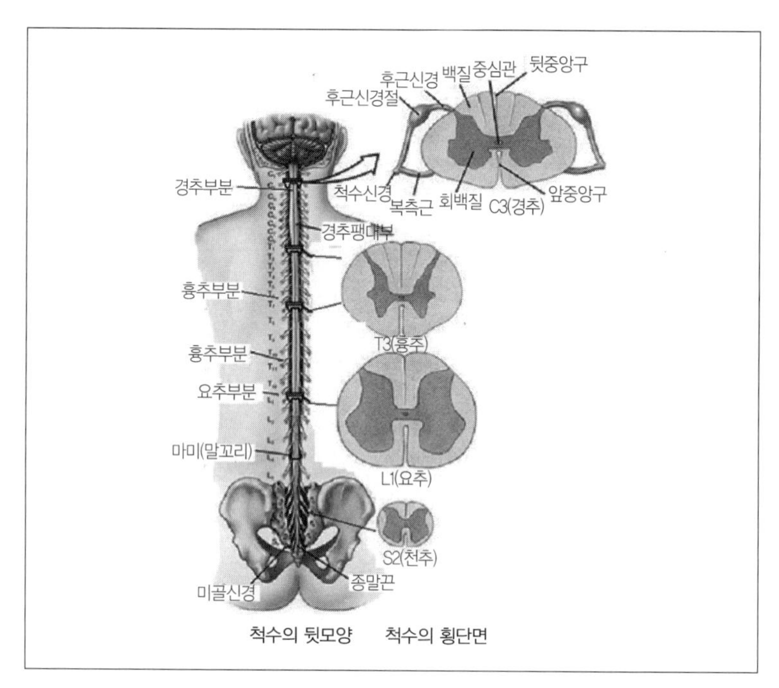

그림 S-22 척수의 수준별 단면

쳐진다. 꼬리뼈도 태어날 때는 4개지만 성인이 되면서 뼈가 하나로 합쳐진다. 척추뼈마디 사이에 완충을 위한 척추원판disk들이 있고, 척추뼈들 한가운데는 큰 구멍이 뚫려 있는데 이 구멍은 척추뼈마디가 모두 연결되어 있을 때 긴 통로 모양척추관이 되어 그 안에 있는 척수를 보호한다. 운동신경은 척수에 세포체가 있고 축색이 원반을 끼고 바깥으로 뻗고 감각신경은 척추 바로 바깥에서 척수로 축색종말을 뻗으면서 축색이 척추원판을 끼고 척추 안으로 들어간다.

척수는 뇌와 연결되어 있고, 척추 내에 위치하는 중추신경의 일부분으로 감각, 운동신경을 모두 포함한다. 뇌와 척수의 내부 구조에는 커다란 차이가 있으나 그 경계에서는 서서히 이행해가서 명확한 경계는 없다. 척수는 100만 개의 신경섬유축색로 구성되어 있는데 위쪽

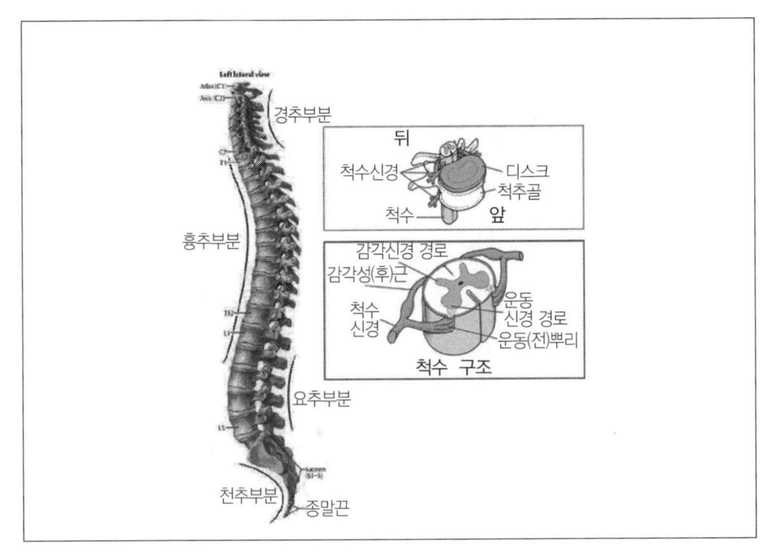

그림 S-23 측면에서 본 척추 각 부위의 위치(왼쪽)와 개별 척추 속에서 디스크의 위치와 중추신경(척수)과 말초신경(감각신경과 운동신경)의 연결구조(오른쪽)

부분^경추신경cervical nerve^은 호흡과 팔의 움직임을 조절하고, 중간과 아랫부분^흉추신경thoracic nerve, 요추신경lumbar nerve, 천골신경sacral nerve^은 몸통과 다리의 움직임, 성기능을 조절한다. 이 신경들 중 뇌에서 근육으로 정보를 전달하는 것을 운동뉴런, 몸에서 뇌로 정보를 전달하는 것을 감각뉴런이라고 한다.

척수는 중추신경계통에서 가장 간단한 하위구조의 부분으로, 등뒤쪽의 말초신경을 통해 들어오는 신체 내외의 모든 변화에 대한 정보를 척수의 뒤쪽 감각신경다발을 통해 받아들여 상위 중추인 뇌로 보낸다. 또 뇌에서 이 정보를 분석·통합한 후 첫수의 배앞 쪽에 위치한 운동신경다발에서 척추를 나와 다시 말초신경을 통해 신체 각 부분에 전달하여 적절한 신체 반응과 정신활동까지도 할 수 있게 하는 전신의 흥분성 감각과 운동의 중개통로이며 척추로 구분되는 척수분절 수준에서 반사활동의 중추이기도 하다. 이때 감각관계 축색다발은 언제나 척수의 등[뒤] 쪽으로 들어가고 운동 관련 축색다발은 척수의 배[앞] 쪽에서 나오는 것은 척수기능 분리의 기본구조다[그림 S-23].

10. 교세포와 뉴런

이러한 뇌의 여러 기관은 기본적으로는 다른 신체조직과 똑같이 세포로 이루어져 있다. 그러나 뇌를 이루는 세포들의 모양이 아주 복잡하고 특이하다. 앞에서도 잠시 언급한 대로 뇌의 여러 기관은 뉴런[neuron신경세포]과 교세포[glia]라는 두 종류의 세포로 구성되어 있다. 이 두 세포는 신경과학과 의식에서 차지하는 비중이 절대적이므로 그 구조와 기능을 자세히 살펴볼 필요가 있다. 뉴런은 근본적으로 전기신호를 통해 각 기관 간 정보를 교환하거나 그 자체로 어느 정도 정보를 분석 · 처리하는 세포로 의식에서 가장 중요한 세포다. 교세포는 뉴런이 정상적으로 기능하도록 다양한 지원역할을 하는 세포다.

교세포

교세포의 모양은 그 역할이 그러하듯 매우 다양하다[그림 S-24]. 뇌의 교세포 수는 뉴런의 10배나 되며 신경계 여러 부위에서 아주 다양한 역할을 한다. 교세포 수가 이렇듯 엄청난 이유는 교세포가 뉴런을 위해 뇌 속에서 하는 일이 매우 다양하기 때문이다. 교세포는 신경계에 영양을 공급하고 혈관을 감싸서 뇌에 필요한 성분은 들어오도록 하고 좋지 않은 성분이 들어오는 것은 방지하는 혈뇌장벽을 만드는 내피세포를 지지한다[astrocyte성상세포]. 또 뉴런이 다른 뉴런과 전기적 혼선을 일으키지 않도록 절연체 역할도 하고[중추신경: 희돌기교세포oligodendrocyte, 말초신경: 슈반세포Schwann cell], 뉴런들이 적당한 위치에

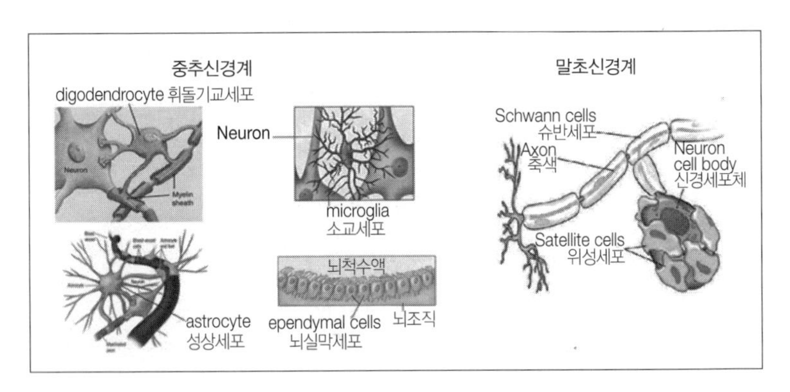

그림 S-24 여러 가지 교세포

서 흔들리지 않도록 뉴런들 사이에 연결 버팀목 역할을 하기도 하며oligodendrocyte, astrocyte, 말초신경 세포체를 둘러싸서 교감신경절의 미세환경을 제어하기도 하고satellite cells위성세포, 뇌실막을 이루어 뇌척수액을 생산하고 뉴런재생을 위한 비축기지로 기능하기도 하며ependymal cells뇌실막세포, 뇌 속의 대식세포로 중추신경계의 중요한 면역 방어와 죽은 세포나 사용이 끝난 신경전달물질을 청소하기도 한다microglia소교세포. 그림 S-24.

신경과학을 다룰 때 주로 뉴런이 주인공이 되고 교세포는 극히 적게 언급된다. 그러나 교세포는 매우 중요하며 교세포에 이상이 생기면 정상적인 정신생활은 불가능하다. 최근 조현병schizophrenia, 인지기능장애cognitive disorder, 기분장애mood disorder 등의 정신장애는 교세포 손상 때문에 발생한다는 것이 밝혀지기도 했다Dehaene, 2014; 이경민, 2015. 또 교세포가 지능에 얼마나 중요한 역할을 하는지에 대한 단적인 예는 아인슈타인의 뇌를 사후 분석한 결과 뇌 크기는 보통 사람들과 유의한 차이가 없거나 오히려 적은 편에 속하나 교세포만은 다른 사람보다 훨씬 많았다는 사실이 있다. 그러나 아직은 교세포가 뉴런을 도와주는 것 외에 의식의 발현에 어떤 역할을 어떻게 하는지는 정확히 알려진 게 없다.

뉴런

뉴런의 기본구조와 연결방식은 〈그림 S-26〉과 같다. 얼핏 보아도 엄청나게 다양하며 복잡하다. 이러한 뉴런의 경이롭고 다양한 모양과 복잡한 연결을 최초로 발견한 사람은 스페인 신경과학자 카할Santiago Ramon y Cajal, 1852-1934이다. 그는 새롭게 개발된 염색법을 이용하여 뉴런의 세부구조를 지금 보아도 놀라울 정도로 현미경으로 면밀히 관찰·기록해 신경과학을 전공하는 학자들에게 많은 도움이 되고 있다. 신경세포 모양은 골지가 먼저 밝혔으나 '뉴런원리'Neuron Doctrine라는 이론으로 신경세포가 일반 세포와 마찬가지로 독자적인 구성요소로 독립된 세포라는 것을 밝힌 이는 카할이다Chia et al., 2013.

인간 뇌의 뉴런 수는 1,000억 개 정도라고 알려져 있다. 교세포 수는 뉴런 수의 10배를 넘으며 뉴런 하나가 다른 뉴런과 맺고 있는 연결시냅스 수는 뉴런 수의 1,000배를 넘는다. 뉴런도 세포이므로 보통 세포가 갖추어야 할 기본구조그림 S-25는 다 가지고 있다. 세포막과 유전자를 포함하는 핵과 에너지를 생산하는 미토콘드리아 등을 다른 세포와 똑같이 내포하고 있다. 그러나 〈그림 S-26〉에서 보다시피 보통 체세포가 갖지 않은 특이한 구조를 몇 가지 갖고 있다.

뉴런은 보통 크게 세 부분으로 나뉜다. 그것은 유전자를 포함하는 세포핵과 미토콘드리아와 다른 주요 세포 내 기관들을 포함하는 세포체와 수상돌기dendrite라는 다른 뉴런이나 감각수용기로부터 전기신호를 받는 세포체에 붙은 가지 모양 돌기와 보통 교세포로 된 절연체인 수초myelin sheath로 둘러싸여 다른 뉴런이나 효과기에 전기신호를 전달하는 축색axon이라는 긴 돌기로 이루어진다.

어떤 뉴런피라미드형 뉴런이나 소뇌의 푸르키니에purkinje세포의 수상돌기에는 가시돌기spine라는 주로 다른 세포의 축색종말synapse terminal과 흥분성 시냅스synapse를 이루는 조그만 돌기들이 무수히 나 있다그림 S-26. 가시돌기 하나하나가 모두 다른 뉴런의 축색종말과 시냅스를 이루는데 전전두엽의 피라미드세포는 이러한 가시돌기가 1만 개 이상인 것으로 추정된다. 전전두엽이 다른 많은 뇌 영역과 얼마나 복잡한 연결을 하는지를 단적으로 보여주는 사례다. 가시라는 이름이 붙어 있으나 실제 모양은 버섯처럼 생긴 돌기다. 축색은 보통 수초로 덮여 있고 다른 세포에 전기적 신호를 전달하는 통로 역할을 한다.

축색 끝에는 다른 뉴런에 신호를 주고받기 위한 구조인 시냅스 전반부를 이루는 축색종말이라는 작은 주머니가 있다. 축색종말은 활동전위가 도착하면 막이 열리고 신경전달물질을 시냅스간극으로 방출하기 위한 칼슘이온통로를 비롯한 여러 가지 복잡한 구조를 갖추고 있다. 마찬가지로 가시돌기를 비롯한 시냅스 후막에는 시냅스 간극으로 건너온 신경전달물질을 수용하기 위한 다양한 막 구조를 갖고 있다.

수초는 축색의 전기신호 전달을 신속하게 하기 위한 교세포로 된 구조다. 수상돌기, 세포체, 축색 등으로 이루어진 신경세포는 다른 세포와 같이 다양한 세포막 단백질과 세포외 액으로부터 영양을 공급받기 위한 구조 등을 가지고 있지만 보통 세포에 없는 특이한 막 구조가 몇 가지 있다. 막전위의 변화에 따른 이온의 이동과 활동전위의 전파를 위한 이온채널이나 신경전달물질이나 효소 등의 배위자* 에 의해 열리는 다양한 세포막 통로가 있다.

〈그림 S-27〉은 그러한 이온통로의 종류를 나타내고 〈그림 S-28〉은 그러한 이온통로의 실제 사례를 보여준다. 또한 시냅스를 형성하

* 세포 표면의 수용체와 결합하는 분자.

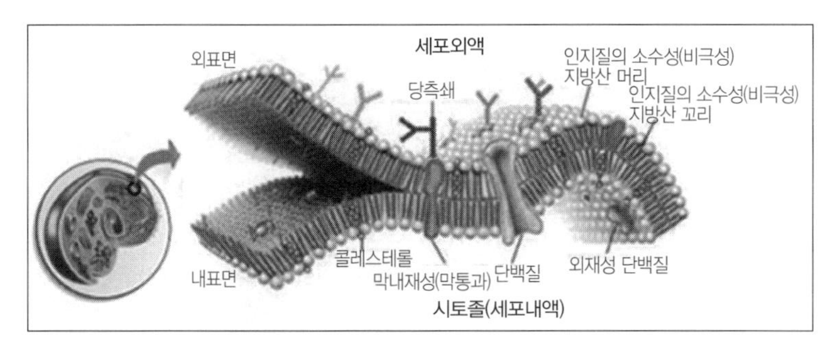

그림 S-25 보통 세포막의 구조

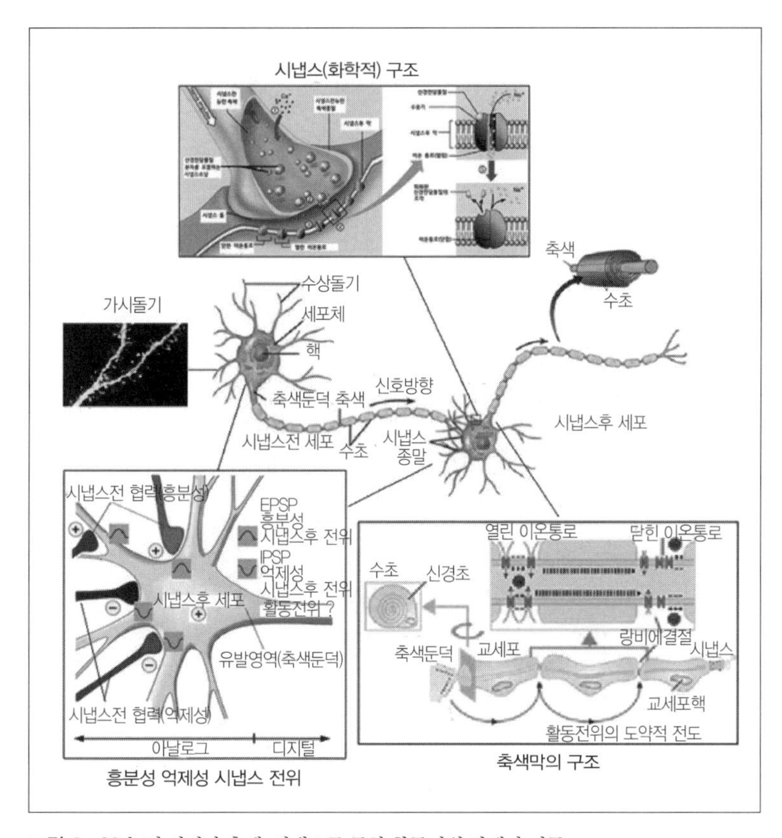

그림 S-26 뉴런 연결과 축색, 시냅스를 통한 활동전위 발생과 이동

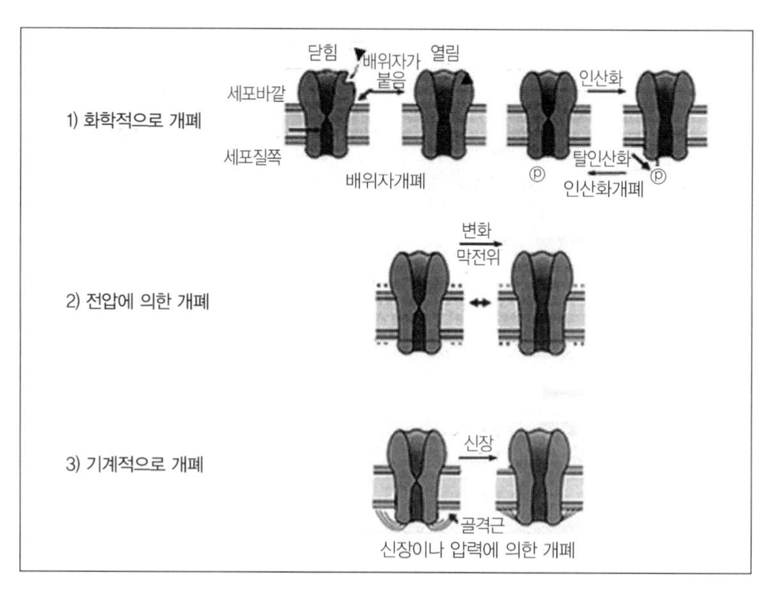

그림 S-27 신경세포막에 있는 이온통로의 세 기본 타입

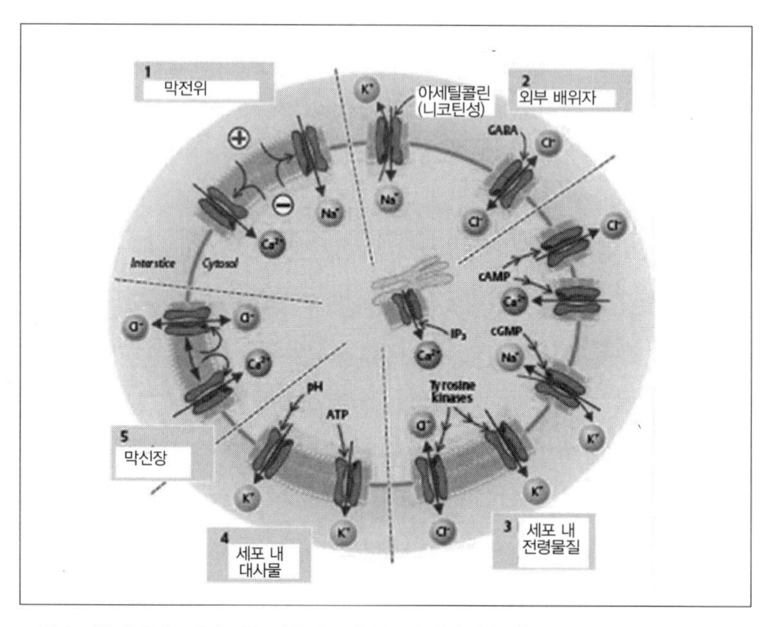

그림 S-28 신경세포막에 있는 이온통로의 종류별 실제 작용 예

기 위한 막 구조도 가지고 있다그림 S-26, 그림 S-27, 그림 S-28.

뉴런은 신체와 뇌의 의식적·무의식적 활동과 지각에 절대적으로 중요하며 전기적 신호전달에 의한 정보전달은 물론이고 정보 자체를 가공하기도 하는 의식발현에 필요 불가결한 요소다. 뉴런은 중추신경에 속하는 것과 말초신경에 속하는 것이 다소 다르나 기본 작동 원리는 같다.

앞에서도 언급했듯이 중추신경의 뉴런은 보통 성인이 되면 새로 생성되지 않으나 해마와 뇌실 주변 일부에서 새롭게 생성되는 것이 최근 밝혀졌다. 중추신경의 뉴런은 축색이 희돌기교세포oligodendrocyte라는 교세포로 둘러싸여 있고 거의 재생되지 않는 대신 말초신경의 뉴런은 축색이 슈반세포Schwann cell라는 교세포로 둘러싸여 있고 가벼운 상처를 입었을 때 재생이 가능하다.

뉴런은 그것의 돌기들 배열 모양에 따라 대략 네 종류로 크게 분류하나 그것이 속한 기관이나 그곳에서 용도에 따라 엄청나게 다양한 모양을 하고 있다그림 S-29. 축색의 길이도 이웃하는 뉴런끼리 연결되어 보이는 1mm 이하인 것에서 팔다리 끝의 감각수용기에서 척수까지 혹은 척수에서 먼 효과기에 이르는 1m 이상인 것까지 다양하다. 특히 피라미드뉴런과 같은 먼 영역과 연결하는 뉴런은 먼 영역과 연결하기 위한 긴 축색 외에 가까운 영역과 연결하기 위한 짧은 곁가지측부축색collateral axon를 내기도 한다. 긴 축색은 피질하로 내려가 백질을 이루지만 짧은 곁가지 축색은 세포체가 모여 있는 피질 내에서 가까운 뉴런끼리 접속에 이용된다.

망막의 아마크라인amacrine 세포처럼 축색이 없는 뉴런도 있다. 그 경우 수상돌기가 축색 역할을 겸한다. 뉴런이 전체로는 재생이 어려우나 살아 있는 뉴런의 축색과 수상돌기와 시냅스는 끊임없이 생성과 소멸을 계속한다. 많이 사용되는 부위는 이들의 수가 늘어나고 적게

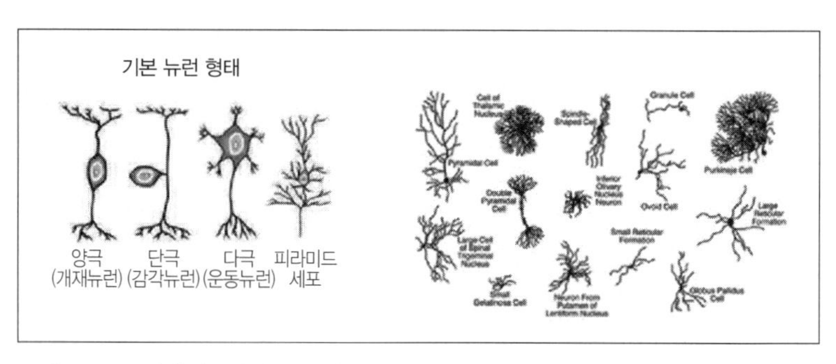

그림 S-29 뉴런의 기본적인 네 형태와 기관과 용도와 장소에 따른 다양한 변형의 예

사용되는 부위는 수가 줄어든다. 즉, 뉴런은 가소성*을 가지고 있다.

인간은 출생 후 2년 동안은 이러한 뉴런의 돌기[수상돌기와 축색]들이 급격히 늘어나 시냅스를 통한 엄청난 연결을 이루나 그 후 에너지 경제성과 효율성을 위해 차츰 사용하지 않는 시냅스를 비롯해 수상돌기나 축색은 소멸되고 자주 사용되는 것들만 남게 되는 정리기간을 갖는데 이러한 정리기간은 보통 소년기까지 계속된다. 그 후 다시 많이 사용되는 부위는 시냅스와 돌기들의 숫자가 늘어난다[그림 S-30]. 새로운 돌기나 시냅스를 생성하려면 뉴런의 세포핵의 DNA가 유전자의 개입으로 끊임없이 동원되어 RNA – 단백질-새로운 조직을 만들어내야 한다. 또 필요 없는 돌기나 시냅스는 돌기를 받쳐주던 액틴뼈대가 와해되거나 시냅스 내부에 있던 단백질복합체가 와해되면서 세포막으로 융합되어 소멸된다.

이것이 뇌의 신경회로와 생명이 없는 전자회로의 근본적 차이다. 축색도 수초를 가지고 있는 것과 수초가 없는 것으로 나뉜다. 수초는 주로 지방으로 이루어져 흰색을 띠며 축색을 보호하고 축색 전기가 방전되는 것을 방지하면서 전기신호의 전달속도를 엄청나게 증가시

* 가소성(plasticity): 경험에 의해 변하는 성질.

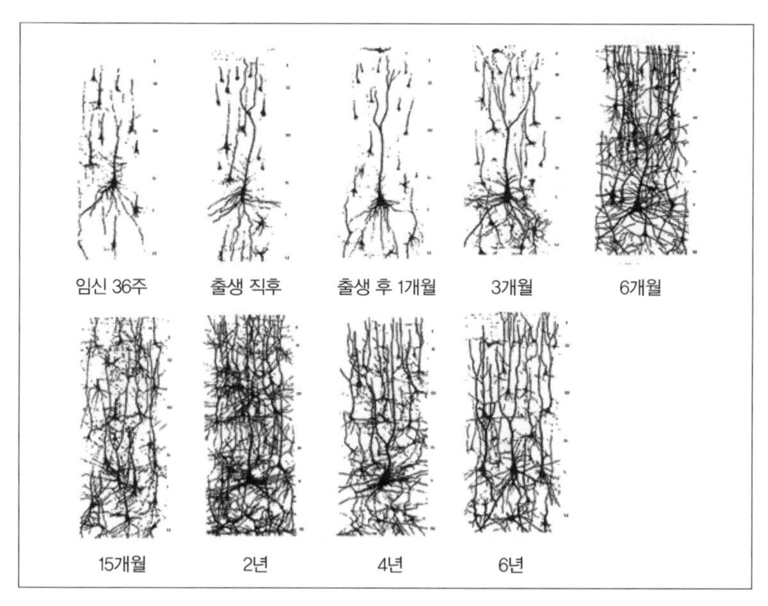

그림 S-30 운동피질 다리영역(BA4) 뉴런의 성장과 정비(골지염색). 위열 왼쪽에서 오른쪽으로 임신 8개월 만에 1개월 미숙인 채 태어난 유아. 출산 후 1개월, 3개월, 6개월. 아래 열 왼쪽에서 오른쪽으로 15개월, 2년, 4년, 6년. 맨 위 Betz세포의 수상돌기 끝부분은 모두 같은 정도로 잘려나갔다. 출생 후 2년째 최대로 되었다가 차츰 정비되면서 줄어든 것을 볼 수 있다(T. Rabinowicz, University of Lausanne).

킨다. 축색다발이 백질로 불리기도 하는 것은 축색을 감싸고 있는 지질단백질로 된 흰색 수초 때문이다. 보통 긴 축색은 수초로 덮여 있고 아주 짧은 축색은 수초가 없는 경우가 많다.

말초신경 중 자율신경절 세포의 축색은 수초가 없다. 아마도 자율신경계에서는 순간적인 정보전달을 요할 만큼 긴급한 사태가 거의 일어나지 않기 때문일 것이다. 수초는 척추동물에서도 신경기능의 진보적 진화가 상당히 이루어진 후 나타난 구조로 경골어로 진화된 뒤 비로소 나타났다. 오징어 같은 두족류는 수초가 없는 대신 전기신호전달 속도를 높이기 위해 축색의 지름을 크게 해서 생태계에 적응하고 있다.

뉴런의 미세구조와 작용기제

뉴런의 정보교환은 시냅스라는 특이한 구조를 통해 이루어진다. 시냅스는 뇌 속의 가장 미세한 구조이면서 동물의 의식과 기억에 절대적으로 중요한 의식의 발현에 가장 기본이 되는 구조다. 시냅스는 보통 정보를 전달해주는 뉴런시냅스전 뉴런의 축색 말단과 정보를 받는 뉴런시냅스후 뉴런 수상돌기나 세포체와 접점에서 형성된다. 시냅스는 전기적 시냅스와 화학적 시냅스 두 종류가 있다그림 S-31.

시냅스에는 흥분성 시냅스와 억제성 시냅스가 있다. 흥분성 시냅스는 양의 전위의 세포체에 모이는 전위의 크기를 크게 하고 억제성 시냅스는 세포체에 모이는 전위의 크기를 감소시킨다. 흥분성 시냅스를 가진 흥분성 세포의 대표적인 것은 피질의 피라미드세포로, 세포체 위아래로 뻗은 수상돌기들을 가지고 있고 이들을 통해 멀고 가까운 영역들과 수많은 연결을 이룬다. 가까운 영역들과는 축색의 곁가지를 통해 흥분성 신경전달물질인 글루타민산염glutamate을 방출해 흥분을 주고받는다. 피라미드세포는 먼 영역에 정보를 전달하는 중요한 수단이다. 억제성 시냅스를 가진 억제성 뉴런은 대부분 가까운 이웃과 정보를 주고받는 개재뉴런인데 바구니세포basket cell, 샹들리에세포chandelier cell, 이중꽃다발세포double bouquet cell 등 종류가 아주 많고 다양하며 각기 독특한 방법으로 주위의 뉴런들을 억제시킨다. 그중 대표적인 것이 피질의 모든 층에서 발견되는 바구니세포로 그들의 축색종말을 통해 억제성 신경전달물질인 감마아미노부트릭산GABA을 방출한다.

보통 흥분성 세포는 수상돌기에 가시돌기가 있지만 억제성 세포에는 가시돌기가 없다. 한 뉴런은 다른 뉴런과 보통 10-10,000개의 시냅스 연결을 갖는다. 축색과 시냅스를 통해 전기신호가 전달되는 방법은 매우 특이하다. 의식에서 중요한 것은 화학적 시냅스인데 앞 뉴

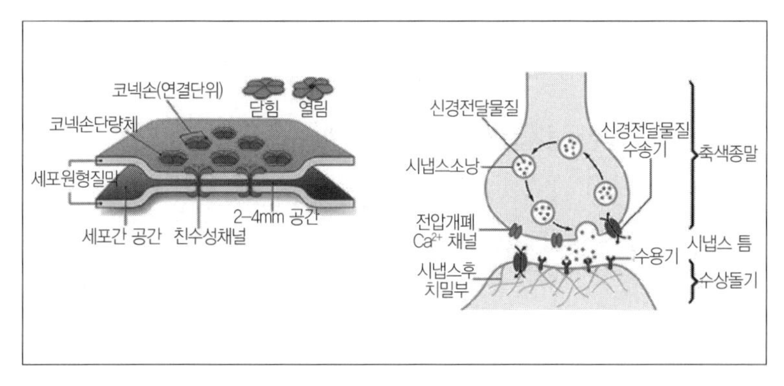

그림 S−31 전기적 시냅스(왼쪽)와 화학적 시냅스(오른쪽)의 기본구조 비교

런의 축색종말과 뒤 뉴런의 수상돌기나 세포체 연결부위에 있는 매우 복잡한 구조의 시냅스를 통해 정보가 전달된다. 앞 뉴런의 축색종말에 활동전위가 도달하면 신경전달물질을 내포한 소낭이 세포막에 붙으면서 세포막이 열리고 신경전달물질이 시냅스 틈을 건너 뒤 뉴런의 막에 있는 이온통로에 붙으면서 시냅스 전위를 발생시키고 그 전위는 세포체로 전달되어 다른 곳에서 온 전위와 합쳐져 축색둔덕으로 가고 그 전위의 합이 역치를 넘으면 축색을 타고 흐르는 활동전위가 다시 발생한다[그림 S-26].

신경전달물질이 시냅스후 세포막을 탈분극시켜 전위를 오르게 하는 시냅스는 흥분성 시냅스이며 이때 신경전달물질은 흥분성 신경전달물질이다. 반대로 신경전달물질이 시냅스 후막을 과분극시켜 전위를 내리게 하는 시냅스는 억제성 시냅스이며 그 신경전달물질은 억제성 신경전달물질이다. 시냅스에 의해 전달되는 정보는 단순한 전위나 전류만이 아니라 활동전위의 파장과 진동수, 진폭 등의 변화에 내포된 것 같으나 그 정확한 메커니즘은 아직도 거의 밝혀진 것이 없다.

전기적 시냅스는 비교적 간단한데 한 세포의 막전위가 나트륨이온채널이 열리면서 올라가면 세포간 접속부위에 있는 연결통로gap junction의 구멍이 열리면서 그것을 통해 시냅스 앞 세포와 시냅스 뒤 세포 간 세포질이 연결되며 세포질 속 나트륨이나 칼슘 등의 작은 분자들이 이동하며 세포질을 매개로 한 전류를 발생시켜 앞 세포의 활동전위가 뒤 세포의 활동전위를 유발한다. 전기적 시냅스의 전기신호는 보통 전기처럼 발원지에서 멀어질수록 서서히 약해지면서 양방향으로 전파된다.

일반적으로 원시적인 비척추동물은 전기적 시냅스가 상대적으로 많고 척추동물은 화학적 시냅스가 많다. 그러나 환형동물의 일종인 플라나리아는 비척추동물임에도 예외적으로 화학적 시냅스가 많다. 시냅스는 단순한 전기신호 전달만 하는 것은 아니다. 시냅스는 장기간 사용되지 않으면 소멸하고 자주 사용되면 강화되거나 개수가 늘어나기도 한다.

시냅스 후막에는 이온통로와 신경전달물질 수용기 외에도 미세기구가 많다. 이러한 시냅스 후막과 그 속을 시냅스후 치밀부postsynaptic density라고 하며 그곳에는 500여 종류의 다양한 단백질이 단백질복합체라는 복잡한 미세구조를 이루고 있다. 거기서 유전자에 의한 DNA의 작동을 통한 새로운 단백질의 합성과 활동전위나 신경전달물질에 의한 이온통로의 개폐에 따른 세포막의 다양한 변화를 포함하는 엄청나게 복잡한 작용이 이루어지고 있다그림 S-32.

이처럼 복잡한 시냅스의 미세구조는 인간의 의식적 활동으로 끊임없이 변한다. 시냅스의 복잡한 생성기제와 구조 속에 기억이 내장되는 것으로 현대 의식과학은 추론하고 있다. 아직은 정확한 메커니즘이 밝혀지지 않았지만 그러한 추론을 가능하게 하는 가장 큰 생리학적 근거는 기억의 가변성에 상응하는 시냅스의 가소성이다.

비록 인공지능이 고도로 발달해서 환경이나 자극에 대한 융통성이

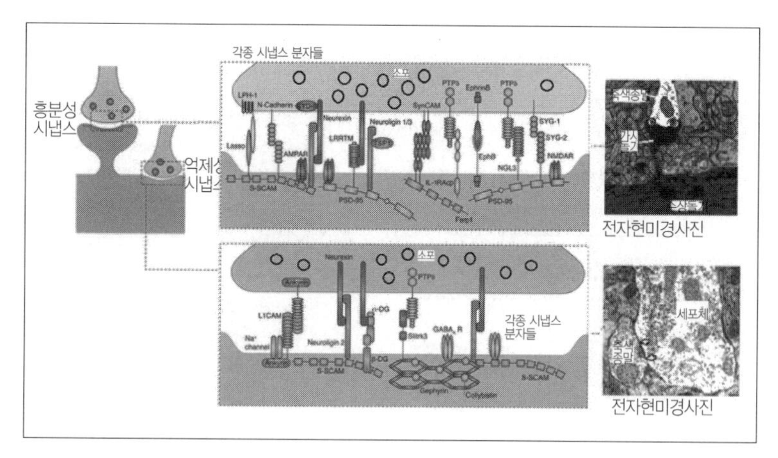

그림 S-32 화학적 시냅스의 대략적인 미세구조(그림에 표시된 것 외에 500여 종의 단백질이 시냅스 전후 구조 속에 존재한다)*

대단한 첨단재료를 사용한 컴퓨터를 내장한 로봇이 등장한다 해도 결코 인간과 같은 기억이나 의식을 발현하는 것은 불가능할 것이다. 그것은 인공적으로 한번 제작된 로봇은 어떠한 로봇의 작동에도 내부구조를 인간의 뇌처럼 순간순간 변화시킬 수 있는 가소성을 부여하는 것이 불가능하기 때문이다. 이것이 로봇의 내장 하드웨어, 소프트웨어가 인간의 뇌를 영원히 초월하지 못하는 원인이 될 것이다. 이렇게 개별 뉴런의 미세구조를 감안할 때 개별 뉴런이 의식에 어떤 식으로든 기여하는 것은 틀림없으며 그것이 시냅스의 구조와 거기서 활동하는 다양한 신경전달물질의 작용 메커니즘과 시냅스에서 발생하는 전기적 발화 패턴과 관계있는 것은 확실해 보인다.

전기신호는 보통 활동전위action potential 형태로 전달된다. 활동전위는 세포의 전기적 막 전위가 보통 -70mV에서 급속히 역치-55mV 이상으로 올라갔다가 떨어지는 몇 밀리 초라는 극히 짧은 시간 내에 일

* Chia et al., 2013.

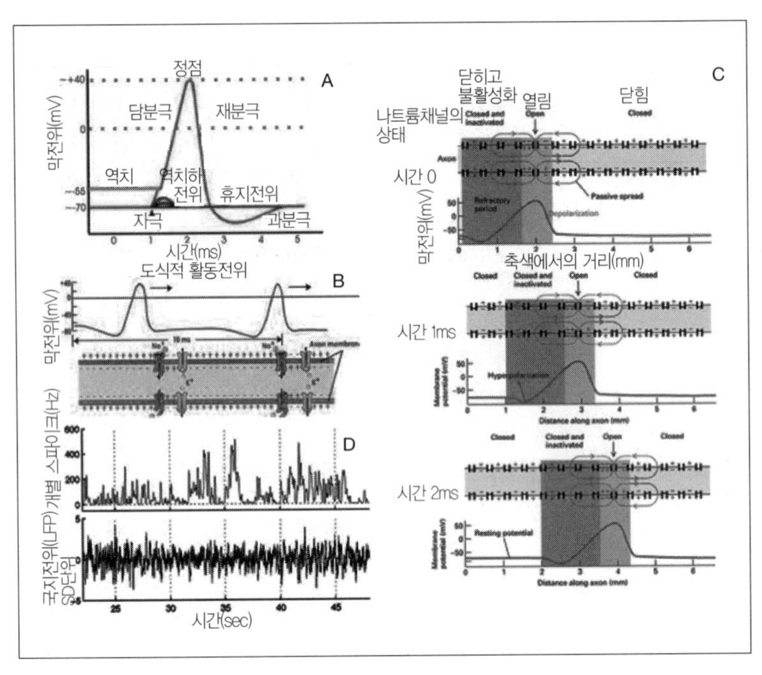

그림 S-33 활동전위의 발생과 전파원리. 역치보다 큰 전위(활동전위)가 발생하면 근처의 나트륨 이온채널이 열리고 거기서 다시 역치 이상의 전위가 발생하면서 다음 이온채널을 여는 식으로 전위가 전파된다. 그러한 과정이 막을 따라 한 방향으로 되풀이되면서 나아간다. A: 하나의 활동전위와 역치, B: 활동전위가 세포막의 한 이온채널에서 옆의 이온채널로 진행하는 메커니즘, C: 활동전위가 이웃하는 채널로 시간이 경과함에 따라 진행하는 메커니즘, D: 하나의 스파이크 열(spike train, 위)과 근방 세포들의 전위의 합으로 이루어진 국지 전위 열(local potential train, 아래)

어나는 사건으로 보통 한쪽 방향으로 반복해서 진행한다그림 S-33.

활동전위는 세포의 원형질막에 심어져 있는 특별한 타입의 전위의존성 이온통로voltage-gated ion channels, 보통 나트륨이온통로에 의해 발생한다. 전압이 변해 이온통로가 열려 나트륨이온이 세포 내로 들어가면 세포막의 전위가 순간적으로 급격히 올라가 역치threshold를 넘으면서 이웃 나트륨통로의 전위를 변화시키고 다시 그 통로에서 세포막의 전위가 역치를 넘어가는 식으로 계속 옆으로 진행된다. 이러한 현상을 활동전위의 전파라 한다. 이는 흥분세포라고 불리는 몇 종류의 동물세포에서 일어난다. 흥분세포에는 신경세포, 근육세포, 내분비세포 등이 있다.

활동전위는 세포간 정보교환에 결정적 역할을 한다. 화학적 시냅스에서 활동전위는 감각수용기 세포와 뉴런에서 세포체에 모여 세포체와 축색이 연결된 지점인 축색둔덕axon hillock으로 보내지는 전위의 크기*가 보통 역치를 초과하면 축색 끝에 있는 축색종말까지 세포막에 널리 퍼져 있는 전위의 변화에 의해 열리는 이온통로인 나트륨 이온채널을 통해 급속히 전파되고** 거기 축색종말에서 소낭vesicle 속에 있는 신경전달물질neurotransmitter을 방출시킨다그림 S-26. 신경전달물질은 흥분성이나 억제성을 가지고 시냅스후 뉴런에 영향을 미치며 정서와 생체활동에 중요하다. 또 뇌의 다양한 기능을 위해 대단히 중요한 물질로 동물의 종에 상관없이 거의 동일하며 종류도 매우 많다.

신경전달물질의 기능은 동물의 종에 따라 조금 차이가 있다. 예를 들면 척추동물에서 엔도르핀의 기능은 고통 완화와 관계가 있으나 절지동물의 한 분류인 곤충에서 엔도르핀의 기능은 고통 완화와는 상관없는 다른 생리적 기능인 것으로 알려졌다. 척추동물의 뇌에서 중요한 대표적 신경전달물질은 아세틸콜린acetylcoline, 도파민dopamine, 노르에피네프린norepinephrine, NE, 세로토닌serotonin, 글루타민산glutamate, 글리신glycine, 감마아미노부티르산γ-aminobutyric acid, GABA, 엔도르핀endolphins, 산화질소nitric oxide, NO 등이다.

신경전달물질의 제일 중요한 기능은 시냅스에서 수용기에 작용하

* 흥분성 시냅스의 합에서 억제성 시냅스의 합을 뺀 전위의 크기.
** 이때 세포체에 모인 전위의 크기가 역치보다 낮으면 전기신호는 축색둔덕을 넘지 못하며 따라서 활동전위를 만들지 못하고 소멸한다. 즉, 아날로그식이 아니고 디지털식으로 작동한다.

여 시냅스후 뉴런을 흥분시키거나 억제시키는 작용이다. 그러나 신경전달물질의 기능은 매우 다양하며 아직도 그러한 다양한 기능과 세부적 작용 메커니즘에 대한 이해는 아주 미흡하다. 신경전달물질의 대표적 기능을 몇 가지 예로 들면, 노르에피네프린은 각성과 주의집중에, 아세틸콜린은 각성과 기억연상에, 엔도르핀은 통증완화에, 세로토닌은 행복감에, 도파민은 의욕과 동기부여에 기여한다는 것 등이다. 이 중에서 특히 아세틸콜린은 말초에서부터 시상기저핵 대뇌피질 전반에 널리 사용되며 의식에서 가장 중요한 신경전달물질이다. 그러나 신경전달물질의 그러한 기능들이 어떻게 해서 발현되는지는 아직 완전히 이해되지 못하고 있다.

일부 신경전달물질은 호르몬으로 작용하기도 한다. 다양한 신경전달물질이 시냅스후 뉴런의 세포막에 있는 다양한 수용기에 붙어 생기는 뉴런의 발화는 전기신호의 전달이 주목적이다. 그러나 전기신호가 어떤 감각처리회로의 단계를 하나씩 올라갈 때마다 감각처리가 고차원으로 통합되는 것은 잘 알려진 사실이다. 고차원으로 통합은 단순한 전기 흐름만으로는 설명될 수 없다. 세포 내 다른 물질이나 소기관의 기능이 고차원으로 통합하는 데 기여하는 것은 틀림없으며 시냅스와 신경전달물질도 그러한 통합에 기여하는 것으로 생각된다.

단순히 전기만 발생시키기 위해서라면 그렇게 다양한 신경전달물질이 필요 없을 것이다. 흥분성, 억제성 두 종류의 신경전달물질만 있으면 충분하다. 개별 뉴런이 단순히 전기신호의 전달만 행하는 것이 아니며 개별 뉴런이 어떤 식으로든 의식에 관여한다는 증거는 특정한 장소를 지날 때 발화하는 해마의 장소세포나 특정한 인물을 보면 발화하는 편도체의 할머니세포나 클린턴세포 같은 세포가 존재한다는 사실로도 명백하다. 다만 이들이 단독으로는 아니고 소수의 주변 뉴런들과 함께 이들 특정한 자극에 발화한다.* 그러나 개별 뉴런들이 어떤 식으로 의식에 관여하는지 정확한 메커니즘은 아직 밝혀진 바 없다. 이것을 밝히는 것이 앞으로 신경과학이 해결해야 할 큰 과제 중 하나다.

뇌의 여러 영역에 있는 다른 뉴런들은 각기 다른 신경전달물질을 방출한다. 의식에 중요한 대뇌피질과 시상으로 신경전달물질을 투사하는 뇌 부위는 아세틸콜린을 생산하는 기저전뇌와 아세틸콜린, 세로토닌, 도파민, 노르아드레날린, 히스타민 등을 생산하는 중뇌망상체에 들어 있는 여러 신경핵을 비롯하여 뇌간중뇌, 교, 연수 여러 곳에 산발적으로 흩어져 있는 40여 개의 각종 신경핵들이다. 대뇌피질 외의 뇌 영역과 신체 각 기관에서도 필요에 따라 다양한 신경전달물질이 합성되어 이용된다.

거의 모든 중추신경계CNS 시냅스에서 빠른 시냅스 전달은 아미노산 계열인 글루타민산염, 감마-아미노부티르산gamma-aminobutyric acid, GABA, 글리신glycine에 의해 매개된다. 아민 계열인 아세틸콜린은 모든 신경근육 연접에서 빠른 시냅스 전달을 맡고 있다. 중추신경계와 말초신경계에서 느린 시냅스 전달도 세 계열아미노산계, 아민계, 아세틸콜린계에 속하는 신경전달물질들에 의해 주로 매개된다.

신경전달물질들은 각기 다른 방법으로 합성된다. 예를 들어 글루타민산과 글리신은 단백질을 만드는 아미노산이기 때문에 체내 모든 세포에 풍부하다. 반면 GABA나 아민 계열 물질들은 그것들을 방출하는 뉴런에서만 만들어진다. 그러므로 다른 뉴런과 다르게 이 뉴런들은 이들 신경전달물질을 합성하는 특정한 효소를 필요로 한다. 이 효소들은 세포체에서 만들어져 신경전달물질을 만드는 데 관여

* 이를 영어로 스파스 코딩(sparse coding)이라고 한다.

한다. 그렇게 만들어진 신경전달물질은 소포 속에 포장되어 축색 속 미세분자수송 고속도로 역할을 하는 미세소관microtubule이라는 구조를 타고 축색말단으로 수송된다. 일단 소포 속에 포장 수송된 신경전달물질들은 시냅스 소낭 안에 있다가 축색을 타고 온 활동전위가 시냅스전 뉴런의 시냅스 종말에 도착하면 소포가 소낭의 막과 융합되어 시냅스 간극 쪽으로 열리면서 시냅스 간극으로 방출된다. 신경전달물질은 그것을 받는 뉴런시냅스후 뉴런에 있는 수용기를 자극하는 물질로 자극 활동이 끝난 후에는 대부분 급속히 분해되어 시냅스 간극에서 그것을 방출한 뉴런시냅스전 뉴런으로 돌아간다.*

화학적 시냅스를 통한 활동전위전파 메커니즘을 요약하면 시냅스전 뉴런의 축색종말에 활동전위가 도착하면 축색종말의 소낭에 들어 있던 신경전달물질이 시냅스 간극으로 방출되고 방출된 신경전달물질은 시냅스 간극을 지나 시냅스후 뉴런의 이온채널에 있는 수용기에 붙게 된다. 그러면 이온채널이 열리면서 시냅스 전위가 발생하고 그것이 세포체로 가서 다른 시냅스 전위들과 합쳐져 그 합이 역치를 넘으면 다시 축색둔덕을 통과하는 활동전위가 발생해 축색을 통해 다음 뉴런으로 향해 간다. 이러한 방식으로 활동전위는 계속 뉴런에서 뉴런으로 전파된다그림 5-26.

운동뉴런의 경우 최종적으로는 효과기를 통해 근육이나 선을 작동하게 한다. 보통 축색은 교세포로 이루어진 절연체에 의해 꿰인 구슬처럼 싸여 있고 그 구슬들 사이에 랑비에결절node of Ranvier이라는 공간이 있어 활동전위의 전파속도를 높여준다.** 이러한 활동전위의 전파를 신경펄스nerve impulse 혹은 스파이크spike라고 한다. 시간적으로

* 어떤 신경전달물질은 재활용되지 않고 분해되어 대사에 재활용된다.

** 이러한 활동전위의 전파 메커니즘을 심도 있게 이해하기 원하는 독자는 전기생리학 기초서적을 참조하기 바란다.

연속된 신경펄스를 스파이크 열spike train이라고 한다. 뇌의 여러 기능을 맡고 있는 영역의 뉴런들이 자극에 의해 발하는 신경펄스는 고유한 진동수와 진폭을 갖고 있다. 신경펄스는 뉴런의 정보전달 수단이자 정보저장 수단이기도 하다.

시냅스와 신경펄스는 인간의 의식특히 기억, 무의식 모두에 절대적 영향력이 있는 것은 틀림없으나 그들의 의식에 작용하는 정확한 메커니즘은 아직도 대부분 수수께끼다. 뉴런은 보통 시냅스전 뉴런의 자극으로 발화하지만 스스로도 미세한 시냅스 전위를 발생시키면서 이들이 모여 스스로 신경펄스를 이루기도 하며 이들의 신경펄스도 고유한 진동수와 진폭을 가지고 있다. 이러한 자연발생적 신경펄스는 뇌의 여러 부위의 전위상태에 많은 영향을 미치며 의식에도 영향을 많이 미친다. 정서, 자유의지, 몽상 등의 내용을 사전에 어느 정도 결정하기도 한다. 특히 꿈은 뇌의 자연발생적 신경펄스가 의식을 만들어내는 대표적 예다.

꿈을 꿀 때 보통 외부자극은 모두 차단된다. 그럼에도 뇌의 의식과 관계된 여러 부위에서 발생한 자연발생적 신경펄스가 내용이 제멋대로인 의식꿈을 만드는 것이다. 의식의 발현이 뇌의 여러 영역의 뉴런들의 진폭이나 진동수가 다른 스파이크열의 위상통일과 공명 등의 조화로 이뤄지는 것은 확실한 것 같은데 그 세부적인 메커니즘이 너무나 복잡해 명확히 밝히는 것은 거의 불가능한 것처럼 보인다. 그러나 지금 많은 연구가 진행 중이며 머지않아 의식의 발현 메커니즘이 의식과학에 의해 어느 정도 밝혀질 날이 올 것으로 보인다.

뉴런의 연결과 커넥톰

뇌는 세포체가 모여 있는 부분과 그들을 상호연결하는 축색다발로 이루어진 부분이 뚜렷이 구분되는데 앞에서도 언급했듯이 세포체가

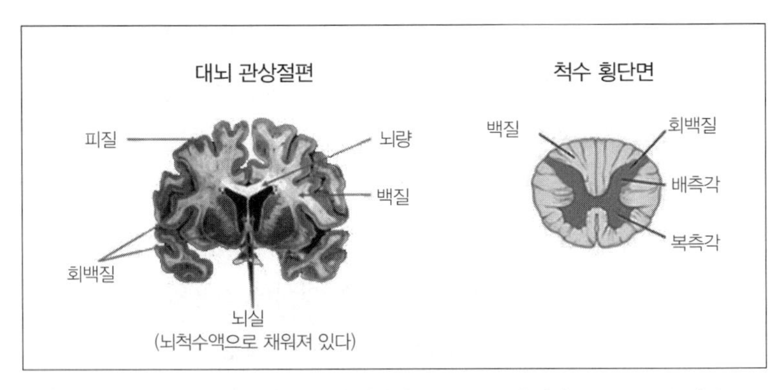

그림 S-34 대뇌(왼쪽)와 척수(오른쪽)의 회백질(grey matter)과 백질(white matter). 뇌량도 백질이다.

모여 있는 부분은 옅은 희색을 띠어 회백질gray matter이라 하고 축색다발로 이루어진 부분은 축색을 덮은 수초의 지방질이 많은 세포막 때문에 흰색을 띠어 백질white matter이라 한다. 대뇌피질과 피질 아래 여러 핵으로 이루어진 부분과 척수의 속은 회백질이고 대뇌피질 아래 감추어진 부분과 척수의 바깥 부분 및 척수와 대뇌피질을 잇는 뇌간 바깥 부분은 백질로 이루어져 있다그림 S-34.

백질은 여러 종류의 축색다발로 되어 있는데 다발을 이루는 형태와 자세에 따라 속fasciculus, 띠lemniscus, 교차chiasma, 교련commissure, 신경nerve, 다발bundle, 신경로tract, 방사radiation, 각peduncle, 완bachium 등 다양한 이름으로 불린다. 이들은 모두 뇌의 한 영역에서 다른 영역으로 혹은 영역들 상호 정보를 전달하는 통로다. 뇌의 모든 영역*은 이러한 다양한 축색다발로 상호연결되어 필요한 정보를 서로 주고받을 때 그들을 이용한다그림 S-35.

* 맨 위의 대뇌신피질에서 기저뇌, 변연계, 간뇌, 중뇌, 교뇌, 연수, 뒤끝의 소뇌, 아래 끝의 척수에 이르는 모든 영역.

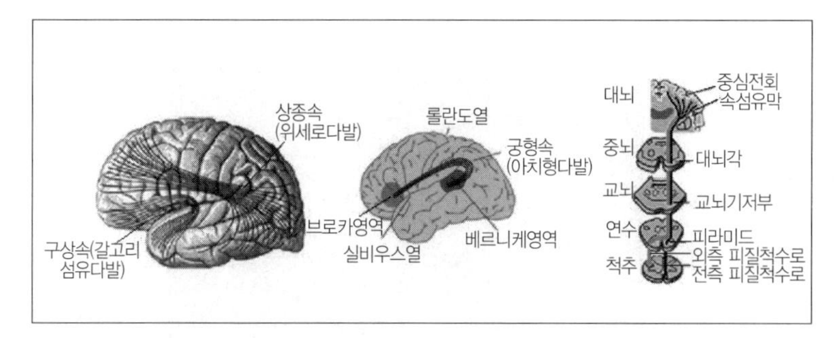

그림 S-35 뇌의 다른 영역들을 연결하는 축색다발의 예

대뇌의 좌우 반구를 연결하는 거대한 축색다발은 특별히 뇌량corpus callosum이라 부르고 뇌의 특별한 영역의 좌우를 연결하는 축색다발은 특별히 교련commissure이라 부른다. 뇌량도 교련의 하나다. 뇌에는 주로 좌우의 전두엽과 두정엽을 연결하는 뇌량을 포함한 다섯 개의 교련이 있다. 뇌량 외에 좌우 측두엽을 연결하는 앞교련, 좌우 해마를 연결하는 뇌궁교련, 좌우 고삐핵을 연결하는 고삐교련, 좌우 시개전핵을 연결하는 후교련이 있다.

이상에서 설명된 뉴런의 축색, 수상돌기, 가시돌기, 시냅스 등은 교세포의 도움과 보호를 받아 뉴런끼리 정보 전달과 교환을 위해 뉴런들이 길게 이어진 연결고리, 즉 신경회로를 만들기 위한 기본 하드웨어에 해당하고 이러한 회로들이 모여 신경망을 형성한다. 신경망이 존재하는 이유는 뇌 전체를 통한 정보 공유에 있다. 광역작업공간 이론에 따르면 의식은 이러한 신경회로와 신경망에 의한 뇌 전체를 통한 정보 공유에서 생긴다.

신경망은 보통 뉴런의 세포체들이 모여 있는 핵들과 이들을 잇는 축색다발이 거미줄처럼 얽혀서 이루어지는데 일정한 크기의 노드와 연결섬유로 평면적 구조로 이루어진 거미줄과 다르게 신경망은 크고 작은 노드*들이 입체적 연결망을 이루고 있다. 많은 영역과 연결

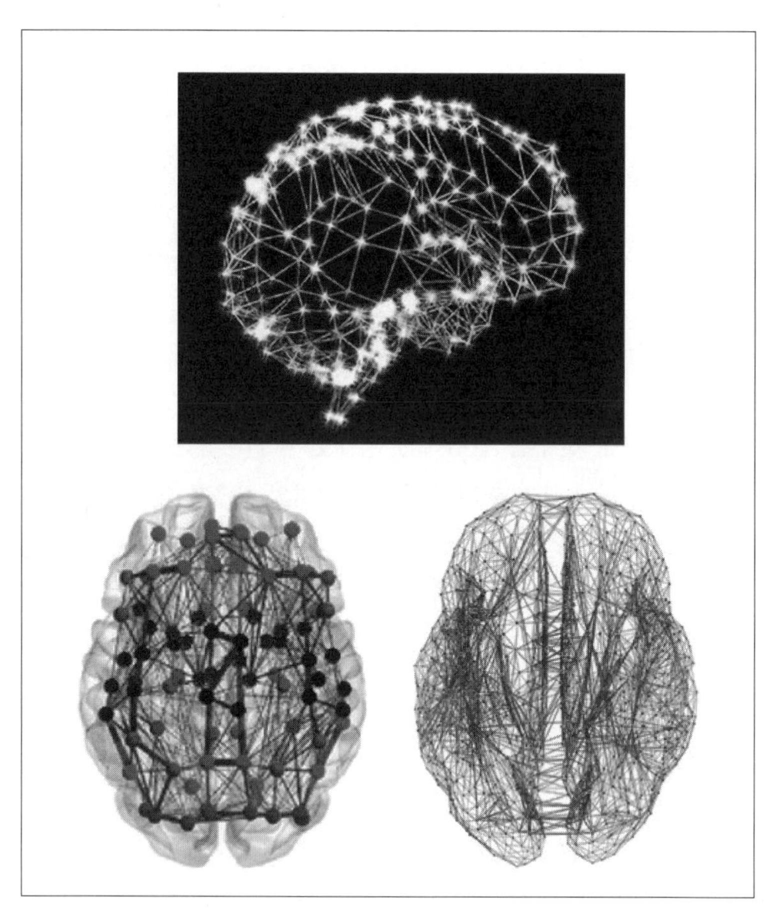

그림 S-36 컴퓨터로 흉내낸 인간 뇌 신경망(커넥톰connectome). 위: 입체적 표현, 중요핵을 위주로 한 커넥톰. 노드(node, 중요 신경핵, 빛나는 부분)들을 에지(edge, 축색다발, 선)들이 이어주고 있다. 아래 왼쪽: 큰 세포집단을 모듈(노드)로 했을 때, 아래 오른쪽: 작은 세포집단을 모듈(노드)로 했을 때.

을 이룬 큰 노드들을 허브 노드라고 부른다. 이러한 전체 뇌의 총체적 연결망을 커넥톰connectome이라 부르기도 한다. 인간 뇌의 주요 핵

---

* 노드(node): 기능단위의 신경핵, 보통 큰 기능단위는 영어로 뉴클리어스(nucleus), 작은 기능단위는 영어로 모듈(module)이라고 한다.

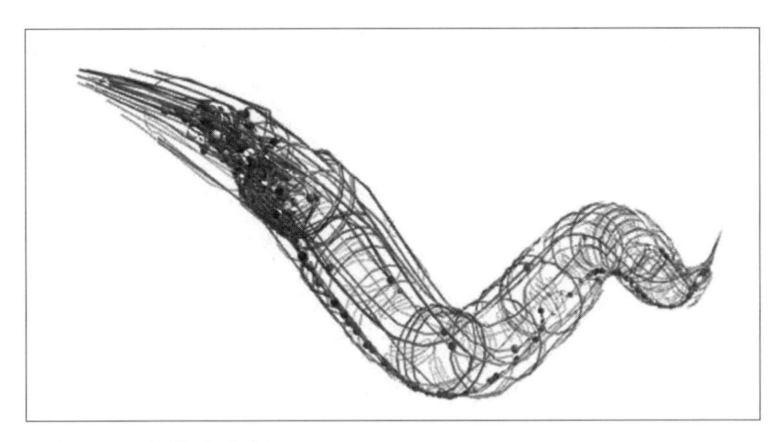

그림 S-37 꼬마선충의 커넥톰

을 노드로 한 커넥톰은 많은 과학자가 만들어 활용하고 있다[그림 S-36].

인간의 주요 핵을 대상으로 한 것이 아닌 모든 뉴런을 아우르는 커넥톰은 상상을 초월할 정도로 너무 복잡해서 현재의 컴퓨터 기술로는 해독하기 어려울 것 같다. 비록 해독한다 하더라도 복잡한 회로를 도식으로 표현하는 데는 엄청난 공간이 필요하여 불가능할 것이다. 겨우 302개 신경세포를 갖는 예쁜꼬마선충의 전 신경에 대한 커넥톰을 1980년 케임브리지대학에서 일하던 화이트John White가 수작업으로 해독했고, 비슷한 일을 2011년 새로운 기법을 통해 해독했을 뿐이다[그림 S-37]. 그것도 엄청나게 복잡해 보인다. 그 3억 배가 넘는 1,000억 개의 신경세포를 가진 인간의 커넥톰을 상상해보라!

11. 감각수용기와 운동효과기

중추신경과 말초신경에 의해 외부 환경과 신체 내부로부터 오는 자극을 감지하고 운동지령을 내려 행동이나 내분비 등을 일으키기 위해서는 절대 필요한 구조가 있다. 환경과 체내에서 오는 자극을 감지해 그 정보를 중추신경에 전달하려면 감각수용기라는 구조가 필요하다. 감각수용기에서 받은 자극이 감각신경과 시상을 통해 대뇌의 여러 감각피질로 전달되어 현상의식이 된다. 시각을 위해서는 눈에 있는 감각수용기, 청각을 위해서는 귀에 있는 감각수용기, 체감각을 위해서는 피부에 있는 감각수용기, 내장고통을 위해서는 내장에 있는 감각수용기 등 다양한 감각을 감지하기 위해 필요한 수용기가 각 감각기관에 붙어 있어 외부자극과 신체내부의 변화에 대한 정보가 말초신경감각뉴런과 중개핵들을 거쳐 중추신경이 감각을 지각하는 것을 가능하게 한다그림 S-38.

감각수용기는 각 종류양태의 물리적 자극의 세기를 전류의 세기로 바꾸어 감각신경에 전달한다. 시각수용기는 빛광파을 전류로, 청각수용기는 소리음파를 전류로, 후각수용기는 냄새화학분자의 자극를 전류로, 촉각수용기는 압력을 전류로 전환하여 감각뉴런에 전달한다. 이러한 외수용기뿐만 아니라 내수용기도 압력이나 화학적 자극이 전류로 전환되어 감각뉴런을 통해 대뇌피질로 전달된다. 즉 모든 감각수용기의 정보전달 수단은 전류이며 이러한 전류가 여러 뉴런단계를 거쳐 대뇌피질에 도달되면 거기서 관련 감각에 관련된 신경회로에 있는 뉴런들의 동시적인 전기적 발화로 감각의식이 발현된다.

이밖에도 근육과 건에 있는 수용기나 전정기관이나 내장에 있는 수용기그림 S-39 등 여러 가지가 있으나 대부분 의식을 발현하지 않고 무의식적으로 작용하는 수용기다. 그러나 정서의식의 발현에는 간접적으로 영향을 미친다. 내장기관은 그 자체로 감각수용기를 통해 통각을 전달하기도 하지만 신체 다른 부위의 수용기를 통해 간접적으로 통각을 전달하기도 한다. 아마도 그러한 신체부위의 척수를 통과하는 감각신경로가 같은 높이의 척수를 통과하는 내장기관의 감

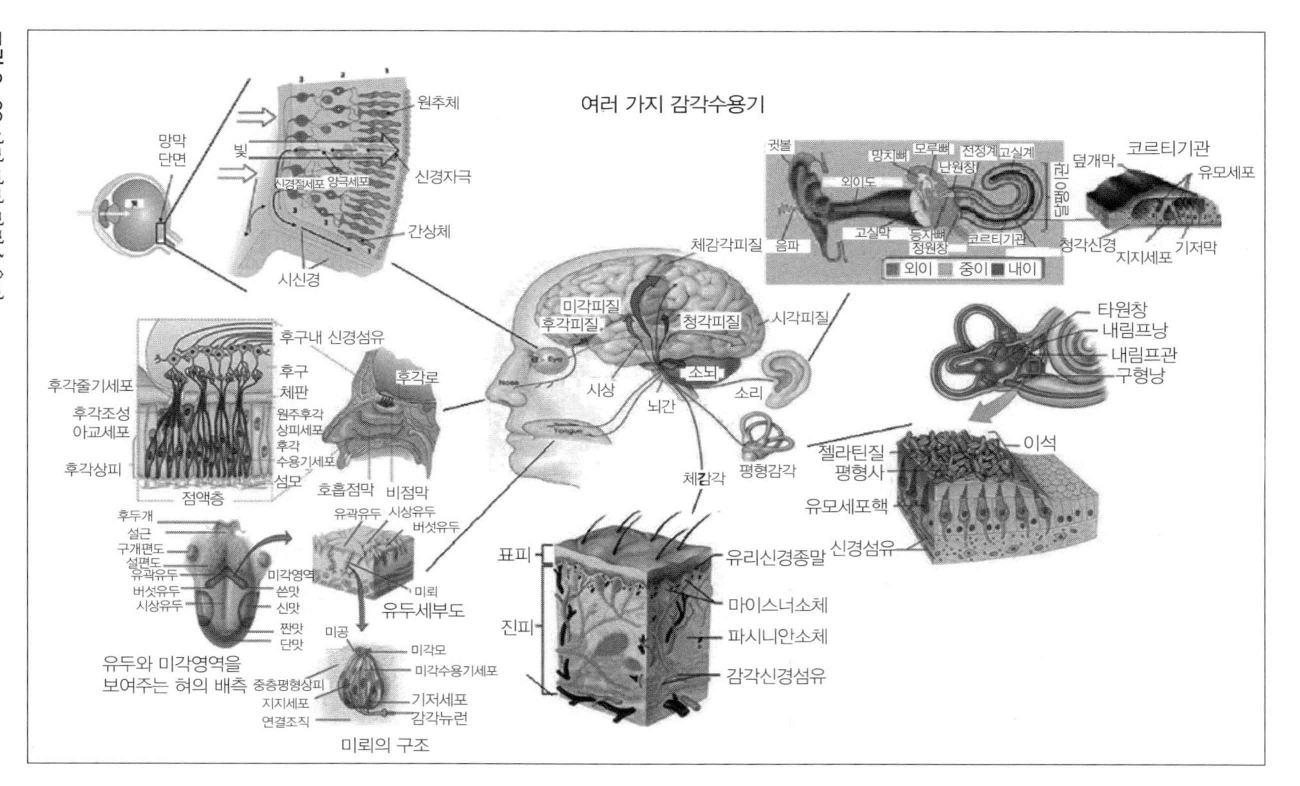

그림 S-38 여러 가지 감각수용기

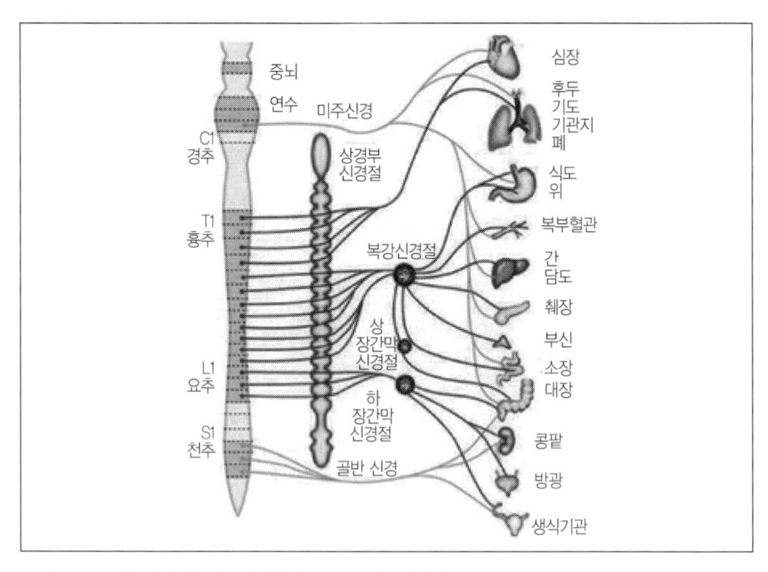

그림 S-39 여러 가지 내장감각수용기 위치와 신경경로

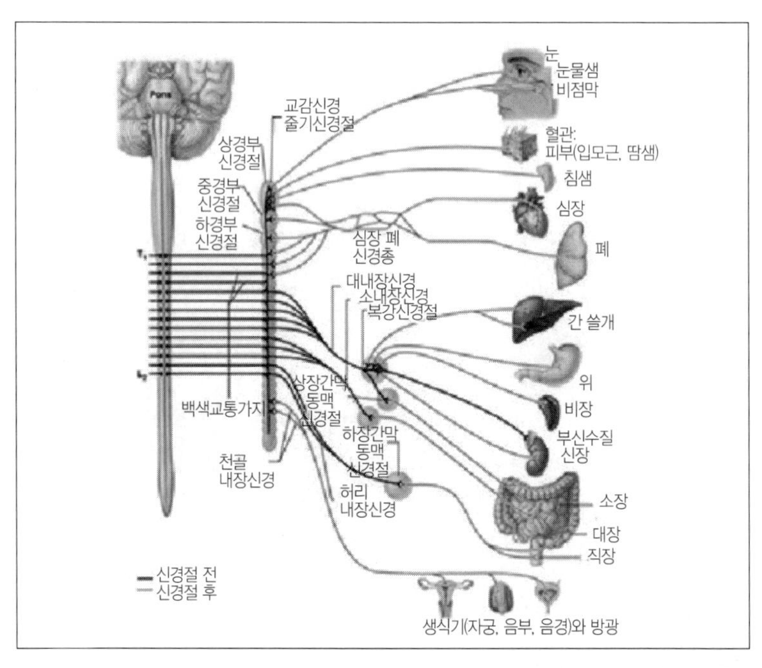

그림 S-40 여러 가지 내분비효과기와 신경경로

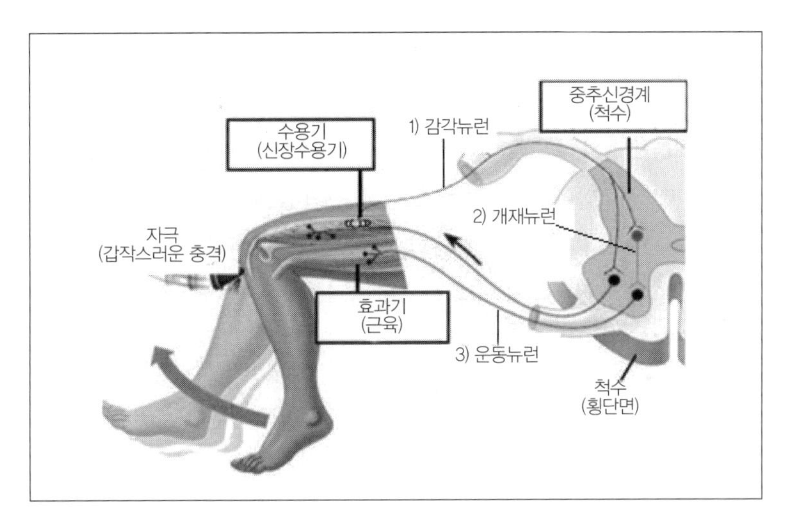

그림 S-41 근육에 있는 감각수용기(sense receptor)와 운동효과기(motor effector)의 작동에 의한 척수수준의 반사

각신경로에 인접해서 그러한 현상이 일어나는 것 같다. 이것을 관련통이라 한다. 간은 그 자체는 통각을 전달하지 못하고 그 위에 위치하는 복부 피부를 통해 간접적으로 통각을 전달한다.

운동이나 내분비 등을 위해서는 효과기라는 기관이 필요하다. 효과기는 중추신경에서 전달되는 지령이 신경전달의 최말단에서 집행되기 위해 필요하다. 운동을 위해서는 각종 근육에 있는 운동효과기, 내분비를 위해서는 신체의 각 내분비기관에 있는 내분비효과기가 있어 운동과 내분비를 가능하게 한다그림 S-40, 그림 S-41.

이들 수용기와 효과기는 종류도 다양하지만 그 작용 메커니즘도 생각보다 매우 복잡하다. 이들은 의식발현에 매우 중요하고 특히 감각수용기는 현상의식 발현에 없어서는 안 되는 중요한 기관이다. 특수한 경우가 있는데 수용기의 감각정보가 뇌까지 가지 않고 척수 수준에서 운동 효과기와 연결되어 무의식적·순간적으로 작동하는 신경회로도 있다. 바로 척수반사회로다그림 S-41. 여기서는 의식의 발현을 이해하는 데 도움이 될 정도의 대략적인 것만 예로 들었다. 깊은 이해를 원하는 독자들은 생리학 전문서적을 참조하기 바란다.

의식의 발현 장소는 중추신경계, 그중에서도 대뇌피질이 주역을 담당하지만 그밖에 중추신경계와 말초신경계뿐만 아니라 최말단의 감각수용기와 운동 및 내분비효과기까지 모든 것이 거대한 하향feedback, 상향feedforward회로를 형성하면서 의식의 발현에 직간접으로 관여한다. 이처럼 많은 종류의 신경기관은 다양한 상호작용을 통해 의식의 내용을 한없이 풍부하게 만든다.

살아 있는 자의 영혼, 의식의 신비를 마치며

• 에필로그

고희가 다 된 나이에 뇌과학 박사학위를 취득하고 난 후 오랫동안 흥미와 관심을 가지고 사고해온 의식이라는 주제에 관해 나름대로의 생각을 정리해왔다. 이런 결과를 영혼과 의식에 관심 있는 분들과 후학들에게 남기고 싶은 생각이 들어 원고를 시작한 지 벌써 5년이 흘렀다. 의식이라는 주제가 워낙 광범한 학문들과 관련이 있고 쉽게 결론이 날 수 없는 많은 논쟁적인 이슈를 포함하고 있어서 원고를 쓰다가 마음에 들지 않아 지우고 다시 시작하기를 수차례 거듭하다가 미흡하나마 이번에 탈고를 하게 되었다.

그간 많은 저명한 세계 석학들의 저서와 논문들을 탐독하면서 의식이라는 주제가 참으로 어려운 주제라는 것을 깨닫고 능력의 한계를 느끼면서 저술을 포기하고 싶은 생각도 여러 번 들었다. 그러나 친구나 지인들이나 스승님들과 대화를 나눠본 결과 의식이라는 주제에 대해 생각보다 의외로 많은 사람이 관심을 가지고 있다는 것을 깨닫고 용기를 얻어 저술을 끝낼 수 있었다.

이 책을 쓰면서 참으로 많은 석학의 저술과 논문에서 영감을 받았다. 그중에서도 특히 나에게 많은 영감을 준 대표적인 석학들을 들면 철학자 존 설John Searle, 대니얼 데닛Daniel Dennett, 데이비드 차머스David Chalmers, 김재권Jaekwon, Kim, 패트리샤 처칠랜드Patricia Churchland와 뇌와 의식관련 과학자 스타니슬라스 데헤네Stanislas Dehaene, 에릭 캔들Eric Kandel, 안티 레본수오Antti Revonsuo, 토드 페인버그Todd Feinberg, 존 말라트Jon Mallatt, 프랜시스 크릭Francis Crick, 크리스토프 코흐Christof Koch, 도날드 그리핀Donald Griffin, 데렉 덴턴Derek Denton, 자크 판크세프Jaak Panksepp, 안토니오 다마시오Antonio Damasio, 제럴드 에덜먼Gerald Edelman, 줄리오 토노니Giulio Tononi, 게오르크 스트리에드트Georg Striedter, 로버트 쿤젠돌프Robert Kunzendorf, 막스 베네트Max Bennett, 로돌포 라이나스 Rodolfo Llinás, 기오르기 부즈사키György Buzsáki, 와일더 펜필드Wilder Penfield, 저술가 수잔 블랙모어Susan Blackmore, 바바라 해거티Barbara Hagerty 등이다.

이들의 저술과 논문제목을 일일이 들기에는 너무 많아 지면이 부족하여 유감이다. 이 책을 쓰면서 많은 메모와 기억에 의존하다 보니 미처 원전을 밝히지 못한 구절이 있을 것이다. 그곳은 대부분 위의 석학들의 저술내용이었을 가능성이 많다. 그들에게 이 자리를 빌려 감사의 인사를 드린다.

서울대학교 뇌과학 협동과정에서 석박사과정을 수료하는 데 많은 격려와 지도를 아끼지 않으시고 이 책의 출판도 격려해주신 서울대학교 임상심리학 최진영 교수님과 대구 경북과학기술원 대학원 김경진 석좌교수님에게 이 자리를 빌려 심심한 감사를 드린다. 원고를 최초로 검토해주신 서울대학교 임상심리학 랩의 곽세열 박사과정에게도 감사를 드린다.

어려운 출판계 여건 속에서도 이 책의 출판을 격려해주신 한길사 김언호 사장님과 원고검토를 비롯해 많은 조언을 해준 백은숙 편집주간님을 비롯한 한길사 직원들에게도 감사를 드린다.

마지막으로 건강하지 못한 몸으로 오랜 세월에 걸쳐 뇌과학 석·박사학위 취득과 이 책을 저술하는 동안 성공의 기도와 뒷바라지를 해 준 아내 노명희에게 진심으로 감사의 마음을 전한다.

2020년 2월
마포에서
김재익

용어해설

가소성 plasticity 만지거나 사용하면 모양이나 구조가 변하는 물질의 성질

가시돌기 neural spine 피라미드뉴런이나 해마뉴런의 수상돌기에 다른 뉴런의 축색종말과 시냅스를 형성하기 위해 돋아 있는 버섯 모양 돌기

각회 angular gyrus 뇌의 하두정엽에 속하는 영역으로 시각, 청각, 체감각, 전정감각 등 다양한 감각이 연합되는 영역이다. 꿈과 비유적 언어, 유체이탈 등에 연루되며 인간 이외의 다른 동물에서는 거의 확인되지 않은 영역

간상체 rods 눈의 망막에 있는 빛의 명암을 구별하는 광수용기세포

간뇌 diencephalon 전뇌의 뒷부분으로 시상, 시상하부, 시상상부(송과체 포함)로 이루어져 있다.

감각운동이론 sensorimotor theory 감각질을 설명할 때 전통적인 내적 표상모델을 부정하고 감각자극이 지각자의 활동에 의존하는 방식에서 규칙성인 감각운동의존 패턴을 강조하는 철학적 이론

감각질 qualia 현상적 경험의 가장 간단한 성분

강한 창발적 유물론 strong emergent materialism 창발적 유물론에 대해서 잘 이해한다고 하더라도 왜 높은 수준의 현상(의식)이 낮은 수준(뇌)에서 창발하는지는 영원히 알 수 없다는 철학이론

개재뉴런 interneurons 감각뉴런, 운동뉴런 혹은 다른 개재뉴런들을 서로 연결해 흥분을 억제하거나 조화시키면서 신경계 내에서 다양한 정보를 처리하

는 뉴런

개체발생 ontogeny 어떤 개체의 탄생과 성장

겉질(대뇌겉질) pallium 발생 중이거나 원시 척추동물의 뇌의 겉껍질(즉 피질)

게르스트만증후군 Gerstmann syndrome 주로 좌측 두정엽 부위의 손상으로 실서증, 산수학습불능, 손가락인식불능, 좌우구별혼란 등의 증상을 보이는 복합적인 인지장애

게슈탈트 심리학 Gestalt psychology 의식적 지각의 전체적 성질을 강조하는 독일의 순수 심리학

결합문제 binding problem 의식적 지각 특히 시지각에서 지각되는 대상의 여러 다른 특징이 뇌에서 어떻게 통일된 지각을 이루기 위해 결합되느냐를 설명하는 문제

겹눈 compound eyes 벌이나 다른 곤충들의 다수의 육면체 홑눈hexagonal(six-sided) facets이 빈틈없이 모여 붙어 이루어진 두 개의 큰 눈

경두개 자기자극법 transcranial magnetic stimulation, TMS 간단한 자기 충격파를 두개골을 통하여 특정피질영역에 전파함으로써 정상적인 피질기능을 일시적으로 방해하는 장치를 사용해 그 영역의 기능을 조사하는 방법

계산주의 computationalism → 기능주의

계층구조 hierarchy 여러 단계를 거치는 구조. 동물의 신경계는 감각처리든 운동지령이든 모두 계층구조로 이루어져 있다.

계통발생 phylogeny 종, 속, 과 같은 어떤 분류군의 진화역사

계통수 phylogenetic tree(dendrogram) 생물이 진화의 결과 여러 종이나 분류군 사이에서 나타나는 외형적·유전적 특징의 유사성과 차이를 기준으로 친소 관계를 나타낸 나뭇가지 모양의 도형

고리 신경계 ring-like nervous system 강장동물 중 해파리, 극피동물 중 하나인 불가사리 등에서 볼 수 있는 신경계. 머리 부분에 많은 신경세포가 모인 신경절이라고 하는 중추가 있으며, 두 가닥의 뉴런 다발이 몸의 축과 나란하게 달리고 있고 그 뉴런의 다발을 연결하는 다른 뉴런이 가로로 고리 모양을 이루며 달리는 신경계

고유수용기감각 proprioception sense 신체 내부의 감각으로 사지의 위치, 방향, 운동을 감지하는 감각

고전적 조건화 classical conditioning 파블로프가 최초로 체계적으로 연구한 것으로 반응조건화라고도 한다. 고전적 조건화에서 학습은 반응 전에 일어난 경험으로부터 결과하는 불수의적 반응을 가리킨다. 고전적 조건화는 두 다른 자극을 연합하기를 배울 때 일어나고 어떤 행동도 연루되지 않는다. 첫 자극은 무조건적 자극이고 사전학습 없이도 반응을 일으키는데 이러한 반응을 무조건적 반응이라고 한다.

고정증후군 locked-in syndrome 장금증후군이나 락트인 신드롬으로도 불린다. 교뇌나 중뇌의 앞부분이 손상되어 말도 못하고 목 아래는 전신마비 상태이지만 의식이 있고 정신활동도 정상인 희귀질환

골상학 phrenology 뇌의 특정부위에 어떤 인간의 심리적 특성을 발현한다고 믿고 사람의 두개골을 특정하여 그 사람의 심리적 특성을 파악하려 했던 1880년대 초의 뇌-마음 이론

교감신경계 sympathetic nervous system 몸이 위험한 상황에 처할 때 맥박 증가, 혈압 상승, 소화 억제 등으로 대처하게 하는 신경계로 이른바 싸움-도주 반응flight-or-fight response에 주도적 역할을 한다.

교뇌 pons 교라고도 한다. 뇌간에서 중뇌와 연수 사이에 위치하여 뇌의 상하를 연결하는 각종 축색다발이 다리처럼 전뇌를 받치고 있어 교뇌라고 불리게 되었다. 두개신경핵과 망상체를 비롯한 많은 감각, 운동신경핵들이 흩어져 있다.

교련 commissure 좌우 뇌반구의 특정영역을 연결해주는 신경(축색다발)

관상신경계 tubular nervous system 원색동물이나 척추동물의 집중신경계. 개체발생 시에 신경관에서부터 신경이 발생하기 시작한다.

광박편형광현미경 light sheet fluorescence microscopy, LSFM 기존 현미경보다 높은 광해상도와 몇 나노미터 차원의 얇은 절편분석이 가능한 편광현미경. 얇은 견본박막에 수직으로 조명된다.

구조주의 structuralism 티치너가 주창한 의식의 원자적 이론. 의식은 더 복잡한 정신내용을 형성하기 위해 결합되는 단순한 요소로 이루어졌다는 이론

궁상속 arcuate fasciculus 실비우스열을 끼고 전두엽과 측두엽을 통과하는 신경(축색)다발. 언어에 관계된 여러 영역을 연결한다.

극피동물 echinoderms 바다에 사는 한 동물문으로 몸체가 보통 방사대칭형으로

이루어져 있고 성게, 불가사리, 해삼 등이 속한다.

근전도 electromyography 근육과 그들을 제어하는 운동신경의 건강을 조사하는 진단에 쓰이는 어떤 전기적 현상의 척도

글루타메이트 glutamate 글루타민산염으로 흥분성 신경전달물질

기계적 감각수용기 mechanoreceptors 신체의 물리적 변형을 감지하는 것으로 넓은 의미의 촉각과 운동감각을 감지하는 수용기. 촉각, 압각, 진동, 근육신장 등을 감지한다.

기능성자기공명장치 functional magnetic resonance imaging, fMRI 큰 자장을 이용해 뇌의 혈중 산소농도의 변화를 측정하여 여러 인지과제 동안 뉴런이 활성화되는 영역을 조사하는 장치

기능주의 functionalism 계산주의computationalism라고도 한다. 마음은 컴퓨터 프로그램처럼 기능이나 입력-출력관계로 이루어지며 뇌 프로그램이 실행되는 기계나 하드웨어라고 보는 마음의 철학이론. 기능은 여러 가지 하드웨어로 발현될 수 있다고 보며 따라서 의식도 뇌가 아닌 로봇과 같은 다른 하드웨어에 의해 발현될 수 있다고 본다.

기억상실(건망증) amnesia 자신의 개인적 사건인 일화(자서전적)기억을 잘 못하는 증상

기저핵 basal ganglia 전뇌의 일부로 대뇌피질 아래 큰 신경핵집단. 미상핵, 패핵, 창백핵으로 이루어져 있으며 전두엽과 시상 등과 많은 연결을 이루고 주로 초기 수의운동과 절차기억과 관계된 무의식적 운동에 관계된다. 손상시 파킨슨병과 같은 수의운동과 학습된 행동의 장애를 초래한다.

기저 전구세포 basal progenitor cells 줄기세포에서 분화의 유사분열단계에서 아래에 위치한 전 단계 세포

깃세포 choanocyte 해면동물의 편모실 벽에 있는 편모세포. 편모의 기부基部를 원형질이 변화한 깃이 둘러싸고 있다.

내수용기 interoceptors 신체 내부 체온, 혈압, 나트륨 농도, 포도당 농도, 내부기관의 삼투압이나 고통 등 신체 내의 사건이나 정상으로부터 이탈을 탐지하는 감각수용기

네안데르탈인 Neanderthals 40만 년 전에서 4만 년 전까지 유럽과 아시아에서 살았던 우리의 가장 가까운 호모속. 넓은 얼굴, 각진 턱, 큰 코를 특징으로

하고 현생인류보다 키는 작았으나 추위에 강하게 더 통통한 체격에 뇌는 우리보다 오히려 더 컸던 것으로 추정되나 아직도 확실히 밝혀지지 않은 원인으로 멸종했다. 상호교배로 현생인류로 진화했다는 설도 있다. 우리와 유전자가 거의 차이 나지 않으며 무덤을 만들고 꽃으로 장식하는 등 의식수준이 높았던 것으로 보인다.

뇌간 brain stem 척추동물의 후뇌에서 소뇌를 제외한 부분으로 중뇌, 교뇌, 연수를 포함한다.

뇌기능국재화 이론 Localization theory 뇌의 특정 부위가 언어나 지능, 운동 같은 어떤 기능을 제어하는 영역이라는 이론

뇌량 corpus callosum 대뇌의 좌우반구를 연결하는 거대한 신경(축색다발)

뇌사 brain death 일부 자율기능만 남고 뇌기능이 완전히 사라진 상태로 대뇌기능 일부가 살아 있으면서 의식이 없는 식물인간 상태와는 구별된다.

뇌성완전색맹 cerebral achromatopsia 양쪽 V4 영역과 그 주위가 뇌출혈이나 뇌경색 혹은 뇌절제수술로 기능을 완전히 상실하여 전 시야에서 색상을 인식하지 못하고 모든 시야의 장면이 흑백으로 보이는 증상. 즉 색상감각질만 외부세계에 대한 통일된 대상지각 꾸러미에서 사라진다. 뇌성완전색맹인 사람은 색상에 대한 개념도 사라지고 색상에 대한 상상도 하지 못한다.

뇌자도 magnetoencephalography, MEG 뇌의 전기적 활동에 의해 만들어진 뇌 속의 미약한 자장을 측정하는 장치

뇌전도 electroencephalogrphy, EEG 두피에 전극을 장치하고 두피표면에 반영된 뇌 전기장에서의 수준보다는 부피소 숫자만큼 많은 차원으로 다차원 공간에서의 점들로 부피소 활동 패턴을 관찰하고 각 조건에 속하는 패턴을 분리하는 경계를 정하는 방법이다.

뇌포 internal capsule 뇌의 각 대뇌반구의 내측 아래쪽에 위치한 백질로 기저핵의 중간을 가로지르며 대뇌피질과 피질하 영역과 뇌간, 척수를 연결하는 양방향 축색다발로 이루어져 있다.

다극뉴런 multipolar neurons 세 개 이상의 축색을 소유한 뉴런

다변량 패턴분석 multivariate pattern analysis, MVPA fMRI를 이용해 많은 부피소에 걸쳐 반응 패턴을 동시에 조사하는 기법이다. 이는 고차원 수학이론을

바탕으로 한 것인데 전반적인 활동수준보다는 부피소 숫자만큼 많은 차원으로 다차원 공간에서 점들로 부피소 활동 패턴을 관찰하고 각 조건에 속하는 패턴을 분리하는 경계를 정하는 방법이다. 그렇게 많은 자료를 모아 데이터베이스를 만든 후 이번에는 그 데이터베이스를 역이용하여 피험자의 뇌영상에서 어떤 부피소들의 활동수준이 높은지 보고 그 사람의 의식내용을 역으로 추정하는 방법

단궁류 synapsid 척추동물 중에서 완전히 육상에 적응한 척추동물인 양막류의 두 분기군(단궁류와 파충류) 중 하나. 포유류의 조상과 현생 포유류를 포함하는 그룹이며 다른 양막동물보다 포유류와 더 가까운 집단이다.

단백질 코딩(암호화) 유전자 protein-coding Genes 동물의 게놈 속에 특정 단백질의 합성을 위한 DNA서열을 포함한 유전자

단속평형이론 punctuated equilibrium theory 굴드와 엘드리지가 주장한 것으로 생물 종의 진화는 대부분 기간 큰 변화 없는 안정기와 비교적 짧은 시간에 급속한 종분화가 이루어지는 분화기로 나뉜다는 진화이론

단일전극기록장치 single-unit recording 단일 신경세포에 미세한 전극을 꽂아 단일 신경세포의 전기적 활동을 조사하는 전기장치

대뇌겉질(대뇌외투) pallium 발생기의 대뇌반구나 저급척추동물의 대뇌반구를 덮고 있는 겉질을 지칭하는 용어. 성체 포유동물의 대뇌피질에 해당한다.

대뇌화지수 encephalization quotient, EQ 동물의 지능이나 의식수준에 대한 대략적 추정치를 가정하는, 실제 뇌 용적의 비율과 특정한 크기의 동물을 대해 예측된 뇌 용적 사이의 비율로 정의된 상대적 뇌 용적의 척도다.

대상회 cingulate cortex 대뇌반구의 마주 보는 안쪽에 자리 잡고 있으며 뇌량을 둘러싸고 있는 피질영역. 정서인지 집행 등 다양한 의식기능에 연루된다.

대상회(엽) cingulate cortex(gyrus) 고등척추동물의 양 대뇌반구의 뇌량 주위 내측표면에 있는 영역. 정서처리 인지 집행기능에 연루된다.

데본기 Devonian Period 3억 5,900만 년 전부터 4억 2,000만 년 전까지의 시기, 후기(358.9-382.7 Mya), 중기(382.7-393.3 Mya), 전기(393.3-419.2 Mya)로 나뉜다.

동시실인증 simultanagnosia 한 장면에서 한 부분 이상을 동시에 보지 못하거나 각 부분을 전체로 통합하여 보지 못하는 상태. 양쪽 후두정엽 손상으로

나타나는 증상

동일배치구조(동일지형적 구조) isomorphic topography 어떤 계층을 이룬 감각신경회로에서 대상 일부를 표상하는 뉴런들의 상대적 위치가 계층의 단계를 올라가도 변하지 않는 구조

두족류 cephalopods 바다 연체동물 중 발이 머리 모양의 둥근 몸체 아래에 붙은 동물들. 문어, 오징어 등이 속한다.

랑비에결절 node of Ranvier 수초가 있는 유수뉴런축색에서 수초가 중간중간 끊겨 있는 부분으로 활동전위의 전파속도를 높이기 위해 척추동물에서 유악어류에서부터 진화한 구조다.

렘꿈 rapid eye movement(REM) dream 눈을 감고 눈알을 급속히 움직이면서 잠자는 동안 꾸는 꿈. 이 꿈을 꾸는 동안 뇌는 활발히 활동하나 사지는 마비된다.

렘수면(역설수면) rapid eye movement sleep(paradoxical sleep) 눈을 감고 눈알을 급속히 움직이면서 자는 수면

록 인 신드롬 Lock-in syndrome 장금증후군으로 번역하기도 한다. 깨어 있으나 전신이 마비되어 의사표시가 거의 불가능한 상태

르발루아 기법 Levallois technique 구석기시대 당시 인류가 개발한 돌 다듬기 기법의 일종. 19세기 프랑스 파리의 교외 지역인 르발루아페레 지역에서 발견된 여러 점의 석기에서 보이는 제작기법. 석기 제작자가 만들고자 하는 최종 형태를 미리 계획하고, 이를 구현하기 위해서 체계적으로 몸돌을 준비하여 떼기를 하는 석기제작 기법

망상활성화시스템(망상활성계) reticular activating system, RAS 뇌에 널리 퍼져 있는 의식의 상태에 결정적인 영역으로 뇌의 각성, 흥분, 집중 등에 관여한다. 후뇌에서 시작하여 상부의 중뇌, 시상에 이르도록 신경이 망형구조를 이루어 의식 여부를 조절하게 된다. 망상활성계의 주요 기능은 시상과 대뇌피질에서의 뇌전도 불일치를 조절하는 것으로 알려져 있다.

맹시 blindsight 일차시각피질의 손상이나 피질맹cortical blindness을 겪고 있는 환자가 보이는 무의식적 시지각

메타스프리기나 metaspriggina 캄브리아기에 살았던 원시 무악어류 척추동물의 일종. 캐나다 로키산맥의 버제스 셰일에서 2종이 화석으로 발견되었다.

메타의식 meta-consciousness 자기가 의식하고 있다는 것을 의식하는 의식

모듈 module 어떤 형태의 정보만 신속히, 자동으로, 무의식적으로 처리하는 정보처리 단위나 기구. 보통 비슷한 성분들이 적은 집단을 이루고 있다.

모서리회 Supermarginal gyrus 각회와 함께 뇌의 하두정엽에 위치하며 체감각연합피질 위치에 있고 촉각정보를 해석하고 사지의 위치와 공간지각에 연루된다. 다른 사람의 자세와 몸짓을 확인하는 데도 연루된다. 특히 오른쪽 모서리회는 다른 사람에 대한 동정심을 제어하는 데 연루된다. 각회와 마찬가지로 언어와도 연루되고 인간 이외의 동물에서는 거의 확인되지 않는 영역이다.

모악동물 chaetognaths 몸이 가늘고 긴 원통형이며 무색투명한 동물들로 화살벌레 등 플랑크톤이 여기에 포함된다.

무악어류 agnatha 칠성장어처럼 턱이 없는 원시적 어류

물질P substance P 우리 몸속에서 통증감각을 전달하는 신경세포물질로, 신체에 손상이 발생하면 중간엽 줄기세포를 해당 부위로 끌어와 회복을 촉진하는 역할을 한다.

미세소관 microtubule 축색 속의 미세 원통형 구조로 신경전달물질이 든 소포가 축색말단으로 이동하는 것을 용이하게 하는 미세분자수송 고속도로 역할을 한다. 펜로즈가 의식의 발현은 이 구조의 요동으로 이루어진다고 주장했다.

밈 meme 유전자가 아니라 학습과 모방, 기록 등에 의해 다음 세대로 전달되는 비유전적 문화요소

바구니세포 basket cell 대뇌피질에 있는 일종의 억제성 뉴런. 다소 긴 축색으로 주위의 많은 세포의 세포체에 시냅스를 형성한다.

박판보간법 spline interpolation IBM에서 개발한 수학 통계 프로그램인 Matlab에서 사용할 수 있는 곡선보정 툴박스curve fitting toolbox 같은 것을 이용해 그래프나 영상자료들의 곡선을 보간하는 방법

반성적 의식(성찰적 의식, 반향의식) reflective consciousness 현상적 의식으로부터 일부 경험을 선택하여 그것을 더 처리하기 위하여 개념, 언어, 작업기억 등을 적용한 의식

반향정위 echolocation 동물이나 전파기기에서 음파를 발사해 내보내고, 물체에

부딪혀 되돌아오는 음파를 받아 대상물체에 관한 정위, 판별, 인지 및 항해에 필요한 정보 등을 파악하는 것으로 대표적 사례는 박쥐가 방출한 초음파 신호와 근처 물체로부터 되돌아온 메아리에서 대상의 위치나 속도를 파악하는 것이다. 전파탐지기의 예는 소나sonar다.

발린트 증후군 Bálint's syndrome 한 번에 하나(주로 망막중심에 맺힌 것) 이상을 보지 못하는 신경심리학적 장애. 시각의 여러 특징을 결합하지 못하거나 눈 운동 실조와 지각된 대상에 정확히 도달하지 못하기도 하는 여러 장애가 동시에 나타난다. 주로 좌우 후두정엽의 손상으로 발생한다.

방사대칭동물 Radiata 생물체의 구조가 체축體軸을 지나는 세 개 이상의 면에 대해 거울상〔鏡像〕관계에 있는 두 부분으로 나뉘는 것. 방사대칭의 구조를 가지는 동물은 방사대칭동물이라 하며 해면동물, 강장동물, 극피동물 등이 있다.

방추회 fusiform gyrus 외측후두두정엽lateral occipitotemporal gyrus이라고도 하는 측두엽 아래쪽 복측표면에 위치하고 뒤로 후두엽과 접하는 측두엽의 일부로 색상, 얼굴, 철자지각 같은 시각에 주로 연루된다.

버섯체 mushroom bodies 곤충을 비롯한 다른 절지동물의 뇌에서 학습과 기억을 담당하는 영역으로 척추동물의 피질과 해마에 해당하는 영역이다. 버섯체는 보통 신경세포체, 수상돌기, 축색종말, 교세포 등이 조밀하게 모여 있는 신경망으로 묘사된다.

범신론 pantheism 우주의 모든 것에 신이 내재한다는 철학적 이론

범심론 pansychism 마음 혹은 의식이 모든 곳과 모든 것에 깃들어 있다는 철학이론. 모든 물리적 존재는 마음을 가지거나 적어도 어떤 종류의 정신적 특징이나 간단한 의식을 가진다는 이론

배후측 심실 능선 dorsal ventricular ridge, DVR 파충류와 조류의 뒤 등쪽 일부로 포유류의 배 발생과 유사성이나 포유류의 동피질 일부, 즉 청각과 시각선조 외 동피질과 유사한 연결을 해서 상동이라는 설도 있고 그 둘이 뇌 공간지형학적으로 발생 기원이 다르다는 설도 있다.

백질 white matter 주로 축색으로 이루어져 축색을 둘러싼 교세포의 흰색을 띤 지방질 때문에 희게 보이는 뇌의 영역

변연계 limbic system 대뇌피질 아래 안쪽에 자리 잡은 정서와 기억에 깊이 연루

된 고등척추동물의 오래된 뇌 영역들이 모여 있는 곳. 학자들마다 포함하는 영역이 다르다. 대표적 영역은 대상회, 섬엽, 해마, 해마방회, 편도체, 격막핵, 선조체 일부, 간뇌 등이다.

변화된 의식상태 altered state of consciousness, ASC 의식내용이 정상상태를 벗어난 상태. 경험 패턴이 비정상적이거나 비틀려 있거나 어떤 식으로 현실을 잘못 인식한다. 보통 당사자나 외부인이 그러한 증상이 있다는 것을 인지할 수 있다.

복족류 gastropods 연체동물 중 이동수단이 몸체 아래에 붙은 동물들. 조개, 우렁이, 달팽이 등이 속한다.

부교감신경계 parasympathetic nervous system 교감신경계와 서로 길항적인 관계(상호반대 작용하는 관계)의 신경계로 맥박 저하, 혈압 하강, 소화 촉진 등으로 몸을 이완시키는 신경계다.

부수현상론 epiphenomenalism 뇌 활동은 의식에서 변화를 초래하나 의식은 뇌나 어떤 것에도 영향을 미치지 못하는 단순한 부산물이라는 철학이론

부엽 accessory lobes(lateral accessory lobes) 곤충이나 다른 절지동물 뇌의 아래 바깥쪽에 위치해 감각처리와 통합을 맡고 있는 영역

부피소 voxel 화면을 구성하는 최소단위를 화소pixel라고 하는 것처럼 뇌 영상에서 부피를 구성하는 최소단위

브로드만영역 Brodmann area 독일의 해부학자 브로드만Korbinian Brodmann이 1909년 니슬염색법을 이용하여 대뇌피질을 관찰하고, 뉴런의 세포구축에 따라 인간의 뇌를 총 52브로드만영역으로 정의하고 번호를 매긴 것

브로카영역 Broca's area 우세반구의 외측 하전두엽에 있으며 언어의 발생과 관련이 있는 영역. 손상 시에는 언어발화장애가 나타난다.

비렘꿈 nonrapid eye movement(NREM) dream 눈알을 굴리지 않으면서 꾸는 꿈

빗살지느러미 어류(조기어류) ray-finned fish 조기처럼 지느러미가 빗살형태를 띤 어류

사다리 신경계 ladder-like nervous system 지렁이 같은 환형동물이나 갑각류, 곤충류, 거미류, 다지류 등 절지동물에서 볼 수 있고 체절(몸마디) 하나하나마다 배 쪽으로 한 쌍씩 신경절이 있고 각 신경절에는 그 사이사이에 신경섬유가 전후좌우로 연결되어 마치 사다리 모양으로 되어 있는 신경계

사건관련전위 event-relatted potential, ERP 뇌전도 EEG 기록에서 사건과 무관한 성분과 노이즈가 제외된 특정현상이나 사건과 연관된 전위

사바나 savannah 긴 건기와 짧은 우기가 뚜렷한 열대와 아열대 지방에서 발달하는 초원으로 보통 강한 건조 기후에서는 삼림이 형성되지 않고 초원이나 황원이 나타나는데, 이때 삼림과 초원 중간 단계에 있는 것이 바로 사바나다. 넓은 초원과 군데군데 관목이나 나무들이 있는 것이 특징이다.

사헬란트로푸스 Sahelanthropus Tchadensis 약 600만-700만 년 전 아프리카에서 살다 멸종한 인간과 두 종의 침팬지의 공통 조상으로 추정되는 영장류. 서아프리카 차드의 사하라사막 남쪽 가장자리 주랍사막에서 거의 완벽한 두개골 화석이 발견되었다.

산만신경계 diffused-nervous-system 감각세포와 운동세포가 구분되어 있지 않고 몸의 한 부분이 자극받으면 그 자극이 전 부분으로 전파되어 전 몸체 부위가 동일한 반응을 하도록 하는 신경계

삼각회 triangular gyrus 하전두엽의 브로카영역이 자리한 v자 고랑 위 안쪽을 가리킨다.

삼엽충 trilobite 캄브리아기와 오르도비스기에 번성한 해양 절지동물이며 고생대 말에 절멸했다. 몸의 길이를 따라 중앙에 융기되어 있는 축부와 양쪽으로 편평한 늑부 세 부분으로 이루어져 삼엽충이라는 이름이 붙었다. 크기는 1-10cm가 보통이며 유럽의 오르도비스기 지층에서 산출된 것은 70cm에 달하는 것도 있다.

상모실인증 prosopagnosia 후두엽과 측두엽 아래 경계선 근방의 병변으로 얼굴을 인식하지 못하는 증상

상향 회로 feedforward 말초신경 쪽에서 뇌의 중추신경 쪽으로 향하여 작동하는 신경회로

상호작용론 interactionalism 마음과 육체는 양방향으로 상호작용한다는 이원론적인 철학적 이론. 뇌 활동은 의식에서의 변화를 초래하고 의식적 정신활동은 뇌 활동에서의 변화를 초래하여 행동에서 변화를 초래한다는 이론

생살지느러미 어류(육기어류) lobe-finned fish 지느러미가 살fresh로 이루어진 어류. 후에 이들이 진화해서 양서류나 파충류의 발이 되었다. 현존하는 종은 폐어와 실러컨스 등이다.

생체 자기 제어 치료 biofeedback therapy 피치료자가 계측기, 빛, 소리, 생리과정과 조건의 측정기를 직접 관찰함으로써 치료자 의도대로 진행되는 생리적 과정이나 기능에 대한 정보를 제공받아 피치료자 자신의 감정상태를 통제할 수 있도록 하는 치료방법

선구동물 protostomes 좌우대칭동물 중 초기 배에 형성된 원구가 그대로 입이 되고 뒤에 항문이 만들어지는 동물

설명적 갭(간극) explationary gap 주관적 경험과 뇌 활동 사이의 갭. 주관적 경험이 뇌 활동으로부터 어떻게, 왜 야기되는지 설명하는 데 아직 남아 있는 간극

섬망 delirium 의식장애와 내적 흥분의 표현으로 볼 수 있는 운동성 흥분을 나타내는 병적 정신상태

섬망증 delirium tremens 섬망상태에서 나타나는 떨림현상

설골 hyoid bone 말굽 모양 뼈로, 턱과 갑상선 연골thyroid cartilage 사이 목의 앞부분 중간쯤에 있으며 사람 몸에서 유일하게 다른 뼈와 연결이 없다. 혀 근육을 지지하고 음식물을 삼키는 데 중요한 역할을 한다. 인간의 다양한 발성에도 중요한 뼈다.

소뇌 cerebellum 척추동물의 뇌간 뒤 후뇌에 있으며 운동처리에 주로 관여하고 최근에는 감각처리와 정서에도 관여한다고 알려진 큰 뇌 영역. 그 작용은 무의식적으로 행해진다.

소뇌각 cerebellar peduncle 소뇌와 뇌간을 연결하는 백질로 좌우 각 세 개씩(상, 중, 하) 총 6개가 있다.

소세계연결망 smallworld network 대부분 노드가 서로 직접 이웃하지 않지만 허브노드라는 특정 작은 노드들은 대부분 노드들과 쉽게 연결된다. 이 허브노드들을 통하면 모든 임의의 두 노드는 단 몇 단계만 거치면 서로 쉽게 연결되어 복잡하고 큰 연결망도 작은 연결망처럼 효율적이 된다는 이론에서 주장된 것으로 실제 인간의 뇌회로나 인터넷, 항공연결망 등이 모두 소세계연결망으로 이루어져 있다고 본다.

송과체(송과선) pinal gland 데카르트가 뇌와 영혼 사이의 관문이라고 생각했으며 시상하부에 있는 멜라토닌을 생산하는 뇌 속에 하나뿐인 기관

수로주변회백질 periaqueductal gray 제3뇌실과 제4뇌실 사이 통로를 둘러싸고 있

는 신경조직으로 시상과 앞대상회와 많은 연결을 이루고 주로 고통지각에 연루된다.

수반관계 supervenience relation 두 수준(예를 들면 뇌와 의식) 사이의 의존관계. 낮은 수준의 특징은 높은 수준의 특징보다 더 근본적이며 높은 수준의 특징은 낮은 수준의 특징에 의존한다는 이론. 높은 수준 특징에서 변화는 항상 해당하는 낮은 수준의 변화를 동반한다. 예를 들면 의식은 뇌에 의존하고 의식상태나 내용에서 변화는 항상 뇌에서 해당하는 변화를 동반한다.

수상돌기 dendrites 신경세포(뉴런)의 나무 모양 돌기로 다른 뉴런의 축색과 흥분성 시냅스를 이룬다.

수용야 receptive field 보통 하나의 감각수용기에 대해 수용기가 인식하는 대상 범위를 말한다. 또 세포에 대해서는 하나의 세포가 인식하는 범위를 말하기도 한다.

스트레프서힌 Strepsirhine à 원원류, 곡비원류

시개 optic tectum 척추동물 중뇌의 중요 부분으로 어류, 파충류, 조류 등 척추동물 뇌에서 시각처리를 담당하는 부위다. 최근에는 조류, 포유류 이전의 원시 추동물의 다른 감각의식의 발현에도 관여하는 것으로 밝혀졌다. 중뇌피개라고도 한다.

시냅스 synapse 두 신경세포의 연결부위. 시냅스전 뉴런의 축색말단과 시냅스후 뉴런의 수상돌기나 세포체 표면이 좁은 간극을 사이에 두고 접하는 부분. 축색말단에서 신경전달물질이 나와 간극을 지나 시냅스후 뉴런의 막에 있는 이온통로에 붙어 시냅스후 전위를 발생시키는 장소. 의식의 발현에 절대적으로 중요한 역할을 한다.

시냅스후 치밀부 postsynaptic density 시냅스후 뉴런의 시냅스에 접한 부분을 말한다. 다양한 이온통로와 500여 종류의 다양한 단백질이 단백질복합체라는 복잡한 미세구조를 이루고 있으며 거기서 유전자에 의한 DNA의 작동을 통한 새로운 단백질의 합성과 활동전위나 신경전달물질에 의한 이온통로의 개폐에 따른 세포막의 다양한 변화를 포함하는 엄청나게 복잡한 작용이 이루어지고 있다.

시바피테쿠스 Sivapithecus 인도 북서부에 시왈라크Siwalik에서 1910년에 화석이

발견되어 인도 신의 이름을 따서 명명한 화석 유인원으로 오랑우탄과 외모가 유사하다. 1,250만 년 전부터 850만 년 전까지 살았던 것으로 추정된다. 인간과 오랑우탄의 공통 조상이 1,400만 년 전 분리되었고, 그 이후 살았던 것으로 보이므로 현생 오랑우탄의 조상으로 추정한다.

시상피질 시스템 thalamocortical system 피질과 시상의 뉴런 간 조밀한 상호연결로 이루어진 하나의 거대한 신경회로

시엽 optic lobes 곤충을 비롯한 절지동물의 뇌에서 시각을 처리하는 영역

식물인간 상태 vegetative state 뇌손상으로 깨어 있지 못하고 반응이 없는 무의식 상태. 잠들기도 하고 눈을 뜨기도 해서 그렇지 못하는 혼수상태와는 구별된다.

신경능선 neural crest 배 발생 시 외배엽에서 기원하며 신경관이 형성된 후 분리되어 신경관 위에 신경관을 따라 형성되어 후에 여러 가지 신경으로 분화해 광범위하게 이동하는 전구세포 덩어리

신경 기원판 neurogenic placodes 후에 뉴런과 감각신경계의 여러 구조를 발생시키는 배 발생 시 두부외배엽 상피세포의 두꺼운 부분

신경다윈론 Neural Darwinism 1987년 에델만이 제창한 이론으로 발달과 경험의 선택은 개별 뉴런들보다 뉴런 그룹들에 작용한다는 이론이다. 이 이론에 따르면 의식은 사상피질계(그의 말을 빌리면 역동적 핵심)에서 신경집단들 사이 재귀적 상호작용으로 수반된다고 한다.

신경생리학 neurophysiology 신경이나 신경조직의 정상적 기능을 연구하는 신경과학의 한 분야

신경심리학 neuropsychology 인지적 혹은 심리학적 과정과 뇌, 특히 뇌손상환자의 뇌의 관계를 연구하는 심리학의 한 분야

신경전달물질 neurotransmitter 신경세포에서 분비되는 신경세포들 사이에 신호를 전달하는 분자로 각 분자는 단백질, 아미노산 등 다양한 물질로 되어 있고 다양한 기능을 하는 많은 종류가 있다. 이 분자들은 시냅스에서 뉴런 사이를 통과한다.

신경펄스(혹은 스파이크) nerve impulses or spikes 활동전위 파동. 연속된 신경펄스는 스파이크 열spike train이라고 한다.

신피질(동피질) neocortex(isocortex) 척추동물과 조류의 뇌의 진화적으로 새로운

6층으로 된 대뇌피질

신호언어(수화) sign language 수어手語라고도 하며 소리가 아닌 손짓을 이용해 뜻을 전달하는 언어의 일종으로 대부분 청각장애인(농아인, 농인)이 사용한다.

실비우스열 Sylvian fissure 사람을 포함한 유인원 뇌의 전두엽과 측두엽을 가르는 큰 고랑

실인증 agnosia 현재 널리 쓰이는 agnosia는 프로이드가 만든 단어로, 그리스어로 '없음'을 뜻하는 접두사 'a-'와 '지식'을 뜻하는 'gnosis'가 더해진 것으로 인식하지 못하거나 기억하지 못하는 것을 뜻한다.

심리물리학 psychophysics → 정신물리학

아노말로카리스 anomalocaris 성체의 크기가 거의 1m에 이르고 캄브리아기 최강 포식자였던 대형 절지동물의 일종

안와 전전두엽 orbital prefrontal cortex 전두엽의 앞쪽 아래 눈동자 위에 해당하는 영역으로 의사결정에 따른 인지 처리에 관여하는 전전두피질 일부. 브로드만영역 10, 47로 구성된다.

암모나이트 Ammonoidea 대본기(약 4억 년 전)에 출현했다가 백악기 말기(약 7,000만 년 전)에 멸종된 두족류의 일종으로 한때 생김새가 비슷한 현생하는 앵무조개류로 오인되었으나 화석에서 두족류가 포식자를 피하기 위해 사용하는 먹물의 잔재가 발견되어 지금은 두족류로 분류된다. 크기가 손가락 마디만 한 것부터 길이가 2m나 되는 거대한 화석까지 다양하게 발견되었다.

약한 창발적 유물론 weak emergent materialism 높은 수준의 현상(의식)이 낮은 수준의 복잡한 뇌 구조에서 창발했다는 것을 아직은 아무도 명쾌하게 설명하지 못하나 언젠가는 신경과학적으로 설명이 가능하리라고 믿는 창발적 유물론

양극뉴런 bipolar neuron 축색이 두 개 있는 뉴런

양막류 amniote 양막으로 둘러싸인 배를 가지는 동물들. 발생 초기 단계에서 배아가 양막을 지닌 네 발 동물의 총칭이다. 아가미가 없이 폐로 호흡하기 때문에 무새류라고도 한다. 파충류, 조류, 포유류 등이 이에 속한다.

양안경쟁 binocular rivalry 양쪽 눈에 각기 다른 자극이 동시에 나타날 때 어떤 한

순간에는 하나의 자극만 보인다. 이렇게 보이는 자극이 일정한 시차로 교차되는 현상

양전자방출 단층촬영장치 positron emission tomography, PET 방사선동위원소가 붕괴하면서 양전자가 방출되는 현상을 이용해 그러한 동위원소를 피 속에 주입해서 양전자가 방출되게 하고 밖에서 이를 측정하여 동위원소가 많이 소비되는 뇌 영역을 탐지하는 장치

어려운 문제 hard problem 어떤 물리적 사건이 어떻게 감각적 경험을 발생시킬 수 있는지를 설명하는 문제

역치 threshold 어떤 현상이나 작동이 일어나거나 일어나지 않는 경계가 되는 강도나 수치

연결주의(손다이크의) connectionism 학습은 자극과 반응 사이의 연합형성의 결과이며 그러한 연합이나 습관은 자극-반응의 성질이나 빈도에 따라 강화되거나 약화된다는 보상과 시행착오가 학습에 중요한 역할을 한다는 이론

연합주의(연상주의) associationism 의식을 우선 단순한 요소로서의 관념으로 분해한 후 이러한 요소들의 여러 가지 연결 방식에 따라 복잡한 정신활동의 발생을 설명하고자 하는 철학적 이론. 17-19세기 일련의 영국 철학자들이 주창한 이론

연수 medulla oblongata 수뇌, 숨뇌 등으로 불리는 뇌간의 교뇌 아래 척수와 연결된 부분. 뇌의 상하를 연결하는 축색다발들이 좌우로 교차하는 부분으로 여러 두개신경핵을 포함하고 호흡을 조절하는 신경세포핵이 있어 숨뇌라고 불린다.

연체동물 molluscs 몸 안에 뼈가 없고 부드러우며 근육이 발달되어 있는 동물로 외투막이 있다. 연체동물은 환형동물과 함께 분화되었는데 분화과정에서 체절제가 없어지고, 석회질의 껍질을 지니게 되면서 이동성이 약해졌다. 두족류, 복족류, 이매패류 등이 속한다.

연합실인증(혹은 통합실인증) assosiative agnosia 양측 측두엽과 후두엽의 경계지역 손상으로 통각실인증보다 약간 가벼운 증상을 보이는데 앞에 보이는 대상을 그려보라고 하면, 그 대상이 무엇인지 인식하지 못하면서 다른 사람들이 알아볼 정도로 그 대상을 선화Line drawing로 그릴 수 있다.

연합주의 associationism: 의식을 우선 단순한 요소로서의 관념으로 분해한 후 이러한 요소들의 여러 가지 연결 방식에 의해 복잡한 정신활동의 발생을 설명하고자 하는 철학적 이론

영상적 기억 iconic memory 투입되는 시각적 영상을 1초가 채 안 되는 아주 짧은 시간 동안만 보유하는 시각적 기억

에디아카라기 Ediacaran Period 6억 3,500만 년 전부터 5억 4,100만 년 전까지 시기

에이프 ape 사람을 포함하는 꼬리가 없는 덩치 큰 영장류로 오랑우탄, 침팬지, 고릴라를 포함한다.

에테르 ether(aether) 본래 마취효과가 있는 유기화합물을 가리키는 용어이기도 하지만 빛의 파동설에서 파동이 나아가기 위해서는 매질이 필요한데 빛의 파동이 나아가기 위해 가정되었던 매질을 가리키는 용어로 쓰였다. 그러나 빛이 입자이기도 하여 매질이 필요 없는 것이 밝혀지면서 지금은 그런 의미로 사용되지 않는다.

오스트랄로피테쿠스 australopithecine 유인원과 인류의 중간 형태인 최초의 화석 인류로 500만 년 전에서 50만 년 전까지 아프리카대륙에서 서식한 호미닌의 일종이다. 1925년 남아프리카에서 화석이 발견되었고 남아프리카, 사하라사막, 동부아프리카 일대에서 장기간에 걸쳐 다양한 아종이 생존한 것으로 추정된다. 두뇌 용적은 650-750cm^{2}였고 직립 보행을 했으며 손으로 도구를 사용하고 성에 따른 노동 분담 등 인간다운 특징의 흔적을 보였다.

외부형 자동제세동기 automatic external defibrillator, AED 심실세동 또는 심실빈맥으로 심장의 기능이 정지하거나 호흡이 멈추었을 때 신체 외부에서 사용하는 응급처치 기기

운동실인증(동작맹) akinetopsia 시야에서 움직이는 대상의 움직임을 보지 못하는 실인증으로 증상 정도에 따라 불연속적인 정지된 영상을 보거나 움직임을 전혀 보지 못하기도 한다. 멀리서 움직이는 자동차가 잠깐 보이다가 사라지더니 어느새 다시 바로 눈앞에 보이는 증상

원시정서의식 primordial emotions 덴턴이나 판크세프 같은 학자들이 주장한 것으로 목마름, 배고픔, 고통 같은 원시적 형태의 정서의식

원양지역 Pelagic zone 원양구역, 원양영역, 해수대 등 다양한 이름으로 불리는데 호수나 바다를 깊이에 따라 5층으로 구분할 때 해안에서 떨어진 맨 위층을 가리킨다.

원원류(혹은 곡비원류) prosimian or Strepsirhine 여우원숭이, 마다가스카르손가락원숭이, 로리스류원숭이 등으로 이루어진 더 원시적인 유인원

원초범심론 proto-panpsychism 철학자 차머스가 제창한 이론. 모든 물리적 실체가 완전한 의식을 가지는 것이 아니라 극히 간단하고 기본적인 원초의식 Proto-consciousness만 갖는다. 보통 물리적 입자나 대상에서는 의식적 요소가 너무 미세하여 우리는 그것을 의식적 실체로 인식할 수 없다. 그러나 인간의 뇌에서는 의식적 요소가 확장되고 복잡한 의식적 정신상태 시스템으로 구조화된다고 한다.

유물론 materialism 우주만물이 물질로만 이루어져 있다는 철학이론

유악류 gnathostomata, jawed vertebrates 턱이 있는 척추동물. 최초의 유악류는 유악어류였다.

유악어류 jawed fish 잉어나 참치처럼 턱이 있는 어류

유영포식동물 nektonic predators 헤엄치는 능력이 뛰어나고 다른 작은 동물을 잡아먹으면서 생활하는 대형 바다동물

유정 sentience 동양에서는 감정을 지닌다는 것을 의미하여 이를 소유한 존재는 소유하지 못한 존재보다 생명의 존엄성을 가진 것으로 간주하기 위해 이 용어를 사용했으나 18세기 서양철학자들은 생각하는 능력과 구별되는 느끼는 능력을 가리키기 위해 이 용어를 사용했다. 좁은 의미로는 고통을 느끼는 것을 의미한다.

유리신경종말 free nerve ending 주위에 특별한 구조가 없이 끝나는 축색종말로 감각수용기sensor receptor 또는 이와 연결된 구조와 근세포muscle cell 등 운동효과기motor effector와 연결된 부분

유조동물 onychophora 환형동물과도 많은 특징을 공유하고 절지동물과도 여러 특징을 공유하는 선구동물에 속하는 동물

유체이탈 out-of-body experience 몸 바깥, 보통 위에서 자신의 육체를 바라보는 경험

유해자극수용기 nociceptors 신체에 유해한 자극을 감지하는 수용기로 주로 고통

을 함께 감지하나 고통이 느끼지는 못하고 유해자극을 감지하는 수용기도 있다.

육면체 홑눈 hexagonal facets 벌이나 다른 곤충들의 눈을 구성하는 육면의 가는 기둥 모양 투명체. 수많은 홑눈이 모여 겹눈이 된다.

이소골 ossicles 내이에 있는 음파를 달팽이관에 전달하기 위한 세 가지 뼈로 추골malleus, 침골incus, 등골stapes을 말한다.

이원론 dualism 데카르트 이론이라고도 불리는 물질적 신체와 비물질적 마음은 양방향으로 상호작용한다는 철학적 마음-뇌 이론

이종피질(구피질) allocortex(paleocortex) 뇌의 6층으로 된 대뇌신피질과 달리 변연계의 후구나 해마의 일부 피질처럼 3-4층으로 된 진화적으로 오래된 구피질

이판암 shale 점토광물과 다른 모래 정도 굵기의 광물 파편으로 이루어진 결이 고운 쇄설성 퇴적암

인공의식 artificial consciousness, AC 인공지능이 발전적 진화를 계속하면 언젠가 갖추게 될 것이라고 예상되는 의식

인공지능 artificial intelligence, AI 인간지능이나 인지를 흉내 내거나 초월하는 컴퓨터와 프로그램

인두강 pharynx cavity 성대와 혀 사이에 있는 넓은 공간. 성대에서 발생한 소리를 증폭시키고 변형한다. 인간에서는 다양한 모음vowel을 가능하게 하는 기관이다.

인핸서(활성화 인자) enhancer 특정 유전자의 전사가 일어날 가능성을 증가시키기 위해 유전자 앞부분에 있는 단백질에 의해 결합될 수 있는 짧은 (50-1500 bp) DNA 영역

일원론 monism 우주는 궁극적으로 하나의 실체로 이루어져 있다는 철학이론

일차운동피질 primary motor cortex 전두엽 맨 뒤쪽의 신체 각 부위에 있는 운동효과기에 운동지령을 내리는 피질영역

일화기억(자서전적 기억) episodic(autobiographic) memory 개인적인 과거의 모든 일을 저장하는 장기기억의 일부

임관층 forest canopy 숲의 나무꼭대기 잎이 많은 부분

임사체험 near-death experience, NDE 죽음에 가까이 다가갔다가 회복한 사람

들에 의해 보고된 경험. 체외이탈, 터널통과, 밝은 흰빛을 본 것, 죽은 친척이나 다른 세계를 본 것을 포함한다.

의미실인증 semantic dementia 좌측 측두엽의 심한 위축이나 손상과 베르니케영역과 하측두엽 앞쪽 끝부분과 편도체의 손상으로 나타나는 증상으로 단어를 듣거나 보고 의미를 이해하지 못하거나 동물들 사이를 구별하지 못하거나 심해지면 시야의 어떤 대상도 인식하지 못한다. 모든 동물을 가장 어릴 때부터 친숙한 개나 고양이로 인식하기도 한다.

의식의 표지 signature of consciousness 어떤 자극이나 내용을 의식할 때만 나타나는 특별한 뇌 활동

의식의 신경상관물 neural correlates of consciousness, NCC 특별한 의식적 경험과 함께 뇌에서 일어나는 최소한의 신경활동이나 메커니즘

외수용기 exteroceptors 눈, 코, 귀, 피부처럼 신체 바깥의 사건을 탐지하는 감각수용기

자기공명장치 magnetic resonance imaging, MRI 큰 자장을 이용하여 뇌의 구조를 촬영하는 장치

자기상 환시 autoscopy 외부에 있는 자기 환상을 보는 것

자율신경계 autonomic nervous system 말초신경의 일부로 선, 내장, 평활근, 심장에 신경을 분포시키는 신경계. 교감신경계와 부교감신경계로 나뉜다.

자의식 self-consciousness(self-awareness) 현 자기와 관련된 경험을 장기기억에 있는 자기에 대한 표상과 결합하는 반성적 의식

자포동물 Coelenterates 1만여 종을 포함하는 자포동물문 동물의 총칭으로 대부분 수중 생활을 하며 몸은 방사대칭형으로 운동성이 떨어지기 때문에 고착생활을 하거나 부유생활을 한다. 예전에는 유즐동물과 함께 강장동물로 분류했다. 해파리, 말미잘, 히드라, 산호 등이 속한다.

작업기억 working memory 단기기억과 동일시하기도 하는데 몇 초 동안 정보를 마음속에 활동적으로 유지하는 인지활동. 처리 정보가 소멸되지 않기 위해서는 내용의 재충전이 필요하다. 작업기억내용은 의식된다.

장금증후군 Lock-in syndrome → 록 인 신드롬

적핵의 거대세포 부분 magnocellular part of red nucleus 적핵 아래쪽에 있는 적핵운동로의 시발점으로 포유류에서는 크고 중요하나 피질척수로가 주된

운동로인 유인원에서는 작아지고 인간에서는 거의 흔적만 남은 부분

전기감각수용체 electrosensory receptor 동물이 자기 전장의 왜곡으로 대상을 탐지하기 위한 감각수용기. 전기가오리, 전기뱀장어, 오리너구리 등 주로 전기전도성이 좋고 물에 사는 동물들에 있으나 예외로 바퀴벌레나 꿀벌에도 있다.

전뇌 forebrain 종내와 간뇌를 합친 뇌 앞부분. 보통 뇌를 전뇌, 중뇌, 후뇌, 척수로 나눌 때 가장 앞쪽 부분이다.

전두안운동야 frontal eye field 전두엽의 브로드만영역 8에 해당하는 중앙전두회와 중심전회의교차점에 위치한 영역으로 시야지각과 인식을 위한 사카드운동과 수의 눈 동작에 관련되는 부위

전압고정기법 voltage clamp technique 막전위를 일정 수준으로 유지하면서 흥분성 세포막을 통과하는 이온흐름을 측정하는 전기생리학적 실험기법

전위의존성 이온통로 voltage-gated ion channels 뉴런세포막에 있는 보통 단백질로 구성되어 전압이 일정 수준에 도달하면 열려 이온이 통과할 수 있는 통로로 보통 나트륨이온이 통과하는 통로다.

전이인자 Transposable element 유전체 내에서 위치를 옮겨 다닐 수 있는 DNA 파편이다. 전이인자가 전위하는 방법에 따라 크게 RNA 전이인자(class I)와 DNA 전이인자(class II)로 구분된다.

전전두엽 prefrontal cortex 포유류 뇌의 전두엽 중 가장 앞부분. 인간의 가장 높은 인지와 이성에 관계된 부분. 의식의 발현에서 최종연합 부위이기도 하다.

전정감각 vestibular sense 몸의 균형에 대한 감각

절지동물 arthropoda 외골격으로 둘러싸여 있고 체절화된 몸에 관절로 되어 있는 부속지들을 가진 무척추동물들을 지칭한다. 현존하는 생물종의 80% 이상을 차지하며 곤충과 거미, 갑각류 등을 포함한다.

점진적(계통적 점진) 진화이론 phyletic gradualism 생물종의 진화가 매우 오랜 시간 세대에 걸쳐 점진적으로 이루어진다는 진화이론

정신물리학 psychophysics 물리적 자극과 주관적 감각과 그에 따라 야기되는 지각 사이의 정확한 관계를 연구하는 실험심리학의 한 분야

정신물리동일구조 원리 principle of psychophysical isomorphism 의식적·지각적 경험의 구조는 뇌 속의 어떤 생리학적 과정에 그대로 같은 순서로 반영

된다는 원리. 게슈탈트 심리학파의 이론으로 그 학파가 현대 인지과학, 신경과학에 지대한 영향을 미친 선구적 업적들 중 하나다.

정점전구세포 apical progenitor cells 줄기세포 분화의 유사분열단계에서 위에 위치한 전 단계 세포

제거적 유물론(소거적 유물론) eliminative materialism 과학에서 마음과 의식이라는 개념을 실제로 존재하지 않고 언젠가는 과학에서 필요 없어질 개념이라고 주장하면서 제거하려는 철학이론

조작적 조건화 operant conditioning 스키너가 최초로 연구한 것으로 도구조건화라고도 한다. 조작적 조건화에서 학습은 반응 후 일어나는 경험의 결과로서 행동의 변화를 말한다. 즉, 강화나 벌에 의해 수의적인 행동변화가 일어난다.

좀비 zombie. 본래는 아이티의 부두족이 부활한 시체를 가리키는 말이었으나 최근 영혼이나 의식이 없으나 외견적으로 살아 있는 사람과 구분이 안 되게 행동하는 사람이나 유기체를 가리키기 위해 사용된다.

종뇌 telencephalon 전뇌forebrain의 전반부

주의주의(주의설 혹은 의지주의) voluntarism 의지를 인간 마음의 근본기능이라고 보는 생각

중뇌피개 midbrain tectum 시개의 다른 이름. 상소구, 하소구 등을 포함해 시각, 청각처리와 눈 움직임을 조절한다.

중심체 central bodies 곤충을 비롯한 절지동물 뇌에서 척추동물의 운동피질에 해당하는 역할을 하는 영역

중앙복합체 central complex 곤충을 비롯한 절지동물 뇌에서 버섯체 사이 중간에 전뇌교량protocerebral bridge과 중심체central bodies로 이루어진 영역

좌우대칭동물 Bilateria 몸의 외형이 좌우가 대칭으로 보이는 동물

주의점멸 attentional blink, AB 주의가 산만해질 때 바로 눈앞의 자극도 지각하지 못하는 주의 깜박거림 현상

주의주의 voluntarism 실험심리학의 창시자 분트가 주창한 의지를 인간 마음의 근본기능이라고 보는 생각

중립적 일원론 neutral monism 우주는 물질도 정신도 아닌 하나의 훨씬 더 근본적인 실체로 이루어져 있다고 보는 철학이론

중추(허브)노드 hub node 어떤 연결망에서 모든 노드에 쉽게 접근할 수 있는 중심적 위치를 차지하는 노드

지향 intention 목표나 목적을 달성하려는 성향을 가리키는 철학적 용어

지향성 intentionalitat 고대 아리스토텔레스에서 유래한 스콜라 철학용어로 의식은 항상 무엇인가에 대한 의식이라는 의미로 의식의 성질을 표현하는 용어다.

직비원류 Haplorhine 안경원숭이tarsier와 진원류simian로 이루어진 원류보다 지능이 높은 유인원

진원류 simian 신대륙원숭이, 구대륙원숭이, 호미노이드 혹은 에이프로 이루어진 더 지능이 높은 유인원

파란트로푸스 보이세이 Paranthropus boisei 260만-50만 년 전 동아프리카에서 살았던 화석 인류의 하나. 몸무게는 약 45kg, 키는 1-1.5m를 약간 넘고 암수 간에 크기 차이가 심했다. 뇌용량은 500cc 전후였다. 1959년 탄자니아의 올두바이 조지계곡에서 발견되었다. 초기에는 '진잔트로푸스 보이세이'Zinjanthropus boisei라고 명명되었고, 최근까지 '오스트랄로피테쿠스 보이세이'Australopithecus boisei로 불렸다.

진정후생동물 Eumetazoa 강장동물 이외의 전 동물을 포함하며 크게 이배엽성인 방사대칭동물, 삼배엽성인 좌우대칭동물로 나뉜다.

집중신경계 concentrated nervous system 동물체의 어느 특정한 부위에 집중하여 뇌나 신경절로 된 신경중추와 몸의 각 부분에 연락하는 말초신경으로 이루어진 신경계

창발 emergence 더 간단한 요소들이 복잡한 구조로 결합해 새로운 예기치 않은 어떤 성질이 나타나는 과정

창발적 유물론 emergent materialism 물질은 높고 낮은 수준으로 구성되어 있으며 낮은 수준의 실체로부터 새롭고 예기치 못한 높은 수준의 물리적 실체가 나타날 수 있다는 철학이론. 의식은 그런 수준 높은 창발적 실체라는 이론

척색 notochord 몸의 정중배측 신경관 바로 밑을 전후로 뻗어 있는 막대 모양 지지기관으로 동물의 개체발생 시에 생성되어 개체발생의 일정 기에 있다가 종에 따라 척추로 바뀌거나 평생 존재하거나 한다.

척색동물(또는 척삭동물) chordata 발생 시 생성된 척색이 평생 또는 개체발생의 일정기에 존재하는 동물로 후구동물에 속한다. 척삭은 대부분 연골이나 경골로 이루어진 척추로 바뀌지만 평생 척삭이 있는 동물도 있다. 두색동물(창고기), 척추동물, 피낭동물(멍게) 등이 속한다.

척추동물 vertebrata 등뼈가 있는 동물을 말한다. 인간을 포함한 포유류, 조류, 어류, 양서류, 파충류 등이 속한다.

청반 locus ceroeleus 교뇌에 있는 푸른색을 띠는 영역. 피질에 광범하게 축색을 보내 피질을 각성시키기 위해 신경전달물질로 노르아드레날린을 사용한다.

체감각피질 somatosensory cortex 피부에서 감각신호를 받는 두정엽 맨 앞부분

체소완자 Chesowanja 아프리카 케냐에 있는 구석기 유적

촉각엽 antennal lobe 곤충을 비롯한 절지동물 뇌에서 더듬이가 보내오는 정보를 처리하는 영역. 더듬이가 보내오는 정보는 보통 후각이나 종에 따라 촉각이나 다른 정보를 보내오는 경우도 있다.

촉수눈 tentacle eye 촉수는 하등무척추동물의 몸 앞부분이나 입 주위에 있는 돌기 모양 기관으로 촉각, 미각 등 감각 기관으로 포식기능을 가진 것도 있다. 촉수눈은 촉수가 붙은 자리를 말한다.

추상체 cones 눈의 망막에 있는 빛의 색상을 구별하는 광수용기세포

축색 axon 축삭이라고도 한다. 신경세포(뉴런) 돌기의 일종으로 정보를 전달하기 위해 끝에서 다른 뉴런과 시냅스를 이룬다.

축색둔덕 axon hillock 뉴런의 세포체에서 축색이 시작되는 지점. 세포체에 모인 전위의 합이 역치를 넘으면 이곳에서 활동전위가 발생해 축색을 통해 나아갈 수 있고 역치를 넘지 못하면 활동전위가 아예 발생하지 않는다.

충부 vermis 소뇌의 중간을 가로지르는 오래된 영역

측선 lateral line 어류에서 물의 움직임과 진동을 감지하는 생존에 매우 중요한 감각기관. 주로 물고기 몸통의 양옆에 위치하며, 아가미 뚜껑부터 꼬리 앞까지 이어진 가로 점선의 형태로 되어 있다.

치설 radula 연체동물 구내에 줄 모양으로 있으며 표면에 키틴질이 많은 작은 이가 횡렬로 늘어서 먹이를 찢거나 절단하는 역할을 하는 기관

침철석 goethite 철이 함유된 광물이 산화과정을 거쳐 만들어진 광석. 보통 철성

분 63%와 망가니즈 5% 내외를 함유하여 강도가 매우 높은 것이 특징으로 삿갓조개 이빨의 주성분이다.

캄브리아기 Cambrian Period 5억 4,200만 년 전부터 4억 8,800만 년 전까지의 시기. 고생대가 시작되는 시기

캡사이신 capsaicin 고추속 식물의 유효성분 가운데 하나로 알칼로이드의 일종이다. 인간을 포함한 포유류 점막에 접촉했을 때 자극을 준다.

커넥톰 connectome 전체 뇌의 뉴런이나 모듈의 총체적 연결망

크로마뇽인 Cro-Magnon 4만-1만 년 전까지 유럽에서 살았던 것으로 추정되는 초기 호모 사피엔스

탈라이라크 공간좌표 Talairach coordinates 인간 뇌의 여러 구조의 공간적 위치를 나타내기 위한 좌표

통각실인증 apperceptive agnosia 오른쪽 바깥쪽 후두엽의 손상이나 양쪽 손상으로 보는 대상을 이해하지 못하고 이름도 짓지 못하는 증상. 촉각이나 기억에는 이상이 없다.

편도체 amygdala 변연계 안 해마의 한쪽 끝에 붙어 있으며 공포나 공격과 같은 정서와 그러한 정서의 기억에 관계된 신경핵

편측공간실인증 hemiagnosia 주로 오른쪽 두정엽의 병변으로 발생하며 시야의 왼쪽 공간이 사라지는 특이한 실인증

평행론 parallelism 의식과 뇌 사이에는 어느 방향으로든 어떤 인과적 상호작용은 없고 동시적으로 그리고 병행해서 존재한다는 철학적 이론

패치고정기법 patch clamp technique 뉴런의 일부(주로 세포막)에 아주 가는 유리대롱을 꽂아 여러 가지 방법으로 단일 이온채널 분자의 전류흐름을 기록해 활동전위 및 신경활동 같은 기본적 세포 과정에 대한 이온채널의 관련성을 밝히는 전기생리학적 실험기법

폴세피아 마조노시스 Pohlsepia mazonensis 미국 펜실베이니아에서 화석으로 발견된 약 3억 년 전 살았던 것으로 추정되는 문어의 조상

표상주의 representationalism 대상의 지각에서 마음에 나타나는 것은 대상이 아니라 그것의 표상이라는 철학적 견해. 지각된 감은 정확히 외부대상의 기본적 특징을 표상한다고 한다.

플로지스톤(열소) phlogiston 어떤 타는 물질로부터 방출된다고 생각된 물질. 뒤

에 산소가 연소의 주원인이라는 것이 밝혀진 후 존재하지 않는다는 것이 알려졌다.

피지오파(PGO파) Ponto-geniculo-occipital waves 렘수면 시 촬영된 기능적 뇌영상fMRI을 살펴보면 먼저 뇌교pons에서 강한 전기적 발화가 시작되고 그것이 슬상체geniculate를 거쳐 후두엽occipital cortex에 도달하는 전류파가 발생한다. 이들 영역별 발생 순서대로 영문 첫 글자를 따서 피지오파라 한다.

피질맹 cerebral achromatopsia 시각피질 중 V4 영역의 손상으로 발생하는 색맹

피질 무시 증후군 cortical neglect 대뇌피질의 손상으로 자기 몸이나 환경의 일부를 무시하거나 인식하지 못하는 증상

피질운동뉴런로 corticomotoneuronal(CM) pathway 전두엽 맨 뒤쪽 피질운동영역에서 척수로 가는 신경로

하이코우엘라 haikouella 약 5억 2,000만-3,000만 년 전 캄브리아기에 살았던 무악어류로 추정되는 원시척추동물. 남중국 윈난성 쳉지안 澄江 이판암에서 화석으로 발견되었다.

하이쿠이크시스 haikouichthys 약 5억 3,000만 년 전 캄브리아기 대폭발 때 살았던 초기 어류인

하플로힌 Haplorhine → 직비원류

하향 회로 feedback network 뇌의 중추신경 쪽에서 말초신경 쪽으로 향하여 작동하는 신경회로

항상상태 homeostasis 외부조건이 변하더라도 체온, 혈압, 삼투압 등 신체 내부의 상태를 일정하게 유지하는 성질

허브노드 hub node → 중추노드

현상의식 phenomenal consciousness 주관적 경험과 감각질로만 이루어진 가장 기본적 형태의 의식. 언어나 더 차원 높은 의식과는 구분되는 의식

협비류유인원 catarrhines 코가 좁은 구세계원숭이, 에이프도 포함

협부-시개시스템 isthmus-tectal system 포유류의 새롭고 뚜렷한 자극에 주의를 돌리는 데 이용되는 망상활성화시스템reticular activating system, RAS과 기저전뇌basal forebrain, BF와 중격핵에 해당하는 어류와 양서류처럼 저급한 척추동물의 선택주의에 관여하는 시스템. 이 시스템은 발생과정

에서 중뇌와 후뇌 사이 좁은 부분에서 생성된 영역에서 작동하므로 협부라는 이름이 붙은 것 같다.

해리성 장애 dissociative disorders(or dissociative identity disorder, DID) 다중인격 장애multiple personality disorder, MPD라고도 하며 한 사람 안에 2개 이상의 인격이 존재하는 정신이상적인 증상

해마방회 parahippocampal gyrus 해마를 둘러싸고 있는 피질영역으로 번연계에 속한다. 주로 장면이나 장소의 기억 저장과 복구에 관련이 많은 뇌 영역이다.

행동주의 behaviorism 동물 연구를 환경의 변화와 그로써 나타나는 행동의 변화에 국한시키는 심리학의 한 분파. 주관성을 고려대상에서 철저히 배제한다.

행동주의 behaviourism 환경 변화와 그에 따르는 운동행동 사이의 관계에 국한된 동물연구. 주관적인 면을 철저히 배격한다.

호모 루돌팬시스 Homo rudolfensis 1972년 케냐의 루돌프호수에서 화석으로 발견된 인류 조상의 하나로 250만 년 전부터 170만 년 전 사이에 살았던 것으로 추정된다. 사람속에 속하는지에 대한 논란이 많았으나 사람속의 공통된 특징이 많아 사람속으로 분류되었다.

호모속(사람속) Homo 현생인류와 그 직계조상을 포함하는 속으로 오스트랄로피테신Australopithecine의 선조로부터 진화한 것으로 추정된다. 약 250만 년 전 호모 하빌리스와 함께 등장한 것으로 추정된다.

호모 에렉투스 Homo erectus 신생대 제4기 홍적세에 살던 멸종된 화석인류로 아프리카를 떠난 최초 인류이며 호모 사피엔스의 직계조상이라고 알려져 있다. 170만 년 전부터 10만 년 전까지 아프리카, 아시아, 시베리아, 인도네시아 등에 걸쳐서 다양한 아종으로 생존했던 것으로 추정된다.

호모 하빌리스 Homo habilis 약 233만-140만 년 전 제4기 플라이스토세에 북아프리카에서 살았던 멸종된 사람속 화석인류

호미노이드 hominoid 에이프와 그들의 가깝고 먼 인척이나 소멸되거나 조상인 영장류

호미니드 hominid 덩치 큰 에이프와 그들의 가까운 인척이나 소멸된 조상인 영장류

호미닌 hominine 침팬지, 보노보와 인류의 소멸된 가까운 인척이나 조상인 영장류

호미닌 hominin 호모속과 공통 조상(두 발로만 걷는 인간속)

화학수용기 chemoreceptors 화학분자의 작용에 의한 자극을 감지하는 수용기. 냄새, 맛 등을 함께 느끼기도 하지만 그렇지 못한 경우도 있다.

환각지 panthom limbs 손이나 다리가 절단된 환자가 손가락이나 발가락 등 잘려 나가 없어진 부위에서 고통을 느끼는 현상

환원적 유물론 reductive materialism 의식은 존재하나 그것이 보통 신경생리학적 과정으로 이루어져 있어 신경생리학적인 용어로 완전히 묘사될 수 있다고 보는 정신과 육체에 대한 이론

활동전위 action potential 뉴런에서 정보전달을 담당하는 전위로 축색둔덕에서 전위의 크기에 따라 디지털식(전부 아니면 전무)으로 발생해 축색을 따라 축색종말까지 진행하여 거기서 신경전달물질을 분비하게 하는 전기 파동

활력설(혹은 생기론) vitalism 생명은 물리학이나 화학의 원리로 설명될 수 없는 특별한 힘(소위 생명력)에 의해 유지된다는 주장

활유어 amphioxus 척색동물의 한 아문인 두색동물의 일종으로 외관 때문에 창고기라고도 한다. 외관은 척추동물인 어류와 비슷해 보이나 척추동물보다 더 원시조상동물 분류에 속하는 동물. 온대 또는 열대지방 바다의 얕은 부분 모래 속에서 산다.

회백질(혹은 회색질) gray matter 주로 뉴런의 세포체와 수상돌기로 이루어진 가벼운 회색빛을 띤 뇌의 영역

후구 olfactory bulb 뇌의 앞쪽 아래에 위치해 코에서 오는 화학자극 정보를 받아 편도체, 안와전두엽, 해마 등으로 보내 냄새에 대한 정보를 만들게 하는 일차 후각피질

후구동물 deuterostomes 좌우대칭동물 중 초기 배에 형성된 원구가 항문이 되고 입이 반대 측에 따로 만들어지는 동물

후뇌 hindbrain 뇌를 전뇌, 중뇌, 후뇌, 척수로 구분할 때 소뇌와 교뇌를 포함하는 뇌의 뒷부분

휴지상태 resting state 보통 과제를 행할 때 실험과 대조하기 위해 정의하는 상태로 특정한 생각이나 행동을 하지 않는 자연스러운 상태. 이 상태에서 특

별히 활성을 띠다가 어떤 작업을 행할 때 활성을 띠지 않는 영역도 있다

흡혈오징어 *Vampyroteuthis infernalis* 외관상 문어와 비슷하여 처음에는 문어로 분류되었으나 후에 멸종된 몇 종과 함께 새로운 목으로 분류되었다. 이름에 오징어라는 단어가 붙어 있으나 오징어와는 다른 목으로 강한 포식자다.

참고문헌

Albertin, C.B., Simakov, O., Mitros, T, Wang, Z.Y., Pungor, J.R., Edsinger-Gonzales, E., Brenner, S., Ragsdale, C.W., Rokhsar, D.S. (2015). The octopus genomeand the evolution of cephalopod neural and morphological novelties, *Nature,* 524(13): 220-226.

Alkire, M.T., Pomfrett, C.J., Haier, R.J., Gianzero, M.V., Chan, C.M., Jacobsen, B.P., Fallon, J.H. (1999). Functional brain imaging during anesthesia in humans: effects of halothane on global and regional cerebral glucose metabolism. *Anesthesiology*, 90(3): 701-709.

Alkire, M.T. Haier, R.J. Fallon, J.H. (2000). Toward a Unified Theory of Narcosis: Brain Imaging Evidence for a Thalamocortical Switch as the Neurophysiologic Basis of Anesthetic-Induced Unconsciousness. *Consciousness and Cognition,* 9: 370-386.

Alkire, M.T., Haier, R.J., Shah, N.K., Anderson, C.T. (1997). Positron emission tomography study of regional cerebral metabolism in humans during isoflurane anesthesia. *Anesthesiology*, 86: 549-557.

Amen, D.G. (2004). *Images of Human Behavior: A Brain SPECT Atlas*. Brain imaging division, Amen clinics, Inc. for Behavioral Medicine.

Amen, D.G. (2016). *Change Your Brain, Change Your Life: The Breakthrough Program for Conquering Anxiety, Depression, Obsessiveness, Lack of Focus, Anger, and Memory Problems*. Random House Audio.

Antón, S.C. (2003). Natural history of Homo erectus. *Am J Phys Anthropol. Suppl.* 37: 126-170.

Anton, S.C. (2003). Natural history of Homo erectus. *American Journal of Physical Anthropology*, S37: 126-170.

Arbib, M.A. (2004). *From monkey-like action recognition to human language: An evolutionary framework for neurolinguistics*. Cambridge University Press.

Arenas, O.M., Zaharieva, E.E. Para, A. Vásquez-Doorman, C., Petersen, C.P. & Gallio, M. (2017). Activation of planarian TRPA1 by reactive oxygen species reveals a conserved mechanism for animal nociception. *Nature Neuroscience,* 20: 1686-1693.

Armstrong, E. (1982). *Mosaic Evolution in the Primate Brain: Differences and Similarities in the Hominoid Thalamus. in Primate Brain Evolution*, Plenum Press, New York(pp.131~161).

Ba´lint, R. (1909). Seelenla¨hmung des Schauens, optische Ataxie, rau¨mliche Sto¨rung der Aufmerksamkeit. Monatsschrift fu¨r *Psychiatrie und Neurologie,* 25: 51-81.

Baars, B.J. (1988). *A Cognitive Theory of Consciousness*. Cambridge University Press. Cambridge, MA.

Baars, B.J. (1997). *In the theater of consciousness: The workspace of the mind*. Oxford University Press.

Baars, B.J. (1998). *A cognitive theory of consciousness*. Cambridge University Press.

Baars, B.J. (2002). The conscious access hypothesis: Origins and recent evidence. *Trends Cogn Sci.*; 6: 47-52. [PubMed]

Balasko, M., Cabanac, M. (1998). Behavior of juvenile lizards(Iguana iguana) in a conflict between temperature regulation and palatable food. *Brain Behav Evol.*; 52(6): 257-262.

Bauer, R.M. (2006). The Agnosias. In P.J. Snyder, P.D. Nussbaum, & D.L. Robins (eds.). *Clinical Neuropsychology: A Pocket Handbook for Assessment*. (2nd

Ed.), pp.508~533. Washington, DC: American Psychological Association.

Bechara, A. and Damasio, A.R. (2005). The somatic marker hypothesis: A neural theory of economic decision. *Games and Economic Behavior*, 52(2): 336-372.

Benke, T., Delazer, M., Bartha, L., Auer, A. (2003) Basal ganglia lesions and the theory of fronto-subcortical loops: neuropsychological findings in two patients with left caudate lesions. *Neurocase*, 9: 70-85.

Bergström, J. (1973). Classification of olenellid trilobites and some Balto-Scandian species. *Norsk Geologisk Tidsskrift* 53, 3, 283-314.

Bergmann, O., Liebel, J., Bernard, S., Alkass, K., Yeung, M.S.Y., Steier, P., Kutschera, W.; Johnson, L., Landen, M., Druid, H., Spalding, K.L., Frisen, J. (2012). "The age of olfactory bulb neurons in humans." *Neuron*, 74: 634-639.

Bialek, W., Warland, D., van Steveninck, R.D.R. (1997). *Spikes: Exploring the Neural code*. MIT Press, Cambridge, MA.

Blob, R.W. (2001). Evolution of hindlimb posture in nonmammalian therapsids: biochemical tests of paleontological hypotheses. *Paleobiology,* 27: 14-38.

Block, N. (1995). On a confusion about a function of consciousness. *Behavioral and Brain Sciences,* 18(2): 227-287.

Blumenschine, R.J., Peters, C.R., Masao, F.T., Clarke, R.J., Deino, A.L., Hay, R.L., Swisher, C.C., Stanistreet, I.G., Ashley, G.M., McHenry, L.J., Sikes, N.E., Van Der Merwe, N.J., Tactikos, J.C., Cushing, A.E., Deocampo, D.M., Njau, J.K., Ebert, J.I. (2003). Late Pliocene Homo and hominid land use from Western Olduvai Gorge, *Tanzania. Science,* 299: 1217-12121.

Borbély, A. (1984). Schlafgewohnheiten, Schlafqualität und Schlafmittelkonsum der Schweitzer Bevölkerung. *Ergebnisse einer Repräsentativumfrage. Schweitzerische Aerztezeitung*, 65: 1606-1613.

Braun, C.B. and R.G. Northcutt. (1999). Morphology: Brain and cranial nerves. In R. Singer (ed.). *Encyclopedia of paleontology*, pp.185~192. Fitzroy Dearborn Publishers, Chicago.

Brodmann, K. (1909). *Vergleichende Lokalisationslehre der Grosshirnrinde*(in German). Leipzig: Johann Ambrosius Barth.

Butler, A.B. (2008). Evolution of brains, cognition, and consciousness. *Brain research bulletin*, 75(2): 442-449.

Cabanac, M. (1996). On the Origin of Consciousness, a Postulate and its Corollary. *Neuroscience and Biobehavioral Reviews*, 20(1): 33-40.

Cabanac, M. (1999). Emotion and phylogeny. *The Japanese journal of physiology*, 49(1): 1-10.

Cabanac, A., Cabanac, M. (2000). Heart rate response to gentle handling of frog and lizard. *Behav Processes*, 52(2-3): 89-95.

Cabanac, M., Cabanac, A.J., Parent, A. (2009). The emergence of consciousness in Phylogeny. *Behavioural Brain Research*, 198: 267-272.

Cajal, R.Y. (1911). *Histologie du System Nerveux*, Santiego.

Cannon, J.T., Liebeskind, J.C., and Frenk, H. (1978). Neural and neurochemical mechanisms of pain inhibition, in: *The psychology of pain*, pp.27~47. Ed. R.A. Sternbach. Raven Press, New York.

Carruthers, P. (2007). Higher-order theories of consciousness. In Velmans, M. & Schneider, S. (eds.). *The Blackwell companion to consciousness*(pp.277~286). Oxford: Blackwell.

Chia, P.H. Li, P. Shen, K. (2013). Cellular and molecular mechanisms underlying presynapse formation. *Cell biology in neuroscience*, 203(1): 11-22.

Chalmers, D.J. (2003). Consciousness and its place in nature. In Stich, S.P. & Warfield, T.A. (eds.), *Blackwell Guide to the Philosophy of Mind*. Blackwell, pp.102~142.

Charles T. Tart. (1968). A Psychophysiological Study of OBEs in a Selected Subject. Originally published in *the Journal of the American Society for Psychical Research*, 62(1): 3-27.

Cong, P., Ma, X., Hou, X., Edgecombe, G.D., Strausfeld, N.J. (2014). Brain structure resolves the segmental affinity of anomalocaridid appendages Nature, *Nature,* 513: 538-542.

Cornélio, A.M., Bittencourt-Navarrete, R.E., Bittencourt Brum, R., Queiroz, C.M. Costa, M.R. (2016). Human Brain Expansion during Evolution Is Independent of Fire Control and Cooking. *Front Neurosci*, 10: 167.

Corballis, M.C. (2002). *From Hand to Mouth, The Origins of Language, Princeton.* University Press.

Crick F. (1995). *The Astonishing Hypothesis: The Scientific Search for The Soul.* Bill Webster. ISBN 0-684-80158-2.

Crick, F. and Koch, C. (1990). Towards a neurobiological theory of consciousness. *Seminars in the Neurosciences,* 2: 263-275.

Critchley, M. (1953). *The parietal lobe*, Arnold, London.

Damasio, A. (2000). *The Feeling of What Happens: Body and Emotion in the Making of Consciousness.* Harcourt, New York.

Darian-Smith, I., Galea, M.P., Darian-Smith, C., Sugitani, M., Tan, A., Burman, K. (1996). *The Anatomy of Manual Dexterity: The New Connectivity of the primate sensorimotor thalamus and cerebral cortex.* Springer. ISBN-13: 978-3540611110.

de Arriba Mdel, C., Pombal, M.A. (2007). Afferent Connections of the Optic Tectum in Lampreys: An Experimental Study. *Brain Behav Evol*, 69: 37-68.

Deacon, T.W. (1990). *"Rethinking mammalian brain evolution."* *Am Zool*, 30: 629-705.

Dehaene S., Naccache L., Cohen L., Bihan D.L., Mangin J.F., Poline J.B. and Rivière D. (2001). Cerebral mechanisms of word masking and unconscious repetition priming. *Nat Neurosci*, 4(7): 752-758.

Dehaene, S., Changeux, J-P., Naccache, L., Sackur, J., Sergent, C. (2006). Conscious, preconscious, and subliminal processing: a testable taxonomy. *TRENDS in Cognitive Sciences*, 10(5): 204-211.

Dehaene, S., Kerszberg, M. and Changeux, J.-P. (1998). A neuronal model of a global workspace ineffortful cognitive tasks. *Proc. Natl. Acad. Sci. USA*, 95: 14529-14534.

Dehaene, S., Sergent, C. and Changeux, J.-P. (2003). A neuronal network model linking subjective reports and objective physiological data during conscious perception. *Proc. Natl. Acad. Sci. USA*, 100(14): 8520-8525.

Dement, W. and Kleitman, N. (1957). The relation of eye movements during sleep to dream activity: An objective method for the study of dreaming, *Journal of Experimental Psychology*, 53: 339-346.

Dennett, D.C. (1976). Are dreams experiences? *Philosophical Review,* 73: 151-71

Dennett, D.C. (1995). Reply by John R. Searle. 'The Mystery of Consciousness': An Exchange, *The New York Review of Books*, December 21, 1995 Issue.

Denton, D.A. (2005). *The primordial emotions*, Oxford University Press.

Denton, M. (1998). *Natures destiny*, The Frer press, New York.

Denton, D.A., McKinley, M.J., Farrell, M., Egan, G.F. (2009). The role of primordial emotions in the evolutionary origin of consciousness. *Conscious Cogn*, 18(2): 500-514.

Deriziotis, P. and Fisher, S.E. (2013). "Neurogenomics of speech and language disoreders: The road ahead." *Genome biology,* 14: 204.

Devido-Santos, M., Gagliardi, R.J., Mac-Kay, A.P. (2012). Language disorders and brain lesion topography in aphasics after stroke. *Arq Neuropsiquiatr*; 70(2): 129-133.

Dittrich, L. (2016). *Patient H.M. A Story of Memory, Madness, and amily Secrets*. New York, Random House.

Du, A., Zipkin, A.M., Hatala, K.G., Renner, E., Baker, J.L., Bianchi, S., Bernal, K.H., Wood, B.A. (2018). Pattern and process in hominin brain size evolution are scale-dependent. *Proc. R. Soc. B* 285: 20172738. http://dx.doi.org/10.1098/rspb.2017.2738

Dunn, B. D., Dalgleish, T., Lawrence, A.D. (2006). The somatic marker hypothesis: A critical evaluation. *Neuroscience and Biobehavioral Reviews*, 30: 239-271.

Edelman, G. & Tononi, G. (2000). A Universe of Consciousness: How Matter Becomes Imagination/Consciousness: How Matter Becomes Imagination.

Nature, 407, 450-451.

Edelman, G. (2004). *Wider than the sky: The phenomenal gift of consciousness*. Yale Univ Pr.

Edelman, G.M., and Seth, A.K. (2009). Animal consciousness: A synthetic approach. *Trends Neurosci.*, 32(9): 476-484.

Edelman, G.M., Gally, J.A., Baars, B.J. (2011). *Biology of consciousness*. The Neurosciences Institute, San Diego, CA, USA.

Elston, G.N. (2003). Cortex, Cognition and the Cell: New Insights into the Pyramidal Neuron and Prefrontal Function. *Cerebral Cortex,* 3(13): 1124-1138.

Elwood, R.W., Barr, S., Pattersonet, L. (2009). Pain and stress in crustaceans? *Applied Animal Behaviour Science*, 118(3-4): 128-136.

Elwood, R.W. and Appel, M. (2009). Pain experience in hermit crabs? *Animal Behaviour,* 77: 1243-1246.

Engel, A.K., König, P., Kreiter, A.K., Singer, W. (1991). Interhemispheric synchronization of oscillatory neuronal responses in cat visual cortex. *Science*, 24; 252(5009): 1177-1179.

Ethier, C., Oby, E.R., Bauman M.J., Miller L.E. (2012). Restoration of grasp following paralysis through brain-controlled stimulation of muscles. *Nature,* 485: 368-371.

Fabbro, F., Moretti, R., Brava, A. (2000). language impairments in patients with cerebellar lesions. *Journal of Neurolinguistics*, 13(2-3): 173-188.

Fauria, K., Colborn, M., Collett, T.S. (2000). The binding of visual patterns in bumblebees. *Current Biology*, 10: 935-938.

Feinberg, T.e. and Mallet, J.M. (2016). *The ancient origins of consciousness*. MIT Press, Cambridge, Messachusetts.

Fisher, S.E. (2013). *"Building bridges between genes, brains and language" in birdsong, speech, and languge: Exploring the evolution of mind and brain*, in edited by Bolhuis, J.J. and Everaert, M. (pp.425~454). Cambridge, MA: MIT press.

Flanagan, O. (1991). *The Science of the Mind*, 2ed MIT Press, Cambridge.

Fortey, R. (2000). 'Crystal Eyes.' *Natural History*, 109(8): 68-72.

Fortey, R. and Chatterton, B. (2003). A Devonian Trilobite with an Eyeshade. *Science*, 301(19): 1689.

Francis Crick and Chri.dof Koch. (1990). Towards a neurobiological theory of consciousness. *Seminars in Neurosciences*, 2: 263-275.

Gibson, K.R. (2002). Evolution of human intelligence: the roles of brain size and mental construction. *Brain Behav. Evol*, 59: 10-20.

Goodale, M.A. and Milner, A.D. (2004). *Sight Unseen: An Exploration of Conscious and Unconscious Vision*. Oxford University Press.

Gould, J.L. (1990). Honey bee cognition. *Cognition*, 37(1-2): 83-103.

Griffin, D.R. (2001). *Animal minds. Beyond Cognition to Consciousness*. The University of Chicago Press, Chicago and London.

Hagerty, B.B. (2009). *Fingerprints of God: The Search for the Science of Spirituality*, Penguin Group, Canada.

Hameroff, S. and Penrose, R. (1996). Orchestrated Objective Reduction of Quantum Coherence in Brain Microtubules: The "Orch OR" Model for Consciousness, In: *Toward a Science of Consciousness-The First Tucson Discussions and Debates*, (eds.). Hameroff, S.R., Kaszniak, A.W. and Scott, A.C., Cambridge, MA: MIT Press(pp.507~540).

Hameroff, S. and Penrose, R. (2014). Consciousness in the universe: A review of the 'Orch OR' theory *Phys. Life Rev.*, 11(1): 39-78.

Hammond, K.L., Whitfield, T.T. (2006). The developing lamprey ear closely resembles the zebrafish otic vesicle: otx1 expression can account for all major patterning differences. *Development,* 133: 1347-1357.

Harting, J.K., Hall, W.C. Diamond, I.T. (1972). Evolution of the pulvinar., *Brain Behav Evol.*, 6(1): 424-452.

Hempel, C. "Two Models of Scientific Explanation," Hempel: C. "Explanation in Science and History," in *Frontiers of Science and Philosophy*, edited by Colodny, R.C. (1962). pp.9~19. Pittsburgh: The University of Pittsburgh Press.

Herculano-Houzel, S. (2009). The human brain in numbers: a linearly scaled-up primate brain. *Frontiers in Human Neuroscience*, 3: 1-11.

Hofman, M.A. (2014). Evolution of the human brain: when bigger is better, *Frontiers in Neuroanatomy*, 8(15), 1-12.

Humphery, N. (1992). *A history of the mind*. London: Chatto & Windus.

Jackendoff, R.S. (1987). *Consciousness and the Computational Mind*. MIT Press. Cambridge, MA, p.356. ISBN 0-262-10037-1.

Jacobs, B., Schall, M., Prather, M., Kapler, E., Driscoll, L., Baca, S., Jacobs, J., Ford, K., Wainwright, M., Treml, M. (2001). Regional dendritic and spine variation in human cerebral cortex: A quantitative Golgi study. Cereb Cortex 11: 558-571.

Jerison, H.J. (1985). Animal intelligence as encephalization. *Philos. Trans. R. Soc. London SerB,* 308: 21-35.

Jaynes, J. (1976). *The Origin of Consciousness in the Breakdown of the Bicameral Mind*. The Julian Jaynes Trust, New Jersey, USA.

Jürgens U. (2002). Neural pathways underlying vocal control. *Neurosci Biobehav Rev.*, 26(2): 235-258.

Kahane, P., Hoffmann, D., Minotti, L., Berthoz, A. (2003). Reappraisal of the human vestibular cortex by cortical electrical stimulation study. *Ann Neurol*, 54(5): 615-624.

Kandel, E.R., Schwartz, J.H., Jessell, T.M. (2000). *Principles of Neural Science*. New York: McGraw-Hill.

Kara. (2012). How Far We've Come: a case study in arthropods. *(r)Evolutionary Thought*, on February 26. https://evolutionarythought.wordpress.com/2012/02/26/how-far-weve-come-a-case-study-in-arthropods/

Kendrick N. Kay, Thomas Naselaris, Ryan J. Prenger & Jack L. Gallant. (2008). Identifying natural images from human brain activity, *Nature*, 452: 352-356.

Kim, J. (1998). *Mind in a physical world.* Cambridge, MA: MIT Press.

Kim, J. (2005). *Physicalism, or something near enough*. Princeton University Press.

Princeton, N.J.

Kim, J.I. (2015). The effect of education on regional brain metabolism and its functional connectivity in an aged population utilizing positron emission tomography. *Neuroscience research*, 94: 50-61.

Kimbel, W.H., Johanson, D.C., Rak, Y. (1997). Systematic assessment of a maxilla of Homo from Hadar, Ethiopia. *American Journal of Physical Anthropology*, 103: 235-262.

Kluessendorf, J. and Doyle, P. (2000). Pohlsepia mazonensis, an early 'octopus' from the Carboniferous of Illinois, USA. *Palaeontology*, 43(5): 919-926.

Koch, C. (2004). *The quest for consciousness: a neurobiological approach*. Englewood, US-CO: Roberts & Company Publishers. ISBN 0-9747077-0-8.

Koch, C. (2012). *Consciousness, confessions of a romantic reductionist*. MIT press. Cambridge, Massachusetts 02142.

Koffka, K. (1935). *Principles of Gestalt psychology*. Harcourt Brace, New York.

Köhler, W. (1947). *Gestalt psychology*. Liverlight, New York.

Köhler, W. (1971). *An old pseudo problem*. Reprinted in the The selected papers of Wolfgang Köhler, pp.125~141. Liveright(Original work published 1927). New York. http://www.gestalttheory.net/archive/kohl1.html

Koopowitz, H. (1973). Primitive nervous systems. A sensory nerve-net in the polcald Xatworm Notoplana acticola. *Biol Bull*, 145: 352-359.

Kunzendorf, R.G. (2015). *On the evolution of conscious sensation, conscious imagination, and consciousness of self*. Baywood Publishing co. Inc, Amytiville, New York.

Lacalli, T.C. (2008). Basic features of the ancestral chordate brain: a protochordate perspective. *Brain Res. Bull*, 75: 319-323.

Lai. C.S.L., Gerrelli, D., Monaco, A.P., Fisher, S.E., Copp, A.J. (2003). FOXP2 expression during brain development coincides with adult sites of pathology in a severe speech and language disorder. *Brain*, Volume 126(11): 2455-2462.

Laureys, S., Goldman, S., Phillips, C., Van Bogaert, P., Aerts, J., Luxen, A., Franck, G., Maquet, P. (1999). Impaired effective cortical connectivity in vegetative state: preliminary investigation using PET. *Neuroimage*, 9: 377-382.

Laureys, S. (2005). The neural correlate of (un) awareness: lessons from the vegetative state, *TRENDS in Cognitive Sciences,* 9(12): 556-559.

LeDoux, J.E. (2012). Rethinking the Emotional Brain. *Neuron*, 73: 653-676.

LeDoux, J.E. (2014). Coming to terms with fear. *PNAS,* vol. 111(8): 2871-2878.

LeDoux, J.E., Wilson, D.H., Gazzaniga, M.S. (1977). Divided Mind: Observations on the Conscious Properties of the Separated Hemispheres. *Ann Neurol,* 2: 417-421.

Leinwand, G. (1986). "Prologue: In Search of History." *The Pageant of World History*. Allyn & Bacon. 7. ISBN 9780205086801. "Perhaps the Cro-Magnons had a throwing spear that destroyed the Neanderthals."

Libet, B.; Gleason, C.A., Wright, E.W., Pearl, D.K. (1983). Time of Conscious Intention to Act in Relation to Onset of Cerebral Activity(Readiness-Potential)-The Unconscious Initiation of a Freely Voluntary Act. *Brain*, 106: 623-642.

Lieberman, P. (2002). On the nature and evolution of the neural bases of human language. *Am J Phys. Anthropol*, 45: 36-62.

Liu X et al. (2012). Extension of cortical synaptic development distinguishes humans from chimpanzees and macaques. *Genome Res*, 22(4): 611-622.

Llinás, R, Ribary U, Joliot M, Wang X. (1994). Content and context in temporal thalamocortical binding. In *Temporal Coding in the Brain*. Buzsaki, G., Llinas, R., Singer, W., Berthoz, A., Christen, Y. (ed.), Berlin. pp.251~272.

Llinás, R. (1988). The intrinsic electrophysiological properties of mammalian neurons: Insights into central nervous system function. *Science*, 242: 1654-1664.

Llinás, R. and Paré, D. (1991). Of dreaming and wakefulness, *Neuroscience,* 44(3): 521-535.

Llinás, R. (2001). *I of the Vortex: From Neurons to Self*. MIT Press, Cambridge, MA.

ISBN 0-262-62163-0.

Logothetis, N.K. & Shall, J.D. (1989). Neuronal correlates of subjective visual perception. *Science,* 245: 761-763.

Ma, X., Cong, P., Hou, X., Edgecombe, G.D., Strausfeld, N.J. (2014). An exceptionally preserved arthropod cardiovascular system from the early Cambrian. *NATURE COMMUNICATIONS*, 5(3560): 1-7.

Ma, X., Hou, X., Edgecombe, G.D. Strausfeld, N.J. (2012). Complex brain and optic lobes in an early Cambrian arthropod. *Nature*, 490: 258-261.

MacLean, P.D. (1990). *The Triune Brain in Evolution*. New York: Plenum Press.

Mansur. L.L., Radanovic, M., Rüegg, D., Mendonça, L.I.Z., Scaff, M. (2002). Descriptive study of 192 adults with speech and language disturbances. *Sao Paulo Med J/Rev Paul Med*, 120: 170-174.

Marcus, G. (2015). The computational Brain. In *"The Future of the Brain: Essays by the World's Leading Neuroscientists."* Marcus, G. and Freeman, J. (ed.), Princeton University Press.

Mares, S., Ash, L., Gronenberg, W. (2005). Brain Allometry in Bumblebee and Honey Bee Workers, *Brain Behav Evol*, 66: 50-61.

Massimini, M. and Tononi, G. (2013). *Nulla di piu' grande*. Baldini & Castoli, Milano.

McGinn, C. (1991). *The Problem of Consciousness: Essays Toward a Resolution*. Blackwell. ISBN-13: 978-0631188032.

Menzel, R., Giurfa, M., Gerber, B., Hellstern, F. (2001). Cognition in insects: the honeybee as a study case, in *Brain Evolution and Cognition*. Roth, G., Wullimann, M.F. (ed.), Willy, New York.

Milner, B. (1977). Memory mechanisms. *Canadian Medical Association journal,* 116(12): 1374-1376.

Montgomery, S. (2015). *The soul of an octopus.* Atria Books, USA.

Moore, J.K. (1980). The primate cochlear nuclei: lost of lamination as a phylogenetic process. *J Comp Neurol*, 193: 609-629.

Mora-Bermúdez, F., Badsha, F., Kanton, S., Camp, J.G., Vernot, B., Köhler,

K., Voigt, B., Okita. K., Maricic, T., He, Z., Lachmann, R., Pääbo, S., Treutlein, B., Huttner, W.B. (2016). Differences and similarities between human and chimpanzee neural progenitors during cerebral cortex development. *Elife*. Sep 26; 5. pii: e18683. doi: 10.7554/eLife.18683.

Morell, V. (2014). Animal Wise: How We Know Animals Think and Feel. B/D/W/Y, New York.

Moritz, C.T., Perlmutter, S.I., Fetz, E.E. (2008). Direct control of paralysed muscles by cortical neurons. *Nature*, 456: 639-642.

Murzyn, E. (2008). Do we only dream in colour? A comparison of reported dream colour in younger and older adults with different experiences of black and white media. *Consciousness and Cognition*, 17: 1228-1237.

Nagel, T. (1974). "What Is It Like to Be a Bat?" *The Philosophical Review*, 83(4): 435-450.

Nakajima, K., Maier, M.A., Kirkwood, P.A., Lemon, R.N. (2000). Striking differences in transmission of corticospinal excitation to upper limb motoneurons in two primate species. *J Neurophysiol.,* 84(2): 698-709.

National Academy of Sciences. (2009). *Recognition and Alleviation of Pain in Laboratory. Animals*. National Academies Press (US), Washington (DC).

Nelson, K. (2010). *The spiritual Doorway in the brain*. Dutton, Penguin group, New York, USA.

Netter, F.H. (1992). *THE CIBA COLLECTION OF MEDICAL ILLUSTRATIONS.*

Nicholls, J.G., Baylor, D.A. (1968). Specific modalities and receptive Welds of sensory neurons in CNS of the leech. *J Neurophysiol,* 31: 740-756.

Niedźwiedzki, G., Szrek, P. Narkiewicz, K., Narkiewicz, M., Ahlberg, P. E. (2010). "Tetrapod trackways from the early Middle Devonian period of Poland." *Nature*, 463(7277): 43-48. Bibcode:2010Natur.463...43N. doi:10.1038/nature08623.

Niles, E., and Gould, S.J. (1972). "Punctuated equilibria: an alternative to phyletic gradualism" In *Models in Paleobiology*, edited by Schopf, TJM, Freeman Cooper, San Francisco: pp.82~115. Reprinted in N. Eldredge Time frames. Princeton: Princeton Univ. Press, 1985, pp.193~223.

Northcutt, R.G. (2002). Understanding Vertebrate Brain Evolution. *INTEG. AND COMP. BIOL.*, 42: 743-756.

Northmore, D.P. (2011). The optic tectum, in Farrell, A. (ed.). *Encyclopedia of Fish Physiology: From Genome to Environment,* pp.131~142. Sandiago, CA; Academic Press.

Northmore, D.P., Gallagher, S.P. (2003). Functional relationship between nucleus isthmi and tectum in teleosts: Synchrony but no topography, *Visual Neuroscience*, 20: 335-348.

Nudo, R.J., Masterton R.B. (1990a). Descending pathways to the spinal cord, III: Sites of origin of the corticospinal tract. *J Comp Neurol*, 296(4): 559-583.

Nudo, R.J., Masterton R.B. (1990b). Descending pathways to the spinal cord, IV: Some factors related to the amount of cortex devoted to the corticospinal tract. *J Comp Neurol*, 296(4): 584-597.

Blanke, O., Landis, T., Spinelli, L., Seeck, M. (2004). Out-of-body experience and autoscopy of neurological origin, *Brain*, 127: 243-258.

Ortega-Herna' ndez, J. (2015). Homology of Head Sclerites in Burgess Shale Euarthropods. *Current biology*, 25: 1-7.

Padmasambhava. (2006). *Tibetan Book of The Dead: Bardo Thodol the Cornerstone of Tibetan Thought.* ISBN: 9789654942010.

Parker, A. (2003). *In the blink of an eye; How vision sparked the big bang of evolution.* Basic Books New York, p.316.

Parnia, S. (2007). *What Happens When We Die?* Hay House. ISBN 9781401907112.

Patterson, K., Nestor, P.J., Rogers, T.T. (2007). Where do you know what you know? The representation of semantic knowledge in the human brain. *Nature Reviews Neuroscience*, 8: 976-987(December 2007).

Penfield, W. and Erickson, T.C. (1941). *Epilepsy and Cerebral Localization*, Charles C. Thomas. Oxford, England. Reprinted in *Arch Intern Med (Chic),* 1942; 70(5): 916-917.

Penfield, W. (1952). Memory Mechanisms. *AMA Archives of Neurology and Psychiatry*, 67: 178-198.

Poznanski, R.R., Tuszynski, J.A., Feinberg, T.E. (ed.). (2016). *Biophysics of Consciousness: A Foundational Approach*. World scientific publishing. Co. New Jersey.

Preuss, T.M. (1995). Do rats have prefrontal cortex? The Rose-Woolsey-Akert program reconsidered. *J. Cogn. Neurosci*. 7: 1-24.

Preuss, T.M. (1995). The argument from animals to humans in cognitive neuroscience. In *The Cognitive Neurosciences*, M.S. Gazzaniga (ed.), Cambridge, MA: MIT Press, pp.1227~1241. (Reprinted in Cognitive Neuroscience: A Reader, M.S. Gazzaniga (ed.), Oxford: Blackwell Publishers, 2000).

Bergmann, O., Liebel, J., Bernard, S., Alkass, K., Yeung, M.S.Y., Steier, P., Kutschera, W., Johnson, L., Landen, M., Druid, H., Spalding, K.L., Frisen, J. (2012). "The age of olfactory bulb neurons in humans." *Neuron*, 74: 634-639.

Radanovic, M., Mansur, L.L., Azambuja, M.J., Porto, C.S., Scaff, M. (2004). Contribution to the evaluation of language disturbances in subcortical lesions: a pilot study. *Arq Neuropsiquiatr*, 62: 51-57.

Yuste, R., and Tank, D.W. (1996). Dendrite integration in mammal neurons, a century after Cajal. *Neuron*, 16(4): 701-716.

Rechtschaffen, A. and Buchignani, C. (1992). The visual appearance of dreams. In J.S. Antrobus & M. Bertini (eds.), *The neuropsychology of sleep and dreaming*(pp.143~155), Hillsdale, NJ: Lawrence Erlbaum Associates, Inc.

Revonsuo, A. (2006). *Inner presence: Consciousness as a biological phenomenon*. Cambridge, MA.

Richter, S., Gerwig, M., Aslan, B. (2007). Cognitive functions in patients with MR-defined chronic focal cerebellar lesions. *J Neurol*, 54: 1193-1203.

Rilling, J.K., Glasser, M.F., Preuss, T.M., Ma, X., Zhao, T., Hu, X., Behrens, T.E. (2008). The evolution of the arcuate fasciculus revealed with comparative

DTI. *Nature Neuroscience*, 11: 426-428. DOI: 10.1038/nn2072.

Rimona S. Weil and Geraint Rees. (2010). Decoding the neural correlates of consciousness. *Current Opinion in Neurology*, 23: 649-655.

RIKEN, K.Y. (2010). Molecular imaging opens up a vast new world for neuroscience. Message 1 of 1, Sep 6. 2010 in Medicine & Health/ *Neuroscience*.

Rödel, R.M.W., Laskawi, R., Markus, H. (2003). Tongue Representation in the Lateral Cortical Motor Region of the Human Brain as Assessed by Transcranial Magnetic Stimulation. *Annals of Otology, Rhinology & Laryngology*, 12: 71-76.

Rosanova, M., Gosseries O., Casarotto, S., Boly, M. Casali A.G., Bruno, M. Mariotti, M., Boveroux, P., Tononi, G., Laureys, S. and Massimini, M. (2012). Recovery of cortical effective connectivity and recovery of consciousness in vegetative patients. *Brain*, 135; 1308-1320.

Rosenthal, D.M. (2005). *Consciousness and Mind*. Oxford: Clarendon Press.

Roth, G. and Wake, D.B. (1985). The structure of the brainstem and cervical spinal cord in lungless salamanders(family Plethodontidae) and its relation to feeding. *Journal of Comparative Neurology*, 241(1): 99-110.

Rouquier, S., Blancher, A., and Giorgi, D. (2000). The olfactory receptor gene repertoire in primates and mouse: evidence for reduction of the functional fraction in primates. *Proc Natl Acad Sci(USA)*, 97: 2870-2874.

Sacks, O. (1995). *An anthropologist on Mars: seven paradoxical tales*. Knopf Doubleday Publishing Group.

Sarnat, H.B. and Netsky, M.G. (1985). The brain of the Planarian as the Ancestor of the Human Brain. *Canadian Journal of Neurological Sciences*, 12(4), pp.296~302.

Schoenemanna, B., Pärnastec, H., Clarksond, E.N.K. (2017). Structure and function of a compound eye, more than half a billion years old. *PNAS*, 114(51): 13489-13494.

Schoenemann, P.T., Sheehan, M.J., Glotzer, L.D. (2005). Prefrontal white matter volume is disproportionately larger in humans than in other primates. *Nat Neurosci*, 8(2): 242-252.

Schooler, J.W. (2001). Discovering memories in the light of meta-awareness. *The Journal of Aggression, Maltreatment and Trauma*, 4: 105-136.

Schooler, J.W. (2002). Re-representing consciousness: Dissociations between consciousness and meta-consciousness. *Trends in Cognitive Science*, 6: 339-344.

Schuster, S. (2018). Hunting in archerfish-an ecological perspective on a remarkable combination of skills. *Journal of Experimental Biology*, 221(24): jeb159723.

Searle, J.R. (1997). *The Mystery of Consciousness*. The New York Review of Books, New York.

Searle, J.R. (1980). Minds, brains, and programs. *Behavioral and Brain Sciences,* 3(3): 417-457.

Semendeferi, K., Armstrong, E., Schleicher, A., Zilles, K., Van Hoesen G.W. (2001). Prefrontal Cortex in Humans and Apes: A Comparative Study of Area 10. *AMERICAN JOURNAL OF PHYSICAL ANTHROPOLOGY*, 114: 224-241.

Semendeferi, K., Lu, A., Schenker, N., Damasio, H. (2002). "Humans and great apes share a large frontal cortex." *Nature Neuroscience*, 5(3): 272-276. PMID 11850633. doi:10.1038/nn814.

Sergent, C., Baillet, S., Dehaene, S. (2005). Timing of the brain events underlying access to consciousness during the attentional blink. *Nature neuroscience*, 8(10): 1391-1400.

Šestak, M.S. and Domazet-Lošo, T. (2015). Phylostratigraphic Profiles in Zebrafish Uncover Chordate Origins of the Vertebrate Brain. *Molecular Biology and Evolution*, 32(2): 299-312.

Šestak, M.S., Božičević V., Bakarić, R., Dunjko, V., Domazet-Lošo, T. (2013). Phylostratigraphic profiles reveal a deep evolutionary history of the vertebrate head sensory systems, *Frontiers in Zoology,* 10: 18.

Sherwood, C.C. and Gómez-Robles, A. (2017). Brain Plasticity and Human Evolution. *Annual Review of Anthropology*, 46: 399-419.

Silani, C. (2013). "I'm OK, You're Not OK: Right Supramarginal Gyrus Plays an Important Role in Empathy." *ScienceDaily*, 9 Oct.

Singer, W., Gray, C.M. (1995). Visual feature integration and the temporal correlation hypothesis. *Annual Review of Neuroscience*, 18: 555-586.

Smith, E.S. and Lewin, G.R. (2009). Nociceptors: a phylogenetic view. *J Comp Physiol*, 195(12): 1089-1106.

Smith, J.D., Schull, J., Strote, J., McGee, K., Egnor, R., Erb, L. (1995). The uncertain response in the bottlenosed dolphin(Tursiops truncatus). *J Exp Psychol Gen*, 124(4): 391-408.

Sperry, R.W. (1981). *Some Effects of Disconnecting the Cerebral Hemispheres*-Nobel Lecture Nobel Lecture, 8 December.

Sperry, R.W. (1961). "Cerebral Organization and Behavior: The split brain behaves in many respects like two separate brains, providing new research possibilities." *Science,* 133(3466): 1749-1757.

Strausfeld, N.J. (2013). *Arthropod brains: Evolution, functional elegance, and historical significance*. Harvard University press, Cambridge, MA.

Stevenson, I. (2000). The phenomenon of claimed memories of previous lives: possible interpretations and importance. *Medical Hypotheses*, 54(4): 652-659.

Striedter, G.F. (2005). *Principle of brain evolution*. Sinauer Associates, INC, Publishers, Sunderland, Massachusetts, U.S.A.

Sukharev, S.I., Blount, P., Martinac, B., Blattner, F.R., Kung, C. (1994). A large-conductance mechanosensitive channel in E. coli encoded by MscL alone, *Nature*, 368(6468): 265-268.

Svensson, P., Romaniello, A., Arendt-Nielsen, L., Sessle B.J. (2003). Plasticity in corticomotor control of the human tongue musculature induced by tongue-task training. *Experimental Brain Research*, 152(1): 42-51.

Tedjakumala, S.R. and Giurfa M. (2013). Rules and mechanisms of punishment learning in honey bees: the aversive conditioning of the sting extension response. *Journal of Experimental Biology*, 216: 2985-2997; doi: 10.1242/jeb.086629.

Titchener, E.B. (1896). *An outline of psychology*. Macmillan. New York.

Todd E. Feinberg and Jon M. Mallatt. (2016). *The Ancient Origins of Consciousness*. MIT Press, USA.

Tolman, E.C. & Honzik, C.H. (1930). Introduction and removal of reward, and maze performance in rats. *University of California Publications in Psychology*, 4: 257-275.

Tong, F. (2003). Out-of-body experiences: from Penfield to present. *Trends in Cognitive Sciences*, 7(3): 104-106.

Tong, F., Nakayama, K., Vaughan, J.T., Kanwisher, N. (1998). Binocular Rivalry and Visual Awareness in Human Extrastriate Cortex. *Neuron*, 21: 753-759.

Tononi, G. (2009). An integrated information theory of consciousness. In W.B. Banks (ed.). *Encyclopedia of consciousness*(pp.403~416). San Diego, CA: Academic Press.

Tononi, G. (2004). An information integration theory of consciousness. *BMC Neuroscience*, 5: 42.

Tononi, G., Massimini, M. (2013). *Nulla di più grande Editore*. Baldini & Castoldi, Collana.

Tononi, G., Boly, M., Massimini, M., Koch, C. (2016). "Integrated information theory: from consciousness to its physical substrate." *Nature Reviews Neuroscience*, 17(7): 450-461.

Ugawa, S., Ueda, T., Ishida, Y., Nishigaki, M., Shibata, Y., Shimada, S. (2002). Amiloride-blockable acid-sensing ion channels are leading acid sensors expressed in human nociceptors. *J Clin Invest*, 110: 1185-1190.

Vogel, G.W. Critique of current dream theories. (2002). In *Sleep and Dreaming: Scientific Advances and Reconsiderations* edited by Edward F. Pace-Schott, Solms, M., Blagrove, M., Harnad, S. Cambridge University Press.

Walker, H.K., Hall, W.D., Hurst, J.W., editors. (1990). *Clinical Methods: The History, Physical, and Laboratory Examinations*. 3rd edition. Boston: Butterworths; Chapter 57, Level of Consciousness.

Watts, D.J., Strogatz, S.H. (1998). "Collective dynamics of 'small-world' networks." *Nature,* 393(6684): 440-442.

Weiskrantz, L., Warrington, E.K., Sanders, M.D., Marshall, J. (1974). Visual capacity in the hemianopic field following a restricted occipital ablation. *Brain,* 97: 709-728.

Weiskrantz, L. (1986). *Blindsight: A Case Study and Implications*. Oxford University Press.

Wigglesworth, V.B. (1964). *The life of insects Hardcover. World*. Pub. Co; 1st edition.

Young, J.Z. (1964). *A Model of the Brain*, Clarendon Press, Oxford.

Young, J.Z. (1971). *The anatomy of the nervous system of Octopus vulgaris*. Clarendon Press. or J Neurol Neurosurg Psychiatry. 1972 Jun; 35(3): 421.

Yuste, R. and Tank, D.W. (1996). Dendritic Integration in Mammalian Neurons, a Century after Cajal. *Neuron*, 16: 701-716.

Zalc, B., Goujet, D., Colman, D. (2008). The origin of the myelination program in vertebrates. *Curr Biol*, 18(12): 511-2. doi: 10.1016/j.cub.2008.04.010.

Zeki, S. & Bartels, A. (1999). Towards a theory of visual consciousness. *Consciousness and Cognition,* 8: 225-259.

이경민. (2015). 신경아교세포의 정상 기능과 정신장애에서 나타나는 신경아교세포 이상에 대한 고찰. *Korean J Biol Psychiatry*, 22(2): 29-33.

의식, 뇌의 마지막 신비

지은이 김재익
펴낸이 김언호

펴낸곳 (주)도서출판 한길사
등록 1976년 12월 24일 제74호
주소 10881 경기도 파주시 광인사길 37
홈페이지 www.hangilsa.co.kr
전자우편 hangilsahangilsa.co.kr
전화 031-955-2000-3 **팩스** 031-955-2005

부사장 박관순 **총괄이사** 김서영 **관리이사** 곽명호
영업이사 이경호 **경영이사** 김관영
편집 백은숙 김지수 노유연 김지연 김대일 김영길
마케팅 서승아 **관리** 이주환 문주상 이희문 김선희 원선아
디자인 창포 031-955-9933
인쇄 예림 **제본** 경일제책사

제1판 제1쇄 2020년 2월 24일

값 40,000원
ISBN 978-89-356-6853-3 03400

- 잘못 만들어진 책은 구입하신 서점에서 바꿔드립니다.
- 이 도서의 국립중앙도서관 출판시도서목록(CIP)은 서지정보유통지원시스템 홈페이지(seoji.nl.go.kr)와 국가자료공동목록시스템(www.nl.go.kr/kolisnet)에서 이용하실 수 있습니다.
(CIP제어번호: CIP2020005281)